彩图1　内蒙古呼伦贝尔夏牧场

彩图2　新疆阿尔泰山夏牧场

彩图3　新疆天山北坡夏牧场

彩图4　内蒙古呼伦贝尔天然割草场

彩图5　内蒙古呼伦贝尔季节牧场——夏秋场（左）和冬春场（右）

彩图6　新疆伊犁草原夏牧场

彩图7　青藏高原玛曲草原夏牧场畜群

彩图8　甘南桑科草原

彩图9 青藏高原玛曲沙化草原

彩图10 青藏高原夏季放牧牦牛

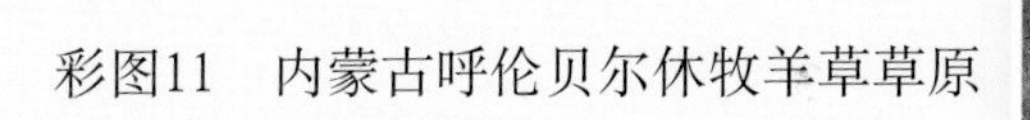

彩图11 内蒙古呼伦贝尔休牧羊草草原

彩图12 川西北休牧3年草地

彩图13　呼伦贝尔羊成年母羊

彩图14　内蒙古白绒山羊

彩图15　阿勒泰羊种公羊

彩图16　甘南牦牛种公牛

彩图17　青藏高原欧拉羊核心群

彩图18　川西北麦洼牦牛选育核心群

彩图19　呼伦贝尔羊春季放牧补饲

彩图20　内蒙古白绒山羊休牧补饲

彩图21　泌乳呼伦贝尔羊放牧补饲

彩图22　新疆牧民定居点阿勒泰羊冬羔生产

彩图23　新疆牧民定居点细毛羊冷季舍饲

彩图24　冬季新疆牧民定居点

彩图25　青藏高原藏羊种公羊鉴定

彩图26　内蒙古呼伦贝尔草原不同放牧强度家畜生产性能测定

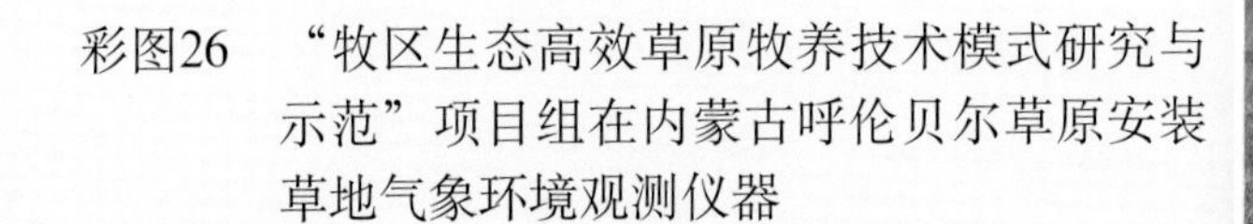

彩图26　“牧区生态高效草原牧养技术模式研究与示范”项目组在内蒙古呼伦贝尔草原安装草地气象环境观测仪器

彩图28　内蒙古呼伦贝尔合理放牧强度试验区

彩图29　内蒙古呼伦贝尔草原冷季舍饲

彩图30　川西北藏羊冷季补饲

彩图31　川西北白萨福克与藏羊杂交后代羔羊

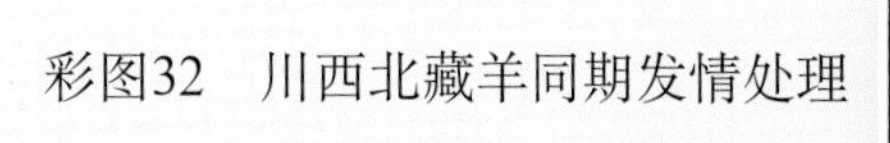

彩图32　川西北藏羊同期发情处理

彩图33　新疆天山北坡夏牧场示范户牧民参与草场监测

彩图34　新疆天山北坡夏牧场草场健康评价

彩图35　青藏高原牦牛产奶性能测定

彩图36　川西北红原牧区裹包青贮

彩图37　川西北老芒麦人工草地

彩图38　青藏高原卧圈种植燕麦

彩图39　新疆富蕴县牧民人工饲草料基地（苜蓿）

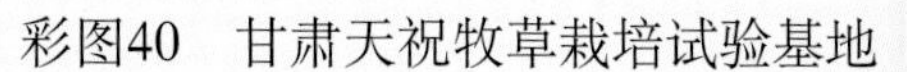

彩图40　甘肃天祝牧草栽培试验基地

彩图41　甘肃肃南示范区瘘管羊消化率测定

彩图42　甘肃天祝白牦牛测定

彩图43　甘肃天祝县示范区羔羊育肥试验

彩图44　新疆细毛羊穿衣

彩图45　新疆牧民示范户参与早期断奶补饲测定

彩图46　新疆阿勒泰牧民夏季转场途中

彩图47　夏季放牧的巴士拜羊

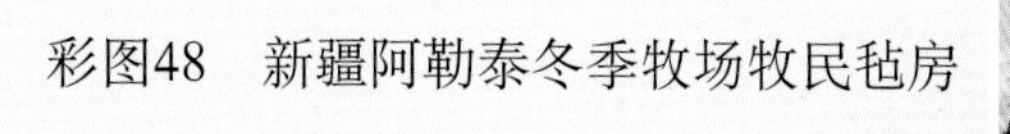

彩图48　新疆阿勒泰冬季牧场牧民毡房

彩图49　冬季放牧的阿勒泰羊

彩图50　“牧区生态高效草原牧养技术模式研究与示范”项目首席专家李柱在内蒙古鄂尔多斯人工草地接受媒体采访

彩图51　“牧区生态高效草原牧养技术模式研究与示范”项目专家考察呼伦贝尔示范区

彩图52 “牧区生态高效草原牧养技术模式研究与示范”项目组

彩图53 “牧区生态高效草原牧养技术模式研究与示范”项目组在内蒙古召开工作交流暨培训会

彩图54 “牧区生态高效草原牧养技术模式研究与示范”项目组在青藏高原召开工作交流会议

彩图55　川西北牧民割草培训

彩图56　新疆示范区草场健康评价现场培训

彩图57　“牧区生态高效草原牧养技术模式研究与示范”项目专家与青藏高原示范户牧民交流

彩图58　新疆富蕴县夏牧场示范户牧民

彩图59　“牧区生态高效草原牧养技术模式研究与示范”项目专家在桑科草原现场交流

彩图60　新疆牧民定居点冬季培训牧民

公益性行业（农业）科研专项（201003061）资助

中国主要牧区草原牧养技术

李　柱　主编

中国农业出版社

图书在版编目（CIP）数据

中国主要牧区草原牧养技术 / 李柱主编 . —北京：中国农业出版社，2015.1
ISBN 978-7-109-20120-0

Ⅰ.①中… Ⅱ.①李… Ⅲ.①牧区-草原建设-研究-中国②畜禽-饲养管理-研究-中国 Ⅳ.①S81

中国版本图书馆 CIP 数据核字（2015）第 013645 号

中国农业出版社出版
（北京市朝阳区麦子店街 18 号楼）
（邮政编码 100125）
责任编辑 刘 伟 廖 宁

北京通州皇家印刷厂印刷 新华书店北京发行所发行
2015 年 2 月第 1 版 2015 年 2 月第 1 次印刷

开本：889mm×1194mm 1/16 印张：20.25 插页：8
字数：650 千字
定价：128.00 元

主　　编：李　柱

副 主 编：季跃光　闫素梅　阎　萍　花立民
杨平贵　闫玉春

参编人员（以姓名笔画为序）：
丁学智　王　旭　王吉云　王宏博
王明玖　王铁男　孔艳丽　邓　波
闫瑞瑞　李大彪　李晓敏　杨秀春
汪晓娟　宋跃斌　张　通　张利平
张宏斌　张洪轩　张家新　陈明华
陈宝瑞　陈莉敏　邵新庆　周明亮
庞　倩　於建国　郑群英　郎　侠
侯先志　姜万利　徐丽君　殷国梅
梁春年　游明鸿

统　　稿：李晓敏　赵德云

序

草原畜牧业是以草地为主要载体的家畜生产体系，是草原牧区的传统产业和主体产业。大力发展草原畜牧业对促进广大牧区的经济繁荣和社会进步具有重要而深远的意义。我国草原畜牧业历史十分悠久，从草原游牧业到传统草原畜牧业历经数千年。新中国成立60多年来，我国草原畜牧业有了很大发展，主要表现在草原畜牧业全面持续发展，综合生产能力大幅度提高，增长方式发生了显著变化，科技进步在草原畜牧业增长中的作用越来越大，草原畜牧业逐步由靠天养畜向建设养畜转变，由自给半自给型向商品化转变，由数量效益型向质量效益型转变，牧民收入有较大幅度增加，生活质量不断提高。但是，从总体上看，草原畜牧业仍然是我国国民经济中的一个薄弱环节，距离实现现代化的目标还有相当长的路要走。如何实现草原畜牧业的可持续发展，不断推进草原畜牧业的现代化进程，已成为我们当前急需研究和亟待解决的现实问题。

本书是由国家公益性行业（农业）科研专项“牧区生态高效草原牧养技术模式研究和示范”项目组在5年项目研究工作的基础上，根据所取得的项目成果并系统总结我国牧区草原牧养技术编著而成，其中包括主要牧区草原环境容量评估与饲草生产保障技术、主要牧区地方家畜品种提纯复壮技术、主要牧区家畜高效繁育及品种改良技术、主要牧区草原牧养家畜饲料添加剂技术、主要牧区冷季高效养殖技术、主要牧区牛羊高效育肥技术、主要牧区草原放牧管理技术等多项实用技术。并且通过对新疆、内蒙古、青海、西藏、甘肃和川西北牧区示范成效的总结，构建了适合我国不同牧区特点的生态高效草原牧养技术模式。这些技术不仅较好地体现了生态高效草原牧养的基本特点，而且还具有传承性、多学科交叉性和实用性等特点，对于在我国主要牧区推广和进一步发展草原牧养技术有重要意义。这是一部可供草原畜牧科学以及相关学科科研工作者和生产实践者学习、研究和工作的技术参考书。祝贺本书的出版问世，祝愿我国草原畜牧业的未来更加美好、再创辉煌！

卢德勋

2014年10月

目　录

序

第一章　中国主要牧区草原畜牧业发展现状 …… 1

第一节　主要牧区草原资源 …… 1
一、内蒙古草原资源 …… 1
二、新疆草原资源 …… 3
三、青海、西藏草原资源 …… 5
四、甘肃草原资源 …… 7
五、四川草地资源 …… 8
第二节　主要牧区草原保护及人工草地建设 …… 9
一、内蒙古牧区草原保护及人工草地建设 …… 10
二、新疆牧区草原保护及人工草地建设 …… 11
三、青海、西藏牧区草原保护及人工草地建设 …… 12
四、甘肃牧区草原保护及人工草地建设 …… 12
五、四川牧区草原保护及人工草地建设 …… 14
第三节　主要牧区畜种资源 …… 14
一、内蒙古牧区畜种资源 …… 15
二、新疆牧区畜种资源 …… 18
三、青海、西藏牧区畜种资源 …… 21
四、甘肃牧区畜种资源 …… 22
五、四川牧区畜种资源 …… 25
第四节　主要牧区草原畜牧业发展现状 …… 27
一、内蒙古草原畜牧业 …… 27
二、新疆草原畜牧业 …… 28
三、青海、西藏草原畜牧业 …… 29
四、甘肃草原畜牧业 …… 29
五、四川草原畜牧业 …… 30
参考文献 …… 31

第二章　主要牧区草原环境容量评估与饲草生产保障技术 …… 32

第一节　主要牧区草原环境容量评估技术 …… 32
一、牧区草原环境容量评估技术体系 …… 32

二、信息化在草畜平衡决策中的发展 …… 38
第二节　牧区草场健康状况评价技术 …… 39
一、生态系统健康国内外研究进展 …… 39
二、关于草场健康评价技术的需求 …… 41
三、案例分析 …… 42
第三节　不同牧区草地合理利用制度体系 …… 48
一、内蒙古呼伦贝尔牧区天然草地合理利用制度体系 …… 48
二、新疆牧区天然草地合理利用制度体系 …… 50
三、青藏高原甘南牧区天然草地合理利用制度体系 …… 52
四、甘肃天祝牧区天然草地合理利用制度体系 …… 53
五、川西北牧区天然草地合理利用制度体系 …… 54
第四节　牧区饲草料生产保障技术 …… 56
一、牧区饲草料生产保障技术体系 …… 56
二、牧区草原灾害饲草料储备体系建设标准 …… 59
第五节　主要牧区自然灾害及生物灾害预警与评估技术 …… 61
一、雪灾遥感监测技术 …… 61
二、牧区旱灾评估技术 …… 66
三、鼠蝗灾害监测与评估技术 …… 68
参考文献 …… 70

第三章　主要牧区生态高效草原牧养关键技术 …… 73

第一节　主要牧区地方家畜品种提纯复壮与利用技术 …… 73
一、内蒙古牧区地方家畜品种提纯复壮与利用技术 …… 73
二、新疆牧区地方家畜品种提纯复壮与利用技术 …… 78
三、青海、西藏牧区地方家畜品种提纯复壮与利用技术 …… 81
四、甘肃牧区地方家畜品种提纯复壮及利用技术 …… 90
五、四川牧区地方家畜品种提纯复壮与利用技术 …… 94
第二节　主要牧区家畜高效繁育及品种改良技术 …… 101
一、内蒙古牧区家畜高效繁育及品种改良技术 …… 101
二、新疆牧区家畜高效繁育及品种改良技术 …… 107
三、青海、西藏牧区家畜高效繁育及品种改良技术 …… 111
四、甘肃牧区家畜高效繁育及品种改良技术 …… 117
五、四川牧区家畜高效繁育及品种改良技术 …… 120
第三节　主要牧区草原牧养家畜饲料添加剂技术 …… 133
一、饲料添加剂及其应用状况 …… 133
二、主要牧区家畜饲料添加剂新技术及其应用 …… 136
第四节　主要牧区冷季高效养殖技术 …… 142
一、内蒙古牧区冷季高效养殖技术 …… 142

二、新疆牧区冷季高效养殖技术 …… 146
三、青海、西藏牧区冷季高效养殖技术 …… 150
四、甘肃牧区冷季高效养殖技术 …… 152
五、四川牧区冷季高效养殖技术 …… 155
第五节　主要牧区牛羊高效育肥技术 …… 157
一、主要牧区舍饲育肥技术 …… 157
二、主要牧区放牧加补饲育肥技术 …… 164
三、其他特殊育肥技术 …… 166
第六节　主要牧区草原放牧管理技术 …… 171
一、内蒙古牧区草原放牧管理技术 …… 171
二、新疆牧区草原放牧管理技术 …… 173
三、青海、西藏牧区草原放牧管理技术 …… 175
四、甘肃牧区草原放牧管理技术 …… 177
五、四川牧区草原放牧管理技术 …… 179
参考文献 …… 180

第四章　主要牧区生态高效草原牧养技术示范 …… 184

第一节　内蒙古牧区生态高效草原牧养技术示范 …… 184
一、西部荒漠草原生态高效草原牧养技术示范 …… 184
二、东部典型草原生态高效草原牧养技术示范 …… 189
第二节　新疆牧区生态高效草原牧养技术示范 …… 194
一、细毛羊冷季舍饲技术示范 …… 194
二、细毛羊二年三产技术示范 …… 194
三、细毛羊“穿衣”技术示范 …… 195
四、阿勒泰羔羊育肥出栏技术示范 …… 196
五、阿勒泰羊本品种选育提高技术示范 …… 196
六、奶牛性控冻精冷配技术示范 …… 197
七、暖季草场合理放牧制度技术研究与示范 …… 197
第三节　青藏高原牦牛、藏羊生态高效草原牧养技术示范 …… 200
一、青藏高原牦牛生态高效草原牧养技术示范 …… 200
二、青藏高原藏羊生态高效草原牧养技术示范 …… 213
第四节　甘肃牧区生态高效草原牧养技术示范 …… 221
一、绵羊冷季补饲技术示范 …… 221
二、羔羊早期断奶技术示范 …… 224
三、羔羊补饲技术示范 …… 225
四、甘肃高寒牧区燕麦青干草快速干燥技术示范 …… 227
五、高寒牧区冷季补饲和延迟放牧技术示范 …… 228
六、甘肃高山细毛羊妊娠后期母羊补饲技术示范 …… 229

七、绵羊精准饲养管理技术示范 …… 230
八、高寒牧区杂交改良技术示范 …… 234
九、高寒牧区羔羊短期育肥技术示范 …… 235
十、白牦牛犊牛补饲技术示范 …… 236
十一、高寒牧区燕麦施肥增产技术示范 …… 237
第五节　四川牧区生态高效草原牧养技术示范 …… 238
一、高产优质人工草地建植技术示范 …… 238
二、天然草地改良技术示范 …… 241
三、优质肥羔生产技术示范 …… 242
四、牦牛适时出栏技术示范 …… 242
五、牦牛杂交改良技术示范 …… 242
第六节　牧区草原环境容量评估技术示范 …… 243
一、牧区草原生物量监测模型 …… 243
二、牧区草地植被供给功能空间格局分析 …… 244
三、示范区草原环境容量评估 …… 249
参考文献 …… 254

第五章　主要牧区生态高效草原牧养技术模式 …… 256

第一节　内蒙古牧区生态高效草原牧养技术模式 …… 256
一、内蒙古典型草原生态高效牧养技术模式 …… 256
二、内蒙古荒漠草原生态高效牧养技术模式 …… 259
第二节　新疆主要牧区生态高效草原牧养技术模式 …… 263
一、冷季舍饲+暖季放牧技术模式 …… 263
二、牧民定居舍饲育肥技术模式 …… 266
三、天然草场放牧+草场补饲技术模式 …… 268
第三节　青藏高原牦牛、藏羊生态高效草原牧养技术模式 …… 268
一、青藏高原牦牛、藏羊良种繁育+暖棚培育+冷季补饲技术模式 …… 269
二、青藏高原藏羊高频繁殖技术模式 …… 275
三、青藏高原牦牛、藏羊放牧草地改良+人工种草+补饲技术模式 …… 278
第四节　甘肃牧区生态高效草原牧养技术模式 …… 282
一、人工种草+天然草原合理利用+冷季补饲技术模式 …… 282
二、天然草原季节性放牧+冬季暖棚+补饲技术模式 …… 287
三、高寒牧区青贮饲草+家畜改良+天然草原延迟放牧技术模式 …… 290
第五节　四川牧区生态高效草原牧养技术模式 …… 294
一、牦牛适时出栏技术模式 …… 294
二、优质犏牛生产技术模式 …… 297
参考文献 …… 300

第六章　主要牧区生态高效草原牧养轻简化实用技术 …… 302

实用技术一　牦牛补饲用营养舔砖生产技术 …… 302
实用技术二　苜蓿种植与利用技术 …… 302
实用技术三　祁连山高寒牧区优良牧草品种筛选、种植及利用技术 …… 303
实用技术四　退化羊草草地改良技术——浅耕翻 …… 303
实用技术五　新疆牧民放牧管理实用技术 …… 304
实用技术六　内蒙古白绒山羊春季休牧补饲技术 …… 304
实用技术七　优良地方品种绵羊选育及提纯复壮技术 …… 305
实用技术八　呼伦贝尔草甸草原合理放牧率控制技术 …… 306
实用技术九　当年羔羊放牧＋补饲育肥技术 …… 306
实用技术十　白牦牛冬季补饲生产技术 …… 307
实用技术十一　藏黄公牛与牦牛杂交改良技术 …… 307
实用技术十二　“4＋3”划区轮牧技术 …… 308
实用技术十三　羊草草甸草原生产力调控技术 …… 309
实用技术十四　祁连山高寒牧区羔羊短期育肥技术 …… 309
实用技术十五　7～8月龄阿勒泰羊冷季舍饲育肥技术 …… 310
实用技术十六　青藏高原牦牛良种繁育及改良技术 …… 310
实用技术十七　呼伦贝尔羊羔羊放牧补饲育肥技术 …… 311
实用技术十八　内蒙古白绒山羊精液冷冻保存技术 …… 311

第一章　中国主要牧区草原畜牧业发展现状

第一节　主要牧区草原资源

草原资源是我国国土资源的重要组成部分，是国民经济和生态环境保护的重要战略资源。据20世纪80年代草原资源调查，全国草原总面积3.93亿hm^2，可利用草原面积3.31亿hm^2（不含台湾、香港和澳门）。我国草原面积占世界总面积的12.5%，占国土面积的41.7%。我国草原面积分布最大的省（自治区）是西藏，为0.82亿hm^2；其次是内蒙古（0.79亿hm^2）、新疆（0.57亿hm^2）、青海（0.36亿hm^2）、四川（0.23亿hm^2）、甘肃（0.18亿hm^2）。六大牧区草原面积为2.95亿hm^2，约占全国草原总面积的75.06%。

我国草原类型繁多。按首次全国草地资源调查的分类原则，将我国草原划分为18个大类、53个组、824个草地类型。在类型之间，不同地域、不同季节之间，草地的生产力水平和营养价值存在很大差别。我国草原面积广袤，跨越了5个气候带，生态环境复杂多变，孕育了6 700余种牧草和饲用植物，分属5个植物门246个科1 545个属，其中，约有320种是我国特有的物种资源。

一、内蒙古草原资源

（一）内蒙古草原自然环境概况

内蒙古自治区位于中国北部，南北最宽处约1 700 km，东西直线长约2 400 km，呈狭长弧形，土地面积118.3万km^2，平均海拔1 000 m左右。地形主要由山地、丘陵、高平原、平原等地貌单元构成。内蒙古高平原是内蒙古草原的主体，从东北向西南延伸3 000 km，南北最宽处约540 km，海拔在900～1 300 m。

内蒙古草原属大陆性气候，其特征为：温度分布趋势自东北向西南递增；年降水量分布趋势与温度分布趋势相反，从东北向西南递减，形成了热量多降水量少、热量少降水量多的水热分布不平衡格局；降水集中于夏季高温期，6～9月占全年降水量的60%～75%，水热同期，有利于牧草生长；全区大部地区降水少，从西往东年降水量为50～450 mm，干旱严重。温差大，日照充足、太阳能丰富，冬、春季多大风。

内蒙古高平原主体自东向西依次分布着黑土、黑钙土、栗钙土、棕钙土、漠钙土和灰棕漠土等地带性土壤。在地带性土壤带内，由于局部生境条件的变化，还出现一些隐域性土壤，如草甸土、沼泽土、盐土、碱土、风沙土和灌淤土等。

（二）内蒙古草原资源特征及其利用状况

1. 内蒙古草原资源特征　依据“中国草地类型分类的划分标准和中国草地类型分类系统”，内蒙古草原共有8大草地类21个草地亚类134个草地组476个草地型。包括草甸草原类、典型草原类、荒漠草原类、草原化荒漠类、荒漠类、山地草甸类、低平地草甸类和沼泽类。

（1）草甸草原类　草甸草原类集中分布于大兴安岭山地及岭西、岭东的高平原和低山丘陵地上；大青山和冀北山地有零星分布，是内蒙古草原的一个主要类型，总面积为862.87万hm^2，占内蒙古草地总面积的10.95%。其中可利用面积760.49万hm^2，占内蒙古可利用草地面积的11.96%。含3个亚类23个草地组66个草地型。草原产草量高，平均每公顷产干草1 753.5 kg，最高达3 300 kg，平均可食草产量 1 176 kg。此类草原的质量以面积计算，优质占 37.8%，中质占 31.9%，低质占 30.3%，属中上等。

(2) 典型草原类　典型草原类是内蒙古天然草地的主体，总面积 2 767.34 万 hm^2，占内蒙古天然草地总面积的 35.12%；可利用面积 2 422.52 万 hm^2，占可利用总面积的 38.1%。这一类草原广泛分布于内蒙古高原、西辽河平原及阴山南部与晋、陕高原相连接的黄土丘陵 3 块大的自然区域内。含 3 个亚类 30 个草地组和 147 个草地型。平均每公顷产干草 967.05 kg，可食干草 579.6 kg。草原质量主要为良等和中等，分别占此类草原总面积的 42.67%和 25.3%；产量多是 6 级和 5 级。

(3) 荒漠草原类　荒漠草原类主要分布于阴山山脉以北的内蒙古高平原中部偏西地区，整体上呈东北—西南方向的狭长带状分布。该类草原总面积 842 万 hm^2，可利用面积 765.28 万 hm^2，分别占内蒙古草地总面积和可利用面积的 10.69%和 12.03%。含 3 个亚类 16 个草地组 49 个草地型。生产力特点是低而不稳。平均每公顷产干草 494.25 kg，可食草产量 247.13 kg。产草量年度间的波动性也较大，丰、歉年相差 4～5 倍，主要受降水量的制约。草地质量比较高，二等、三等草地分别占本类草原总面积的 74.7%和 21.1%。

(4) 草原化荒漠类　草原化荒漠类主要分布于荒漠草原的西侧，向西同典型荒漠相连接，海拔 1 000～2 000 m，为东北—西南走向的狭长带状。地貌多为碎石山地、残丘和高平原。总面积 538.65 万 hm^2，可利用面积 479.28 万 hm^2，分别占内蒙古天然草地总面积和可利用面积的 6.84%和 7.54%。含 3 个亚类 15 个草地组 44 个草地型。草群植被稀疏，盖度在 10%左右，地表有较大的裸露面积。每公顷产干草 546.6 kg。

(5) 荒漠类　荒漠类分布于狼山西北，桌子山、贺兰山以西的广大高平原地区，海拔 1 000～1 500 m，属于亚洲中部荒漠区的东缘。分布区内干燥而剥蚀强烈。总面积 1 692.31 万 hm^2，可利用面积 941.71 万 hm^2，分别占内蒙古草地总面积和可利用面积的 21.47%和 14.81%。含 4 个草地亚类 15 个草地组 55 个草地型。该类草地生产力很低，平均每公顷产可食干草 129.6 kg，冷季可食草保存量 85.35 kg。草地地域辽阔，是骆驼和山羊的主要生产基地。草地生态系统脆弱。

(6) 山地草甸类　山地草甸类属于非地带性草地类。主要分布在大兴安岭山地的森林带内。在大青山、贺兰山及冀北山地上亦有少量分布。总面积 148.63 万 hm^2，占内蒙古草地总面积的 1.89%。其中可利用草地面积 130.56 万 hm^2，占内蒙古草地可利用面积的 2.05%。含 2 个亚类 12 个草地组 21 个草地型。草地的植被主要由多年生中生草本植物组成。草地生产力居各类草地生产力之首，但地区间变异较大，平均每公顷产干草 2 765.4 kg，最高达 3 039.9 kg，最低为 701.55 kg。

(7) 低地草甸类　主要分布在河漫滩、低湿洼地、山间谷地、丘间盆地、环湖地带及沙地中的坨间低地。总面积 926.41 万 hm^2，占内蒙古草地总面积的 11.76%，其中可利用面积 776.74 万 hm^2，占内蒙古可利用草地面积的 12.22%。含 3 个亚类 20 个草地组 82 个草地型。草群植物种类丰富，盖度大，高度高。平均每公顷产干草 2 099.4 kg，可食草产量 1 308.3 kg。草地中等中产的类型占多数。利用价值很高，是优良的春、夏放牧地。目前退化较严重。

(8) 沼泽类　属于非地带性草地类，主要分布于有地表积水、土壤过湿并常有泥炭积累的生境中。草地面积 82.09 万 hm^2，占内蒙古草地总面积的 1.04%。含 3 个草地组 9 个草地型。该类草地平均每公顷产干草 2 560.2 kg，可食草产量 1 024.05 kg，冷季可食草保存量 996.15 kg。主要作打草场或冬季放牧场。

2. 内蒙古草原资源利用状况评价　内蒙古地带性类型草原的载畜量随着干旱程度的增加而降低。载畜量高的草甸草原类与载畜量低的荒漠类之间相差 7 倍多。自然条件较好的非地带性草地表现出较高的载畜量。通过定点监测载畜量年度动态，以每绵羊单位每年需草地的公顷数（hm^2/绵羊单位）来表示，则草甸草原为（0.78±0.07）hm^2/绵羊单位，典型草原为（1.79±0.42）hm^2/绵羊单位，荒漠草原为（5.06±1.76）hm^2/绵羊单位，草原化荒漠为（4.88±1.93）hm^2/绵羊单位，荒漠为（6.39±1.79）hm^2/绵羊单位。其中草原化荒漠年度间变异最大，草甸草原变异最小，这与不同类型草原的水热稳定性有直接关联。

自内蒙古自治区成立以来，草原牲畜饲养量处于持续增长状态。而同期如果不考虑草原面积的减少，每绵羊单位平均拥有草原面积则持续减少。牲畜绝对数量增加，单位面积放牧压力增大，许多草原的同期载畜率超过了载畜量，造成草地大范围退化。20 世纪 70 年代中期，退化草原面积占全区可利用草原面积的 30%，80 年代中期占 40%，90 年代达 70%，年均退化速度 2%以上。退化草原的第一性生产力比 20 世纪 50 年代降低了 30%～50%，载畜量相应下降。

二、新疆草原资源

（一）新疆草原资源概况

1. 自然环境概述 新疆维吾尔自治区位于祖国西北边陲，地处中温带极端干旱荒漠地带。全区面积 166.49 万 km^2，占祖国陆地面积的 1/6，是我国内陆面积最大的行政省区。新疆地处欧亚大陆中心地带。地貌总体轮廓是“三山夹二盆地”。从北向南分属阿尔泰山、准噶尔以西山地、准噶尔盆地、天山、塔里木盆地和南部山区六大地貌单元。

新疆属温带大陆性气候。天山南、北分处暖温带和中温带。具有干旱少雨，多大风；冬季寒冷漫长，夏季炎热短促，春秋气温变化剧烈；日照丰富，蒸发强烈，昼夜温差大等气候特征。境内复杂的地势对气候的影响程度也很显著，山地和平原的高差造成明显的气候分化，山脉对盆地的环绕和阻隔又形成一系列地形上的气候差异与特殊的局地气候。

新疆是典型的内流区域，除西北部额尔齐斯河北注北冰洋、西南喀喇昆仑山区奇普恰特河向南流入印度洋外，其余均注入内陆湖泊或消失于沙漠中。新疆共有河流 570 条，平均年径流总量 882 亿 m^3，平原区年可开采地下水资源量约 159 亿 m^3。

新疆土壤的发育与分布受地形、基质、气候、水文条件与生物活动的制约。新疆土壤分为在自成条件下形成的地带性（显域）的温带和暖温带荒漠土壤，非地带性（隐域）的受地下水或部分地表水侵润的一系列水成土壤，盐渍化和与脱盐相联系的一系列盐化—碱化土壤，在山地条件下产生特殊的垂直类型系列的土壤。

2. 草原资源概况 新疆天然草原面积辽阔，资源丰富，根据 1980 年代草场普查，草原总面积 5 733.3 万 hm^2，可利用面积 4 800 万 hm^2，占新疆国土总面积的 34.4%，居全国第三位。由于独特的地理位置和复杂的地貌结构，新疆草地类型丰富多彩，在全国 18 个草地大类中新疆有 11 个，涵盖了温带地区的全部草地类型。

（二）新疆草原资源特征及其利用状况

1. 新疆草原资源特征 新疆天然草地主要分布在阿勒泰山、天山、昆仑山山区及山前平原和南北疆准噶尔、塔里木两大盆地的周围。不同山系的草地垂直带特征差异明显。阿尔泰山西南坡各类草地垂直分布：草原化荒漠海拔 1 000～1 200 m，海拔 1 500 m 以下为草原带，海拔 1 600 m 以下为草甸草原，海拔 2 400 m 以下为山地草甸，高寒草甸的上线到海拔 3 000 m。天山北坡中段草地垂直分布：荒漠海拔 900～1 400 m，荒漠草原海拔 1 200～1 700 m，草原带海拔 1 700～2 000 m，草甸草原海拔 1 800～2 200 m，山地草甸海拔 2 000～2 700 m，高寒草甸海拔 2 700～3 400 m。天山南坡中段草地垂直分布：荒漠海拔 1 400～2 100 m，荒漠草原海拔 2 100～2 500 m，草原带海拔 2 500～3 000 m，草甸草原海拔 2 600～3 100 m，高寒草原海拔 3 000～3 700 m。帕米尔高原草地垂直分布：高寒荒漠海拔 3 600～4 000 m，高寒草原化荒漠海拔 3 900～4 400 m，高寒草原海拔 4 200 m 以上。中昆仑山北坡草地垂直分布：海拔 2 800 m 以下为荒漠，草原化荒漠海拔 2 800～3 000 m，荒漠草原海拔 3 000～3 200 m，草原带海拔 3 200～3 600 m，高寒草原海拔 3 600～3 800 m，高寒草甸海拔 3 800～4 200 m。阿尔金山北坡草地垂直分布：荒漠海拔 3 400～3 700 m，高寒荒漠草原海拔 3 700～4 000 m，高寒草原海拔

4 000～4 400 m。

20 世纪 80～90 年代草场普查资料显示：优等草场为 338.21 万 hm^2，占 5.91%；良等草场 1 730.98万 hm^2，占 30.23%；中等草场 1 686.17 万 hm^2，占 29.45%；低等草场 1 446.46 万 hm^2，占 22.26%，劣质草场 524.06 万 hm^2，占 9.15%（表 1 - 1）。

表 1 - 1　新疆各类天然草地鲜草产草

草地类型	面积（万 hm^2）	20 世纪 80 年代产量（kg/hm^2）	2005—2008 年产量（kg/hm^2）
温性草甸草原类	116.60	3 721.5	2 708.2
温性草原类	480.77	1 627.5	1 433.3
温性荒漠草原类	629.88	997.5	1 008.6
高寒草原类	433.19	766.5	1 002.8
温性草原化荒漠类	441.85	856.5	830.5
温性荒漠类	2 133.19	894.0	749.5
高寒荒漠类	111.75	255.0	517.5
低平地草甸类	688.58	3 441.0	2 787.2
山地草甸类	287.06	5 892.0	4 536.8
高寒草甸类	376.37	2 914.5	2 360.3
沼泽类	26.66	6 645.0	8 040.4
合计	5 725.88		

据调查，新疆可饲用的天然野生牧草 2 930 余种，其中在草地中分布数量最大饲用价值较高的有 382 种，占牧草资源总数的 13.04%，它们分布于不同的生态地理区域内，是各类草地的主要建群种和优势种。菊科、豆科、禾本科、藜科、莎草科 5 科的牧草种类最为丰富，构成了新疆草地牧草资源的主要部分，其中，菊科牧草 395 种，豆科牧草 345 种，禾本科牧草 342 种，藜科牧草 149 种，莎草科牧草 122 种。在新疆牧草资源中，在国内仅产于新疆的种类相当丰富，其中，禾本科牧草 84 种，豆科牧草 76 种，菊科牧草 25 种，莎草科牧草 27 种，藜科牧草 30 种，蔷薇科牧草 21 种，其他牧草6 种。

2. 新疆草原资源利用状况评价　新疆天然草原的利用方式主要分为季节性放牧利用和割草两类，根据 20 世纪 80 年代草场普查统计，放牧场 5 725.88 万 hm^2，割草场 155.17 万 hm^2。依据气候、地形和水源等条件，不同类型草场在不同时间进行休闲与放牧利用是新疆草原畜牧业生产的基本特征。按照放牧利用的季节，可以把新疆放牧草场分为夏季放牧场、春秋季放牧场、冬季放牧场、夏秋季放牧场、冬春季放牧场、冬春秋季放牧场和全年放牧场（表 1 - 2、表 1 - 3）。

表 1 - 2　新疆各季节放牧场面积（万 hm^2）

季节草场	总面积		可利用面积	
	面积	比例（%）	面积	比例（%）
夏季放牧场	694.84	12.14	638.56	13.30
春秋季放牧场	1 083.40	18.92	943.49	19.65
冬季放牧场	1 766.15	30.84	1 396.10	29.08
夏秋季放牧场	481.28	8.41	397.09	8.27
冬春季放牧场	401.64	7.01	352.10	7.34
冬春秋季放牧场	369.39	6.45	336.87	7.02
全年放牧场	929.18	16.23	736.47	15.34
合　计	5 725.88	100	4 800.68	100

资料来源：根据 20 世纪 80 年代草场普查资料统计。

表 1-3　新疆各季节载畜量平衡变化情况（万羊单位）

季节放牧场	20 世纪 50 年代			20 世纪 80 年代			2005—2008 年		
	估测载畜量	实际载畜量	平衡状况	估测载畜量	实际载畜量	平衡状况	估测载畜量	实际载畜量	平衡状况
夏季放牧场	4 339.5	1 900.1	439.4	3 622.7	2 704.8	918.0	3 390.43	4 270.89	880.46
春秋季放牧场	2 777.9	1 560.3	1 217.6	1 318.0	1 912.6	−594.6	1 742	2 718.87	976.75
冬季放牧场	2 015.4	1 468.3	547.1	2 085.7	2 119.6	−33.9	2 110.91	1 768.40	−343
夏秋季放牧场				430.3	337.7	92.6			
冬春季放牧场				240.3	260.4	−20.1			
冬春秋季放牧场				346.4	779.7	−433.3			
全年放牧场				541.5	1 103.1	−561.6			

三、青海、西藏草原资源

（一）青海、西藏草原资源概况

1. 青海草原资源概况　青海省地处青藏高原东北部，全省均属高原范围之内，地貌多样。全省平均海拔 3 000 m 以上，最高点昆仑山的布喀达板峰为 6 860 m，最低点在民和下川口村，海拔为 1 650 m。在总面积中，平地占 30.1%，丘陵占 18.7%，山地占 51.2%；海拔高度在 3 000 m 以下的面积占 26.3%，海拔 3 000～5 000 m 的面积占 67%，海拔 5 000 m 以上占 5%，水域面积占 1.7%。海拔 5 000 m 以上的山脉和谷地大都终年积雪，广布冰川。山脉之间，镶嵌着高原、盆地和谷地。西部极为高峻，自西向东倾斜降低，东西向和南北向的两组山系构成了青海地貌的骨架。其地形可分为祁连山地、柴达木盆地和青南高原三个自然区域。

全省天然草地面积约为 3.65×10^{7} hm^2，占全省土地总面积的 49.9%。青海省植被类型多样，分布错综复杂。以草甸植被为主，其次是荒漠植被和草原植被。草甸植被是青海省面积最大的植被类型。其中，以高寒草甸植被为主，主要分布于青南高原和祁连山地。草原植被包括温性草原和高寒干草原两种类型。温性草原主要分布于湟水和黄河流域谷地及两侧山地；高寒干草原集中分布于青南高原西部和北部海拔 4 000 m 以上的高原区。荒漠植被主要分布于柴达木盆地和茶卡盆地，在湟水和黄河下段河谷两侧山麓亦有零星分布。

2. 西藏草原资源概况　西藏自治区平均海拔 4 000 m 以上，是青藏高原的主体部分，有着“世界屋脊”之称。大体分为 3 个不同的自然区：北部藏北高原，位于昆仑山、唐古拉山和冈底斯山、念青唐古拉山之间，占全自治区面积的 2/3；在冈底斯山和喜马拉雅山之间，即雅鲁藏布江及其支流流经的地方，是藏南谷地；藏东是高山峡谷区，为一系列由东西走向逐渐转为南北走向的高山深谷，系著名的横断山脉的一部分。地貌分为极高山、高山、中山、低山、丘陵和平原 6 大类型，还有冰缘地貌、岩溶地貌、风沙地貌、火山地貌等。

全区有天然草原面积 8 205.2 万 hm^2，占西藏国土面积的 68.1%，占全国天然草原总面积的 1/5，其中可利用草原面积 5 500 万 hm^2，占西藏天然草原总面积的 67.03%。西藏草地植物资源种类丰富，西藏草地植物共有 3 171 种，其中饲用植物 2 672 种，隶属 83 科和 557 属。西藏的草地类型主要有以下几种。

（1）高山草甸草地类　这类草地主要分布在昌都、拉萨和那曲地区的东部、北部，北部与青海玉树和果洛自治州的高山草甸、东部与四川甘孜藏族自治州的高山草甸相连接构成我国高山草甸的主要分布区，在南部的喜马拉雅山，中部冈底斯山的高山地带都可见到，是西藏草地中最主要的一类，面积约 4 000 万 hm^2，占全区草地面积的 40.6%。饲草总贮藏量约 340.6 亿 kg。

（2）高原宽谷草原草地类　它是西藏草地中两大主要类型之一。面积约 3 066.37 万 hm^2，占总草地面积的 37.3%，饲草年总量约为 127.35 亿 kg。

（3）山地草原草地类　主要分布在雅鲁藏布江中上游及其支流的中下流和东部三江中游。面积约 666.67 万 hm^2，占全藏草地总面积的 8.3%多，饲草总量为 91.8 亿 kg。

（4）山地荒漠草地类　分布在阿里西部冈底斯山西端，阿依拉日居山（拉达克山）、西喜马拉雅内部一系列山地、河谷地区。面积为 233.34 万 hm^2。

（5）高原荒漠草地类　主要分布在阿里北部的喀喇昆仑山和昆仑山之间，属羌塘北部高原。面积为 173.34 万 hm^2。

（6）低洼沼泽化草甸草地类　这类草地分布广，占西藏草地面积的 6.7%，约有 533.34 万 hm^2，是西藏草地中产量最高的一类。

（二）青海、西藏草原资源特征及其利用状况

1. 青海草原资源特征及其利用状况

（1）草原资源丰富，类型多样　由于青海所处的地理位置和气候条件，草原类型多样，依据中国草地类型分类系统，青海草原分为 10 个类 95 个型。

（2）草原资源质量等级多，优良草地少　青海草原资源的地域性分布造成了草原资源质量的差异：在高原大陆性气候的综合影响下，牧草生长期一般为 80～150 d。牧草低矮，产量低，只能放牧利用。青海省草原以良、中等品质的低、中产草地为主。

（3）嵩草属和针茅属牧草起主要作用　嵩草属和针茅属的植物是高寒草甸类、高寒草原类和温性草原类草地的建群和优势种。虽然牧草种类较少，但在草地中分布广，个体数量多。特别是嵩草属牧草不仅营养价值高，而且形成的草地耐牧性强，在高寒草甸类草地中起着重要作用。

（4）高寒草甸类是草原资源的主体　高寒草甸类草地面积和可利用面积为 2 320.9 万 hm^2 和 2 107.06万 hm^2，分别占高寒草地的 78.42%和 79.84%。高寒草甸类草地面积大，优良牧草种类多，草质柔软，适口性强，营养丰富，耐牧性强，为藏羊和牦牛的优良放牧地。

（5）草原资源“质”和“量”季节失衡　青海可放牧利用草原面积 3 153.07 万 hm^2，占草原总面积的 86.7%，放牧利用多施行两季轮换制，冬春和夏秋牧地面积分别为 1 811.62 万 hm^2 和 1 825.35万 hm^2。冬春牧地利用时间一般为 8 个月，因此，要求冬春放牧地的面积应是夏秋草地面积的 1～2 倍，而实际面积结构是夏秋占 50.19%，冬春占 49.81%，且牧草营养成分含量随季节变化差异很大。草地牧草贮藏量和营养成分在季节分配上的差异，构成了饲草供应的季节不平衡。

（6）草原资源退化和衰减加速　青海草原理论载畜量 2 900.36 万羊单位，实际超载 900 万羊单位，即超理论载畜量的 30%。

（7）草原鼠虫危害严重　青海省鼠虫害面积占草原总面积的 35.01%。主要害鼠种类有高原鼠兔和高原鼢鼠，平均有效洞口数 412.15 个/hm^2，最高达 1 334 个/hm^2。受草原鼠虫的危害，全省草原每年约损失鲜草 75 亿 kg，相当于 350 羊单位的年饲草量。虫害发生期草原毛虫和蝗虫平均虫口密度 107 头/m^2。

2. 西藏草原资源特征及其利用状况

（1）牧草种质资源丰富　西藏的植物种类极其丰富，仅次于云南、四川。草地植物中含 100 种以上的科有菊科、禾本科、豆科、毛茛科、蔷薇科、石竹科、十字花科、莎草科、龙胆科、玄参科和唇形科 11 科 1 858 种，占草地植物种数的 61.3%；从草地的建群种、优势种、分布面积和草质、产草量来看，禾本科、莎草科和菊科在草地群落中的作用最大，含有的饲用植物特别是优良饲用植物种类多、数量大，以它们为优势种的草地类型分布广泛，面积辽阔。

（2）牧草营养特性　西藏草地牧草营养物质含量丰富，粗蛋白含量大都在 10%以上，占分析样品数的 81.6%；粗脂肪含量在 2%以上的，占分析样品数的 86.4%；无氮浸出物的含量在 40%以上

的，占分析样品数的80%；粗纤维含量在30%以下的，占分析样品数的63.23%。简言之，牧草具有蛋白质含量高、脂肪含量高、无氮浸出物含量高和粗纤维含量低“三高一低”的显著特点。

(3) 牧草种质抗逆性强　干旱寒冷是限制西藏牧草饲料作物高产的主要环境因素，西藏优异野生牧草是经过长期自然选择保存下来的种质，本身具有对当地生态环境高度的适应性和抗逆性，具有对干旱、寒冷、风沙、盐碱等条件的长期适应性，而且产量较高，适口性较好，营养价值高。具有生态幅度广、生命力顽强和生育期短等特点。

(4) 暖季放牧草地　暖季草地牧草一般在5月上中旬开始返青，此时为暖季草地放牧开始期。至9月日平均气温降到0℃以下，牧草枯黄，家畜必须转入海拔较低、气温较高的冷季草地放牧。此时即暖季草地的放牧终止期。暖季草地一般放牧120～180 d，大多数地区为150 d左右。

(5) 冷季放牧草地　背风向阳，山地林线以下地势较平缓，可以用于冷季放牧利用的草地，被划定为冷季草地。冷季草地利用时间较长，东南部地区为10月下旬至翌年5月上旬利用，西北部地区10月上旬至翌年5月底利用，大多数地区冷季草地要利用215～245 d。

四、甘肃草原资源

(一) 甘肃草原资源概况

1. 自然环境概述　甘肃省位于我国中北部，处在黄土高原、内蒙古高原、青藏高原的交汇地带。沿青藏高原东北缘，呈西北—东南狭长状。境内以山地和高原为主，海拔大都在1 000 m以上。甘肃深居内陆，大部分地区气候干燥。冬季漫长寒冷，雨雪少；夏季短促，气温高，降水集中。甘肃省年平均降水量在35～900 mm，而大部分地区年降水量都不足500 mm。年降水量的空间分布差异很大，总趋势是随东南季风的减弱，由东南向西北迅速递减。甘肃省土壤受地形、气候等综合自然条件及生物因素的影响，地带性分布比较明显。主要包括山地黄棕壤、黑钙土、灰钙土等6类。

2. 草原资源概况　甘肃拥有天然草原1 787万hm^2，占全省国土面积的39.4%。天然草原大多分布于甘南高原、祁连山—阿尔金山山地及北山一带。根据1988年3月农牧渔业部印发的《中国草地类型的划分标准和中国草地类型分类系统》，甘肃天然草地植被划分为14个类19个亚类41个组88个草地型。

(1) 暖性稀树灌草丛类　集中分布在黄土高原石质山地薪炭林、涵养林、用材林林地的外缘和陇南南部海拔2 000 m以下的河谷地段。总面积262 869 hm^2，利用面积219 793 hm^2。有1个组4个草地型。

(2) 暖性灌草丛类　草地植物组成为灌木和草本两种生活型。总面积173 933 hm^2，利用面积152 230 hm^2。此类有1个组3个草地型。

(3) 暖性草丛类　草丛草地与农田、草甸草原镶嵌分布。总面积487 096 hm^2，利用面积419 083 hm^2。本草地类有2个组7个草地型。

(4) 温性草甸草原类　在甘肃主要分布在秦岭以北黄土高原南部的广大狭长地带。本草地类的建群种植物为中旱生或广旱生多年生草本植物，混生有中生或旱生植物，但典型的旱生丛生禾草一般不占优势，总面积773 009 hm^2，利用面积681 120 hm^2。本草地类有2个组6个草地型。

(5) 温性草原类　由典型旱生或广旱生植物组成的，以旱生丛生禾草为优势，伴生着少量中旱生牧草，有时混生旱生灌木或小半灌木群落。主要分布在陇东北部、陇中会宁、榆中等黄土高原中部残塬梁峁沟壑，是半干旱气候类型的代表植被，居于草甸草原和荒漠草原中间。总面积2 595 786 hm^2，利用面积2 404 925 hm^2。本类下分2个亚类5个组7个草地型。

(6) 温性荒漠化草原类　本草地类是草原向荒漠过渡的一个类型，地处半干旱向干旱区的过渡地带。草地建群种由旱生丛生小禾草组成，亦有强旱生小半灌木混生。主要分布在黄河以北的黄土高原和祁连山山前海拔2 300～2 450 m的浅山地带或山前倾斜平原。草地总面积1 049 798 hm^2，利用面积

919 002 hm^2。本草地类有2个亚类4个组5个草地型。

（7）温性草原化荒漠类　甘肃黄土高原北部与阿拉善、鄂尔多斯高原交接地段为其主要分布区。总面积703 710 hm^2，利用面积587 189 hm^2。按土壤基质划为2个亚类3个组6个草地型。

（8）温性荒漠类　该类是一种简单稀疏植被，是极端干旱区的代表植被。其草地面积4 705 994 hm^2，利用面积3 852 731 hm^2。本草地类有4个亚类5个组15个草地型。

（9）高寒荒漠类　是由耐寒、干旱垫状小半灌木组成的一种植被。甘肃主要分布在祁连山高山带和阿尔金山高山带，其代表性草种是垫状驼绒藜。总面积18 927 hm^2，利用面积14 559 hm^2。本草地类有1个组1个草地型。

（10）高寒草原类　这类草原也称为冻草原或亚高山、高山、寒生、高寒草原等，这里统称为高寒草原。分布总面积1 479 716 hm^2，利用面积1 401 508 hm^2。该类有2个亚类2个组2个草地型。

（11）高寒草甸类　甘肃最典型、面积较大、分布较广的高寒草甸，主要分布于甘南高原和祁连山山地，黄土高原岛状石质山地上部亦有分布。总面积664 648 hm^2，利用面积640 840 hm^2。本类下分2个亚类3个组7个草地型。

（12）高寒灌丛草甸类　甘肃高寒灌丛草甸出现在海拔在3 200（2 700）～4 000（3 800）m的山地寒温针林缘和亚高山灌丛带，常与团块状针叶林和亚高山灌丛交错、镶嵌分布，草群中常混生着林下和林窗草本植物。总面积有4 317 111 hm^2，利用面积4 131 786 hm^2。本草地类有3个亚类7个组19个草地型。

（13）低平地草甸类　它包括沼泽化草甸和盐生草甸两个较典型的隐（泛）域植被。因分布区同属低湿地并称为低平地草甸类。草地总面积643 900 hm^2，利用面积621 313 hm^2。此类分为2个亚类4个组5个草地型。

（二）甘肃草地资源特征

1. 草地类型多样，区系复杂　甘肃位于黄河上游，地处黄土高原、内蒙古高原与青藏高原交汇处，是全国唯一横跨青藏高原区、西北干旱区和东部季风区三大自然区的省份，分属黄河、长江、内陆河三大流域。其气候、地貌和自然土壤—植被集各地理景观之特点于一体，构成甘肃天然草地过渡性明显，类型多样，区系复杂等特点。在全国18个草地类中，甘肃有15个草地类，占全国草地类数的83%。

2. 天然草地面积大，主要分布于甘南、祁连山等少数民族聚集区　甘肃拥有草原面积1 767万hm^2。主要分布在甘南高原，祁连山、阿尔金山山地和河西走廊地区，以高寒灌丛草甸、温性荒漠和温性草原为主，是全省少数民族主要聚居地区和畜牧业生产基地。甘肃草原对维护生态安全、涵养水源、防风固沙、发展牧区经济、维护民族稳定等具有极其重要的作用。

3. 牧草种质资源丰富　甘肃草地资源中拥有天然植物资源154科716属2 129种。在草地牧草群落组成中作用最大的有禾本科的80属254种，菊科的76属306种，蔷薇科的29属102种，豆科的32属127种，莎草科的7属71种，蓼科7属34种，藜科19属57种。其中以禾本科牧草的经济价值和作用最为突出。

4. 季节畜牧业特征明显，草地生产力年际变化大　甘肃草原大多数地处高海拔寒冷地区，夏季短暂而冬季寒冷漫长，一般长达7个月之久。这种气候特点决定了甘肃草原，特别是地处青藏高原的高寒草原牧区，牧草生长于家畜需求之间的不平衡性。另外，甘肃草原牧区由于受大陆性气候控制，年降水变化较大，进而导致草地生产力年际变化大。这种波动性的草地生产对发展集约化高效牧区畜牧业带来极大挑战。

五、四川草地资源

（一）四川草原资源概况

四川草原面积共有2 086.67万hm^2，占全省辖区面积的43%。可利用天然草原面积1 766.67万hm^2，占全省草原总面积的84.7%。集中连片分布在甘孜、阿坝、凉山3个民族自治州，主要分布在海拔2 800～4 500 m的地带，属于青藏高原高寒草甸和高寒草原区。

草原区气候以高原气候为主，具有明显的旱季和雨季之分。旱季多大风，日照多，湿度小，日温差大；雨季多冰雹雷电，日照少，湿度大，日温差小。年均温为－1～6 ℃，≥10 ℃年积温不足1 000 ℃；年降水量为500～800 mm，90%集中在4～10月；年平均相对湿度为60%～70%；年日照时数2 000～2 600 h，年总辐射量为5 000～6 500 MJ/m²。

（二）四川草原资源特征及其利用状况

1. 四川草原资源特征　四川草原类型多样，共有11类35组126个型，海拔270～5 500 m均有分布。草原面积最大的前三类依次是高寒草甸草地类、高寒灌丛草地类、山地灌草丛草地类，分别占全省草原总面积的49%、15%、9%。天然草原牧草构成以禾本科、豆科、莎草科和杂类草为主，其中，禾本科植被107属355种，豆科植物64属213种（表1-4）。

表1-4　四川省天然草原各类组草地状况

草地类	可利用面积（万hm²）	平均鲜草产量（kg/hm²）	鲜草产量（万kg）	折合标准干草（万kg）
高寒草甸草地类	880.3	4 171.5	3 671 983.3	1 126 742.6
高寒沼泽草地类	92.7	4 174.5	387 092.9	122 886.6
高寒灌丛草地类	250.8	3 741	938 277.5	273 364.4
亚高山疏林草甸草地	25.6	3 877.5	99 285.0	31 519.0
山地草甸草地类	20.6	4 516.5	93 219.9	31 413.8
山地疏林草丛草地类	121.2	5 674.5	687 680.6	218 311.3
山地灌草丛草地类	162.0	6 066	982 530.3	293 123.1
山地草丛草地类	48.8	5 362.5	283 730.8	90 073.3
干旱河谷灌木草丛草地类	25.4	4 864.5	123 440.7	39 187.5
干旱稀树草丛草地类	5.3	4 366.5	22 948.7	7 285.3
农隙地草地类	137.7	5 484	755 140.0	204 105.5
合计	1 770.4		8 045 329.7	2 438 012.4

2. 四川草原资源利用状况评价　2012年，全省各类饲草产量共计2 936.7亿kg，折合干草788.9亿kg，载畜能力8 656.5万羊单位。其中，天然草原鲜草产量804.5亿kg，人工草地鲜草产量671.0亿kg，秸秆利用折合干草370.0亿kg。

2012年，3个州草原实际载畜量共3 850.3万羊单位，合理载畜量3 099.7万羊单位。全省牧区超载率24.2%。其中，甘孜州实际载畜量1 309.1万羊单位，超载率21.8%；阿坝州实际载畜量1 092.2万羊单位，超载率23.8%；凉山州实际载畜量1 449.0万羊单位，超载率26.8%。

第二节　主要牧区草原保护及人工草地建设

新中国成立以来，国家对草原的认知和草原政策的发展变化大体可划分为3个阶段。新中国成立之初到“文化大革命”结束，基本是积极扩大耕地面积，突出解决粮食和棉花供给，保障民生阶段；随后一直到20世纪末，逐渐向草原经济功能和生态功能并重的方向发展，是对草原认知的转型阶段；21世纪初至今，国家对草原的政策实现了从以经济为主向生态保护目标为主的战略转移，草原生态建设得到空前的重视和加强。

改革开放以来，国家对草原保护建设的投入力度不断加大，特别是2000年以后，先后实施了草原植被恢复与建设、牧草种子基地、草原围栏、退牧还草、京津风沙源治理工程、育草基金、草原防火、草原治虫灭鼠、飞播牧草等草原保护建设项目，累计投资278亿元。

我国大面积人工草地建设是1979年在全国开展飞机播种牧草后逐步发展起来的，尤其是1996年，由于农业结构调整，强化引草入田、草田轮作、退耕还草等措施的实施，人工草地建植面积逐年扩大。到2007年，全国保留种草面积2 391万hm^2，其中人工种草面积1 318万hm^2。此后，由于粮食生产效益和种草效益的比价差异等原因，人工种草面积又逐年下降，至2009年年底，全国保留种草面积为2 064万hm^2，其中人工种草面积1 143万hm^2。

一、内蒙古牧区草原保护及人工草地建设

（一）草原保护与建设概况

2000年，国家启动了京津晋冀蒙五省（自治区）的京津风沙源治理工程。2002年，国务院批复内蒙古列入工程区面积3 690万hm^2，占内蒙古总土地面积的31.9%，涵盖草原面积2 663.2万hm^2。2002年，国务院下发了《国务院关于加强草原保护与建设的若干意见》。当年，启动了草原退牧还草工程。内蒙古的31个旗（县）被列入工程范围，退牧还草任务1 449.3万hm^2。2010年10月，国务院决定，在全国8个主要草原牧区省区实施草原生态保护补助奖励机制，中央财政每年投入134亿元，主要针对牧民草原禁牧、草畜平衡、牧草良种及牧民生产资料进行补贴。

（二）草原保护与建设技术

保护与建设技术主要包括人工草地建设、配套草库伦建设、草地改良（封育、施肥、灌溉、浅耕翻、补播、灌丛带状种植等）、围栏封育、飞播种草及休牧、禁牧与划区轮牧等。其中，自21世纪初开始实施的草地休牧、禁牧与划区轮牧制度（称为“新三牧”政策），为天然草地的休养生息，避免进一步退化，促进退化沙化草地的恢复发挥了极其重要的作用。多数地方实施“新三牧”以来，草地植被状况、生态环境状况、牧民生活状况都得到明显改善，草地退化沙化的势头得以控制。

（三）牧区人工草地建设及草产业

1. 人工草地建设概况 近年来，内蒙古地区人工种草发展速度较快，尤其是随着农区及半农半牧区畜牧业的快速发展，退耕还草工程的实施，人工种草面积逐年扩大。至“十一五”末，人工种草保留面积290.19万hm^2，其中，一年生牧草和饲料作物120.4万hm^2，多年生牧草109.54万hm^2，饲用灌木60.25万hm^2。按照自治区人工种草“十二五”规划，“十二五”期间人工种草面积不少于300万hm^2。

2. 牧草品种 由于内蒙古特殊的地理位置，引进的牧草品种大多数适应性不强，必须培育适合当地生长繁育的优良品种。目前全区有35个牧草品种经过了全国牧草品种审定委员会审定登记，如草原1号苜蓿、草原2号苜蓿、草原3号苜蓿、蒙古冰草、杂种冰草、诺丹冰草、农牧老芒麦、科尔沁型华北驼绒藜等都是优良的地方品种，并在全区广泛种植。由自治区牧草审定委员会审定登记的牧草品种有20余个。现有牧草种子基地3.33万hm^2，年产牧草种子1 500万kg左右。

3. 草产业发展 20世纪90年代后期，草业内部初步形成以市场为导向、以效益为中心的产—加—销、贸—工—草一体化经营的局面，实现了牧草与地境之间的系统耦合、草地与家畜的系统耦合、草畜与社会的系统耦合。内蒙古草地的多功能性日益突出，不仅具有生产功能，而且具有强大的生态功能和文化功能，可提供广泛的商品服务和生态系统服务，包括畜牧产品、草坪牧草种子、药材、食物、旅游、休闲娱乐、保健医疗等。在调节气候、保持水土、控制侵蚀、降解污染、促进养分循环、保护生物多样性、维护生态平衡等方面的效益凸显。

二、新疆牧区草原保护及人工草地建设

（一）新疆草原保护与建设

1. 全面落实草原承包责任制　截至2002年年底，全区已基本完成草场有偿分户承包工作。至2004年，全区牧民共承包草原4 533万hm^2，占全区可利用草原面积的94.4%。包括家庭承包、联户承包、集体承包等形式，承包到牧户的面积3 600万hm^2，落实承包牧户13.8万多户。

2. 人工饲草料基地建设　1985年后，随着牧民定居建设的兴起和发展，结合联合国粮食计划署援助的“2817”项目、农业部草地牧业综合发展示范项目、财政部农业综合开发项目以及国家和自治区的以工代赈、易灾县建设、天然草原植被恢复与建设等项目建设的落实，各地以多种形式开展了人工饲草料基地建设。至2011年年底新疆人工种草保留面积38.5万hm^2。

3. 牧草品种与种子基地建设　新疆牧草种子生产起步较早，主要生产紫花苜蓿、红豆草、苏丹草、老芒麦、日本燕麦、无芒雀麦、木地肤等牧草种子。从2001年起，国家先后在新疆投资建设了木地肤、杂花苜蓿、新疆大叶苜蓿、驼绒藜和“新牧系列”苜蓿原种、红豆草等优良牧草9个牧草种子基地，总面积6 500 hm^2。一些地州也先后建立了面积不等的各类牧草种子基地。20世纪末，新疆相继培育出新牧1号杂花苜蓿、新牧2号紫花苜蓿、新牧3号杂花苜蓿、新疆大叶苜蓿、阿勒泰杂花苜蓿、北疆紫花苜蓿等苜蓿系列新品种以及新多2号青贮玉米，引进驯化百脉根、苏丹草、新引1号东方山羊豆、乌拉泊驼绒藜、伊犁心叶驼绒藜、塔乌库姆冰草等牧草品种。

4. 牧区水利建设　2001年后，水利部对新疆牧区水利工程建设给予了大力支持。新疆34个县市开展了56个牧区水利项目建设试点，配套定居牧民1 029户，干草饲料产量8.58万t，为牧区发展人工草料地提供了有力保障。

5. 退牧还草工程与草原生态保护补助奖励机制　退牧还草工程2003年开始实施。实行以草定畜，严格控制载畜量，实施草原围栏封育、禁牧、休牧、划区轮牧，适当建设人工草地和饲草料基地，大力推行舍饲圈养和放牧加舍饲相结合的生产方式。2011年，新疆由全面实施了草原生态保护补助奖励机制，至2013年，全面完成了1 010万hm^2草原禁牧和3 600万hm^2草原实现草畜平衡的任务。

（二）新疆草原保护与建设技术

1. 围栏封育技术　围栏封育技术的关键是封育区域的选择与封育时间的控制。封育时间一般控制在：荒漠草场3～5年，草甸草场1～2年。

2. 松土补播技术　松土补播技术要点：选择适宜该地区生境条件的优良牧草；选择适宜的播种期，地面要有一定的墒情；补播前严格做好地面划破、浅耕或松耙处理；加强播后管理，尤其播种当年严禁放牧和牲畜践踏；在年降水量150 mm以下的荒漠草场上补播，须有灌溉条件，在无灌溉条件下，无论补播任何牧草都应持慎重态度。

3. 生物治蝗技术　严重危害新疆草场的蝗虫主要是亚洲飞蝗、意大利蝗、黑腿星翅蝗、伪星翅蝗、土库曼蝗、西伯利亚蝗等十余种。生物治蝗技术包括微生物防治技术、牧鸡牧鸭治蝗技术和粉红椋鸟控制蝗虫技术等。

4. 草畜平衡管理技术

（1）草场合理载畜量评价技术　新疆草地牧草产量受地形、基质和气候影响极大，要确定一个地区的合理载畜量并非易事。但是，通过观察放牧结束后剩余牧草的高度来判断放牧利用程度，就相对简便易行。

（2）草场合理放牧制度体系　确定合理的放牧时期（季节）与合理的放牧时间（始牧期与终牧期），是建立合理放牧制度、实现草畜平衡管理的重要环节，且容易操作、见效快、成效显著。

（3）草场状况监测与评价　草场状况监测，既是政府行为，也应该是牧场或牧民行为，牧民应该随时掌握草场牧草产量动态。

三、青海、西藏牧区草原保护及人工草地建设

（一）青海、西藏草原保护与建设

1. 青海草原保护与建设概况　青海省近年来大力加强草原基础设施建设，加大退牧还草工程与草原鼠虫害和毒杂草防治工作力度，促进了全省草原生态保护与建设。建设牧区畜用暖棚7 066栋、84.5万m^2，实施草地围栏封育，着力改善草原畜牧业生产条件。退牧还草工程、青海湖流域生态环境保护与综合治理工程、三江源生态保护与建设工程及青海湖周边地区生态环境综合治理工程，完成禁牧任务86万hm^2、退化草地补播36.8万hm^2、黑土滩治理9.8万hm^2、沙化草地治理5.2万hm^2。大力开展鼠虫害防治。共防治高原鼠兔63.3万hm^2，高原鼢鼠19.1万hm^2，草原鼠害平均防治效果达到94.8%，地下鼠平均防治效果达到92.2%。组织实施圈窝子种草工程。在青南牧区多灾易灾的4州实施圈窝子种草4 666.7 hm^2。

2. 西藏草原保护与建设概况

（1）草原经营机制改革取得新突破　截至2009年年底，全区共在52个县、279个乡、2 109个村落实了草场承包经营责任制，覆盖农牧户达13.2万户71万人；累计承包到户草场面积达3 666.7万hm^2，占可利用草场面积的66%。

（2）草业政策与法制建设取得新进展　针对西藏牲畜超载过牧问题，西藏建立了草原生态补偿机制，资金规模达2亿余元的全国草原生态保护奖励机制试点工作率先在西藏启动。

（二）青海、西藏牧区人工草地建设

1. 人工草地建设概况　青海省人工草地起步晚，规模小。目前，人工草地的研究立足于经济效益和生态效益，重点向优质、高产、适应性、抗逆性、持久性方向发展。

西藏草地畜牧业主要依赖于天然草地，发展人工草地可以大幅度增加饲草产量，缓和草畜矛盾，提高饲草的质量，促进草地畜牧业的健康发展，潜力很大。近年来，西藏人工草地面积不断扩大。人工草地的建设对缓解当地冷季饲草不足，促进草地畜牧业发展起到了一定作用，但普遍存在产草量低下、退化快和年年种草而不见草的问题。

2. 牧草品种　西藏大体分为两大牧草栽培区：即藏东、藏南和藏中豆科牧草、禾本科牧草区；藏北、藏西垂穗披碱草、老芒麦区。藏东、藏南和藏中豆科牧草、禾本科牧草区位于西藏一江两河以及三江流域中下游干支流两岸，该区气候由温暖湿润过渡到温凉半干旱，平均海拔4 000 m，适宜种植苜蓿属、草木樨属、三叶草属及红豆草属等豆科牧草和披碱草属、黑麦草属、羊茅属及冰草属等禾草，同时还可以种植苏丹草、串叶松香草、鲁梅克斯、聚合草、苦荬菜、沙打旺等众多优良牧草。藏北、藏西垂穗披碱草、老芒麦区位于西藏北部和西部，

四、甘肃牧区草原保护及人工草地建设

（一）甘肃牧区草原保护与建设

1. 草原保护与建设概况

（1）深化草原经营体制改革，推动草原承包经营　近年来，积极推进草原经营体制改革，不断完善牧区的草场承包经营工作。至目前，甘肃省牧区共落实草原承包面积1 067万hm^2，占全省牧区草原面积的82.9%。

（2）草原建设投资稳步增加，基础设施不断完善　2000—2009年，是甘肃省牧区草原保护建设

投资增长最快的时期，累计投资接近20亿元。先后实施了牧区开发示范工程、天然草原恢复与建设、退牧还草工程等一系列重大生态与建设项目，使草原牧区的基础条件有了明显改善。

（3）开展草原综合治理，草原生态功能逐步恢复　全省牧区落实禁牧、休牧和划区轮牧草原面积646.7万 hm^2，占到全省牧区草原面积的50.3%。在碌曲、肃南、永昌等县稳步推进基本草原划定试点工作，使重点区域的天然草原退化趋势得到明显遏制，草原生态功能得到有效恢复。

2. 草原保护与建设措施

（1）积极贯彻和落实草原政策　甘肃省各级政府高度重视草原生态保护建设，充分利用各种宣传媒介和手段，全方位、多角度地宣传草原生态保护建设政策，统一广大干部群众的思想认识，营造政策落实的良好环境。

（2）强化草原项目建设，发挥牧区基础设施的作用　甘肃省把草原项目建设作为草原生态保护建设的重中之重来抓，通过争取立项，组织实施了退牧还草工程、天然草原植被恢复建设等一大批项目，使全省草原牧区基础设施建设得到很大改善。

（3）坚持不懈地走依法治草的路子　充分发挥各级草原监理部门的职能作用，改善执法条件和手段，加强草原法律法规宣传，强化草原征占用管理，严肃查处乱占、滥用、滥垦草原及破坏草原基础设施的违法案件，形成打击破坏草原违法行为的高压态势，为草原生态保护建设营造良好社会环境。

（4）注重科学技术在草原建设和保护中的作用　注重科技支撑与资金投入、项目实施的有机结合，不断提高草原生态保护建设的科技含量。加强草原动态监测工作，科学评估草原生态保护建设效果；加强草原技术服务，为草原生态保护建设提供了技术支撑。

（5）依据农牧耦合理论，实现农牧互补发展　农牧区交错并存是甘肃省农牧业发展的一个基本特征。为有效推动草原生态保护建设，减少草原放牧牲畜，落实草原禁牧和草畜平衡措施，取得草原保护和农牧民增收的双赢成果，立足实际，认真实施农牧互补战略，把牧区畜多和农区草多的优势互相结合起来，坚持走"牧区繁育、农区育肥、农区种草、牧区补饲"的路子，加快畜牧业发展方式转变。

（二）甘肃牧区人工草地建设

1. 人工草地建设概况　截至2012年，甘肃全省牧区保留人工草地120.3万 hm^2，以紫花苜蓿、红豆草、披碱草为主的人工草地留床面积达到36.1万 hm^2，占全省人工种草留床面积的30%。

2. 牧草品种　见表1-5。

表1-5　甘肃牧区适宜种植的牧草品种

牧草品种	牧草类型	用途	适宜区域
燕麦	一年生	青干草	甘南、祁连山牧区
饲用青稞	一年生	青干草	甘南、祁连山牧区
箭筈豌豆	一年生	青干草	甘南、祁连山牧区
小黑麦	一年生	青干草	甘南、祁连山牧区
老芒麦	多年生	刈牧兼用	甘南、祁连山牧区
无芒雀麦	多年生	刈牧兼用	甘南、祁连山牧区
披碱草	多年生	刈牧兼用	甘南、祁连山牧区
紫花苜蓿	多年生	青干草	河西走廊及黄土高原半农办牧区
早熟禾	多年生	改良草地	甘南、祁连山牧区
红豆草	多年生	青干草	河西走廊及黄土高原半农办牧区
扁穗冰草	多年生	改良草地	甘南、祁连山牧区

五、四川牧区草原保护及人工草地建设

(一) 四川草原保护与建设

1. 草原保护与建设基本概况 2001—2010年，四川牧区人工种草57.3万hm^2，建设围栏改良草地580.6万hm^2，灭鼠治虫390.5万hm^2，治理退化草地503.3万hm^2。草原生态环境持续恶化的势头得以初步遏制。

2. 草原保护与建设技术

(1) 人工种草 筛选出了适合在该区域种植的老芒麦、垂穗披碱草等牧草品种，研发出牧草种子生产、免耕人工种草、圈窝子种草、粮草轮作等技术。

(2) 退化草地改良 开发出了围栏封育、休牧、禁牧、毒杂草防治、草原施肥、补播等单项技术；根据退化草地的程度和类型，开发出了轻度退化草地改良技术、中度退化草地改良技术、沙化型退化草地改良技术；研发出了物理的、化学的、生物的防鼠、防虫害技术。

(3) 天然草地合理利用 开发出了“4＋3”划区轮牧技术。3S技术已经用于草地资源调查与分类、草地动态监测与估算、草地资源管理与评估、草地自然灾害预测预报与监测等领域。

(二) 四川牧区人工草地建设

1. 工草地建设现状 2010年年末，全省种草保留面积181.84万hm^2，人工种草面积呈逐年上升趋势。

截至2010年，四川已登记国审牧草品种32个，适合在川西北牧区种植的主要有老芒麦、垂穗披碱草、藏草等。其中，四川省草原科学研究院培育的川草1号、川草2号老芒麦，阿伯德多花黑麦草实现了商品化生产，在牧区大面积推广。

四川牧区在天然草原免耕补播、人工草地建设和管理等方面积累了丰富的经验，建立了较为先进的科研平台，形成了以国家牧草产业技术体系专家、省学术技术带头人、国务院特殊津贴专家、高级工程师和基层技术骨干为主的研发团队，为牧区人工草地建设培养、储备了一批技术人才。

2. 牧区发展人工种草面临的问题

(1) 扶持力度不到位，牧民种草积极性不高 川西北牧区一直沿袭靠天养畜的传统经营模式，对于牧草生产没有足够的重视，现有的牧草生产是依靠国家退牧还草、天然草原植被改良等项目开展。

(2) 人工种草的种类单一 川西地区人工草地建植主要以老芒麦、燕麦、披碱草等禾本科牧草为主，豆科牧草种植面积太小，凉山州人工种草仍然是以一年生豆科牧草为主，种类单一。

(3) 草业机械化程度低 目前，川西北地区牧草播种、收获等主要依靠人力，而在牧区牧草种植和收获的季节也正是牧民养殖生产十分繁忙的季节。

(4) 牧草收贮加工实用技术、加工企业与草产品匮乏 川西北牧区牧草收割季节（每年的7月中下旬）正逢雨季，如何使鲜草快速脱水，缩短牧草田间干燥时间、减少牧草营养损失是目前牧草收贮中急待解决的问题。

(5) 牧草储备几乎空白 川西北牧区基本靠天养畜，由于资金缺乏，草地灌溉系统、储草棚等设施严重缺乏，抵御自然灾害的能力十分脆弱。由四川省草原科学研究院牵头，与当地政府合作，依托国家牧草种子基地生产的干草在红原县建立了抗灾保畜物质储备库，对促进红原县的畜牧业抗灾减灾工作起到很好的示范作用，但是，在整个川西北牧区的防灾减灾牧草储备几乎是空白。

第三节 主要牧区畜种资源

生产和生活在各大草原牧区的各族牧民，经过长期放养驯化和选优汰劣，逐渐形成了当今各类草

原放牧优良畜种。据《中国家畜地方品种资源图谱》统计，在我国的草原上，饲养马、牛、羊各类家畜地方品种有164个，其中，马23个、黄牛52个、牦牛11个、绵羊31个、山羊43个、骆驼4个。一些著名的草原牧区都有闻名全国的地方优良畜种。

草原家畜是草原生态系统生产环节中极其重要组成部分，草原家畜是适应不同生态环境与草原类型条件的产物，它们在一定的自然环境和经济环境中繁衍生殖，生产人类所需的产品。家畜伴随着草原的分布而存在，为此，在不同的自然和经济条件下，各种家畜的状况展示出明显的资源与地域规律。广域的草原面积、多样的草原环境，不同的生态地理区域分布有相适应的多种家畜品种，并逐渐形成了一些著名的地方优良家畜品种。

一、内蒙古牧区畜种资源

内蒙古是我国的重要的畜产品生产基地。自治区成立以来，广大科技人员采取本品种选育和杂交改良等育种方法，育成了内蒙古三河牛、草原红牛、内蒙古白绒山羊、乌珠穆沁肉羊、巴美肉羊、三河马等优良品种（品种群、品系），总数量超过千万头。这些培育品种的共同特点是：既保留了当地品种对自然环境的适应性，又具有优良的生产性能，它们的产品产量多、质量好、产值高，成为内蒙古畜牧业的“瑰宝”。这些优良种牲畜在发挥杂种优势、提高畜产品产量和质量方面以及提高个体生产性能、提供合乎理想的育种群方面都具有重要作用。

（一）牛

1. 三河牛　三河牛是中国培育的乳肉兼用品种，主要产于额尔古纳市三河地区（根河、得勒布尔河、哈布尔河）。三河牛体格高大结实，肢势端正，四肢强健，蹄质坚实。有角，角稍向上、向前方弯曲，少数牛角向上。乳房大小中等，质地良好，乳静脉弯曲明显，乳头大小适中，分布均匀。毛色为红（黄）白花，花片分明，头白色，额部有白斑，四肢膝关节下部、腹部下方及尾尖为白色。

成年公、母牛的体重分别为1 050 kg和547.9 kg，体高分别为156.8 cm和131.8 cm。三河牛的产肉性能好，2～3岁公牛的屠宰率为50%～55%，净肉率为44%～48%。三河牛产奶性能好，年平均产奶量为4 000 kg，乳脂率在4%以上。在良好的饲养管理条件下，其产奶量显著提高。

三河牛耐粗饲，耐寒，抗病力强，适合放牧。

2. 草原红牛　草原红牛是以乳肉兼用的短角公牛与蒙古母牛长期杂交育成的，主要产于吉林白城地区、内蒙古昭乌达盟、锡林郭勒盟及河北张家口地区。草原红牛体格中等，头较轻，大多数有角，角多伸向前外方，呈倒八字形，略向内弯曲。颈肩结合良好，胸宽深，背腰平直，四肢端正，蹄质结实。乳房发育较好。被毛为紫红色或红色，部分牛的腹下或乳房有小片白斑。

成年公牛体重700～800 kg，母牛为450～500 kg。草原红牛繁殖性能良好，性成熟年龄为14～16月龄，初情期多在18月龄。在放牧条件下，繁殖成活率为68.5%～84.7%。

草原红牛的适应性强，耐粗饲，夏季可完全依靠放牧饲养；冬季不补饲，仅靠采食枯草仍可维持生存。对严寒、酷热气候的耐受均力较强，发病率较低。适应性强，耐粗饲。夏季完全依靠草原放牧饲养，冬季不补饲，仅依靠采食枯草即可维持生活。对严寒酷热气候的耐力很强，抗病力强，发病率低，当地以放牧为主。

3. 蒙古牛　蒙古牛属于乳肉兼用品种，以产于锡林郭勒盟乌珠穆沁的类群最为著名。中国的三河牛和草原红牛都是以蒙古母牛为基础群而育成的。蒙古牛原产于蒙古高原地区。蒙古牛头短宽而粗重，额稍凹陷。角细长，向上前方弯曲。角形不一，多向内稍弯。呈蜡黄或青紫色，角质致密有光泽，平均角长，母牛为25 cm、公牛40 cm，角间线短，角间中点向下的枕骨部凹陷有沟。皮肤厚而少弹性。颈短，垂皮小。鬐甲低平，胸部狭深。后躯短窄，尻部倾斜。背腰平直，四肢粗短健壮。乳房基部宽大，结缔组织少，但乳头小。四肢短，蹄质坚实。从整体看，前躯发育比后躯好。皮肤较厚，皮下结缔组织发达。被毛长而粗硬，以黄褐色、黑色及黑白花为多。

蒙古牛屠宰率为53.0%，净肉率44.6%。肌肉中粗脂肪含量高达43.0%。母牛2岁开始配种，繁殖率为50%～60%，犊牛成活率为90%。母牛平均日产乳量6 kg左右，最高日产乳量8.16 kg。平均乳脂率为5.22%。

蒙古牛是我国北方优良牛种之一。它具有乳、肉、役多种用途，适应寒冷的气候和草原放牧等生态条件。它耐粗、耐寒、抗病力强，能适应恶劣环境条件。肉的品质好，生产潜力大，应当作为我国牧区优良品种资源加以保护。

（二）绒山羊

1. 内蒙古白绒山羊 内蒙古白绒山羊是由蒙古山羊经过长期选育而形成的绒肉兼用型地方良种，主要产于内蒙古自治区，可分为阿尔巴斯、二狼山和阿拉善白绒山羊3个类型。产于鄂尔多斯市鄂托克旗，鄂托克前旗，杭锦旗，准格尔旗，达拉特旗，巴盟乌拉特中、后、前旗，磴口县，阿盟阿左、右旗和额济纳旗等。内蒙古白绒山羊体质结实、结构匀称，背腰平直，后驱稍高，体长略大于体高。四肢端正有力，蹄质坚实。面部清秀、鼻梁微凹，眼大有神，两耳向两侧展开或半垂，有前额和下颌须。公母均有角，向后、上、外方向伸展。尾短而小，向上翘立。

内蒙古白绒山羊的羊绒细、纤维长、光泽好、强度大、白度高、绒毛手感柔软；综合品质优良，在国际上居领先地位。成年公羊平均产绒量483.18 g，绒厚度5.11 cm，母羊产绒量369.95 g，绒厚度4.66 cm，抓绒后体重公羊37.5 kg，母羊27.21 kg，净绒率62.8%，羊绒细度14.73 μm，屠宰率46.2%，产羔率103%～110%。

内蒙古白绒山羊对干旱草场有较强的适应能力，产肉性能好，肉质细嫩。成年羯羊屠宰率46.9%，母羊屠宰率为44.9%。母羊产羔率为160%。羔羊繁殖成活率98.9%。

2. 罕山白绒山羊 罕山白绒山羊属于绒肉兼用型山羊品种，主要分布于赤峰市，通辽市扎鲁特旗、霍林郭勒市和库伦旗等。罕山白绒山羊体型较大，体质结实，结构匀称，背腰平直，身躯稍高，体长略大于体高；面部清秀，眼大有神，两耳向两侧伸展或半垂，额前有一束长毛，有下颌须；四肢强健，蹄质坚实，善于登山远牧，姿势雄健，行动敏捷，蹄夹有长毛覆盖；公、母羊都有板角，公羊有扁螺旋形大角，向后、外、上方扭曲伸展，母羊角细长；全身绒毛纯白，分内外两层，外层为长粗毛，光泽良好，内层为细绒毛。

罕山白绒山羊主要产品是羊绒，山羊绒是一种名贵的纺织原料，山羊绒制品以其轻柔、温暖、舒适的特点，越来越受到人们的欢迎。罕山白绒山羊成年公羊平均产绒量708 g，绒厚5.54 cm，公羊羊绒强度为4.8 g，伸度42%，伸直长度6.2 mm；母羊产绒487 g，绒厚4.73 cm，母羊羊绒强度为4.03 g，伸度42.24%，伸直长度6.2 mm。抓绒后体重公羊47.25 kg，母羊32.38 kg，净绒率为73.71%，羊绒细度13～16 μm，屠宰率46.46%，产羔率109%～119%。

（三）肉羊

1. 乌珠穆沁羊 乌珠穆沁羊属肉脂兼用短脂尾粗毛羊，为优良的肉脂粗毛羊，具有肉脂产量高的特点。是蒙古羊在当地条件下，经过长期选育形成的一个优良类群，主要分布于锡林郭勒盟东、西乌旗，阿巴嘎旗和锡林浩特市等。乌珠穆沁羊体质结实，体格较大。头大小中等，额稍宽，鼻梁微凸，公羊有角或无角，母羊多无角。颈中等长，体躯宽而深，胸围较大，不同性别和年龄羊的体躯指数都在130%以上，背腰宽平，体躯较长，体长指数大于105%，后躯发育良好，肉用体型比较明显。四肢粗壮。尾肥大，尾宽稍大于尾长，尾中部有一纵沟，稍向上弯曲。毛色以黑头羊居多，头或颈部黑色者约占62.0%，全身白色者占10.0%。

乌珠穆沁羊生长发育较快，成年公羊60～70 kg，成年母羊56～62 kg，平均胴体重17.90 kg，屠宰率50%，平均净肉重11.80 kg，净肉率为33%。乌珠穆沁羊一年剪毛2次，春季剪毛量，成年公羊平均为1.9 kg，成年母羊平均1.4 kg。毛被属异质毛，由绒毛、两型毛、粗毛及死毛组成。乌珠穆沁羊的毛皮可用作制裘，以当年羊产的毛皮质佳。其毛皮毛股柔软，具有螺旋形环状卷曲。初生和幼龄羔羊的毛皮，也是制裘的好原料。产羔率仅为100%。

乌珠穆沁羊不但具有适应性强、适于天然草场四季大群放牧饲养、肉脂产量高的特点，而且具有生长发育快、成熟早、肉质细嫩等优点，是一个有发展前途的肉脂兼用粗毛羊品种，适用于肥羔生产。

2. 苏尼特羊　苏尼特羊，也称戈壁羊，属蒙古绵羊系统中的一类肉用地方良种，在苏尼特草原特定生态环境中经过长期的自然选择和人工选择而形成。主要分布于锡林郭勒盟东苏旗、西苏旗，乌兰察布市四子王旗，包头市达茂旗及巴盟乌拉特中旗等。苏尼特羊体格大，体质结实，结构均匀，公、母羊均无角，头大小适中，鼻梁隆起，耳大下垂，眼大明亮，颈部粗短。种公羊颈部发达，毛长达15～30 cm。背腰平直，体躯宽长，呈长方形，尻高稍高于鬐甲高，后躯发达，大腿肌肉丰满，四肢强壮有力，脂尾小呈纵椭圆形，中部无纵沟，尾端细而尖且向一侧弯曲。被毛为异质毛，毛色洁白，头颈部、腕关节和飞节以下部、脐带周围有有色毛。

成年公羊平均体重78.83 kg，母羊58.92 kg，平均日增重150～250 g，平均屠宰率50.09%，净肉率45.25%，产羔率为113%。苏尼特羊具有产肉性能好，瘦肉率高，含蛋白高、脂肪低，膻味轻的特点。苏尼特羊一年剪2次毛，成年公羊平均剪毛量为1.7 kg，成年母羊1.35 kg，周岁公羊1.3 kg，周岁母羊1.26 kg。苏尼特羊毛被中无髓毛占52%～61%，两型毛占3%～4%，有髓毛占8%～11%，干死毛占28%～33%。苏尼特羊繁殖能力中等，经产母羊的产羔率为110%。

苏尼特羊具有耐寒、抗旱、生长发育快、生命力强、最能适应荒漠半荒漠草原的一个。

3. 呼伦贝尔羊　呼伦贝尔羊是在呼伦贝尔草原特定的生态条件及无霜期短，枯草期长，冬季漫长的严寒气候环境中，终年放牧条件下选育而形成。呼伦贝尔羊主要分布于呼伦贝尔市新巴尔虎左旗、新巴虎右旗、陈巴尔虎旗和鄂温克族自治区旗。呼伦贝尔羊体格强壮，结构匀称，由半椭圆状尾（巴尔虎品系）和小桃状尾（短尾品系）两种品系组成。两个品系除具备品种共同的特性外，巴尔虎品系羊的耆甲和十字部高度基本相等，尾相对大而下垂，尾端两边往中心缩成半圆状，使尾的整体呈半椭圆状，臀部向后略显突出；短尾品系羊的耆甲略低于十字部高度，向前倾斜，尾短小扁宽，侧面看臀部和飞节呈直线。

呼伦贝尔羊肉无膻味，肉质鲜美，营养丰富。成年公羊平均体重82.1 kg，母羊62.5 kg，平均日增重150～250 g，平均屠宰率53.8%，净肉率42.9%，产羔率为110%。

呼伦贝尔羊是经过长期的自然选择和人工选育，形成了耐寒耐粗饲，能够抵御恶劣的环境，善于行走采食，保育性强，抓膘速度快，羔羊成活率高的特点。

4. 巴美肉羊　巴美肉羊是以当地细杂羊为母本，德国肉用美利奴羊为父本，培育而成的一个肉毛兼用品种。主要分布于内蒙古巴彦淖尔市乌拉特前旗、乌拉特中旗、五原县、临河区等。巴美肉羊被毛为白色，呈毛丛结构，闭合性良好。皮肤为粉色。体格较大，体质结实，结构匀称，骨骼粗壮结实，肌肉丰满，肉用体型明显、呈圆桶形。头呈三角形，公、母羊均无角，颈短宽。胸宽而深，背腰平直，体躯较长。四肢坚实有力，蹄质结实。属短瘦尾，呈下垂状。头部至两眼连线覆盖有细毛。

巴美肉羊具有适合舍饲圈养、耐粗饲、抗逆性强、适应性好、羔羊育肥增重快、性成熟早等特点。其肉质细嫩、膻味轻、口感好，产肉性能高，成年公羊平均体重101.2 kg，成年母羊体重71.2 kg，育成母羊平均体重50.8 kg，育成公羊71.2 kg，羔羊初生重平均4.32～4.7 kg。平均屠宰率50.4%，净肉率35.5%。平均产毛量7.1 kg，净毛率48.5%，羊毛自然长度7.9 cm。产羔率126%。

（四）马

1. 三河马　三河马属于乘挽兼用型品种。与河曲马、伊犁马并称为中国三大名马。是俄罗斯后贝加尔马、蒙古马及英国纯种马等杂交改良而成的，主产于内蒙古呼伦贝尔三河地区，因此得名。三河马体质结实干燥，结构匀称，外貌俊美，肌肉结实丰满，气质属平衡稳定型，有悍威，性情温驯。头干燥，直头，部分呈微半兔头，眼大有神，鼻孔开张，颚凹宽。颈略长，直颈。鬐甲明显。胸宽而深，肋拱腹圆，背腰平直宽广，尻较宽略斜。四肢干燥结实有力，肢势端正，关节明显，肌腱、韧带发达，管骨较长，系长短适中，关节发育良好，部分马匹后肢呈外向，蹄质坚实。鬃、尾毛疏而细，距毛不发达。毛色整齐一致，主要为骝、栗两色，杂色极少。三河马具有体质结实、结构匀称、抗寒力强、耐粗饲、遗传性稳定等优点。

三河马公马平均体高 152.7 cm，体长 103.1 cm，体重 450～500 kg；母马平均体高 146.0 cm，体长 151.6 cm。三河马动作灵敏，具有奔跑速度快、挽力大、持久力强等特点，是优良的乘挽兼用型马。

2. 锡林郭勒马 锡林郭勒马属于乘挽兼用型马。主要产于内蒙古自治区锡林郭勒盟东南部，以白音锡勒牧场和五一种畜场为中心产地。锡林郭勒马体质结实，结构匀称，性情温驯，有悍威。直头或半兔头，眼大有神，颚凹宽，耳直立。多斜颈，鬐甲略高，胸宽而深，肋骨拱圆，背腰平直，正尻，肌肉丰满，四肢端正有力，关节明显，管骨略长，筋、腱发育良好，蹄质坚实，运步轻快灵活，毛色以骝栗、黑为主，杂毛极少。锡林郭勒马是在草原群牧条件下育成的，它保留了蒙古马适宜终年大群放牧、恋群和恋膘性强的特点。

成年公马平均体高、体长、胸围和管围分别为：149.9、154.6、180.9 和 19.9 cm，成年母马平均体高、体长、胸围和管围分别为：141.2、146.7、173.3 和 13.1 cm。

二、新疆牧区畜种资源

农业部先后公布国家级畜禽品种资源保护名录，包括和田羊、多浪羊、吐鲁番鸡、新疆鹅等多个地方品种；确立了国家级畜禽遗传资源基因库、保护区和保种场。各地为保护地方品种做了大量工作，在肉、奶、毛、绒和多胎性等方面都有各自独特的优良性状，促进了地方品种资源保护和开发利用，并逐步形成了多种具有不同生产用途的地方品种，从而构成新疆丰富的家畜品种基因库。

目前新疆家养畜禽品种资源 90 多个，其中原始地方品种有 34 个，培育品种 19 个，引进品种 40 多个。

（一）原始地方品种资源

新疆畜禽品种资源保护名录：哈萨克羊、阿勒泰羊、巴什拜羊、巴音布鲁克羊、多浪羊、和田羊、策勒黑羊、新疆山羊、哈萨克牛、新疆牦牛、哈萨克马、巴里坤马、新疆鹅（伊犁飞鹅）、吐鲁番鸡、新疆马鹿、新疆双峰驼、拜城油鸡等。

地方品种中的多浪羊、哈萨克羊、阿勒泰羊、巴什拜羊、巴音布鲁克羊等都有体大早熟、抗逆性强、适应性强的优良性状；和田羊以产优质地毯毛而闻名；策勒羊具有宝贵的多胎性能；新疆山羊是新疆草原分布最广的原始品种，具有抗寒、耐粗饲及适应性强、绒毛细度好的特点。

地方品种哈萨克牛、蒙古牛、新疆牦牛和哈萨克马、巴里坤马等具有耐粗饲、能适应冬季严寒和很强的放牧能力等特点，是新疆牛、马品种中十分宝贵的基础品种。

用于肥羔生产的阿勒泰羊，生产优质地毯毛的和田羊，生产羔皮的策勒黑羊，具有肉、毛、绒、乳等多种用途的新疆山羊，肉、乳、役兼用的哈萨克牛，肉、役兼用的哈萨克马。有适宜作为农区、半农半牧区交通运输工具的新疆驴，号称“沙漠之舟”的新疆双峰驼。

这些品种中，95%以上的得到了大面积推广，为我国畜牧业的发展做出了应有贡献。

（二）培育品种资源

羊的育成品种有新疆细毛羊、中国美利奴羊（新疆型、军垦型）、新疆羔皮羊、新疆南疆绒山羊和新疆博格达绒山羊。

牛的育成品种有新疆褐牛，属乳肉兼用型，具有很强的适应能力，生产性能较地方品种牛有很大的提高。

育成品种马有伊犁马和伊吾马。伊犁马具有力速兼备的优良品质。伊吾马是适应高寒山区气候的乘挽兼用型品种。

这些培育成的新品种、新品系具有适应草原放牧饲养的特点，同时各项生产性能高于地方品种。在提高新疆家畜生产水平和肉、蛋、奶、毛等产品质量上发挥了积极作用。

（三）引入品种资源

荷斯坦牛和西门塔尔牛是新疆引进的乳用、肉乳兼用性状的主要品种。此外还有少量的安格斯、夏洛来、利木赞、皮埃蒙特等品种。

引进品种萨福克羊、陶赛特羊、杜泊羊、特克赛尔羊和小尾寒羊、湖羊等，已基本适应新疆生态条件，为开展新疆家畜遗传改良工作奠定了良好基础。

（四）新疆主要畜种资源

1. 哈萨克牛　哈萨克牛是新疆古老的黄牛品种，牧区各族人民长期以来以乳、肉、役多种用途为目的进行选育形成乳、肉、役用的经济类型品种。哈萨克牛体型较小，结构较紧凑，头中等大，较清秀，长宽适中，具有耐粗饲、抗病力强、性情温顺、适应性好、遗传性稳定、肉质好等优良特性。能够适应干旱和酷热的气候，冷季长达5～6个月，雪大风多、气候严寒多变、牛群露宿过夜。一般放牧牛产乳期只有90～150 d，但在冬，春季半舍饲或适当补饲的条件下，泌乳期可达240 d。哈萨克牛的产乳性能不高，但乳脂率高，平均为4.78%。全年放牧条件下，日产乳量第一胎3.28 kg，第二胎3.88 kg，第三胎4.22 kg。哈萨克牛具有良好的产肉性能，夏秋季放牧迅速增重，体内积贮大量脂肪，10月底达全年最好体重时屠宰，肉质细嫩鲜美。脂肪分布均匀，屠宰率较高。

2. 新疆褐牛　新疆褐牛属肉乳兼用型。新疆褐牛适应性很强、抗病、抗寒、耐粗饲、生长发育快、产奶量和乳脂率高、产肉性能好的优良品种，适宜于在山区、牧区、半牧区饲养，适宜复杂的地域条件。全舍饲饲养最高个体305 d产奶量达到了5 162 kg，牧区150 d产奶量一般在1 742.8～3 419.6 kg，乳脂率达4%～5%，非脂固形物8%以上。体格中等大、体质结实，毛色褐色深浅不一，成年母牛体高116.6～121.8 cm；5岁以上母牛平均体重430.8 kg；产肉性能：1.5岁阉牛屠宰率平均47.4%，净肉率平均36.3%，成年母牛屠宰率平均50.2%，净肉率平均41.7%。据测定1岁半中等肥度的阉牛70 d舍饲育肥始重平均205.3 kg，末重278.3 kg，平均每头增重73.0 kg，日增重1 043 g，平均屠宰率52.5%，净肉率41.8%，骨肉比1∶3.8。

3. 哈萨克马　哈萨克马主要产地天山北坡、准噶尔盆地和阿尔泰山西段一带，其中心产区在伊犁、塔城、阿勒泰各县市，目前存栏数为10余万匹。该品种体质结实，耐粗饲，能在恶劣条件下四季放牧，生产性能较好。长期以来，哈萨克马是当地农耕和运输的重要役畜，使牧区的重要交通工具。根据屠宰测定，3岁半的哈萨克马屠宰率为54.57%，6岁半和10岁半的母马屠宰率为分别46.48%和47.04%。

4. 伊犁马　伊犁马是以新疆的哈萨克马为基础，与顿河马、奥尔洛夫马等伊犁马杂交而成。产于新疆伊犁地区，中心产区在昭苏、特克斯、新源等县。伊犁马是我国著名的培育品种之一，力速兼备，乘挽皆宜。能够适应于海拔高、气候严寒、终年放牧的自然环境条件，保留了哈萨克马的优良特性，耐粗饲，善走山路，冬季在雪深40～50 cm时尚能刨雪觅食，青草季节增膘快。西北及华北各省（自治区），均引进该马种，表现良好的适应性。

体格高大，结构匀称，头部小巧，眼大眸明，头颈高昂，四肢强健。耆甲中等高长，背腰平直，腰稍长，尻宽长中等，稍斜。胸深，肋骨开张良好，胸廓发达，腹形正常。毛色以骝色为主，栗色和黑色次之，青色和其他毛色少见。伊犁马平均体高144～148 cm，体重400～450 kg。至4～5周岁时生长发育基本完成。公、母马3周岁时开始配种。发情周期为17～21 d，妊娠期323～337 d。

5. 阿勒泰羊 阿勒泰羊是哈萨克羊中的一个优良分支，在绵羊生物学分类上属于脂臀羊品种，属于肉质兼用粗毛羊。阿勒泰羊耐粗饲、善跋涉、抗严寒、体质坚实、体格高大健壮、抗逆性强、适用于放牧，并且具有生长速度快、长膘能力强、羔羊早熟特性突出、肉脂生产性能高等特点，为闻名国外的绵羊品种。成年种公羊最高个体体重为174 kg，平均体重为90～110 kg，成年种母羊最高个体体重为97 kg左右，平均体重为65 kg。1.5岁种公羊个体体重平均93 kg，1.5岁种母羊平均体重为60 kg，当年种公羔平均体重为45 kg，当年种母羔平均体重为40 kg。阿勒泰羊终年放牧，因产区地势的不同，分四季轮牧。阿勒泰大尾羔羊为自然放牧，生长期为120～180 d，是生长栖息在无污染的沙漠草原和高山草场的优质肉食羊种，其肉质鲜美，细腻，不膻，不腻，营养丰富，易被人体消化吸收。

6. 多浪羊 多浪羊产于喀什地区麦盖提县，是当地人民引进阿富汗的瓦哈吉脂臀羊与当地的土种羊经过长期进行级进杂交自然选择与人工选择培育，遂形成现在的地方优良肉用品种。多浪羊以肉用为主，粗毛、半粗毛羊的肉毛兼用型品种，具有生长发育快、早熟、体格大、繁殖率高、双胎率高、遗传性稳定、抗病、抗寒、耐粗饲、饲料报酬高、采食能力强，产肉率高、羔羊早熟性强、增膘快、肉质鲜美等优良特性，成年羊以舍饲为主，放牧为辅，是南疆特优畜种和特色资源。单胎公羔初生重平均5.30 kg，母羔5.1 kg。成年公羊平均体重98.4 kg，最高140.5 kg，母羊68.5 kg，最高108 kg。产肉性能好，在全年舍饲条件下，成年母羊胴体重达35.8 kg，屠宰率55.2%，1岁公羊胴体重32.71 kg，屠宰率达56.1%。当年公羔羊胴体重24.91 kg，屠宰率53.49%。性成熟早，繁殖率高。母羔在6～8月龄配种，到1岁时多已产羔。一般两年3胎，膘情好的一年产2胎，双羔率可达33%，并有1胎产3羔、4羔的。

7. 中国美利奴（新疆型、军垦型）**羊** 中国美利奴（新疆型、军垦型）羊是新疆广大畜牧工作者、农牧民和新疆生产建设兵团军垦战士经过14年（1972—1985年）坚持不懈的选育精心培育的优良品种。原种场为新疆巩乃斯种羊场和生产建设兵团紫泥泉种羊场，1998年又创立了“萨帕乐”优质细羊毛品牌，其细羊毛的净毛率、被毛纤维细度、毛丛长度等羊毛品质均名列全国首位。

该品种属于毛用型品种，具有耐寒、耐粗饲、繁殖性能好、适应性强，毛品质好、净毛率高、适宜放牧和舍饲等特点。中国美利奴（新疆型、军垦型）羊的毛长在9.5 cm以上，纤维直径在18.0～23.0 μm，平均净毛率在50%以上。成年公羊体重70～120 kg，成年母羊体重38～48 kg。屠宰率48%以上。

8. 巴什拜羊 巴什拜羊是1919年由著名爱国人士巴什拜·乔拉克从前苏联引进的良种羊与当地羊杂交，在当地独特的地理与相对极端的生态气候环境下，经近百年培育而形成的肉脂兼用型地方良种，原产地分布于巴尔鲁克山区，现主要分布于塔额盆地。该品种在自然放牧条件下，羔羊有很高的产肉性能，羔羊成活率可达95%以上，4～5月龄羔羊胴体重可达19 kg左右、屠宰率可达56%、净肉率达到80%、骨肉比为1∶4，4个指标均居全国首位。该品种的一系列优良特性，使其成为当地绵羊养殖的主导品种和新疆肉羊业的优势品种之一。巴什拜羊繁殖、饲养于绿色无污染的青山绿草间，食百样山草、饮雪山清泉，动物福利优越，饲养不添加精料、无抗生素、无激素，其肉质不饱和脂肪酸、磷脂、钙、铁含量高，胆固醇含量低、肌纤维细嫩、肉脂比例适度、肉质鲜美、细嫩可口、营养丰富、易消化，深受消费者青睐，已成为一种理想安全的绿色肉食品。

9. 新疆山羊 新疆山羊是兼用型地方优良品种，具有良好的产绒、产肉、产毛、产奶性能，而且皮质紧密坚实。该品种适应性强，耐荒漠、耐粗饲、善奔走，适应于干旱、半干旱荒漠草原全年放牧饲养，塔城地区新疆山羊主要分布于和布克赛尔县，现有3个类型：绒用、肉用、奶用。新疆山羊被毛以白色为主，绒品质以细为特征，绒丛油汗适中、无干燥感，毛长而富有光泽。新疆山羊所产绒等级一般均在一级以上，绒细度15 μm以下。本地高产型最高产绒1 800 g，绒长5 cm；细绒型最高产绒450 g，绒长5 cm，细度14 μm以下。新疆山羊绒质优良，素有“软黄金”的美誉，市场前景非常广阔。

三、青海、西藏牧区畜种资源

青海牧区放牧饲养的家畜以藏羊和牦牛为主。青海高原牦牛是我国青藏高原型牦牛中一个面较广、量较大、质量较好的地方良种，对高寒严酷的青海生态条件有着杰出的适应能力，是雪山草原不可缺少的特种役畜，其头数居全国第一位。比较著名的地方家畜优良品种有河曲马、大通马以及利用地方品种资源育成的毛肉兼用半细毛羊和浩门挽乘兼用马等。

从国外和省外引进的牛品种有滨洲牛、三河牛、拉托维业牛、柯斯特罗姆牛、海福特牛、荷斯坦牛、西门塔尔牛、澳洲矮脚牛、秦川牛、新疆褐牛和鲁西黄牛等品种。经过多年的实践，海福特为大型肉牛品种，与当地黄牛杂交发生难产较多，已停止推广。近几年应用的奶牛品种为荷斯坦牛，乳肉兼用品种为西门塔尔牛，其余从国外引进的牛种因多种原因逐步淘汰。引进的皮尔蒙特、利木赞、安格斯、安德温等肉牛品种的冻精，改良黄牛工作，尚处于试验阶段。

引进的绵羊品种有新疆细毛羊、高加索细毛羊、萨尔细毛羊、茨盖羊、罗姆尼羊、边区莱斯特羊、土其代羊、中国美利奴羊、澳洲美利奴羊、小尾寒羊、夏洛来羊、陶赛特羊、萨福克羊、南江黄羊、波德代羊、特克赛尔羊等品种。山羊品种有中卫山羊、萨能山羊、辽宁绒山羊、安哥拉山羊、波尔山羊、南江黄羊等。

（一）青海牧区主要畜种

青海畜牧业以高寒草地畜牧业为主，其优良品种有藏系绵羊、牦牛、大通马、河曲马、黄牛、山羊、骆驼、驴以及20世纪50年代后育成的青海高原毛肉兼用细毛羊、半细毛羊等。其中，藏羊和牦牛是青藏高原特有的品种，也是青海草原的主要畜种。

1. 牦牛　青海高原牦牛是青海省境内优良的牦牛品种，在首次全国畜禽品种资源调查时命名为青藏高原牦牛，并列入《中国牛品种志》和《中国家畜地方品种资源图谱》。2000年，列入国家畜禽品种资源保护名录时更名为青海高原牦牛。主要分布在昆仑山系和祁连山系相互纵横交错形成的两个高寒地区。

2. 藏羊　青海的藏羊在全省分布最广，在家畜中所占比重最大。青海藏羊依其生态环境和经济性能，可分为高原型、山谷型、欧拉型3个类型，其中高原型（草地型藏羊）是本省藏羊的主体，数量占全省藏羊总数的80%，主要分布在牧区6州海拔3 000 m以上的高寒地区。藏羊体质健壮，羊毛纤维粗长，体侧毛辫平均长22.93 cm，毛丛平均长8.95 cm，平均个体产毛量为0.75～1.45 kg，藏羊毛毛质佳，弹性光泽好，是加工高档绒线和编织地毯的上等原料，以西宁毛著称于世。青海藏羊肉品质优良，美味可口，无膻味为其重要特点。

祁连白藏羊青海省藏羊的一个特殊类群，悠久的畜牧业发展历史和得天独厚的自然环境优势，使祁连成为海北州及青海省西宁大白毛生产基地，在国内外享有盛誉。白藏羊头呈三角形，鼻梁隆起，公母有角，无角者少。颈细长，肋形开张，背腰平直，短而略斜，整体长方形。四肢稍长而细，前肢肢势端正，后肢多呈刀状肢势。体躯毛被纯白者占90%以上，头肢毛被杂色约占70%；被毛大多呈毛辫结构，可分大、小毛辫，以小毛辫为主。3岁左右母羊的毛辫长为26 cm以上，最长可达40 cm，毛辫将四肢掩盖。产毛量成年公羊最高，为1.45 kg；羯羊以4～5岁产毛量最高，为1.39 kg；母羊以3～5岁为最高，为1.07 kg。母羊、羯羊随年龄的增大而产毛量逐渐减少。

（二）西藏牧区主要畜种

西藏自治区是我国最大的高山草甸草原畜牧业区域。长期以来自然选择在牲畜的繁衍和发展进程中起着主导作用，并形成了适应高寒、缺氧、低压等特殊高原环境和有经济价值和科学研究价值的牲畜种群。

1. 牦牛 西藏自治区有牦牛395万头，约占全区牛只头数的81%。西藏自治区的牦牛类群列入《中国牛品种志》的有帕里牦牛、西藏高牦牛、斯布牦牛和娘亚牦牛。

西藏高山牦牛于1995年全国畜禽品种遗传资源补充调查后命名并列入《中国家畜地方品种资源图谱》。经济类型属乳肉役兼用型牦牛地方品种。主要产于西藏自治区东部高山深谷地区的高山草场，以嘉黎县产的牦牛最为优良。西藏自治区东部、南部山原地区，海拔4 000 m以上的高寒湿润草原地区也有分布。西藏高山牦牛根据角形的区别可分为山地牦牛和草原牦牛两个类群。

斯布牦牛，当地人称“仲赞”，意思是野牦牛的后代。于1995年全国畜禽品种遗传资源补充调查后命名并列入《中国家畜地方品种资源图谱》。经济类型属兼用型牦牛地方品种。原产地为西藏自治区斯布地区，中心产区是距离墨竹贡嘎县20多km的斯布山沟，东与贡布江达县为邻。

娘亚牦牛，又名嘉黎牦牛，以产肉为主的牦牛地方品种。其原产地为西藏自治区那曲地区嘉黎县，主要分布在嘉黎县东以及东北各乡。

2. 西藏绵羊 藏绵羊是西藏分布最广、数量最多的畜种之一。据2007年年末统计，西藏绵羊存栏数1 060万只，占家畜总数的44.04%。继新疆、内蒙古后，西藏绵羊存栏数位居全国第三，是我国绵羊饲养量最多的省区之一。西藏绵羊分布于全区七地一市。西藏绵羊分为高原型（草地型）和河谷型（雅鲁藏布型），其中高原型主要分布在那曲、阿里和日喀则地区的部分纯牧业县，河谷型主要分布在拉萨市的大部县、山南和日喀则地区的大部分县。

高原型藏绵羊约占西藏绵羊总数的56%，其外貌特征是绵羊头粗糙，呈三角形，鼻梁隆起，公、母羊都有角，公羊角粗壮，多呈螺旋状，向两侧伸展；母羊角扁平偏小，呈捻转状向外平伸。前胸开阔，背腰平直，骨骼发育良好。四肢粗壮，蹄质坚实。尾呈短锥形。体躯白色，头肢杂色居多占81.42%，体躯为杂色者约占7.7%，纯白者占7.51%，全身黑毛者3.36%。

河谷型藏绵羊约占西藏绵羊总数的34%，主要分布在海拔4 500 m以下的雅鲁藏布江中游谷地及藏南高原的部分地区。它与高原型藏绵羊比较，一般个体较小，体型呈圆桶状，公羊有角，但较小，母羊一般无角，河谷型藏绵羊比高原型藏绵羊体尺相差较大，公羊体高47～68 cm，体长52～73 cm，体重25～50 kg；母羊体高47～63 cm，体长49～68 cm，体重20～35 kg。产毛量和毛质也相差悬殊，河谷型藏绵羊被毛呈毛股、毛丛结构，羊毛品质较优，羊毛纤维类型中细毛和两型毛占95%以上，基本上没有粗死毛。

3. 西藏山羊 西藏山羊是高原高寒地区的一个古老地方品种，其高原适应性强，对寒冷、炎热、潮湿和干旱均有一定的适应能力。公羊体重为29 kg，母羊为25 kg。西藏山羊每年可剪毛、抓绒各一次，母羊性成熟晚，1.5岁初配，一年一胎，一胎一羔，产羔率约110.0%。藏山羊在西藏各地均有分布。它体格小、灵活敏捷，善于爬坡攀山，采食牧草种类广，且不苛求牧场条件。

四、甘肃牧区畜种资源

甘肃牧区主要分为甘南牧区和河西牧区。甘南牧区地处青藏高原东北边缘与黄土高原接壤带，平均海拔3 000 m。畜种资源有青藏高原特有的牦牛、河曲马、藏马、欧拉型藏羊、甘加型藏羊、桥科型藏羊等。河西牧区位于河西走廊以南，主要分布在祁连山山地、阿尔金山山地以及省境北部风沙沿线一带。畜种资源有天祝白牦牛、河西绒山羊、甘肃高山细毛羊等。

1. 甘南牦牛 甘南牦牛属以产肉为主的肉、毛（绒）、奶兼用的地方牦牛品种。甘南牦牛毛色以黑色为主，间有杂色。体质结实，头较大，额短宽并稍显突起。鼻孔开张，鼻镜小，唇薄灵活，眼圆、突出有神，耳小灵活。母牛多数有角，角细长；公牛角粗长，角距较宽。颈短而薄，无垂皮，前躯发育良好。尻斜，腹大，四肢较短，粗壮有力，后肢多呈刀状，两飞节靠近。

牦牛平均屠宰率为50.8%，净肉率为39.3%。肉质细嫩，脂肪少，蛋白质高；当年产犊母牛一个泌乳期（150 d）可挤奶315～335 kg（犊牛哺乳除外），乳甘南牦牛乳中含水分83.3%，乳脂率

6.9%；南牦牛每年在6月中旬前后抓绒剪毛，剪毛量因地域、抓绒方式或剪毛方法以及个体状况而异，成年公牦牛产毛1.1 kg左右，成年母牦牛产毛0.7～0.9 kg。牦牛尾毛每两年剪毛1次，尾毛产量公牦牛0.5 kg左右，母牦牛0.1～0.4 kg；在高寒区，阉牦牛主要供驮运（80～100 kg）、犁耕、拉车或骑乘。牦牛晚熟，一般3～4岁开始配种，产犊集中于4～6月，两年一胎或三年两胎，繁殖成活率低（50.33%）。

2. 欧拉型藏羊　欧拉羊主要分布于甘肃省甘南藏族自治州、青海省果洛藏族自治州和黄南藏族自治州、四川省阿坝州，总数70多万只。中心产区是甘南藏族自治州玛曲县的欧拉和欧拉秀玛，现有羊18万只。

是甘南藏族自治州草地型藏羊中以产肉为主，肉、皮、毛兼用的一个优良地方类型。也是西藏羊中的独特肉用优秀类群体，属藏系粗毛羊。对高寒的气候条件有着很强的适应能力。欧拉型羊格高大粗壮，以产肉性好高而闻名。该品种体格高大，头稍狭长，多数有肉髯，背腰宽平，后躯丰满，楔形小尾。被毛异质，粗短而稀，头、颈、腹部、四肢及公羊的前胸多着生黑色或褐色花斑。公羊有一对粗大扁平呈螺旋状向上向外弯曲伸展的角，母羊角较小。

在成年母羊的毛被中，以重量百分比计，无髓毛占39.03%，两型毛占25.44%，有髓毛占7.41%，死毛占28.12%。成年公羊体重（75.85±14.80）kg，成年母羊（58.51±5.62）kg，1.5岁公羊（47.56±4.35）kg，1.5岁母羊（44.30±3.36）kg；成年羯羊的屠宰率为50.18%。

3. 甘加型藏羊　甘加羊原名白石小尾藏羊，主要分布在甘南藏族自治州夏河县，以夏河县甘加乡为中心产区。甘南藏族自治州甘加羊现存栏约18万只。

甘加型藏羊是甘南草地型藏羊中的优良地方类型之一，系肉、毛、兼用型的异质粗毛羊，对高寒的气候条件有着很强的适应能力。与其他类型藏羊相比，甘加羊偏毛用，体格较小而结构紧凑，被毛异质，毛辫长，呈波浪弯曲，光泽好，死毛较少，产毛量略高，以产西宁毛而著称，因其羊毛工艺价值高，是优良的地毯用毛。

体格较小而紧凑，体质结实；头略短而稍宽，公母羊均有角，公羊角长而粗壮，向左右平伸，母羊角细向上伸；头部有生刺毛，眼稍凹，鼻梁隆起，耳长下垂。胸宽深，背平直，十字部稍高，臂部丰满，尾小呈扁锥形。被毛异质，四肢杂色，而体躯主要部位白色者居多，占93.19%。成年公羊平均体重49.73 kg，平均剪毛1.14 kg；成年母羊平均体重41.49 kg，平均剪毛1.02 kg。毛辫长26.10 cm，油汗正常，净毛率高。

4. 乔科型藏羊　主要分布于甘南藏族自治州玛曲县、碌曲县，全州共存栏23万多只。是甘南草地型藏羊中的优良地方类型之一，系肉、毛兼用型的异质粗毛羊。对当地高寒阴湿草原生态环境有着很强的适应能力。与其他类型藏羊相比，乔科型羊是典型的肉毛兼用草地型藏系绵羊，既有欧拉羊高大的体质，较好的产肉性能，又有甘加羊产毛的性能。

该品种体格高大，头部着生少量刺毛，两眼稍凸，鼻梁隆起，耳长下垂，公母羊均有角，公羊角长而粗壮，向左右平伸，呈螺锥状，母羊角较细而短，多数呈螺锥状向外上方斜伸，颈细长，胸宽深，背平直，十字部稍高，臀部稍丰满，尾小呈扁锥形，紧贴于臀部。被毛粗长，头颈四肢杂色，以黄褐较多，黑花亦属常见。成年公羊体重64.0 kg，平均产毛量1.34 kg；成年母羊体重52.45 kg，平均产毛量0.95 kg。

5. 河曲马　旧称南番马，属于挽乘兼用型品种。河曲马原产于甘肃、四川、青海三省交界处的黄河第一弯曲部，中心产区为甘肃省玛曲县、四川省若尔盖县、阿坝县和青海省河南蒙古族自治县。2005年年末，甘肃、四川、青海三省共有河曲马约13.0万匹，其数量和质量呈现逐年下降趋势。

河曲马是我国一个古老的地方品种，体格高大、体质结实、耐粗饲、适应性强、遗传性能稳定，属于挽乘兼用型，具有良好的工作和持久能力，特别能适应高寒地区的生态环境，抗病力强。河曲马的体质类型以粗糙结实为主，有挽乘兼用和乘挽兼用两种类型，以挽乘兼用为主。毛色以黑、青、骝、栗为主，少数马头部和四肢有白章别征。甘南河曲马体格较大，头大、多兔头，管围较粗，蹄质欠佳。毛色原多青毛，现以骝毛、栗毛为多。

河曲成年马平均体高公马 137.21 cm，母马 132.47 cm；平均体重公马 346.27 kg，母马 330.95 kg。是国内较为高大的马种之一。幼驹生长发育较快，公马 5 岁、母马 4 岁达到体成熟。河曲马挽力强，速力中等，持久耐劳，善爬高山，具有善走泥滩的能力。

6. 天祝白牦牛 天祝白牦牛中心产区为甘肃省天祝藏族自治县。2009 年存栏 3.94 万头。属肉毛兼用型牦牛地方品种。是珍稀的牦牛地方品种和宝贵的遗传资源，也是甘肃省的特产畜种之一。品种特征明显，被毛洁白。

被毛为纯白色。体形结构紧凑，有角（角形较杂）或无角。耆甲隆起，前躯发育良好，四肢结实，蹄小、质地密。尾形如马尾。体侧各部位以及项脊至颈峰、下颌和垂皮等部位，着生长而有光泽的粗毛（或称裙毛）同尾毛一起似筒裙围于体侧；胸部、后躯和四肢、颈侧、背腰及尾部，着生较短的粗毛及绒毛。两性异形显著。公牦牛头大、额宽、头心毛卷曲，有角个体角粗长，有雄相，颈粗，耆甲显著隆起，睾丸紧缩悬在后腹下部。母牦牛头清秀，角较细，颈细，鬐甲隆起，背腰平直，腹较大、不下垂，乳房呈碗碟状，乳头短细，乳静脉不发达。

产肉性能好，肉质鲜嫩，品质优良，深受消费者的青睐。据测定，在自然放牧状况下，秋末成年牛宰前公牛活重（272.65±37.41）kg，母牛（217.53±15.53）kg；胴体公牛重（141.63±19.44）kg，母牛（113.33±10.00）kg，屠宰率为 52.0%。

天祝白牦牛一般在 6 月中旬剪毛（对公牛进行拔毛），每年剪（拔）毛 1 次，在剪（拔）毛前先进行抓绒，尾毛两年剪 1 次。成年公牦牛平均剪（拔）裙毛量为 3.86 kg，抓绒量为 0.46 kg，尾毛量为 0.68 kg；成年母牦牛相应为 1.76、0.36、0.43 kg；阉牦牛相应为 1.97、0.63、0.41 kg。全身被毛纤维分为粗毛、绒毛和两型毛，不同类型毛纤维中，无髓毛占 75%以上，是天祝白牦牛毛的显著特点，也是其贵重品质的主要标志。成年牛粗毛（尾毛）最长达 52.3 cm，细度为 68.45μm，断裂强度高达 96.6 g，伸度为 42.8%。绒毛长度 4.5 cm，细度为 27.65μm，强度和国产山羊绒的强度接近，伸度与粗毛接近。两型毛的细度为 43.4μm。

天祝白牦牛母牦牛产乳年龄在 3～15 岁，6～12 岁为产乳盛期，年产乳量为 450 kg 左右，其中 2/3 以上的乳由犊牛哺饮。6～9 月份为挤乳期，挤乳期为 105～120 d，日挤乳 1 次，日挤乳量 0.5～4.0 kg，乳脂率为 6%～8%。

7. 甘肃高山细毛羊 甘肃省人民政府 1981 年正式批准为新品种，命名为“甘肃高山细毛羊”，属毛肉兼用细毛羊品种。主要分布在甘肃省河地区的牧区、半农半牧区和农区。

属毛肉兼用细毛羊培育品种，对海拔 2 600～3 000 m 的高寒山区适应性良好。体格中等，体质结实，结构匀称，体躯长，公羊有螺旋形大角，母羊无角或有小角；公羊颈部有 1～2 个横褶皱，母羊颈部有发达的纵皱褶。胸宽深，背直，后躯丰满。四肢端正，蹄质结实。被毛闭合良好、密度中等。头毛着生至两眼连线，前肢毛着生至腕关节，后肢毛着生至飞节。

成年公、母羊剪毛量成年公羊 8.5 kg，成年母羊 4.4 kg；羊毛长度成年公羊 8.24 cm，成年母羊 7.4 cm；羊毛主体细度 21.6～23.0μm；净毛率 43%～45%；油汗多为白色或乳白色，黄色较少。高山细毛羊产肉能力和沉积脂肪能力良好，肉质鲜嫩、膻味较轻。在终年放牧不补饲的条件下，成年羯羊宰前活重 57.6 kg，胴体重 25.9 kg，屠宰率 44.97%。公、母羊 8 月龄达到性成熟，母羊为季节性发情，多集中在 9～11 月，经产母羊产羔率为 110%左右。

8. 河西绒山羊 河西绒山羊主要分布在甘肃省酒泉、武威、张掖三市的各县，主产区为肃北蒙古族自治县和肃南裕固族自治县。河西绒山羊属绒肉兼用型山羊，是优良地方品种，耐粗放饲养，适应性强。体型中等，头部大小适中，额宽而短，向前方平伸。公母羊均有角，母羊角小多为立角，公羊角粗长，大多数为半螺旋角或撇角。颈长短适中，腹部圆大、不下垂，臂部宽窄长短适中。四肢粗壮，较短，蹄质结实。被毛以白色为主。

成年公羊体重 38.51 kg，体高 60 cm；产绒 323.5 g，最高达 656 g；成年母羊体重 26.03 kg，体高 58 cm，产绒 279.9 g。绒毛长度 4～5 cm，细度 14～16μm，净绒率 56%。河西绒山羊羔羊生长发育较快，5月龄体重可达20 kg，与周岁羊的体重相差不大，可见生产羔羊肉也有潜力，因当地牧民有挤奶食用的习惯，该品种日挤奶2次，产奶量0.4 kg左右。屠宰率为43.6%～44.3%。河西绒山羊6月龄左右性成熟，一般1年1胎，多产单羔。

五、四川牧区畜种资源

四川牧区畜种资源丰富，拥有牛、羊、马等地方品种21个。其中，牦牛和藏绵羊为该区域的当家畜种。

1. 麦洼牦牛 麦洼牦牛属乳肉兼用地方品种，于1978—1983年第一次畜禽品种资源调查时命名，已录入《中国牛品种志》和《四川家畜家禽品种志》，并于2007年列入四川省畜禽遗传资源保护名录。主产于红原麦洼等地，分布于周边的阿坝、若尔盖、松潘等高寒地区。

基础毛色为黑色，白斑图案类别有白带、白头、白背、白腹和白花。肋部、大腿内侧及腹下有淡化，有“白胸月”和“白袜子”。鼻镜为黑褐色、眼睑、乳房颜色为粉红色。蹄角为黑褐色或蜡色。被毛为长覆毛有底绒，额部有长毛，前额有卷毛。头大小适中，额宽平。耳平伸，耳壳薄，耳端尖。50%左右的牛角，公牛粗大、角尖略向后，向内弯曲；母牛角细端、尖、角型不一。公牛肩峰高而丰满，母牛肩峰较矮而单薄，颈垂及胸垂小。体躯较长，前胸发达，胸深，肋开张，背稍凹，后躯发育较差，腹大下不垂。四肢较短，蹄较小，蹄质坚实。尻部短而斜，尾长至后管下端，尾稍颜色为黑色或白色。

麦洼牦牛泌乳期天153 d，产乳量244 kg，日均产奶1.59 kg。1999年，对394头当年产犊的麦洼牦母牛（全奶母牦牛）进行了泌乳性能测定：185 d校正产奶量为211.3 kg，最高日产奶量和最高月产奶量出现在6月，分别为1.56 kg和48.47 kg，1～5胎次产奶量差异极为显著，第一胎次产奶量最低为77.62 kg。其他胎次间差异不显著；第三胎次以后趋于稳定。

麦洼牦牛性成熟年龄为18～24月龄，初配年龄为公牛36月龄，母牛42月龄；繁殖季节为5～10月；发情周期平均18.2 d，妊娠期为（266±9）d。犊牛初生重为公犊13.7 kg，母犊12.9 kg，12月龄断奶重为公犊72.89 kg，母犊63.79 kg。

2. 九龙牦牛 九龙牦牛于2000年列入国家畜禽资源保护名录，2007年列入四川省畜禽遗传资源保护名录。九龙牦牛属肉用型地方品种，主产于甘孜州九龙县海拔3 000 m以上的高寒山区、灌丛草地和高山草甸，分布于邻近的盐源、冕宁和石棉等县的高山草场。

基础毛色为黑色，白斑图案类别有白带、白头、白背、白腹和白花。肋部、大腿内侧及腹下有淡化，有“白胸月”和“白袜子”。鼻镜为褐色，眼睑、乳房颜色为粉红色。蹄角为黑褐色。被毛为长覆毛有底绒，额部有卷毛。公牛头大额宽，母牛头小狭长。耳平伸，耳壳薄，耳端尖。角形主要为大圆环和龙门角两种。公牛肩峰较大，母牛肩峰小，颈垂及胸垂小。前胸发达开阔，胸很深。背腰平直，腹大不下垂，后躯较短，尻欠宽略斜，臂部丰满。四肢结实，前肢直立，后肢弯曲有力。尻部短而斜，尾长至飞节，尾扫大，尾颜色为黑色或白色。

九龙牦牛性成熟年龄为24～36月龄，初配年龄为公牛48月龄、母牛36月龄。繁殖季节为6～10个月，发情周期平均20.5 d，妊娠期270～285 d。犊牛初生重为公犊牛15.20 kg，母犊14.57 kg；断奶重为公犊牛117.33 kg、母犊牛102.22 kg；哺乳期日增重为公犊牛0.38 kg，母犊0.34 kg，犊牛断奶成活率80%以上。

3. 木里牦牛 木里牦牛于1995年全国畜禽品种补充调查时命名，属肉乳兼用地方品种。主产于凉山彝族自治州木里县海拔2 800 m以上的高寒草地，分布于冕宁、西昌、美姑、普格等县。

基础毛色为黑色，白斑图案类别有白带、白头、自背、白腹和白花。肋部、大腿内侧及腹下有淡化，有“白胸月”和“白袜子”。鼻镜为黑褐色，眼睑、乳房颜色为粉红色。蹄角为黑褐色。被毛为长覆毛有底绒，额部有长毛，前额有卷毛。公牛头大额宽，母牛头小狭长。耳平伸，耳壳薄，耳端尖。角形主要有小圆环和龙门角两种。公牛肩峰较大，母牛肩峰小，颈垂及胸垂小。体躯较短，胸深宽，肋骨开张，背腰较平直，四肢粗短。脐垂小，尻部短而斜，尾长至后管，尾扫大，尾梢颜色为黑色或白色。

木里牦牛泌乳期196 d，可产乳300 kg，日均产奶1.53 kg。年抓绒毛量平均0.5 kg。驮载70～80 kg，可日行25～30 km。

性成熟为公牛24月龄、母牛18月龄；初配年龄为公牛36月龄、母牛24月龄。繁殖季节为7～10月，发情周期21 d左右，妊娠期平均255 d。犊牛初生重为公犊17 kg、母犊15 kg。

4. 昂科牦牛 昂科牦牛，于2006年全国畜禽遗传资源调查时命名，属肉乳兼用地方品种。主产于阿坝藏族羌族自治州壤塘县岗木达乡昂科村，主要分布在壤塘县的岗木达乡、吾依乡和上杜柯乡。

基础毛色为黑色，白斑图案类别有白带、白头、白背、白腹和白花。胁部、大腿内侧及腹下有淡化，有“白胸月”和“白袜子”。鼻镜为黑褐色，眼睑、乳房颜色为粉红色。蹄角为黑褐色。被毛为长覆毛有底绒，额部有长毛，前额有卷毛。头短宽，耳平伸，耳壳薄，耳端尖。角形主要以大圆环为主。肩峰高而丰满，母牛肩峰较矮而单薄，颈垂及胸垂小。前胸发达，结构匀称，背腰平直，腹大不下垂，后躯较短，发育较差，臀部丰满。四肢较短，蹄较小，蹄质坚实。无脐垂，尻部短而斜，尾长至后管下段，尾扫大，尾梢颜色为黑色或白色。

5. 藏系绵羊 藏系绵羊中心产区位于四川省阿坝州藏区羌族自治州、甘孜藏族自治州、凉山彝族自治州等各县。

草地型藏绵羊体格大，体质结实，结构匀称，体躯较长，近似长方形；其头部大小适中，鼻梁隆起，近似三角形，绝大多数公母均有角，颈细长，项下有肉垂极少；躯体白为主，体花，纯白、纯黑极少。

山地型藏绵羊体格较大，结构匀称，体躯呈方形，头部近似三角形，鼻隆起，公母羊多有旋角，颈部粗短，躯体以白色、头肢杂色为主。

山谷型藏绵羊体格较大，体质结实，结构匀称，体躯呈长方形，头部大小适中，近似三角形，鼻隆起，螺旋形角，主要毛色为白色，其颈大小适中、无皱纹、无肉垂。

草地型体重成年公羊60.35 kg，母羊59.77 kg；山地型藏绵羊体重成年公羊45.58 kg，母羊44.35 kg；山谷型藏绵羊体重成年51.60 kg，母羊40.70 kg。

草地型藏绵羊剪毛量成年公羊1.44 kg，成年母羊0.88 kg，阉羊1.15 kg；山谷型藏绵羊剪毛量成年公羊1.02 kg，成年母羊0.86 kg。一年剪毛1次，毛厚度5.6 cm，长度7.73 cm，净毛率71.8%。山地型剪毛量成年公羊1.07 kg，成年母羊0.87 kg。公羊毛长5.32 cm，母羊毛长5.24 cm。

草地型成年公、母羊的胴体重分别为41.28 kg、33.97 kg；屠宰率分别为56.43%、48.50%；净肉率分别为38.8%、35.44%。山地型成年公羊、母羊的胴体重分别为21.10 kg、19.20 kg，屠宰率分别为41.87%、43.05%；净肉率分别为29.56%、29.39%。

公羊10～12月龄、母羊12月龄性成熟。初配年龄母羊18～24月龄，公羊18～24月龄。发情周期15～21 d，妊娠期140～160 d，产羔率90%，羔羊成活率80%。

6. 贾洛羊 贾洛绵羊主要分布在阿坝县的21个乡镇，中心产区位于阿坝县的贾洛、麦尔玛、贾柯河牧场、求吉玛等牧区乡。

被毛毛色体躯以白色为主，体花多为棕色花片，少数黑色花片。纯白、纯黑极少，被毛较短，白色毛为长毛，有色花片的毛为粗短毛。体格较大，体质结实，结构匀称，体躯较长，近似长方形。大小适中。鼻梁隆起，近似三角形。绝大多数公母均有角，角长、粗、卷、颈部细长，项下有肉铃者极少。前胸宽，胸深广，肋骨弓张良好，背腰平直，后躯略高。四肢较长，关节轮廓明显，筋腱发达。蹄黑色或深褐色，蹄质较坚实。尾瘦小，呈锥形。

剪毛量公羊1.66 kg、母羊0.98 kg。成年公羊、母羊胴体重分别为：53.30 kg、41.67 kg，屠宰率分别为65.80%、54.03%，净肉率分别为34.66%、35.44%。

公羊10月龄，母羊12月龄性成熟。初配年龄母羊18～24月龄，公羊18～24月龄，发情周期为15～20 d，妊娠期150 d，年产1胎，产羔率105%。羔羊成活率81%。

第四节　主要牧区草原畜牧业发展现状

草原畜牧业是以天然草地资源为基础，通过放牧牲畜获得畜产品的传统产业，牲畜饲草料大部或全部来源于天然草地。在远古的新石器时代，人类已经在草原上饲养牲畜，形成草原游牧业的雏形，随着历史变迁，逐步演化为传统的草原畜牧业。

新中国成立以来，北方草原畜牧业的发展大致分为3个阶段。第一阶段是1949—1957年，概括为牧区经济恢复和第一个五年计划时期。期间，中央实行稳定牧区社会，保护和发展畜牧业的政策，实现牧民当家作主人，使草原畜牧业得到迅速恢复，牧区牲畜头数逐年增长。第二阶段是1958—1977年，是计划经济时期。1959—1961年，在“以粮为纲”指导下，大肆滥垦草原，给草原畜牧业带来很大危害，到“文化大革命”草原畜牧业发展受到毁灭性破坏。第三阶段是中共十一届三中全会至今，草原畜牧业的发展进入了全新的历史时期，明确提出了加强草原建设，加快建设畜产品基地，促进畜牧业发展，并把依法保护和合理开发利用草原列为国土资源保护的重要内容。进而又把草原列入国家生态环境建设的重点区域。

我国草地是与耕地、森林同等重要的战略资源，兼有生态、生产、文化传承等多种功能。既是我国陆地生态系统的主体，又是牧区牧民赖以生存和发展的物质基础。长期以来，草原的生产功能被过于放大，而对生态功能的认识则经历了一个漫长的过程，一些牧区对草原进行掠夺式生产经营和开发利用，导致草原生态整体持续恶化，制约了草原牧区经济持续健康发展。

21世纪以来，在中央财政的有力支持下，实施了一系列草原保护和建设工程，至2011年，全国累计禁牧、休牧、划区轮牧草原面积达1.08亿hm^2。在今后一个较长时期内，全力做好草原这篇大文章，初步实现草原生态好转之后，向牧区经济社会全面进步推进。呈现在我们面前的将是一个草原生态良好、牧民生活宽裕、牧区经济发展、民族团结、社会和谐的新型牧区。

一、内蒙古草原畜牧业

由于独特的气候和土壤条件，内蒙古草原绝大多数地方不适于农业耕种，但畜牧资源却得天独厚，所出产的肉、奶、蛋、绒毛、皮张五大类畜产品，在全国占有重要地位，优质山羊绒、羊肉等产品享誉世界。

草原畜牧业历来是内蒙古最具有地区特色的传统产业，更是经济社会发展的基础产业。畜牧业由完全靠天养畜，发展到集约半集约化、机械化、围栏化、棚圈化、商品化经营，已成为我国北方最重要的畜牧业生产基地和内蒙古各族人民赖以生存的物质和环境基础。2012年，内蒙古已经具备了年稳定饲养1亿头只牲畜、年生产240万t肉、10万t绒毛、900万t牛奶和50万t禽蛋的综合生产能力。牛奶、羊肉、山羊绒、细羊毛产量均居全国第一。畜牧业产值（按当年价）在1947年为5.57亿元，2009年达到559.65亿元，目前超过600亿元。农牧民人均纯收入由1978年的131元提高到目前的5 000多元，年均增收145元。与此同时，草原牧区基础设施不断改善，牧民的生产生活条件不断提高，控制数量、注重质量效益、保护草地生态的畜牧业发展形势正迅速成为人们追求的目标。生产纯天然、无公害、绿色有机、优质安全的畜产品，将会给内蒙古草原畜牧业带来巨大的生机和活力。

在草原畜牧业快速发展的同时，草原生态也面临着巨大压力，环境承载容量接近饱和，草原牧区的自然资源承载力已经远远跟不上人们日益追求物质生活与经济发展的速度与要求。草原退化、自然灾害增多、生态恶化、草地生产力衰退、牲畜营养短缺，成为制约畜牧业进一步发展的关键限制因素。从经营角度看，畜牧业基础设施依然薄弱，资源短缺，防灾减灾任务艰巨，产业化水平较低，牧民生产成本提高，畜牧业劳动力结构性短缺，对畜牧业的投入不足，家畜科学牧养技术措施严重不足，牧民增收难度加大等问题也日趋严重。

从国家发展战略层面上看，内蒙古草原不仅是畜牧业的生产资料，更是我国北方最重要的生态安全屏障。在全国生态系统格局中，内蒙古草地占有极其特殊的战略地位，其生态功能不仅具有区域性特点，更具有全局性特点，对华北乃至全国的生态安全有着重要作用。2011 年 5 月，国务院颁发的《国务院关于进一步促进内蒙古经济社会又好又快发展的若干意见》，明确了内蒙古在全国的战略定位，第一条就是将内蒙古确定为我国北方重要的生态安全屏障。因为内蒙古的地理气候对京津、东北、华北都有直接影响；好的生态，可以涵养水源，保持水土，为境外流域做出贡献；良性发展的内蒙古草地生态系统，是我国北方最大的碳汇区。所以，如何使畜牧业这一传统优势产业得到进一步发展，同时保护好草地健康的生态、优美的环境，丰富的生物多样性和灿烂的草原文化，成为摆在我们面前的艰巨任务，也是草地畜牧业工作者面临的新的挑战。

二、新疆草原畜牧业

新疆有牧业县 22 个，半农半牧县 16 个。从事牧业人口约 136 万人。2010 年全疆羊存栏 3 013.4 万只，出栏 2 947.2 万只；牛存栏 330.5 万头，出栏 216.7 万头。羊肉产量 47.0 万 t，牛肉产量 35.5 万 t。

1. 草原畜牧业发展中存在的主要问题

（1）灾害频繁　尤其近五年新疆连续遭受干旱、风雪等自然灾害，2008 年遭受 75 年来的特大旱灾，2009 年冬和 2010 年春又遭遇了 60 年不遇的强降雪气候，仅在 2010 年就造成全疆牲畜越冬死亡 54.24 万头（只）。新疆草原畜牧业一家一户的饲养方式难以抵御自然灾害。自然环境和气候条件一直是制约草原畜牧业发展的重要因素。

（2）草地生态恶化　新疆八成以上的天然草地处于退化之中，其中严重退化面积已占到 30%以上。草地产草量不断下降，与 20 世纪 60 年代相比产草量下降 30%～60%。草地生态日益恶化。

（3）生产条件落后　新疆畜牧业长期存在资金投入不足、饲养环境和生产条件相对落后、科技创新能力薄弱、保障体系不健全、重大动物疫病形势严峻和畜产品市场建设滞后、市场运行机制发展缓慢等问题。

（4）畜产品加工能力弱　畜牧业产品加工能力弱，产业链条短。其原因，一是长期以来，新疆牲畜品种绝大多数是在粗放的繁育放牧形式下驯养、培育出的原始品种，产量不高，产业链条短，产值上不去；二是畜产品龙头企业数量少，辐射面窄，难以带动千家万户农民发展养殖业和进行规模化生产；三是各级政府与企业、农牧民与企业、农牧民与市场之间的快速信息传递渠道需继续改善。

2. 新疆畜牧业转变增长方式的应对方案

（1）加大改革力度，引导和扶持农牧民走联合发展之路　一是完善草原流转机制，并建立草原退出机制。二是引导和扶持牧民建立自己的合作社、联户经营、参与式管理、牧业协会等多种形式组织，走联合发展之路，在提高抵御市场风险能力的同时，政府提供相应的法律、法规保障，扶持和保护牧民合作组织，增加牧民在市场交易中获得的经济效益。

（2）转变生产方式，推进产业化经营　转变生产方式，调整畜牧业结构，发展产业经营。一是大力推进龙头企业建设。组建龙头企业集团，使这些企业能上联国内外市场，下联千家万户，具有开拓市场、引导生产和配套服务等功能。二是抓好基础设施建设。三是培养和提高牧民的文化和科技素质。

（3）采取治本之策，加快建设“富民兴牧”工程　一是加快推进“富民兴牧”水利工程建设，把牧区水利设施建设作为当前最突出的问题来抓；二是加大“牧民定居”工程力度；三是把牧民定居与扶贫开发、抗震安居、新农村建设等利民惠民工程结合起来，使牧民定居状况有一个质的改变；四是合理减少牧业从业人口，使富余人员走出草场、定居城镇，从事非牧业产业，有效缓解人、草、畜矛盾。

三、青海、西藏草原畜牧业

“十一五”以来，青海牧区从地区实际出发，对发展生态畜牧业进行了探索和试点，海北州于2010年建立了高寒草地现代化畜牧业示范区，该示范区以改善生态环境为前提，以提高畜牧业经济效益和提高牧民收入为核心，以祁连、刚察、海晏县牦牛、藏系羊选育基地为依托，运用现代科学技术、现代物质技术装备、现代管理方法，大力发展生态畜牧业，以实现畜牧业稳步增效、牧民持续增收、牧区和谐发展的目标。

目前，草地退化严重，草地畜牧业经营效益差，是青海省草地畜牧业发展中存在的主要问题。青海尽管在草原畜牧业发展方面作了不懈努力，但是，由于长期以来对草地的投入有限以及受落后的传统畜牧业经营方式的束缚，畜牧业生产基础设施远远不能适应生产发展形势的需要，生产条件比较差。随着西部大开发的深入实施，江河源地区的自然保护与生态建设工程开始实施，加快发展草原畜牧业，全面实施可持续发展战略目标，保护生态，治理环境，已成为全省各族群众的共识。青海草原畜牧业的发展，要抓住西部大开发的机遇，做好草地生态环境建设的大文章，以保护草原生态为前提，以特色畜种和洁净的环境资源为优势，以畜牧业增效、牧民增收为目标，以畜牧业经济结构的战略调整为重点，进一步优化生产结构，推动科技进步，壮大龙头企业，建立和健全综合服务体系，加快合作化步伐，构建现代产业化体系，加快传统畜牧业向效益畜牧业的转变。

西藏草原畜牧业实行牧业家庭承包责任制后，除因家庭人力、物力、财力有限，草场灌溉面积有所起伏外，草原总面积特别是围栏草场面积不断扩大，取得了喜人成绩。但与此同时，西藏的草原建设中也存在着顾此失彼、捉襟见肘的一系列问题，即草原退化沙化、产草量不断下降、抗御自然灾害的能力减弱、载畜量明显下降等问题。

西藏草原上的牦牛、绵羊等是其独特的天然资源，是具备发展潜力的优势产品，围绕以下几点做大做强特色草原畜产品优势产业，提升草原畜牧业发展水平：一要着重围绕特色草原畜牧业转化升值和产业升值，通过科学规划和合理布局，有针对性地扶持和引进一批特色畜产品精深加工企业，形成产业规模，延长草原畜牧业产业链，提高特色畜产品规模效益。二要尽快集中力量打造西藏地域品牌，突出西藏产品绿色、独特的形象，培育一批享有盛誉、市场优势明显、增值效益巨大、带动群众增收作用显著的品牌产品。三要提高草原畜牧业科技服务水平。加大特色产业研发力度，重点抓好牦牛肉、乳系列产品开发研究、山羊绒产品开发研究、饲草饲料产业开发等。大力推广牲畜良种繁育及育肥技术、重大疫病防控技术、草地畜牧业生产、牲畜产品加工等先进实用技术。

四、甘肃草原畜牧业

近年来，甘肃省各地坚持把草食畜牧业作为战略性主导产业来培育，积极推进畜牧业发展方式转变，畜牧业生产实现了提质、扩量、增效。2010年，全省各类畜禽饲养总量达到1.2亿头（只），其中：牛存栏495万头、出栏164万头，羊存栏1 895万只、出栏1 150万只；肉蛋奶产量达到140万t，比“十五”末增长24.6%；人均肉蛋奶产量52.9 kg，比“十五”末增长22.2%。畜产品产量不断增加，不但有效地保障了全省城乡居民日益增长的消费需求，而且改变了长期以来依靠外部调入补充市场需求的畜产品供需格局。全省畜牧业发展呈现出以下特点。

1. 牧区及半农半牧区畜牧业稳量增效　近年来，各牧业县市按照“稳定数量，提高质量，加快出栏”的发展思路，大力开展优良品种引进、培育和改良工作，采取农牧互补和异地育肥等方式，促进了牧区畜牧业稳定健康发展。2010年，20个牧业县牛存栏162万头，占全省32.7%，牛出栏44.3万头，占全省27%，牛肉产量4.05万t，占全省23.6%，牛奶产量8.8万t，占全省22%；羊存栏799.4万只，占全省42.3%，羊出栏384.7万只，占全省23.6%，羊肉产量6.08万t，占全省33.4%，绵羊毛产量1.06万t，占全省40%。牧区及半农半牧区牛羊出栏和牛羊肉产量增幅明显高于存栏增幅。

2. 草食畜牧业长足发展 甘肃省草食畜牧业开发取得明显成效，为保障菜篮子供给、食物安全、促进农民增收和循环农业发展做出了重要贡献。“十一五”期间，全省牛存栏年均增长5.11%，比“十五”时期提高1.3个百分点，从全国第14位上升到第12位；羊存栏年均增长5.26%，比“十五”时期提高1.5个百分点，从全国第9位和第8位上升到第7位。甘州等9县（区）和民勤等12县（区）分别列入全国肉牛、肉羊优势区域；全省8个县（区）肉牛出栏超过5万头，4个县区肉羊出栏超过50万只。

3. 标准化规模养殖步伐加快 全省畜禽规模养殖数量达5 460万头只，占全省畜禽总饲养量的45%，其中规模养殖场和养殖小区总数达到4 880个，饲养畜禽3 360万头只，占全省畜禽饲养总量的28%；规模养殖户畜禽数量占全省总量的17%。全省牛羊规模养殖场和养殖小区达到2 379个，饲养牛羊740万头只。20个牧区半牧区县牛羊规模养殖场（小区、联户）发展到1 208个，规模养殖数量达到116万头只，占牧区牛羊养殖总量的8.3%，占全省牛羊规模养殖数量的12.2%。

4. 支持牧区发展政策框架初步形成 2008年，甘肃省将草食畜牧业发展列入“促进农民增收六大行动”之一，出台了良种繁育、小区建设、饲草料加工、甘南退粮还草、牦牛藏羊选育等一系列扶持政策。2009—2010年，共向20个牧业、半农半牧县新增投入7 253万元。草原畜牧业投入增加，有效改善了基础设施条件，为牧区畜牧业发展提供了重要的物质保障。

五、四川草原畜牧业

川西北牧区是四川重要的草原畜牧业基地，牦牛是牧区的主要畜种，四川现有牦牛440.13多万头，居全国牦牛数量的第2位，主要品种为九龙牦牛和麦洼牦牛，集中分布在甘孜、阿坝两个藏族自治州的10个纯牧业县，少部分分布于凉山彝族自治州、阿坝藏族自治州、甘孜藏族自治州的半农半牧区。

1. 草畜矛盾突出 集中表现为冬春缺草。这和草地的生产能力不足和畜群结构不合理有关。以牦牛、藏羊等传统畜种为主的草原畜牧业对天然草原的依赖度极高，90%的饲草料来自天然草原，由于天然草原草产量不断降低，饲草面临着巨大的缺口，2010年四川牧区牲畜存栏2 159万头（只），出栏牲畜1 337万头（只），牧区全年共需青干草246.1亿kg，当年年牧区天然草原饲草生产总量为223.8亿kg，缺口22.3亿kg。而畜群结构的不合理主要表现为能繁母畜的比例不协调，畜群年龄结构偏老，出栏比重小，影响了畜产品品质和出栏率，畜产品品种也较为单一。

2. 草地畜牧业经济效益低下，区域经济发展缓慢，草地生态仍然面临巨大压力 四川省草地畜牧业以饲养牦牛为主，牦牛作为原始畜种，生产性能低、周期长，4～5岁才能出栏，产奶量年仅200～250 kg，为良种奶牛产奶量的5%，加之至今大量的畜产品仍以原料生产为主，畜产品加工增值的潜力远未发掘出来，尚未形成名、特、优、新的草地畜产品品牌，四川草地农牧民人均纯收入与经济发达地区的差距拉大，农牧民的增收客观上仍依赖于对草地的索取。

3. 草原畜牧业发展的机遇 近年来，国家和省十分重视牧区草原、湿地的生态保护，出台了一系列支持牧区经济社会发展的重大方针、政策和措施。《全国主体功能区规划》明确提出了构建“两屏三带”生态安全战略格局的目标和任务，并将四川牧区纳入该项目规划。四川高度重视牧区草原生态保护建设工作，多次到牧区视察工作，开展相关调研，每年安排专项资金用于甘孜、阿坝、凉山州的优良人工牧草种植示范推广，并相继出台了藏区跨越式发展、彝区综合扶贫、牧民定居行动计划等一系列重大民生工程。四川制定发布了《四川省现代草原畜牧业发展规划（2013—2015年）》。“十二五”时期，国家继续加大对牧区生态建设和保护的政策支持和投入力度，大力扶持牧区特色畜牧产业发展，随着国家主体功能区等相关规划和生态环境保护与建设、富民安康、连片扶贫开发、牧民定居等重大民生工程的实施，四川草原畜牧业发展迎来了新的发展机遇。

参考文献

白史且．2012．四川牧区人工种草[M]．四川：四川科学技术出版社．
陈宝书．2001．牧草饲料作物栽培学[M]．北京：中国农业出版社．
陈修文，吴建海，马正军，等．2003．青海省牧区县特色产业发展的总思路[J]．中国农业资源与区划(6)：58－62.
刁运华．2009．四川畜禽遗传资源志[M]．四川：四川科学技术出版社．
丁连生．甘肃草业可持续发展战略研究[M]．北京：科学出版社．
甘肃省草原总站．1999．甘肃草地资源[M]．兰州：甘肃科学技术出版社．
甘肃省畜牧厅．1991．甘肃省种草区划[M]．北京：中国农业科技出版社．
国家畜禽遗传资源委员会．2011．中国畜禽遗传资源志　马驴驼志[M]．北京：中国农业出版社．
国家畜禽遗传资源委员会．2011．中国畜禽遗传资源志　牛志[M]．北京：中国农业出版社．
国家畜禽遗传资源委员会．2011．中国畜禽遗传资源志　羊志[M]．北京：中国农业出版社．
洪绂曾．2011．中国草业史[M]．北京：中国农业出版社．
姬秋梅，普穷，达娃央拉，等．2003．西藏牦牛资源现状及生产性能退化分析[J]．畜牧兽医学(4)：368－371.
雷・额尔德尼．2013．内蒙古生态历程[M]．呼和浩特：内蒙古出版集团—内蒙古人民出版社．
马俊．1991．甘肃畜牧经济概论[M]．兰州：兰州大学出版社．
南京农学院．1980．饲料生产学[M]．北京：中国农业出版社．
内蒙古自治区畜牧业厅修志编史委员会．2000．内蒙古畜牧业发展史[M]．呼和浩特：内蒙古人民出版社．
《内蒙古草地资源》编委会．1990．内蒙古草地资源[M]．呼和浩特：内蒙古人民出版社．
农业部畜牧业司．2012．现代草原畜牧业生产技术手册(青藏高原区)[M]．北京：中国农业出版社．
王玉，刘卫平，沙志娟，等．2010．呼伦贝尔羊“巴尔虎”品系的外形分析[J]．畜牧与饲料科学，31(6－7)：107－108.
信金伟，张成福，钟金城，等．2010．西藏牦牛遗传资源保护与利用[J]．中国牛业科学(6)：59－61.
许鹏．1993．新疆草地资源及其利用[M]．乌鲁木齐：新疆科技卫生出版社．
张家盛．1989．七年奋斗摸清四川草地资源[J]．草业科学，6(2)：24－27.

第二章　主要牧区草原环境容量评估与饲草生产保障技术

第一节　主要牧区草原环境容量评估技术

一、牧区草原环境容量评估技术体系

草原生态环境容量受多方面因素影响，具有社会经济的复杂性和自然环境的不可控性。生产力水平、生产方式、生活质量等经济因素以及风俗习惯等社会因素会对草原生态环境容量产生严重干扰，且影响方式多变、影响机制复杂，属于社会学问题。相对而言水草资源、气候特征等自然因素对草原生态环境容量影响方式较为简单且极具规律性，属于自然科学问题。

（一）草原生态系统环境容量评估地面监测指标

草原地面监测是为了通过对目标观测指示物指标的测量来间接测量草原生态系统的一种方法，也是牧区环境容量评估诸多指标的重要来源之一。规范化的草地植被监测指标体系，是草地监测科学性、有效性和一致性的重要保障。受畜牧业生产影响，西方发达国家很早以前就开始重视草原监测工作，从最初的简单关注草原产草量，到后来系统化地监测草原区的水分、土壤、小气候等参数，乃至整个草原生态系统的健康评价预警，已经形成了一系列的标准和方法，通过科学、规范的方法采集草原信息，分析、解释草原植被的生长发育过程和草原生态系统演替趋势，帮助人们制定草原生态保护与治理等宏观政策。

20 世纪初，发达国家就开始了草原监测技术研究，美国 1915 年就成立了 Jornada 试验站，进行荒漠草原监测。1939 年，建立矮草典型草原站，次年成立 Cedar Creek 自然历史区域站，进行稀疏橡树草原监测。1972 年，建立 Konza Prairie 生物站，进行禾草草原监测。英国建立 Hillsborough 站进行放牧场观测，建立 Sourhope 站进行放牧条件下的草地植被动态研究。1952 年，成立了 Moor House-Upper Teesdale 站，进行山地牧场监测研究。长期的监测技术积累，形成了科学、系统、规范的草原监测技术标准。联合国环境规划署 1993 年编制了《生态监测手册》，其中包括了对草地生态系统的监测方法。1997 年，“国际全球性观测系统计划”美国秘书处和 CERN 观测和数据管理任务组（TEODM）联合编制了《全球性观测系统实地观测的内容和体系纲要》，其中涉及草原生态体系统中的植被、土壤等参数监测方法和标准。

1976 年，中国科学院成立了海北高寒草甸生态系统定位站，1979 年成立了内蒙古草原生态系统定位研究站，2005 年，中国农业科学院成立了呼伦贝尔草甸草原国家观测研究站，引进、吸收了国际上先进的草原监测技术方法，并根据我国草原的特点，提出了一批科学、实用的草原监测技术指标，包括中国科学院 1991 年提出的长期监测“指标体系”，1998 年编写的《草地生态站监测手册》，农业部环境保护科研监测所 1996 年完成的《中国农业生态监测网络建设规划研究》以及农业部 2006 年发布的《草原资源与生态监测技术规程》(NY/T 1233—2006)，中国气象局 2008 年颁布了《国家草地生态监测标准》（气象）等。2005 年，农业部正式成立了草原监理中心，标志着我国草原监测工作上升成为科学、规范、严格的国家行为，监测工作正式步入了快速发展期，其监测标准应用也最为广泛。草原生态系统地面主要监测指标如下。

1. 草地地上生物量　草地地上生物量主要是通过测量样方内植被地面以上的生物量获得，一般

以植被生长盛期（花期或抽穗期）的植被状况代表全年的产草量。方法为刈割后称重，一般有鲜重、干重（风干、烘干）等形式。

2. 草地地下生物量　草地地下生物量主要是通过测量样方内植被地面以下的根系生物量获得，一般采用挖掘法测量地下 0～30 cm 的根系。

3. 枯落物重量　草地枯落物是指样方单位面积内植物枯死体的总量，既包括地上立枯体，也包括地面凋落物，是草地生态系统中生物组分枯死后所有有机物质的总称。

4. 枯落物盖度　样方内植物枯死体覆盖地表面积的百分数即枯落物覆盖度，主要采用目测法获得。

5. 草地覆盖度　草地覆盖度是指样方内各种植物投影覆盖地表面积的百分数。植被盖度测量采用目测法或样线针刺法。覆盖度一般分为样方覆盖度和群落覆盖度。

6. 草地群落高度　草地群落指植物叶层和生殖枝的自然高度。叶层或生殖枝的自然高度是植物自然生长状态下，叶层或生殖枝距地面的高度。一般以测量样方内大多数植物枝条或草层叶片集中分布的平均自然高度为代表。

7. 草地物种名称和数量　主要记录样方内所有植物物种的名称和数量（丛生植物记录丛数）。

8. 草地植被含水率　草地植被含水量的测定主要利用干、鲜重的计算获得，即野外获取植物样品后迅速装入已知重量的容器（或塑料袋）中，带入室内，用分析天平称取鲜重。称量完毕后，把称过鲜重的植物材料装入纸袋中，放入烘箱内，首先将温度调至 100～105 ℃杀青 10 min，然后把烘箱的温度降到 70～80 ℃，烘至恒重。取出样品冷却至室温，称取干重，鲜重与干重的差值即为植被含水量，差值与鲜重之比为植被含水率。

9. 草地退化等级　通常根据植被生物量、群落结构组成、土壤性状等因素，对草地的退化程度进行评价分级。目前对草地退化情况的评价标准较多，具体应用时应根据实际需要划分退化等级。

10. 草原载畜量　是指根据测定的单位面积产草量，在放牧适度的原则下，能够使家畜良好生长及正常繁殖的放牧时间及放牧的家畜头数，用来衡量草原放牧的承载能力。

11. 物候监测　草原物候监测主要是围绕草原返青期、最大生物量时期、枯萎期等草原植被关键生理发育期开展，一般以年为间隔周期。

12. 土壤含水率　测定时把土样放在 105～110 ℃的烘箱中烘至恒重，则失去的质量为水分质量，即可计算土壤水分百分数。一般需要测定样方内 0～30 cm 以内的土壤含水率情况，间隔为 10 cm。

13. 土壤容重　土壤容重测定通常用环刀法，用一定容积的环刀切割未搅动的自然状态土样，使土样充满其中，烘干后称量计算单位容积的烘干土重量。

14. 土壤质地　土壤质地是土壤物理性质之一，是指土壤中不同大小直径的矿物颗粒的组合状况，一般分为沙土、壤土、黏壤土和黏土四类。

15. 土壤侵蚀状况　土壤侵蚀是指土壤及其母质在水力、风力、冻融或重力等外营力作用下，被破坏、剥蚀、搬运和沉积的过程，一般视土壤表土肥力损失的程度来确定侵蚀度。

（二）草原生态系统环境容量评估遥感监测指标

遥感监测是草原生态系统环境容量快速评价的重要技术手段，在草原生态系统研究中起着不可或缺的重要作用。草原生态系统恶化所带来的严重后果（草原退化、沙尘暴等）早就受到广泛关注，20 世纪初，已经开始了对草原退化的研究。20 世纪初至 20 世纪中叶，受技术手段的限制，对草原退化的研究是孤立针对某一个单独问题开展，例如，单独对小区域内草原植被覆盖度、生产力、生态群落演替、草原土壤退化、草原碳库等方面进行研究，所采用的研究工具和数据资料，也主要以简易仪器和人工野外调查数据为主。随着研究的深入和新技术手段的诞生，研究方法逐步由定性描述转变为定量分析，研究范围由点上观测转变为大尺度综合监测。20 世纪 60 年代，美国率先发射了试验型极轨气象卫星，随后陆续发射了 NOAA 系列极轨气象卫星，LandSat 系列陆地资源卫星，EOS 系列卫星等，法国也先后发射了 SPOT 系列卫星，卫星遥感数据的出现使得短时间内监测大区域（国家尺度、全球尺度）草原植被状况成为可能，人们开始利用遥感影像监测全球范围内草原植被状况的变化。长期以来，受价格和成本的限制，传统的草原资源遥感监测数据源，主要以美国的 NOAA、LandSat、Terra 和法国的 SPOT 系列数据产品为主，随着全球航空航天事业的繁荣，遥感数据资料的成本不断下降，使得许多新型高分辨率遥感数据源在草原资源监测中得以运用，IKONOS、Eo-1、QuickBird、WorldView-1、GeoEye-1、SPOT-5，ALOS、TerraSAR-X 等新型高分辨率卫星数据都开始在草原资源监测中得以应用。

20 世纪 80 年代初，遥感技术进入我国，一些针对草原生物量、覆盖度方面的研究开始出现，这些早期的应用主要围绕国外的遥感数据源开展，从“六五”开始，经历了 3 个“五年计划”的发展，经历了对国际草原生态遥感监测技术的引进、吸收和创新，取得了一系列的研究成果和进展。特别是近十多年来，随着我国航空航天、传感器制造和信息技术的飞速发展，拥有独立自主知识产权的高新型传感器陆续出现，CBERS 系列卫星、HJ-A/B、高分一号、ZY-3 等一批搭载高分辨率（时间、空间、光谱）传感器的卫星相继升空，打破了国外同类产品的数据封锁，大幅降低了草原监测成本，并对原有基于低分遥感数据的草原监测技术带来了新的挑战，我国草原生态遥感监测领域开始进入了一个全新的历史机遇期。

遥感技术自出现以来，经过几十年的发展已日臻成熟，其监测精度和监测内容不断改进，目前与草原生态系统环境容量相关的指数多达几十种。

1. 光合有效辐射吸收比例 光合有效辐射吸收比例（*FPAR*）就是作物冠层对接收的所有 *PAR* 的吸收比例，吸收性光合有效辐射（*APAR*）在地表光合有效辐射（*PAR*）中所占的比重为光合有效辐射吸收比例（fractionof photosynthetically active radiation，*FPAR*）

$$FPAR=APAR/PAR$$

2. 叶面积指数 叶面积指数（leaf area index）又叫叶面积系数，是指单位土地面积上植物叶片总面积占土地面积的倍数，是生态系统研究中一个重要的结构参数。其中遥感监测主要通过对其他植被指数的反演来获取。

3. 归一化差植被指数

$$NDVI=\frac{NIR-R}{NIR+R}$$

其中，*NIR* 为近红外波段的地表反射率，*R* 为红外波段的地表反射率。实践证明 *NDVI* 指数对于土壤背景的变化较为敏感，当植被盖度小于 15%时，数值高于裸土的 *NDVI* 值；而植被盖度由 25%增加到 80%的时候，*NDVI* 随植被盖度呈线性增加；当植被盖度大于 80%时 *NDVI* 对植被盖度检验灵敏度下降。

4. 土壤调整植被指数

$$SAVI=\frac{(NIR-R)(1+L)}{NIR+R+L}$$

其中，*NIR* 为近红外波段的地表反射率，*R* 为红外波段的地表反射率，*L* 为土壤调节系数。*SAVI*指数可以有效降低土壤背景变化对植被指数的影响，其中 *L* 为 0～1 的系数。研究表明对于不同的土壤背景，*SAVI* 几乎可以排除土壤引起的植被指数变化。*L* 可以随着土壤类型与叶面积指数而变化，但在大多数情况下，取常量 0.5 就比较适合了。

5. 修改型土壤调整植被指数

$$MSAVI=[2NIR+1-\sqrt{(2NIR+1)^2-8(NIR-R)}]/2$$

其中，*NIR* 为近红外波段的地表反射率，*R* 为红外波段的地表反射率。该指数其实质就是将 *SAVI* 中的常量 *L* 替换为变量，进一步将土壤背景的影响减至最低，增强了对植被的敏感性。

6. 比值植被指数

$$RVI=\frac{NIR}{R}$$

该植被指数是绿色植物的灵敏指示参数，与*LAI*、叶干生物量（*DM*）、叶绿素含量相关性高，当植被覆盖度较高时，*RVI*对植被十分敏感；当植被覆盖度<50%时，这种敏感性显著降低。此外绿色健康植被覆盖地区的*RVI*远大于1，而无植被覆盖的地面（裸土、建筑、水域、植被枯死或严重虫害）的*RVI*在1附近，植被的*RVI*通常大于2。

7. 距平植被指数法

$$DVI=NDVI-NDVI_{avg}$$

其中，$NDVI_{avg}$为同期平均植被指数。在积累了多年气象数据的基础上，可以得到各个地方、各个时间的*NDVI*平均值，这个平均值大致可以反映土壤供水的平均状况，当时值与该平均值的离差或相对离差，反映了偏旱或偏湿的程度，由此可以确定干旱等级。但该方法在冬季局限性较大，且没有考虑植被指数和土壤含水状况在时间上的滞后性。

8. 温度植被干旱指数

$$TVDI=\frac{T-T_{min}}{T_{max}-T_{min}}$$

其中，*T*为表面温度，$T_{min}=a+b\times NDVI$，为*NDVI*对应的最低温度，即湿边；$T_{max}=c+d\times NDVI$，为*NDVI*对应的最低温度，即干边。缺点：区域太小，干、湿边不易获取；区域太大，干湿边不同；不能跨区进行比较。适宜于局部地区进行应用。

9. 供水植被指数法

$$VSWI=\frac{NDVI}{T_s}$$

其中，T_s为地表温度。温度越高，*NDVI*值越小，则供水植被指数越小，旱情越严重，但该方法缺少气象参数介入，因此仍需要地面气象参数进行订正，且所反映的干旱环境背景和农业干旱的界限模糊。

10. 植被状态指数法

$$VCI=\frac{NDVI-NDVI_{min}}{NDVI_{max}-NDVI_{min}}$$

其中，$NDVI_{max}$为观测系列中同期最大植被指数，$NDVI_{min}$为观测系列中同期最小植被指数，该指数反映了当前植被指数在观测系列同期植被指数区间中的相对位置，体现了植被指数相对水平，宜用于制作低于50°纬度地区的干旱分布图，但植被状态指数常用来监测一定时期或生长季内的干旱状况，多为定性结果，它对短暂的水分胁迫并不敏感，只有水分胁迫严重阻碍作物生长的情况下才引起植被状态指数的变化，该指数不能及时反映土壤水分，更不适用于裸土。

（三）牧区环境容量评估方法

牧区环境容量评估方法涉及两个重要方面，首先是天然草原产草量的监测模拟，主要是利用经验模型、植物/物理机理模型在大空间尺度上进行天然草原的生物量/生产力遥感监测。其次是牧区环境容量评估决策，主要利用各类草畜平衡决策算法，紧密地围绕着“生产发展”和“环境保护”开展工作。

1. 天然草原产草量监测模拟　草原生物量/生产力遥感监测主要是伴随着现代遥感技术改进和遥感数据源时空分辨率的增加而发展起来的，初期主要利用遥感光谱信息和草原植被生物量建立关系，进行空间化草原生物量/生产力遥感监测。随着卫星传感器制造技术的飞速发展，草原生态系统的监测指标范围不断扩大，精度不断提高，使得一些植物生理、植被类型、土壤质地等指标的快速获取成为可能，适用于空间化监测的复杂模型开始出现，如气候参数模型（如Miami模型、Thornthwaite

Memorial 模型)；半经验半理论模型（如 Chikugo 模型）；植物生长机理-过程模型（如 TEM、CENTURY）等，光能利用率模型（如 CASA、GLO-PEM)。其中我国天然草原遥感监测应用较多的模型主要有 CASA、CENTURY 模型，在人工草地生产力模拟中 DNDC、GrassGRO 模型也应用较多。

（1）经验模型　统计模型是一种经验性模型，它是基于遥感信息和观测数据的统计模型，能够获取牧草生长当季内同步的遥感光谱与地面实测数据关系，在建模过程中不涉及生态学原理，模型的生物—物理机制不清楚，所得的模型多种多样，缺乏普适性，但数据获取容易，应用方便，是现在草原遥感估产常用的一种方法。目前，常用的线性回归模型见表 2-1。

表 2-1　回归分析模型表

模型编号	模　型	模型类别
1	$y=a+bx$	一元线形模型
2	$y=a+b\times\ln(x)$	对数模型
3	$y=b_0+b_1\times x+b_2\times x^2$	多项式模型
4	$y=b_0+b_1\times x+b_2\times x^2+b_3\times x^3$	多项式模型
5	$y=a+b\times\sqrt{x}$	幂函数模型
6	$y=a\times x^b$	幂函数模型
7	$y=a+bx\times x$	二次抛物线模型
8	$y=a+bx\times x\times x$	三次抛物线模型
9	$y=a\times e^{bx}$	指数模型
10	$y=a\times e^{bx^2}$	指数模型
11	$y=a\times b^{x^3}$	指数模型
12	$y=a\times b^{\sqrt{x}}$	指数模型
13	$y=a\times e^{b/x}$	指数模型
14	$L+K/(1+a\times e^{bx})$	Logistic 生长曲线模型，其中 K 为上渐近线与下渐近线的距离

（2）CASA 模型　CASA（carnegie-ames-stanford approach）模型是一个充分考虑环境条件和植被本身特征的光能利用率模型。最早由 Potter 等提出，该模型通过植被吸收的光合有效辐射（*APAR*）和光能利用率（ε）来计算植被的 *NPP*；CASA 模型将环境变量和遥感数据、植被生理参量联系起来，实现了植被 *NPP* 的时空动态模拟。该模型主要由植被吸收的光合有效辐射（*APAR*）和光能转化率（ε）两个变量确定。CASA 模型基于植被生理过程建立，需求参数相对较少，在大尺度植被 *NPP* 研究和全球碳循环研究中被广泛应用，是目前国际上最通用的 *NPP* 模型之一，并通过太阳辐射、*NDVI*、土壤水分、降水量、平均温度等指标反应植被所吸收的光合有效辐射（*APAR*）与光能利用效率（ε）两个参数与 *NPP* 的响应关系。但也存在一定的不足，主要有：①该模型是针对北美地区所有植被而建立的，世界各地差异较大，模型参数的修改比较困难；模型仅仅是在 *FPAR* 的估算过程中，比值植被指数最大值 SRmax 的确定时考虑了不同植被类型，但不能很好地从本质上揭示植被类型与 *NPP* 的关系。②光能利用率的准确估算是利用 CASA 模型模拟生产力的关键因素之一，模型作者提出在理想状态下植被存在着最大光能利用率，不同植被类型的月值为 0.389 gC/MJ。事实上，不同植被类型的光能利用率存在着很大差异，受到温度、水分、土壤、植物个体发育等因素的显著影响，把它作为一个常数在全球范围内使用会引起很大的误差。③模型在估算水分胁迫因子时用到了土壤水分子模型，过程比较复杂，其中涉及大量的参数，包括降水量、田间持水量、萎蔫含水量、土壤黏粒和沙粒的百分比、土壤深度、土壤体积含水量等，数据较难获取，且通常土壤参数都是由土壤分类图来确定的，其精度难以保证。

该模型所需参数主要如下：

$$NPP=PAR\times FPAR\times T_{s1}\times T_{s2}\times W_s\times\varepsilon^*$$

其中，PAR 为地表太阳有效辐射；$FPAR$ 为植物可吸收的太阳有效辐射比例；T_{s1} 反映在低温和高温时植物内在的生化作用对光合的影响；T_{s2} 表示环境温度从最适宜温度向高温和低温变化时植物的光能转化率逐渐变小的趋势；W_s 表示水分胁迫影响系数，反映了植物所能利用的有效水分条件对光能转化率的影响；ε^* 表示最大光能转化率。

（3）CENTURY 模型　CENTURY 模型是一个由 parton 等人基于多年实验数据开发出来研究草地、农业及森林生态系统的过程模型，它通过 C、N、P、S 的循环来实现生态系统相关性能的模拟，由 3 个子模型组成：土壤有机质子模型、水分收支模型、植物产量模型。在土壤有机质子模型中，CENTURY 将土壤有机质库分为 3 个部分：活跃分解库、中等分解库及缓慢分解库。每个库中物质的分解循环时间取决于一个降水和温度决定的无机分解函数；水分收支模型中，CENTURY 通过实际气候输入来计算蒸发、蒸腾及土层含水量，水分循环过程中系统冠层截留和植物蒸腾都得到了考虑；植物生产力子模型中，降水和温度起到了决定性作用，生物量的计算还引入了可用营养物质和植物个体遮阳的限制。CENTURY 模型源于北美草原并逐渐在世界其他地区得到较好验证及应用，存在许多其他模型可以借鉴之处，然而其以月为步长使得对于短时间内的极端气候事件模拟仍具有很大的不确定性。模型模拟是基于站点信息，要在较大区域进行准确模拟需要大量增加地面站点数量。

（4）DNDC 模型　DNDC 模型是当前应用最为广泛的模拟农业生态系统 C/N 循环的生物地球化学模型之一，全球超过 20 多个国家的科研工作者参与了该模型的研发与应用。DNDC 模型主要由两部分构成，首先是土壤气候、植物生长和有机质分解 3 个子模型，其作用是根据输入的气象、土壤、植被、土地利用和农田耕作管理数据预测植物土壤系统中诸环境因子的动态变化；其次是硝化、脱氮和发酵 3 个子模型，这部分的作用是由土壤环境因子来预测上述 3 个微生物参与的化学反应的速率。土壤气候子模型是由一系列土壤物理函数组成，其职能是由每日气象数据及土壤—植被条件来计算土壤剖面各层的温度、湿度及 E_h 植物生长子模型根据植物种类、日辐射、气温、土壤水分、土壤氮量和田间管理（如施肥、浇水、犁地、除草、收割、放牧等）来预测植物的生长和发育。

2. 牧区环境容量评估决策　环境容量评估决策，主要是对草原生态系统的载畜能力进行评估，结合现存家畜数量进行放牧管理科学决策，早期主要是经验决策模型，即以经验积累数据为主，建立草畜之间的平衡关系，对环境容量能力进行评估。当前，针对草畜环境容量评估的研究主要是引入家畜能量机理模型、牧草生长机理模型、草原生产力估测模型等子模型，建立综合评估机理模型。

（1）以草定畜模型

$$A_u=\frac{B_i\times UB_i}{E\times D}+\frac{EB_i\times UB_i}{G\times D}$$

其中，A_u 为载畜量，B_i 为天然草场产草量，UB_i 为牧草利用率，EB_i 为刈割或种植青储产草量，E 为家畜日采食量，D 为利用天数，G 为不同牧草类型家畜日食量。对于牧场除了天然放牧场产草量，还种植青贮或刈割其他干草，根据家畜针对不同类型的牧草日食量不同，牧草的供应量确定在一定时期内家庭牧场可承载放牧家畜的头数，以求得草地牧草产量与家畜数量之间达到的相对平衡。

（2）以畜定草模型

$$TF=\sum_{i=1}^{n}(D_i\times A_i\times d)$$

其中，TF 为家畜所消耗的草产量，D_i 为 i 种类家畜的日采食量，d 为利用天数，A_i 为 i 种类家畜头数相当于的家畜单位数，t 为年月季。根据家庭牧场的家畜数量，确定总的需草量，合理利用草地，保持草地内草与畜的动态平衡。

（3）草畜平衡模型

$$BM=C\,[TY(Y,\ S,\ t)]-A\,[TF\ (D,\ AN,\ d)]$$

其中，C 为草地部分（以可食牧草产量计），A 为畜牧放牧部分（以载畜量按家畜单位计），TY

为草地可食牧草总产量，Y 为可食牧草产草量，S 为可利用草地面积，t 为年季月，TF 为家畜采食牧草总量，D 为家畜采食量，AN 为牲畜头数，d 为利用天数。

此模型有 3 种情况：①当 $BM>0$ 时，表示草地载畜量尚有潜力，能满足家畜需求，不需要补充饲料。②当 $BM=0$ 时，表示草畜之间达到动态平衡，放牧草地生态系统可持续利用。③当 $BM<0$ 时，表示草地载畜量超载，草地呈退化状态，不能满足家畜需求，需要补充饲料。

（4）机理模型　GrassGro 模型是澳大利亚 CSIRO 植物产业部开发的 Grazplan 系列软件的核心模型，该系统依据气象数据，土壤条件，牧场品种来估测草场牧草的生长量；结合草地饲养的动物品种，生产能力，产品质量和价格，确定补充饲草的提供量，制订饲草饲料生产计划以达到最佳经济效益的畜群管理措施，在澳大利亚 GrassGro 以商业性计算机软件形式提供给农场主，帮助制订自己的草地生产、改良和动物生产的策略和具体措施。该系统功能强大，要求提供和确定各种参数，对使用者的技术水平要求很高。

GrassGro 在澳大利亚所有暖温性半湿润、半干旱气候的放牧区域应用广泛，经过 1 000 多个牧场的应用校正，系统结构比较完善。由于中澳气候、土壤、植被区系方面的差异，GrassGro 在中国云贵川山区人工草地—家畜系统可以直接使用，在北方温带草原和高寒草地放牧系统必须需要调整参数后才能够使用。GrassGro 模拟最大的优势在于其草地生态过程包括草—畜相互作用，具有定量的、科学的决策草地利用强度、程度及其带来的经济效益的功能，对于我国目前经营粗放草地畜牧业管理系统具有重要的借鉴意义。

（5）中国农业科学院农业资源与农业区划所研制模型　草畜生产决策管理系统是由中国农业科学院农业资源与农业区划研究所研制的一款适用于我国北方天然草原的牧区环境决策管理系统。其主要功能有天然草原生产力、生物量、旱情、长势监测、以草定畜、以畜定草、草畜平衡、牧场规划等草畜环境安全评估决策模块。系统在天然草原生产力监测方面做出了较大的贡献，通过大量的地面反演测算，改进了 CASA 模型中 *FPAR* 与 *NDVI* 的关系查找表算法，并提供了牧场规划、放牧制度管理等功能模块，是当前我国为数不多、可用于牧场尺度环境容量评估的自主研发软件。

二、信息化在草畜平衡决策中的发展

数字草畜管理决策技术是数字农业的一个重要分支，它在数字地球、数字农业的基本标准和规范框架下，构建面向草地生态系统现代化管理的数字技术和理论框架；集成计算机技术、网络通讯技术、空间信息技术、自动化技术与草业科学、地理学、生态学等基础学科，对草地生态系统各要素（环境要素、生物要素、经济要素等）及其重要过程进行监测、模拟、管理与控制。数字草畜管理主要是科学解决草和畜的关系问题，是维护草原生态、保护草原资源的关键性因素，是解决草原畜牧业发展的核心问题和主要矛盾。

传统的草畜管理决策主要以经验为主，属于“靠天养畜”的粗放型生产模式，存在着天然草原过度利用或天然草原生产潜力浪费的问题，难以达到草原可持续利用。此外，我国牧区主要分布于北方干旱地区和青藏高寒地区，面积占全国总面积的 40%左右，是我国自然条件最严苛、农业生产资源最贫乏、生态环境最脆弱的区域，牧区生活着 40 多个少数民族、1 600 多万牧民，生产方式原始落后，生产力水平低。受这些不利因素的影响，我国草原牧区信息化基础设施匮乏，牧区一线草畜生产管理决策人员严重不足，且牧民受教育和数字化技术普及程度低，使得数字草畜管理决策技术发展困难重重。

发达国家数字草畜管理决策技术发展较早，自 20 世纪 50 年代以来，随着计算机的发明和遥感技术的出现，经过半个多世纪的发展，欧美发达国家建立了完善的草畜管理决策技术体系，研制开发了一系列的草畜管理决策系统产品，如 Grazplan、Beefman、DAFOSYM、GRASIM、Forage Information System 等。大大提高了草原畜牧业经营管理的水平和效率。我国数字草畜管理决策技术起步较晚，20 世纪 80 年代才开始草原数字化监测、畜牧业管理方面的研究和应用，先后在数据信息系统和草原监测、家畜管理模型方面进行了研究，李博等人率先开展草原遥感监测技术的研究，张新时、周广胜等人开发了天然草原的生产力空间监测模型，徐斌等人研制了天然草原草畜平衡管理决策系统，辛晓平等人研制开发了适用于中小尺度牧场的草畜管理决策系统。赵春江等人研制了草原畜牧业管理决策系统，几乎涉及人工草地栽培管理、病虫害诊断、天然草原生产力监测、灾害监测、家畜饲养管理等各个方面。此外，中国科学院、北京大学、北京师范大学、内蒙古草原勘测设计院、内蒙古大学、新疆农业科学院等科研院所也在数字草畜管理决策技术发展方面进行了积极探索，取得了丰硕的成果。

信息技术是 21 世纪的最重要的技术领域革命之一，有力地促进和推动了各国经济社会的快速发展，使得人类社会以前所未有的速度走向新的历史高度，特别是在农业领域应用的巨大成功之后，进一步带动了林业、草业、畜牧业、渔业等大农业领域数字技术的开发应用。当前，经过近半个世纪的发展，数字草畜管理决策技术已趋于成为一个成熟、完整的学科领域，涉及草原地面自动观测、卫星遥感监测、人工草地栽培、天然草原生产模拟、家畜能量循环、放牧生态学等学科。相应的模型系统产品已进入网络物联、空间定位和智能控制的全面信息化阶段，相应系统产品的决策时效性、科学性和实用性越来越高。通过智能决策系统，控制牧场载畜量，影响家畜采食行为，优化牧场家畜的生产经营管理模式，实现了保护草地生态环境、增加牧场草地资源持续供给能力与低成本生产、最大化经济收益的优化共存。因此，发展数字草畜管理决策技术是我国由畜牧业大国向畜牧业强国发展的重要契机和必由之路。

第二节　牧区草场健康状况评价技术

生态系统健康和可持续发展的理论与实践是一个极富发展潜力的新兴交叉学科。它集中了多学科的知识，为此，在当前全球生态系统受损严重的情况下，学界对生态系统健康、生态系统管理与可持续发展的研究逐步深入。本研究以牧区草场为研究对象，探讨牧区草场的健康状况及可持续发展问题，具有重要的理论价值和实践参考。

一、生态系统健康国内外研究进展

（一）生态系统健康研究历程

生态系统健康（ecosystem health）作为专有概念，于 1982 年由 Lee 首次提出。之后经多位学者不断完善，目前形成较完善的理论体系。随着联合国认可了“生态系统健康”的概念，生态系统健康评价方法得到快速发展，由单项评价逐步发展为综合指数的构建。Schaeffer 和 Cox 也提出了生态系统阈值的思想。Costanza 提出用活力（Vigor，*V*）、组织力（Organization，*O*）和恢复力（Resilience，*R*）组装生态系统健康指数（*HI*），即 *VOR*，$HI=V\times O\times R$；开创了生态系统健康评价指标综合化的先河。任继周围绕系统的 4 个生产层提出具体的评价方法；并阐述了生态生产力的概念和系统健康的 3 项特征，生态生产力是生态系统本身在保持其健康的状况下所表现的生产能力或生产水平，系统健康状况指保持生态系统本身特征的基本结构或不断完善、保持生态系统的基本功能或不断提高、生态系统所处的环境因素与生态系统保持稳定和谐的趋势。这是中国学者第一次系统论述生态系统健康。2000 年，任继周等提出草业系统的界面论，并以此为依据，将草地基况（conditon，*C*）纳入 *VOR* 指标体系，提出健康评价的 *CVOR* 概念。

进入 21 世纪以来，这一时期的研究不再满足于讨论生态系统健康概念、内涵与方法，而是选择或组合评价指数，并运用于具体生态系统的健康评价。评价指标不再局限于生物指标，而是以重要系统过程为依据，涵盖自然、生物和社会经济等诸多领域。评价的方式也逐渐摒弃多指标罗列，而是通过一系列数学过程，获取综合指标。但是，综合化过程中对界面过程仍然重视不够。2012 年，林丽等以"阴阳表里相关及五行学说"为理论基础，通过探究制约草地生态系统各要素的系统归属性及表里相关性，建立了表里相关的指标体系，确立了草地生态系统中阴阳五行之所在及其相生相克机制、形成原因和经络运行模式。从系统论出发，通过综合症状、分析病理等对草地生态系统健康状况进行预警，以确定诊断的方法达到治疗目的。目前，国内外关于生态系统健康的理论和实践研究可达成以下共识：生态系统健康源于医学，与人类健康、经济活动和公众政策间存在高度负责的关系，立足可持续发展。

（二）生态系统健康内涵及外延

生态系统健康（学）是一门研究人类活动、社会组织、自然系统及人类健康的整合性科学；而生态系统健康是指生态系统没有病痛反应、稳定且可持续发展，具有活力、稳定和自调节等特性，随着时间的进程有活力并且能维持其组织及自主性，在外界胁迫下容易恢复，即一个生态系统的生物群落在结构、功能上与理论上所描述的相似或相近，那么它就是健康的，否则就是不健康的。

生态系统健康具有多尺度性，不仅需要考虑系统成员内部，例如，草地放牧系统中，草畜的关系，还有考虑系统外部的干扰；再如，矿业开发对于草地生态系统的影响。系统内部和外部相辅相成，不可或缺。因此，在生态系统健康的内涵（狭义定义）和外延（广义定义）上，拟采用如下的定义。

狭义定义：在无外界干扰下（正常的放牧、打草利用等行为不归入外界干扰），生态系统能否保持健康状况，可以用 *CVOR* 方法来测试。从外界干扰角度讲，即使是重度退化，仍可认为生态系统是健康的，只是健康程度低而已。健康程度低的生态系统，可以通过短期或长期的自我修复实现生态系统的恢复演替，或者通过一些简单工程措施，重新演变为健康的生态系统。但对于受破坏的生态系统，例如，发生了严重的水土流失、受到工业污染，这类生态系统类型，将很难通过自然恢复，重新恢复到健康的生态系统，只有通过复杂的工程措施，才可恢复，有些地区，一旦遭到破坏，将很难恢复。狭义的生态系统健康，可以等同于人类可治疗的疾病，虽然有些疾病，恢复不到之前的良好状态，但仍可继续运转，只是在较低的能级上运转。

广义定义：在有外界干扰，比如工业企业、水土流失发生等情况下，生态系统将处在不健康的状态。如果造纸企业在某一类生态系统周边，那么周边一定范围内的生态系统健康状况将直接变为不健康，或者具有不健康的威胁，就如同生态系统得了癌症。

生态系统健康评价范围的界定：对于草地生态系统而言，从哪些角度开展工作？笔者认为，将要从广义和狭义角度共同进行。就如同医学诊断一样，医生首先要询问病人的症状，比如病人的既往病史，与症状相关的情况，例如，是否接触了某一类动物（动物传染疾病），或者是否受到外力伤害（外伤），对病人进行大致判断之后，将进行更加细致的诊断，如测试血压、心率和血常规等，这些被称为"常规检查"，以确定病人的症状是否与现有判断相符。接下来，将确定病人的具体病情，如果检查骨头是否有问题，可以拍 X 光片，或者核磁检查。对于生态系统而言，医学的发展，促进了生态系统医学的建立和发展。

（三）生态系统健康评价现有方法

评价生态系统健康需要基于功能过程来确定指标，特别是评价其干扰后的恢复能力。不仅需要小尺度生态过程的监测和研究，从景观尺度进行环境质量监测也是必不可少的步骤。将遥感、地理信息系统和景观生态学原理等宏观技术手段与地面研究紧密配合，通过景观结构变化了解其功能过程（马克明等，2001）。健康评价方法主要分为指示种法和指标体系。

从生态系统健康评价方法指标选取方面，可分为单因子罗列法、单因子复合法、功能评价法和界面过程评价法（侯扶江等，2009）。单因子罗列法类似于指示种法，主要以环境、生物或社会等某一类因素的指标评价系统健康，以土地健康评价最具代表性。虽然此方法风险高，但是针对性强，若使用恰当，则简单、明确、快捷地指示系统健康，当前仍然普遍使用。单因子复合法是在单因子罗列法的基础上发展起来的单因子复合法，是评价指标综合化的雏形和早期发展。在评价实践中，诸多指标常常放在一起比较，可以根据内在属性加以归纳、分门别类，便是最初的单因子复合法。功能评价法以生态系统功能和服务作为评价标准，一般而言，健康的生态系统提供全价服务，崩溃的生态系统丧失服务功能，健康与服务存在对应关系。生态系统服务与生态健康的研究同期发展，两者的内在关系不断被挖掘，外在联系愈加紧密，越来越多的功能指标纳入健康评价的指标体系。*VOR* 是这个阶段的重要特征。界面过程评价法以关键生态过程为基准，将关键生态过程作为基况指标引入评价指标，即体现了健康状况主要影响因子的主导作用，也同时兼顾了其他的影响因素，这是生态系统健康评价指标综合化的必然趋势。以草业系统界面论和 *VOR* 方法为基础，对生态系统 *CVOR* 方法的探索和应用将是接下来的研究重点。

在具体的草地监测中，新西兰草地评价主要采用固定样方长期监测方法，采用 10 m×10 m 的样方，春夏秋冬各调查一次，观察草地的演替方向。可以划分为健康和不健康，但不能预测和预报草地健康状况。草地生态系统健康评价的指标分为 3 类：早期预警指标，适宜程度指标，诊断指标。不同的指标令人满意的程度不同，不同的服务功能匹配不同的评价目的，而评价草地的适宜程度和长期监控其趋势、提供草地退化的早起预警以及诊断问题存在的原因，均需要相应的指标。能够同时满足以上 3 种功能的指标，仅仅是理论上的可能（周立业等，2004）。

二、关于草场健康评价技术的需求

由于自然生态系统和人类社会系统本身的复杂性，生态系统健康评价仍然存在诸多需要解决的问题，主要包括以下几点。

1. 生态系统健康本身的不确定性　虽然生态系统健康的标准已提出不少，但对生态系统健康的判定仍有不确定性，草场在围封状态下是否是健康的？在超过多少牲畜之后对草场造成危害？稳定的草场是否就一定是健康的？这需要分而论之。

2. 健康问题的针对性　健康问题的提出，不仅针对生态系统本身而言，同时也要针对人类。因此，在研究和探讨生态系统健康的过程中，不仅要关注自然生态系统中生态因子的构成及其相互作用，同时还要综合地考虑生态、经济和社会因子之间的相互作用及其关联，这种作用及其关联还要受到时间、空间和自然生态系统异质性的影响，特别是人类影响与自然干扰对生态系统的影响有何不同，难以确定；生态系统改变到什么程度，对人类服务的功能仍能维持，甚至是正常发挥。

3. 如何看待生态系统的复杂性　鉴于生态系统本身的复杂性，生态系统健康简单地找到并概括出一些既容易测定又具有可操作性的具体指标，且还很难找到一个令人信服的并被人们所公认的评价和评估的方法。这样，生态学家就很难评估生态系统健康受损的程度，就更难为决策者提供真实的佐证。

4. 生态系统影响因素的多样性　鉴于生态系统的不透明性（灰箱系统）和动态性，很难准确地把握生态系统的变化中哪些是外界干扰或不健康的症状？哪些是生态系统正常演替的结果？人类把带有强烈功利色彩的价值观强加在自然生态系统身上是否是正确？

5. 生态系统自我调节能力测定的有限性　鉴于生态系统具有自我调节能力以及这种能力的有限性，健康的生态系统具有调节、吸收、化解和反馈的本领和能力，但这种能力人们又是很难测定的。

6. 生态系统健康评价的阈值　就如人体健康一样，生态系统的健康同样可以用健康和亚健康来表述。这样，就必然会衡量生态系统的健康可以维持多长时间，健康和亚健康之间的区别和界线如何确定？

因此，虽然生态系统健康概念的提出并以此为理念的多学科交叉与融合以及传统科学的转向，为我们解决复杂的环境问题提供了一种全新的概念框架和一系列研究方法和手段，但不可否认，所有这些问题都有待进一步研究。

对于草场健康评价而言，主要涉及“生态系统健康评价”和“草场资源评价”两个部分，两者既有区别又有联系。区别在于生态系统健康的优点为运用综合指数，但缺点却是其主要从草地本身进行考虑，以科学问题为导向，对草场的使用考虑较少；而草场资源评价的优点主要为考虑草场的经营，以草场使用为导向，偏重技术，但缺点却是主要以草场的产量为评价依据。针对我国草地资源的现状，在气候变化和人为干扰日趋严重的今天，对于草场资源评价既要考虑草地产量、草地质量（饲用价值），还有兼顾草地经营管理的便利性。

多样性导致稳定性，是生物多样性领域的重要结论。在草场健康程度及草场利用方面，是否多样化草场更有利于草场的利用？答案是肯定的。和谐多样、宽容适中是生态学最基本的原则之一（刘书润，2012）。草场的健康不仅在于单体的健康，还在于草场的组合、草场的利用方式和利用时间。

三、案例分析

（一）生态系统健康指数的测算模型和方法

对于草地生态系统健康评价，目前广泛采用的是 *CVOR* 方法，本研究将采用 *CVOR* 方法、简化评价方法和演替理论进行草场健康评价。*CVOR* 方法如下：

$$C=C_x/C_m$$

$$V=P_x/P_m$$

$$O=O_x/O_m$$

$$R=[P_{x(\text{顶级物种})}/P_{m(\text{顶级物种})}]/[P_{x(\text{退化物种})}/P_{m(\text{退化物种})}]$$

其中，x 为评价样地，m 为模式样地（生态参照区），C 为土壤有机质，V 为活力，O 为组织力，R 为恢复力，P 为地上生物量。

基况（Condition，C）主要反映植物—土壤—大气界面过程，可理解为影响草原生态系统结构与功能的大气、土壤与气候因子的综合，主要指水热因素与土壤营养库状况的综合。水分和氮、磷、有机质等养分资源是制约草原群落生产力的限制性因子。

活力（Vigor，V）指草原生态系统的能量或活动性，用生态系统物质生产和能量固定的总量或效率度量，可选取光合效率或光合产物、地上生物量等指标进行评价。草原生态系统退化过程包含着两个方面，即群落总生物量的降低和可饲性草种的比例迅速降低。故本文利用植物群落总的地上生物产量来表征生态系统的活力状况。具体计算公式为：$V=P_x/P_m$，式中 P 为生态系统的生产力，即群落总地上生物量（g/m），$V\in[0, 1]$，如 $V>1$，则取 $V=1$。

组织力（Organization，O）指生态系统物种组成结构及其物种间的相互关系，反映生态系统结构的复杂性，用生态系统结构和功能的组合特征度量，如物种分布频率、植株平均高度、相对生物量等。本文参照内蒙古草原生态系统健康评价的植物群落组织力测定方法，首先计算群落中主要物种的累积频率、累积相对生物量、累积平均高度及相对株（丛）数，其加和表征各群落的组织力水平，具体计算公式如下：

$$O_x=\sum\left|\frac{N_i}{N_{\max}}\times\frac{Z_i}{Z}\times\frac{H_i}{H_{\max}}\times\frac{\sum_j M_{ij}}{\sum M_j}\right|\times 10\,000$$

其中，N_i 为平均株丛数，$N_{\max}$为样方中物种 i 的最大株丛数；Z_i 为物种 i 出现的次数，Z 为样方总数；H_i 为平均高度，$H_{\max}$为物种 i 的最大高度；M_{ij} 为物种 i 的干重，M_j 为每个样方的干重。

最后，将各生态系统群落组织力计算值与模式系统组织力计算值相比较用以衡量处于不同演替状态的生态系统组织力水平。即 O_x/O_m，$O\in[0, 1]$，如 $O>1$，则取 $O=1$。

恢复力（Resilience，R）是草原生态系统对胁迫的抗御能力或反弹能力，包括生产力和结构（物种组成）的恢复。本项研究以代表典型草原生态系统恢复程度的大针茅、羊草物种数量和地上生物量与表示一般退化程度的冷蒿、糙隐子草物种数量和地上生物量之间的比例来衡量处于不同演替阶段草原生态系统群落的恢复能力。即群落中羊草、大针茅物种数量（丛数）和地上生物量越大，则表征群落恢复能力越大；反之，如果冷蒿、糙隐子草数量（丛数）和地上生物量越大，则表征群落恢复能力越小。因各植物种的物种数量（株/丛数）和地上生物量之间存在明显的正相关关系（$R=0.985\,8$），故计算生态系统恢复力时只选取物种数量指标进行计算。$R\in[0, 1]$，如 $R>1$，则取 $R=1$。

$$COVR=C^{*}\times(C_v\times V+C_o\times O+C_r\times R)$$

$$C_v+C_o+C_r=1$$

本研究设定 $C_v=0.4$，$C_o=C_r=0.3$；*CVOR* 指数对于生态系统的指示作用见表 2-2。

表 2-2　生态系统监控阈值设定表

CVOR 指数	生态系统监控状态
0～0.25	崩溃
0.25～0.50	警戒
0.50～0.75	亚健康
0.75～1	健康

（二）生态参照区的选取标准及规范

将一个已知健康水平的生态系统作为参照系统，是准确评价草场健康的首要任务。在人类的正确管理下，一个与当地气候保持协调和平衡的草地生态系统符合生态系统健康的 8 项标准：①活力，具有地境（包括气候）条件所支持的最大生产能力；②恢复力，能够抵抗气候波动的干扰，对适度利用具有稳定、持续的恢复能力；③组织结构，在当时的人类管理水平下，系统结构和生产力结构具有地境条件所能支持的稳定性；④生态系统服务功能的维持，具有可持续的、全价的生态系统服务功能；⑤管理选择性，具备多种用途的潜力；⑥减少投入，在适度利用的条件下，不需要人类的其他投入便能长期维持稳定状态；⑦对相邻生态系统的危害，有益无害，而且成为相邻生态系统健康维护的生态屏障；⑧对人类健康的影响，提供全价生态服务而无索求。这样的参照系统虽然不是该区域生态系统健康的唯一形式，但可以用作区域生态系统健康评价的模板。

根据土壤养分的测定研究表明，温性草原退化群落的土壤养分含量尚未明显减少（王立新，2008）。所以，采用接近顶级植物群落的样方资料作为基况指标，在接下来针对内蒙古牧区草场健康评价中，以恢复 4 年的植物群落作为基况资料。

（三）内蒙古牧区草场健康状况评价

利用生态系统的健康综合指数（*CVOR*）和植被健康评价指数（*VOR*）对内蒙古呼伦贝尔贝加尔针茅和羊草草甸草原的评价结果见表 2-3 和表 2-4。从表 2-3 中可知，围封样地 *CVOR* 值从 2007 年围封开始，逐年提高，2008 年就已达到健康状态，草地恢复速度较快。而围封样地外仍为天然放牧场，*CVOR* 值处在警戒和亚健康状态。

从表 2-4 可得知，羊草围封样地当年的 *CVOR* 值即达到 0.73，经过 4 年的恢复，*CVOR* 已达到 1.00，说明围封当年恢复效果良好。反观羊草放牧样地，*COVR* 值大都处在 0.30 左右，处在警戒状态。

表 2-3　呼伦贝尔贝加尔针茅草甸草原 *CVOR* 评价结果

样地	*C*	*V*	*O*	*R*	*VOR*	*CVOR*
2007 年内	0.80	0.59	0.68	1.00	0.74	0.59
2008 年内	0.85	1.00	0.64	1.00	0.89	0.76
2009 年内	0.90	1.00	0.65	1.00	0.89	0.80
2010 年内	1.00	1.00	1.00	1.00	1.00	1.00
2007 年外	0.70	0.11	0.74	1.00	0.57	0.40
2008 年外	0.75	0.46	0.96	0.84	0.73	0.54
2009 年外	0.80	0.57	0.69	0.36	0.54	0.43
2010 年外	0.80	0.60	0.94	0.58	0.69	0.55

表 2-4　呼伦贝尔羊草草甸草原 *CVOR* 评价结果

样地	*C*	*V*	*O*	*R*	*VOR*	*CVOR*
2007 年内	0.97	0.56	0.77	1.00	0.75	0.73
2008 年内	0.90	1.00	0.75	1.00	0.92	0.83
2009 年内	0.95	1.00	1.00	1.00	1.00	0.95
2010 年内	1.00	1.00	1.00	1.00	1.00	1.00
2007 年外	0.84	0.11	0.17	1.00	0.40	0.33
2008 年外	0.85	0.23	0.71	0.64	0.49	0.42
2009 年外	0.90	0.27	0.39	0.27	0.30	0.27
2010 年外	0.88	0.32	0.22	0.59	0.37	0.33

利用群落顶级和优质牧草占生态参照区顶级和优质牧草的比例作为草场健康评价的简易评价指数，对呼伦贝尔草甸草原的评价结果见表 2-5，其中，贝加尔针茅、羊草的围封样地和放牧样地的差异均较大，说明利用简易方法可初步判断草场的健康程度。

表 2-5　呼伦贝尔草甸草原简易评价指数表

样地名称	2007 年	2008 年	2009 年	2010 年
贝加尔针茅样地内	0.94	1.57	2.16	1.00
贝加尔针茅样地外	0.17	0.56	0.38	0.51
羊草样地内	0.81	1.86	2.89	1.00
羊草样地外	0.07	0.23	0.16	0.19

对于鄂尔多斯鄂托克旗短花针茅草原的简易评价结果见表 2-6，不同样地间的健康指数不尽相同，处于崩溃临界范围之内的有 5 个样地，处于亚健康的同样有 5 个样地，还需进行深入研究。

从放牧和刈割退化围封样地羊草占总生物量的比例来看生态系统的健康状况，从图 2-1 中可知，放牧本底围封的样地羊草的比例在迅速提高，而刈割本底围封的样地羊草的比例基本都在 0.2 以下，说明呼伦贝尔草甸草原放牧场的退化程度远低于打草场。而与此对比的放牧场和打草场（图 2-2），羊草占总生物量的比例除刈割样地 2010 年 7 月的值高于 0.2 以外，其余基本在 0.2 以下。

表 2-6　鄂尔多斯荒漠草原简易评价指数表

样地	短花针茅干重	参照区顶级物种干重	健康指数
样地 1	1.57	10	0.16
样地 2	3.16	10	0.32
样地 3	3.75	10	0.38
样地 4	7.32	10	0.73
样地 5	7.32	10	0.73
样地 6	2.12	10	0.21
样地 7	2.09	10	0.21
样地 8	6.72	10	0.67
样地 9	5.76	10	0.58
样地 10	3.16	10	0.32

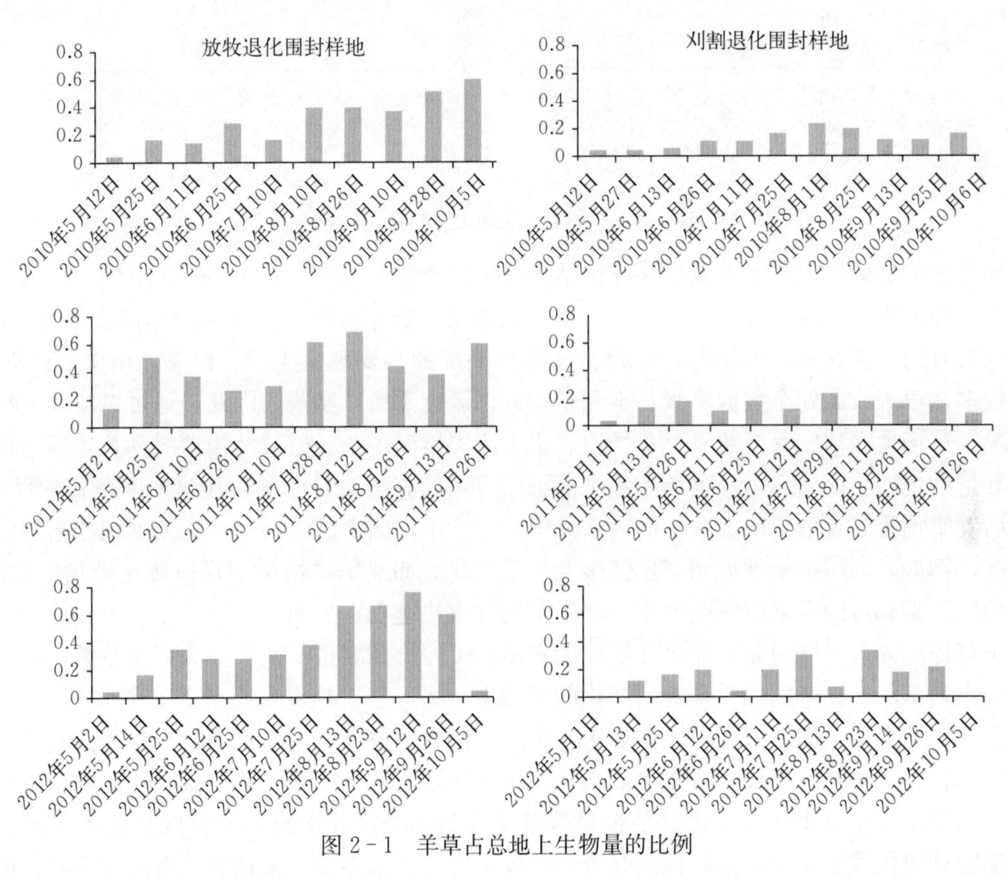

图 2-1　羊草占总地上生物量的比例

利用 *CVOR* 方法、简易健康评价方法和优势物种占总地上生物量的方法，开展的草场健康状况评价，结果略有不同。利用 *CVOR* 方法评价呼伦贝尔草甸草原放牧场的健康状况，具有较高的参考价值。而对于简易的定量方法，仍有待提高的空间。

（四）草场健康快速判别技术

现有草场健康评价标准中，*CVOR* 方法不断为越来越多的研究人员所接受。此类方法可以全面的总结生态系统的状况，但由于此方法需要基况（*C*）的选择，而基况选择具有一定的主观性，往往导

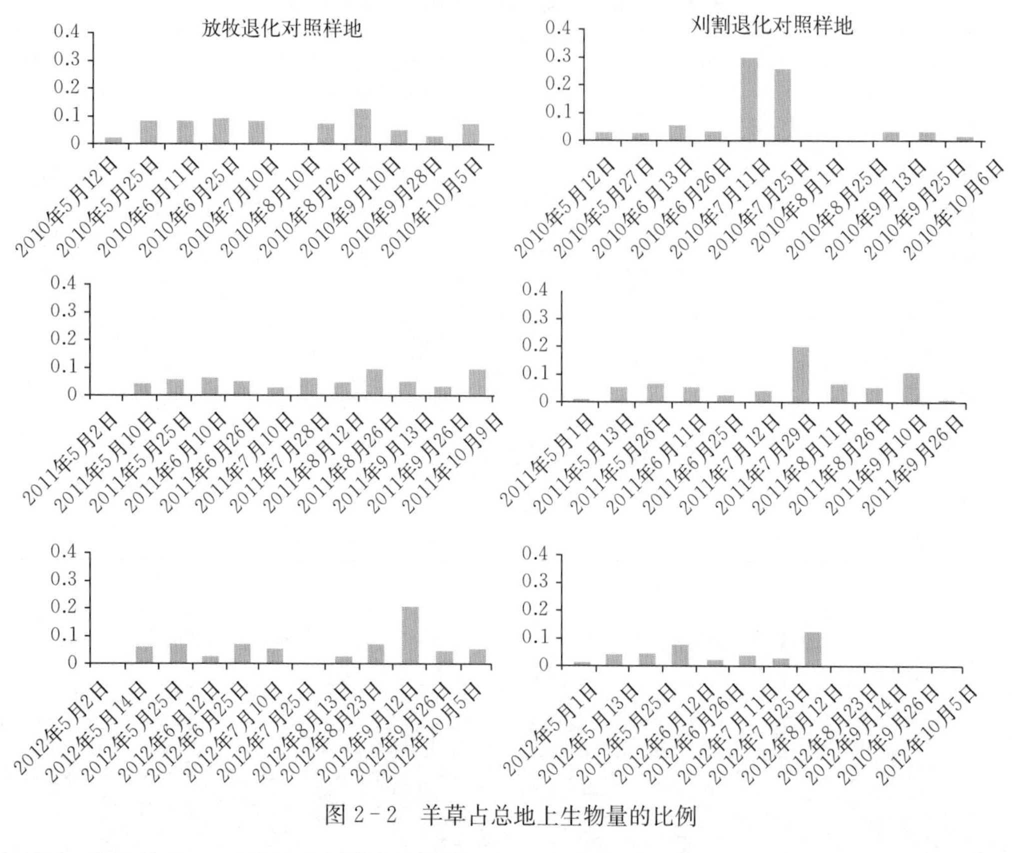

图 2-2 羊草占总地上生物量的比例

致基况评价标准的偏差，可能导致最终评价结果的不准确性。另外，20 世纪 80 年代，我国制定的草原退化评价标准中，将草地按“等”和“级”就行划分，5 等 8 级，共计 40 个等级。此标准给出了中国草地自有的等级标准，可作为 *CVOR* 方法选择基况的必要理论支撑。但是，由于 *CVOR* 方法需求参数较多，很难收集到全数据要素，不利于业务化运行并指导实践。因此，通过对草场上牧草成分变化情况、草场地表枯枝落叶数量、草场地表水土流失情况、草场植被结构情况和草场新增加外来入侵杂草数量的观察与评估，每个牧场和牧民都可以应用此方法对自己的牧场进行草场健康状况评价，对于草场健康预警具有重要的实践价值。在具体的评价中，如果能够通过一项或者两项指标就能确定健康状况，例如，利用指示种识别草场健康发生了变化。如果单项指标不足以确定草场的健康程度，则增加指标，直到可确定健康状况为止。对于草场健康快速判别见图 2-3。

由于草场的固有属性限制，如果开垦成为农田，本评价标准将不把其作为评价范围，只评价性质未发生变化的草场。在草场性质未发生变化的基础上，第一步，检测水土流失是否发生，如果发生，视严重程度，确定草场崩溃的可能性；如未发生水土流失，进入下一步。第二步，检测凋落物是否存在，如果不存在，可判定为极度退化，如果存在凋落物，进入下一步。第三步，检测物种组成是否发生变化，如果不发生变化，以生物量是否显著减少作为标准，分别确定为轻度退化和未退化。第四步，如果物种组成发生变化，需要检测是否存在外来种，如果存在，将视为具有健康风险；如果不存在外来种，将视退化指示植物的比例确定为中度退化和重度退化。

以内蒙古草原为例，针对内蒙古草原区（包括温性草甸草原、温性草原和温性荒漠草原），制定了草场健康评价的简易分级标准，此类标准仅适用于放牧退化草场的等级评判。

以草地退化状况作为判别标准，由于部分草地类型退化演替相对简单，所以，可能有些退化等级缺失，一般将中度退化去除，保留轻、重度退化；也有可能在轻中度之间增加过渡等级，或者在中重度退化之间增加过渡等级。

内蒙古温性草甸草原、典型草原和荒漠草原，一共评价了 7 个群系，分为 9 个退化系列（表 2-7）。

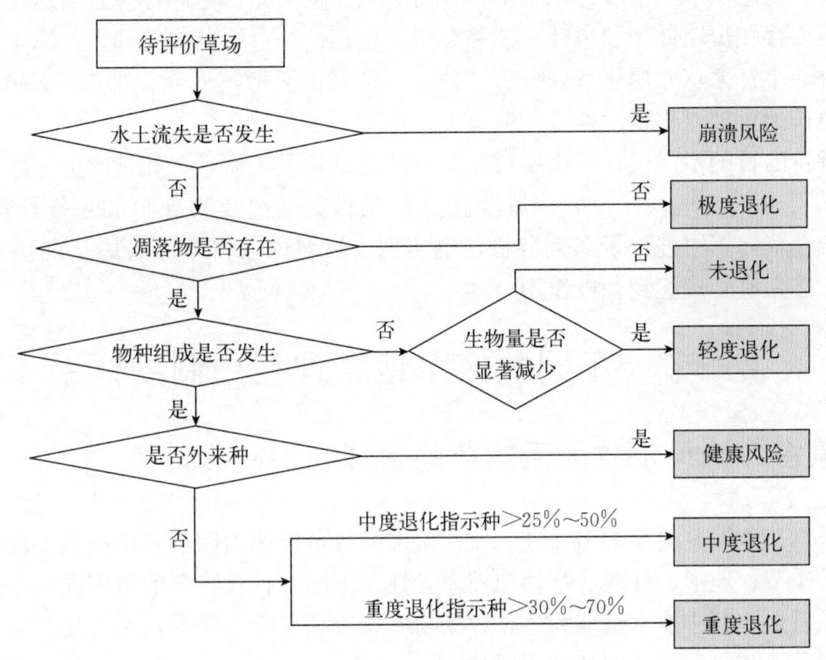

图 2-3 草场健康快速判别技术框架

表 2-7 内蒙古草原不同退化等级指示植物及比例

草原类型	建群种	顶级群落（未退化）	轻度退化	中度退化	重度退化
温性草甸草原	贝加尔针茅	贝加尔针茅（50%）	贝加尔针茅 25%＋克氏针茅 25%	糙隐子草 25%＋冷蒿 25%	星毛委陵菜＞40%
			贝加尔针茅 25%＋寸草苔 25%	—	寸草苔＞40%
	羊草	羊草（50%）	羊草 15%＋冷蒿 15%＋糙隐子草 15%	冷蒿 25%＋糙隐子草 25%	星毛委陵菜＞40%
			羊草 25%＋寸草苔 25%	—	寸草苔＞40%
温性典型草原	大针茅	大针茅（40%）	大针茅 20%＋克氏针茅 20%＋冷蒿 10%	冷蒿 25%＋糙隐子草 25%	星毛委陵菜 70%
	克氏针茅	克氏针茅（40%）	克氏针茅 25%＋冷蒿 25%	冷蒿 25%＋糙隐子草 25%	星毛委陵菜 70%
	羊草	羊草 30%＋大针茅 30%	大针茅 25%＋冷蒿 25%	冷蒿 25%＋糙隐子草 25%	星毛委陵菜 70%
温性荒漠草原	短花针茅	短花针茅（40%）	短花针茅 20%＋ 冷蒿 20%	—	冷蒿 50%＋无芒隐子草 20%
	小针茅	小针茅（70%）	小针茅 35%＋小亚菊 35%	—	小亚菊 70%＋无芒隐子草 20%
	小针茅		小针茅 35%＋冷蒿 35%	—	冷蒿 50%＋无芒隐子草 20%

注：比例为指示种占总生物量的比例。

在温性典型草原大针茅、克氏针茅和羊草群系的健康评价中，中、重度退化之间，还有一个过度等级，冷蒿达 80%介于中、重度退化之间。

当土壤为砾石质时，小针茅草原向小亚菊退化草原方向发展，当土壤为壤质时，向冷蒿退化草原发展。

贝加尔针茅草甸草原顶级群落中，贝加尔针茅重量占总生物量的比例在 50%左右，当其生物量下降到 25%左右，与克氏针茅或者苔草重要性相当时，达到轻度退化的程度；当糙隐子草各占 25%时，达到中度退化等级；当星毛委陵菜或者苔草比例超过 40%，可视为重度退化；如果凋落物也不存在，基本可视为极度退化。对于羊草草甸草原、温性草原（包含大针茅、克氏针茅和羊草 3 个类型）而言，冷蒿、糙隐子草是中度退化指示种，而星毛委陵菜和苔草同样为重度退化指示种。在温性荒漠草原中，主要存在短花针茅和小针茅2种类型。短花针茅草原以冷蒿和无芒隐子草作为轻度和重度退化的指示种。小针茅草原退化系列分为2种，一种以小亚菊，另外一种以冷蒿作为轻度指示种，均以无芒隐子草作为重度退化指示种。

草场健康评价的目的不仅仅在于诊断目标草场的健康状况，而是在此基础上，指导人类对草地进行合理的利用与科学的管理。评价方法既要保证科学性，又要具有充分的可操作性。本文即利用 *CVOR* 方法对温性草甸草原进行了案例分析，也实现了针对内蒙古草原健康状况快速检测技术的构建，将对草地生态系统管理起到积极作用。

第三节　不同牧区草地合理利用制度体系

一、内蒙古呼伦贝尔牧区天然草地合理利用制度体系

呼伦贝尔天然草地以其类型的多样性、质优量多的牧草资源为四季利用提供了良好的条件。从生产需要出发，按季节、地形、气候、草地植被差异性及不同畜种对牧草的适应性，把天然草地划分为暖季营地和冷季营地。其中冷季营地为冬季牧场与春季牧场组合，暖季营地为夏季牧场与秋季牧场组合，并且以冬春营地和夏秋营地倒场利用放牧地。

夏季利用河流、湖泊沿岸的草地，伊敏河、海拉尔河、乌尔逊河、克鲁伦河、莫日根河、辉河、达赉湖沿岸草地是主要的夏营地。具有大量葱类的草地一般作为秋营地，其特点是牧草籽实多，粗脂肪、粗蛋白含量高，有利于牲畜抓油膘。暖季草地利用时间150 d左右。沙地草地牧草返青较早，且有背风条件，多用作春营地和接羔点，有的也作为冬营地。冬季多在缺水草地利用积雪进行放牧。幼弱畜和部分母畜（主要是牛）扎营于冬营地进行适当补饲，采食能力较强的马和羊靠降雪游牧于较远的牧场上。冬春季利用的时间在200 d以上。由于冬春放牧时间长，往往造成大部分牲畜体瘦力乏，出现冬瘦、春死的现象。上述倒场方法虽然是当前牧区生产中的主要放牧形式，但往往由于自然条件的限制和布局不当，使草地利用出现不均衡情况，各季营地“营盘点”和定居点附近的草地利用过重，以致于造成部分草地退化。

以牧民定居工程建设为基础，逐步改变依赖天然草原放牧的生产方式，通过大力推行暖季放牧＋冷季舍饲措施，积极建设高产人工草地和饲草料基地，增加饲草饲料产量，科学合理地控制载畜量，推行合理的草场放牧管理制度，减轻牲畜对天然草场的放牧压力，保持天然草原的草畜平衡。

（一）合理安排季节牧场，进行季节轮换，建立科学的放牧制度和轮刈制度

1. 季节放牧场轮换　合理安排季节牧场，以季节牧场形式利用草地，在目前生产条件下具有一定的优越性。呼伦贝尔盟现有夏秋牧场和冬春牧场分别占可利用草地面积的34.5％和65％，从比例上看，夏秋牧场偏少，尤其是海拉尔、满洲里市更显得缺乏，这也是两市退化草场比例大的一个重要原因。因此，应开发缺水、无水草场，扩大夏秋牧场面积。同时，充分利用暖季牧草产量高、营养价值全的优势，创造条件，向暖季划区轮牧，冷季舍饲方向发展。并且要推广季节牧场轮换制度。其轮换方式，是将季节牧场划分成几大块，在整个利用季节内各区在利用时间及次数上逐年进行更换。

春夏季牧草处于生长旺盛时期，利用后能迅速再生。所以春夏牧场的转换可以包括利用次数和利用时间上的更换。呼伦贝尔高平原东部和岭东草甸草原地区，因牧草再生性强，春季可以利用2次，夏季可利用3～4次；高平原西部的干草原，牧草再生能力差，故春季只能利用1次，夏季可以利用2次。

合理利用草场还包括合理布局畜种。天然草地资源由于受各种自然因素的影响和制约，具有显著的地带性分布规律和地域特征，在不同的自然地理环境下发育形成的各种草地类型，并且形成地方优良畜种的基本条件。呼伦贝尔盟著名的三河马、三河牛、锡尼河牛等畜种都是在特定的草地环境下，

经过长期的自然选择、人工选育和杂交改良而形成的。因此，只有实现畜种与特定草地类型的最优组合，才能充分发挥草地与家畜的优势，才能获得最大的经济效益和最佳的生态效益。为此，一定要根据不同的草地类型合理布局畜种。草甸草原适宜发展养牛业和养马业，干草原适宜毛肉兼用羊、细毛羊，也可以发展肉牛业；含盐分高的半灌木、灌木草地则适于发展山羊和养驼业；沙地草场从保护生态环境的角度来考虑，养牛比养羊、养马更为适宜。

2. 暖季打草场轮刈制度　针对打草场退化的控制和改良，主要的手段应实行打草场轮刈制，把打草场的利用与休闲结合起来。目前呼盟地区打草场的利用情况是重复利用，并且全部打光，不留种籽带，其结果造成牧草的生长繁殖受到抑制，对次年的萌发造成困难。因此，打草场要制订合理的刈割制度，留出种籽带，确定适宜的休闲时期。依据大量的研究，内蒙古草甸草原打草场以1年1次刈割为主来调制优良干草，最适宜的刈割时期是在草群优势种禾本科为抽穗期、豆科为开花时期，但也有提前或推迟割草的情况。割草的最晚时期应在牧草停止生长前25～30 d进行。刈割高度羊草—杂类草和羊草—丛生禾草草地一般为5～7 cm，下繁草为主的牧草组成的矮草地以3～5 cm为宜，粗大禾草、大型苔草和高大杂类草组成的草地类型以10～15 cm进行刈割。并且实施割草地轮刈制进行轮换，实行适宜的四年四区的轮刈制，将割草地划分成4个区，逐年轮换割草时间，做到三年轮换、一年休闲不打草。

（二）暖季放牧场合理利用制度

1. 暖季放牧场划区轮牧制度　放牧是最经济有效的饲养方式。饲养方式依不同季节、不同种类和不同用途的畜群而有所不同。在呼盟牧业四旗，大体上可分为：对毛用羊、菜牛是全年自由放牧；菜牛、肉牛、肉羊是全年放牧加补饲；肉牛、奶牛是半放牧半舍饲，即暖季放牧和冷季舍饲。在季节牧场利用放牧地的基础上，划区轮牧将是放牧制度的发展趋势。在广阔的草甸草原和干草原，根据放牧地类型、外形、牲畜种类、品种，设计并实施若干个轮牧区，并根据每个地段畜群的特点，确定轮牧周期和频率等，制订轮牧计划，根据草甸草原牧草的特点，呼伦贝尔草甸草原羊群大多数在500～700只基础母羊规模，每小区适宜面积应为33.3～53.3 hm^2。牛群一般在100～500头，每小区适宜面积应为33.3～100 hm^2。草地轮牧频度为3～4次，轮牧周期30～40 d，小区数目6～8个，小区放牧天数5～7 d，轮牧时间从6～10月，放牧天数120 d左右。

2. 暖季放牧场合理放牧时间和适宜放牧强度　暖季放牧地从适当放牧开始到适当放牧结束这一段时间，叫做放牧地的放牧时期或放牧季。根据多年的试验和研究证明，放牧过早影响放牧后牧草的再生性，降低牧草产量，使植被成分变坏。放牧过迟，牧草变粗老，适口性和营养价值降低。确定适宜的放牧时期，首先要考虑生草土的水分不可过多，一般含水量50%～60%可以放牧。其次是要考虑牧草需经过适当生长发育，避开牧草的“忌牧时期”。同时，如果停止放牧过早，将造成牧草的浪费；如果停止放牧过迟，则多年生牧草没有足够的贮藏养料时间，以备越冬和春季萌生需要，因而会严重影响第二年牧草的产量。在生长期结束前30 d停止放牧较为适宜。所以暖季放牧场的放牧时间应该依据草场植被类型及其返青时间与牧草生育期来确定，通常应该以禾本科牧草进入拔节期、抽穗前，豆科及杂类草开花前，为最佳放牧时间。内蒙古呼伦贝尔草地放牧时间可在6月初开始，10月初结束，并根据草地饲草地上现存量情况适当调整。11月初及时出栏，防止家畜出现掉膘情况。

草地放牧强度是在放牧适当的情况下，每单位面积的草地所能饲养的牲畜头数和放牧时间。一般根据牧草产量来测定放牧强度。掌握放牧地合理的放牧强度就不致因放牧过轻浪费草地，也不致因放牧过重引起草地退化。通过常年的控制放牧实验，研究发现内蒙古呼伦贝尔草甸草原从重度放牧到轻度放牧牧草产量范围为615～1 350 kg/hm^2，草地利用率60%～70%，暖季放牧应以载畜量2.1～4.3 hm^2/头牛为最适放牧强度。但是草场放牧强度首先决定于草场的饲草的贮藏量，应该根据饲草的贮藏量来定，饲草的贮藏量依草场类型、测定时间及利用年份的不同而变化。根据多年的放牧试验结果表明，如在一块放牧地上长时间放牧一种家畜，容易破坏植被结构，表现出放牧过重。将植被类型和家畜种类等因素综合考虑起来，并运用各种科学知识，才能使放牧地得到合理利用，创造更大的经济效益。

（三）“以草定畜”、“畜草平衡”

“以草定畜”是合理利用草地资源、克服畜草矛盾、保持和恢复草地生态平衡、稳定发展畜牧业生产的一项重要措施。根据年度内草地所能提供的饲草数量变化幅度，适时自觉地调整畜牧业的发展规模和发展速度，制订最佳的养畜方案。根据“以草定畜”的原则，牲畜头数如若尚未达到草地正常负荷阈值时，说明草地还有一定的发展潜力，可能受水源不足等因素的限制；相反，牲畜头数已接近或超过草地负荷阈值，则需对牲畜头数的发展进行调整或控制，或者积极寻求进一步提高草地第一性生产力水平的途径，广开饲料来源，增加人工补充饲料的种植，以满足增加牲畜的头数对饲料的要求。

（四）合理配置天然草地与改造草地相结合，大力推行暖季放牧＋冷季舍饲生产模式

呼伦贝尔草地主要是划分冷暖两季牧场对草地进行利用，但也存在着利用不均衡、牲畜布局不合理的严重现象。在畜草承包生产责任制之前，夏季牲畜多集中在河流两岸、湖泊周围。实行草畜承包责任制之后，这种局面有所改变，可是人畜高度集中在公路两侧和旗、苏木（乡镇）所在地，牲畜也高度集中，造成草地不同程度退化。面对这种状况，要采取行政法律措施和经济措施来解决，限制在旗、苏木（乡镇）所在地饲养牲畜的头数和种类。

在草地合理利用的同时，逐步改变依赖天然草原放牧的生产方式，大力推行暖季放牧＋冷季舍饲措施。草地类型不同，草地利用配置的特点也有所不同，将内蒙古呼伦贝尔草甸草原天然草地配置模式分为划区轮牧区、打草利用区、草地休牧区、冬春自由放牧区和饲料基地等。西部地区一般不具备打草条件，可不划分打草利用区，但必须有饲料基地；中部和东部地区一般具备打草条件，饲料基地较少，所以积极建设以高产人工草地和饲草料基地为主的改造草地，增加饲草饲料产量，解决冬春补饲和饲养水平问题，突破冷季饲养薄弱环节，科学合理地控制载畜量，减轻牲畜对天然草场的放牧压力，保持天然草原的草畜平衡。

（五）发展季节畜牧业，加快畜群周转

利用暖季牧草资源丰富的优势，用廉价的放牧方式，抓好夏秋膘。10 月、11 月集中育肥当年肉羔和准备出售的羯羊和肉牛，12 月处理，发展季节畜牧业生产。这样，既可减轻冷季草场压力，保持草地的再生产能力，又可增加牧民的收入。对越冬有困难的瘦弱畜，也应尽早处理，避免白灾一来牲畜大量死亡的情况。在冬春季节把饲草饲料集中用于繁殖母畜和良种牲畜，使畜牧业生产优质、高产、低成本，提高生产效益。

二、新疆牧区天然草地合理利用制度体系

新疆天山北坡草场垂直分布的一般规律是海拔 1 300 m 以下为荒漠草场，荒漠草原海拔 1 200～1 700 m，草原带海拔 1 700～2 000 m，草甸草原海拔 1 800～2 200 m，山地草甸海拔 2 000～2 700 m，高寒草甸海拔 2 700～3 400 m。本区域传统放牧制度中，海拔 1 200 m 以下以蒿属荒漠为主体的各类荒漠草场为春、秋两季放牧草场；海拔 1 200～2 100 m，包括荒漠草原、草原及草甸草原草场为冬季放牧草场，还有部分冬草场的海拔高度上升到 2 300 m，草场类型为山地草地类。另外，在平原区，以梭梭为主要成分的沙质、砂砾荒漠，也是传统放牧制度中的冬季放牧场；海拔 2 200～3 200 m 的山地草甸与高寒草甸带为夏季放牧场的集中分布区。

新疆传统的放牧制度，是根据平原草场、低山草场和高山草场的不同条件，季节轮回放牧利用草

地。虽然传统放牧制度所形成的季节休闲放牧利用体系具有与当地气候、地形等自然条件的适应性，但是，随着畜牧业生产的不断发展，特别是在草地承载量日益增加、草地植被不断退化的情况下，传统的草地放牧利用制度已经不能确保草地生态与草地畜牧业的和谐发展。传统的四季转场放牧制度已经延续了几十年甚至上百年，由于草场放牧量的不断增加和农区的不断扩大，使得四季放牧场的不平衡性更加突出，季节草场的一成不变也会对牧草生长、更新造成危害。传统放牧制度中进出各季节草场的时间，主要依据天气变化情况，而且基本不变，对草场植被变化情况不够重视，普遍存在转入春秋草场的时间过早、退出夏草场的时间又过迟的问题，这对牧草的生长发育是极为不利的。随着牧民定居及其人工饲草料基地规模的不断扩大，新疆牧区冷季的放牧量将逐渐减少，冷季舍饲、半舍饲牲畜数量将不断增加，这就为改革传统的放牧制度并建立合理的利用制度，创造了极为有利的时空条件。

以牧民定居工程建设为基础，通过大力推行牧区暖季放牧、冷季舍饲，合理规划与调配放牧场，推行合理的草场放牧管理制度，草场健康状况监测与评价体系建设，实现草畜平衡管理。

（一）暖季放牧、冷季舍饲生产模式的草场合理放牧制度

1. 暖季放牧场合理调配　对基本实现冷季舍饲、半舍饲的地区，可以将原有的部分海拔较高且有饮水条件的冬草场调整为夏、秋季轮换放牧，部分夏草场可以调整为夏、秋或春季轮换放牧，春秋两季放牧草场，调整为春季、秋季的轮换放牧，把轮牧的理念和技术措施融入现行的季节休闲放牧制度中。

2. 暖季放牧场休闲放牧制度　暖季放牧场休闲放牧制度是对传统季节休闲放牧制度的调整，其核心是将现行的某一季节牧场始终固定在同一时间放牧或休闲，转变为不同年份的放牧和休闲时期有所变化，以此激发和调动草场植被的自我修复潜力。在冷季舍饲条件下，由于部分冷季草场的休闲，可以将现有的春秋两季放牧场，在一定时期内调整为两个片区，分别在春、秋两季轮换放牧，或将某一夏牧场在一定时期变换为夏末和秋季放牧。

3. 暖季放牧场合理放牧时间　暖季放牧场的放牧时间应该依据草场植被类型及其返青时间与牧草生育期来确定，通常应该以禾本科牧草进入拔节期、抽穗前，豆科及杂类草开花前，为最佳放牧时间。正常年份进入暖季草场的梯度放牧时间：海拔 1 000～1500 m 的暖季草场，以 4 月 15 日进入、5 月 15 日退出为宜，放牧利用 30 d；海拔 1 500～2 200 m 的暖季草场，以 5 月 15 日进入、6 月 15 日退出为宜，放牧利用 30 d；海拔 2 200 m 以上的暖季草场，以 6 月 15 日进入、9 月 1 日退出为宜，放牧利用 75 d；9 月 1 日再次进入 1 500～2 200 m 的暖季草场，10 月 1 日退出，放牧利用 30 d；10 月 1 日再次进入海拔 900～1 500 m 的暖季草场及农区茬地，放牧利用 30 d，并完成全年 195 d 的暖季草场梯度放牧。传统放牧制度中原有的沙质荒漠冬草场及缺乏人、畜饮水补给的冬草场，实施禁牧，建设生态草场区。

4. 暖季放牧场适宜放牧强度　根据国家公益性行业（农业）科研专项“牧区生态高效草原牧养技术模式研究与示范”项目定点监测站监测的暖季放牧场牧草贮量，并参考历年的草场调查资料，确定暖季草场的牧草贮量。根据农业部制定的载畜量计算标准，并结合天山北坡现阶段草场的利用状况，确定暖季草场牧草的可利用率为 60%，每只羊的日食量标准确定为 1.5 kg 干草。以此确定不同暖季草场正常年份的适宜放牧强度如下。

（1）海拔 1 000～1 500 m 的暖季草场放牧利用 60 d，每 6.67 hm^2 草场放牧 22 只羊。

（2）海拔 1 500～2 200 m 的暖季草场放牧利用 60 d，每 6.67 hm^2 草场放牧 55 只羊。

（3）海拔 2 200 m 以上的暖季草场放牧利用 75 d，每 6.67 hm^2 草场放牧 57 只羊。

干旱年份按照以上标准下降 30%左右，丰水年份可以增加 20%左右。

（二）天然草场放牧加补饲生产模式的草场合理放牧制度

1. 季节放牧场轮换休闲放牧制度　季节放牧场休闲放牧制度是对传统季节休闲放牧制度的调整，

其核心是将现行的某一季节牧场始终固定在同一时间放牧或休闲，转变为不同年份的放牧和休闲时期有所变化，以此激发和调动草场植被的自我修复潜力。在冷季放牧加补饲条件下，由于冷季放牧强度的下降，可以将现有的春秋两季放牧场，在一定时期内调整为两个片区，分别在春、秋两季轮换放牧。

2. 季节牧场合理放牧时间 确定季节牧场合理放牧时间的核心，是春秋季放牧场与夏季放牧场，放牧时间应该依据草场植被类型及其返青时间与牧草生育期来确定，并在牧草停止生长前结束放牧。通常应该以禾本科牧草进入拔节期、抽穗前，豆科及杂类草开花前，为最佳放牧时间。正常年份进入各季节草场的放牧时间：海拔 900～1 300 m 的春秋季草场，以 4 月 15 日进入、6 月 10 日退出为宜，放牧利用 55 d；海拔 2 200 m 以上的夏季草场，以 6 月 10 日进入、9 月 10 日退出为宜，放牧利用 90 d；9 月 10 日再次进入春秋草场，11 月 20 日退出，放牧利用 70 d；11 月 20 日进入海拔 1 300～2 200 m 的冬草场，到 4 月 15 日转出冬草场，放牧与补饲 115 d，并完成全年各季节草场放牧周期。

3. 季节牧场合理放牧强度 根据国家公益性行业（农业）科研专项“牧区生态高效草原牧养技术模式研究与示范”项目定点监测站监测的暖季放牧场牧草贮量，并参考历年的草场调查资料，确定暖季草场的牧草贮量。根据农业部制定的载畜量计算标准，并结合本区域现阶段草场的利用状况，确定暖季草场牧草的可利用率为 60%，每只羊的日食量标准确定为 1.5 kg 干草。以此确定不同暖季草场正常年份的适宜放牧强度为以下几点：

（1）海拔 900～1 300 m 的春季草场放牧加补饲利用 55 d。

（2）海拔 2 200 m 以上的夏季草场放牧利用 90 d，每 6.67 hm^2 草场放牧 48 只羊。

（3）海拔 900～1 300 m 的秋季草场放牧利用 70 d，每 6.67 hm^2 草场放牧 17 只羊。

（4）海拔 1 300～2 200 m 的冬草场放牧与补饲 115 d。

干旱年份按照以上标准下降 30%左右，丰水年份可以增加 20%左右。

三、青藏高原甘南牧区天然草地合理利用制度体系

青藏高原甘南草原草地类型有暖性草丛、温性草甸草原、温性草原、高寒灌丛草甸、高寒草甸、低地草甸、沼泽等。由于受气候条件的影响，草地的产草量随季节变化，地上净生物量在冷暖季残留量的年际变化较大。甘南草地分为暖季草场、冷季草场、四季草场，分别占总草地面积的 41%、24%和 35%。天然草地每年从 4 月开始生长，11 月停止生长，7～8 月产量达到最高，冷季草场的放牧时间占全年的 60%左右。20 多年来，在畜牧业生产过程中由于资源的不合理利用及自然因素的影响，草地植被破坏严重，草场大面积退化、沙化，致使草原生态环境日趋恶化，这不仅阻碍了草地畜牧业生产的持续、稳定、协调发展，而且引起水土流失、环境恶化。如何合理利用草地，在提高当地草地畜牧业经济效益的同时，能兼顾草地资源的长期利用，保证牧区经济与社会的繁荣、持续发展，维持生态平衡，已成为甘南藏族自治州一项重要的战略任务。

（一）季节草场合理放牧制度

1. 季节牧场合理放牧时间 根据草地类型和牧草生长状况，严格控制放牧频率、放牧时间及始牧期和终牧期。春季放牧开始过早影响牧草返青，对牧草造成伤害，降低牧草产量。确定草地放牧开始的时间，应考虑牧草的发育阶段、牧草生长的高度及草地植物的组成。甘南牧区正常的早期放牧应在牧草分蘖盛期以后，一般在草类萌发 15～18 d 以后，此时牧草高度为 10～15 cm，草质嫩，适口性好，营养价值高。以禾本科植物为主的草地，应在禾草叶鞘膨大、开始拔节时放牧；以豆科和杂类草为主的草地，应在牧草腋芽或侧枝发生时放牧；以莎草科植物为主的草地，应在牧草分蘖停止或叶片生长成熟时放牧。放牧结束过早，不能充分利用草地，造成资源的浪费；放牧结束过迟，则多年生牧草没有足够的时间贮存养分，难以满足越冬和来年春季萌发的需要，因而会严重影响第二年的产量。

一般在牧草生长结束前 30 d 结束放牧较适宜。

2. 季节牧场合理放牧强度　根据甘南藏族自治州畜牧业发展情况，严格实施以草定畜，控制载畜量，优化畜群结构，提高出栏率，减少草地压力，进行草地生态保护。在草地放牧系统中，由于长期过度放牧，牲畜不断啃食和践踏，优良牧草生长受损。当放牧压力减小原来受抑制的个体即可以复壮，更多的个体完成发育过程，很快夺取空间成为群落中的建群种。在草地放牧生态系统中，放牧是可控因素，而放牧的强弱决定着家畜采食量和牧草产量的大小。多年研究表明，甘南藏族自治州全年总可食牧草的鲜草产量为 61.9 亿 kg，其中，暖季草场、冷季草场和全年草场的可食牧草产量分别占总可食产量的 35%、24%和 42%。全州的理论载畜量为 689.5 万羊单位，冷季牧场和全年草场的超载率分别为 82%和 84%，而暖季草场欠载率为 37%，草地的平均超载率为 26%，因此，结合牧区实际情况，"以草定畜、限制超载"，合理利用天然草地。目前，该区草地承包已逐渐到位，今后要对承包户的草地按面积等级科学地确定载畜量的最高限量，合理利用草地，实行草畜平衡，保障牧草完成生育期，使其得以繁衍、更新。

3. 两季草场实行划区轮牧，优化草地合理配置　由于甘南牧区存在夏秋草场利用不足、冬春草场过牧问题，应当推行禁牧、休牧和划区轮牧制度。对全州生态脆弱区和草原严重退化区进行禁牧，对较严重的退化草场在牧草返青期和籽实成熟期进行季节性休牧，对重点放牧场推行划区轮牧，使甘南草地优化合理配置。两季草场实行合理划区轮牧，维持草地的营养平衡和自我更新，使两季草地达到草畜平衡，妥善解决季节性的草畜矛盾。

（二）天然草场暖季放牧加冷季舍饲合理放牧制度

1. 推行暖季放牧＋冷季舍饲生产模式　青藏高原甘南草原大多数地处高海拔寒冷地区，夏季短暂而冬季寒冷漫长，一般长达 7 个月之久。牧草生长与家畜需求之间的不平衡性，7～8 月牧草生产旺盛期，由于利用时间短，家畜需求不足，家畜多转场至海拔高、偏远的夏秋草场。在冬季牧场，家畜由于抵御寒冷而且处于枯草期，饲草供给不足导致家畜掉膘、死损严重。另外，甘肃草原牧区由于受大陆性气候控制，年降水变化较大，进而导致草地生产力年级变化也大。这种波动性的草地生产对发展集约化高效牧区畜牧业带来的极大的挑战。应积极引导广大农牧民改变传统的放牧经营方式，推行舍饲半舍饲圈养，发展个体养殖小区，实行专业化、规模化、集约化经营。实施"暖季放牧＋冬季暖棚舍饲"饲养模式，努力提高饲草料生产能力和补饲水平，实现牧草供应量和家畜需求量的有效平衡，解决草畜之间季节不平衡，减轻天然草地压力，防止草地进一步退化。

2. 加快畜群周转，优化畜群结构，发展季节畜牧业　甘南牧区受季风气候的影响，使家畜的体膘随季节性气候变化，夏季牧草生长繁茂，有利家畜复壮抓膘；秋季到翌年春季牧草干枯，家畜消耗体膘维持平衡而掉膘，出现"夏壮、秋肥、冬瘦、春乏（死）"的变化规律。为了提高夏秋草场的利用率，减轻冬春草场的压力，在秋末冬初根据草地状况以草定畜，将多余的牲畜推向市场，提高牲畜的商品率，这样不仅能减轻草场压力，保持草原生态良性循环，而且缓解了草畜矛盾，减少春季因牲畜缺草造成的死亡。季节性养畜就是利用暖季绿色草场的优势，结合羔羊生长速度的特征，缩短养羊周期，在入冬前提高出栏率，将家畜转化为产品，减轻冷季草场压力；同时，进行畜种改良，优化畜群结构，提高牲畜个体品种性能，增加畜产品产量，发展季节畜牧业，提高经济效益。

四、甘肃天祝牧区天然草地合理利用制度体系

天祝牧区草地资源丰富，具备发展草地畜牧业得天独厚的优越条件。天祝县天然草地水平分布差异小，垂直分布差异大，主要有温性草原、山地草甸、高寒草甸、灌丛草甸和疏林草甸 5 类。温性草

原主要分布于海拔3 000 m以下山前倾斜平原，低山丘陵地带，生长季135～168 d。山地草甸分布于海拔2 700～3 200 m的坡地、滩地、河谷阶地、低洼地以及夷平面，以坡地、滩地为主体，牧草生长期120～150 d。高寒草甸分布于海拔3 400 m以上的山脊坡地、浑圆山顶及开阔夷平地。灌丛草甸分布于海拔2 500～3 300 m的山体阴坡、半阴坡，河谷阶地也有分布，常与密灌相嵌，牧草生长季120～150 d。疏林草甸分布于海拔2 800～3 300 m的山体阴坡、半阴坡，牧草生长季120～140 d。其中山地草甸生产力最高，灌丛草甸和疏林草甸次之，高寒草甸和温性草原较低。近年来，由于过量超载，加上气候变暖干旱，造成天祝县天然草场大面积退化，生态环境受到破坏，草畜矛盾突出，如何解决天然草场牧区草场退化、畜种适应性差以及畜产品产量和质量不能满足要求等问题，牧业县的畜种结构和草场的建设、牧场合理开发利用进行优化配置和统一规划是非常必要和适时的。

（一）季节放牧场合理利用制度

1. 季节放牧场规划布局 不同的季节，由于气候条件不同，家畜生理需要有差异。甘肃天祝牧区，季节放牧地基本是按海拔高度划分的。每年从春季开始，随着气温上升逐渐由平地向高山转移。到秋季又随着气温下降逐渐由高山转向山麓和平滩。依据放牧地的自然条件，如地形地势、植被状况、水源分布等，划分季节放牧地，利于家畜在各个季节放牧利用。夏季放牧地的选择要求地势较高、凉爽通风。冬季放牧地应选在地形低凹、避风、向阳，如山地的沟谷、残丘丘间低地，固定或半固定的沙窝子和四周较高的盆地。同时距离居民点、割草地、饲料地较近，以减轻运输饲料的负担，从而保证在遇灾时能及时进行补饲。春季放牧地所要求的条件与冬季放牧地相似，但还要求放牧地开阔、向阳、风小、植物萌发较早。

2. 进行四季轮牧，发展季节畜牧业 天祝牧区草地分布表现出明显的垂直地带性和季节性特点，夏秋草地时最耐牧的时期，应扩大载畜量，提高利用率。在秋末冬季来临前，根据适繁母畜数量计算出冬春草地载畜量，出售超载家畜，减少因家畜冬季掉膘带来不必要的损失。同时进行四季轮牧，对严重退化草原区实施强制性禁牧，最大限度地避免春季牧草萌发期和秋季种子成熟期的损害，使草地植物生长速度和植被覆盖度得到较大的提高，促进草地良性循环。

（二）天然草场暖季放牧＋冷季补饲合理放牧制度

1. 实行延迟放牧＋冬季补饲生产模式 延迟放牧是在植物解除冬眠后到结实过程中，提前停止冬季放牧，推迟早春放牧的开始，避免植物在生长早期利用的一种方法。延迟放牧可以增加种子产量、提高幼苗的生长速度、避免饲草在早春生长能力低的时候被过度利用和践踏，为草地植物体内增加了物质积累，有利于来年的植物再生和草地更新。在甘肃天祝牧区进行延迟放牧和冬季补饲相结合，适当延长冬季补饲的时间，可以实现在冬春季草场和夏季草场的延迟放牧，有利于解决冬春草地因放牧强度高而引起的退化问题，也有利于夏季草场的植被休养生息。

2. 实行夏秋放牧、冬春放牧＋补饲的集约化养殖模式 放牧是甘肃天祝牧区的主要饲养方式，牧民依靠天然草场维持生活与生产，亦唯有放牧，才能节约饲料开支，降低畜产品成本，获得最好的经济效益。暖季按放牧安排或轮牧计划，要及时更换牧场或搬圈，对牧场及圈地周围的牧场践踏较轻，有利于改善植被状态，提高牧草产量，合理利用草地，充分发挥夏秋牧草生长优势；在冷季末或暖季初，是家畜一年中最乏弱的时候，除跟群放牧外，还应加强补饲水平。同时在秋末冬季来临前，扩大家畜出栏，减轻冬春放牧地压力；通过实行夏秋放牧、冬春放牧＋补饲的养殖模式，实现牧草供应量和家畜需求量的有效平衡，解决草畜之间季节不平衡。

五、川西北牧区天然草地合理利用制度体系

川西北草地是我国五大牧区之一，草地属于高寒草地，主要类型包括高寒草甸、高寒灌丛、高寒

沼泽、亚高山疏林草甸、山地疏林草丛、山地灌木草丛、山地草丛、干旱河谷灌木草丛、农隙草地9个类型，平均海拔在3 000～4 000 m，地表切割浅，除东南部相对高差500 m，地貌上属山原外，其他地区均属丘原，高差一般在100～200 m，山矮丘缓，谷地宽展，阶地广布，并有沼泽发育，以东北部的若尔盖地区沼泽面积最大。

长期以来，川西北草地畜牧业以传统的终年轮牧制，缺乏补饲的粗放饲养经营管理模式为主，存在季节发展不平衡，天然草场利用不平衡，草与畜在时空分布上不平衡，牧区夏秋草地面积大，冬春草地面积小，加上夏秋暖季短促，冬春冷季漫长，导致冬春严重缺草等问题。该区畜种资源丰富，其优势畜种主要为牦牛、绵羊，但是由于川西北草地属于高寒牧区，海拔高，气候寒冷，牧草生长期短，枯草期长达4个月，从而导致畜牧业生产的季节性，使适应高寒恶劣气候条件的牦牛常处于夏饱、秋肥、冬瘦、春死亡的恶性循环。近年来，由于行政区划、草场划分等，尽管打破了传统的四季轮牧等放牧系统，经历了牲畜折价归户私有私养、草地承包经营、人草畜“三配套”建设，但目前尚没有建立起一个新的有效的放牧系统，休牧、禁牧、轮牧技术在生产中未得到广泛推广，使天然草地的合理利用缺乏科学的制度保障。

（一）季节牧场轮换合理制度

1. 实行有计划的季节轮牧，合理利用草地　在联户或户的草地内实行有计划的季节轮牧，统一规划夏秋草地、冬春草地和割草地。根据川西北牧区枯草期长且气候严寒的特点，冬春草地的比例应不小于2/3，割草地的面积应考虑牲畜冬春补饲的需要。根据地形、气候、牧草生长的季节变化和牲畜采食需要，在不同季节、不同区域进行季节轮牧。在夏季气温最高的时候选择到海拔高的山顶放牧。随着夏季时间的推移，气温慢慢降低，到秋季放牧的牲畜转移到半山。到了冬季，气温很低，所有牲畜就转场到草场较好、背风、向阳、地形较矮的地方，白天时间较短，放牧距离短的冬草场进行放牧。春天的草场紧临冬草场，秋草场紧临夏草场。同时，建立科学的畜群结构，制订冬春与夏秋草场的适当比例和严格的放牧方案，鼓励有条件的联户（户）搞分区围栏，实行分区轮牧、跟群控制放牧，明确四季草场的转场时间，合理利用草地资源，达到既能充分利用又复壮草地的目的。

2. 调控季节牧场合理放牧强度，实施草畜平衡　根据联户或户的夏秋草地面积和产量核定牲畜饲养量，合理调控草畜矛盾，逐步扭转草地经营中存在的超载过牧、草地严重退化的状况，使草地生态趋于良性循环；根据冬春草地的面积和产量规定牲畜存栏数。对超载牲畜要强制处理，一是限期进行草场建设，提高草地的产草量；二是征收超载费。鼓励牧民增加对草地的投入，凡建一定面积的人工、半人工草地，允许多养一个羊单位的牲畜，并坚持谁投资谁受益，大力推广先进的科学技术，改变靠天养畜，“逐水草而居”的传统、落后的经营方式，提高科学养畜水平。

（二）实施改良草地建设，“以草定畜”，进行放牧＋补饲草地养殖模式

1. 实行围栏封育与补播，加大天然草地改良建设　针对川西北草地生态脆弱、超载过牧、草地退化严重、放牧管理不善、草畜矛盾突出、冷季缺草问题，牧区草地建设应坚持“加强保护，合理利用，重点建设”的方针，做到建设有责。搞好围栏建设，解决割草地和联户间围栏，再搞联户内围栏，有条件的可搞分区围栏，对退化草地进行封育或及时补播优势牧草种子，以草定畜，合理利用轻度退化的草地，防止继续恶化。同时，将人工、半人工草地建设与“以草定畜”配套进行，把割草地逐步建设成人工草地，并有计划地对天然草地进行改良。

2. 控制载畜量，改变经营方式，实行放牧＋补饲草地优化经营方式　针对长期以来由于只重视牲畜头数的发展，而忽视了对草地的保护与建设问题，应进行草地优化经营，根据草地生产力，给牧民制定出饲养牲畜的头数，控制载畜量，改变经营方式，将完全依靠天然草地放牧走向放牧＋补饲或暖棚＋放牧＋补饲的经营方式，减轻冷季草场压力，使牲畜的发展数量与草地生产能

力相适应，促使草地良性发展。

第四节 牧区饲草料生产保障技术

一、牧区饲草料生产保障技术体系

（一）牧区饲草料生产技术现状

我国牧区在饲草料保障技术方面不断地探索研究发现，建设高标准的人工饲草料基地是加快牧民定居、推进传统草原畜牧业生产方式转变的基本前提和重要保证，是实施草原生态置换的核心。建设优质高产饲草饲料地，以新增饲草料来源为支撑，对放牧牲畜实行冷季舍饲，接纳禁牧休牧草原牲畜进行圈养，将天然草原常年放牧利用转变为暖季半年利用，有效降低草原放牧牲畜数量，减轻草原放牧压力。以草定畜、草畜平衡、舍饲圈养，是保护草原生态、转变畜牧业生产方式、提高牧民养殖效益的必由之路。人工饲草料地建设，是转变生产方式和经济增长方式，发展现代化效益畜牧业，增加牧民收入，全面提升游牧民生产生活水平的迫切需要。

内蒙古东部地区冬春饲草料储备主要以天然草地的牧草为主，个别的牧户种植少量的人工牧草，大部分人工种植的牧草主要以集约化形式进行种植，在该区域饲草料储备主要通过建设饲草料储备库为主，储备大量的牧草，用于冬春牲畜饲草料供给，同时也可作为抵御极端天气牲畜对饲草料的需求增加的有效补充。目前，大面积种植的人工牧草主要有苜蓿、羊草、披碱草、老芒麦、冰草和无芒雀麦，其中苜蓿种植面积最大，种植面积已超过 0.67 万 hm^2。

甘肃地区家畜主要以“放牧＋舍饲（补饲）”为主（即以天然草地放牧为主，人工草地为辅的养殖模式，牲畜全年大部分时间在天然草地放牧，冬季饲草料主要是靠天然草场打草、人工种植的牧草和购买部分的精料作为补充的养殖模式）。当前该区域主要种植的牧草品种有燕麦、小黑麦、箭筈豌豆等。以调研的牧户为例，在自家退化的草地上进行燕麦、黑麦和箭筈豌豆的种植，种植规模与牲畜的种类和规模有关，人工草地种植面积在几十亩*左右的范围。种植的牧草主要用于冬春季节母畜的补饲。各牧户在秋末季节会从临近的农区购买一些干草、籽实作为储备。“老、幼、孕”畜主要饲喂燕麦籽，其他牲畜以玉米秸秆为主。另外，为满足冬春产羔牧畜的饲草料供给及抵御冬春气候灾害的风险，牧户会在自家的冬草场预留一定面积（冬草场面积的 1/3）以备冬季接羔所用。

新疆“天然＋补饲”是该地区牲畜养殖的成熟模式，即全年进行放牧，冬春季节进行一定数量的补饲，用于补饲的饲草料主要从邻近的农区购买，主要是玉米秸秆、棉籽、苜蓿和葵花等作为补饲的草料。定居下来的牧民，在居住点都留置出一定面积用于人工草地的种植，种植的牧草主要有青贮玉米、苏丹草、小麦、苜蓿等。牧草种植比较粗放，多是撒播，粗放管理。通常是苏丹草与小麦套种、苏丹草与苜蓿混播、苏丹草（苜蓿）单播。自治区正根据各地的实际以“北疆地区每牧户人工草地 3.33 hm^2，南疆 1.33 hm^2”为目标进行人工草地的建植，以缓解日益增加的牲畜对饲草料的需求问题。农区按照“133”标准储备，即每只标准畜达到 300 kg 草、30 kg 料的储备标准；牧区按照“113”标准储备，即每只标准畜达到 100 kg 草、30 kg 料的储备标准。

青藏高原地区由传统的“天然草地”养畜逐步转变成“天然草地＋人工草地”的放养模式，饲草料保障通过大力发展圈滩种草、暖棚种草和培育半人工刈割草场，重点建设人工草地，进行多种牧草混播和草料作物轮作，以保障家畜对饲草料的需求。即在利用自家固有天然草地的同时，种植一定面积的人工草地，牧草以燕麦为主，玉米秸秆与籽实用于“弱、老、孕”畜的补饲。

---

* 亩为非法定计量单位，1 亩≈667 m^2。

“天然＋补饲”是川西北地区牲畜养殖的成熟模式，即全年进行放牧，冬春季节进行一定数量的补饲。在川西北牧区，牧草收获后由于气温低，采用传统的干草调制方法，牧草营养成分损失严重。目前少数区域开始进行天然牧草青贮，人工种植干草，进行干草的调制。青贮可大大改变冬季严重缺乏饲草造成的家畜营养不良、掉膘和死亡。青贮料和优质干草主要用于“弱、老、孕”的冬春补饲。在该区域大面积种植的牧草主要有披碱草、老芒麦、鸭茅、小黑麦等。补饲的饲草料主要从邻近的农区购买，主要是玉米秸秆和燕麦籽。

(二) 牧区饲草料生产保障技术体系

针对不同研究区域饲草料生产保障技术的调查研究，结合各区域提供的数据资料，初步对五大牧区进行饲草料生产保障的相应研究工作。具体方法介绍如下。

1. 饲草料生产保障主要监测指标

(1) 草地地上生物量　草地地上生物量主要是通过测量样方内植被地面以上的生物量获得，一般以植被生长盛期（花期或抽穗期）的植被状况代表全年的产草量。方法为刈割后称重，一般有鲜重、干重（风干、烘干）等形式。

(2) 标准羊单位　牲畜的计算单位，是指1只体重50 kg并哺半岁以内单羔，日消耗1.8 kg标准干草的成年母绵羊，或余次相当的其他家畜为一个标准羊单位。1只羊等于1个羊单位，1头牛等于5个羊单位，1匹马、驴、骡各等于5个羊单位，10只鹅等于1个羊单位。

(3) 草地放牧适宜利用率　放牧适度时，家畜采食的牧草占某地段牧草总产量的百分比。即草地适宜放牧量所代表的放牧强度。草地利用率＝(应采食的牧草量/牧草总产量)×100%。在符合利用率的情况下放牧时，草地既能维持家畜的正常生长发育和生产，又能保持牧草的正常生长发育。草地利用率的大小与草地类型、牧草生长时期、耐牧性、牧草品质、地形以及牲畜种类等因素有关。一般利用时为65%～70%，轮牧时提高至80%～85%，春秋季牧草危机时期，降低到50%左右。

(4) 草场利用天数　牧草生长季内家畜在放牧地上需要放牧的全部天数。

2. 研究方法

(1) 首先确定各点位试验区的主要畜种，并进行统一折算成标准羊单位（表2-8)。

表2-8　五大牧区主要畜种

地区	畜种	标准羊单位
内蒙古谢尔塔拉	肉牛、奶牛	5
	绵羊	1
甘肃天祝	牦牛	4
	绵羊	1
新疆昌吉	绵羊	1
青藏高原玛曲	牦牛	4
	藏羊	1
川西北	绵羊	1
	山羊	0.8
	牛	5

(2) 确定单位家畜放牧—舍饲对牧草的需求量　标准家畜（标准羊单位）所需草地面积＝{1.8［千克/(标准羊单位·天)］×利用天数（天)}/［草场产草量（千克/亩)×适宜利用率（%)］（表2-9)。

表 2-9　不同类型草地不同季节利用的放牧适宜利用率（%）

草地类型	暖季	春秋	冷季	全年
低地草甸	50～55	40～50	60～70	50～55
温性山地草甸	55～60	40～45	60～70	55～60
高寒沼泽化草甸	55～60	40～45	60～70	55～60
高寒草甸	55～65	40～45	60～70	50～55
温性草甸草原	50～60	30～40	60～70	50～55
温性草原	45～50	30～35	55～65	45～50
高寒草甸草原	45～50	30～35	55～65	45～50
温性荒漠草原	40～45	25～30	50～60	40～45
高寒草原	40～45	25～30	50～60	40～45
高寒荒漠草原	35～40	25～30	45～55	35～40
沙地草原	20～30	15～25	20～30	20～30
温性荒漠	30～35	15～20	40～45	30～35
温性草原化荒漠	30～35	15～20	40～45	30～35
沙地荒漠	15～20	10～15	20～30	15～20
高寒荒漠	0～5	0	0	0～5
暖性草丛	50～60	45～55	60～70	50～60
热性草丛	55～65	50～60	65～75	55～65
沼泽	20～30	15～25	40～45	25～30

（3）确定不同牧区天然草地生产力水平　针对不同牧区的天然草地类型，进行生产力测定，具体详见表 2-10。

表 2-10　牧区天然草地生产力调查

牧区	草地类型	产草量（kg/hm^2）
内蒙古	典型草原	1 950
甘肃	高寒草甸	1 500
新疆	山地草甸	1 185
青藏高原	高寒草甸	2 925
川西北	高寒草甸	960

（4）确定不同牧区主要种植的饲草料　牧区冬季舍饲所需草料主要由饲料提供，少部分区域由天然草场供给，针对不同牧区牧草种植情况进行调查，结果见表 2-11。

表 2-11　牧区人工牧草种植情况

牧区	牧草种类
内蒙古	苜蓿、羊草、披碱草、老芒麦、冰草、无芒雀麦
甘肃	燕麦、小黑麦、箭筈豌豆
新疆	青贮玉米、苏丹草、小麦、苜蓿
青藏高原	燕麦、玉米
川西北	披碱草、老芒麦、鸭茅、小黑麦、玉米、燕麦

（5）在以上因素确定的基础上，进行不同牧区单位羊单位所需草地面积的配置　通过对不同牧区实地调研与野外试验的研究结果，根据天然草地生产力概况、牲畜种类、放牧制度及人工草地的建植情况。基于这些数据，确定不同牧区饲草料保障体系。

① 内蒙古东部—单位牛草地配置。

a. 夏秋放牧牛采食量。肉牛日采食量干草 9 kg，放牧天数 123 d，根据夏秋季节天然草地生产力状况，建议放牧期间，单位牛配置天然草地 0.85 hm^2。

b. 禁牧期补饲量。补饲时间 242 d，日补饲量 10 kg，补饲时期共需 2 420 kg 青干草（其中精料占 50%）。建议冬春补饲草地配置：单位牛需配置 0.3 hm^2 人工草地。

② 甘肃—单位牦牛草地配置。

a. 夏秋放牧牦牛采食量。牦牛日采食量干草 7.2 kg（4 个羊单位），放牧天数：215 d，根据夏秋季节天然草地生产力状况，建议放牧期间，单位牦牛配置天然草地 1.59～1.88 hm^2。

b. 禁牧期补饲量。补饲时间 150 d，日补饲量 2～4 kg，建议冬春补饲草地配置：单位牦牛需配置 0.03～0.07 hm^2 人工草地。

③ 甘肃—单位绵羊草地配置。

a. 夏秋放牧绵羊采食量。绵羊日采食干草 1.8 kg，放牧天数：215 d，根据夏秋季节天然草地生产力状况，建议放牧期间，单位绵羊配置天然草地 0.4～0.47 hm^2。

b. 禁牧期补饲量。日补饲量 1～2 kg，补饲时间 150 d，建议冬春补饲草地配置：单位绵羊需配置 0.02～0.03 hm^2 人工草地。

④ 新疆天山北坡—单位绵羊草地配置。

a. 夏秋放牧绵羊采食量。绵羊日采食量干草 1.8 kg，放牧天数 170 d，根据夏秋季节天然草地生产力状况，建议放牧期间，单位绵羊配置天然草地 0.31～0.37 hm^2。

b. 禁牧期补饲量。补饲时间 195 d，日补饲量干草 1.8 kg，精料 0.2 kg。补饲期间共需饲草料 351 kg，精料 39 kg。鉴于此，绵羊需配置玉米 0.003 hm^2，青贮玉米 0.013 hm^2 或苜蓿 0.02 hm^2。

⑤ 川西北—单位绵羊/山羊草地配置。

a. 夏秋放牧绵羊采食量。绵羊日采食量 4.5 kg，合计干草 1.8 kg，放牧天数 210 d，建议放牧期间，单位绵羊配置天然草地 0.25 hm^2。

b. 禁牧期补饲量。补饲时间 155 d，日补饲量 0.5 kg，建议冬春补饲草地配置：单位绵羊需配置 0.003 hm^2 人工草地。

⑥ 青藏高原—单位牦牛草地配置。

a. 夏秋放牧牦牛采食量。牦牛日采食量 28 kg，合计干草 10 kg，放牧天数 210 d，建议放牧期间，单位牦牛配置天然草地 0.75 hm^2。

b. 禁牧期补饲量。补饲时间 155 d，日补饲量 2.5 kg，补饲时期共需 387.5 kg 青干草。建议冬春补饲草地配置单位牦牛需配置 0.014 hm^2 人工草地。

⑦ 青藏高原—单位绵羊草地配置。

a. 夏秋放牧绵羊采食量。绵羊日采食量干草 1.8 kg，放牧天数 210 d，建议放牧期间，单位绵羊配置天然草地 0.12 hm^2。

b. 禁牧期补饲量。补饲时间 155 d，日补饲量 0.5 kg，建议冬春补饲草地配置：单位绵羊需配置 0.003 hm^2 人工草地。

二、牧区草原灾害饲草料储备体系建设标准

（一）饲草料储备体系建设重要性

自然灾害是影响我国草原畜牧业健康发展的制约因素，畜牧业灾害频繁，以雪灾、寒潮、风灾、

旱灾、暴雨洪水为主，特别是寒潮、持续大雪、特强大风同时出现所形成的灾害，导致牧区牲畜大量死亡。本研究中牧区草原灾害主要是针对草原雪灾。

草原雪灾是草原牧区灾害中最为突出的灾种。在草原牧区，因降雪量过大，积雪过深或持续时间过长，导致无法放牧或牲畜吃草困难，甚至造成大量牲畜死亡、失踪，牧民生活严重困难甚至发生死伤、疾病的现象。根据牧区雪灾的发生条件和成灾特点，分为两类：①猝发型雪灾，发生在暴风雪天气过程之中或以后，在短期内对人畜造成危害，多发生在天气多变的深秋和春季；②持续型雪灾，伴随持续性风雪天气，地面积雪不断增加，灾害过程持续发展，常发生在秋末到第二年春季，但任意一种类型的雪灾都会对畜牧业造成较大的影响。

面对灾害应急问题，任继周等18位专家曾向国务院提出了建立饲草料储备的构想。增加冷季饲草储备应从两方面进行，第一是储草于民间，加大民间种草储草的力度，把牧区的各种饲草和农区的秸秆尽可能地收集起来，以增加总储草量，保证正常年份的冬春季畜牧业生产，这项工作要常抓不懈。第二是政府要采取预防措施，控制足够数量的牧草储备，在重灾年份或突发畜牧灾害时，采取积极干预措施，减少灾害损失，迅速调往灾区，即在牧区适当地点建立牧草储备库（站），收集牧草或秸秆，压成高密度草捆或草块备灾之用。

建立饲草应急储备库对应对冬季畜牧业生产草料不足问题具有重要作用。饲草储备库的建立将极大地改善牧民灾年草价高、饲养成本高、收入不稳定等问题，还可增强各牧区畜牧业的抗风险能力，稳定牧民收入，加速转变传统畜牧业的经营饲养方式，改变“夏壮、秋肥、冬瘦、春乏”和“增量型、放牧型、自然型、粗放型”的经营格局，为实施科学化、市场化、现代化、舍饲化的经营创造良好基础。

（二）饲草料储备体系建设的基本原则和目的

保证饲草市场价格。接羔保育之际，为缓解部分牧区出现饲草缺乏问题，安排好受灾群众生产生活，解决牧民群众燃眉之急，确保牧民灾年收入不减，缓解饲草短缺压力。通过建设饲草料储备体系以提高牧区防灾减灾为核心，以牧区易灾区建设为重点，坚持“突出重点，体现辐射；突出牧区应急减灾，体现长效；突出整合，体现合力”的原则，达到“草原畜牧业能够抵御中等强度的自然灾害，转变游牧生产方式的被动救灾局面，推动牧区草原畜牧业步入稳定可持续发展轨道；草原植被有明显恢复，草原生产能力显著提高，天然草原基本实现草畜平衡，人与自然和谐发展的局面”的目的。

（三）饲草料储备体系建设依据

1. 草料储备规模设置依据 主要根据易灾区牧场牲畜常年放牧头数，按照中强度灾害天气过程10～15 d牲畜应急补饲需求来确定饲草料储备。按照羊单位日补饲1.5 kg标准，应对12 d左右灾害天气防灾需要。储备库库容主要由饲料容重来确定，一般按照饲草100 kg/m^3，饲料800 kg/m^3 标准进行计算。

2. 饲草料基地建设依据 饲草由现有耕种面积中抗灾饲草基地提供，通过种植业结构调整，在相应耕种区建立可满足草料库储备需要的饲草。通常选择在与农区毗邻、地处非常适宜农作物和牧草的生长农牧交错地带的部分乡镇。种植高产优质牧草，收割后运至牧区冬春利用，而且可利用农区农作物副产品等加工成可利用饲料，用作牧区冬春补饲和抗灾、防灾饲草料。

3. 饲草料储备库选址依据 主要根据牧区易灾区牲畜分布情况，按照缩短运距、就近调配的原则确定草料库建设地点。并根据地、县现有草料储备库建设基础，牧场基础条件，确定地、县、乡三级草料储备库建设的具体地点。一般情况下，省（区）级草料库辐射范围在250 km以内，地级在150 km，县级100 km，乡级50 km范围内。同时草料储备库选址要充分考虑与牲畜机械化转场中转站建设、虫鼠害防治物资储备、草原防火基础设施等工作紧密相连、相互配套。

(四) 饲草料储备体系建设配套设施

1. 灾害预警检测系统 主要进行草原防火、草原虫鼠害防治、草地生产力动态监测。

2. 围栏设施 用于储备体系建设的界定。

3. 加工车间建设 进行饲草料的深加工与转化。

4. 机械设备 要求这些设备国际国内较为先进，物美价廉，符合现代化要求。包括切割机、粉碎机、切块机、压砖机、脱水机、捆草机、打草机、拖拉机、种草机、收割机、拉草车、自动化控制系统、制冷空调设备等。

5. 公用配套设施 每个库要有供暖、供水、供电、排水、防火、防雨和环保系统整套设施。

(五) 牧区草原灾害饲草料储备体系建设案例——以内蒙古锡林浩特市为例

1. 概况 锡林郭勒盟位于内蒙古自治区中部，属中纬度西风带，中温带半干旱、干旱大陆性季风气候，寒冷、风大、雨少、平均平均气温 0～3 ℃，年极端最低气温－35 ℃～35 ℃，年降水量 200～350 mm，西部地区不足 150 mm。草原面积 19.7 万 km^2，可利用草原面积 17.9 万 km^2；草场由草甸、典型和荒漠草原组成，野生植物有 1 270 多种，其中饲用植物 670 多种，可栽培植物 60 余种。土壤以栗钙土、棕钙土和风沙土为主，灰色森林土、黑钙土和草甸土亦有分布。

2. 饲草料储备体系建设标准 根据锡林浩特地区自身对饲草料的需求与当地实际产出，饲草料储备体系建设以储草加工为主，储草加工总库选在锡林浩特市（包括阿巴嘎旗）；储草加工总库面向的储草市场包括：太旗宝昌镇（包括多伦县）；储草分库：白旗（包括蓝旗、黄旗）、西乌（包括赤峰市的林东、林西和克旗）、东乌、乌拉盖、东苏、西苏（包括乌盟的四子王、达茂旗）。储草种类有天然牧草（草捆、草块、草粉）；种植牧草：苜蓿草（草块、草砖、干粒干储）；农业秸秆：玉米秸（草段、草块青储或干储）；莜麦秸（草块、草粒、草粉干储）；配合草料（奶牛、育肥牛、育肥羊、仔畜、母畜专用配合饲料）等。该饲草料储备体系年均储草加工 12 亿 kg，其中天然牧草 10 亿 kg，苜蓿草 1 亿 kg，秸秆 1 亿 kg。

(1) 储草库建设 总库 1 个，占地面积 1.6 万 m^2，建库 1 万 m^2。分库 7 个（包括市场库）各占地面积 1.2 万 m^2，各建库 6 000 m^2。储草库建设采用先进的活动方式硬型钢板，逐步配备制冷空调设施，以达到长期保鲜储备的目的。

(2) 场地建设 总库硬化地面 0.6 万 m^2，分库硬化地面 0.6 万 m^2。

(3) 加工车间建设 总库加工车间 10 间，每间 20 m^2，共 200 m^2，办公室等 10 间（包括宿舍）共 200 m^2；分库加工车间 5 间，每间 20 m^2，共 100 m^2，办公室等 5 间，每间 20 m^2，共 100 m^2，7 个分库共建加工车间和办公室 1 400 m^2。加工车间和办公室为砖木结构。

(4) 厂址选择 选择环境、交通、运输、电水、通讯等综合条件优越的地方建总库和分库。

(5) 机械设备 每个库要配备切割机 2 台、粉碎机 2 台、切块机 2 台、压砖机 2 台、脱水机 2 台、捆草机 6 台、打草机 6 台、拖拉机 6 台、种草机 1 台、收割机 1 台、拉草车 2 台、自动化控制系统 1 套、制冷空调设备 5 套等。要求这些设备国际国内较为先进，物美价廉，符合现代化要求。

(6) 公用配套设施 每个库要有供暖、供水、供电、排水、防火、防雨和环保系统整套设施。

第五节 主要牧区自然灾害及生物灾害预警与评估技术

一、雪灾遥感监测技术

(一) 草原积雪范围的监测

进行草原积雪实时监测，提取出草原积雪分布范围，是进行草原积雪监测的首要步骤，因此，首先需要确定不同遥感数据积雪像元的识别算法，主要包括以下几种。

1. 光学传感器数据的草原积雪信息提取 由于雪具有很强的可见光反射和强的短波红外吸收特性，归一化差分积雪指数（*NDSI*）是分辨积雪和许多地表的有效方法。*NDSI* 对大范围的光照条件不敏感，对大气作用可使其局地归一化并且不依赖于单通道的反射值。

$$NDSI=\frac{R_{0.5}-R_{1.6}}{R_{0.5}+R_{1.6}}$$

其中，$R_{0.5}$和$R_{1.6}$分别表示传感器在 0.55 μm 和 1.65 μm 附近通道内的反射率值。

MODIS *NDSI* 进行积雪判识的判别算法为：

$$\begin{cases} NDSI \geqslant 0.4 \\ R_{band2} > 0.11 \\ R_{band4} \geqslant 0.1 \end{cases}$$

其中，*NDSI* 采用前述的公式进行计算，R_{band2}和R_{band4}则分别是传感器中 2 波段和 4 波段的反射率。

由于光学传感器数据受云层的影响比较严重，因此在使用 MODIS 数据进行草原积雪像元识别之前，必须使用云检测算法生成云掩膜图像，在云检测算法中，主要使用波长为 0.66 μm、0.87 μm、3.9 μm、1.38 μm、6.7 μm、11 μm、13.9 μm 等处的反射或辐射数据，对应的 MODIS 波段分别为 1、2、22、26、27、31、35。

表 2-12 为云检测条件，其中，*Tb* 表示亮温，*R* 表示反射率，下标中的数字表示波长（μm）。

表 2-12 MODIS 云检测条件

判定条件	阈值	说明
$Tb_{13.9}$	<226K	高云检测
$Tb_{6.7}$	<220K	高云检测
$R_{1.38}$	>0.035	卷云检测
$Tb_{11}-Tb_{3.9}$	<−12.0 K	低云检测
$R_{0.66}$	>0.18	

2. 微波传感器数据的草原积雪信息提取 微波传感器具有全天候工作的能力，因此比较适用于云层覆盖下的积雪监测，而目前常用的是被动微波遥感技术。由于积雪颗粒对高频能量的散射能力更强，这样造成低频与高频通道的亮温差为正值。通常对于积雪等散射体而言，可以通过简单的双通道差值法来进行识别。这里，定义散射指数（scatter index）具有如下的形式：

$$scat=(Tb_{19\,V}-Tb_{37\,V} \text{ or } Tb_{22\,V}-Tb_{85\,V})$$

一般情况下，识别散射体的条件为 $scat>0$。当然，仅仅使用散射指数还不能准确地识别出积雪。考虑到地表其他类型散射体的影响，通常使用多阈值法来进行积雪像元的判定，而这就需要根据区域实际状况的客观差异来予以研究和确定。使用被动微波数据进行雪盖识别，首先应使用散射指数来识别散射体，然后再将积雪与其他散射体区分开来，可按下面的算法和顺序来实现。

散射体的识别：

$$scat=\max(Tb_{18.7\,V}-Tb_{36.5\,V}-3,\ Tb_{23.8\,V}-Tb_{89\,V}-3,\ Tb_{36.5\,V}-Tb_{8.9\,V}-1)>0$$

降雨的识别：

$$Tb_{23.8\,V}>260\text{ K}$$

$$Tb_{23.8\,V}\geqslant 254\text{ K and } scat\leqslant 3\text{ K}$$

$$Tb_{23.8\,V}\geqslant 168+0.49\times Tb_{89\,V}$$

寒漠的识别：

$$Tb_{18.7\,V}-Tb_{18.7\,H}\geqslant 18\text{ K}$$

$$Tb_{18.7\,\mathrm{V}}-Tb_{36.5\,\mathrm{V}}\leqslant 12\ \mathrm{K}\ \text{and}\ Tb_{23.8\,\mathrm{V}}-Tb_{89\,\mathrm{V}}\leqslant 13\ \mathrm{K}$$

冻土的识别：

$$Tb_{18.7\,\mathrm{V}}-Tb_{36.5\,\mathrm{V}}\leqslant 5\ \mathrm{K}\ \text{and}\ Tb_{23.8\,\mathrm{V}}-Tb_{89\,\mathrm{V}}\leqslant 8\ \mathrm{K}$$

$$Tb_{18.7\,\mathrm{V}}-Tb_{18.7\,\mathrm{H}}\geqslant 8\ \mathrm{K}$$

通过以上的多个判别式，就可以将草原积雪覆盖信息提取出来。

3. 合成积雪图　在分别得到 MODIS 和 AMSR－E 积雪图以后，将 AMSR－E 积雪图重采样至与 MODIS 积雪图相同的空间分辨率，并引入 MODIS 云掩膜图像，利用以下算法来进行积雪图的合成。

$$\begin{cases} P_i=AMSR-E_i,\ \text{if}\ Mask_i=1 \\ P_i=MODIS_i,\ \text{else} \end{cases}$$

其中，P_i 为合成积雪图中的像元值，MODIS_i、$\mathrm{AMSR-E}_i$、Mask_i 分别表示 MODIS 积雪图、AMSR－E 积雪图以及 MODIS 云掩膜图像的像元值。

4. 积雪面积信息的统计　为了准确地统计草原积雪覆盖范围的面积，对于非等面积投影的图像而言应确定每个积雪像元所占的面积和总的像元数，然后按照以下公式计算积雪总面积：

$$S_{\mathrm{total}}=\sum_{i=1}^{n}S_i$$

其中，S_i 为第 i 个像元的积雪面积，n 为总的像元数。采用这种投影方式来进行草原积雪面积统计时，需要计算每个像元的面积，这将会增加计算的工作量，因此，将积雪图进行投影变换，成为等面积投影的图像，这样仅需计算一次像元面积，然后统计积雪像元数即能获取总的积雪面积。

$$S_{\mathrm{total}}=n\cdot S$$

其中，S 为单个像元的面积。

（二）草原积雪深度的监测

1. NASA 雪深算法　微波能够穿透大部分积雪层探测到雪深信息，因此在雪灾遥感监测中必不可少。目前的雪深被动微波遥感方法和模型主要包括 NASA 算法、MEMEL 模型、HUT 模型和基于致密介质辐射传输理论的积雪遥感模型等。其中，NASA 算法是使用最为广泛的方法。NASA 算法基于辐射传输模型和 Mie 散射理论，在假设雪粒径为 0.3 mm，雪密度为 300 kg/m^3 时，得到雪深（Snow Depth，*SD*）与微波亮温之间的关系为：

$$SD=a(Tb_{18\,\mathrm{H}}-Tb_{37\,\mathrm{H}})+b$$

其中，a、b 为系数，$Tb_{18\,\mathrm{H}}$ 和 $Tb_{37\,\mathrm{H}}$ 分别为 18 GHz 和 37 GHz 波段的水平极化亮温。通常情况下，两个系数的取值分别为 1.59 cm/K 和 0。该模型适用于雪深$<$1 m 的情况，大于 1 m，亮温差出现饱和现象，即不再随雪深而增加。同时考虑到被动微波传感器较低的空间分辨率造成的像元尺度内的异质性，当雪深的估计值$<$2.5 cm 时，则认为地表没有积雪。因此，上式的适用范围是 2.5 cm$<SD<$100 cm。

2. 神经网络雪深算法　ANN（人工神经网络技术）是一种特殊的计算方式，其工作模式主要模拟了人的大脑和神经的工作方式，最为典型的网络模型就是多层感知器模型。为了解决 MLP 模型可能出现的过拟合现象，可以使用了贝叶斯正则化的方法。贝叶斯正则化的方法将常用的目标方程（如均方差 MSE 等）进行了修改以增强神经网络的泛化性能。

$$F=MSE=\frac{1}{N}\sum_{i=1}^{n}(error_i)^2$$

$$MSW=\frac{1}{N}\sum_{j=1}^{N}w_j^2$$

$$F_{\mathrm{modify}}=\alpha MSE+\beta MSW$$

修改以后的目标方程中添加了一个新项 MSW，它是网络权重平方和的均值。此外，目标方程中的参数 α 和 β 由 David Mackay（1992）提出的贝叶斯模型结构确定。

对于实际的雪深反演模型，采用一个有三层结构的 MLP 模型：包括输入、输出以及隐含层，对应的激活函数分别采用 Sigmoid 和 linear 函数。输入层的神经元数目为 4，分别代表了 4 个不同通道的亮温数据。输出层的神经元数目为 1，代表了雪深（cm）。隐含层中的神经元数据采用下面的公式计算，公式中的 n_{input} 和 n_{output} 分别表示输入和输出层中的神经元数目。

$$n=\text{int}(\sqrt{n_{input}+n_{output}}+5)$$

在网络的训练中，本项目采用 Levenberg - Marquardt 算法，该算法是高斯—牛顿法的一个近似。对于一个确定的目标方程 $F(w)$，当要确定它的最小值时通常采用下面的方法（高斯—牛顿法）：

$$\Delta w=-[\nabla^2 F(w)]^{-1}\nabla F(w)$$

其中，$\nabla^2 F(w)$ 是 Hessian 矩阵，$\nabla F(w)$ 是梯度。对于采用贝叶斯正则化方法修改以后的目标方程 F_{modify}，Levenberg - Marquardt 算法将$\nabla^2 F(w)$ 和$\nabla F(w)$ 分别表示为：

$$\nabla^2 F(w) \approx \frac{2\alpha J^T J+2\beta I_N}{N}$$

$$\nabla F(w) = \frac{2\alpha J^T error+2\beta w}{N}$$

其中，J 是训练集误差的 Jacobian 矩阵。这种算法是目前用于中等规模前馈型神经网络训练中最为快速的一种算法。使用 Levenberg - Marquardt 算法来进行神经网络的训练，并以 F 和 F_{modify} 为目标方程分别建立了可用于雪深反演的人工神经网络模型 ANN。

（三）草原雪灾监测——以冬季五大牧区为例（2011—2012 年）

选择 2011 年 10 月上旬至 2012 年 3 月下旬时段，基于光学 MODIS 数据，以每天为监测时间单元，以每旬为监测集成时段，对本项目研究区草原的积雪发生状况进行了动态监测。监测包括两个层次，一是省级范围，包括四川、甘肃、新疆和内蒙古四个草原区。二是示范区市县，包括新疆的昌吉、富蕴县，四川的阿坝州，甘肃的天祝和玛曲县，内蒙古的鄂尔多斯和呼伦贝尔。

1. 研究区草原积雪面积发生的总体状况 2011 年 10 月至 2012 年 3 月四省（自治区）草原雪情监测期间（图 2 - 4），监测区总的草原积雪面积总体上呈现出“三峰两谷”波动态势。第一次出现草原积雪面积的峰值是在 12 月上旬，草原积雪面积为 84.18 万 km²；第二次峰值出现在 1 月中旬，为 94.85 万 km²；第三次出现峰值是在 3 月上旬，也是整个监测期间的最大值，为 113.89 万 km²。监测区草原积雪总面积最大的 3 月上旬比积雪面积最少的 10 月中旬多出 93.72 万 km²，前者达到后者的 5.65 倍。

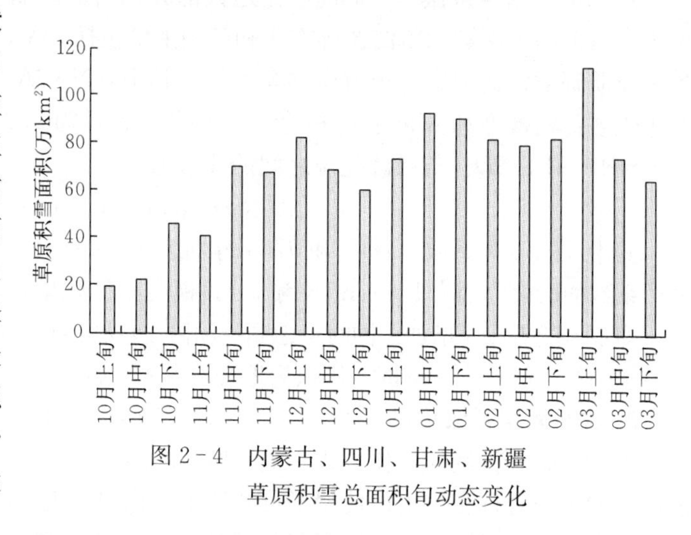

图 2 - 4 内蒙古、四川、甘肃、新疆草原积雪总面积旬动态变化

2. 研究区草原积雪面积时空格局特征 监测期间，2011 年 10 月上旬草原积雪主要分布在新疆北部；10 月下旬新疆北部草原出现积雪增加，内蒙古中部积雪有所增加。11 月上旬新疆北部积雪面积减少，内蒙古北部积雪增加，四川地区出现少量积雪；11 月下旬内蒙古中部草原积雪面积变化不大。12 月草原积雪分布区域主要有内蒙古中东部、新疆北部、四川西部地区。2012 年 1 月，各监测省区草原积雪都有增加；2 月草原积雪主要分布在内蒙古中东部、新疆北部、四川西北部和甘肃西南部局部。3 月上旬内蒙古积雪增加；3 月下旬内蒙古积雪减少，四川西北部；新疆北部和西部局部仍有积雪。

3. 研究区省区草原积雪面积统计结果　监测时段内，由表 2-13 可看出，草原积雪面积以新疆最大，积雪面积各旬平均为 29.27 万 km^2；其次是内蒙古，面积为 28.90 万 km^2；面积第三大的是四川，面积为 6.54 万 km^2；草原积雪面积最小的是甘肃，面积为 5.02 万 km^2。

表 2-13　各监测区域各旬草原积雪面积统计表（km^2）

时间＼省区	内蒙古	四川	甘肃	新疆
10 月上旬	7 616	51 094	22 670	120 325
10 月下旬	159 218	76 057	45 167	189 719
11 月上旬	132 593	86 337	51 088	149 415
11 月下旬	407 449	37 460	26 718	218 028
12 月上旬	422 306	34 761	66 701	318 063
12 月下旬	309 637	20 791	6 585	281 469
1 月上旬	344 808	78 514	33 872	289 268
1 月下旬	326 033	38 989	128 715	428 862
2 月上旬	287 674	80 707	46 568	422 022
2 月下旬	324 658	52 209	30 758	431 634
3 月上旬	561 097	79 206	85 101	413 545
3 月下旬	241 337	1185 96	61 801	242 599
平均	288 997	65 356	50 169	292 714

注：国家农业科学数据共享中心草地科学数据子平台提供数据支持。

4. 示范区县市草原积雪面积统计结果　监测期间三市一州三县（表 2-14），草原积雪面积最大的为呼伦贝尔市，为 7.45 万 km^2，在 3 月上旬达到最大值，为 9.87 万 km^2；四川阿坝州面积第二，草原积雪面积为 2.45 万 km^2，在 3 月下旬达到最大值，为 4.44 万 km^2；鄂尔多斯市草原积雪面积第三大，为 1.22 万 km^2，在 11 月上旬即达到最大值，为 3.31 万 km^2。草原积雪面积最小的为甘肃天祝县，为 1 997 km^2，3 月上旬草原积雪面积达到监测期间的最大值。昌吉市和玛曲县草原积雪面积总体波动不大，变化幅度较小。

表 2-14　各市县各旬草地积雪面积（km^2）

时间＼市县	鄂尔多斯市	呼伦贝尔市	阿坝州	天祝县	玛曲县	昌吉市	富蕴县
10 月上旬	104	5 709	8 648	1 626	6 297	1 388	3 625
10 月下旬	4 722	22 211	35 587	1 656	8 602	1 779	7 248
11 月上旬	33 103	55 461	26 964	1 607	6 075	365	6 064
11 月下旬	23 352	85 924	16 066	1 067	2 117	183	23 678
12 月上旬	24 627	78 527	10 883	2 123	789	3519	24 887
12 月下旬	17 415	77 731	4 379	290	994	3 266	20 006
1 月上旬	13 282	81 326	30 373	230	8 921	3 737	22 968
1 月下旬	16 038	88 312	14 213	4 190	6 860	5 343	22 758
2 月上旬	6 632	92 439	35 398	1 237	7 973	5 199	25 013
2 月下旬	74	96548	11 802	386	4 960	6 085	24 316
3 月上旬	28 742	98 650	37 566	4 957	9 242	5 368	21 802
3 月下旬	851	89 145	44 403	2 479	8 046	2 041	7 819
平均	12 159	74 566	24 485	1 997	5 939	3 128	1 7867

(四)草原雪灾评价体系

利用草原生产力、畜群分布、草原资源，分县（旗）草原保护建设及畜牧业生产等统计数据，雪灾地区现场调查等本底资料，生成雪灾区域分布图，依据牧区雪灾时空分布特点，在草情、雪情、畜情方面，进行牧区雪灾的综合评估（表2-15、表2-16）。

草情指标：在雪灾的可能发生区，以冬春放牧地或全年放牧地的实际载畜量与理论载畜量（含补饲量）的比较值，即草畜平衡作为衡量指标。

雪情指标：选定积雪面积比（在冬春放牧地或全年放牧地中，积雪面积占整个冬春放牧地或全年放牧地的比例）、积雪深度比（积雪深度与牧草高度的比）和积雪日数（d）为雪情指标。

畜情指标：雪灾发生后的牲畜死亡率等指标。

雪灾评价指标的计算

积雪深度监测公式：

$$SZ=1.57\times[0.152\times CH_1+0.157\times(CH_1-CH_2)-R](CH_1\geqslant 30)$$

$$SZ=0(CH_1<30)$$

其中，SZ 为计算雪深（单位：cm）；CH_1 和 CH_2 分别为 NOAA-AVHRR 或 EOS-MODIS 影像的可见光和红外波段灰度值；R 为修正值。

表2-15　牧区雪灾等级划分标准

等级	雪情指标	草情指标	畜情指标
轻度雪灾	积雪深度比<50%，积雪面积比<50%，积雪天数3～7 d	<25%	<10%
中度雪灾	积雪深度比50%～70%，积雪面积比50%～70%，积雪天数8～14 d	25%～65%	10%～20%
严重雪灾	积雪深度比70%～90%，积雪面积比70%～90%，积雪天数15～21 d	65%～100%	20%～30%
特大雪灾	积雪深度比>90%，积雪面积比>90%，积雪天数>21 d	>100%	>30%

雪情指标计算：依据象元点上的实际积雪深度，参考当地草原基本情况（牧草高度、草原总面积、冬春放牧地面积、全年放牧地面积等）逐象元计算出积雪面积比、积雪深度比、积雪日数三项指标。

表2-16　牧区雪灾综合评价体系

等级因子	轻度雪灾（L）	中度雪灾（M）	严重雪灾（H）	特大雪灾（S）	权值
	1	2	3	4	
积雪深度比（%）	50	50～70	70～90	>90	5
积雪面积比（%）	50	50～70	70～90	>90	4
积雪日数（d）	3～7	8～14	15～21	>21	3
过牧量（%）	<25	25～65	65～100	>100	2
牲畜死亡率（%）	10	10～20	20～30	>30	1
雪灾指数	<15	15～30	30～45	45～60	

二、牧区旱灾评估技术

(一)牧区旱灾监测技术

草原旱情监测是通过遥感监测牧草的水热胁迫程度来分析评价旱情的严重程度，当牧草水热循环受到胁迫时，叶面温度升高，叶绿素浓度下降。因此，通过监测牧草叶面绿度指数、温度和降水变化可以基本上反映牧草的水热胁迫程度，进而分析评价牧草的干旱缺水程度和旱情严重性。草原旱情遥感监测是基于遥感和GIS进行综合分析，主要过程包括三个部分：遥感数据处理及干旱指数计算、气象数据处理及降水距平计算、综合的草原旱情指数的计算。

1. 遥感干旱指数的计算　基于空间分辨率为1 km的MODIS数据，反演草原旱情监测的基本参数，如植被指数、地表温度、草原供水指数等。

（1）遥感数据预处理　传感器测得的地物信息是以*DN*值的形式记录的，也就是影像的初始值。要进行地面参数的定量反演，首先需要根据图像的增益和漂移来计算反射亮度值和辐射亮度值。MODIS卫星采用在轨定标方法，不同时刻、不同通道数据的定标参数是不同的，需要从每一景图像的头文件中读取所需要的定标参数*scales*和*offsets*，计算辐射亮度值和反射亮度值的公式如下：

$$\rho=(DN-offset)\cdot scales$$

其中，ρ为辐射亮度值或反射亮度值，*DN*为图像的灰度值，*offset*和*scales*分别是偏移量和增益量，可以利用通用遥感图像处理软件或者编程读取。

（2）植被指数的计算　植被指数是表征地球表面生物量的重要参数，它是由多光谱数据经线性或非线性组合形成的，对植被有一定的指示意义。地表植被的生长状况与土壤水分有密切的关系，只有在水分供应充足的情况下，牧草才能正常生长，反之则牧草受干旱胁迫，甚至无法生长，因此植被指数成为干旱监测的一个基本参数。

（3）地表温度反演　地表温度是表征地表能量状况的一个重要物理量，也是草原旱情监测的一个基本参数。地表温度遥感反演根据所选波段的不同有三种：单通道算法、分裂窗算法（又称劈窗算法）和多通道算法，其中分裂窗算法是迄今为止发展最为成熟的算法，国际上已经公开发表了十几种分裂窗算法。

（4）植被供水指数的计算　牧草的生长是一个持续耗水的过程，在此过程中，降水是供水的主要来源。当植被供水正常时，卫星遥感数据计算而得到的植被指数在一定的生长期内保持在一定的范围，而卫星遥感的植被冠层温度也保持在一定的范围，如果发生旱情，卫星遥感的植被指数将降低，植被冠层温度将升高。植被指数和地表温度的这种密切关系被广泛应用于草原旱情遥感监测中，植被供水指数就是其中的一种，计算公式如下：

$$VSWI=\frac{NDVI}{Ts}$$

其中，*VSWI*代表植被供水指数，*Ts*为地表温度。该方法理论基础好，易于实现，可操作性强，成为多数旱情遥感监测业务化运行的首选方法。

2. 降水距平指数的计算　降水是影响草原干旱的另一关键因子，本项目根据历年统计资料，得到各气象站点多年降水量的平均值，每旬的降水量与多年平均值的2倍比较得到降水距平值，计算公式如下：

$$SRI=\frac{R}{2R_w}\times 100\%$$

其中，*SRI*为降水距平指数，*R*为当旬降水量，R_w为多年降水量平均值。通常情况下，如果某一旬的降水量达到多年同期平均值的两倍，则可以认为降水相对比较充足。考虑本旬及前五旬（共2个月）的降水影响，通过模拟分别对每旬的降水量赋予不同的权重，得到综合的降水距平指数，公式如下：

$$MSRI=A_0\times SRI_0+A_1\times SRI_1+A_2\times SRI_2+A_3\times SRI_3+\cdots+A_5\times SRI_5$$

其中，*MSRI*是考虑多旬降水量的综合降水距平指数（取值0～100），*MSRI*值越大越湿润；SRI_0和A_0是当旬的降水距平指数及其权重；SRI_1～SRI_5和A_1～A_5是历史各旬降水距平指数及其权重。当$SRI_0=100$时，取$MSRI=SRI_0$，说明如果当旬降水相当多，足够湿润则不至于发生干旱，各旬降水距平指数的权重根据对本旬作用的贡献进行模拟得到。

3. 综合的草原旱情指数　综合考虑草原供水指数和降水距平指数这两个因素的影响，建立综合的草原旱情指数，计算公式如下：

$$GDI = B_1 \times GSDI + B_2 \times MSRI$$

其中，GDI 为草原旱情综合监测指数，B_1、B_2 分别是草原供水指数和降水距平指数的权重，根据不同的时期和地表类型来确定。计算得到草原旱情综合监测指数以后，结合 GIS 技术，叠加草原资源空间分布图和行政界线图，根据草原旱情等级，就可以分析不同区域的草原受旱的情况，统计每个区域草原的受旱面积。

（二）牧区旱灾评价技术体系

根据时空差异，草原旱灾监测可采用以下 2 种方法。

1. 植被指数法　利用遥感资料计算得到植被指数，建立实测牧草产量与植被指数的关系模型。利用植被指数数值图生成牧草产量等级图，比较牧草产量与常年值的差异程度，依此评定干旱程度。最后预测旱灾发生区域和程度。

2. 气象要素法　根据前期降水量等气象要素与多年平均值的比较，确定旱灾的范围和程度。用降水的标准差，计算干旱指数 Z，并且与牧草特征及放牧情况结合确定旱灾等级（表 2－17）。

$$Z = \frac{\overline{R} - R_i}{\sigma_1}$$

其中，R_i 为当年降水量；$\overline{R}$ 为平均降水量；σ_1 为年降水量的标准差。

$Z<1$ 正常年；$1.5>Z>1$ 偏旱年；$2>Z>1.5$ 中旱年；$5>Z>2$ 重旱年。

表 2－17　草原旱灾程度分级标准

旱灾程度	分级标准
轻旱灾	春季牧草返青生长较正常，大小家畜尚可放牧，夏季干旱牧草高度、产量中等；秋季植株枯黄较早
中旱灾	春季牧草返青推迟或植株生长缓慢，牧草稀疏，放牧困难；夏季牧草发育期缩短，植株矮小、稀疏或无新生枝，产量很低或无增长量；秋季大多数植株过早枯黄，家畜放牧采食和饮水受到影响
重旱灾	植株极少，有时不能返青或不能进入下一个发育阶段，牧草产量无增长或负增长，草场不能利用，家畜放牧采食和饮水受到严重影响

三、鼠蝗灾害监测与评估技术

（一）草地鼠害地面监测方法

1. 鼠害分布区的动态监测　用大比例尺草地类型图进行外业调绘，调绘害鼠分布范围、面积，不同危害级别的鼠害草场分布范围、面积，并注明相应草地类型。调查挖掘活动所造成的次生裸地或秃斑，包括土丘、洞口、洞道、塌陷坑、鼠荒地以及超越植物补偿部分的觅食量；调绘时间分别为繁殖前（4 月）、繁殖结束后至分居（6～8 月，因鼠种而异）、越冬前（9～11 月，因鼠种而异）；鼠害级别分别为Ⅰ级（轻度危害）——破坏率<75%，Ⅱ级（中度危害）——破坏率为 5%～15%，Ⅲ级（重度危害）——破坏率 15%～30%，Ⅳ级（极度危害）——破坏率>30%。

2. 区系组成及群落结构的动态监测　捕鼠或检查鼠活动痕踪，按种统计捕获数并确定出优势种、亚优势种、常见种和稀有种，确定捕鼠只数及各个种所占比例，群落结构及各群落间相似性。每年于 4～6 月份调查 1 次，根据需要可随时调查，如为说明繁殖期的区系和群落结构，可在繁殖期调查，为说明越冬情况，可安排秋末冬初调查；鉴于鼠类活动痕迹调查的技术难度和可比性问题，建议尽可能采用捕鼠方法调查区系组成和群落结构，捕鼠时可采用多种手段，尽可能捕获实际分布的所有鼠种；捕获鼠种比例>10%，为优势种，捕获率在 1%～10%为常见种，捕获率<1%为稀有种，但优

势种不超过 1～2 种；群落结构指垂直结构、水平结构和种类组成结构；群落多样和均匀性可用下式计算：

群落多样性指数：

$$H=-\sum_{i=1}^{s}(P_i)(\log 2P_i)$$

均匀性指数：

$$E=\frac{H}{\log 2S}$$

3. 数量变化调查方法　采用铗日法、有效洞口系数法、新土丘系数法，确定某行政区域、某草地类型、某地形部位、某季节、某关键时期（如繁殖前、繁殖后、入冬前等）鼠密度和数量。有效洞口系数法和新土丘系数法都涉及样方捕尽问题，故用样方捕尽法时样方面积不小于 1 hm^2，样方数不少于 2 个；测计有效洞口和新土丘时样方面积不小于 1 hm^2，样方数不少于 5 个；样方设置要确保代表性；每年至少在繁殖前、繁殖后和入冬前各调查 1 次；如要与数量预测结合，可每月或每季度安排 1 次。

4. 数量动态变化及预测　确定不同区域里不同时间的种群密度（同前），种群年龄结构，性比例，妊娠率，胎数/年，产仔数/胎，幼鼠成活率，种群死亡率，迁移方向、距离和数量、个体重量、肥满度和形态特征，食物源状况（植物群落：种类组成及比例、植被高度、植被盖度、地上植物量等），突发性灾害（暴雨、洪水、雪灾、倒春寒等）气象状况（月均温、极端温度、≥0 ℃积温、≥5 ℃积温、≥10 ℃积温、月均降水量等），生物物候期（植物、动物，尤其是鼠类天敌动物物候期），自然疫源性疾病等。分析各单项指标及综合指标与鼠密度间的相关性，预测各种指标对未来时间的鼠类种群数量动态变化影响。

（二）牧区蝗灾的监测与评估技术

1. 定性监测评估技术　绿色植物是蝗虫食物的直接来源，草本植生长状况的变化可以反映蝗虫的采食量与蝗虫分布。从光谱特征与植物冠层之间的关系来看，绿色植物叶片对可见光中的红光波段进行较强烈的吸收，而对近红外波段具有较高的反射率。根据此原理，人们通常利用植物光谱中的近红外和红色两个典型的波段值计算植被指数来反映植被生长状况。因此，标准植被指数可用于监测蝗虫灾害，特别是归一化植被指数（*NDVI*）。具体过程如下。

首先要对 MODIS 1B 数据进行辐射定标、太阳高度角校正、几何校正、大气校正等预处理。*NDVI*可由 MODIS 的 1、2 通道数据计算，其公式为：

$$NDVI=(Ch_2-Ch_1)/(Ch_2+Ch_1)$$

其中，Ch_1 和 Ch_2 分别为第 1、2 通道的反射值。而第 1、2 通道的反射值可以通过 MODIS 1B 数据纠正以后用反射率公式求得。反射率公式如下：

Radiance=Radiance _ Scale *（DN - Radiance _ Offset）

每隔 10 d 左右计算一次 *NDVI*。结合 *NDVI* 每天的平均减少程度和野外调查的蝗虫灾害区以及蝗虫密度，建立 *NDVI* 每天平均变化值和蝗虫密度之间的线性回归模型，通过应用以上模型反演草地蝗虫密度。

根据中华人民共和国农业部发布的《草原虫害防治标准》中的规定，草原地区每平方米的蝗虫头数在少于 13 头/㎡为轻度受灾；蝗虫密度达到防治标准的 2 倍或 2 倍以上为重度灾害；达到防治标准而低于重度灾害标准的为中度灾害。根据这一标准将遥感数据反演的蝗虫密度图划分成蝗灾等级图，直观地对其灾害的轻重程度和分布状况做出定性评估。

2. 定量监测评估技术　蝗虫灾害的程度与牧草的产量的变化呈正相关，利用高时间分辨率的 MODIS 数据反演出的产草量，用于监测因蝗虫灾害而造成的产草量的降低情况。选用了如下计算公式：

$$RVI = NIR/R$$

$$W = -86.9 + 162.65RVI（相关系数 r = 0.966）$$

其中，NIR 近红外波段的反射率，R 为红色波段的反射率，RVI 为比值植被指数，W 为产草量。可以根据产草量的变化来计算产草量的减少的千克数量再乘以每千克鲜草的价格，就可以计算出因蝗灾而损失的直接经济损失。结合行政区划图、农牧业经济和社会、生态环境等背景资料得出各区域具体的经济损失值，将蝗虫灾害评估由定性评估转变为定量评估。

3. 地面监测技术

（1）草地昆虫区系及群落动态　方法：按不同物候期用网捕法采集昆虫标本，并检索分类，按植被型划分群落指标，查科、属、种名录，计算数量比例，确定优势程度。

技术要点及要求：鉴于昆虫种类较多，在全面调查的基础上，重点在蝗虫、草原毛虫、地老虎、蚜虫、黏虫、象甲、蛴螬、蠓、虻和金针虫等主要害虫，要求按草地优势种牧草物候期定期抽样调查，样方因种而异，列示出区系组成表，确定优势种类。

（2）主要害虫发生期和发生量　方法：针对当地主要气象指标（降水量，月平均温度、有效积温、生物物候期）采用查卵、虫态、调查主要害虫生活史及虫口密度，确定害虫发生期。

指标：产卵量、孵化率、各虫态龄期、死亡率和虫口密度等。

技术要点：调查生活史应采用野外调查与室内饲养、查阅文献相结合的方法，确定不同草地类型或区域主要害虫发生期和发生量。

（3）发生期和发生量预测　方法：采用发育进度预测法、有效积温预测法和期距预测法预测发生期，用有效基数预测发生量。

指标：发生期、发生量、数量变化趋势。

技术要点：用调查所获相关资料测算、作图、应用预测模型

参考文献

阿尔孜古力·艾乃都，郭彦军．2012. 新疆托克逊县草地资源概况及利用对策．草原与草坪[J]. 32(1)：87－96.

陈富华，孟林，朱进忠．2000. 天山北坡中段天然草地季节利用配置模式研究[J]. 草食家畜(增刊)：32－37.

陈新辉．2012. 天祝县草畜产业前景浅析[J]. 中国草食动物，32(1)：57－59.

崔国盈，刘长娥，安沙舟．2008. 天山北坡山地草原围栏封育效果研究[J]. 草原与草坪(5)：51－55.

丁文广，雷青，杨勤．2007. 甘肃省夏河县草地退化驱动力及可持续发展对策研究[J]. 干旱区资源与环境，21(12)：84－88.

杜国祯，李自珍，惠苍．2001. 甘南高寒草地资源保护及优化利用模式[J]. 兰州大学学报(自然科学版)，37 (5)：82－87.

韩建国，孙洪仁．2008. 怎样保护和利用好草原[M]. 北京：中国农业大学出版社．

何京丽，珊丹，刘艳萍．2010. 草原生态环境容量研究进展[J]. 亚热带水土保持，22(3)：31－42.

恒杰，绽永芳．2010. 游牧民定居推动甘南牧区社会经济跨越式发展[J]. 草业与畜牧(10)：44－46.

侯扶江，徐磊．2009. 生态系统健康的研究历史与现状[J]. 草业学报(6)：210－225.

李博．1997. 中国北方草地退化及其防治对策[J]. 中国农业科学，30(6)：1－9.

李海梅，安沙舟，朱进忠，等．2003. 牧民定居后季节草场优化配置的研究[J]. 生态学杂志，22 (2)：5－8.

李增元，张怀清，陆元昌．2003. 数字林业建设与进展[J]. 中国农业科技导报(2)：7－9.

李柱．1999. 新疆草地畜牧业可持续发展与对策[J]. 草食家畜，6(2)：5－8.

梁存柱，祝廷成，王德利，等．2002. 21 世纪初我国草地生态学研究展望[J]. 应用生态学报(6)：743－746.

林丽，李以康，张法伟，等．2012. 基于中医理论的草原健康评价及病情诊断[J]. 草业科学(29)：1926－1929.

刘小鹏，王亚娟．2013 我国生态移民与生态环境关系研究进展[J]. 宁夏大学学报(自然科学版)(2)：173－176.

刘兴元，冯琦胜，梁天刚，等．2010. 甘南牧区草地生产力与载畜量时空动态平衡研究[J]. 中国草地学报，32(1)：99－106.

吕少宁，文军，康悦.2011. 黄河源区玛曲草原草场退化原因调查分析[J]. 生态环境(2)：166-169.
马克明，孔红梅，关文彬，等.2001. 生态系统健康评价：方法与方向[J]. 生态学报(12)：2106-2116.
满苏尔·沙比提，阿布拉江·苏莱曼，等.2002. 新疆草地资源合理利用与草地畜牧业可持续发展[J]. 草业科学，19(4)：11-15.
孟林，朱进忠，安沙舟.2000. 天山北坡中段草原畜牧业生产经营现状、问题与优化对策[J]. 草食家畜（增刊）：28-31.
钱拴，毛留喜，侯英雨，等.2007. 青藏高原载畜能力及草畜平衡状况研究[J]. 自然资源学报，22(3)：389-397.
任海，邬建国，彭少麟.2000. 生态系统健康的评估[J]. 热带地理(20)：310-316.
任继周，李向林，侯扶江.2002. 草地农业生态学研究进展与趋势[J]. 应用生态学报(8)：1017-1021.
塔布斯别克·巴依朱马.2010. 新疆阿勒泰地区草原生态现状存在问题及对策[J]. 牧草饲料（8）：123-125.
唐华俊，辛晓平，杨桂霞，等，2009. 现代数字草业理论与技术研究进展及展望[J]. 中国草地学报(4)：1-8.
王江山，殷青军，杨英莲.2005. 利用 NOAA/AVHRR 监测青海省草原生产力变化的研究[J]. 高原气象，24(1)：117-122.
王生荣，牛俊义，郑华平.2006. 玛曲县天然草原退化现状及治理对策建议[J]. 甘肃科技，22(6)：10-12.
王树青，张起荣，马苍.2003. 天祝县天然草原退化原因及治理对策[J]. 草业科学，20(6)：7-8.
王宗礼.2004. 开展我国数字草地建设[J]. 中国草地(3)：1-7.
吴虎山，宝柱.2006. 呼伦贝尔天然草原退化原因及治理对策[J]. 内蒙古草业，18(3)：26-27.
肖风劲，欧阳华.2002. 生态系统健康及其评价指标和方法[J]. 自然资源学报(2)：203-209.
许鹏.1993. 新疆草地资源及其利用[M]. 乌鲁木齐：新疆科技卫生出版社.
叶鑫，周华坤，赵新全，等.2011. 草地生态系统健康研究述评[J]. 草业科学 28(4)：549-560.
泽柏，但其明，李昌平，等.2008. 川西北牧区草地畜牧业可持续发展对策研究[J]. 草业与畜牧(8)：1-14.
泽柏.2001. 保护草地生态环境促进川西北牧区畜牧业可持续发展[J]. 四川草原(1)：1-3.
张宏斌，唐华俊，杨桂霞.2009. 2000—2008 年内蒙古草原 MODIS NDVI 时空特征变化[J]. 农业工程学报，25(9)：168-175.
张宏斌，杨桂霞，李刚.2009. 基于 MODIS NDVI 和 NOAA NDVI 数据的空间尺度转换方法研究[J]. 草业科学，26(10)：39-45.
中国呼伦贝尔草地编委会.1991. 中国呼伦贝尔草地[M]. 长春：吉林科学技术出版社.
周立业，郭德，刘秀梅，等.2004. 草地健康及其评价体系[J]. 草原与草坪(4)：17-20.
朱美玲，蒋志清.2012. 新疆牧区超载过牧对草地退化影响分析[J]. 内蒙古草业，24(2)：44-46.
Aschbacher，J. 1989. Land surface studies and atmospheric effects by satellite microwave radiometry[M]. University of Innsbruck，Innsbruck.
Chang A T C，Foster J L，Hall，D K. 1987. Nimbus 7 SMMR derived global snow cover patterns[J]. Annals of Glaciology(9)：39-44.
Chang，A T C Foster J L，Hall D K. 1996. Effects of forest on the snow parameters derived from microwave measurements during the boreal[J]. Hydrological Processes(10)：1565-1574.
Chang，A T C Foster J L，Hall，D K. 1992. The use of microwave radiometer data for characterizing snow storage in western China[J]. Annals of Glaciology(16)：215-219.
Chang，A T C Foster J L，Hall D K. 1982. Snow water equivalent accumulation by microwave radiometry[J]. Cold Regions Science and Technology(5)：259-267.
Clements，F E. 1916. Plant succession：an analysis of the development of vegetation[M]. Carnegie Institution of Washington.
Dyksterhuis E. 1949. Condition and management of range land based on quantitative ecology[J]. Journal of Range Management(2)：104-115.
GB/T 20482—2006 牧区雪灾等级.
Josberger E G，Mognard，N M. 2002. A passive microwave snow depth algorithm with a proxy for snow metamorphism [J]. Hydrological Processes(16)：1557-1568.
Mathis Wackernage. 1994. Ecological footprint and appropriatedcarrying capacity：a tool forplanning toward sustainabili-

ty. Vacouver[M]. B. C. : School of Community and Regional Planning, The University of British Columbia, Canada,
Meadows D H. 1972. The limits to growth[M]. Universe books, New York.
NY/T 1481—2007 农区鼠害监测技术规范.
NY/T 1578—2007 草原蝗虫调查规范.
Pulliainen J T, Grandell J, Hallikainen, M T. 1999. HUT Snow Emission Model and its Applicability to Snow Water Equivalent Retrieval[J]. IEEE Transactions on Geoscience and Remote Sensing(37): 1378 - 1390.
Rapport D. 1998. Ecosystem health. Blackwell Science[M]. Malden, MA.
Rapport D J, C L Gaudet, R Constanza, et al. 2009. Ecosystem health: principles and practice[M]. John Wiley & Sons.
Tansley A G. 1935. The use and abuse of vegetational concepts and terms[J]. Ecology(16): 284 - 307.

第三章　主要牧区生态高效草原牧养关键技术

第一节　主要牧区地方家畜品种提纯复壮与利用技术

一、内蒙古牧区地方家畜品种提纯复壮与利用技术

（一）内蒙古白绒山羊的提纯复壮与利用技术

1. 内蒙古白绒山羊的提纯复壮　内蒙古白绒羊以其独特的生物学特性、明显的地域分布、较高的经济利用价值和宝贵的遗传资源，被国家列入首批全国畜禽品种保护名录。加强内蒙古白绒山羊品种资源保护力度，对保持我国羊绒及其制品在国际市场上的竞争力意义重大。抓绒量和抓绒后的体重是内蒙古白绒山羊的两个重要的经济性状，为此，提高抓绒量和体重是内蒙古白绒山羊育种的重要目标。另外，产绒量和细度都属中等遗传力性状，在选育时应特别加以注意。绒山羊的提纯复壮过程中，务必坚持在细度不显著变化的基础上进行。

（1）确定绒山羊育种目标　通过系统分析，确定绒山羊育种目标为在有效控制羊绒品质的基础上，不断提高产绒量和体重。其目标性状及选择性状确定如表 3-1。

表 3-1　绒山羊育种目标性状及选择性状

育种目标性状	选择性状
早期生长性状	初生重、断奶重、周岁重
抓绒性状	产绒量
产肉性状	抓绒后体重
绒毛品质性状	绒细度、绒长度
繁殖性状	产羔数

（2）主要的经济性状变化趋势

① 抓绒后体重。抓绒后体重随年龄的增长，呈上升趋势，且在 3～7 岁时达到峰值，之后变化趋于平缓。在整个变化过程中公羊不论个体重还是增重速率均显著高于母羊（图 3-1）。

② 单位体重产绒量。单位体重产绒量随年龄的增长，呈下降趋势，整个生长过程中，母羊单位体重产绒量均高于公羊（图 3-2）。

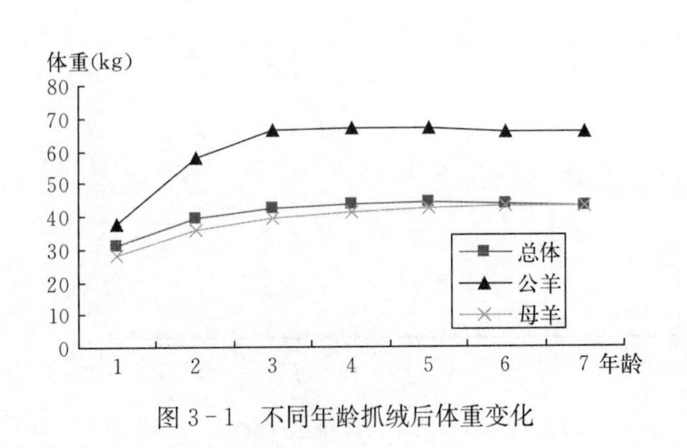

图 3-1　不同年龄抓绒后体重变化

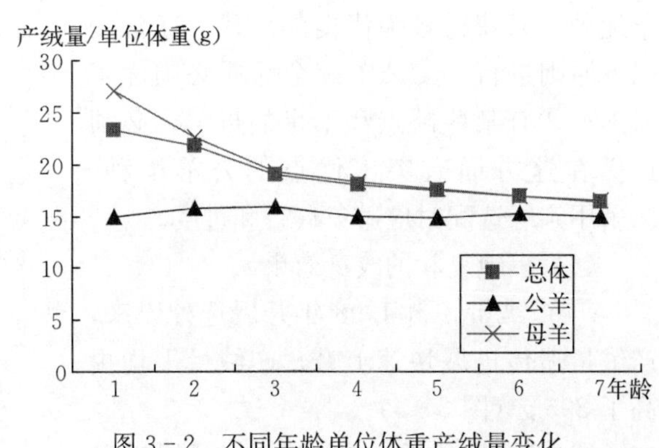

图 3-2　不同年龄单位体重产绒量变化

③ 繁殖率。初产母羊繁殖率最低，随着年龄增长，产羔率呈上升趋势，4 胎时达到最高，之后逐渐下降（图 3-3）。

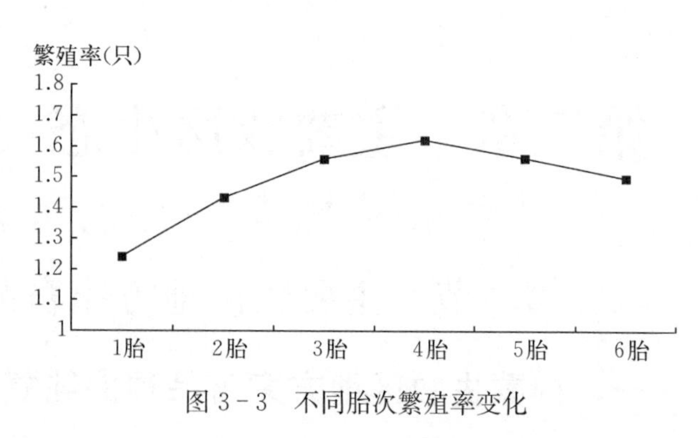

图 3-3 不同胎次繁殖率变化

（3）种羊的选育　通过细致的选种，正确的选配，创造良好的饲养管理条件，使内蒙古白绒山羊品质得到不断提高。以内蒙古白绒山羊育种核心群为中心，严格按照种羊选育标准，进行内蒙古白绒山羊育种种公羊选育。根据育种群结构、数量及核心群公羊数的比例，选择最优秀育成公羊的 5%留作种用，其余的 15%转入商品群配种，剩下 80%的育成公羊全部淘汰。核心群育成母羊按照内蒙古白绒山羊理想型分级标准鉴定，对鉴定不合格或年龄偏大母羊采取淘汰，或转入普通生产羊群，对内蒙古白绒山羊育种户繁育羊群，每年进行鉴定，根据体质、体型外貌选择达到特级、一级标准，且繁殖率较高的优质母羊转入核心群，充实核心群优秀个体数量。

（4）选种　主要是通过表型选择法，把生产性能高、品质好、体格健壮的优良个体选出来，扩大繁殖，达到提纯复壮，改良内蒙古绒山羊的目的。在个体选择过程中，要注意抓绒量和抓绒后体重这两个重要经济性状，在坚持绒纤维细度不显著变异的前提下，提高抓绒量和体重是内蒙古白绒山羊育种的重要目标，是内蒙古白绒山羊提纯复壮的重点。必须注意的是，体重、绒长、绒密等均与产绒量密切相关。因此，虽然产绒量是选种的重点，但并不是选种的全部，在注意重点性状的同时，也不能忽视对其他性状的选择。具有高产基因的种公、母羊，所繁殖的后代也应该是高产的。估计某一种羊是否具有高产基因，目前还只能从育种值估计去推测，同时结合该个体的表现型进行选择，也就只能就对个体主要性状的观察、测量结果，推测其遗传特点进行选种。除了育种值估计以外，选择淘汰的主要方法是对种用公、母羊个体品质的评定，谱系审查和后裔测验。掌握绒山羊的外形鉴定程序和方法、了解其生产性能变化规律是对内蒙古绒山羊进行阶段性去劣选优的基本要求。

内蒙古绒山羊种羊选择是根据其个体、祖先、同胞、后裔 4 个方面的优劣进行评定。鉴定开始时，要先看羊只整体结构是否匀称，外形有无严重缺陷，被毛有无花斑或者杂色毛，行动是否正常；然后接近被鉴定羊，看公羊是否有单睾、隐睾，母羊乳房是否正常等，以确定该羊有无进行个体鉴定的价值。一般地，优质高产的绒山羊具有全身绒毛白色，身体既宽又大，各部结构匀称，蹄质坚实，四腿姿势端正，背腰坚强平直，绒细、长、密、量多，体重偏大多肉，身体强健壮实，副性征较明显等十大特征。选择时结合等级和抓绒量进行，根据选中目标的要求选择特级和一级羊进入核心精选群，选留部分一、二、三级羊进入一般群进行生产利用。

（5）提纯复壮过程中选配　根据母羊个体的综合特征，为其选择最合适的种公羊配种，以获得较为优良的后代。通常按以下原则进行：①公羊综合品质必须优于母羊。②有某些缺点和不足的母羊，必须选择在这方面有突出优点的公羊配种。③采用亲缘选配时应避免盲目和过度。

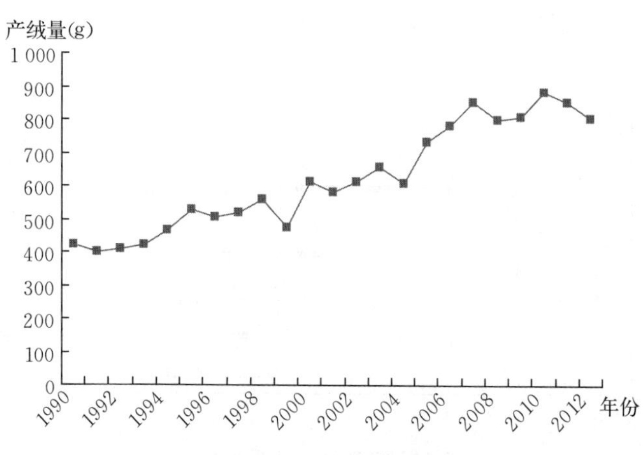

图 3-4 不同年份产绒量变化

（6）提纯复壮的改良效果

① 产绒量。自 1998 年开展选种以来，产绒量遗传进展快速上升，产绒量平均提高了 296 g（图 3-4）。

② 抓绒后体重。自 1998 年开展选种

以来，抓绒后体重遗传进展快速上升，抓绒后体重平均提高了 12 kg（图 3－5）。

③ 产羔数。平均产羔数从 1998 年的 1.2 只提高到了 2011 年的 1.6 只（图 3－6）。

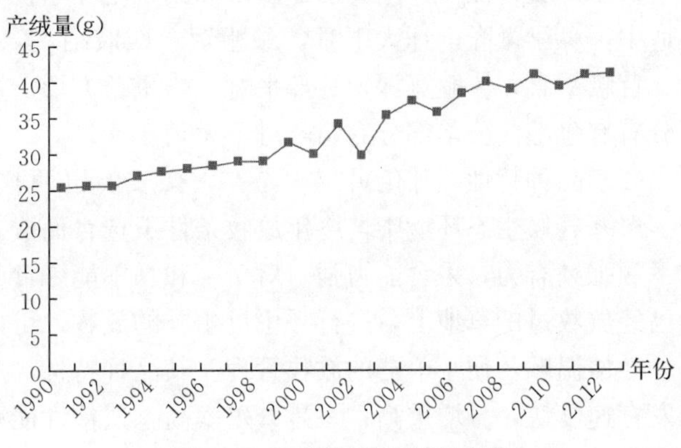

图 3－5　不同年份产绒量变化

（7）与现代育种技术的结合　目前，内蒙古白绒山羊的工作重点是把常规育种方法与先进实验室方法相结合，以本品种选育为主，MOET 技术建立核心群，通过选优淘劣，最大限度地将羊的优质高产基因筛选集中到选育羊群中，建成优质高产羊群，建立并完善绒山羊繁育体系。

在建立 BLUP 选种方法的基础上主要实施人工授精育种方案，研究冷冻精液和胚胎移植等技术，创造条件开展改进人工授精和 MOET 核心群育种方案。实施对种畜的强化选择，加强同质选配和品系繁育技术的应用，实现对种羊的快速培育，并扩大其遗传优势，大幅度提高高产优质基因频率，同时在 DNA 分子水平上探索绒山羊高产优质的遗传基础，为全面推动绒山羊产业的发展提供可靠的技术支持。将胚胎移植技术、BLUP 选育技术、分子遗传标记技术和信息技术应用于绒山羊的育种中，这些技术的综合运用使绒山羊育种取得了良好的效果。

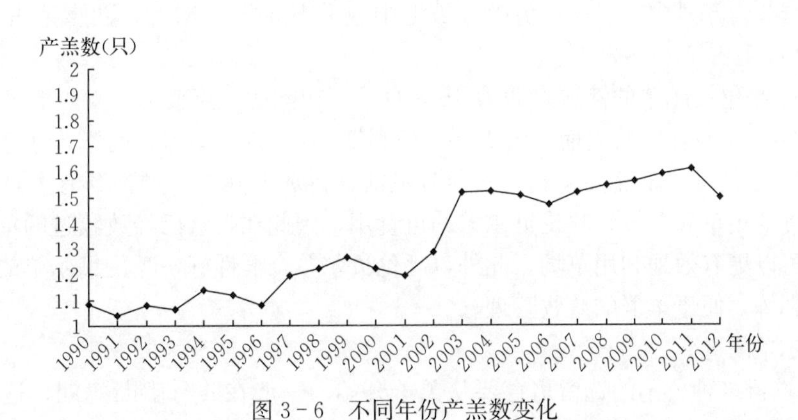

图 3－6　不同年份产羔数变化

2. 内蒙古白绒山羊的利用　在进行内蒙古白绒山羊利用的过程中，建立和完善内蒙古白绒山羊的繁育体系，形成高产核心群—育种群—繁殖群的繁育体系，使种羊培育、生产、管理规范化。在此基础上进行以产肉性能为主的内蒙古白绒山羊的培育，为了提高产肉性能，适当引入产肉性能较好的山羊品种进行杂交改良。利用内蒙古白绒山羊作母本，进行级进杂交，在杂交后代中选择理想型的个体进行横交固定的方法，培育新的绒山羊品种，提高其产肉性能。同时也可以利用内蒙古绒山羊的绒质好的优势对其他品种的山羊进行改良。

（二）呼伦贝尔羊的提纯复壮与利用技术

1. 呼伦贝尔羊的提纯复壮　呼伦贝尔羊是我国著名的地方种质资源，羊肉无膻味，肉质鲜美，营养丰富。呼伦贝尔羊由半椭圆状尾（巴尔虎品系）和小桃状尾（短尾品系）两种品系组成。其中短尾品系由于尾巴短小而利于配种，有利于提高受胎率。为使呼伦贝尔羊在我国养羊生产和配套系杂交中发挥更大作用，在呼伦贝尔羊提纯复壮过程中，重点加强血液纯度和体型外貌整齐度的选择，保持品种纯度并提高整个品种质量。采取选种选配、品系繁育、改善饲养管理条件、加强疫病防治等一系列技术措施，使呼伦贝尔羊成为耐寒耐粗饲、生命力强、体大早熟、生长发育快、产肉性能好、适宜牧养、遗传性能稳定的地方良种。

（1）外貌特征　呼伦贝尔羊由半椭圆状尾和小桃状尾两种类型组成。体格强壮、结构匀称，头大小适中，鼻梁微隆，耳大下垂，颈粗短。四肢结实，姿势端正，肋骨弓圆，大腿肌肉丰满，后躯发达。背腰平直，体躯宽深，尻部平宽，略呈长方形。被毛白色，为异质毛，头部、腕关节及飞节以下部分有有色毛。公羊部分有角，母羊无角。

（2）品种特性　呼伦贝尔羊是在大兴安岭以西呼伦贝尔草原上，无霜期短、枯草期长、冬季漫长、严寒气候生态环境中，终年放牧条件下选育而成。呼伦贝尔羊嘴尖齿利，唇薄且灵活，再加上其上下颚强劲有力，采食能力强。对于牛和马不能采食的短草和杂草，呼伦贝尔羊均可食用，因此在牛马已经放牧过的草地上，进行呼伦贝尔羊的放牧，可以更有效地利用草场。此外，呼伦贝尔羊合群性好，性情温顺，便于羊群的放牧管理。其品种特性，一是适应性强和抗逆性强，耐寒耐粗饲；二是生长发育速度快，日增重高；三是繁殖率高，遗传性能稳定。母羊保母性强，繁殖成活率在96%以上，保畜率在98%以上。

（3）生产性能指标

① 产肉性能。呼伦贝尔18月龄羯羊平均酮体重27 kg，平均屠宰率50%，平均净肉率41%；6月龄羯羊平均酮体重16 kg，平均屠宰率47%，平均净肉率38%。

② 羊肉品质及产毛量。经抽样分析，羊肉脂肪酸的不饱和程度低，脂肪品质好。肌肉的脂肪酸主要由豆冠酸、软脂酸、硬脂酸、油酸和亚麻酸组成，占95%以上。氨基酸含量较高，特别是谷氨酸和天门冬氨酸的含量较其他羊肉高，所以呼伦贝尔羊羊肉无膻味，肉质好，味道鲜美，营养丰富。呼伦贝尔羊剪毛季节为6月中旬，一次剪毛。被毛中绒毛占54%～61%，两型毛占5%～7%，粗毛占9%～12%，干死毛占24%～28%。

③ 繁殖性能。呼伦贝尔羊的性成熟期为6～8月龄，初配适宜年龄1.5岁，繁殖适宜年龄1.5～7岁，发情持续期30 h左右，发情周期15～18 d，妊娠期150 d左右，经产母羊产羔率为110.2%。

④ 生活习性。呼伦贝尔羊嘴尖齿利，唇薄且灵活，再加上其上下颚强劲有力，采食能力强。对于牛和马不能采食的短草和杂草，呼伦贝尔羊均可食用，因此在牛马已经放牧过的草地上，进行呼伦贝尔羊的放牧，可以更有效地利用草场。此外，呼伦贝尔羊合群性好，呼伦贝尔羊的性情较其他家畜温顺，较易调教训练，便于羊群的放牧管理。

（4）呼伦贝尔羊的选育

① 种公羊的选留。种公羊的选留培育要从羔羊开始，一般在4月龄断奶期，这个阶段的羔羊发育不同个体之间出现明显差距，对体格大、发育好，尾状和毛色符合呼伦贝尔羊标准的种公羔进行选留。选留的种公羔严格按照不同生长阶段进行科学饲养，到18月龄时，再进一步选择淘汰，从而达到选留培育优良种公羊的目的。18月龄羊为育成阶段，这一阶段的选择依据羊的体尺、体重、生理状况、毛色等达到特级或一级的标准进行留选。育成公羊应参加配种，其后裔测定数据作为选留优秀种公羊的依据。2周岁时对选留的种公羊进行全面鉴定，并结合后裔测定结果最终选留种羊。

② 种羊的选择标准。短尾品系类群具有明显肉用绵羊的外形特征，其头大小适中，体型强壮，结构匀称、颈粗短、背腰平直、肩宽深且与躯体结合良好、胸宽且深、后躯宽广丰满、体躯略呈长方形。无角为主，耳大下垂，四肢稍高而端正，脂尾厚而宽，尾长8～14 cm，尾宽11～20 cm，尾部形状以小桃形为主。

a. 特级。体尺或体重超过一级羊10%的优秀个体，可列为特级。

b. 一级。育成种公羊体高68 cm，体尺72 cm，胸围92 cm，体重62 kg；育成种母羊体高65 cm，体尺70 cm，胸围88 cm，体重52 kg；成年公羊体高72 cm，体尺75 cm，胸围100 cm，体重82 kg；成年母羊体高67 cm，体尺72 cm，胸围92 cm，体重62 kg。

c. 二级。育成种公羊体高60 cm，体尺66 cm，胸围82 cm，体重52 kg；育成种母羊体高58 cm，体尺64 cm，胸围80 cm，体重42 kg；成年公羊体高64 cm，体尺70 cm，胸围90 cm，体重65 kg；成年母羊体高 58 cm，体尺 64 cm，胸围 80 cm，体重 42 kg。

③ 保护好现有血统。保持群体的有效含量是确保基因库中的基因能够较完整保存下来的关键因素，因此，工作重点是要保证现有保种群规模不再缩小，同时尽可能在避免产生近交、保种场经济状况较好的前提下，扩大保种群规模。

④ 避免近交。尽量避免近交、尤其是极度近交。近交是产生基因丢失的原因之一，要求保种场制定和完善配种制度，避免近交发生，尤其是极度近交发生。

⑤ 选配。根据母羊个体的综合特征，为其选择最合适的种公羊配种，以获得较为优良的后代。通常按以下原则进行：a. 公羊综合品质必须优于母羊。b. 有某些缺点和不足的母羊，必须选择在这方面突出优点的公羊配种。c. 采用亲缘选配时应避免盲目和过度。

⑥ 配种。采用鲜精人工授精，应掌握好适时配种时间，准确记录母羊的发情时间，一般在发情第二天配种，采用重复配种方式配种，两次配种时间相隔 12 h 左右。

⑦ 精液稀释。如用原精液输精时，一般每只羊为 0.05～0.1 mL。为充分发挥优良种公羊的作用，应推广精液的稀释，稀释可增加精液容量，扩大受配母羊数量。一般可用 1%的氯化钠溶液进行精液稀释，稀释比例可按需要而定，一般 1.5～4 倍为宜，同时要保持 18～25 ℃的室温，稀释后及输精前后都应进行肉眼检查。

⑧ 输精。输精前先观察精液，对合格者方可输精。将发情母羊外阴部用 0.1%的新洁尔灭液消毒后，再用温水洗净擦干。每只羊用原精液 0.05～0.1 mL 或稀释精液 0.1～0.2 mL。初配母羊的输精量应加倍，输精时把消毒的开膣器轻轻插入阴道内，轻旋转，慢张开，先检查阴道内有无疾病（出血、脓肿等），有病者不能输精。确定后，寻找子宫颈口，找到后，将开膣器固定在合适位置，将输精器插入子宫颈内 0.5～1.0 cm，再用大拇指轻压活塞，注入定量的精液。每输一只羊后，输精器表面必须用盐水棉球擦拭干净后再输另一只母羊，当输精器内精液输完后，应用 1%生理盐水按顺序在三个瓶内冲洗数次后，才可吸取另一精液。授精时应排除输精器内的气泡后再行输精。采用 1 次试情 2 次输精的方法，即早晨试情 1 次，晚上输精 1 次，第二天早上再输 1 次，输完的母羊做好标记，以便利用。

a. 清洗。将全部使用过的器械用具洗刷干净，尤其要将接触过精液集精瓶，输精器等器具上的精液洗涤干净。

b. 记载。同时做好记载工作，如登记种公羊精液品质检查表、发情母羊登记表以及其他如工作日记等。

⑨ 新生羊的护理。

a. 做好羔羊接生工作。对新出生的羔羊应立即握住羔羊的嘴，擦净口腔、鼻眼内的羊水，并将羔羊移到母羊视线内，让母羊舔羔羊，促进胎衣的脱落，使母羊很快接受羔羊的吮乳；初产母羊如不舔羔羊的身体，可以用干草束或干净的纱布擦干羔羊躯体后再做处理；对出生后呈假死状的羔羊应及时摇动羔羊的后腿，动作要快而有力。同时，用手指弹击心脏部位或做人工呼吸。具体方法是将羔羊仰卧，背靠垫草，转换伸屈前肢，轻压胸部，使其恢复正常状态。在正常情况下，羔羊的脐带是自行断开的，如果不断开可用消毒的剪刀距羔羊体表 8～10 cm 处剪断，用碘酊消毒，也可用 7%碘酒浸泡 1 min。一般健康羔羊出生后 15～20 min 开始起立，有寻找母羊乳头和吸乳的跌撞摩擦动作，这时应挤去母羊乳房中第一股奶再让羔羊靠近，必要时人工辅助羔羊第 1 次吃奶；初乳有利于胎便的排出和促进胃肠蠕动，并能使羔羊体内产生免疫力；对于双羔中的弱羔被强羔排挤造成羔羊生后吃不上初乳，从而引起沉郁无神、体温不均衡的，饲养员应立即给羔羊喂些温奶。温奶最好是刚产羔母羊的初乳。如果没有初乳，可采用代替办法暂时救急，用 500 g 牛奶加 1 枚鸡蛋、2 mL 鱼肝油和 15～30 g 白糖搅匀，用奶瓶喂给。羔羊第一次吃奶之前，用温水洗净母羊乳头及周围，应在产后 1.5～2 h 以内让羔羊吃到第 1 次母乳。由于新生羔 1 次吮乳量有限，每间隔 3～4 h 应哺乳 1 次；生双羔的母羊应同时让两羔羊近前吮乳，然后可将母羊关进单间室内，放一桶温水和干草，让母羊安静 2 h 左右，再将羔羊放进去，待母子自行相认哺乳。

b. 羔羊转舍。羔羊生后 2～4 h 可将其转入育羔室，转出前应用涂料在母子体侧打上同一编号，单羔编在左侧，双羔编在右侧。编号目的是便于查找核实是否新生母子和生产登记用。弱羔可以晚几天转出。转到羊舍后，应注意保温、防潮、干燥，无过堂风，最好顺墙铺垫一层干草或干羊粪，垫草均匀。每天应及时清扫，保持舍内卫生。羊舍内圈养母子群，开始以母子群 15～20 对，每群羔羊的日龄和发育尽可能一致，双羔母羊单组群，头数不宜多。同样，弱羔母子群头数也要调整，为的是方便照顾，若羊群过大，弱羔找不到母亲，不能按时哺乳容易消瘦。当母子群内绝大多数羔羊能很快找到母亲时，母子群可以另并群，随羔羊生长逐步扩大母子群，羔羊 20 日龄时，一个母子群可扩大到 80～100 只母羊。气温适宜时让羔羊随母羊外出活动，7 日龄后可以在室外活动 2～3 h，15 日龄后可在室外全天活动，晚上或天气不好时应圈于室内；防止羔羊躺卧在冷地面或有过堂风处，以免伤风感冒。对失去或找不到母羊的羔羊，可采用牛奶进行人工哺乳。应选择乳脂率高的牛奶，30 日龄前不宜用乳脂少的鲜奶，最好选用其他羊的乳汁，奶温以 30 ℃左右为宜。羔羊 10 日龄可以开始训练吃草料，每日每只补喂精料 100 g 左右。栏内添加柔嫩的青干草，让羔羊自由采食。

c. 新生弱羔羊的科学护理。在养羊生产中，新生羔羊体温过低是体弱、死亡的主要原因。羔羊的正常体温是 39～40 ℃，一旦低于 36～37 ℃时，如采取措施不及时会很快死亡。所以新生羔羊要有专人护理，用木箱红外灯距羔羊 120 cm 进行增温或采取其他增温措施；要尽快哺乳，增加羔羊的抵抗力及抗病能力。

⑩ 制定选留和淘汰制度。后代留种和更新采取继代等量选留优良个体，即一公留一子，一母留一女，保种的公母羊在淘汰之前一定有其后代继承。

2. 呼伦贝尔羊的利用 在保持呼伦贝尔羊原有优良性能的前提下，以杜泊羊为父本，当地蒙古羊为母本，利用二元或三元杂交方式进行肉羊生产，杂交一代羊通过育肥进行肉羊生产。从而实现周转快、产品率高、成本低、经济效益好的高效养羊生产。可广泛应用于蒙古羊的经济杂交，从而扩大商品羊出栏数量，提高养羊的个体产值，增加总体效益，促进牧民增收。

二、新疆牧区地方家畜品种提纯复壮与利用技术

(一) 阿勒泰羊提纯复壮技术

由于天然草场植被受到破坏，草地严重退化，加之品种选育工作力度不够、相对过剩的牲畜存栏量、农牧民饲养管理水平相对落后等原因，阿勒泰羊群体生产性能有所下降，以致出现品种退化现象。

开展阿勒泰羊提纯复壮工作实际就是进行本品种选育，恢复或提高阿勒泰羊生产性能。主要指在阿勒泰羊品种内部通过选种选配、品系繁育，改善培养条件等措施，提高本品种生产性能的一种方法。新疆畜牧科学院新疆主要牧区生态高效草原牧养技术模式研究与示范课题组，选定富蕴县杜热乡开展阿勒泰羊本品种选育提高，制订了富蕴县阿勒泰羊选育提高实施方案，根据方案要求建成核心选育群 30 个，核心群基础母羊 3 000 只，通过选育提供优质良种公羊。

1. 阿勒泰羊品种体型外貌 肉脂兼用，体质结实，体格大。整个体躯宽深，颈中等长，肋骨拱圆。有部分个体头部呈棕黄色或黑色。耳大下垂，公羊鼻梁隆起，具有大的螺旋形角；母羊鼻梁稍微隆起，约有 2/3 个体有角。耆甲十字部平宽，背平直。股部丰满，脂臀宽大而丰厚，平直或稍下垂，下缘中央有浅纵沟，外观呈方圆形，脂肪蓄积丰满，向腰角与股部延伸。腿高而结实，蹄质坚实，姿势端正。身躯被毛颜色以棕红色和浅棕红色为主。

2. 阿勒泰羊体尺、体重、脂臀测定评定标准 每年 6 月进行测定阿勒泰羊体尺、体重、脂臀指标，表 3－2 中为一级羊下限指标。

表 3-2　阿勒泰羊一级羊体重、体尺及剪毛量最低指标

羊别	体重（kg）	体尺（cm）										剪毛量（kg）
		体高	体长	胸围	胸宽	胸深	十字部宽	管围	脂臀长	脂臀宽	脂臀厚	
4月龄公羔	40.0	—	—	—	—	—	—	—	—	—	—	—
4月龄母羔	38.0	—	—	—	—	—	—	—	—	—	—	—
1.5岁公羊	70.0	72.0	74.0	92.0	22.0	32.0	20.0	8.0	15.0	30.0	13.0	1.6
1.5岁母羊	55.0	65.0	67.0	85.0	18.0	28.0	18.0	8.0	12.0	25.0	10.0	1.4
2岁公羊	85.0	75.0	77.0	100.0	25.0	35.0	22.0	8.5	20.0	35.0	15.0	2.0
2岁母羊	65.0	70.0	72.0	90.0	20.0	30.0	18.0	8.0	12.0	25.0	10.0	1.6

注：特级指体重超过一级羊品种规定最低指标10%以上的羊；二级指80.0 kg≤公羊体重≤85.0 kg，60.0 kg≤母羊体重≤65.0 kg。

3. 技术措施

（1）选育核心群　选育核心群符合理想型指标（体高70～77 cm，体长72～84 cm，胸围90～100 cm，管围8.0～8.8 cm或以上者）进行固定，组成阿勒泰羊母羊育种核心群。选育核心群中评定等级：种公羊要求一级、特级。选育群为开放式选种，将等级较高的外群成年公母羊调入选育群，开展选配工作。选育群开展选配工作，要求详细记录配种情况、产羔情况、羔羊初生重测定、羔羊出生体尺测定；断奶羔羊、周岁、成年阶段体尺体重测定。

（2）选种选育　做好阿勒泰羊品种选种选配工作，建立阿勒泰羊育种核心群，大面积实施人工授精，搞好阿勒泰羊的提纯复壮和羔羊育肥出栏工作，与此同时，在选育区内严格淘汰劣质种羊，杜绝不合格的种羊继续做种用。阿勒泰羊选种选育技术流程图见图3-7。

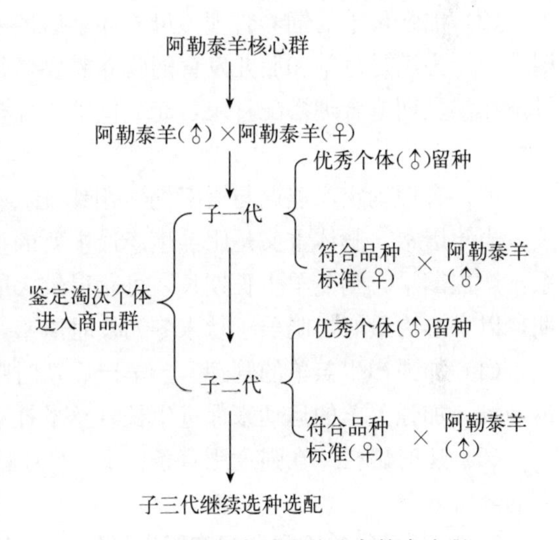

图3-7　阿勒泰羊选种选育技术流程

（3）种羊鉴定　羊只通过鉴定可分为三级。特等：在羊群中最好的完全符合所述理想型要求的羊；一等：基本满足所提出的理想型要求的羊；二等：其余有种羊价值的羊。

种羊鉴定时间：第一次鉴定，4月龄，鉴定项目为来源、体尺、外貌；第二次鉴定，1.5岁，鉴定项目为来源、体尺、外貌；第三次鉴定，2岁，鉴定项目为来源、体尺、外貌和后代品质。

（4）选配的原则　选配必须根据来源、个体品质和后代品质测定进行；母羊应与一级以上的公羊交配，在进行选配工作时，应关注羊只的来源谱系，禁止用亲缘交配，以免导致羊只的生活力和对群牧适应性的降低；公羊满2岁，母羊体重达到成年体重的70%开始参加配种，选配时必须选择成年公母羊，不允许将正在发育的和老年衰弱的公母羊列到选配计划内。个别情况下，优良的老年公羊应与壮年母羊交配；应拟定选配计划，每年秋季配种季节前根据选配计划选配，并检查以往选配所产生的后代品质，有不当的应予以调整；为固定理想型的特征，必须进行同质选配，为改良羊只的不理想特征，应行异质选配，两种选配方式应该结合进行。在选配时不应以一羊之缺点来纠正另一羊与其相反的缺点。

（5）自然交配

① 分群交配。在配种季节内，将母羊分成若干小群，每群放入一只或几只经过选择的种公羊，任其自然交配。这样，公羊的配种次数得到适当控制，并实现了一定程度的群体选种选配。但是仍然

无法防止生殖器官疾病的传播，公羊的配种利用率仍然有限，母羊的预产期也难于推测。

② 人工辅助交配。公母羊平时严格分开饲养，只有在母羊发情配种时，才按原定的选种选配计划，令其与特定的公羊交配，并对母羊作好必要的保定、消毒处理等准备工作以及采取其他一些必要措施，以辅助公羊顺利完成交配。

(6) 人工授精　羊人工授精是人为的利用器械采取公羊的精液，经过品质检查和一系列处理，再通过器械将精液输入发情母羊生殖道内，达到母羊受胎的配种方式。人工授精可以提高种公羊的利用率，既加速了羊群的改良进程，防止疾病的传播，又节约饲养大量种公羊的费用。正确实施人工授精，可提高羊的繁殖率。

人工授精技术包括器械的消毒、采精、精液品质检查、精液的稀释、保存和运输、母羊发情鉴定和输精等主要技术环节。

(二) 阿勒泰羊的开发利用技术

1. 肥羔生产技术　肥羔生产是生产优质羊肉、增加养羊经济效益的重要途径，不满周岁的羊宰后所得的羊肉称为羔羊肉，其中4～6月龄屠宰羊称为肥羔。随着社会经济的发展，人们不断追求羊肉的质量。肥羔肉以其鲜嫩多汁、营养丰富特点深受市场青睐。生产肥羔羊肉，能够在有效时期内降低饲养成本，加快羊群周转速度，减轻草场放牧压力，有利于提高养殖经济效益。肥羔生产技术措施如下。

(1) 增加能繁母羊比例，加快羊群周转　开展肥羔生产，实现羔羊当年出栏的目标，羊群中生产母羊的数量应占70%以上。

(2) 加强母羊的饲养管理　母羊怀孕后期的2个月胎儿发育变快，80%以上的体重都是在怀孕后期生长。为满足母羊和胎儿发育的营养需要，每天需给怀孕母羊补饲混合日粮0.5 kg和优质青干草。母羊在泌乳期应合理搭配日粮，充分供给青绿多汁饲料增加母羊泌乳量，使羔羊充足哺乳，促进早期发育。

(3) 合理确定产羔期与屠宰期　组织肥羔生产时，产羔期和屠宰期很重要，因肥羔生产当年产羔、当年屠宰，胴体重又是肥羔生产最主要的指标。胴体大小与羔羊生长期长短及育肥措施有密切关系，产羔期早，则羔羊生长期长，可获得较大的胴体重。故肥羔生产应根据当地条件，尽量提早产羔期，以早春为最好，肥羔于秋末冬初及时屠宰，以免入冬后增加饲养成本，造成不必要的损失。

(4) 加强初生羔羊的管理　羔羊产后及时喂给初乳，注意防寒保暖，农户修建羊舍时要建产房和运动场，加强羔羊的运动来促进生长。及早补饲，10日龄开始补草，15日龄开始补料。

(5) 适时出栏　在强度肥育条件下，6月龄左右，羔羊体重达到45～50 kg出栏，可大大提高肥育的经济效益。

2. 7～8月龄羊冷季舍饲育肥出栏技术　传统放牧条件下，牧民在选留后备羊群后常将7～8月龄羊进行出售，此时段正处于阿勒泰地区寒冷季节的到来，未及时处理的7～8月龄羊继续以放牧为主，掉膘情况严重。针对11月中下旬阿勒泰羊开始掉膘的实际情况，结合当年羔羊在营养充足情况下生长发育快的特点，利用当地现有饲草料资源进行育肥饲料配方的制作，并开展7～8月龄羊短期育肥技术示范推广。经冷季舍饲育肥60 d的阿勒泰羊，胴体重平均达到30 kg以上，平均日增重达到270 g以上，增重效果明显。育肥技术示范推广提高牧民经济收入，有助于冬草场以及春秋草场的保护，为牧区冷季舍饲育肥模式提供技术支撑（表3-3）。

表3-3　不同饲养方式下阿勒泰羊增重效果

	只数	养殖天数 (d)	始重 (kg)	末重 (kg)	期内增重 (kg)	日增重 (kg)
育肥羊	30	60	46.84±6.58	62.59±6.15	15.39±6.50	0.27
放牧羊	30		50.57±3.40	36.48±3.90	−14.10±5.10	−0.247

三、青海、西藏牧区地方家畜品种提纯复壮与利用技术

（一）牦牛的提纯复壮与利用

牦牛是一个人工培育程度很低的原始畜种，它不同于普通牛种在种内有成百上千的培育品种，人们可根据市场和科学研究的目的，在种内进行目的各异的杂交组合，改变其遗传组成，通过综合措施以稳定其最佳的性状来达到提高个体和整体生产水平的目的。目前，我国牦牛的 6 个主产区有 13 个优良的不同生态类型的牦牛地方品种和 1 个国家级新品种。这些不同生态类型的牦牛地方品种是在长期的不同饲养管理水平及特定的自然环境条件下形成的，一旦这些特定的品种脱离了原产地的特定条件，其优良特性在后代中也随之消失，因此，开展不同生态类型的牦牛地方品种提纯复壮和培育新品种无疑是牦牛生产性能提高的有效途径。

1. 牦牛本品种选育　本品种选育的目的，不仅要保持本品种的优良特性、特征及生产性能，而且还要在保持纯种原有的基础上进一步提高使其更好地为国民经济发展服务。

对牦牛进行本品种选育，必须要有明确的选育目标，才能对它有计划、有目的地选择和培育；才能达到预期的良好效果。青海、西藏的地方牦牛品种，多以产肉为主，其主攻方向是提高早熟性和日增重。下面简要介绍青海、西藏部分地方牦牛品种本品种选育实例。

（1）青海环湖牦牛本品种选育技术　选育群组建和选育方法：在青海省大通牛场，果洛州乳品厂附属牧场组建青海高原牦牛选育群，其条件是不分大小、毛色，产次和产奶性能好坏，只要求头部、颈部着生长毛。公牛要求体格大，类群特征明显。选配采用同质、同型选配，定向提高肉毛产量。选育群和非选育群采取公犊哺乳期全哺乳，母犊日挤母奶一次与全哺乳，断奶后定期日补喂 20～30 g 食盐，当日补喂秸秆 2～3 kg。

选育阶段结果：通过多年观测，取得了有关母系产奶性能，体尺、体重与一般生产群的对比资料。第一世代初生重至 1.5 岁牛的生长发育，产肉性能与不同培育方法的对比资料，分述如下：环湖型牦牛总产奶量、日平均产奶量比日挤奶的非选育群分别相应高 25.76 kg、34.96 kg 和 0.14 kg、0.19 kg，比环湖牧区、青南高寒牧区日挤奶两次的分别多 92 kg、0.5 kg。其总产奶量和日平均产奶量如表 3－4 所示。

表 3－4　牦牛总产奶量和日平均产奶量表（kg）

	产别	头数	总量平均	日平均产奶量
环湖型	初产	5	150.88	0.82±0.13
	现产	8	260.88	1.45±0.28
长毛型	初产	3	88.42	0.48±0.18
	现产	7	138.00	0.75±0.18

资料来源：陆仲璘．牦牛育种及高原肉牛业．1994. 甘肃民族出版社．

表 3－5 显示选育群第一代环湖型牦牛无论哺乳期全哺乳，还是日挤母奶一次的培育方法均比非选育群相同培育条件的更快。表 3－5 显示选育群与非选育群第一代环湖型牦牛体重选育进展情况。无论哺乳期全哺乳公母犊牛平均初生重分别为 13.64 kg、13.54 kg，比非选育群相应重 1.95 kg、1.87 kg，差异极显著（$P<0.01$）。1.5 岁哺乳期全哺乳，断奶后定期补喂食盐的幼公牛平均体重达到 149.32 kg，比相同培育条件同龄非选育群的重 19.02 kg($P<0.01$)，相当于父、母系的 46.21%、62.41%；幼母牛相应为父、母系的 43.61%、58.91%，亦优于相同培育方法的非选育群后代，与改良肉用牛同龄体重与父母系之比值相当。哺乳期日挤母奶一次、断奶后定期补喂食盐的幼年公牛体重相当于父、母系的 40.80%、55.12%，幼年母牛相应为 39.94%、53.95%，虽不如哺乳期全哺乳的，但优于相同培育方法的非选育群后代。其公母幼牛平均体重分别为 131.38 kg、104.93 kg，比非选育群同龄相同培育方法的相应重 26.95 kg、33.76 kg，母牛间差异极显著。

表 3-5　环湖型牦牛体重统计

性别	群别	头数	年龄	$X \pm S$	比上期增重（kg）	日增重（kg）	培育方法
公牛	选育	49	初生	13.64±1.87		0.053	
	选育	30	0.5岁	108.01±6.23	94.37	0.516	全哺乳定期补盐，日挤母奶1次
	选育	22	0.5岁	77.12±9.38	63.48	0.347	
	非选育	20	初生	11.69±1.58			
	非选育	6	0.5岁	99.92±2.48	88.23	0.482	全哺乳定期补盐，日挤母奶1次
	非选育	10	0.5岁	71.79±11.95	60.28	0.329	
母牛	选育	54	初生	13.54±1.55		0.053	
	选育	5	0.5岁	105.82±9.56	92.28	0.504	全哺乳定期补盐，日挤母奶1次
	选育	48	0.5岁	74.31±9.80	60.77	0.332	
	非选育	24	初生	11.67±1.31			
	非选育	4	0.5岁	99.19±1.95	87.52	0.478	全哺乳定期补盐，日挤母奶1次
	非选育	12	0.5岁	67.17±9.90	55.55	0.303	
公牛	选育	13	1.5岁	149.32±6.96	41.31	0.113	全哺乳，断奶后定期补盐，日挤母奶1次
	选育	7	1.5岁	131.88±11.60	54.76	0.150	
	选育	3	1.5岁	163.47±15.26	55.46	0.152	全哺乳，断奶后定期补盐，冷季补干草
	非选育	3	1.5岁	130.3±3.56	30.38	0.083	全哺乳，断奶后定期补盐，日挤母奶1次
	非选育	20	1.5岁	104.93±16.56	32.69	0.090	
母牛	选育	5	1.5岁	140.95±2.09	35.13	0.096	
	选育	42	1.5岁	129.08±7.43	54.77	0.150	全哺乳，断奶后定期补盐，日挤母奶1次
	非选育	31	1.5岁	95.32±4.20	28.15	0.077	

资料来源：陆仲璘．牦牛育种及高原肉牛业．1994．甘肃民族出版社．

从表3-6中可以看出：半岁，环湖型牦牛选育。第一代全哺乳的产肉力最好，无论是早出生（3～4月）9月份所宰，还是晚出生（5～6月）11月份所宰，三项指标相差不大，如二者平均体重分别为106.67 kg、108.40 kg，仅相差2.27 kg；屠宰率分别为54.45%、53.23%，仅相差1.22个百分点；净肉率分别为39.65%、41.45%，仅相差2.20百分点，比日挤母奶一次的相应分别重11.98 kg和10.25 kg，高2.62个百分点和1.4个百分点。1岁半，以环湖型一世代全哺乳，断奶后日补喂秸秆2～3 kg的产肉力优异，体重、屠宰率、净肉率平均分别为163.47 kg、50.60%、35.44%，比同龄全哺乳不补饲秸秆、非选育群日挤母奶一次的相应分别重33.17 kg和58.54 kg。

表 3-6　选育群、非选育群不同培育方法产肉力

年龄	群别	培育方法	性别	头数	体重（kg）	胴体重（kg）	净肉重（kg）	屠宰率（%）
半岁	环湖选育	全哺乳	公	4	108.40±11.97	59.16±7.37	42.98±2.10	45.45±1.80
	非选育	全哺乳	公	3	106.67±7.02	58.43±4.55	45.10±4.11	54.77±3.76
		日挤母奶1次	公	425	96.42	49.97	39.9	51.83
1岁半	环湖选育	全哺乳	公	3	65.30	65.30	49.50	50.16
		全哺乳，断奶后补干草	公	3	163.47±15.26	80.87±9.78	58.00±5.83	50.6±1.43
	非选育	日挤母奶1次	公	20	104.93	47.18	38.82	44.96

资料来源：陆仲璘．牦牛育种及高原肉牛业．1994．甘肃民族出版社．

（2）西藏帕里牦牛本品种选育　选育群组建和选择方法：帕里牦牛类群主产区帕里镇位于喜马拉

雅山南部、亚东县城北部，平均海拔 4 360 m，素有世界高原第一镇之称。西藏农牧科学院畜牧兽医研究所组织帕里牦牛种公牛 69 头（购置种牛 37 头，调换 32 头），组织基础母牛 736 头开展帕里牦牛本品种选育研究。

基础母牛的选择：帕里基础母牛的选择除了考虑类群本身的毛色、体型外貌特征以外，体尺、体重是重要的指标，其中体重或体重指标是选择初配母牛的有效手段。体重指数在 0.8 左右时，育成母牛的体重达到该类群成年牦母牛平均体重（234.54±20.44 kg，n=43）的 70%以上（此次组群牛达到 80%），可进行初配，在选育组群时可纳入当年配种计划。通过测定，选育基础母牛的体尺体重指标见表 3-7。

表 3-7　帕里选育基础母牛体尺体重指标

年龄	样品数	体高（cm）	体长（cm）	体斜长（cm）	胸围（cm）	管围（cm）	体重（kg）
3	37	105.14±2.79	117.38±5.65	120.92±5.87	150.53±4.35	14.89±0.56	187.39±15.19
4	6	111.33±2.80	121.00±6.90	125.50±6.35	152.47±4.92	14.58±0.49	210.25±23.20
5	11	108.09±2.88	126.18±5.53	128.00±4.34	154.78±4.73	15.32±0.84	222.05±16.55
6	7	109.86±3.29	129.14±4.30	131.71±4.19	158.50±2.93	15.33±1.03	235.86±14.66
7	9	110.44±4.00	129.22±7.12	131.56±6.31	160.10±7.17	15.53±0.89	236.78±27.87
8	10	112.1±3.45	129.00±6.06	132.90±5.28	164.92±6.66	16.18±1.16	237.70±18.94
9	8	114.25±3.20	128.13±3.98	132.13±4.19	156.38±19.67	16.15±0.66	244.13±18.15

资料来源：姬秋梅．西藏帕里牦牛本品种选育研究．2011．西藏科技（2）．

牦牛初生重的大小影响着成年牛的体重和其他生产性能，一般而言，犊牛有较高的初生重，其生长发育较快，成年体重和其他生产性能也较高，对生产实际具有一定的指导意义。经测定帕里牦牛初生重公犊牛为（13.16±1.30）kg（n=65），母犊牛（12.64±1.22）kg（n=69），平均为（12.91±1.29）kg，与对照组（12.79±1.08）kg 相比，略有提高，但差异不显著。虽然提高初生重相对较困难，但是后期效益显著。

研究对选育后代出生后每两个月进行一次测定。通过对选育后代和对照组牛进体尺测定（表 3-8），帕里选育牦牛早期生长发育显著快于对照组。与对照组相比，0.5 岁时选育后代犊牛体重显著高于对照组。但是，经过一个冬季后，虽然对选育牛进行了补饲，但是帕里海拔高，气候严寒，加之防寒设施滞后，能量摄入不足导致犊牛掉膘严重，生长发育受到影响，不能充分发挥选育优势。另外，对照组和实验组为不同的联合经营户，冷季饲养管理的差异也是导致该结果的一个重要原因。因此，在牦牛本品种选育时需要提高冷季防寒设施条件，提高营养水平，减少冷季掉膘幅度，充分发挥选育后的遗传基因优势。

表 3-8　帕里牦牛选育后代生长发育情况

月龄	体重（kg）		体高（cm）		体长（cm）		体斜长（cm）		胸围（cm）	
	对照	试验	对照	试验	对照	试验	对照	试验	对照	试验
2	27.05±4.53	34.21±4.21	65.54±3.26	68.92±3.05	56.23±3.72	61.74±3.81	60.62±3.69	66.00±4.19	77.19±4.88	83.53±4.29
4	43.04±5.86	53.20±7.90	72.31±4.15	77.27±3.79	67.46±3.78	71.59±4.28	71.00±4.22	75.86±4.09	91.08±4.77	97.64±5.31
6	51.52±10.87	56.42±7.10	76.77±5.16	80.67±4.34	74.54±4.85	77.69±3.91	79.27±4.54	81.85±3.77	101.58±6.82	105.83±5.25

（续）

月龄	体重（kg）		体高（cm）		体长（cm）		体斜长（cm）		胸围（cm）	
	对照	试验	对照	试验	对照	试验	对照	试验	对照	试验
8	45.82±11.20	53.70±11.59	76.48±5.37	81.35±14.62	74.00±4.25	78.00±13.92	79.13±4.31	82.52±14.64	101.17±6.49	105.54±19.26
10	51.45±8.93	54.85±5.82	80.68±6.13	80.77±3.61	77.27±4.83	79.05±3.42	82.09±5.00	84.23±3.58	101.36±5.87	103.95±3.67
12	62.54±14.10	63.62±7.73	86.20±5.18	87.17±4.72	83.60±5.25	82.39±4.19	88.30±5.25	87.28±4.56	106.40±6.96	104.53±1.80
16	106.48±8.75	107.83±9.76	90.75±4.29	94.05±2.54	98.63±5.10	98.71±4.70	101.75±4.98	101.76±4.19	121.38±4.50	121.43±5.61

资料来源：姬秋梅．西藏帕里牦牛本品种选育研究．2011．西藏科技（2）．

2. 牦牛新品种培育 牦牛以其独特的生物学特性，能将其他家畜无法利用的海拔3 000 m以上的牧草资源转化为肉、乳、皮、毛、绒等多种畜产品和役力及燃料。但是，牦牛驯化历史短，培育程度低，长期以来又处于低水平的饲养条件，其体重、体格及抗性都呈现出不同程度的退化，生产水平有所下降。为了抑制牦牛继续退化，较大幅度地提高其生产性能和抗逆性，主要手段是利用现代科学技术，培育牦牛新品群，以适应粗放管理，且在严酷的自然条件下，仍具有较高的生产性能和更高的抗性。

牦牛是一个没有品种结构的原始畜种，其内部仅分一些不同的生态类型，试验结果表明生态类型之间的杂交，很难取得稳定的遗传进展，牦牛和其他牛种的杂交后代，尽管表现了很强的杂种优势，但由于后代雄性不育，所以，仅仅是经济杂交，目前尚难应用于育种。牦牛育种无论在实践上，还是理论方面都遇到很大困难，但是牦牛又具有强烈的地域性，在藏族人民的物质文化生活中具有特殊的地位，高寒牧区的发展形势需尽快培育出牦牛新品群。

中国农业科学院兰州畜牧与兽药研究所以农业部“牦牛选育和改良利用研究”、“肉乳兼用牦牛新品种培育研究”、“牦牛新品种培育及其产肉生产系统综合配套技术研究”等重点畜牧项目的研究为基础，经过捕获、驯化野牦牛、制作冻精、连续多年大面积人工授精，生产具有强杂交优势的1/2野血牦牛、有计划地组建1/2野血牦牛横交育种核心群、闭锁繁育、适度应用近交技术、强度选择与淘汰等主要技术手段，历经多年辛勤努力获得了生产性能高，特别是产肉性能、繁殖性能、抗逆性强、体型外貌与毛色高度一致、遗传性能稳定的含1/2野牦牛基因的牦牛新品种。“大通牦牛”新品种培育成功，填补了我国乃至世界上牦牛没有人工培育品种的空白。大通牦牛新品种的体重与产肉指标比同龄家牦牛提高25%，青年牦牛的受胎率达到70%～80%，比同龄家牦牛提高15%～20%。24～28月龄野血牦公牛可正常采精，比一般家牦牛提前1岁配种。

（1）新品种育种技术路线 大通牦牛新品种是以野牦牛为父本、应用低代牛横交方法和控制近交方式、有计划地采用建立横交固定育种核心群、闭锁繁育、选育提高、推广验证等主要阶段，获得了生产性能高，特别是产肉性能、繁殖性能，抗逆性能远高于家牦牛，体型外貌、毛色高度一致、遗传性能稳定的含野牦牛基因的牦牛新品种（图3-8）。

（2）培育新品种的育种方法 培育技术采用低代牛横交理论与实绩，进行含50%野牦牛基因的F_1代横交，闭锁繁育、适度近交、强度选择与淘汰的方案，开展目标明确技术配套的牦牛新品种育种，以生长发育速度为主要选择性状，向肉用方向培育，培育出能适应高寒生态条件，放牧性能良好、生产性能较高、遗传性稳定、产肉性能好的肉用大通牦牛新品种。

（3）培育过程 野牦牛（Bos mutus）是青藏高原珍贵的野生牛种遗传资源，分布于海拔4 500～6 000 m广阔的高山寒漠地带。公牛体态剽悍，体躯高大硕壮，体格发育良好，体高达1.8～2.0 m，体长 2.5 m，体重 800～1 200 kg。野牦牛长期处于比家牦牛更严酷的自然生态环境之中，对青藏高原严酷自然生境具有极强的适应性。

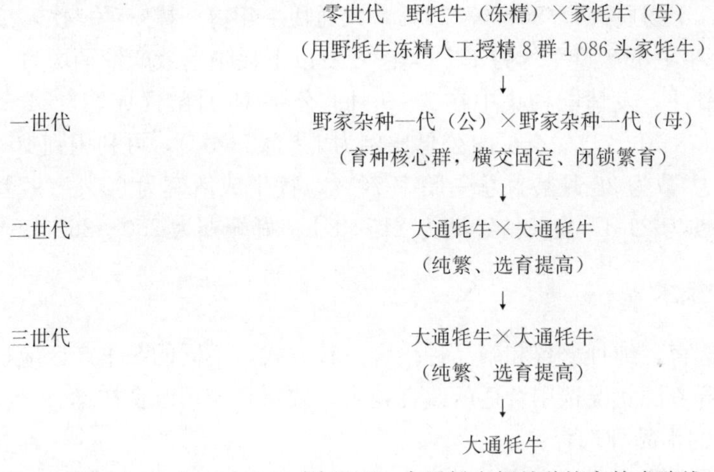

图 3－8　大通牦牛新品种培育技术路线

科研人员逐步解决了牦牛在低投入的青藏高原草原畜牧业生产系统中如何有效提高生产效能并保持其特有的遗传性能及适应性的难题。制订各项育种措施，开展了野牦牛冻精大面积授配家牦牛，组建了由野牦牛公牛站、核心育种群、野血牦牛繁育群（大通种牛场）和扩大推广区构成的牦年新品种育种繁育体系。

经严格选择与淘汰和横交固定，含 50%野牦牛基因育种核心群数量不断扩大质量稳步提高，同时开展对二、三世代牛的生长发育速度、产肉性能、泌乳特性、产毛（绒）性能及相关遗传特性进行连续测定与研究。开展了对新群体牦牛生物学特性和经济特性的系统研究并在生产中实践应用和反复验证，从而使新品种牛群品质逐代提高。经畜禽品种审定委员会的审定和国家家畜禽遗传资源管理委员会审批，2005 年获新品种证书［（农 02）新品种证字 2 号］。

（4）新品种体型特征与性能指标　大通牦牛被毛黑褐色，鬐甲后半部至背部具有明显的灰白色背线、嘴唇、眼睑为灰白色或乳白色。鬐甲高而颈峰隆起（公牛更甚），背腰部平直至十字部稍隆起。体格高大，体质结实，结构紧凑，发育良好，前胸开阔，四肢稍高但结实，呈现肉用体型。公牛有角，头粗重，颈短厚且深；母牦牛头长，眼大而圆，清秀，绝大部分有角，颈长而薄。体侧下部密生粗长毛，体躯夹生绒毛和两型毛，裙毛密长，尾毛长而蓬松（表 3－9、表 3－10）。

表 3－9　成年大通牦牛体尺

性别	头数（头）	体高（cm）	体斜长（cm）	胸围（cm）	管围（cm）
公牛	57	121.3±6.7	142.5±9.8	195.6±11.5	19.2±1.8
母牛	63	106.8±5.7	121.2±8.4	153.5±8.4	15.4±1.6

表 3－10　大通牦牛体重

性别	初生重		6 月龄		18 月龄		30 月龄		成年	
	n	$X±SD$（kg）	n	$X±SD$（kg）	n	$X±SD$（kg）	n	$X±SD$（kg）	n	$X±SD$（kg）
公牛	189	15±2.6	171	90±5.7	161	140.9±21.3	124	180±15.4	57	381.7±29.6
母牛	145	14±1.7	137	79.8±7.6	147	118.5±6.3	139	150±9.8	63	220.3±27.2

6 月龄全哺乳公犊体重平均 117 kg 屠宰率为 48%～50%，净肉率为 36%～38%；18 月龄公牦牛平均体重 150 kg 屠宰率为 45%～49%，净肉率为 36%～37%；成年公牦牛平均体重 387 kg 屠宰率为

46%～52%，净肉率为36%～40%。骨肉比1∶3.6，眼肌面积5 828 mm^2。大通牦牛150 d泌乳量(262.2±20.2)kg（不包括犊牛吮食的1/3或1/2乳量），乳脂率（5.77±0.54)%，乳蛋白（5.24±0.36)%，乳糖（5.41±0.45)%，干物质（17.86±0.52)%。大通牦牛年剪（拔）毛一次，成年公牦牛毛绒产量平均为1.99 kg，母牦牛毛绒产量平均为1.53 kg，3岁以下牦牛毛绒产量平均为1.12 kg。

大通牦牛的繁殖有明显的季节性，发情配种集中在7～9月。公牛18月龄性成熟，24～28月龄公牦牛可正常采精，平均采精量4.8 mL。自然交配时公母比例为1∶(25～30)，可利用到10岁左右。母牛初配年龄大部分为24月龄，少数为36月龄。总受胎率70%，犊牛成活率为95%～97%。母牦牛一年一产占60%以上；发情周期为21 d，发情持续期为24～48 h；妊娠期为250～260 d。

（二）藏羊的提纯复壮与利用技术

藏羊的提纯复壮包括本品种选育、纯种繁育和新品种培育三种方式，不同的藏羊产区应根据当地具体的自然、社会经济条件和羊群资源状况选用合适的改良技术，或综合应用改良技术。

1. 本品种选育　祁连白藏羊的本品种选育。

中国农业科学院兰州畜牧与兽药研究所“青藏高原牦牛藏羊生态高效牧养技术试验与示范研究”课题组协同祁连县畜牧部门制定了“祁连县藏羊选育实施方案”，根据方案要求牧区每个村建成核心选育群10个，共建成选育群210个，每个核心群基础母羊不得少于500只，进一步使选育范围扩大到全县6个牧业乡，210个牧业户。

2009—2013年，在央隆乡实施了藏羊公羊繁育技术示范项目，共完成选育任务0.6万只；引进特级种公羊30只；繁育种公羔2 500只；培育出栏优级藏羊种公羊600余只。

通过近五年选育，初步显示了以下几个方面的优势。

（1）选育群成年母羊繁殖率高　2010年选育群母羊繁殖率为85.1%，非选育群母羊为51.1%，选育群比非选育群提高34%，2012年选育群母羊繁殖率为89.4%，非选育群母羊为67.9%，选育群比非选育群提高21.5%（表3-11）。

表3-11　2010年5～6月龄羔羊休尺、体重

群别	数量（只）	体尺指标（cm）					体重（kg）
		体高	胸深	胸围	体长	尻高	
选育群	40	55.4±2.32	28.2±2.35	61.3±3.52	57.3±4.42	56.0±3.12	19.7±1.52
非选育群	40	50.6±2.45	25.1±2.55	55.0±3.42	54.4±3.92	51.5±3.52	15.1±1.72
比差		4.8	3.1	6.3	3.9	4.5	4.6
选育群	40	53.5±2.52	26.8±2.58	59.8±4.52	55.8±4.22	55.1±3.72	17.6±1.15
非选育群	40	49.2±2.66	25.1±2.42	54.2±3.86	52.0±4.56	50.3±4.58	13.7±1.82
比差		4.3	1.7	5.6	3.8	4.8	3.9

（2）选育群后代生长发育快　选育群后代，无论是5～6月龄羔羊或周岁羊的体尺、体重均比同龄非选育群后代有显著的提高（表3-12～表3-14）。

表3-12　2012年5～6月龄羔羊休尺、体重

群别	体尺指标（cm）					体重（kg）
	体高	胸深	胸围	体长	尻高	
选育群	55.3±3.62	23.4±3.12	76.0±4.52	65.0±3.08	57.1±2.52	27.0±1.55
非选育群	54.3±4.22	23.0±3.52	68.8±3.92	58.1±3.72	56.1±3.58	23.6±1.75
比差	1.0	0.4	7.2	6.9	1.0	3.4

（续）

群别	体尺指标（cm）					体重（kg）
	体高	胸深	胸围	体长	尻高	
选育群	53.8±4.42	22.4±3.57	72.3±3.82	64.0±3.58	56.3±3.88	25.4±2.55
非选育群	50.5±4.52	21.5±3.82	63.1±4.32	54.6±3.77	52.3±4.52	20.2±2.65
比差	3.3	0.9	9.2	9.4	4.0	5.2

表 3-13 2012 年周岁羊休尺、体重

群别	性别	数量（只）	体尺指标（cm）						体重（kg）
			体高	胸深	胸围	体长	尻高	管围	
选育群	♂	30	60.8±4.12	28.9±3.22	76.0±4.52	62.6±3.52	62.1±4.55	7.2±0.4	31.3±2.52
非选育群	♂	30	59.0±4.52	28.3±3.52	68.8±4.66	61.0±4.58	61.0±4.65	7.3±0.42	28.5±2.55
比差			1.8	0.6	7.2	1.6	1.1	−0.1	2.8
选育群	♀	20	58.5±3.32	29.2±4.15	72.3±5.52	62.4±3.32	60.6±3.52	7.1±0.51	28.1±2.65
非选育群	♀	20	57.0±4.22	23.0±4.52	63.1±4.42	58.6±4.52	58.6±4.57	6.9±0.52	25.2±2.85
比差			1.5	6.2	9.2	3.8	2.0	0.2	2.9

表 3-14 2013 年周岁羊休尺、体重

群别	性别	数量（只）	体尺指标（cm）						体重（kg）
			体高	胸深	胸围	体长	尻高	管围	
选育群	♂	30	62.6±3.55	27.2±3.05	87.3±4.55	72.8±4.65	64.1±3.75	7.5±0.75	35.2±2.75
非选育群	♂	30	59.5±3.75	25.8±2.15	84.1±4.75	68.9±4.85	62.1±4.45	7.0±0.55	32.0±3.55
比差			3.1	1.4	3.2	3.9	2.0	0.5	3.2
选育群	♀	25	60.2±2.55	26.0±2.55	80.6±5.56	71.4±5.75	63.6±4.75	7.5±0.65	32.1±3.65
非选育群	♀	25	59.2±3.15	25.6±3.25	79.6±6.55	68.2±4.95	62.2±5.45	7.3±0.65	31.6±3.45
比差			1.0	0.4	1.0	3.2	1.4	0.2	0.5

（3）选育群后代羊毛束长度和剪毛量见表 3-15～表 3-18

表 3-15 2011 年 5～6 月龄羔羊毛束长度及剪毛量

群别	性别	数量（只）	毛束长度（cm）			剪毛量（kg）
			肩部	体侧部	股部	
选育群	♂	5	18.4±2.75	17.6±3.75	19.0±3.86	0.37±0.05
非选育群	♂	5	16.6±3.25	17.2±3.85	16.4±3.75	0.33±0.06
比差			1.8	0.4	2.6	0.04
选育群	♀	5	15.2±2.55	16.6±2.75	17.8±3.75	0.33±0.06
非选育群	♀	5	15.0±2.75	16.0±2.95	16.1±2.85	0.32±0.04
比差			0.2	0.6	1.7	0.01

表 3-16 2012 年 5～6 月龄羔羊毛束长度及剪毛量

群别	性别	数量（只）	毛束长度（cm）			剪毛量（kg）
			肩部	体侧部	股部	
选育群	♂	5	17.0±3.75	15.0±3.55	17.0±3.75	0.5±0.16
非选育群	♂	5	14.0±3.85	14.0±3.65	16.0±3.77	0.42±0.18
比差			3.0	1.0	1.0	0.08
选育群	♀	5	14.5±2.75	14.0±3.85	16.0±4.15	0.39±0.08
非选育群	♀	5	13.0±3.15	13.0±3.55	14.0±3.85	0.3±0.08
比差			1.5	1.0	2.0	0.09

表 3-17 2012 年周岁羊毛束长度及剪毛量

群别	数量（只）	绒毛长度（cm）			毛辫长度（cm）			剪毛量（kg）
		肩部	体侧部	股部	肩部	体侧部	股部	
选育群	5	8.2±1.85	9.8±1.55	9.8±1.66	22.8±3.85	22.6±3.75	25.0±4.45	1.09±0.15
非选育群	5	8.0±1.75	8.5±1.85	7.8±1.85	19.8±4.45	19.3±3.85	27.0±4.55	0.9±0.16
比差		0.2	1.3	2.0	3.0	3.3	−2.0	0.19
选育群	5	9.8±1.65	10.2±2.45	10.2±1.95	24.6±4.35	22.6±3.65	28.4±3.85	0.89±0.09
非选育群	5	7.4±1.85	7.4±1.87	8.0±1.85	16.6±3.55	18.6±3.15	18.6±3.35	0.85±0.06
比差		2.4	2.8	2.2	8.0	4.0	9.8	0.04

表 3-18 2013 年周岁羊毛束长度及剪毛量

群别	性别	数量（只）	绒毛长度（cm）			毛辫长度（cm）			剪毛量（kg）
			肩部	体侧部	股部	肩部	体侧部	股部	
选育群	♂	5	11.0±2.85	11.0±1.85	11.0±2.65	26.2±4.45	25.0±3.85	27.0±4.55	1.29±0.10
非选育群	♂	5	10.0±2.35	10.0±2.05	10.0±2.85	15.0±3.85	15.0±3.45	16.0±3.15	0.98±0.12
比差			1.0	1.0	1.0	11.2	10.0	11.0	0.31
选育群	♀	5	10.6±2.35	10.4±2.45	10.4±1.85	27.0±4.35	27.6±4.45	28.0±3.85	1.15±0.16
非选育群	♀	5	9.6±2.55	9.8±2.15	9.6±2.25	18.8±3.15	19.6±3.25	24.0±4.45	0.85±0.12
比差			1.0	0.6	0.8	8.2	8.0	4.0	0.3

（4）选育群后代中符合选育标准的羊的选出率高 2011 年，从选育群的 100 只周岁母羊中选出符合选育标准的羊 85 只，选出率为 85%；而非选育群的 100 只周岁母羊中，只选出 17 只，选出率仅为 17%。2012 年，从选育群的 100 只周岁母羊中选出 87 只，选出率为 87%，而非选育群的 100 只周岁母羊中，只选出 19 只，选出率仅为 19%。2013 年，从选育群的 100 只周岁母羊中选出 90 只，选出率为 90%，而非选育群的 100 只周岁母羊中，只选出 22 只，选出率仅为 22%。

从以上分析可以看出，通过 2010 年以来的连续选育，选育群后代羊只在生长发育、生产性能、羊毛品质、羊群质量等方面都比非选育群有了显著提高，表明本品种选育是藏羊提纯复壮的有效手段。

2. 纯种繁育 纯种繁育是指同一品种内公母羊之间的繁殖和选育过程。当品种经长期选育，已具有不少优良特性，并已完全符合经济需要时，即应采用纯种繁育的方法。其目的，一是增加品种内羊只数量，二是继续提高品种质量。因此，不能把纯种繁育看成是简单的复制过程，它仍然是一个不断选育提高的任务。在实施纯种繁育的过程中，为了进一步提高品种质量，在保持品种固有特性、不改变品种生产方向的前提下，应遵循下列原则和方法。

（1）加强选种和选配　要特别注意选择优秀的公羊个体，并扩大其利用率。运用好亲缘选配，以便使个体优良性状变为群体特征。掌握好淘汰手段只有对不良个体进行严格淘汰，才可能不断地改善和提高品种总体生产力和产品质量。特别是种羊场（户），决不可“以商代种”，要坚持出售种羊的高标准、高质量，提高信誉，提高竞争力。

（2）发展品种内部结构　积极促进育种羊群分化出类型不同的羊群，避免不必要的亲缘繁育，使品种具有广泛的适应性。分布面积广的品种要形成一定数量的地方类型或生产类型。对有特殊优点的种公羊要及时建立品系，丰富品种内部结构，并通过品种间杂交，全面提高品种的生产性能。

（3）对纯种繁育的羊群保证营养需要　积极创造条件，加强饲草、饲料生产，进行草场改良，搞好羊群饲养管理，坚持防疫制度，保证获得健康、结实、生产性能高的种羊群。

（4）办好种羊场和良种繁育基地　业务主管部门应加强良种藏羊的统一管理和领导，有计划地扩大本品种的数量，并在有基础的地区，实行良种登记制度，防止不合格种羊参与配种和野交乱配。

（5）适当地引入外血　在纯种繁育中，为了提高某方面的生产性能，可以在不改变育种方向的前提下，按照选育需要，引入其他品种血液进行导入杂交。

3. 新品种培育

（1）青海半细毛羊的培育　培育半细毛羊的过程中，采用的技术路线主要是杂交方式，先引用细毛公羊（主要是新疆细毛羊）和土种母羊杂交，产生杂种一代母羊，再和半细毛公羊（主要是茨盖半细毛羊）和当地藏羊杂交，所产生的杂种二代理想型公母后代，进行横交固定。对非理想杂种二代，依其品质好坏，再用半细毛公羊或理想型杂种公羊交配，所产后代，凡理想型的横交固定，非理想型的淘汰。

育种实践表明，杂种羊的外貌与习性和藏系羊比较，有很大差别。茨新藏二代杂种羊的外形很像茨盖羊，体呈圆桶形；公羊大多有一对螺旋状向外卷曲的角，母羊无角或有一对不发达的小角；一般无皱褶，被毛覆盖程度，头部至眼线，前肢到肘关节，后肢到飞节；全身结构匀称；尾粗而长，至飞节；被毛同质程度达35%以上。这种羊对高寒牧区适应性较强，在以放牧为主、冬春少量补饲情况下，生长发育良好；性情温驯，放牧性能好，适于登山远牧；抗病力强，合群性与保姆性都好，公羊配种能力强。

经培育的杂种羊，不但能把亲本的优良性能继承下来，而且也能充分发挥优良生产性能的潜力。统计表明：一级成年公羊体重平均59.92 kg，范围45.00～70.00 kg；二级成年公羊平均55.10 kg，范围50.00～70.00 kg；三级成年公羊平均57.76 kg，范围45.00～70.00 kg。屠宰率在50%以上。各类杂种羊的毛量都比土种羊高。新藏一代成年公羊平均2.58 kg，范围1.30～4.50 kg；同质毛成年公羊平均5.33 kg，范围4.00～8.00 kg。被毛密度适中，形成松散毛丛，呈大型弯曲，大部分细度为46～56支，毛丛一长度为10 cm，强度良好，具有乳白色油汗。净毛率为50%～55%。

（2）西藏澎波半细毛羊的培育　西藏自治区科研人员以西藏河谷型藏绵羊为母本，以新疆细毛羊和茨盖羊为父本，采用“开放式核心群”育种方法，经过级进杂交、横交固定、选育提高3个阶段，培育出现在的澎波半细毛羊。新品种能够适应当地的生态环境。

在繁育基地的林周县境内，已形成血统来源相同，体形、外貌基本一致，遗传性能比较稳定的6.9万只种群。该羊为体躯呈椭圆桶形、鼻梁稍稍隆起、颈部没有皱褶，腰背平直、四肢结实的澎波半细毛羊，明显比传统藏绵羊威武许多。澎波半细毛羊从初生到周岁生长快，周岁羊体重达到成年体重的53.22%，故短期育肥、生产肥羔的潜力大。彭波半细毛羊成年公母羊平均体高分别为64.3 cm、63.72 cm，平均体长分别为71.60 cm、64.33 cm，平均胸围分别为80.17 cm、71.7 cm。虽然宰前活重和胴体重不算很高，但远远超过了当地藏羊的水平（20 kg左右）；成年羯羊宰前活重平均为44.43 kg，胴体重平均为20.59 kg，屠宰率为46.34%，净肉率85.14%。而且，澎波半细毛羊毛色洁白、又细又密的羊毛像似裹了一层厚厚的棉被。澎波半细毛羊成年公羊毛长在 10 cm 以上、母羊毛长在 9.7 cm 以上；每只公羊剪毛量达 3.2 kg 以上，母羊剪毛量达 2.3 kg 以上。彭波半细毛羊新品种公羊性成熟期为 7～18 个月龄，在 2.5 岁配种，母羊性成熟期为 6～12 个月，公母羊适繁年龄为 2.5～6 岁，少数母羊在 1.5 岁发情并可配种，但产羔时通常出现无奶而羔羊死亡现象。人工授精受胎率为 90.5%，发情周期为 (17.21±2.10)d，发情持续期为 24～48 h，妊娠期为(147.92±3.89)d，羔羊成活率达到 80%，繁殖成活率达到 75%，产羔率达到 101%，双羔率只有 1%，母羊的泌乳量较少，羔羊经常需要代乳品来补喂。繁殖成活率为 60%～75%。

用彭波半细毛羊改良的后代成年公母羊剪毛后体重分别比当地公母羊提高 3.33 kg、1.36 kg，改良育成公母羊剪毛后体重比当地羊分别提高 4.02 kg、7.66 kg。三大体尺改良成年公羊比当地羊分别提高：体高 0.88 cm、体长 1.58 cm、胸围 2.57 cm，改良成年母羊比当地羊分别提高：体高 0.45 cm、体长 2.66 cm、胸围 5.52 cm，改良育成公羊比当地育成公羊分别提高：体高 0.79 cm、体长 1.79 cm、胸围 0.88 cm，改良育成母羊分别比当地育成公羊分别提高：体高 7.13 cm、体长 6.46 cm、胸围 6.75 cm。改良羊平均剪毛量比当地藏羊提高 0.70 kg。改良羊剪毛量比当地羊提高 0.7 kg，为 1.08 倍。

综上所述，通过杂交不但可以育成新的绵羊品种，而且能够大幅度提高藏羊的生产性能和改变产品类型。

四、甘肃牧区地方家畜品种提纯复壮及利用技术

1. 天祝白牦牛本品种选育提高与杂交改良

（1）天祝白牦牛本品种选育提高　毛色纯白、遗传性能稳定的纯种天祝白牦牛有 0.5 万头，占天祝白牦牛数的 12.6%。20 多年来，通过多项课题、项目的研究和实施，天祝白牦牛的数量不断增加，品种质量显著提高，种群结构趋于合理。2004 年，天祝白牦牛的比例由 1980 年的 28%提高到 44%，纯种天祝白牦牛的数量增加了 0.25 万头。共建有核心群 20 群 1 000 头，选育群 60 群 4 000 头。从保种选育成果来看，成年公牦牛个体平均体高、胸围和体重分别增加了 0.04 m、0.15 m 和 13.05 kg；成年公母牛个体平均产绒量、产毛量分别提高了 0.28 kg、0.58 kg；犊牛繁活率由 53.3%提高到 63.1%，提高了 9.8 个百分点。种牛毛色基本为白色，选育群体犊牛的白色比例明显高于群体平均水平，天祝白牦牛的选育提高及资源保护已初见成效。

（2）天祝白牦牛冷季补饲效果　在高寒牧区自然放牧条件下，天祝白牦牛体重消长规律和牧草的生长规律呈"一致"趋向。进入冷季，牧草枯黄，产量下降、质量变差，气温降低，牦牛体表散热增大，在长达 7 个月之久的冷季，日采食量少且牧草营养物质供给不足，唯有消耗体脂体蛋白来维持体温和补充体能消耗，从而开始掉膘、母牦牛繁殖力降低乃至乏弱死亡。冷季补饲是解决天祝白牦牛"冬瘦、春乏"问题的主要措施。

冷季母牦牛采用补饲和保温措施能起到减损保膘、降低成畜死亡率、提高繁殖成活率、所产犊牛 6 月龄日增重快的效果，试验确定了不同补饲量。结果表明：冷季母牦牛日补饲青干草 1.5 kg、精料 0.25 kg 以上组在减损保膘、成畜死亡率、繁殖成活率、犊牛初生重、6 月龄体重、日增重等方面比补草组和不补饲组均有极显著提高。

2. 甘南藏绵羊本品种选育提高与杂交改良

（1）甘南藏绵羊本品种选育提高　从 2002 年开始，甘南藏族自治州畜牧工作者对草地型藏系绵羊乔科羊进行了选育，经过 3 年本品种选育，品种质量有了显著改善。经测定，成年公母羊平均体重达 70.14 kg 和 64.37 kg，受胎率为 90%，羔羊成活率平均为 94.48%，繁殖成活率为 85%。成年公羊剪毛量平均 1.13 kg，成年母羊平均 1.07 kg，比选育前都有所提高。

2008 年，对甘加型藏绵羊本品种选育研究结果表明：6 月龄公羔同比未选育群 6 月龄公羔体重提

高2.98 kg，差异极显著，6月龄母羔同比未选育群6月龄母羔体重提高3.64 kg，差异极显著。18月龄母羊同比对照体重提高5.26 kg，差异极显著，剪毛量提高0.15 kg，差异显著，经过三年的严格选育，核心群的羊只结构有了显著变化，种公羊和适龄母羊的比例更加合理，适龄母羊优秀个体比例显著提高，其中特级提高了4.7个百分点，一级提高了10.7个百分点。

（2）甘南藏绵羊杂交改良效果　2011年，用甘南欧拉型藏绵羊与临潭本地绵羊杂交试验，表明杂交F_1代的流产率和羔羊死亡率分别比临潭本地本交羊低10.69%和10.83%，受胎率和繁殖成活率分别比临潭本地本交羊高3.70%和18.53%，繁殖效果良好。杂交F_1羔羊初生、1月龄、3月龄、6月龄体重分别比临潭本地羊提高了18.24%、24.12%、20.61%、18.60%，说明用欧拉羊改良临潭本地绵羊杂交后代生长发育快，杂交优势明显。

2011年，开展了欧拉型藏羊杂交改良山谷型藏羊F_1代生长发育对比分析，对欧拉羊与山谷型藏羊杂交试验组和山谷型藏羊本交对照组所产后代的初生、3月龄、6月龄、12月龄、18月龄的体尺、体重进行了跟踪测定，并对不同年龄段杂交后代与对照组后代进行了对比分析和差异显著性检验。结果表明：杂交F_1代初生、3月龄、6月龄、12月龄、18月龄的体尺、体重极显著高于对照组（$P<0.01$），杂交效果明显。

2011年，开展了欧拉羊与甘南山谷型藏羊杂交羔羊屠宰试验，结果表明：9月龄欧山F_1代羔羊宰前平均活重为38.25 kg，比本地山谷型藏羊羔羊宰前平均活重高10.17 kg，差异极显著（$P<0.01$）。欧山F_1羔羊胴体重和屠宰率分别为15.14 kg和39.58%，比对照组高4.58 kg（$P<0.01$）和1.96个百分点，差异极显著。欧山F_1羔羊净肉率、后腿比例和腰肉比例分别为29.65%、38.18%和12.99%，高于山谷型藏羊4.01、7.78和2.68个百分点；欧山F_1羔羊GR值和眼肌面积分别为8.23 mm和12.74 cm^2，高于山谷型藏羊1.48 mm和4.38 cm^2。

（3）藏绵羊冷季补饲效果　冷季羊只体重下降乃至乏弱死亡是困扰甘南高寒牧区草地畜牧业生产的主要问题，为此，2011年，开展了甘南藏绵羊的冷季补饲试验，对甘南高寒牧区藏羊进行90 d的保膘试验研究，结果表明：1岁试验组活重损失为3.40 kg，而对照组为5.23 kg，试验组比对照组少减重1.83 kg，两者之间存在极显著差异（$P<0.01$）；2岁试验组活重损失为4.34 kg，而对照组为7.23 kg，试验组比对照组少减重2.89 kg，两者之间存在极显著差异（$P<0.01$）；3岁试验组活重损失为4.68 kg，而对照组为8.50 kg，试验组比对照组少减重3.82 kg，两者之间存在极显著差异（$P<0.01$）；成年试验组活重损失为4.65 kg，而对照组为9.24 kg，试验组比对照组少减重4.59 kg，两者之间存在极显著差异（$P<0.01$）。

2011年，实施了甘南藏羊高寒牧区冷季补饲育肥试验。结果表明，“放牧＋精料”试验组比对照组体重少减少7.47 kg，“放牧＋舔砖＋干草”试验组比对照组体重少减少5.97 kg。“放牧＋精料＋暖棚”试验组比对照组体重少减少8.26 kg；“放牧＋舔砖＋干草＋暖棚”试验组比对照组体重少减少6.79 kg；“放牧＋舔砖＋干草＋精料＋暖棚”试验组比对照组体重少减少11.6 kg。五个试验组中以有暖棚设施补饲效果最好，说明甘南高寒牧区，暖棚对减少羊只死损具有很大作用。

3. 甘肃高山细毛羊本品种选育提高与杂交改良　甘肃高山细毛羊是20世纪80年代初育成的我国第一个高原细毛羊品种。该品种以新疆、高加索细毛羊为父本，当地蒙古羊和藏羊为母本，用育成杂交法培育而成。此后又引入了澳洲美利奴、中国美利奴和澳美型血液，使该品种质量又有了显著提高。

甘肃高山细毛羊是毛肉兼用品种。对高寒牧区严酷的自然条件有广泛的适应性、合群性好、采食力强、善于游走放牧、可刨雪采食牧草。体质结实、体躯结构良好、胸宽深、背平直、后躯丰满、四肢端正有力。公羊有螺旋形大角，颈部有1～2个横皱褶；母羊无角、颈部有发达的纵垂皮。被毛纯白、闭合性良好、密度中等以上；体躯和腹毛均呈毛丛结构、细毛着生头部至两眼连线、前肢到腕关节、后肢至飞节以下。羊毛细度以64～66支为主体支数、细度均匀；弯曲清晰、呈正常弯曲；油汗适中、呈白色或乳白色油汗；平均净毛率48%～52%。具有良好的放牧抓膘性能、脂肪沉积能力强、肉质纤细肥嫩，在终年放牧条件下，成年羯羊的屠宰率（不含内脂）可达48%以上。

高山细毛羊生产性能退化问题已引起相关部门注意，近期实施的一些国家级、省级和市县级项目正着手解决这些问题。

（1）甘肃高山细毛羊本品种选育　目前，甘肃省绵羊繁育技术推广站已形成由甘肃高山细毛羊为主，以中国美利奴高山型新类群、甘肃高山细毛羊优质毛品系和甘肃高山细毛羊肉用类群为系列，形成品系较为完善的品种内部结构。该结构以标准的三级良种繁育体系为基础，符合目前国内外养羊业发展的格局，顺应市场潮流，形成了一定规模。

2000年，中国美利奴高山型新类群培育成功。该品种是以甘肃高山细毛羊为遗传基础，通过适度导入澳洲美利奴和中国美利奴（新疆型）血液，严格选留、精心培育而成。其品种质量和生产性能达到中国美利奴标准，并且保持了甘肃高山细毛羊对高海拔地区良好的适应性。其外形呈砖形，体躯较长，结实均称，公羊多数无角，母羊也无角。该品系的育成为进一步推进细毛羊育种向高产、优质、高层次、高效益迈进，奠定了基础，使甘肃细毛羊育种水平和品种质量实现了一次质的飞跃。目前，该品系已成为中国美利奴的五大系列之一。其生产性能：幼年羊平均毛长（10.0±3.0)cm，主体细度21.08 μm；成年母羊平均体重52.58 kg，污毛量5.65 kg，净毛率53.6%。为丰富和完善中国美利奴高山型新类群品种结构，进一步提高新类群质量，于2003—2006年完成甘肃省科技厅“十五”攻关《中国美利奴高山型超细品系培育》项目，并于2006年8月通过了省级成果鉴定。

甘肃高山细毛羊优质毛品系育成于2005年，以甘肃高山细毛羊为母本，以引入的中国美利奴细型和超细型羊为父本，应用本品种选育和导入外血相结合的技术措施选育而成。品系成年公羊平均毛长9.0 cm，体重89.44 kg，纤维直径19.91 μm，净毛量5.53 kg。成年母羊平均毛长9.0 cm，体重49.46 kg，纤维直径21.02 μm，净毛量2.56 kg，繁殖成活率88.49%。品系在甘肃高山细毛羊中形成了细度和羊毛综合品质突出的种群。

肉用类群是在保持甘肃高山细毛羊对高寒地区生态环境具有良好适应性的前提下，引入德国美利奴和邦德羊基因，采用多元杂交方法培育成的具有理想肉用性能且羊毛综合品质达到细羊毛标准的类群。该类群羊只体型外貌一致，体型为矩形，胸宽深，背平直，后躯发育良好，臀宽，体躯着生细毛，体质结实紧凑，对高寒地区具有良好的适应能力，放牧性能好，耐粗放，遗传性能稳定。生产性能：成年种公羊平均体重为101.58 kg，毛长9.48 cm，腹毛长7.88 cm，剪毛量9.63 kg，纤维直径25.77 μm。成年母羊平均体重达55.55 kg，毛长8.72 cm，剪毛量4.04 kg，羊毛细度22.82 μm。屠宰率达48%以上，繁殖成活率达85.89%。羔羊断奶前日增重达到175～191g/d。

（2）甘肃高山细毛羊杂交改良效果　近十多年来关于甘肃高山细毛羊的杂交研究较多。有澳系边区莱斯特公羊与甘肃高山细毛羊母羊杂交研究，所生的边细一代羊，在天祝高山草原上放牧饲养，表现出较强的适应能力，其初生重、育成率、早期生长发育和8月龄屠宰净肉重、内脂重、眼肌面积等主要经济指标均优于细毛羊。

2010年，引进特克赛公羊与甘肃高山细毛羊进行杂交改良试验，结果表明：在相同的饲养管理条件下，特克赛×甘细 F_1 平均妊娠期比对照组相差2～3 d，产羔率、繁殖率和繁殖成活率分别高2、6、4个百分点，羔羊成活率低2个百分点，试验组双羔率为120%，特克赛×甘细 F_1 的初生重、断奶重比对照组分别高16.6%和24%，平均日增重比对照组高0.10 kg，屠宰前活重和胴体重比对照组分别高4.58 kg和3.66 kg，屠宰率提高了5.75个百分点。张永堂（2012）以甘肃高山细毛羊为母本，澳洲美利奴羊、邦德羊、无角陶赛特羊、白萨福克羊、特克塞尔羊、南非美利奴羊等国外优良品种为父本，开展杂交组合试验，研究6个杂交组合 F_1 的产羔率、羔羊生长发育和产肉性能。结果表明：在高寒牧区自然放牧条件下，6个杂交组合杂交效果均十分明显，尤其是特克赛×甘细 F_1 表现出了良好的适应性，其羔羊初生重、断奶重、胴体重、净肉重均高于其他杂交组合，分别比甘细羔羊高0.92 kg、5.07 kg和4.50 kg（$P<0.01$），屠宰率、净肉率也分别比甘细羔羊提高了4.62个百分点和4.95个百分点。

2012年，甘肃省天祝县高寒牧区，以引进品种邦德、特克赛尔、白萨福克、澳洲美利奴为父本，以甘肃省高山细毛羊为母本，在相同管理条件下进行杂交对比试验。分别在羔羊出生至6月龄每月测定体重，并于断奶时开展屠宰试验，分析其产肉性能。结果表明：这种经济杂交方法显著地提高了生长速度和屠宰性能。除初生重外，从1～6月龄的月龄体重及断奶体重邦甘细F_1羔羊均显著高于其他杂交组合。断奶时邦甘细F_1体重为27.86 kg，分别比澳甘细F_1、白萨甘细F_1、特甘细F_1和甘高细羔羊（22.97 kg）高出34.46%、19.88%、15.75%和21.29%。邦甘细F_1的胴体重高于其他杂交组合，但屠宰率差异不显著。邦甘细F_1相对于其他组表现出良好的生长和屠宰性能，初步认为是当地饲养管理条件下较为理想的杂交组合。

2013年，以引进南非萨门羊为父本，对甘肃高山细毛羊进行导血杂交改良，其杂种后代具有生长发育快、体质结实、耐高寒、耐粗牧和抗逆性强的良好适应能力和稳定的遗传性能。对增加体重、体格、提高产肉量效果十分明显。周岁只均净增产肉量7.9 kg，经济效益显著。

（3）甘肃高山细毛羊冷季补饲效果　2007年，对传统放牧条件下的甘肃高山细毛羊开展季节性舍饲喂养。结果表明：舍饲组成、幼年母羊和当年羔羊体重比放牧组分别增加12.86 kg、12.47 kg和5.27 kg；羊毛长度，舍饲组成、幼年母羊比放牧组分别长1.08 cm和1.06 cm；舍饲组仔畜成活率、繁殖成活率和成畜保活率分别达到100%、94.90%和100%，比放牧组分别提高5.32、16.83和3.6个百分点；舍饲组公母羔羊平均初生重为（4.06±0.67)kg，比放牧组提高26.88%；舍饲组胸围、体斜长比放牧组增长幅度明显；舍饲组各年龄段羊毛产量分别达到5.24 kg、4.61 kg和3.77 kg，比放牧组分别提高57.83%、52.15%和39.11%。

2010年，选择枯草期甘肃高山细毛羊成年母羊180只，后备母羊38只，羔羊40只，进行为期171 d的放牧与舍饲对比试验。结果表明：试验组（暖棚舍饲）平均每只成年母羊、后备母羊和羔羊体质量分别增加5.1 kg、9.8 kg和6.9 kg，增幅为：11.72%、30.81%和32.86%；对照组（放牧）每只成年母羊、后备母羊和羔羊体质量分别平均下降7.3 kg、5.0 kg和1.0 kg；试验末，试验组成年母羊和后备母羊体质量极显著高于对照组，试验组羔羊体质量显著高于对照组。羊毛长度试验组成年母羊、后备母羊和羔羊羊毛每只分别平均增长3.9、3.8和2.7 cm，试验组成年母羊和后备母羊比对照组提高10.4%和16.0%，羔羊比对照组降低11.2%。试验组各年龄段产羊毛量分别达5.24 kg、4.56 kg和3.79 kg，比对照组分别提高60.24%、73.38%和49.80%。

4. 河西绒山羊本品种选育提高与杂交改良　河西绒山羊是甘肃省优秀的地方品种，在荒漠、半荒漠草场及戈壁地带生态条件下，经本品种选育而成，主要分布于甘肃省河西走廊一带，总存栏约70万只，是当地的主要家畜，所产羊绒细度平均在14 μm以下，产绒量平均350～400 g，绒毛纯白，素有“软黄金”之美称。

（1）河西绒山羊本品种选育　河西绒山羊在保种、育种工作中遇到了一些困难和问题，这主要是：一是由于该品种主产区多数是地理位置地形复杂、交通不便，形成了河西绒山羊地域隔离性强，品种良种化水平不高，品种的近交程度较高，选择强度低，遗传漂变相对较小的特殊保种、育种历史，制约了品种的选择进度；二是该品种的养殖目前大多是千家万户分散经营，管理粗放，饲养水平参差不齐，很难组织有计划的育种工作；三是河西绒山羊主产区饲料基地短缺，自然条件恶劣，基础设施条件差，抵御自然灾害和市场风险的能力有限，科技力量薄弱，制约和影响河西绒山羊的品种保护、选育提高。

为了加快甘肃皇城绵羊育种试验场1 100只绒山羊的繁殖进度，于2000年从肃南县泱翔乡河西村购进核心育成母羊350只、公羊40只，补充该场河西绒山羊繁育基础群，并进行同质交配育种。在基础群的组建阶段，严把选种质量关。主要以河西绒山羊的品种特点，即体质结实，结构紧凑，公、母羊均有直立弓形的扁角，四肢粗壮，被毛光亮，白色为主；体格大小，主要以成年公羊体高60 cm，体长60 cm，体重42.0 kg；成年母羊体高50 cm，体长60 cm，体重35.0 kg；绒毛产量成年公羊400.0 g，成年母羊350.0 g，净毛率50%，绒毛细度达14～16 μm，绒毛长度4～5 cm为主要指标，综合选留进行组建基础群。利用从内蒙古引进的高产、绒纤维直径在（14.0±0.5）μm的种公羊10只，适度导入外血改良河西绒山羊，利用河西绒山羊基础群内体格较大、绒毛产量高、净绒率高、绒层厚度良好、绒细度在（15.0±0.5）μm的基础母羊进行外血导入，产生的F_1代进行单独组群作为育种基础群，再在F_1代中选育理想型的公羊和河西绒山羊基础群进行同质选配，产生F_2代。F_1代中的母羊和河西绒山羊中的优秀公羊进行同质选配，产生F_2代。F_2代的公母羊再与原基础群的绒山羊继续交配，获得含有导入品种血1/8的优质个体F_3代。F_2代、F_3代理想型进行横交固定。对理想型后代的选择以体格大小、体重、产绒量、净毛率、绒毛纤维直径等作为主要的选择性状，严格淘汰不符合标准的个体。加强绒山羊补饲和培育力度，做到分群放牧。公母比例为1∶(20～30)，每群350只左右，并且根据不同季节进行补饲和转场放牧。建立种公羊、种母羊卡片，对优质种公羊、种母羊的后代进行严格鉴定，测定生产性能，严格选留，使基础群不论从体格大小、体重、产绒量、净绒率、绒毛细度等生产指标表现整齐统一。加强种公羊、种母羊的选择力度，以本品种选育作为主要育种措施，采用绒产量高且绒细的公母羊个体进行同质选配，使优秀基因结合在一起，产生优质、高产的个体，提高河西绒山羊的品质。

（2）河西绒山羊杂交改良　2005年，以内蒙古白绒山羊为父本，甘肃肃南县祁连乡河西绒山羊为母本，进行导血杂交改良。结果表明河西绒山羊导入内蒙古白绒山羊杂交改良，其杂交后代产绒量显著高于本地山羊。2008年，以“敏盖”内蒙古白绒山羊良种繁育基地引进的“敏盖”绒山羊为父本，甘肃肃南县白银乡饲养的河西绒山羊为母本，进行导血杂交改良。结果表明河西绒山羊导入“敏盖”绒山羊杂交改良，其杂交后代产绒量显著提高。2010年，以内蒙古白绒山羊良种繁育基地引进绒山羊为父本，河西绒山羊为母本，进行了杂交改良试验。结果表明河西绒山羊导入内蒙古白绒山羊杂交改良，其杂交后代产绒量显著提高。2011年，从河西绒山羊主产地平山湖测定11只河西绒山羊、10只内蒙古白绒山羊和10只杂种产绒量，采集颈部山羊绒测定细度、含绒率和长度。测定结果表明河西绒山羊与内蒙古白绒山羊杂交后，杂种后代平均产绒量比河西绒山羊提高了23.43%。杂种后代的山羊绒平均细度比河西绒山羊粗3.2 μm，比内蒙古白绒山羊细1.64 μm。杂种后代山羊绒长度比河西绒山羊增加0.59 cm，比内蒙古白绒山羊增加0.29 cm。

五、四川牧区地方家畜品种提纯复壮与利用技术

（一）麦洼牦牛本品种选育

1. 麦洼牦牛本品种选育方案

（1）选育方向　麦洼牦牛选育方向以产奶为主，乳肉兼用，主攻方向是提高早熟性，产奶性能，日增重和繁殖成活率。选育目标根据麦洼牦牛品种标准及普查结果，以体型外貌特点、肉用性能、乳用性能、繁殖性能、生长发育、生物学特性作为选育目标依据。

（2）选育目标　组建麦洼牦牛选育核心群3个，规模为600头（其中♂90头、♀510头）；组建选育扩繁群26个，共3 800头；在红原、阿坝和若尔盖各建立1个引入外来品种的种公牛站。在红原、阿坝和若尔盖各建立1个外血提供点。经过10年的选育，达到如下指标。

肉用性能指标：在天然放牧肥育条件下，4.5岁阉牛活重280～300 kg，提高30～50 kg；屠宰率50%以上；净肉率38%；暖季日增重500 g以上。

泌乳性能指标：3胎以上年产奶量达280 kg以上，乳脂率6.2%～6.8%。

产毛性能指标：成年牛1.5～2 kg，含绒量20%～25%。

繁殖性能指标：5.5岁以上母牦牛繁殖成活率55%，犊牛成活率85%～90%。

（3）选育性状

① 品种特征。四肢健壮，抗逆性强，适应一般的饲养管理条件，外形结构良好，遗传性稳定。

② 繁殖性能。初生重，繁殖成活率。

③ 肥育性能。日增重，屠宰率。

④ 产奶性能。产奶量，乳脂率。

（4）测定项目　常规体尺、体重测定，产奶性能及乳成分测定，肥育性能，胴体品质测定和肌肉品质测定。

（5）选育方法　本繁育体系采用开放式群体继代选育法。在世代选育过程中，采取个体选育、后裔选择、同胞测定选择等方法，选择最优秀的个体作为继承者，密切关注国内外牦牛育种最新动向，及时引进优良同质外缘牦牛或引进优良牦牛精液进行改良，代替性能较差的家系，即是不完全封闭的群体继代选育方法。核心群公母牦牛每年6～8月开始配种，配种原则实行限制全同胞随机交配，每个血缘的牦牛分别与均等数量的母牦牛交配，尽量实行同期配种，同期产犊，同期测定，再根据测定结果选留最优秀的个体，组成下一代的核心群体，要求下一代继续保持同样数目和血缘的公母牦牛，重复上一世代的配种，尽量缩短世代间隔，加速遗传进展。

（6）选育措施

① 基础群组建。按照繁育体系建立方法组建基础群。

② 随机交配。按随机原则进行，可使不同公、母牦牛各优良性状有随机组合的机会，有利于后裔选择提高。

③ 世代间隔。牦牛的世代间隔比较长，可采用人工授精、同期发情、胚胎移植等现代生物工程技术，缩短牦牛世代间隔，加快选育进展。

④ 选种方法。实行阶段选择，即初生、断奶、18月龄，初产公母牦牛的选择。牦牛的选择在初生、断奶实行初选，18月龄和亲本初产实行严格选留。初生时选择是根据个体健康状况，有无遗传缺陷和发育生理缺陷，出生体重进行选择。断奶时选择是根据本身生长发育、体质外貌、有无遗传疾患和父母等级等，进行综合评定。18月龄选择是按个体的生长发育、体质外貌、活体膘厚、同胞或半同胞测定结果进行选择，亦可按综合选择指数选择。初产公母牦牛的选择是按本身生长发育、配种效果、繁殖、哺育成绩和仔代生长肥育性能进行选择。

⑤ 选育牛群的配种繁殖。制订合理配种计划，母牦牛应尽量进行同期配种，力求每年一胎。

⑥ 性能测定。各世代均进行产奶性能、产肉性能、乳成分（条件允许情况下进行胴体品质和肌肉品质测定），这样既可分析对比，又可为选种育种提供依据，并能及时得到信息反馈，指导今后的选育工作。各世代都坚持进行后备牦牛18月龄测定，成年公、母牦牛测定等，并进行各世代的比较，分析遗传进展。

⑦ 饲养条件。力求各世代牦牛有一个相似的饲养环境，近似同期的生产及生长条件，如果环境差异较大，要进行校正，以便于对比和鉴定，提高选种的准确性。

⑧ 建立档案卡片和数据库。核心群和扩繁群的牦牛要根据鉴定登记表的主要项目，逐群填写等级登记表，由专人保管。同时，建立系谱、生产性能信息数据库。

（7）繁育体系的建立　基础选育群条件。选择的麦洼牦牛基础选育群，应具有明显的品种特征特性及达到选育目标的遗传基础。母本品种（系）要着重其繁殖性能，父本品种（系）以生长肥育性能和胴体品质为主。基础选育群的个体其主要经济性状的表型值，应超过群体平均数一个标准差以上。选育基础群个体体质健壮、血统清楚、血缘数量符合选育方案要求。选育中及时排除遗传疾患。

繁育体系建立包括普查鉴定、核心选育小群的建立、扩繁群的建立。

① 普查鉴定。通过普查，从群体中确定并选取具有育种价值的个体，为选种选配提供重要依据。

② 核心选育小群的建立。通过普查鉴定，获得群体的基本信息，然后根据综合评分进行选择，凡是特等和一等牦牛组成核心选育群，选择时淘汰性格粗野的牦牛。由于麦洼牦牛各性状的遗传参数不清楚，因此，拟建立数个核心选育小群，在每个核心小群内实行1～2个性状的选择，以提高遗传进展和加快选育进程。待实现小群内的优良基因重组和固定后，再实行小群间的互换交配。核心小群内不能有亲缘关系较近的公牦牛。同时，为使选育群有较高的质量和丰富的遗传基础，以提高主选性

状的增效等位基因频率，因而要注意选择多血缘公、母牦牛组成基础选育群。

③ 扩繁群的建立。根据标准对被鉴定的每头牦牛都给予一个综合评定等级，按照等级进行组群。凡是一等、二等和三等牦牛可组成一般选育群，公母比例为 1∶20，用来扩繁、对外提供优良种牛和供一般性生产用。

（8）选育效果检验　检验选育效果应逐代计算遗传改进量，并进行配合力测定，杂交效果不见明显提高时，需改进选育方法。选育的各世代牦牛均应进行外貌特征、主要经济性状的一致性和均匀度的检查，并计算平均亲缘系数和近交系数。经过 4 个世代以上选育，主要选育指标达到方案要求。

2. 麦洼牦牛选育

（1）繁育体系组建　四川省草原科学研究院与四川省龙日种畜场在阿坝州红原县共同建立了四川省牦牛原种场。全场拥有天然草原面积 31 万亩，其中，可利用草地面积 25 万亩，饲养牦牛 16 000 余头。在原种场麒麟沟规划了 5 万亩专用草场并围栏，用于麦洼牦牛的选育。现有新品系选育核心群 3 个，适龄母牦牛 700 余头，种公牛 22 头；选育基础群 26 个，适龄母牦牛 6 000 余头，种公牛 190 余头。

（2）选育核心群产犊及成活　对选育核心Ⅰ群进行了连续的繁殖性能跟踪，包括适龄母牦牛数、产犊数、死亡数等，其结果统计见表 3－19。

表 3－19　核心Ⅰ群 2011—2013 年产犊及成活统计

年度	适繁母牛总数（头）	产犊总数（头）	死亡数（头）	存活数（头）	产犊率（%）	繁殖成活率（%）
2010—2011 年	201	117	14	103	58.21	51.24
2011—2012 年	204	112	3	102	54.90	50.00
2012—2013 年	207	121	9	112	58.45	54.11
平均	—	—	—	—	57.19	51.78

选育核心群实行有计划的控制配种方式。第一，对种公牛进行严格的鉴定与淘汰，特别剔除年龄较大霸而不配的公牛。第二，配种方式上采用小群控制配种与大群随机交配相结合。第三，配种时间上，5～6 月将种公牛进行隔离，让母牛尽快恢复膘情；7 月中旬至 9 月中旬为配种期，放入种公牛进行集中配种，配种完毕 1 个月后又将种公牛与母牛混群放牧；翌年 3～5 月为集中产犊期，6 月有少数母牛产犊。

核心Ⅰ群每年 4 月和 10 月进行两次鉴定与淘汰，适龄母牦牛维持在 200 头左右。后备小母牛单独组群饲养。核心选育Ⅰ群繁殖率达到 50%以上，比主产区麦洼牦牛繁殖力高 8 个百分点。但犊牛死亡率总体仍然偏高，死亡主要原因为犊牛“热毒病”引起的腹泻死亡。

（3）犊牛的初生重　犊牛于出生当天称体重，测量工具为杆秤。总的来说，公犊牛初生体重略大于母犊牛，无论是公母犊牛初生重，个体间差异均较大，公犊牛最大差异达到 10 kg，母犊牛最大差异达到 8 kg。在选育和饲养管理上亟待提高（表 3－20）。

表 3－20　核心Ⅰ群各年度犊牛出生重（$\bar{X}\pm S$）及公母比较（kg）

年份	公				母			
	n	最小	最大	$\bar{X}\pm S$	n	最小	最大	$\bar{X}\pm S$
2011	55	10.0	18.0	12.68±1.49	62	8.5	16.5	12.11±1.54
2012	51	10.0	20.0	13.60±2.05	61	10.0	18.0	13.40±1.89
2013	46	11.5	19.0	14.63±1.42	53	10.5	17.5	13.21±2.26

（4）麦洼牦牛生长发育　选择与核心群饲养管理方式接近（犊牛全补乳，冷暖季适当补饲）的牧户作为对照组。随机选择核心群和对照群的牦牛个体，严格按照选育标准要求，对后代个体关键年龄段的体尺、体重指标进行测定。体尺用皮尺、测杖测定，体重用移动电子地磅测定。犊牛出生重在犊牛出生当日测定，对于夜间产的犊牛于第二日测定；12 月龄、36 月龄的体尺、体重统一于每年的 4 月 20 日测定；6 月龄、18 月龄的体尺、体重统一于每年的 10 月 20 日测定；核心群基础公母牛的评定于每年的 7 月 20 日进行。测定结果录入 Excel(V. 2003) 数据库，用 SAS(V. 9.0) 进行统计分析（表 3-21）。

表 3-21　核心Ⅰ群犊牛 6 月龄体尺体重（$\bar{X}\pm S$）及与对照组比较

组别	性别	n	体高（cm）	体斜长（cm）	胸围（cm）	管围（cm）	体重（kg）
核心群	♀	164	88.74±5.38	90.05±7.23	111.21±8.22	11.96±0.93	79.77±11.55
	♂	177	91.81±5.64	93.52±8.78	113.12±9.43	12.26±0.82	92.18±17.61
对照群	♀	68	80.92±7.44	88.06±8.01	100.79±4.72	10.33±0.74	59.79±8.56
	♂	72	82.53±9.27	89.14±7.76	103.25±8.03	11.71±1.23	63.96±12.17

对麦洼牦牛 6 月龄的体尺、体重测定结果表明：核心Ⅰ群 6 月龄体重、体高、胸围与对照群相应指标差异极显著（$P<0.01$），管围差异显著（$P<0.05$），而体斜长差异不显著；核心群公母牦牛间体重存在显著差异（$P<0.05$）（表 3-22）。

表 3-22　核心Ⅰ群犊牛 12 月龄体重（$\bar{X}\pm S$）及与对照组比较（kg）

组别	性别	n	体重	相对 6 月龄增长
核心群	♀	112	82.21±12.73	2.44
	♂	123	88.14±29.71	−4.04
对照群	♀	36	52.13±10.26	−7.66
	♂	29	58.29±12.32	−5.67

牦牛体性粗野，混群放牧，此时测定体尺指标异常困难；并且，当年犊牛经过一个严寒的枯草期，体质较弱，测定易造成死亡等损失。因此，犊牛 12 月龄体尺指标未进行测定。

12 月龄体重测定结果表明：核心群公母牛平均体重比对照群公母牛平均体重分别高 29.85 kg、30.08 kg，差异极显著（$P<0.01$）；同时，经过一个寒冷枯草期，核心群公牛、对照群公母牦牛体重均存在不同程度的掉膘，但核心群母牛体重略有增加（表 3-23）。

表 3-23　核心Ⅰ群 18 月龄牛体重体尺（$\bar{X}\pm S$）及与对照组比较

组别	性别	n	体高（cm）	体斜长（cm）	胸深（cm）	胸宽（cm）	胸围（cm）	体重（kg）
核心群	♀	83	83.41±7.16	108.73±12.34	37.86±7.52	29.04±5.81	120.17±7.45	134.67±9.28
	♂	91	84.63±6.65	110.83±11.40	39.77±7.98	30.26±4.92	123.69±6.31	147.33±13.49
对照群	♀	47						100.86±22.75
	♂	41						114.33±15.24

顺利越冬后犊牛在第二个暖季生长发育较快，18 月龄时，体重几乎都超过 100 kg，逮牛、固定均很困难。核心群借助巷道圈等辅助设施，进行了体尺全面测定，而对照群则未进行体尺指标的测定。

测定结果表明：核心群公母牦牛平均体重高于对照群公母牦牛平均体重，分别为 33.00 和 33.81 kg，差异极显著（$P<0.01$）。

36 月龄核心群公母牦牛体重极显著地高于对照群，核心群公母牦牛间体重存在极显著差异（表 3-24）。

表 3-24 核心Ⅰ群 36 月龄体重体尺（$\bar{X}\pm S$）及与对照组比较

组别	性别	n	体高（cm）	体斜长（cm）	胸深（cm）	胸宽（cm）	胸围（cm）	管围（cm）	体重（kg）
核心群	♀	42	98.94±4.63	114.28±8.26	54.52±2.42	24.17±1.4	147.31±8.64	16.28±1.18	156.32±24.83
	♂	29	108.77±6.49	123.92±9.38	58.65±4.22	26.73±2.71	155.91±10.13	17.36±1.53	193.71±26.48
对照群	♀	22	97.87±5.93	108.41±6.58	54.46±5.62	22.34±1.79	142.78±7.24	14.13±1.21	144.32±21.74
	♂	18	106.86±5.16	110.86±7.57	57.07±4.77	20.86±4.35	144.23±10.41	15.30±1.19	159.76±35.81

（5）麦洼牦牛产奶性能　选择出生日期相近的产犊母牦牛，于每月 5 日，15 日，25 日早上挤奶一次（上午 8 时带犊出牧，晚上 8 时收牧并隔离犊牛），用台秤测定实际挤奶量，测定从 5 月份开始，10 月份结束。每次测定值乘以实际间隔天数 10（或 11）为当月一次挤奶量，当月三次累加为当月挤奶量，6～10 月每月挤奶量累加即为 153 d 挤奶量。按公式 $Y=dY_n$（Y 为产奶量、d 为校正系数、Y_n 为挤奶量）把 153 d 挤奶量校正为 153 d 产奶量，$d=1.96$ 为校正系数。5～10 月每月的挤奶量累加即为 184 d 挤奶量，乘以校正系数 2.0 即为 184 d 产奶量。

选育核心Ⅰ群经产母牛产奶量：麦洼牦牛产奶集中在 6～9 月，产奶量从 5 月下旬开始逐渐上升，到 7 月达到高峰，8 月中旬开始缓慢下降，9 月份下降较快，而到了 10 月，产奶量明显减少。各月份平均日产奶量、153 d 挤奶量及校正产奶量、184 d 挤奶量及校正产奶量见表 3-25。

表 3-25 选育Ⅰ群 2011—2013 年日挤奶量及校正产奶量（$\bar{X}\pm S$）（kg）

年份	5 月	6 月	7 月	8 月	9 月	10 月	153 d 挤奶量	153 d 产奶量	184 d 挤奶量	184 d 产奶量
2011（$n=12$）	1.20±0.31	1.30±0.33	1.49±0.40	1.55±0.32	1.11±0.23	0.68±0.17	181.83	356.39	217.92	435.84
2012（$n=10$）	1.03±0.22	1.34±0.16	1.63±0.10	1.36±0.20	0.86±0.17	0.71±0.13	182.12	356.96	213.38	426.76
2013（$n=14$）	—	1.30±0.15	1.64±0.12	1.55±0.10	1.40±0.07	—	—	—	—	—

麦洼牦牛乳汁理化指标：采用基于超声波原理的乳成分分析仪（型号：La30Sec）进行测定。测定指标包括乳汁脂肪、蛋白、非脂乳固体、乳糖及灰分含量等奶营养指标以及乳的密度和 pH 物理特性指标。常规营养成分及物理特性的测定结果见表 3-26。指标的月份均值间趋势有：乳脂率总体上呈现持续升高，但 6 月下旬的均值高于 7 月；乳蛋白、非脂乳固体、乳糖、灰分及密度表现为持续下降。常规乳营养成分中乳脂的变异最大，其次是乳蛋白和非脂乳固体，而物理参数均

较稳定。

表 3-26　麦洼牦牛乳汁理化指标（$\bar{X} \pm S$）

月份	脂肪（%）	蛋白（%）	非脂乳固体（%）	乳糖（%）	灰分（%）	密度（kg/m³）	pH
6	5.69±1.28	4.05±0.20	0.05±0.29	5.31±0.16	0.95±0.03	1034.41±1.37	6.35±0.08
7	5.51±1.00	3.98±0.15	9.85±0.18	5.20±0.10	0.93±0.02	1033.68±0.88	6.34±0.08
8	6.22±0.97	3.91±0.18	9.69±0.22	5.12±0.12	0.92±0.02	1032.93±0.90	6.37±0.09
9	6.59±0.84	3.79±0.17	9.31±0.16	4.91±0.09	0.89±0.01	1031.34±0.63	6.32±0.07
102 d	6.06±0.76	3.91±0.16	9.66±0.15	5.10±0.09	0.92±0.02	1032.84±0.63	6.34±0.05

（6）麦洼牦牛产肉性能　随机选择核心群 3.5、4.5 岁淘汰阉割公牦牛各 4 头，进行屠宰，测定结果见表 3-27。3.5 岁和 4.5 岁为阉割公牦牛活体重差异较大，但产肉性能指标差异不大；4.5 岁牦牛产肉性能指标略高于 3.5 岁牦牛。

表 3-27　牦牛屠宰测定

年龄	样本数	活体重（kg）	胴体重（kg）	净肉重（kg）	屠宰率（%）	净肉率（%）	肉骨比	眼肌面积（cm²）
3.5	4	276.5	149.8	108.2	54.20	39.13	3.60	39.7
4.5	4	312.5	170.1	125.8	54.43	40.25	3.84	41.2

（二）九龙牦牛本品种选育

1. 选育方向　作为具有综合生产用途的牦牛，产肉性能是其主要的生产性能之一，选育方向以肉用为主，肉乳兼用或肉乳绒兼用。着重提高早熟性，日增重及加大体型。

2. 选育目标　肉用性能：在天然放牧肥育条件下，4.5 岁阉牛活重 350～400 kg（比普通群高 30～50 kg），屠宰率为 55%以上，净肉率为 44%～46%。终年放牧条件下日增重达 500 g。

泌乳性能：3 胎以上年产乳量达到 450 kg 以上，乳脂率 6.2%～6.6%。

产毛性能：成年牛 2～5 kg，洪坝类系的产毛量达到 4～6 kg，含绒达 25%～30%。

繁殖性能：5.5 岁以上母牛繁活率达 55%～60%，犊牛成活率 85%～90%，一年一胎或两年一胎的分别为 30%和 70%。

3. 选育方法　九龙牦牛采用开放式群体继代选育法。在世代选育过程中，采取个体选育、后裔选择、同胞测定选择等方法，选择最优秀的个体作为继承者，及时引进优良同质的外缘牦牛或引进优良牦牛精液进行改良，代替性能较差的家系，即是不完全封闭的群体继代选育方法。

4. 措施

（1）组建选育核心群　根据高寒牧区实际和牦牛育种的特点，在斜卡和洪坝两类系九龙牦牛的主产区（斜卡乡和洪坝乡）牧民的群体大而集中，品质好的牦牛中选择优良种牛组建选育核心群。再根据适龄母牛和种公牛的体躯表型性状（体高、体斜长、胸围、管围、胸宽、胸深、尻斜长等体尺和体重），结合年龄和外貌评分，按九龙牦牛鉴定试行标准进行鉴定和选择。选入核心群的标准是：①血缘清楚；②外貌符合品种典型特征，毛色全黑或有少许白斑，体格健壮，体型趋于肉用型，母牛无斜尻，公牛雄性特征明显；③公牛年龄为 3～7 岁，母牛为 4～6 岁；④经鉴定综合评定为特等和一等的公牛与二等以上的母牛，特等和一等须占 70%以上；⑤母牛产乳性能和繁殖性能良好，久配不孕或产犊间隔过长的不能入选核心群。

（2）小群控制配种　每年配种季节（7 月初），选择适龄能繁母牛，按照 1∶20 比例配置公牛，所选公牛是经鉴定的评定等级为一等及以上的公牛，公牛要求来自不同的血缘。将每小群分别关在不同的围栏小区，每小区草地面积为 150 亩，任其自然交配。为防止公牛跨栏偷配及公牛打架，小区之间完全隔离。8月底配种结束，小群重新归入大群。对小群分围栏控制配种所生犊牛均及时编号，进行生长发育测定，建立系谱档案，以防止血缘关系混乱。

开展小群控制在牦牛生产、开展牦牛选种选配及理论上都具有重要意义，主要表现在以下几个方面：在小群控制母牦牛繁育的后代中选留后备种牛，对后备牛加强选择和培育，有利于提高生产性能；有利于弄清牦牛血缘，为牦牛遗传参数的估计提供依据与积累数据；有利于弄清家系及系谱，在牦牛选育及育种中实现家系留种，并建立数个具有不同血缘的家系；有利于控制牦牛的近交程度，防止近交系数过快增长。

（3）公牛的选留和利用　种公牛的严格选留和培育是提高牦牛的群体品质和遗传改进的关键。鉴于牦牛生产和选育特点，仍然采取常规选种方法，主要根据外貌、被毛长度及毛色、体尺（体格）、健康状况及后代的表现，母亲的产奶性能进行选择。对刚生下犊牛进行初选，2岁左右“再选”，4岁时定选。从特级母牛的后代选留备用公牛，严格公牛的选择和淘汰能取得更大的选择差。对于选留作种公牛的犊牛，主要通过延长犊牛的哺乳时间，缩短母牛的挤乳期及挤乳过程等以加强犊牛培育。

种公牛利用：改变部分牛群中种公牛数量不足状况，公母比例1∶（20～25）。初配年龄以4岁为宜，防止幼龄牦牛或后备公牛过早配种。5～9岁为公牛为最佳配种年限，有利于遗传潜力的发挥和遗传改进。改变或纠正牧民怕公牛体格大难于控制和配种，而过早阉割和淘汰壮年公牛的状况，仅用年轻公牛（3～5岁）配种对品种特性的保持及防止品种退化是十分不利的。

（4）性能测定　各世代均进行产奶性能、产肉性能、乳成分（条件允许情况下进行胴体品质和肌肉品质测定）测定。各世代都坚持进行后备牦牛18月龄测定，成年公、母牦牛测定等，并进行各世代的比较，分析遗传进展。

（5）严格记载制度和建立档案卡片　核心群牦牛要根据鉴定登记表的主要项目，逐群填写等级登记表，妥善保管。同时，建立系谱、生产性能信息数据库。

每年对测定的各种性能数据进行严格记载，对全部种牛的血缘、生长发育及产乳性能等建立档案卡片。所有数据均输入计算机，建立生长发育和各种性能信息数据库，设计并实现数据管理程序和处理程序。

（6）牛群的更新和闭锁繁育　每年均通过测定分析牛群的品质，对品质下降或等级降低的（低于二级）种牛，连续两年不受胎的母牛均加以淘汰或转入普通群，同时也从中心产区选留优良种牛补入核心群。另外，要采取适当的闭锁繁育，促使优良基因的纯合和保存，防止基因流失，有利于保种。

（7）采取选育工作与保种相结合的措施　九龙牦牛往往因生态地理隔离，形成闭锁的有限群体或小群体，牦牛长期处于这种闭锁的有限群体就可能因遗传漂变，使一些基因纯合，同时使一些优良基因流失，另外，这种群体又易近交而引起品种衰退或加重遗传漂变的效应。为了保存九龙牦牛品种基因库中的优良基因不致流失，应采取相应措施。

确定适当的公母比例，增加群体有效含量控制近交程度的加剧。各家系为等量留种：由1～2头种公牛和几十头母牛组成的牦牛群体实际即为一个家系，由各家系按比例留种（公牛）可增大群体有效含量。采取非完全随机交配，避免近交。

（三）藏绵羊本品种选育

1. 藏绵羊选育方案制定　藏绵羊是分布极广的绵羊品种，西藏、甘肃、青海、四川和云南等地均有分布，藏绵羊本品种的选育仅以地区形成的地方类群为选育对象，提高群体生产性能，稳定遗传特性。在藏绵羊地方类群的主产区形成核心群，确定选育群体的经济性状，建立群体的标准，制定科学的鉴定方法和鉴定分级标准。严格按照制定的群体标准，分阶段性制定合理的选育目标与任务，根据不同阶段的选育目标和任务拟定切实可行的选育方案。

在制定选育方案时，结合市场需求，调整育种目标。近年来羊肉渐受青睐。粗毛类羊毛逐渐被藏区群众所淘汰，羊肉却是无法取代的食品。因此，选育目标与选育方案应积极调整，以肉用羊的选育取代羊毛的选育。

2. 组建核心群　在对藏绵羊地方类群进行选育时，首先要调查该类群的生产性状、繁殖性能、适应性等以及该群体生活的生态环境、地区的气候环境、饲草料供给等。在此基础上，从产区牧户中严格筛选出符合种用的优秀个体，转移到核心种羊场，集中进行饲养，观察其生产性能。同时，与主产区的羊只进行对比，核心场的生产性能高于主产区随机样本的均值很多。藏绵羊的血缘比较混杂，在个体选择时，进入核心场的羊只的外血控制在1/4以内。根据核心场的育种目标和选育方案，确定核心场的羊只规模。

3. 选种与选配　选种是指按照不同的标准从羊群中挑选出符合要求的羊只，组成新的繁殖群再繁殖下一代，或从其他羊群（牧户）中筛选出优秀的羊只加入到繁殖群中。条件较好的核心育种场可根据测定的主要经济性状，计算羊只的个体育种值，作为选种的一个重要指标，再结合羊只的外貌特征、年龄、种用价值等，对羊群进行鉴定，将羊只按照耳号进行评级。不能计算羊只的个体育种值时，根据测定的主要经济性状、外貌特征和年龄等直接进行个体选种。

选配是指有目的地组织公母的配对，用最好的公羊配最好的母羊。在选配时，公羊的品质和等级必要高于母羊，特级或一级种公羊配种的比例应扩大，尽可能地让其后代数量增加，后代具有较好的性能表现，种用公羊可重复使用，效果不好时，应立即更换种公羊。在群体中，加大选择的强度，对于二级、三级种公羊，应进行阉割育肥作为商品羊销售，品质较差的母羊，也应作为商品羊进行育肥出栏。

4. 核心群的结构优化　核心群的主要任务是培育优秀的后备种羊，特别是种公羊，在羊群结构上需要形成核心群、繁殖群和商品生产群3个层次的金字塔形结构，核心群位于金字塔的顶端，持续不断地提高群体的羊只质量，并向繁殖群提供优秀的种公羊和繁殖母羊，繁殖群中出现优秀的种公羊或母羊时，进入核心群，繁殖群不断地向商品生产群提供种用的公母羊，生产的后代用于商品生产，发现较好的公母羊也可进入繁殖群中。一般而言，核心群羊只占5%～10%，繁殖群羊只占20%～30%，商品生产群羊只占60%～75%。

第二节　主要牧区家畜高效繁育及品种改良技术

一、内蒙古牧区家畜高效繁育及品种改良技术

（一）内蒙古白绒山羊高效繁育及品种改良技术

1. 内蒙古白绒山羊的高效繁育技术　母羊繁殖率高低，直接影响到养羊产业的经济效益。在工厂化养羊生产体系中不仅要对母羊实行高效繁殖，还要实行高频繁殖，两者紧密相关，互为补充。

（1）内蒙古白绒山羊的繁殖特点　内蒙古白绒山羊公、母羔羊5～6月龄性成熟，1.5岁初配。一般在秋季发情配种，内蒙古白绒山羊的发情周期平均为21 d，母羊发情持续时间为24～48 h，山羊的排卵属于自发性排卵，排卵时间一般为发情开始后24～36 h。公羊2～4岁配种能力最好，母羊3～6岁繁殖能力最强，繁殖年限8～10岁，产羔率123%～175%。

（2）影响内蒙古白绒山羊繁殖的因素

① 遗传因素。衡量公羊繁殖能力的指标主要有公羊精液品质、产羔力等，不同品系和个体的公羊精液品质差异是很大的，在采用本交配种和鲜精人工输精配种工作中都要考虑到这些差异的影响。产羔率指标不仅表现在公羊的差异，同时也表现在膘情相近不同个体的母羊用同一只公羊进行配种，其产双羔和连续产双羔的成绩差别也很明显。有的个体母羊可以连续几年每产都是双羔，而有的母羊终生只能产1～2次双羔，甚至不产双羔。

② 温度。不同温度对公羊和母羊的繁殖都有明显影响。不同季节的气温对公羊精液品质的影响非常明显，其中以9月至12月中旬的精液品质最好，公羊的繁殖能力最高。气温条件对可繁母羊的繁殖性能也存在类似的规律。高温环境和严寒气温对母羊的繁殖同样有害。母羊长期处于30 ℃以上

的环境条件下，几乎不出现发情现象。同样，在冬季妊娠的母羊处于保温条件不好的羊舍时，当气温下降到−20 ℃以下并持续一定时间，妊娠母羊的流产率明显升高。

③ 光照。内蒙古白绒山羊属于短日照季节性发情动物，光照时间变短和光照强度减弱，不仅能刺激机体绒毛的生长发育，而且对其生殖活动也具有非常明显的促进作用。光照时间变长，会抑制公母羊的繁殖性能，特别是抑制母羊的发情；反之则会刺激母羊的发情。因此，人为调整光照变化，如夏至前将光照时间逐天缩短，则 8 月份就可使母羊大批集中发情。调整光照时间的方法包括调整放牧和归牧时间、人为产生黑暗时间等。如在 5 月份，可以每天缩短光照 8～15 min。8 月，母羊开始较为集中发情，其发情率可达 50%～60%，且发情的母羊可以正常配种。内蒙古白绒山羊在秋冬季发情率较高，发情也比较集中，受胎率亦较高；而春季母羊的发情率、集中程度、受胎率都明显低于秋冬季。

④ 营养。影响绒山羊繁殖的营养因素包括蛋白质、维生素、矿物质及微量元素等。根据绒山羊舍饲实验，公羊饲料中的蛋白质水平以 14%～18%为宜，在配种期添加一定量的动物蛋白，如鸡蛋、奶类等，不仅能刺激公羊的性欲，也可提高精液品质和增加射精量；母羊饲料的蛋白质水平最低限值大约在 12%，在母羊妊娠中后期，应将蛋白质提高到 18%～20%。

另外，营养因素的变动也可对母羊的生殖活动产生影响。短期优饲法对母羊的配种表现为正面影响，妊娠母羊突然减少喂料或饲料突然变化导致流产则表现为负面影响。值得一提的是，短期优饲的要点是饲料水平由低到高的变动，并且持续一定时期，如 15～20 d 才会刺激母羊发情和排卵；如果母羊一直处于较高的营养水平，则短期优饲效果并不明显，实际上，短期优饲是对母羊的良性应激反应。

⑤ 公羊效应。公羊在繁殖季节，其头颈的皮脂腺活动增强，分泌物增多，这些部位的被毛散发出强烈的骚味。在母山羊中放入骚味大的公山羊（即使用围栏隔开），也可使母羊发情同期化。“公羊效应”的实质是公羊分泌的外激素对母羊感官产生刺激引起排卵。在放入公山羊 5 d 内，处于季节性乏情的母山羊会对此做出反应，诱使相当多的个体排卵，其排卵高峰期在公山羊引入的第 2～3 d 出现。第一次诱发的排卵通常受胎率不高。在放入公山羊 5 d 后，由于许多母山羊第一次排卵形成的黄体过早消退，就出现第二次排卵高峰（第 7～9 d）。实际上，所有母山羊在第二次排卵中都出现正常发情，并随后出现正常的黄体周期，在这之后，约间隔 21 d 出现正常的第三次发情排卵。

（3）内蒙古白绒山羊繁殖技术

① 发情鉴定。准确观察母羊的发情，对于输精时间的确定和人工输精的效果极为重要，母羊的发情期短，因此母羊的发情鉴定以试情为主，结合外部观察。一般是将试情公羊（结扎输精管或腹下带兜布）按一定比例（1∶40），每日一次或早晚各一次定时放入母羊群中。母羊在发情时，主动接近公羊或有公羊尾随，摇尾示意，求偶要求明显，当公羊用前蹄踢其腹部及爬跨时则静立不动，或回顾公羊，公羊常闻嗅发情母羊外阴部或母羊的尿，发情母羊外阴部充血肿胀不明显，只存少量黏液分泌，有的甚至看不到黏液，发情母羊很少爬跨其他母羊。根据母羊的发情规律和排卵时间，一般采取早晚两次试情的方法，早晨发现的发情母羊下午配种，第二天早上再复配一次，晚上发现的发情母羊，次日早上进行配种，下午再复配一次。

② 人工输精技术。整个输精操作过程均应做到慢插、适深、轻注、缓出。输精量和输入有效精子数与母畜状况（体型大小、胎次、生理状态等）、精液保存方法、精液品质的好坏、输精部位以及输精人员技术水平高低等都有一定关系。适宜输精时间根据试情结果确定：即每天试情 1 次，于发现发情当天和经半天各输精 1 次；每天试情 2 次时，可在发情开始后过半天输精 1 次，间隔半天再输精 1 次。

③ 同期发情技术。目前，常用的同期发情药物处理方法主要有前列腺素及其类似物和孕激素及其类似物两大类，采用的程序有很多种，如单一用药和混合用药等。对于内蒙古白绒山羊，孕激素−PMSG 法是首选发情调控方案，也可以结合前列腺素处理，在一定程度上提高调控效果。发情调控处理的母羊，必须有较好的体况和膘情，否则会影响到处理母羊的受胎率。在进行发情调控处理时，

还应特别选用配套技术。配套技术包括配套的药物、统一的程序、优化人工授精技术、首次配种时间、母羊发情状况的确定、早期妊娠诊断、复配管理等。只有采用配套技术，才能保证处理效果，使该项技术发挥最大效力。

④ 胚胎移植技术。胚胎移植技术主要用来提高优秀母羊的繁殖潜力。一只优秀的可繁殖母羊在正常情况下可以利用7年，平均每年可产羔羊1.25只，一生能繁殖后代10只左右。通过胚胎移植技术，采用生物药品超排处理、受体羊同步处理、人工鲜胎移植等操作，每次可提供合格胚胎8枚以上。如果母羊在壮龄期只利用3年，每年2次处理，可提供合格胚胎50枚，鲜胚移植成功率目前达60%以上，优秀母羊一生可生产后代30只，是常规繁殖的3倍。

（4）母羊多胎技术　由于内蒙古绒山羊本身属于高繁殖率的品种，继续提高其繁殖率难度比较大，目前，用于提高绒山羊产双羔率的方法主要有两种：第一是生殖免疫技术；第二是胚胎移植技术。

① 生殖免疫技术。生殖免疫技术为提高母羊多胎性提供了新途径。该技术是以生殖技术作为抗原，给母羊进行主动免疫，刺激母体产生技术抗体，或在母羊发情周期中用激素抗体进行被动免疫，这种抗体便和母羊体内相应的内源激素发生特异性结合，显著地改变内分泌原有的平衡，使新的平衡向多产方向发展。目前，常用的生殖免疫制剂主要有：双羔素（睾酮抗原）、双胎疫苗（类固醇抗原）、多产疫苗（抑制素抗原）及被动免疫抗血清等。这些抗原处理的方法大致相同，即首次免疫20 d后，进行第二次加强免疫，二免后20 d开始正常配种。据测定，免疫后抗原滴度可持续1年以上。

② 胚胎移植技术。应用这一技术可给发情母羊移植2枚优良种畜的胚胎，不但能达到一胎双羔，还可以通过普通母羊繁殖良种后代，在生产中具有一定经济价值。

2. 内蒙古白绒山羊的品种改良

（1）引进优良绒山羊品种（辽宁绒山羊）改良本地山羊　辽宁绒山羊体重大、体形大、体表面大、产绒量高。利用辽宁绒山羊为父本进行杂交改良。

（2）内蒙古白绒山羊的品种改良　对内蒙古白绒山羊的品种改良，主要结合同期发情、诱导双羔和人工输精为主要的技术，提高绒山羊的繁殖效率，加强品种改良强度。

（二）蒙古羊的高效繁育及品种改良技术

养羊生产中要对母羊实施“两高繁殖”（高效繁殖、高频繁殖），方能产生较高经济效益。

1. 蒙古羊的高效繁育

（1）蒙古羊繁殖特点　蒙古羊4个月左右就可以性成熟，1.5岁初配。发情周期为16～20 d，母羊性成熟后，每到繁殖季节就会出现发情现象。表现为喜欢接近公羊，接受公羊的爬跨，有交配欲望，举止不安，食欲减少，阴道充血、红肿并流出透明或稀薄的乳白色黏液，绵羊的发情症状不明显，所以1 d最少要进行2次发情观察。

蒙古羊的发情持续时间为24～48 h，排卵时间绵羊在发情后12～24 h，蒙古羊的繁殖力在3岁时开始上升，4～5岁最强，7～8岁开始下降，一般在7岁开始淘汰。而山羊的最佳繁殖年龄是3～5岁，6岁以后繁殖力逐渐下降，最多可利用到7～8岁。

蒙古羊是属于季节性多次发情的家畜，秋季或入冬发情配种，年产1胎，产羔率105%～110%。秋季是旺季。其次是春季，一年产羔一次，若在8～9月配种的母羊，1～2月产羔，称为早春羔（通俗称冬羔），冬羔的初生重大，生长快。若在11～12月配种的母羊，4～5月产羔，叫晚春羔（通俗称春羔），春羔易管理，但初生重较小。妊娠期一般为141～159 d，平均为150 d，初产母羊妊娠期长，经产母羊妊娠期较短，多羔的妊娠期短，单羔的妊娠期长。

（2）影响蒙古山羊繁殖的因素　影响繁殖力的各种内外因素，通过不同途径直接或间接影响着公羊的精液品质、受精能力；母羊的正常发情、排卵数、受精卵数和胎儿的发育，从而最终控制羊的繁殖力。

① 遗传因素。不同品种间以及同一品种不同个体间的繁殖力有差异。我国优质地方品种小尾寒羊、湖羊产羔率分别为260%～270%、230%～250%，繁殖力很强，且具有相对稳定的遗传性，杂交后代仍能保持多胎性能。我国新疆的阿勒泰羊以及内蒙古的乌珠穆沁羊的繁殖性能则较差，其产羔率分别为110%和100%。在同一品种不同个体间也存在繁殖差别，高产品种中也有繁殖力较差的个体，单胎品种中亦有产双羔的母羊，应加强选择，使优秀个体的基因能保留下来，并遗传后代。

② 环境的影响。蒙古羊是季节性发情的动物，光照长短是影响母羊发情的主要环境因素。在卵巢的正常活动下，光照对母羊的排卵数有显著的影响。已经证明绵羊随着配种季节的进展，产羔率逐渐增加，在配种中期达到高峰，以后又逐渐降低。这是由于随着光照时间的缩短，松果腺分泌褪黑激素量逐渐增加，褪黑激素对母羊垂体分泌促性腺激素有促进作用，使促性腺激素分泌量逐渐增加，这样激发卵巢活动从而达到多排卵的目的。随着光照时间的逐渐延长，母羊的卵巢活动机能逐渐减弱，直至进入乏情期。

③ 营养的影响。营养对母羊的发情、配种、受胎以及羔羊成活等具有决定性作用，其中以能量和蛋白质对繁殖影响最大，矿物质和维生素也不可忽视。能量长期不足，不但影响羔羊的生长发育，还会推迟性成熟，从而缩短了一生的有效繁殖年限。对成年母羊如果长期能量不足，会造成安静发情，延误配种时机。在配种前提高能量水平，能够增加母羊的排卵数及双羔率，对低水平饲养的母羊尤为明显。蛋白质缺乏，不但影响羊的发情、受胎或妊娠，也会使羊体重下降，食欲减退，以至摄入能量不足，从而影响羊的健康与繁殖。矿物质磷对母羊的繁殖力影响较大。缺磷能引起卵巢机能不全，推迟初情期的到来，成年母羊可造成发情症状不明显，发情间隔不规律，最后导致发情完全停止。维生素A与母羊繁殖关系密切，缺维生素A可引起流产、弱胎、死胎及胎衣不下等。

④ 管理的影响。科学的饲养管理能最大限度地满足羊的生长发育、生产、繁殖、营养、卫生等方面的需要。合理的放牧、饲喂、运动、调教、信息、羊舍卫生及交配制度等一系列管理措施，均对羊的繁殖力有一定的影响。管理不善，会使羊的繁殖力降低，甚于造成不育。

⑤ 公羊效应。在母绵羊中放入公绵羊后，只有40%～60%的母羊安静排卵，第一次排卵往往无发情症状，形成短寿命（5～6 d）黄体，然后在第18～24 d出现第二次发情排卵高峰。公羊效应的强弱也受季节的影响，如在春季母羊乏情期，在母羊群中放入公羊，其效果并不理想，只有母羊处于发情季节，公羊效应对母羊的繁殖才有明显作用。

（3）蒙古羊繁殖技术

① 发情鉴定。通过发情鉴定，确定适应的配种时间，提高母羊的受胎率。试情公羊应单独喂养，加强饲养管理，远离母羊群，防止偷配。对试情公羊每隔1周应本交或排精1次，以刺激其性欲。鉴定母羊发情可用外观观察和试情公羊等办法鉴别。

外观观察母羊发情时表现不安，目光滞钝，食欲减退，咩叫，外阴部红肿，流露黏液，发情初期黏液透明、中期黏液呈牵丝状、量多，末期黏液呈胶状。发情母羊被公羊追逐或爬跨时，往往叉开后腿站立不动，接受交配。处女羊发情不明显，要认真观察，不要错过配种时机。

用试情公羊鉴定发情。试情公羊即用来发现发情母羊的公羊，要选择身体健壮，性欲旺盛，没有疾病，年龄2～5岁，生产性能较好的公羊。为避免试情公羊偷配母羊，对试情公羊可系试情布，布长40 cm，宽35 cm，四角系上带子，每当试情时拴在试情羊腹下，使其无法直接交配，也可采用输精管结扎或阴茎移位手术。

② 同期发情。同期发情有两种方法：一种方法是促进黄体退化，从而降低孕激素水平；另一种方法是抑制发情，增加孕激素水平。

a. 孕激素阴道栓塞法。长期处理14～16 d，短期处理7～8 d，取出栓塞物当天注射PMSG 350～700 IU。在孕激素处理结束后1～3 d，90%以上母羊发情，发情当天和次日或相隔12 h各输精1次，也可在适当的时间进行定时授精。

b. 前列腺素注射法。在母羊发情季节开始后，对母羊注射 2 次 PGF2α 或其类似物，其间隔时间为 9～10 d，每次用量 PGF2α 10～20 mg 或氯前列烯醇 100～200 μg 或 15－甲基 PGF2α 0.5～1 mg，可以使母羊高度同期化，但受胎率较低，如果注射时间相隔 14 d，则这种发情的受胎率正常。前列腺素注射后 30～50 h 发情。

c. 孕激素—前列腺素结合使用。先用孕激素处理 7～9 d，然后注射 PGF2α 和 PMSG，此法同期发情率高，受胎率也较高，但较烦琐，费用偏高。

实行同期发情最好和定时人工授精结合起来，即经过处理的母羊在规定时间内，不经发情鉴定即进行 2 次人工授精，也就是在取出栓塞物之后 48 h 和 60 h 各 1 次，如果只授精 1 次，可在 55 h 进行。

同期发情不仅可在发情季节采用，而且也可在乏情季节诱发母羊发情。后者的目的是人工控制繁殖季节，缩短产羔间隔，提高母羊产羔频率。

在进行发情调控处理时，还应特别选用配套技术。

③ 当年母羔诱导发情。当年母羊体重达到成年母羊体重 60%～65%以上，出生 7 月龄以上时，采用生殖激素处理，可以使母羊成功繁殖。根据幼龄母羊生殖器官解剖特点，诱导发情处理方案可采用阴道埋植海绵栓和口服孕酮＋PMSG。但是，PMSG 的剂量应严格控制在 400 mL 以下，防止产双羔或多羔，造成难产。

④ 超数排卵技术。超数排卵的目的在于输精后能获得较多的受精卵，将其移植“借腹怀胎”形成新的个体，因此超数排卵只是胚胎移植的环节之一。主要使用促卵泡素（FSH）和促黄体素（LH）及其类似物处理繁殖母羊，使其在每个情期中增加排卵数量。超数排卵处理可使母羊在一个情期内排出 20 个卵，个别母羊可高达 50 个卵。促使母羊超排的最佳时间是在发情周期的第 12～13 d，在羊颈静脉注射促卵泡素（FSH）200～300 IU，静脉注射促黄体素（LH）100～150 IU，可获得超排效果。还可以使用促卵泡素（FSH）的类似替代物孕马血清（PMSG）和促黄体素（LH）的类似替代物绒毛膜促性腺激素（HCG），同样在母羊发情周期的第 12～13 d，根据体重大小皮下注射孕马血清（PMSG）600～1 100 IU，出现发情表现后再注射绒毛膜促性腺激素（HCG）500～700 IU。

⑤ 胚胎移植技术。胚胎移植的意义从一头母畜的输卵管或子宫内取出早期的胚胎（受精卵）移植到另一头母畜的输卵管或子宫内，让其“借腹怀胎”继续生长发育的过程就是胚胎移植。提供胚胎的畜体称为“供体”，接受胚胎的畜体称为“受体”。结合超数排卵技术，胚移可以迅速繁殖优良品种的后代，扩大纯种数量。

⑥ 人工授精技术

a. 正确输精。正确判断母羊最佳输精时期是人工授精成功的关键。从绵羊的生殖生理来说，排卵时间一般在发情开始后 24～30 h 开始排卵。卵子在生殖道内的生存时间比精子短（精子存活为1～2 d），一般在 12～24 h 内。精子进入母畜生殖道，到达受精部位需几十分钟到数小时。因此最佳输精时间应该在发情后 12～24 h 内，即早晨发现晚上配，晚上发现明早配。

b. 输精器械的安全消毒。输精器械消毒工作是人工授精顺利进行的保障。人工授精器械及药品有开膣器、输精枪、显微镜、生理盐水、消毒液和酒精、新洁尔灭等。首先必须对开膣器、输精枪进行蒸煮或高温干燥箱消毒，然后在使用前用生理盐水冲洗。开膣器使用一次后，再次使用时必须用蒸馏水棉球擦净外壁，再用酒精棉球擦洗，酒精挥发后再用生理盐水冲洗 2～4 次，才能使用。

c. 精液的质量。精液在采好以后应尽快稀释，稀释越早，效果越好。采精以前应配好稀释液。新采的精液温度在 30 ℃左右，如室温低于 30 ℃时，应把集精瓶放在 30 ℃的水浴箱里，以防精子因温度剧变而受影响。精液与稀释液混和时，二者的温度应保持一致，在 20～25 ℃室温和无菌条件下操作。把稀释液沿集精瓶壁缓缓倒入，为使混匀，可用手轻轻摇动。稀释后的精液应立即进行镜检，观察其活力。精液的稀释倍数应根据精子的密度大小决定。一般镜检为“密”时精液方可稀释，稀释后的精液输精量（0.1 mL）应保证有效精子数在 7 500 万以上。

d. 保定母羊。人工输精之前要对母羊进行保定，为了减少母羊的应激，保定时严禁殴打，保持安静的环境，要求做到温和适度。保证输精过程中母羊姿势稳定，情绪安静。

e. 输精操作。输精操作是人工授精的最后一个环节，也是最重要的一道程序。输精人员在输精操作时要认真仔细。在输精之前必须清理母羊阴部，先用棉球蘸水洗涤、去污垢，再用生理盐水擦干。输精时要做到轻、柔、稳、准、快。在开膣器上涂上生理盐水或凡士林以增加滑润，慢慢插入阴道内。当羊受到刺激而努劲时，先停止插入，待羊放松肌肉后再重新插入。展开开膣器寻找母羊子宫颈，子宫颈口的位置不一定正对准阴道。子宫颈在阴道内呈一小凸起，发情时充血，较阴道壁黏液的颜色深。成年母羊阴道松弛，且分泌物多，容易插入。找到子宫颈，将输精器注入子宫颈口内0.5～1.0 cm进行输精，输精深度与受精率相关，受精率最高的是在子宫内，其次是子宫内0.5～1.0 cm处。再其次是在阴道内。输精后，拍打母羊股部一掌，使其子宫颈收缩，有助于精液不倒流。处女母羊阴道狭窄，要选择小号开膣器缓慢推进，如果还未找到子宫颈，可采用阴道输精，但输精量至少增加1倍。

⑦ 高频繁殖生产体系。

a. 一年两产体系。一年两产体系可使母羊的年繁殖率提高90%～100%，在不增加羊圈设施投资的前提下，母羊生产力提高1倍，生产效益提高40%～50%。一年两产体系的核心技术是母羊性情调控、羔羊早期断奶、早期妊娠检查。按照一年两产生产的要求，制订周密的生产计划，将饲养、兽医保健，管理等融为一体，最终达到预定生产目标，该生产体系技术密集、难度大，只要按照标准程序执行，一年两产的目标可以达到。一年两产的第一产宜选在12月，第二产选在7月。

b. 二年三产体系。二年三产是国外20世纪50年代后期提出的一种生产体系，沿用至今。要达到两年三产，母羊必须8个月产羔一次，要有固定的配种和产羔计划，如5月配种，10月产羔；1月配种，6月产羔；9月配种，2月产羔。羔羊一般2月龄断奶，母羊断奶后1个月配种。为了达到全年均衡产羔，在生产中，将羊群分成8月产羔间隔相互错开的4个组。每2个月安排1次生产。这样每隔2个月就有一批羔羊屠宰上市。如果母羊在第一组内妊娠失败，2个月后可参加下一组配种。用该体系组织生产，生产效率比一年一产体系增加40%。该体系的核心技术是母羊的多胎处理，发情调控和羔羊早期断奶，强化育肥。

（4）母羊多胎技术　目前，提高母羊双羔率的方法主要有4种：第一是采用促性腺激素，如PMSG诱导母羊双胎；第二是采用生殖免疫技术；第三是应用胚胎移植技术；第四是采用营养调控技术。

① 促性腺激素。对单胎品种的母羊多采用这种方法。在孕酮处理12～14 d，撤栓前注射PMSG 300～500单位。在非繁殖季节，需要增加激素剂量。PMSG处理的弊端是不能控制产羔数，剂量小时，双胎效果不明显，剂量大时，则会出现相当比例的三胎或四胎，影响羔羊成活的成绩，有时还会造成母羊卵巢囊肿。促性腺素处理可与同期发情处理结合，即在同期处理时适当增加促性腺激素的剂量，可以达到提高双羔率的目的。直接用促性腺激素，因母羊对激素反应的敏感性存在个体差异，处理效果有时不确定，选用这种方案须作预试，因品种、因地区差异确定合理的剂量和注射时间。

② 生殖免疫技术。生殖免疫技术为提高母羊多胎性提供了新途径。该技术是以生殖技术作为抗原，给母羊进行主动免疫，刺激母体产生激素抗体，或在母羊发情周期中用激素抗体进行被动免疫，这种抗体便和母羊体内响应的内源激素发生特异性结合，显著地改变内分泌原有的平衡，使新的平衡向多产方向发展。目前，常用的生殖免疫制剂主要有：双羔素（睾酮抗原）、双胎疫苗（类固醇抗原）、多产疫苗（抑制素抗原）及被动免疫抗血清等。这些抗原处理的方法大致相同，即首次免疫20 d后，进行第2次加强免疫，二免后20 d开始正常配种。据测定，免疫后抗原滴度可持续1年以上。

③ 胚胎移植2个受精卵。应用这一技术可给发情母羊移植两枚优良种畜的胚胎，不但能达到一胎双羔，还可以通过普通母羊繁殖良种后代，在生产中具有很大经济价值。

④ 营养调控技术。营养调控技术提高母羊双羔率，主要包括采用配种前短期优饲、补饲维生素

E 和维生素 A 制剂、补饲白羽扁豆、补饲矿物质微量元素等，实践证实，这些措施可以提高母羊繁殖率。

2. 蒙古羊的品种改良

（1）杂交改良　以德国美利奴和杜泊羊为父本，当地蒙古羊为母本，利用二元或三元杂交方式进行杂交育种，培育出产羔率高，生长速度快，耐粗饲，抗病力强的肉用新品种，以适应市场需求。

（2）采用人工授精技术　人工授精是迅速提高良种覆盖率的主要手段。

（3）疫病防治技术　科学合理制定、优化免疫程序，严格对健康羊群进行免疫，预防和控制羊病的传播。建立有效的消毒制度，定期驱虫，保证羊只健康。

二、新疆牧区家畜高效繁育及品种改良技术

（一）肉羊高效繁育及品种改良技术

阿勒泰羊具有生长发育快的特点，放牧条件下 2 月龄、3 月龄羔羊日增重可达到 300 g，6 月龄体重 50 kg，与国外优良肉羊品种萨福克、陶赛特、特克赛尔等同月龄的羔羊体重增长相近。最为突出的特点是阿勒泰羊是在放牧条件下的体重变化情况。虽然阿勒泰羊体重增长较快，但尾脂占体重比例较高。因此各地区开展阿勒泰羊品种杂交改良，充分利用阿勒泰羊生长发育快、抗逆性强、耐粗饲、抗寒耐热等特点，利用瘦肉率高的肉羊品种开展杂交改良，生产优质商品肉羊。

（1）进行级进杂交选育　根据新疆不同区域绵羊种质资源和环境条件，在现已建立的［萨福克♂×（小尾寒羊♂×阿勒泰羊♀）］和（萨福克♂×阿勒泰羊♀）新类核心群基础上，结合分子生物学技术做好地方品种羊遗传资源调查工作，建立多胎肉羊核心群。确定相应的多胎肉羊品种（系）繁殖率、瘦肉率、胴体重等培育目标和选育标准；进行级进杂交选育，形成多胎多羔、体大生长快、肉质好的肉羊繁育体系，进行多胎肉用绵羊新品种（系）培育。

（2）建立育种核心群　建立具有肉用性和多胎性的育种核心群。将遗传性能测定与后裔选择等常规育种技术与高繁殖力、高产肉力分子标记和活体测定等现代育种技术相结合，通过横交固定、继代选育，组建新品系育种核心群，加快多胎肉羊新品种（系）选育进展。

（3）开展分子标记辅助育种　开展高繁殖力、高产肉性能的分子标记辅助育种，通过羔羊超排、同期发情、人工授精、胚胎移植、羔羊早期断奶等技术提高繁殖力、高产肉性能，实现多胎群体的快速扩繁，缩短世代间隔，加快多胎肉羊新品系培育速度。

（4）建立基因组选择关联分析模型　通过对阿勒泰羊等地方品种羊增重、胴体重、屠宰率等主要产肉性状测定分析，获得主要生产性状数据，开展全基因组或部分染色体区段的 SNP 和拷贝数多态性（CNVs）分析，建立基因组选择关联分析模型，筛选与肉用性状关联的 SNP 或 CNVs，为肉羊分子育种提供选择标记。

（5）建立育种与推广示范基地。

（二）中国美利奴羊高效繁育及品种改良

1. 中国美利奴羊的高效繁育　高效繁育是指在每年内每只母羊繁殖效率的高效。采用阴道栓诱导发情技术，使母羊一年四季都可发情，从而缩短了母羊的繁殖周期，提高母羊产羔率，达到高效繁育的效果。我国北方羊多为季节性发情，是短日照发情动物，即发情季节多集中在秋季，一般秋季配种，春季产羔，一年一产，这极大限制了羊的产业化生产。采用传统的季节性繁殖方式，繁殖母羊一年只产一次。而利用高效繁育调控技术则可实现二年三产或三年五产，缩短产羔间隔，增加母羊全年的产羔次数与数目。与此同时，圈舍及设备利用率提高 4～5 倍。空怀母羊和产羔 1～3 只的母羊饲养成本几乎相同，但获得的利润却相差很大。

（1）繁殖季节同期发情技术　绵羊的繁殖季节一般在 8～11 月，某些绵羊品种也存在常年发情的

情况。在繁殖季节进行同期发情处理，可采用 PG 注射法或孕激素＋PMSG 法均能取得较好的结果，发情母羊进行早晚 2 次配种，共配种 3 次。

（2）非繁殖季节同期发情技术　试验场地进行清扫消毒，保持干净卫生状态，将试验母羊的外阴部用消毒液、卫生纸清洗干净；用肠钳夹住阴道海绵栓在经烧开放凉后添加土霉素的清油中浸泡 2 秒后拿出，再蘸少许土霉素后放入阴道深部，阴道海绵栓外部留取 5 cm 左右长度的线；在埋阴道海绵栓的同时，每只母羊肌内注射 1 mL 孕酮，做好试验记录；用孕酮阴道栓处理母羊 14 d 后撤栓，撤栓同时每只母羊进行 500 IUPMSG 的肌内注射。

（3）人工授精　撤栓后 36 h 进行外阴部观察，针对出现外阴部发红、阴道口有黏液泌出的羊只进行人工授精。采集鲜精后用卵黄稀释液（10%卵黄，葡萄糖、柠檬酸钠、蒸馏水等）按 1∶（1.5～2）比例进行稀释，每只羊进行 3 次深部输精，输精量为 0.1 mL，两次输精间隔时间为 8 h。并于第一次输精的同时颈静脉注射 12.5 μg 促排 3 号。

2. 中国美利奴羊的品种改良　羊毛市场价格走低使得细毛羊养殖步入低谷。通过绵羊高频繁殖配套技术示范，引进世界著名的肉毛兼用型德国美利奴羊对现有中国美利奴羊进行经济杂交，提高羊肉产量的同时保持较高的羊毛产量，丰富羊肉市场，增加农牧民收入，促进细毛羊产业的可持续发展。

（1）种公羊的选择　德国肉用美利奴是世界著名的肉毛兼用品种。该品种具有良好肉用性能、产毛性能和繁殖率。体格大，成熟早，繁殖率高，产毛量好，胸宽而深，背腰平直，肌肉丰满，后躯发育良好，公母羊无角，被毛白角，密而长，弯曲明显。屠宰率 48%～50%；繁殖率 150%～250%；公母羊剪毛量分别为 7～10 kg 和 4～5 kg，毛长 8～10 cm，毛细 64～68 支。适应性强。根据德国肉用美利奴羊的品种标准，选择特、一级种公羊改良中国美利奴羊。德国肉用美利奴羊种公羊的选择标准见表 3－28。

表 3－28　纯种德国美利奴羊的分级标准

年龄	等级	种公羊			
		体高（cm）	体长（cm）	胸围（cm）	体重（kg）
2～3 岁	特	88.0	88.0	101.0	120.0
	一	83.0	83.0	96.0	110.0

（2）选配方案　选配的作用在于巩固选种效果。通过正确的选配，使亲代的固有优良性状稳定地传给下一代；把分散在双亲个体上的不同优良性状结合起来传给下一代；把细微的不甚明显的优良性状累积起来传给下一代；对不良性状、缺陷性状给予削弱或淘汰。选配可分为同质选配和异质选配。

① 同质选配。是指具有同样优良性状和特点的公、母羊之间的交配，以便使相同特点能够在后代身上得以巩固和继续提高。通常特级羊和一级羊是属于品种理想型羊只，它们之间的交配即具有同质选配的性质；或者羊群中出现优秀公羊时，为使其优良品质和突出特点能够在后代中得以保存和发展，则可选用同群中具有同样品质和优点的母羊与之交配，这也属于同质选配。例如，体大毛长的母羊选用体大毛长的公羊相配，以便使后代在体格大和羊毛长度上得到继承和发展。这就是“以优配优”的选配原则。

② 异质选配。是指选择在主要性状上不同的公、母羊进行交配，目的在于使公、母羊所具备的不同的优良性状在后代身上得以结合，创造一个新的类型；或者是用公羊的优点纠正或克服与配母羊的缺点或不足。用特、一级公羊配二级以下母羊即具有异质选配的性质。例如，选择体大、毛长、毛密的特、一级公羊与体小、毛短、毛密的二级母羊相配，使其后代体格增大，羊毛增长，同时羊毛密度得到继续巩固提高。又如用生长发育快、肉用体型好、产肉性能高的肉用型品种公羊，与对当地适应性强、体格小、肉用性能差的当地土种母羊相配，其后代在体格大小、生长发育速度和肉用性能方

面都显著超过母本。在异质选配中，必须使母羊最重要的有益品质借助于公羊优势得以补充和强化，使其缺陷和不足得以纠正和克服。这就是“公优于母”的选配原则。

③ 选配应遵循的原则。为母羊选配公羊时，在综合品质和等级方面必须优于母羊；为具有某些方面缺点和不足的母羊选配公羊时，必须选择在这方面有突出优点的公羊与之配种，决不可用具有相反缺点的公羊与之配种；采用亲缘选配时应当特别谨慎，切忌滥用；如果效果良好，可按原方案再次进行选配，否则，应修正原选配方案，另换公羊进行选配。

④ 种公羊配种期要精细喂养。种公羊在配种期的饲养管理要求比较精细，必须保持良好的健康体况，即中上等膘情、体质健壮、精力充沛、性欲旺盛、配种能力强、精液品质好。

配种期的种公羊应补饲富含粗蛋白质、维生素、矿物质的混合精料与干草，适合饲喂种公羊的粗饲料有苜蓿、三叶草和青燕麦干草等。精料则以燕麦、大麦、玉米、高粱、豌豆、黑豆、豆饼为好，多汁饲料有胡萝卜、饲用甜菜等。一般每日补饲混合精料1～1.5 kg，青干草任意采食（冬配时），骨粉10 g，食盐15～20 g；每天采精次数较多时，加喂鸡蛋1～2个。在补饲的同时，要加强放牧，适当增加运动，以增强公羊体质和提高精子活力。放牧和运动要单独组群，放牧时尽量远离母羊群。配种季节，种公羊性欲旺盛，性情急躁，在采精时要注意安全，放牧或运动时要有人跟随，防止种公羊混入母羊群进行偷配。种公羊圈舍要宽敞坚固，保持清洁、干燥，并定期消毒。

⑤ 羊配种年龄及最佳配种时间。初配母羊在12～18个月，且山羊较绵羊略早。3～5岁羊繁殖力最强。最佳利用期母绵羊6年，母山羊8年。最佳配种时间：羊一般有固定的繁殖季节，但人工培育的品种羊常无严格的繁殖季节性。北方地区羊的繁殖季节一般在7月至翌年1月间，而以8～10月为发情旺季。绵羊冬羔以8～9月配种，春羔以11～12月配种为宜，奶山羊以8～10月配种好。母羊发情持续时间绵羊为30～40 h，山羊24～28 h，因此，绵羊应在发情后12～30 h，山羊发情后12～24 h配种好。母羊发情周期为15～21 d。

⑥ 羊群档案管理。羊群档案管理是中国美利奴羊羊群管理最基础、最基本的项目。其基本内容包括编号、系谱、出生日期及生长发育记录、繁殖记录、生产性能记录、免疫疾病治疗记录和进出栏记录。

（3）商品羊的生产　近几年新疆肉羊价格持续攀升，养羊业火热。建立规模化养殖场和养殖小区，实行规范化饲养，充分利用农副产品废料，加大繁殖技术的实施强度，实现商品羊的可持续化、安全化生产。开展商品羊产业化生产，需要建立“良种、良料、良法、良销”配套技术体系。

① 良种。没有生产性能良好的品种，难以实现羊肉产量的迅速提高。开展商品羊生产，要选择产肉性能好，生长速度快，繁殖率较高地方良种或是杂交改良群体进行商品羊的生产。

② 良料。商品羊生产要获得良种优良的生产性能，必须提供其生长发育所需要的能量、蛋白等饲草料。结合当地饲草料资源现状，充分利用本地农副产品加工废弃物进行经济适用型饲草料的加工调制，使养殖户在降低养殖成本的同时，获得更多的经济收入。

③ 良法。发挥良种的优良特性，将良种、良料有机结合，通过良好的饲喂方法和规范化的管理方式才能实现商品羊的快速生产。良法包括饲草料的加工方法、草料饲喂量及饲喂方式、畜群繁育方案及生产管理等。

④ 良销。利用市场化的营销方法，通过建立良好的销售渠道和销售网络，实现商品羊的产业化销售，稳步提高养殖户的经济收入。

（4）饲草料加工调制

① 青干草的加工调制。

a. 自然干燥法。自然干燥法可分为两个阶段。第一阶段，青草收割后，平铺成薄层，经太阳曝晒使其含水量迅速下降到38%左右；第二阶段，尽量减少曝晒的面积和时间，将第一阶段的青草堆成小堆，直径1.5 m左右，每堆约50 kg为宜，当水分含量降为14%～17%时堆成大垛。

b. 人工干燥法。人工干燥法可以极大地保存青饲料的营养价值，减少干燥过程中的营养损失。

人工干燥法有高温法和低温法。低温法可采用45～50 ℃的温度在小室内停留数小时使青草干燥；高温法则是采用500～1 000 ℃的热空气脱水6～10 s。

② 秸秆饲料的调制。

a. 物理处理法。铡碎：铡碎，便于羊采食，又减少了采食时的能量消耗，可减少饲料浪费20%～30%。喂羊的秸秆宜铡长1.5～2.5 cm。粉碎：可以采用粉碎机粉碎，但不宜过细。浸泡：将切碎的秸秆加水浸湿。浸泡时，水中可放入少许食盐。100 kg秸秆拌入1～5 kg糠麸，如能混合10～20 kg禾本科干草、酒糟、甜菜渣，效果更好。

b. 碱化处理法。氢氧化钠处理法：把秸秆铡成长2～3 cm，用喷雾器将1.6%的氢氧化钠溶液均匀地喷洒在秸秆上（占干置的6%），再把余碱冲去，压实成饼，其营养价值可提高1倍，处理后的秸秆要放置8～10 h才能饲喂。石灰处理法：若用浸泡法，一般是100 kg秸秆用3 kg生石灰，加水200～250 L，或者是石灰乳9 kg对水250 L，为了增加适口性，可在石灰水中加入0.5%的食盐。处理后的秸秆，在水泥地上摊放1 d以上，不需冲洗即可饲喂。若用喷淋法，可在铺有席子的水泥地上铺上切碎秸秆，再以石灰水喷洒数次，然后堆放、软化，1～2 d后就可调喂。

c. 氨化处理法。堆垛法：选择地势高、干燥平整的地块，先铺一块无毒的聚乙烯薄膜，然后将秸秆堆起成垛。堆垛的过程中，将秸秆水分含量调整到20%左右。垛好后用塑料薄膜盖严，注入相当于秸秆干物质重3%的液氨进行氨化。气温在5～15 ℃，需4周以上时间；气温在30 ℃以上，约1周就可以了。窖池法：窖池的大小根据羊只的数量而定。窖的形式多种多样，可建在地上，也可建在地下，还可一半地上一半地下，窖以长方形为好。操作方法：先将秸秆切至2 cm左右，每100 kg秸秆（干物质）用5 kg尿素、40～60 kg水；把尿素溶于水中搅拌，完全融化后分数次均匀地洒在秸秆上，入窖前或入窖后喷洒都可。边装窖边踩实，装满踩实后用塑料薄膜覆盖密封，再用细土压好。尿素氨化所需时间大体同液氨氨化，但应稍长些。氨化炉法：将秸秆置于草车中，用相当于秸秆干物质重量8%～12%的碳酸氢铵（或5%的尿素）处理，碳酸氢铵最好预先溶于水中，均匀地将其溶液喷洒到秸秆上，秸秆的含水率调整到45%左右。草车装满后，推进炉内，关上炉门后加热。如用电加热，开启电热管，用控温仪把温度控制在95 ℃左右，加热14～15 h之后，切断电源，再焖炉5～6 h，即可打开炉门，将草车拉出，任其自由通风，放掉余氨后即可饲喂。

③ 青贮饲料的调制及饲喂方法。

青贮方法：青贮塔、青贮窖、青贮壕、地上堆贮、塑料袋贮。

青贮种类：按原料含水率高低，可划分为高水分青贮、凋萎青贮和半干青贮。

高水分青贮：青贮原料含水率在70%以上，一般是直接收割并贮存。

凋萎青贮：青贮原料含水率60%～70%，是将割下的牧草或饲料作物在田间经适当晾晒后，再切碎入窖青贮。

半干青贮：是将牧草割下在田间晾晒至含水率40%～60%，然后再切碎入窖青贮。主要用于牧草（特别是豆科牧草）。

青贮原料的收割期：一般来说，豆科牧草应在花蕾期收割，而禾本科牧草应在抽穗阶段收割。带穗玉米青贮的最佳收割期是乳熟后期至蜡热前期。

切短、压实、密封：青贮原料切短至2～3 cm（牧草亦可整株青贮）。青贮时，将切碎的原料分层装到窖内，每层15～20 cm厚，装一层踩一层，特别是密的四周更要踩实，直至所装原料高度超出窖口60 cm以上，即可用塑料薄膜覆盖封口。然后在塑料薄膜上铺土，压实成屋脊形，以利排水。禾本科牧草，一般青贮17～25 d即可取用；豆科牧草需40 d以上；禾本科牧草与豆科牧草混合青贮时，取用时间介于上述两者之间。

另外，为了保证青贮饲料的质量，可以在调制过程中加入青贮饲料添加别。常用的青贮饲料添加剂有微生物、酸类、防腐剂和营养性物质。生产中以加入尿素等营养添加剂最为常见，尿素的加入量一般为青贮饲料的0.5%。

④ 根茎类饲料的调制和喂法。根茎类饲料洗干净后，经加工成小块或细条状与精料搅拌进行饲喂。

⑤ 精饲料的调制及喂法。

磨碎与压扁：籽实磨碎与压扁，只是压碎成粒，不必磨成面，粒径 1～2 mm。

浸泡：豆类、谷类、饼粕类浸泡后膨胀柔软，容易咀嚼，便于消化。

蒸煮与焙炒：采用这种方法可进一步提高饲料的适口性。

糖化：可改进口味，一般糖化 4～5 h 即可。

三、青海、西藏牧区家畜高效繁育及品种改良技术

（一）牦牛高效繁育及品种改良技术

1. 牦牛高效繁殖 随着家畜繁殖技术的发展，先进繁殖技术在牦牛生产中已被广泛采用，目前，使用较多的是人工授精技术、同期发情技术等。

（1）人工授精技术

① 种公牛的调教。对成年公牦牛应在天寒草枯、一年中体质乏弱的时期调教，以饲草料为诱饵，拴系管理，逐步调教；对幼年公牦牛从犊牛人工哺乳或舍饲阶段开始调教，效果更为理想。调教种公牛时，选用有饲牧牦牛经验、熟悉牦牛习性的牧工为专门调教员。用饲养诱食的方法接近，逐步将绳索套于公牦牛颈部进行拴系管理，并逐步靠近牛体，进行抚摸、刷拭。为消除采精时的恐惧，调教员在饲养管理工作中要穿固定的工作服，并常持形似牛假阴道的器具，使公牛熟悉采精器械。人、畜联络感情后，在刷拭牛体的同时，逐步抚摸睾丸、牵拉阴茎及包皮，并在远处（牛视线内）置饲草，牵引公牦牛采食，多次重复。对未自然交配过的公牦牛，调教中要使其逐步接近、习惯采精架，将发情母牛固定在采精架内进行交配。在爬跨交配的同时，调教员可抚摸公牛的尻部、臀部及牵拉阴茎、包皮等。在自然交配 2 次后，即可进行假阴道采精训练。

② 采精方法。将公牦牛缓慢牵引至有台牛的采精架，引起性兴奋，采精员持假阴道在架右侧等候，待公牦牛爬跨母牛，采精员迅速靠近公牛并用左手扶助公牦牛的阴茎包皮，将阴茎插入假阴道，数秒即完成射精，采精员右手紧握假阴道，随公牦牛阴茎而下，待公牛前肢落地时，缓慢地把假阴道脱出，立即将假阴道口斜向上方，打开活塞放气，使精液尽快地流入集精管内，然后小心地取下集精管，迅速转移至精液处理室。

③ 牦牛冻精生产及检测。牦牛冻精生产参照奶牛的方法进行，是集种公牛饲养管理、种公牛调教、精液采集、精液质检、精液稀释、精液分装和制冻的系列化过程。其生产流程的每个环节都环环相扣、密不可分。

④ 参配母牦牛的组群和管理。选好参配母牛是提高受配率和受胎率的关键。选择体格较大，体质健壮，无生殖器官疾病的母牛，即前年或去年产犊的母牛作为参配牛，根据母牦牛的发情规律，当年产犊的母牛，到配种季节很少发情，即使发情也要到配种后期。因此，当年产犊的母牛不宜参加人工授精配种。参配牛应于配种前一个月选出，组成专群，由经验丰富的放牧员精心管理，在划定的配种专用草场放牧，使之迅速抓膘复壮。专用草场应远离其他牛群，以防公牦牛混群偷配。如条件限制，配种牛群不能远离其他牛群，应设置草场围栏，将参配牛放在围栏内，以便与其他牛群分开。

⑤ 母牦牛的发情鉴定。配种开始后，放牧员一定要跟群放牧，认真观察，及时发现发情母牛。母牦牛发情的外部表现不像普通牛那样明显。发情初期阴道黏膜呈粉红色并有黏液流出，此时不接受尾随的试情公牛的爬跨，经 10～15 h 进入发情盛期，才接受尾随试情公牛爬跨，站立不动，阴道黏膜潮红湿润，阴户充血肿胀，从阴道流出混浊黏稠的黏液。后期阴道黏液呈微黄糊状，阴道黏膜变为淡红色。放牧员或配种员必须熟悉母牦牛发情的特征，准确掌握发情期的各个阶段，以保证适时输精

配种。

⑥ 冷冻精液的准备。冷冻精液于配种前向种公牛站订购，根据配种需要选购所需数量和符合质量要求的冷冻精液。冷冻精液的剂型现多使用细管冻精，每个输精剂量含有效精子数 1 000 万左右，解冻后活率在 40%左右。贮精容器要附带有牛的品种、牛号、生产性能、制作日期、数量等有关记录。冻精在运输途中要有专人负责，确保安全。

⑦ 冻精配种。

始配时间：母牦牛一般于 7 月开始发情，由于各地气候的差别，始配时间不尽相同，一般多在 7 月初或 7 月中旬开始。

冷冻精液解冻：取出细管冻精，放入 37～39 ℃水浴中 1～5 s，检查解冻精液活率正常，即可用于输精。

检查输精适期：输精员将手伸入母牛直肠，找到卵巢，检查卵泡发育情况，确定母牛发情正常，并处于输精适期，即可输精。

输精方法：输精时先用手握住子宫颈并提起，另一手将输精管由阴道插入子宫颈口，然后将精液慢慢注入子宫颈内，抽出输精器，再用插入直肠的手按摩一下子宫，促使子宫收缩，将手抽出，完成输精。

（2）同期发情技术　同期发情技术，是利用某些激素制剂，使母牦牛在预定的时间内集中发情，以便有计划地组织配种。

① 同期发情的处理程序。牦牛同期发情处理程序：在同期化处理之前对受体牦牛进行直肠触摸，检查卵巢是否处于活动状态。处于活动状态的牦牛方可进行同期化发情处理。药品：CIDR：新西兰 INTERVET 公司产品。氯前列烯醇（PG）：0.2 mg/2 mL/支，育成牛 0.2～0.4 mg/次。方法：放 CIDR，用牛专用放栓器放置 CIDR；注射 PG，在放 CIDR 后第 8 d；取出 CIDR，在注射 PG 后的第 3 d；取出 CIDR 后 24～48 h 观察发情，发情后人工授精。

② 同期发情技术在牦牛繁殖上的应用。

为探索应用同期发情技术，对提高牦牛的受配率、受胎率，缩短配种期，降低配种成本，从而提高牦牛的繁殖性能，在青海牦牛产区进行了同期发情试验，使牦牛自然群（干奶牛和泌乳牛混群）的受配率达到 78.6%；受胎率 64.9%，成活率 84.1%，杂种受配繁殖成活率达到 48.05%。配种期由 70～120 d，缩短到 45 d，配种成本降低一半以上。

（3）超数排卵与胚胎移植技术　全国各地养殖区已经普遍开展了胚胎移植技术的应用，但在牦牛产区，胚胎移植等相关技术还有待研究和推广。近几年来，青海和西藏开始了对牦牛胚胎移植技术的研究与探讨。

2007 年，在拉萨开展超数排卵与胚胎移植技术研究。选择供体年龄 5～10 岁，体重 200 kg 以上，膘情均达中等以上牦牛 10 头，采用中科院动物所 FSH 刺激西藏牦牛超数排卵，用药剂量已相当于体型较大的青海牦牛超排剂量，根据黄体反应情况来看，8.8～9.0 mg FSH 可以使藏北牦牛超数排卵。10 头供体牛共获得胚胎数 7 枚，可移植胚胎 5 枚，移植给 5 头同期发情受体牛，60 d 经 B 超仪检查妊娠 4 头，并于 2008 年 6 月全部出生。

（4）提高牦牛繁殖率的途径

① 加强选种，选择繁殖力高的优良公、母牦牛进行配种。牦牛群其遗传性生产潜力的高低，取决于高产基因型在群体中的存在比例。从生物学特性和经济效益考虑，对本种选育核心群或人工授精用的公牦牛，要严格要求，进行后裔测定或观察其后代品质。对选育核心群的母牦牛，要拟定选育指标，突出重要性状，不断留优去劣，使群体在外貌、生产性能上具有较好的一致性。有计划、有目的、有措施地选择繁殖力高的优良公、母牦牛进行繁殖，既可提高牦牛的繁殖性能，又可通过不断选种，累积有利于人类的经济性状或高产基因，可以培育出新的类群或品种。

② 加强饲养管理，确保母牦牛繁殖生理正常。饲养管理直接影响牦牛的生产性能，合理解决高

山草原牧草生产与牦牛生产之间的季节不平衡，主要是在冷季保持最低数量的牦牛畜群，以减轻冷季牧场和补饲所需饲料的压力，使冷季牧场的贮草量（加上补饲）与牛群的需草量大致平衡，在暖季，充分发挥由牦牛直接利用暖季牧草的生长优势，合理组织四季放牧，从而在发情配种季节使母牦牛具有适当的膘情，保证正常的发情生理机能，促进牦牛正常发情和配种。

③ 准确的发情鉴定和适时输精。准确掌握母牛发情的客观规律，适时配种，是提高受胎率的关键。母牦牛的发情，具有普通牛种的一般征状，但不如普通牛种明显、强烈。相互爬跨，阴道黏液流出量，兴奋性等均不如普通牛种母牛，一般来说，输精或自然交配距排卵的时间越近受胎率越高，准确的发情鉴定是做到适时输精的重要保证，牦牛的发情鉴定主要采用外部观察法，输精技术主要采取直肠把握子宫颈授精法。

④ 调整牛群结构，增加繁殖母牛的比率。生产母牛是牛群中最主要的生产者，生育犊牛和生产牛奶全靠它，创造的产值最多。因此，尽可能扩大繁殖母牛在牛群中的比率，这是使牛群结构趋向合理，向商品生产转化的重要措施，也是提高繁殖率的重要途径。其次是加强犊牛培育，缩短育成牛的饲养年限，使育成母牛到2.5岁时能配种投产。据试验，繁殖母牛的比例，可以由现在的35%左右，提高到50%～55%，一些地方甚至可以达到60%。

2. 牦牛品种改良　牦牛是一个自然选择大于人工选择的原始畜种，虽具有乳、肉、役、毛等多种用途，但生产性能低，产品商品率低，经济效益差。通过本种选育，虽可提高牦牛的生产性能，但提高的速度很慢。积极、有计划地开展牦牛杂交改良，充分利用种间杂交优势，可以大幅度提高生产性能。

① 乳用牛与牦牛杂交。20世纪50年代中期，引入黑白花奶牛、西门塔尔牛等培育品种公牛与牦牛进行杂交。哺乳期不挤奶的黑白花与牦牛杂交一代母牛体高、体长、胸围各指标平均分别为113.98 cm、122.25 cm、164.50 cm，体重260.36 kg，体高、体长、胸围指标分别比成年母牦牛增加7.88 cm、5.15 cm、8.40 cm，体重增加40 kg左右；30月龄体重381.18 kg，胴体重194.40 kg，屠宰率51.00%，胴体重相当于成年牦犍牛。

② 肉用牛（含海福特、夏洛来）与牦牛杂交。青海省大通牛场肉用牛与牦牛的杂种牛相同培育条件下，18月龄体重平均为221.90 kg，胴体重109.28 kg，屠宰率49.25%。此种杂交牛6月龄与18月龄的胴体比同龄、同培育条件的牦牛分别重7.13 kg、49.28 kg。另外，杂交牛还显示出性成熟早，繁殖力高等优点。改良牛性成熟年龄比牦牛早一年，繁殖成活率无论自然本交或冻精人工授精均可达60%～70%，比当前牦牛繁殖成活率高20%～50%。这些培育品种生长发育快，产肉性能高，适应性能好，繁殖力强，不仅具有牦牛生活在高寒生态环境的特性，还能生活在牦牛不宜生活的低海拔1 000 m左右的地区，同时生产性能也较高。

③ 本地黄牛与牦牛杂交。本地黄牛对高寒草地生态环境有较强的适应能力，种公牛可随牦牛群全年放牧管理，繁活率较高，适应能力也很强，种牛价格便宜易购买，改良成本低。杂交牛犊出生时较小，不易出现难产。杂交后代犏牛役用性能好，乳肉生产性能优于牦牛。但由于本地黄牛自身生产性能很低，犏牛的性能表现有限。

④ 三品种杂交。三品种杂交繁育二代俗称尕里巴，这种牛的血缘组合以黑白花公牛杂交牦牛的F_1代母牛，再与肉用牛或黑白花级进杂交或乳肉兼用牛西门塔尔牛杂交最为理想。青海省大通牛场近几年用肉用牛与一代改良牛杂交的尕里巴牛，采取哺乳期不挤母奶，初冬断奶，冷季每日补饲精料0.5 kg，干草1.0～1.5 kg，全期补饲料77.5～95.0 kg，干草155～235 kg的结果为：哺乳期公牛平均日增重691.0 g、母牛721.6 g，1岁半时公牛体重达（208.10±25.42）kg，胴体重（99.71±15.65）kg，屠宰率（47.98±5.23）%，净肉率（35.87±51.13）%，其胴体重比同龄、同性别、哺乳期日挤奶1～2次的牦牛重52.51 kg。同时，尕里巴牛比犏牛易调教，挤奶时几乎与奶用牛一样，不需任何保定办法。

（二）藏羊高效繁育及品种改良技术

1. 藏羊高效繁育

（1）藏羊的性成熟与初配年龄　幼龄羊发育到一定阶段，脑垂体前叶分泌促性腺激素和性腺激素逐渐形成和增多，生殖器官发育完全，开始产生精子或卵子，并能完成交配和受精功能，第一次出现发情性状，即称为性成熟。公羔6～7月龄就能排出成熟精子，达到性成熟，但精液量少，畸形精子和未成熟精子多，不可用于配种。适宜的初配年龄为羊发育到体成熟时，也就是体重和体格达到成年羊的65%以上时为宜。藏羊在1.5岁时初配为好。

（2）藏羊的配种计划　羊的配种计划一般根据各地每年母羊产羔次数和时间来决定。1年1产的，有冬季产羔和春季产羔两种。产冬羔时间在1～2月，需要在8～9月配种；产春羔时间在4～5月，需要在11～12月配种。一般产冬羔的母羊配种时期膘情较好，对提高产羔率有好处，同时由于母羊妊娠期体内供给营养充足，羔羊的初生重大，存活率高。此外冬羔利用青草期较长，有利于抓膘。但产冬羔需要有足够的保温产房和足够的饲草饲料贮备，否则母羊容易缺奶，影响羔羊发育。春季产羔，气候较暖和，不需要保暖产房。母羊产后很快就可吃到青草，奶水充足，羔羊出生不久，也可吃到嫩草，有利于羔羊生长发育。但产春羔的缺点是母羊妊娠后期膘情最差，胎儿生长发育受到限制，羔羊初生重小。同时羔羊断奶后利用青草期较短，不利于抓膘育肥。

随着现代繁殖技术的推广应用，密集型产羔体系技术得以广泛推广。在二年三产的情况下，第1年5月配种，10月产羔；第2年1月配种，6月产羔；9月配种，翌年2月产羔。在一年二产的情况下，第1年10月配种，第2年3月产羔；4月配种，9月产羔。

（3）藏羊的配种时间和方法　交配时间一般是早晨发情的母羊傍晚配种，下午或傍晚发情的母羊于第二天早晨配种。为确保受胎，最好在第一次交配后，间隔12 h左右再交配1次。羊的配种方法有2种，即自然交配（本交）和人工授精。

（4）同期发情　羊的同期发情是胚胎移植中的重要一环，使供体和受体发情同期化，有利于胚胎移植的成功。目前，使用的方法主要如下。

① 孕激素—PMSG法。用孕激素制剂处理（阴道栓或埋植）母羊10～14 d，停药时再注射孕马血清促性腺激素（PMSG），一般经30 h左右即开始发情，然后放进公羊或进行人工授精。阴道海绵栓比埋植法实用，即将海绵浸以适量药液，塞入羊只阴道深处，一般在14～16 d后取出，当天肌注PMSG 400～750 IU，2～3 d后被处理的大多数母羊发情。孕激素种类及用量为：甲孕酮（MAP）50～70 mg，氟孕酮（FGA）20～40 mg，孕酮150～300 mg，18-甲基炔诺酮30～40 mg。

② 前列腺素法。在母羊发情后数日向子宫内灌注或肌注前列腺素（PGF2α）或氯前列腺烯醇或15-甲基前列腺素，可以使发情高度同期化。但注射一次，只能使60%～70%的母羊发情同期化，相隔8～9 d再注射1次，可提高同期发情率。在这种情况下，使黄体溶解，中断黄体期，降低孕酮的水平，从而促进垂体促性腺激素的释放，引起同期发情。本法处理的母羊，受胎率不如孕激素—PMSG法，且药物昂贵，不便广泛采用。

（5）早期妊娠诊断

① 超声波探测法。用超声波的反射，对羊进行妊娠检查。根据多普勒效应设计的仪器，探听血液在脐带、胎儿血管和心脏等中的流动情况，能成功地测出妊娠26 d的母羊。到妊娠6周时，其诊断的准确性可提高到98%～99%；若在直肠内用超声波进行探测，当探杆触到子宫中动脉时，可测出母体心律（90～110次/min）和胎盘血流声，从而准确地肯定妊娠。

② 激素测定法。羊怀孕后，血液中孕酮的含量较未孕母羊显著增加，利用这个特点对母羊可做出早期妊娠的诊断。如在羊配种后20～25 d，用放射免疫法测定：欧拉羊每毫升血浆中，孕酮含量大于1.5ng，妊娠准确率为93%。

③ 免疫学诊断法。羊怀孕后，胚胎、胎盘及母体组织分别产生一些化学物质，如某些激素或某

些酶类等，其含量在妊娠的一定时期显著增高，其中某些物质具有很强的抗原性，能刺激动物机体产生免疫反应。而抗原和抗体的结合，可在两个不同水平上被测定出来：一个是荧光染料或同位素标记，然后在显微镜下定位；另一个是抗原抗体结合，产生某些物理性状，如凝集反应、沉淀反应，利用这些反应的有无来判断家畜是否妊娠。早期怀孕的欧拉羊含有特异性抗原，这种抗原在受精后第2 d就能从一些孕羊的血液里检查出来，从第8 d起可以从所有试验母羊的胚胎、子宫及黄体中鉴定出来。这种抗原是和红细胞结合在一起的，用它制备的抗怀孕血清，于怀孕10～15 d期间母羊的红细胞混合出现红细胞凝集作用，如果没有怀孕，则不发生凝集现象。

（6）诱发分娩　诱发分娩是指在妊娠末期的一定时间内，注射某种激素制剂，诱发孕畜在比较确定的时间内提前分娩，它是控制分娩过程和时间的一项繁殖管理措施。使用的激素有皮质激素或其合成制剂，前列腺素及其类似物，雌激素、催产素等。欧拉羊在妊娠144 d时，注射地塞米松（或贝塔米松）12～16 mg，多数母羊在40～60 h内产羔；欧拉羊在妊娠144 d时，肌注前列腺素20 mg，多数在32～120 h产羔，而不注射上述药物的孕羊，197 h后才产羔。

（7）提高藏羊繁殖力的主要方法

① 提高种公羊和繁殖母羊的饲养水平。营养条件对羊繁殖力的影响极大，完全而充足的营养，可以提高种公羊的性欲，提高精液品质，促进母羊发情和排卵数的增加。加强对公母羊的饲养和加强对母羊在配种前期及配种期的饲养，实行满膘配种，是提高藏羊繁殖力的重要措施。课题组在祁连实验基地的试验表明，在配种前2.5～3个月，给母羊选择优良牧地，延长放牧时间，加强放牧抓膘；配种前30～40 d，每羊每天补喂0.4 kg精料，使母羊在短期内膘肥体壮，经产母羊平均体重40 kg，初产母羊35 kg以上，结果与没有短期优饲的母羊相比，产羔率提高12.5%。

② 增加适龄繁殖母羊比例，实行频繁产羔。羊群结构是否合理，对羊增殖有很大影响，增加适龄母羊（2～5岁）在羊群中的比例，也是提高羊繁殖力的一项重要措施。在育种场，适龄繁殖母羊的比例可提高到60%～70%，在经济羊场可考虑在40%～50%。

另外，在气候和饲养管理条件较好的地区，可以实行羊的频繁产羔，也就是使羊2年产3次或1年产2次羔。为了保证密集产羔的顺利进行，必须注意以下几点：第一，必须选择健康结实，营养良好的母羊，母羊的年龄以2～6岁为宜，这样的母羊还必须是乳房发育良好、泌乳量比较高的。第二，加强对母羊及其羔羊的饲养管理，母羊在产前和产后必须有较好的补饲条件。第三，要从当地具体条件和有利于母羊的健康及羔羊的发育出发，恰当地安排好母羊的配种时间。

③ 当年母羔诱导发情。当年母羊体重达到成年母羊体重的60%～65%以上，8月龄以上，采用生殖激素处理，可以使母羊成功繁殖。根据幼龄羊生殖器官解剖特点，诱导发情处理方案可采用阴道埋置海绵栓和口服孕酮+PMSG。特别要说明的是，PMSG的剂量应严格控制在400 mg以下，防止产双羔。

④ 应用免疫双胎苗技术提高繁殖率。双羔苗，其化学结构为睾酮-3-羧甲基肟—牛血清白蛋白，配种前在母羊右侧颈部皮下注射2 mL，相隔21 d再进行第二次相同剂量的注射，能显著地提高母羊产羔率。根据实验：藏羊经TIT双羔素两次免疫后，获得4.29%的免疫双羔率，比自然双羔率高，说明TIT对藏羊有一定的免疫效果。

2. 藏羊品种改良技术　藏羊品种改良的主要手段是导入外源基因进行一定程度的基因更新。基因更新是指从外地引入同品种的优质公羊以替换原来使用的公羊。出现下列情况时采用此法：当羊群小，长期封闭繁育，已出现由于亲缘繁育而产生近亲危害时；当羊群的整体生产性能达到一定水平，改善选择差异小，靠自有公羊难以再提高时；当羊群经数年繁育后，在生产性能或体质外形等方面出现某些退化时。

引入外源基因血的方式和引入基因量，以获得含外源基因1/4、1/8、1/16的后代为宜，并从含外源基因的后代中选择理想型个体进行自群繁育。引入外源基因以达到引入外源基因目的又不改变原来品种的主要生产性能和体质类型，其后代在自群繁育时又不出现性状分离，即应认为是成功地引入外源基因效果。有研究表明，通过引入外源基因，藏羊的生产性能得到一定程度提高。

（三）青海、西藏牧区牛羊良种繁育体系建设技术

1. 牛羊核心群开放式联合育种技术 牛羊的有些性状，通过选择并不难提高。有些性状通过选择进展不大，比如繁殖效益、母羊或母牛总生产力、适应性、胴体品质和饲料转化率等。主要原因是性状遗传力低、遗传变异小、选择差小和度量测定困难。解决的办法是增加牛羊群头数，扩大育种记录，以加大选择余地和准确性。这些种羊场或牛场能办到，个体生产者做不到。针对如何提高家庭羊群或牛群的这一问题，牛羊合作育种这一形式应运而生。

牛羊合作育种是独立于种羊或种牛场，由个体生产者组织起来的联合体，适合青藏高原地区分散的小型家庭羊群（牛群）或经济羊群（牛群）的育种需要。办好牛羊合作育种，各成员的牛羊类型要相同或相似，牛羊所处的环境、管理条件相似。明确合作目的是自繁自养，共同提高。当前，青藏高原地区建立了牧民合作社组织，为藏羊、牦牛的合作育种创造了良好条件。

2. 种公畜培育技术

（1）公畜繁殖对营养的需要 种公畜应常年保持健壮的体况，营养良好而不过肥，这样才能在配种期性欲旺盛，精液品质优良。

① 不同生理阶段种公畜的饲养管理。配种期：即配种开始前45 d左右至配种结束这段时间。这个阶段的任务是从营养上把公畜准备好，以适应紧张繁重的配种任务。应把公畜应安排在最好的草场上，同时给公畜补饲富含粗蛋白质、维生素、矿物质的混合精料和干草。据研究，一次射精需蛋白质25～37 g。一只主配公羊每天采精5～6次，需消耗大量的营养物质和体力。所以，配种期间应喂给公畜充足的全价日粮。

种公畜的日粮应由种类多、品质好、且为公畜所喜食的饲料组成。豆类、燕麦、青稞、黍、高粱、大麦、麸皮都是公畜喜吃的良好精料，干草以豆科青干草和燕麦青干草为佳。此外，胡萝卜、玉米青贮料等多汁饲料也是很好的维生素饲料；玉米籽实是良好的能量饲料，但喂量不宜过多，占精料量的1/4～1/3即可。

公畜的补饲定额，应根据公畜体重、膘情和采精次数来决定。目前，我国尚没有统一的种公畜饲养标准。一般在配种季节每头每日补饲混合精料1.0～1.5 kg，青干草（冬配时）任意采食，骨粉10 g，食盐15～20 g，采精次数较多时可加喂鸡蛋2～3个（带皮揉碎，均匀拌在精料中），或脱脂乳1～2 kg。种公畜的日粮不能过大，同时配种前准备阶段的日粮水平应逐渐提高，到配种开始时达到标准。

非配种期：配种季节快结束时，就应逐渐减少精料的补饲量。转入非配种期以后，应以放牧为主，每天早晚补饲混合精料0.4～0.6 kg、多汁料1.0～1.5 kg，夜间添喂青干草1.0～1.5 kg。早晚饮水2次。

② 加强公畜的运动。公畜的运动是配种期种公羊管理的重要内容。运动量的多少直接关系到精液质量和种公畜的体质。每天应坚持驱赶运动2 h左右。公畜运动时，应快步驱赶和自由行走相交替，快步驱赶的速度以使羊体皮肤发热而不致喘气为宜。运动量以平均5 km/h为宜。

③ 提前有计划地调教初配种公畜。如果公畜是初配羊，则在配种前1个月左右，要有计划地对其进行调教。一般调教方法是让初配公畜在采精室与发情母畜进行自然交配几次；如果公畜性欲低，可把发情母畜的阴道分泌物抹在公畜鼻尖上以刺激其性欲，同时每天用温水把阴囊洗干净、擦干，然后用手由上而下地轻轻按摩睾丸，早、晚各1次，每次10 min，在其他公畜采精时，让初配公畜在旁边“观摩”。

④ 制订合理地操作程序，建立良好的条件反射。为使公畜在配种期养成良好的条件反射，必须制订严格的种公畜饲养管理程序，其日程一般为：

6:00时舍外运动，7:00时饮水，8:00时喂精料1/3，在草架上添加青干草。放牧员休息，9:00

时按顺序采精。11:30 时喂精料 1/3，鸡蛋，添青干草。12:30 时放牧员吃午饭，休息。13:30 时放牧，15:00 时回圈，添青干草。15:30 按顺序采精。17:30 喂精料 1/3，18:30 时饮水，添青干草，放牧员吃晚饭。21:00 时添夜草，查群，放牧员休息。

3. 种畜引进及供种技术

（1）选择适宜本地自然条件的种畜　引进种畜，既要考虑品种的经济价值，也决不能忽视引入地的生态环境。由于各地所处纬度、海拔高度不同，季节变化、温度、降水量各有差异，各个品种都是在一定生态条件下经过长期自然选择和培育形成的，牛羊的品种形成时间越长，对当地环境的适应性越强。一般情况下，牛羊的放牧和饲养基本是处于自然环境状态下，因此生态环境对牛羊的影响较大。在引种时要充分考虑两地之间生态环境的差异。两地生态环境基本相同，饲养方式没有太大改变，引种成功的可能性就大，否则，引种失败的系数就增大。

（2）考虑不同品种的生物学特性　不同生产方向的品种具有不同的生物学特性，这一特性常与当地生态环境相适应，各地引种时也要充分考虑牛羊的生物学特性。

（3）引进的适宜季节和年龄　一般情况下，种畜的引进应在春秋季进行。春秋季节气候温和，利于种畜运输，新引进的种畜容易适应新的环境。夏季气候炎热，冬春气候寒冷，不利于牛羊的长途运输，一般也不引种。当然现代化养殖场和利用现代运输工具（飞机）可以克服这方面的问题。

引进种畜的年龄以 1.5～2.5 岁最好。年龄偏大，对新的生态环境适应较慢，利用年限也短；年龄过小，如刚断奶或尚未断奶，由于对新的环境不能适应，容易患病死亡。此外，引入幼畜长期不能利用，增加饲养成本。引进种畜时必须从具有国家种畜生产许可证的种畜场引进。种畜必须具备档案资料，卫生检疫合格证。

（4）引进种畜的管理　引进种畜经过长途运输到达目的地后，一般都很疲乏，应在适当休息后饮水和饲喂。在所饮用的水中放一些清热解毒的中药和适量的盐，让牛羊随水饮进，有利于恢复体况。新引进的牛羊要注意单独饲喂，以防止带进传染病。待隔离观察一段时间后，如无发病或经检疫无病菌，经免疫和驱虫后，才可和其他牛羊混放。如果引入地与原产地生态环境差异较大，要使引入牛羊慢慢适应当地环境。但在饲养方式上应尽可能与原产地一致。

四、甘肃牧区家畜高效繁育及品种改良技术

家畜的繁殖力首先决定于本身的繁殖潜力，其次是人类采用有效措施充分发挥其繁殖潜力。只有正确掌握其繁殖规律，采取先进的技术措施，才能提高其繁殖力。家畜的繁殖过程从母畜的性成熟、发情、配种、妊娠、分娩直到幼畜的断奶和培育等各个环节陆续出现了一系列的控制技术。如：人工授精—配种控制、同期发情—发情控制、胚胎移植—妊娠控制、诱发分娩—分娩控制以及家畜的冷冻精液和冷冻胚胎等。

在正常生产中，适龄母牦牛的发情率、受配率、受胎率、犊牛成活率是构成繁活率的几项主要指标，而这些指标都会受到各种因素的影响。如自然环境和饲养管理条件对怀孕母牦牛及犊牛成活率的影响；母牛的体况、哺乳时间、挤奶强度对母牦牛发情率、受胎率的影响；种公牛的数量、质量及配种能力对母牦牛情期受配率、受胎率的影响等。因此，提高牦牛的繁殖水平是一项综合技术，任何环节都必须得到足够的重视，才能有效提高牦牛的繁殖率，增加养殖效益。

提高牧区家畜的繁殖率要从以下几个方面入手。

（1）种畜的选择　选择好种畜是提高繁殖率的前提。对患有疾病的种畜要及时发现和治疗，要严格控制好传染性疾病的发生与蔓延。选择单胎家畜时，要综合考虑其性早熟的早晚、发情排卵情况、受胎能力及产仔间隔的问题。在选择公畜时要了解其繁殖历史，还要对公畜的一般生育状况、生殖器官等各个方面做仔细的检查，以确保良种。

（2）加强种畜的饲养管理　在饲养方面尽可能满足与繁殖有关的主要营养物质，注意供应全价蛋

白质和充足的维生素、钙、磷等，做到饲料种类多样化。加强种畜的饲养管理是保证种畜能够正常繁殖的基础，但也要避免营养水平过高，要想让繁殖种畜具有健壮的体魄，必须按照饲养标准进行饲养，这样才能充分发挥繁殖潜力。要增强种畜的健康指数，就要保证种畜每天充足的运动量，使种畜保持性欲旺盛。每天定时打扫圈舍卫生，及时清扫圈舍内的粪便，并采用高效的消毒剂对圈舍进行定时消毒。圈舍内部的通风设备条件也会影响种畜的繁殖能力，所以必须改善调整好圈舍的空气环境。

（3）采用人工授精技术　人工授精是提高母畜受胎率的重要方法，尤其是对生殖器官反常的母畜。在对母畜进行授精时，应使用精液品质良好并符合标准要求的冷冻精液，在操作之前应该将母畜的外阴消毒、擦干，然后使用直肠把握输精法将精液输送到子宫体，操作过程中要防止污染，输精时间应尽量控制在排卵前 12 h 以内。

（4）制定和严格执行配种计划　加强母畜的饲养管理和保健工作；认真做好母畜的发情、配种记录；严格执行人工授精的操作规程，输精动作要轻，输精部位要准，提高母羊受胎率。

（5）做好保胎和保育工作　母羊受胎后，做好保胎保育工作，饲养员在管理过程中应防止母羊产生剧烈运动和应急，防止流产；建立、完善有关规章制度，提高饲养员责任心。

（6）进行产后监控　对完成生殖的母畜进行产后监控，从分娩开始至产后 2 个月以内，通过观察、检查等方法，对产后的母畜实施以生殖器官为重点的全面系统监控，发现问题时及时处理和治疗，促进产后的母畜生殖机能尽快恢复。

（一）羊高效繁殖及品种改良技术

1. 藏绵羊高效繁殖技术　甘南藏绵羊性成熟较晚，母羊一般在 18 个月开始发情，一般在 2.5 岁配种，繁殖年限 5～6 年，最长 8 年。公羊发情较母羊稍晚，配种年龄在 2.5 岁左右，利用年限3～5 年。母羊在 18 月龄时配种，繁殖成活率较低，仅为 40.79%，平均发情周期 18 d，一个发情期持续时间为 12～46 h，平均 30 h。甘南藏羊为季节性发情，温度适宜的 7～9 月是发情期，7～8 月为发情配种高峰期，占 79.08%，此时甘南地区气温处在 13.6～26 ℃，牧草生产旺盛，营养充足，适宜羊只发情。妊娠期在 145～155 d，平均 150 d。

甘南藏羊繁殖成活率低的主要原因是枯草期长，营养缺乏导致的。有研究表明冷季科学补饲能显著提高甘南藏羊的繁殖成活率，该项技术已经得到广大牧民的认可，已经开始在甘南藏族自治州进行推广，并且取得了好的效果。2012 年，郭慧琳等利用 CIDR＋PG 法及两次 PG 法对大群体舍饲和半舍饲欧拉羊型藏羊进行同期发情实验，比较不同处理方法的同期发情效果、不同季节对同期发情效果及不同饲养方式的发情效果。结果表明：采用 CIDR＋PG 法同期发情率为 92.3%，与两次 PG 法同期发情率 78.7%，差异显著；采用两次 PG 法在春季、秋季对欧拉羊同期发情处理，春季与秋季欧拉羊的 0～48 h 同期率分别为 73.3%、76.5%，差异不显著；对不同饲养方式的欧拉羊同期发情处理，舍饲养殖的欧拉羊 0～48 h 的同期发情率为 58.0%，放牧＋舍饲同期发情率为 78.9%，差异显著。尽管如此，由于藏羊同期发情激素费用高，而且增加了牧民工作量，目前在牧区推广尚不现实。

多年来，由于受传统放牧养殖方式影响，现代繁殖技术（如人工授精、双羔苗、胚胎移植等）的应用受到限制，制约了甘南地区藏绵羊繁殖率的提高，限制了养羊业的发展。

2. 甘肃高山细毛羊高效繁殖技术　近几年来，在绵羊生产中大力推广高效繁殖技术，如利用双羔素免疫母羊产双羔技术、母羊同情发情技术、羊冷冻精液保存技术、腹腔内窥镜子宫角输精技术、胚胎移植技术等，使绵羊育种与繁殖方面取得了显著成效。与藏绵羊比较而言，甘肃高山细毛羊的繁殖技术推广效果较为理想。如 2007 年张发慧开展了甘肃高山细毛羊舍饲养殖试验，结果表明：舍饲组成、幼年母羊比放牧组分别增加 12.86%和 12.47%；仔畜成活率、繁殖成活率和成畜保活率分别达到 100%、94.90%和 100%，比放牧组分别提高 5.32%、16.83%和 3.6%。

绵羊冻精应用技术于 1981 年在青海等六省（自治区）大规模应用试验，情期受胎率达 47.5%～

60.9%；1983年，甘肃省畜牧技术推广总站开展了甘肃高山细毛羊的精坡冷冻、保存技术及输精试验，当年输配母羊60只，平均情期受胎率仅为21.67%，1984年11月重复试验，两个情期共输配母羊57只，受配39只，受胎率达到68.4%。2002年，孙晓萍等开展了应用双羔素提高甘肃高山细毛羊繁殖力示范试验，结果试验组母羊产羔率比对照组提高了26.56%，说明该项技术可以在甘肃高山细毛羊养殖区推广使用。

3. 河西绒山羊高效繁殖技术　河西绒山羊品种古老，长期生活在高寒地区，主要分布在青海的门源、甘肃武威、张掖、酒泉等地，是我国主要的绒山羊品种之一。河西绒山羊对高寒牧区自然条件有很好的适应能力，耐粗放管理、生长发育快、成熟早、抗病力强。多年来，养羊户缺乏高效繁殖技术，绒山羊的高效繁殖能力没能得到充分体现。实践证明，只要实施科学的繁殖饲养技术，绒山羊的繁殖潜力就能较好地表现出来。目前主要从以下几个方面提高河西绒山羊的繁殖率。

（1）选种选配　通过母亲的繁殖成绩来选择母羊，与指定的种公羊人工辅助交配，即将公母羊分群饲养，在配种期每天早晨把试情公羊放入母羊群中，由试情公羊发现发情母羊后，将其挑出，由人为指定的种公羊交配，做配种记录，预知产期，明确血统。

（2）优化母羊群结构　应当建立合理的母羊群结构，幼龄羊、育成羊、成年羊母羊配比科学。合理的母羊群结构为幼龄羊（1岁以下）、育成羊（1～1.5岁）、成年羊（1.5～6.5岁）应保持在20%、15%～20%、60%～75%。繁殖能力差或者丧失繁殖能力的老龄羊应及时从群体中淘汰，保持母羊群体的平衡或扩大规模。

（3）人工授精　采集种公羊的精液后，检查其色泽为乳酪色、气味略带腥味、射精量0.5～1 mL，活力高于0.6、密度中等以上，才可用于稀释输精。采精后稀释越早，输精越快，效果越好。对母羊，通常采用2次输精，第一次输精后，隔8～12 h再重新输精1次，处女羊进行阴道输精时，输精量应加倍。

（4）高频繁殖　舍饲为母羊高效繁殖即二年三产提供了可能，在母羊产后40～60 d内安排配种。第一产选在2月，第二产选在9月，主要采用人工催情和同期发情技术，并与羔羊早期断奶、母羊营养调控、公羊效应、加强运动等措施相配套。药物催情：对持久黄体或黄体囊肿疾病的母羊，可在颈部肌内注射氯前列烯醇制剂0.1 mg，1～5 d内发情率90%以上。经公羊试情，发情后28 h第1次输精，输精时肌内注射促排3号15 μg/只，间隔8 h再输精1次。诱导发情：将牛新鲜初乳（或冷藏2～3 d），加入抗生素，每只皮下注射16～20 mL。注射5 d后有70%左右的母羊发情，至第15 d可达95%，受胎率90%～100%，此外，还可采用公羊诱情。

（二）牦牛高效繁育及品种改良技术

1. 甘南牦牛高效繁殖技术　甘南牦牛较其他牛种晚熟，公牛1岁有性反射，平均配种年龄为30～38月龄，利用年限4～9年；母牛一般36月龄初配，4.5～8.5岁繁殖力强，利用年限4～13年，一般三年两产。甘南牦牛放牧区冷季长、缺草、营养不良是造成牦牛晚熟和繁殖力低的主要原因。

采用野牦牛冻精或大通牦牛新品种种牛与甘南牦牛杂交是提高甘南牦牛繁殖率的一项重要技术。中国农业科学院兰州畜牧与兽药研究所从青海省大通牛场引进野血牦牛，开展与甘南牦牛的杂交试验，结果表明杂交F_1代及其后代的繁殖率、犊牛成活率等均高于甘南牦牛群体。2005年，引进3/4野血牦牛细管冻精和1/2野血公牦牛进行了杂交改良甘南牦牛试验，结果表明：人工授精群受胎率为78.79%，比当地对照群高13.57个百分点；繁殖率为67.68%，比当地对照群高6.81个百分点；繁殖成活率为59.60%，比当地对照群高11.77个百分点。甘南藏族自治州开展的甘南牦牛种间杂交试验研究，从内蒙古地区引入2.5～3岁草原红牛种公牛，在合作市与甘南牦牛杂交生产优质犏牛，经3年观察，草原红牛在甘南地区的抗病力较强，耐寒、耐粗饲，能随甘南牦牛同群放牧，与甘南牦牛自然交配，受胎率、产犊率、犊牛成活率和繁殖成活率分别为60.69%、87.98%、88.01%和46.99%，较甘南牦牛自然群体都有提高。

2. 天祝白牦牛高效繁殖技术 天祝白牦牛的繁殖性能同当地黑牦牛无差异，天祝白牦牛妊娠期平均为270 d，比普通牛种约短10 d，一般母牦牛12月龄第一次发情，初配年龄母牦牛为2～3岁，公牦牛为3岁。发情季节为6～11月，个别母牦牛12月发情。7～9月为发情旺季。自然交配为天祝白牦牛的主要繁殖方式，公母牦牛配种比例1∶(15～25)。天祝白牦牛长期生活在严酷的环境条件下，不但严重制约着种群数量和质量的提高，也影响着怀孕母牦牛及犊牛成活率的提高。冷季一直处于半饥饿状态的天祝白牦牛，正常年景母牦牛的死亡率是2%～3%，犊牛的死亡率是3%～5%，一遇风雪灾害则死亡率高达8%～10%。

根据2005—2007年3年内对天祝白牦牛发情率、受胎率的调查统计数据显示，按传统（以放牧为主、冷季不补饲）方式饲养管理的适龄母牦牛，平均发情率为61.6%，受胎率平均为86.3%。繁殖成活率仅为45%。在天祝白牦牛发情旺季（7～9月）发情的母牦牛中，干奶母牦牛的发情率为84.3%，当年产犊母牦牛的发情率仅为15.7%。通过试验、调查分析，母牦牛的个体体质状况、是否带犊、挤乳是影响发情、受胎的主要因素。营养状况决定繁殖机能正常的母牦牛是否当年发情。当年未产犊的干奶母牦牛，进入暖季后体力迅速恢复，6月中旬就开始发情，7～8月为发情盛期。而带犊、挤乳的母牦牛泌乳活动旺盛，在9月（天祝白牦牛的挤乳期7～9月）以前很难有充足的营养来补充体内的大量消耗。多集中在9～11月发情，个别牛只会在12月发情。

2009年，开展天祝白牦牛冷季补饲试验，结果表明冷季母牦牛采用补饲+保温措施能起到减损保膘、降低成畜死亡率、提高繁殖成活率、所产犊牛6月龄日增重快的效果，试验确定冷季母牦牛日补饲青干草1.5 kg、精料0.25 kg以上组在减损保膘、成畜死亡率、繁殖成活率、犊牛初生重、6月龄体重、日增重等方面比不补饲组均有极显著提高。

2009年，开展天祝白牦牛人工授精试验，授配285头，受胎193头，受胎率为67.7%，产犊成活183头，死亡10头，成活率94.8%，远高于自然交配群体，说明野外人工冻精授配技术应用于天祝白牦牛保种选育工作是可行性的。

2009年，利用胚胎工程技术对54头天祝白牦牛（供体）的超数排卵、86头黑牦牛（受体）的同期发情以及胚胎回收、胚胎移植和超数排卵及同期发情前后供体和受体体内几种重要生殖激素水平的变化等进行了研究和应用，探索出简洁而高效的白牦牛胚胎移植技术体系，为白牦牛的快速繁殖提供理论依据，并形成规模化生产。2010年，选用51头甘肃省天祝县健康黑牦牛作为受体，以纯种天祝白牦牛作为供体生产胚胎，分别对同期发情处理和自然发情的受体牛进行鲜胚和冻胚移植试验。结果，同期发情处理的受体牛鲜胚移植的受胎率显著高于冻胚移植的受胎率（$P<0.05$），分别为52%和38.5%；在自然发情受体牛的胚胎移植中也得到了相似结果，鲜胚和冻胚的移植受胎率分别为60%和50%，同期发情处理牛的平均妊娠率则低于自然发情受体牛的平均妊娠率（$P<0.05$），二者分别为47.5%和54.5%。说明牦牛鲜胚移植的受胎率明显高于冻胚移植的受胎率，而且自然发情受体牛的受胎率高于同期发情处理牛。

五、四川牧区家畜高效繁育及品种改良技术

（一）牦牛高效繁殖技术

1. 提高公牦牛的交配能力 在自然交配情况下，平均1头种用公牦牛配种负担量，即公、母比为1∶(12～14)。负担母牦牛15头以上则嫌多，影响受胎率。同黄牛（普通牛）相比，公牦牛的交配力较弱，其主要原因是求偶行为强烈，性兴奋持续时间长，在母牦牛发情和配种季节每天追逐发情母牦牛，或为争夺配偶和其他公牦牛角斗，体力消耗很大，采食时间减少，依靠放牧难以获得足够的营养物质，使公牦牛交配力下降。为了提高种公牦牛的交配力，在配种季节应对公牦牛实施控制措施。如将公牦牛从大群中隔出，在距母牦牛群较远处系留（用长绳拴系）放牧或在围栏中放牧，根据发情母牦牛的数量有计划安排公牦牛投群配种，保证在配种季节有足够的公牦牛参配；有条件的地区

对交配力强的公牦牛，每天补饲一定量的牧草或精料；对投群交配时间长、体质乏弱或交配力下降的公牦牛，可从母牦牛群中隔出，系留放牧或补料、休息1～2周，视恢复情况再投群配种；老龄公牦牛，应及时淘汰或去势，否则会造成更多的母牦牛空怀。

2. 提高母牦牛发情率 在高山草原生态环境条件下，适龄繁殖母牦牛并不全部发情，发情配种之后，不能全部受胎，受胎母牦牛不能全产，所产犊牛难以全活，因此，牦牛的繁殖成活率较低。

分析母牦牛在繁殖过程中的各个环节，即影响繁殖成活率的各项指标中有发情率、受胎率、产犊率和犊牛成活率4项。在这4项指标中，影响最大的是母牦牛的发情率。不仅是因为发情率在4项指标中比较低，关键是因为发情率是基础指标。它在提高繁活率中起到主导作用。母牦牛中发情率最低的是当年产犊哺乳兼挤奶的母牦牛，这类牛也是提高发情率的重点，如果将其发情率提高到干奶母牦牛的水平，则整个牛群的繁活率就会提高1倍左右。加强放牧管理及冷季补饲，使母牦牛维持适当的膘情，是保证母牦牛正常发情的前提。

进入冷季后，对老弱、生殖系统有病和两年以上未繁殖（包括流产）的母牦牛应清理淘汰，以节约补饲草料。对已妊娠带犊的母牦牛，要打破传统的不断奶的习惯，使妊娠母牦牛在分娩前干奶（或断奶）。当年产犊的母牦牛，对膘情差、犊牛发育弱、奶量少的不挤奶，抓膘复壮，使其能尽早发情。对4月前产犊的母牦牛，一般不立即挤奶，待采食上青草后再挤奶。暖季采取“不拴系，早挤奶，早出牧，夜撒牛（放牧）”的措施，促其早复壮而发情配种。

（二）麦洼牦牛杂交改良

1. 牦牛杂交改良概况 用生产性能高的种畜作父本与本地生产性能低的母畜交配，以不断提高其杂种后代的生产性能，是一项成功经验。1950至20世纪70年代末，曾引进国外培育良种公牛如黑白花、西门塔尔改良牦牛，杂交一代奶肉产量成倍提高，很受当地牧民欢迎。但存在四个问题，一是引进的外地良种公牛极不适应高原地区的生态环境，患高原病死亡；二是由于物种生殖隔离，受胎率低，怀孕母牦牛羊水过多；三是杂交后代出生个体大，难产，母子双亡多；四是杂种公牛雄性不育，杂种优势利用不充分。20世纪70年代中后期，将良种牛冷冻精液引入高原与牦牛进行杂交试验成功，在牦牛杂交改良上，取得了历史性技术突破。但同样存在受胎率低、难产、杂种后代个体的可持续利用问题。为解决这些制约牦牛杂交改良的问题，20世纪90年代初至今，四川省草原科学研究院等多个研究单位开展了牦牛多元杂交的组合试验研究和犏牛可持续利用研究，先后提出了（黑·黄）·牦、（西·黄）·牦、黑·（黄·牦）、西·（黄·牦）、娟·牦、（西·黄）·［（黑·黄）·牦］、（黑·黄）·［（西·黄）·牦］等牦牛多种杂交改良途径（黑：黑白花牛，黄：当地黄牛，西：西门塔尔牛，娟：娟姗牛），筛选出了较好的牦牛杂交组合，并在四川、青海、西藏等地广泛推广应用，杂交改良效果显著。

2. 牦牛杂交改良方法 牦牛杂交改良含经济杂交、育种性杂交两种。由于牦牛品种原始，生产性能低，牦牛品种内的杂交研究很少，集中在野牦牛和家牦牛的导入杂交以育成牦牛新品种上。牦牛和普通牛种的杂交属于远缘杂交，一、二代杂种公牛雄性不育，不能横交育种，但杂种后代的生产性能远高于牦牛。因此，牦牛的杂交改良主要是以提高生产性能为主的经济杂交。

（1）藏黄公牛与牦牛自然交配 将藏黄公牛（又称土种黄公牛）引入高寒牧区与牦牛进行自然交配，生产犏牛，至今已有2 000多年历史，现仍在牦牛业生产中应用。杂交父本藏黄公牛属普通牛种，为牦牛产区边沿地区的土种黄牛，具有耐粗、性情温顺、抗病力和适应性强等生物学特征，能与牦牛同群放牧，进行自然交配。但因藏黄公牛与牦牛均属未经系统选育的原始品种，生产性能低，杂交的F_1代优势率有限，其生长发育速度、肉及奶产量比双亲增幅不大，体高、体长、胸围主要体尺的杂种优势率为6.7%～14.6%，体重的杂种优势率为27.8%～36.1%，母犏牛产奶量比牦牛高50%～100%。

（2）普通牛种培育品种公牛冻精与牦牛人工授精　用普通牛种培育品种公牛冻精，给牦牛进行人工输精。奶用改良以荷斯坦特别是中国荷斯坦、娟姗牛为主，奶肉兼用改良以西门塔尔牛为主，肉用改良则以海福特、夏洛来为宜，杂种后代都具有明显的杂种优势。其种间杂种一代犏牛均有父本品种的特征，体形大，生长发育快，饲料利用率高，奶、肉性能比黄犏牛成倍增长，成熟期提早，母犏牛2～3岁可初配，3～4岁产犊挤奶，世代间隔为3～4年，比牦牛提前1～2年，多数犏牛每年可产犊，并保持了牦牛的优良特性（有良好的适应性，耐粗放，可与牦牛、黄犏牛同群放牧）。

（3）杂种种公牛与牦牛自然交配　良种牛与牦牛本交或良种牛冻精与牦牛配种，虽然杂交效果明显，但其繁殖成活率低，难产、母子双亡多。将半农半牧区含1/2荷斯坦或西门塔尔牛血缘的杂种藏黄公牛（荷斯坦或西门塔尔牛♂×藏黄牛♀）引进高寒牧区与牦牛自然交配生产犏牛。由于杂种种公牛具有良好的适应性，生长发育良好，体质健壮，与牦牛自然交配易于操作，无难产现象，同时，生产的犏牛又具有较好的杂种优势，深受农牧民青睐。

（4）杂种种公牛与母犏牛杂交　培育牛冻精与牦牛人工授精、杂种种公牛与牦牛自然交配所产后代母犏牛如何有效持续利用一直是牧区科技人员异常关注的问题。在多年研究和实践的基础上，四川省草原科学研究院提出了（西·黄）·（荷·牦）、（西·黄）·（娟·牦）、（荷·黄）·（西·牦）、（荷·黄）·（娟·牦）等母犏牛持续利用新模式。

3. 麦洼牦牛杂交改良工作进展

（1）麦洼牦牛杂交改良—冻精改良推广应用　四川省草原科学研究院与红原县农业牧局家畜改良站合作，充分利用已经建立的牦牛冻精改良体系，开展荷斯坦、娟姗牛冷冻精液与母牦牛的杂交改良推广应用。2011—2013年共设杂交改良点85个，组织参配牛群97个，组织参配母牦牛18 166头，实配15 165头，累计使用冻精39 788支。按照荷斯坦冻精繁殖存活率34%、娟姗牛冻精繁殖存活率42%、冻精各占50%计算，三年已累计生产荷犏牛和娟犏牛15 000余头。

（2）杂种种公牛与母牦牛自然交配

① 杂种种公牛适应性。在川西北试验点的比较试验数据见表3-29。引入到川西北高寒牧区的西黄公牛的主要生理指标在正常值范围内。刚引进时比原产地的略高，这是从低海拔引入高海拔产生的一种正常生理反应。在引入地西黄公牛生理指标与荷黄公牛比较差异明显；与公牦牛比较，除因生理结构特征不同，呼吸、脉搏频率比公牦牛高以外，其他指标均相近。以上各品种牛的生理指标经 t 检验差异不显著（$P>0.05$）。

表3-29　川西北试验点引入杂种公牛的生理指标适应性变化

地区	品种	n	体温（℃）	脉搏（次/min）	呼吸（次/min）	瘤胃蠕动（次/min）
原产地临夏	西黄	20	37.72±0.93	73.73±0.80	26.05±0.85	1.63±0.83
原产地临夏	荷黄	20	37.85±0.80	73.87±0.83	26.21±1.12	1.80±0.68
引入地红原	西黄	20	38.75±1.05	75.03±0.75	28.47±0.94	2.00±0.87
引入地红原	荷黄	20	38.77±0.88	74.92±0.78	28.63±1.45	1.93±0.75
引入地红原	牦牛	20	38.27±0.52	69.20±8.61	16.35±3.28	1.15±0.07

引入川西北牧区的西黄公牛，引入初期若干天不愿意采食，且怕热怕蚊虫，但很快便能适应。虽然生态环境及饲养方式等发生较大变化，但放牧采食行为与牦牛差异不大，能适应高寒牧区水草四季变化特点，并能在较短时间内与牦牛合群放牧。这种适应性与西门塔尔牛具有良好的耐寒、耐粗性以及良好的放牧行为等特点有关。与原产地相比，西黄公牛反刍行为无明显变化。

西黄公牛的性行为与公牦牛基本一致，配种季节性欲感强烈，常表现出强悍、发威、凶猛姿态，赶走其他公牛，独霸发情母牦牛交配，配种期结束，逐渐恢复正常状态。试验点引入的西黄公牛全部获得杂交后代。这表明，引入的半农半牧区西黄公牛能够适应与牦牛种间交配及母牦牛季节性发情与配种的特点。

经多年观察，西黄育成公牛引入初期，主要发生轻微感冒和下痢，经治疗可痊愈。试验点引入的西黄公牛当年成活率100%。

通过对引进杂种公牛生理指标、血液生化指标、抗病力及行为学研究，结果表明荷黄和西黄公牛在川西北地区3 250～3 700 m的高海拔牧区具有良好适应性。

② 杂种种公牛培育基地建立。2007年，四川省草原科学研究院与茂县畜牧兽医局开始合作在半农半牧区茂县凤仪镇水井湾建立杂种种公牛培育基地。至2013年，杂种种公牛培育基地已经完成建设，并投入使用。杂种种公牛培育基地占地面积80余亩，拥有科研、办公及圈舍建筑面积3 000余m^2，标准化牛舍3栋，800余m^2，饲料加工房100余m^2，秸秆氨化青贮池500余m^3。办公、生活及生产用房、水、电、路、隔离、消毒、粪便处理等配套设施齐全。有技术人员2名、饲养人员6名。年可提供优秀杂种种公牛200余头。

③ 杂种种公牛培育标准。根据前期研究结果和实践，制定了《牦牛三元杂交种用公牛生产技术规范》（DB51/T 1111—2010）。本规范2010年7月开始实施。这对于确保杂种种公牛质量和牦牛杂交改良效果具有重要的意义。

④ 杂交组合设计。杂交组合设计要求：a. 杂交后代含牦牛血缘不低于25%、普通牛种良种牛血缘不高于50%，当地黄牛血缘不低于25%，以保证杂交后代的适应性和杂种优势；b. 不能进行级进杂交和回交；c. 良种牛冻精与母牦牛进行人工输精，要求良种牛为个体较小的培育品种，以免导致母牦牛难产或母子双亡；d. 技术操作简单，易于牧民接受和在牧区大面积推广（图3-9～图3-11）。

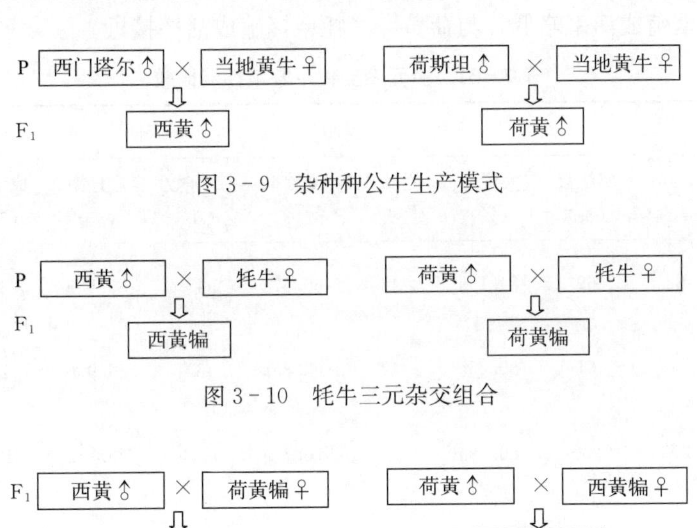

图3-9 杂种种公牛生产模式

图3-10 牦牛三元杂交组合

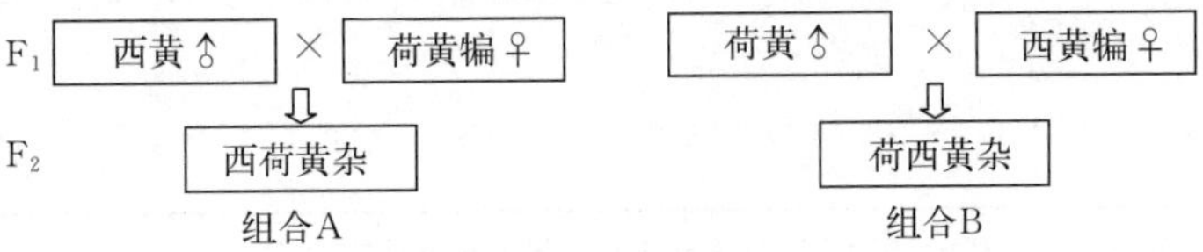

图3-11 母犏牛可持续利用研究试验组合

⑤ 三元杂交繁殖性能研究。试验期为2008—2012年，试验地点在四川省红原县。该杂交试验繁殖情况与1992—1996年开展的荷黄♂×牦牛♀杂交试验进行比较。

从表3-30可看出，自然交配的西黄♂×牦牛♀组合各项指标较高，繁殖成活率达到45.29%，与牦牛（48.61%）接近，高于荷黄♂×牦牛♀（41.41%），远远高于荷斯坦♂（冻精）×牦牛♀（23.07%）。卡方检验结果表明，西黄♂×牦♀在实配率、受胎率和产仔率上高于荷黄♂×牦♀，产仔成活率低于荷黄♂×牦♀，且差异显著，在繁殖成活率之间无显著差异。这与牧民杂交改良积极性有所提高，饲养管理比以前更为粗放的生产实际相符。受胎率高，表明西黄♂×牦♀杂交组合比荷黄♂×牦♀杂交组合具有更高的推广应用价值。

表 3-30 三元杂交犏牛繁殖性能比较

杂交组合	年份	参配数（头）	实配		受胎		产仔		成活		繁殖成活率（%）
			实配数（头）	实配率（%）	受胎数（头）	受胎率（%）	产仔数（头）	产仔率（%）	成活数（头）	成活率（%）	
西黄♂×牦牛♀	2008	50	44	88.00	30	60.00	25	83.33	21	84.00	44.00
	2009	50	44	88.00	32	64.00	26	81.25	23	88.46	46.00
	2010	60	51	85.00	37	72.55	33	89.19	27	81.82	45.00
	2011	56	48	85.71	34	60.71	28	82.35	25	89.29	44.64
	2012	60	52	86.67	36	69.23	32	88.89	29	90.63	48.33
	合计/平均	276	239	86.59a	169	70.71a	144	85.21a	125	86.81a	45.29a
荷黄♂×牦牛♀	1992—1996	524	411	78.44a	302	57.63b	225	74.50b	217	96.44b	41.41a

注：表中字母相同表示差异不显著（$P>0.05$），字母不同表示差异显著（$P<0.05$）。

⑥ 三元杂交后代与西黄和荷黄杂种种公牛自然交配繁殖性能。

在红原县龙壤乡龙壤二村、四川省草原科学研究院科技示范园区、红原县瓦切乡五村，开展三元杂交荷黄♂×牦♀、西黄♂×牦♀后代母犏牛持续利用的两个杂交组合（四元杂交）试验，其繁殖性能以荷黄♂×牦♀、西黄♂×牦♀的繁殖性能为对照。

从表 3-31 可看出，西黄♂×荷黄犏♀、荷黄♂×西黄犏♀这两个四元杂交组合的繁殖成活率接近，比西黄♂×牦♀繁殖成活率略低，与荷黄♂×牦♀繁殖成活率接近。

表 3-31 多元杂交犏牛繁殖性能比较

杂交组合	年份	参配数（头）	实配		受胎		产仔		成活		繁殖成活率（%）
			实配数（头）	实配率（%）	受胎数（头）	受胎率（%）	产仔数（头）	产仔率（%）	成活数（头）	成活率（%）	
西黄×荷黄犏	2010—2012	82	69	84.15a	48	69.57a	43	89.58a	37	86.05a	45.12a
荷黄×西黄犏	2010—2012	76	61	80.26a	42	68.85a	34	80.95b	29	85.29a	38.16b
西黄×牦牛	2008—2012	276	239	86.59a	169	70.71a	144	85.21a	125	86.81a	45.29a
荷黄×牦牛	1992—1996	524	411	78.44a	302	57.63b	225	74.50b	217	96.44b	41.41a

注：表中字母相同表示差异不显著（$P>0.05$），字母不同表示差异显著（$P<0.05$）。

（三）藏绵羊高效繁殖技术

1. 白萨福克绵羊冷冻精业制作 利用同期发情处理的白萨福克羊母羊、藏绵羊母羊作台羊，用假阴道采精；用特制 Triladyl、新鲜蛋黄和蒸馏水按照 1∶1∶3 配置稀释液，并在 30 ℃恒温水浴锅中稀释原精液；在 3～4 ℃的恒温冰箱中平衡 1.5～2.0 h，然后用微吸管吸取 0.2 mL 平衡后的精液在干冰上制作颗粒冻精，制作好后保存－196 ℃的液氮中备用。用目测法观测精液颜色，用集精杯测定射精量，用生物显微镜观测原精液精子密度和活力，用生物显微镜观测稀释及解冻后精力活力，最后用冻精与藏绵羊配种试验，验证冻精品质。

2. 冷冻精液质量 公羊精液颜色均为乳白色，公羊射精量 1.5～2.0 mL；公羊 DG594 精子密度

4+，活力4+，性欲强；公羊DG564精子密度5，活力5，性欲非常强；公羊DG849精子密度5，活力5，性欲非常强。2009年、2010年两年共制作颗粒冻精354粒，随机抽取两只种公羊的颗粒冻精各3粒，精液解冻后精子活力（精子活跃度和直线运动精子比例）均在4+以上，完全能用于人工授精和遗传资源保存，剩余348粒采用液氮保存。

选择同期发情效果较好的藏绵羊母羊36只，取DG564公羊的颗粒冻精与藏绵羊杂交试验。结果表明，36只母羊有28只受胎（妊娠仪器检查+3月龄触摸检查），受胎率达到77.7%，高于国内已有的绵羊冻精受胎率35%～45%的报道；其中有27只母羊产羔，均为单羔。由于冻精授精样本很少，其受胎效果还需要进一步研究。

（四）藏绵羊杂交改良

1. 纯种白萨福克绵羊引种及纯繁

（1）种羊引进　2009年3月，经过严格选择和检疫的首批12只纯种白萨福克羊（2008年8月出生的羔羊）成功引入四川，引入的白萨福克羊原种羊育种值见表3-32。

白萨福克绵羊全身被毛白色，体格大、颈长而粗、胸宽而深、背腰平直、后躯发育丰满、呈桶形、公母羊均无角、四肢粗壮。

该批羊是从澳大利亚最好的“Detpa Grove White Suffolk stud”白萨福克羊原种场引进，均为澳大利亚白萨福克羊育种协会鉴定、评选的冠军种公羊的后代，都经过严格的个体鉴定，并在白萨福克羊育种协会登记注册，可在白萨福克羊育种网站（www.detpagrove.com）查询到其个体资料。同时，由表3-32可知，所选胴体指数均在170以上，其中一级母羊5只（170～190），特级母羊4只（190以上）；一级公羊1只，特级公羊2只。

表3-32　白萨福克羊个体育种值

来源	耳号	性别	BWT	WWT	PWWT	PFAT	PEMD	Carcase Plus
Detpa Grove	2300432008080531	2	0.194	9.125	15.113	−0.462	0.501	186.53
Detpa Grove	2300432008080564	1	0.362	10.667	16.851	−0.558	0.488	196.50
Detpa Grove	2300432008080594	1	0.221	8.503	13.823	−0.387	0.477	178.81
Detpa Grove	2300432008080603	2	0.400	9.583	14.064	−0.795	1.642	194.61
Detpa Grove	2300432008080625	2	0.296	7.399	12.875	−0.549	1.417	183.54
Detpa Grove	2300432008080654	2	0.388	10.262	15.783	−0.447	0.634	190.75
Detpa Grove	2300432008080707	2	0.311	8.853	15.126	−0.771	1.150	195.80
Detpa Grove	2300432008080712	2	0.301	8.466	13.949	−0.786	0.076	181.64
Detpa Grove	2300432008080762	2	0.464	8.945	14.194	−0.735	1.383	192.43
Detpa Grove	2300432008080812	2	0.232	7.537	11.767	−0.354	0.787	170.40
Detpa Grove	2300432008080818	2	0.256	9.381	14.254	−0.513	1.001	186.78
Detpa Grove	2300432008080849	1	0.240	8.493	15.066	−0.690	0.626	190.31

（2）白萨福克绵羊纯种繁育　引入四川的白萨福克羊的繁殖、存栏量及推广公羊见表3-33。2009—2013年，采用人工授精和自然交配的方式进行配种，共计参配115只白萨福克母羊。经产母羊的配怀率略高于初配母羊，初配母羊的配怀率为83.33%～100.00%，平均产羔率为134.72%，断奶成活率89.20%，经产母羊的配怀率为88.89%～93.93%，平均产羔率为171.45%，断奶成活率90.42%。2011年，白萨福克羊由过渡期的新津县转移至川西北牧区的红原县，羔羊断奶成活率降低，适应高原气候环境后，经初产母羊产的羔羊成活率提升至低海拔水平并有升高的趋势。2009—2011年，白萨福克羊的存栏量较低，是因白萨福克羊的基数较少所致，随着繁殖母羊数量的增加。

2012—2013年，母羊基数增大，每年存栏量增加，现存栏白萨福克羊公、母羊共计115只。2013年年底，共计产羔169只，在饲养过程中，羔羊断奶前死亡15只，断奶后非正常死亡12只，淘汰体质弱和公羊精液质量较差等个体13只，向红原绵羊养殖户推广优质白萨福克羊公羊26只。因此，通过5年的纯种繁殖，种群数量达到141只，其中公羊59只、母羊82只。

高原环境下，白萨福克羊的发情周期为17～22 d，平均为19 d，白萨福克羊公羔羊在4～5月龄即有性行为，一般用于配种的优秀种公羊在1.5岁前后开始配种，母羊的初配年龄为8～10月龄。白萨福克羊在高原地区或低海拔过渡地区的饲养，初配母羊的产羔率低于澳洲原产地的底线（原产地为150%～210%），但经过高原驯化后，逐步提高至150%左右，经产母羊的产羔率跟原产地一致。

表3-33　白萨福克羊繁殖、存栏量及种羊推广

年份	类型	参配母羊数（只）	配怀率（%）	产羔数（只）	产羔率（%）	断奶成活数（只）	断奶成活率（%）	存栏量（只）	推广公羊数（只）
2009—2010	初配	9	100.00	11	122.22	10	90.91	30	
	经产	9	88.89	12	150.00	11	91.67		
2011	初配	6	83.33	6	120.00	5	83.33	44	
	经产	9	88.89	14	175.00	12	85.71		
2012	初配	17	88.24	22	146.67	20	90.91	67	10
	经产	14	92.86	23	176.92	21	91.30		
2013	初配	18	88.89	24	150.00	22	91.67	115	16
	经产	33	93.93	57	183.89	53	92.98		
总计		115		169					26

（3）白萨福克绵羊生长发育　白萨福克羊引入四川后，过渡期间采用圈舍饲养，精饲料＋新鲜杂草（或黑麦草）进行饲养，川西北牧区的红原县采用放牧＋补饲精饲料的方式进行饲养。

在2009—2013年不同月龄的白萨福克羊体重变化如表3-34所示，2011年的6月，白萨福克羊由过渡期饲养转移至高海拔的川西北牧区饲养，白萨福克羊适应于高海拔、低氧、饲草料缺乏的气候与饲养环境，公母羔羊的初生重、3月龄体重、6月龄体重以及周岁体重在2011年期间处于相对较低的水平，2012—2013年，体重逐步升高，恢复至过渡期新津县的饲养水平或适应于高原气候与饲养环境的正常水平。引进的原种与在四川繁殖的后代羊，在各个月龄段的生长发育比较接近，在3周岁时，引进原种的公母羊的体重为（114.57±18.72）kg和（78.25±8.43）kg，四川繁殖的白萨福克羊公母羊后代3岁的体重为（116.39±20.33）kg和（77.79±7.92）kg。

表3-34　2010—2013年白萨福克羊各月龄段的体重变化表（kg）

月龄	2010		2011		2012		2013		引进原种	
	♂	♀	♂	♀	♂	♀	♂	♀	♂	♀
初生重	6.05±0.72	5.59±0.56	5.72±0.67	5.24±0.48	5.83±0.69	5.35±0.45	5.97±0.62	5.49±0.54	6.08±0.66	5.53±0.47
3	33.78±4.77	30.43±4.68	30.74±5.32	28.41±5.26	31.23±6.31	29.92±4.96	32.39±5.68	30.76±4.78	33.39±6.62	30.54±5.19
6	54.87±5.72	48.72±4.95	50.56±6.77	45.23±4.89	52.32±4.89	46.97±5.32	53.34±5.91	49.38±4.38	54.54±5.63	49.03±4.83
12	—	—	81.34±10.25	61.45±6.76	82.29±9.73	64.21±5.96	83.69±10.66	65.96±6.39	83.65±8.72	66.27±7.34
24	—	—	—	—	95.49±10.73	72.24±6.92	102.12±9.79	74.72±7.39	101.63±13.78	74.43±6.48
36	—	—	—	—	—	—	116.39±20.33	77.79±7.92	114.57±18.72	78.25±8.43

白萨福克羊的初生至周岁的日增重见表3-35。由低海拔地区转移至高海拔地区，白萨福克羊的

机体有较大的影响，同时也表现在羔羊的日增重，初生至3月龄、3～6月龄和6～12月龄的日增重相对低于2010年、2012年和2013年，初生至3月龄时，白萨福克羊的公羊日增重为0.278 0～0.308 1 kg/d，母羊日增重为0.257 4～0.280 8 kg/d，3～6月龄时，白萨福克羊的公羊日增重为0.220 2～0.235 0 kg/d，母羊日增重为0.186 9～0.206 9 kg/d，6～12月龄时，白萨福克公羊日增重为0.161 7～0.171 0 kg/d，母羊为0.090 1～0.095 8 kg/d。

表3-35　2010—2013年期间白萨福克羊日增重变化表（kg/d）

时间段	2010		2011		2012		2013		引进原种	
	♂	♀	♂	♀	♂	♀	♂	♀	♂	♀
初生至3月龄	0.308 1	0.276 0	0.278 0	0.257 4	0.282 2	0.273 0	0.293 6	0.280 8	0.303 4	0.277 9
3～6月龄	0.234 3	0.203 2	0.220 2	0.186 9	0.234 3	0.189 4	0.232 8	0.206 9	0.235 0	0.205 4
6～12月龄	—	—	0.171 0	0.090 1	0.166 5	0.095 8	0.168 6	0.092 1	0.161 7	0.095 8

白萨福克羊的不同月龄公母羊间的体斜长、体高、胸围和管围等体尺如表3-36所示。白萨福克羊在周岁内的体尺生长速度与体重一致，在周岁内生长速度较快。白萨福克羊的周岁内的体重、日增重和体尺等表现出较高的生长速度，与原产地比较接近，高于甘肃引进的白萨福克羊的相应指标。

表3-36　不同年龄白萨福克羊体尺表（cm）

月龄	*n*	体长		体高		胸围		管围	
		♂	♀	♂	♀	♂	♀	♂	♀
3	154	70.52±5.43	68.49±4.82	70.57±6.35	69.17±5.94	85.78±7.28	77.59±6.82	8.62±0.67	8.47±0.54
6	79	90.35±7.48	77.48±6.73	74.43±5.23	72.48±4.63	99.76±7.36	90.32±7.49	9.94±0.67	9.23±0.77
12	78	105.82±6.39	85.59±5.47	77.57±4.78	74.26±5.39	110.52±8.19	104.57±10.31	11.08±1.05	9.77±0.95
24	37	109.53±9.42	90.38±7.39	80.72±5.37	76.73±5.83	113.31±9.58	109.73±9.58	11.57±0.98	10.32±0.88
36	20	112.49±10.21	93.29±8.03	82.51±6.48	78.35±6.02	118.37±8.74	112.74±10.58	12.18±1.16	10.60±0.95

2. 白萨福克绵羊与藏绵羊杂交试验及示范

（1）藏绵羊基础母羊群。每年的4～5月，对用于杂交改良的基础母羊群进行整理，淘汰母性较差、连续自然流产、冬季掉膘严重、毛色混杂、体质较差的母羊。2009—2013年共计选出600只藏绵羊经产母羊用于杂交改良，其体重标准要求为50 kg以上，用于杂交改良的基础母羊群的体重体尺见表3-37。

表3-37　2009—2013杂交改良基础母羊群体尺体重表

年份	*n*	体长（cm）	体高（cm）	胸围（cm）	体重（kg）	管围（cm）
2009	100	83.99±5.04	72.66±4.65	101.97±5.25	60.00±6.90	9.27±0.88
2010	120	83.38±5.85	73.27±5.63	102.68±5.12	61.96±7.17	9.35±1.02
2011	120	84.54±5.52	73.23±3.11	103.96±6.90	62.29±10.02	9.41±0.92
2012	130	83.70±5.10	72.90±3.20	101.30±3.7	60.9±6.60	9.28±0.95
2013	130	84.50±5.20	73.30±4.07	100.40±4.31	61.80±5.60	9.59±1.15

（2）配种与繁殖　2009—2013年，采用同期发情＋人工授精＋子宫颈输精法共对600只藏绵羊进行杂交改良，结果见表3-38。同期发情处理过程中，共计533只藏绵羊发情，发情率为88.83%，人工授精后母羊群放入白萨福克羊公羊进行补配，12只母羊流产，565只母羊产羔，配怀率为96.50%，2只母羊产双羔，双羔率为0.35%，共产羔567只，公羔286只，占50.4%，母羔281只，

占49.6%，断奶时，死亡57只，断奶成活510只，断奶成活率为90.1%。藏绵羊发情主要集中在每年的7～9月，6月和10月发情羊只较少，发情周期为17～21 d，产羔过程中，未出现难产。

表3－38 白萨福克羊与藏绵羊杂交的繁殖表

时间	实配数（只）	产羔数（%）	产羔率（%）	公羔数（只）	母羔数（只）	死亡数（只）	断奶成活数（只）	断奶成活率（%）
2009	100	94	94.00	46	48	6	88	93.60
2010	120	115	95.80	58	57	15	100	87.00
2011	120	113	94.20	59	54	9	104	92.00
2012	130	122	93.80	63	59	12	110	90.20
2013	130	123	94.60	60	63	15	108	87.80
总计	600	567	94.50	286	281	57	510	90.10

（3）杂交羔羊体型特征　外貌特征：被毛为白色，少部分带有黑色斑点，公母羊无角，公羊极少部分有角，尾较长；

肉用特征：颈粗短，颈肩结合良好，肋骨开张良好，前胸宽深，被腰平直，后躯发育良好，肌肉丰满，四肢端正，整个身躯呈圆桶状。

（4）杂交后代生长发育　白—藏羊是白萨福克羊与红原县草地型藏绵羊杂交的后代，不同月龄的杂交羊的体尺如表3－39所示，累计生长、相对生长和绝对生长如表3－40所示。白—藏羊的公、母羊初生重分别为（5.22±0.74)kg和（4.93±0.82)kg，周岁时公、母羊体重分别为（70.11±11.09)kg和（57.53±9.23)kg，36月龄时公、母羊体重分别为（98.42±14.37)kg和（73.71±9.29)kg。在初生到周岁，公、母羊的生长速度较快，初生到3月龄时，公、母羊的日增重分别为0.264 0 kg/d和0.231 3 kg/d，3～6月龄时，公、母羊日增重分别为0.208 9 kg/d和0.174 3 kg/d，6～12月龄时，公、母羊日增重分别为0.124 1 kg/d和0.089 3 kg/d，12月龄以后，生长速度较慢。白—藏羊的生长速度与相同饲养条件的白萨福克羊有一定的差距，但高于相同饲养条件的草地型藏绵羊（表3－41)，周岁公、母羊比藏绵羊公、母羊分别提高了41.85%和40.23%，成年（36月龄）公、母羊比藏绵羊公、母羊分别提高了45.72%和41.28%，也高于其他类群的藏绵羊（曹旭敏，2011；石生光，2006；等)。

表3－39 不同月龄白—藏羊体尺表

月龄	n	体长（cm）		体高（cm）		胸围（cm）		管围（cm）	
		♂	♀	♂	♀	♂	♀	♂	♀
3	510	65.23±4.35	64.43±5.56	69.52±5.34	67.15±4.91	81.71±8.23	74.53±8.86	8.42±0.52	8.27±0.65
6	401	84.23±6.68	74.44±6.84	73.64±6.28	71.42±4.67	95.56±7.34	86.62±7.39	9.54±0.66	9.14±0.72
12	287	96.29±7.21	82.39±6.83	76.67±5.38	74.36±6.33	104.57±7.16	99.53±9.37	10.18±0.84	9.57±0.74
24	124	100.71±8.76	86.78±7.58	78.47±7.36	75.75±5.63	108.51±8.52	102.29±9.48	10.77±0.92	10.19±0.79
36	54	104.54±9.47	90.24±7.43	81.53±5.49	77.39±5.06	112.34±7.78	105.72±9.53	11.15±1.03	10.52±0.91

表3－40 不同月龄白—藏羊生长变化表

月龄	累积增长（kg）				相对增长（kg）		绝对增长（kg/d）	
	n	♀	n	♂	♀	♂	♀	♂
初生	281	4.93±0.82	286	5.22±0.74	20.82	23.76	0.231 3	0.264 0
3	253	25.75±3.25	257	28.98±4.23	15.69	18.80	0.174 3	0.208 9

（续）

月龄	累积增长（kg）				相对增长（kg）		绝对增长（kg/d）	
	n	♀	*n*	♂	♀	♂	♀	♂
6	199	41.44±5.24	202	47.78±6.18	16.09	22.33	0.089 3	0.124 1
12	145	57.53±9.23	142	70.11±11.09	8.96	15.46	0.024 9	0.042 9
24	92	66.49±7.82	32	85.57±12.67	7.22	12.85	0.020 1	0.035 7
36	44	73.71±9.29	10	98.42±14.37				

表 3-41　周岁内白—藏羊与藏绵羊的各月龄体重比较

月龄	白—藏羊				藏绵羊			
	n	♀	*n*	♂	*n*	♀	*n*	♂
初生	281	4.93±0.82	286	5.22±0.74	67	3.57±0.87	75	3.89±0.82
3	253	25.75±3.25	257	28.98±4.23	65	16.23±1.25	72	18.34±3.21
6	199	41.44±5.24	202	47.78±6.18	61	29.55±2.56	69	33.68±3.89
12	145	57.53±9.23	142	70.11±11.09	60	41.03±3.86	66	49.43±5.07
24	143	66.49±7.82	56	85.57±12.67	58	45.61±4.56	15	56.75±4.46
36	140	73.71±9.29	34	98.42±14.37	55	52.17±4.23	13	67.54±5.32

（5）杂交后代肉用性能

① 宰前体重体尺。白—藏羊与藏绵羊的宰前活重与体尺指标见表 3-42。白—藏羊的宰前体重和体长极显著高于藏绵羊，管围显著高于藏绵羊，体高与胸围指标仅高于藏绵羊，未达到显著水平。在相同饲喂条件下，白—藏羊的宰前活重比藏绵羊提高了 13.14 kg，即提高了 27.03%。

表 3-42　白—藏羊与藏绵羊的宰前性状

指标	白—藏羊		藏绵羊	
	n	$\overline{X}$±S	*n*	$\overline{X}$±S
宰前活重（kg）	5	（61.75±5.42）A	5	（48.61±6.19）B
体长（cm）	5	（90.23±6.49）A	5	（78.00±4.56）B
体高（cm）	5	76.16.40±5.99	5	73.20±6.27
胸围（cm）	5	103.27.00±7.43	5	99.40±8.32
管围（cm）	5	（10.08±0.43）a	5	（8.50±0.58）b

注：不同大写字母表示差异极显著（$P<0.01$），不同小写字母表示差异显著（$P<0.05$），相同字母表示差异不显著。

② 分割肉性状。白—藏羊与藏绵羊的分割肉性状见表 3-43。白—藏羊的后腿肉重、肩胛肉重和胸下肉重极显著高于藏绵羊，腰肉重、肋肉重和颈肉重显著高于藏绵羊，前小腿肉重和后小腿肉重高于藏绵羊，但未达到显著水平，杂交羊在前腿和后腿肌肉附着强于藏绵羊。

表 3-43　白—藏羊与藏绵羊的分割肉比较（kg）

指标	白—藏羊		藏绵羊	
	n	$\overline{X}$±S	*n*	$\overline{X}$±S
后腿肉重	5	（3.41±0.32）A	5	（2.36±0.21）B
腰肉重	5	（1.26±0.19）a	5	（0.88±0.07）b

（续）

指标	白—藏羊		藏绵羊	
	n	$\overline{X}$±S	n	$\overline{X}$±S
肋肉重	5	(1.10±0.18) a	5	(0.76±0.08) b
肩胛肉重	5	(4.29±0.38) A	5	(2.98±0.36) B
胸下肉重	5	(1.72±0.22) A	5	(1.19±0.21) B
颈肉重	5	(0.42±0.18) a	5	(0.29±0.05) b
前小腿肉重	5	0.34±0.04	5	0.23±0.03
后小腿肉重	5	0.58±0.06	5	0.40±0.10

注：不同大写字母表示差异极显著（$P<0.01$），不同小写字母表示差异显著（$P<0.05$），相同字母表示差异不显著。

③ 屠宰性状。白—藏羊与藏绵羊的屠宰性状见表 3-44。白—藏羊的胴体重、屠宰率、净肉率、肉骨比、GR 和眼肌面积等极显著高于藏绵羊，背脂和腰脂均要高于藏绵羊。白—藏羊的胴体重比藏绵羊提高了 8.65 kg，即提高了 39.99%，屠宰率提高了 4.54 个百分点，净肉率提高了 5.04 个百分点。

表 3-44　白—藏羊与藏绵羊的屠宰性能

指标	白藏羊		藏绵羊	
	n	$\overline{X}$±S	n	$\overline{X}$±S
胴体重（kg）	5	(30.28±2.72) A	5	(21.63±3.20) B
屠宰率（%）	5	(49.04±3.36) A	5	(44.50±2.29) B
净肉率（%）	5	(42.46±3.19) A	5	(37.42±2.15) B
肉骨比	5	(6.45±0.13) A	5	(5.29±0.36) B
背脂（cm）	5	0.78±0.26	5	0.51±0.10
腰脂（cm）	5	0.40±0.09	5	0.26±0.08
GR（cm）	5	(0.83±0.29) A	5	(0.25±0.12) B
眼肌面积（cm^2）	5	(14.24±1.31) A	5	(10.92±1.97) B

注：不同大写字母表示差异极显著（$P<0.01$），不同小写字母表示差异显著（$P<0.05$），相同字母表示差异不显著。

④ 肌肉理化指标。白—藏羊与藏绵羊的肌肉理化性状见表 3-45。白—藏羊的肌肉嫩度指标剪切力极显著低于藏绵羊，显示杂交羊的肌肉较藏绵羊更为细嫩、多汁，但白—藏羊的滴水损失率极显著高于藏绵羊，熟肉率显著低于藏绵羊，肌肉的 L、a 和 b 等值在两种绵羊群体中差异较小。

表 3-45　白—藏羊与藏绵羊肌肉理化指标

类型	n	滴水损失率（%）	剪切力（kg·f）	熟肉率（%）	L	a	b
白—藏羊	5	(3.04±1.56) A	(3.39±0.89) B	(63.53±1.54) b	35.49±0.76	13.00±1.48	10.51±1.00
藏绵羊	5	(2.44±0.80) B	(4.63±1.42) A	(65.11±2.84) a	34.00±0.89	12.33±1.09	9.86±0.53

注：不同大写字母表示差异极显著（$P<0.01$），不同小写字母表示差异显著（$P<0.05$），相同字母表示差异不显著。

⑤ 氨基酸测定。白—藏羊和藏绵羊的肌肉氨基酸结果见表 3-46。在两种类型绵羊中必需氨基酸赖氨酸、蛋（甲硫）氨酸、苏氨酸、苯丙氨酸、异亮氨酸和亮氨酸差异不显著，藏绵羊的缬氨酸显著低于杂交羊；非必需氨基酸丙氨酸、丝氨酸、天冬氨酸、谷氨酸、精氨酸、酪氨酸、胱氨酸、脯氨酸和组氨酸差异不显著，藏绵羊的甘氨酸显著高于杂交羊；在两个羊群中均未测到色氨酸；白—藏羊的氨基酸总量低于藏绵羊，但未达到显著性差异。

表 3-46　10 月龄白—藏羊与藏绵羊的氨基酸比较（%）

氨基酸	白—藏羊		藏绵羊	
	n	$\overline{X}$±S	*n*	$\overline{X}$±S
赖氨酸	5	1.65±0.08	5	1.68±0.10
苯丙氨酸	5	0.71±0.04	5	0.73±0.03
蛋（甲硫）氨酸	5	0.52±0.03	5	0.52±0.03
苏氨酸	5	0.86±0.05	5	0.87±0.05
异亮氨酸	5	0.70±0.05	5	0.75±0.02
亮氨酸	5	1.54±0.09	5	1.57±0.08
缬氨酸	5	(0.79±0.06) a	5	(0.59±0.39) b
甘氨酸	5	(0.87±0.05) b	5	(0.95±0.16) a
丙氨酸	5	1.19±0.06	5	1.20±0.10
丝氨酸	5	0.81±0.04	5	0.80±0.06
天冬氨酸	5	1.86±0.08	5	1.85±0.13
谷氨酸	5	3.08±0.16	5	3.10±0.17
脯氨酸	5	0.87±0.03	5	0.89±0.12
精氨酸	5	1.21±0.07	5	1.26±0.07
组氨酸	5	0.90±0.11	5	0.89±0.08
酪氨酸	5	0.64±0.05	5	0.66±0.03
胱氨酸	5	0.07±0.01	5	0.06±0.01
氨基酸总量	5	18.23±0.94	5	18.62±1.10

注：表中字母相同表示差异不显著（$P>0.05$），字母不同表示差异显著（$P<0.05$）。

⑥ 重金属元素。白—藏羊与藏绵羊的重金属元素见表 3-47。白—藏羊与藏绵羊的重金属元素含量均较低，均在正常范围内。镉元素在两种绵羊群体间差异不显著，分别为（0.072 7±0.003 0）mg/kg和（0.071 0±0.007 9）mg/kg，藏绵羊的铅元素显著高于白—藏羊，砷元素显著低于白—藏羊，铬和汞元素在两个类群的肉中含量分别低于 0.000 2 mg/kg 和 0.000 5 mg/kg。

表 3-47　10 月龄白—藏羊与藏绵羊的重金属元素的比较（mg/kg）

重金属元素	白—藏羊		藏绵羊	
	n	$\overline{X}$±S	*n*	$\overline{X}$±S
铅	5	(0.006 6±0.000 9) b	5	(0.007 1±0.001 5) a
镉	5	0.071 0±0.007 9	5	0.072 7±0.003 0
铬	5	<0.000 2	5	<0.000 2
砷	5	(0.007 2±0.001 6) a	5	(0.006 2±0.000 7) b
汞	5	<0.000 5	5	<0.000 5

注：表中字母相同表示差异不显著（$P>0.05$），字母不同表示差异显著（$P<0.05$）。

⑦ 矿物质元素。白—藏羊与藏绵羊的矿物质元素的结果见表 3-48。锌、锰、钙、镁、磷和钠 6 种元素在白—藏羊和藏绵羊中差异不显著，相对稳定，白—藏羊的铁元素显著高于藏绵羊，分别为（27.175 0±9.155 8）mg/kg 和（20.733 3±4.533 7）mg/kg，钾元素显著低于藏绵羊，分别为（0.265 0±0.012 9）mg/kg和（0.290 0±0.030 3）mg/kg。

表 3-48　10 月龄白—藏羊与藏绵羊的矿物质元素比较

矿物质元素	白—藏羊		藏绵羊	
	n	$\overline{X}\pm S$	n	$\overline{X}\pm S$
铁（mg/kg）	5	(27.175 0±9.155 8) a	5	(20.733 3±4.533 7) b
锌（mg/kg）	5	21.975 0±2.115 6	5	21.983 3±3.618 5
锰（mg/kg）	5	0.275 0±0.055 1	5	0.258 3±0.042 6
钙（mg/kg）	5	38.475 0±7.948 3	5	36.350 0±3.295 9
镁（mg/kg）	5	256.250 0±9.742 5	5	258.833 3±15.105 2
磷（%）	5	0.195 0±0.010 0	5	0.191 7±0.00 75
钾（%）	5	(0.265 0±0.012 9) b	5	(0.290 0±0.030 3) a
钠（%）	5	0.052 0±0.008 0	5	0.049 00±0.009 2

注：表中字母相同表示差异不显著（$P>0.05$），字母不同表示差异显著（$P<0.05$）。

⑧ 药物残留。白—藏羊与藏绵羊的药物残留见表 3-49。在白—藏羊和藏绵羊中，均未检测到六六六、滴滴涕、五氯硝基苯、土霉素、金霉素、磺胺类等药物的存在。

表 3-49　10 月龄白—藏羊与藏绵羊的药物残留（mg/kg）

药物类型	白—藏羊		藏绵羊	
	n	药物残留	n	药物残留
六六六	5	未检出	5	未检出
滴滴涕	5	未检出	5	未检出
五氯硝基苯	5	未检出	5	未检出
土霉素	5	未检出	5	未检出
金霉素	5	未检出	5	未检出
磺胺类	5	未检出	5	未检出

⑨ 脂肪酸测定。10 月龄白—藏羊与藏绵羊的饱和脂肪酸（SFA）、单不饱和脂肪酸（MUFA）、多不饱和脂肪酸（PUFA）及 PUFA/SFA 比值的比较见表 3-50。藏绵羊与白藏杂交羊在 SFA、MUFA、PUFA 和 PUFA/SFA 等差异不显著，人体对这两种类型的羊肉的脂肪酸的吸收比较一致。

表 3-50　藏绵羊与白—藏羊的脂肪酸饱和度比较

类型	n	饱和脂肪酸（%）	单不饱和脂肪酸（%）	多不饱和脂肪酸（%）	PUFA/SFA
白藏杂交羊	5	51.01	2.87	45.42	0.89
藏绵羊	5	51.83	2.75	45.52	0.88

（6）白萨福克绵羊与藏绵羊杂交改良效果　白—藏羊和藏绵羊比较而言，周岁时公、母羊体重分别为（70.11±11.09)kg 和（57.53±9.23)kg，比藏绵羊分别提高了 41.85%和 40.23%，成年（36 月龄）公、母羊比藏绵羊分别提高了 45.72%和 41.28%，36 月龄时杂交一代公、母羊体重分别为(98.42±14.37)kg 和（73.71±9.29)kg，比藏绵羊公、母羊分别提高了 45.72%和 41.28%。在 10 月龄和相同饲养管理条件下，白—藏羊的宰前活重比藏绵羊提高了 13.14 kg，提高了 27.03%，胴体重提高了 8.65 kg，提高了 39.99%，屠宰率提高了 4.54 个百分点，净肉率提高了 5.04 个百分点；肌肉更为细嫩、多汁；周岁内的生长速度得到明显的提高；白—藏羊与藏绵羊的氨基酸、矿物质、脂肪酸、重金属元素和药物残留等差异较小。因此，白萨福克羊与藏绵羊的杂交改良效果显著，适合于

在我国川西北牧区及青藏高原地区推广，生产周岁内的优质羔羊肉或肥羔肉。2012—2013年期间，向红原县的藏绵羊养殖合作社和养殖大户推广了白萨福克羊种公羊26只；采用人工授精及自然交配累计与藏绵羊杂交配种2 800只，产羔存活1 912只，繁殖成活率68.29%。

第三节　主要牧区草原牧养家畜饲料添加剂技术

一、饲料添加剂及其应用状况

（一）饲料添加剂的种类与作用

1. 饲料添加剂　饲料添加剂是指添加到饲粮中能保护饲料中的营养物质、促进营养物质的消化吸收、调节机体代谢、增进动物健康，从而改善营养物质的利用效率、提高动物生产水平、改进动物产品品质的物质的总称。

2. 添加剂种类　饲料添加剂的种类繁多、性能各异，按其作用可分为营养性饲料添加剂和非营养性饲料添加剂。营养性饲料添加剂主要包括维生素添加剂、微量元素添加剂、氨基酸与小肽添加剂和非蛋白氮添加剂；非营养性饲料添加剂主要包括生长促进剂（抗生素、酶制剂、微生物制剂、中草药添加剂等）、驱虫保健剂（驱蠕虫剂、抗球虫剂）、饲料调质剂（着色剂、风味剂）、饲料调制剂（黏结剂、乳化剂等）和饲料贮藏剂（抗氧化剂、防霉剂）。

3. 对添加剂的认识　随着科学的发展，饲料添加剂的研究和应用得到了迅速发展，添加剂种类增加，人们对饲料添加剂的认识也发生了变化。主要体现在饲料添加剂的应用从“可有可无”到“必需”的转变。在20世纪70～80年代，动物生产水平低下，配合饲料的使用规模较小，添加剂的生产技术落后、产品质量不高、使用效果不明显，人们把添加剂作为“额外添加”的物质，是饲料中可有可无的成分。进入21世纪，动物生产潜力不断被挖掘，饲养方式发生了根本改变，同时饲料添加剂的生产技术显著提高，产品质量更加稳定，应用效果更加突出。饲料添加剂的作用已不仅仅是促进生长，一些添加剂已经成为保障动物健康、发挥动物营养生理功能、促进营养物质充分消化吸收、改善饲料质量所“必需”的物质，成为全价配合饲料中“必不可少”而不是“可有可无”的组成部分。

4. 添加剂的作用　当前，由于畜禽品种改良和饲养技术的发展，使动物生产性能明显提高，天然饲料中的各种微量养分已经不能满足生产需要。动物生产潜力的提高使机体代谢强度增加，必须依靠某些外源“代谢调节剂”来维持机体的正常代谢。加之饲养方式向集约化、工厂化转变，动物失去了直接接触阳光、土壤和青绿饲料的机会，所需一切养分只能靠人为供给。在集约化、工厂化饲养方式下，家畜健康不断受到应激和病原微生物的威胁。在现代畜牧业中，在畜禽能量、蛋白质和矿物质需要得到满足的条件下，饲料添加剂的使用成为提高生产水平和经济效益的关键因素。研究证实，添加剂的应用可以提高动物生产性能5%～20%，减少饲料消耗5%～15%，降低生产成本10%～30%。

5. 添加剂应用的重要性　天然草地是我国重要的畜牧业生产基地，是发展草原畜牧业的物质基础，可利用草地主要集中于我国北方的边疆少数民族地区（内蒙古、新疆、青藏等地区）。因此，草原畜牧业一直是北方主要少数民族集聚省（自治区）的主导产业之一，草原畜牧业生产长期以来主要以自然放牧为主，而且受季节性的影响严重，尤其是冬、春季节的枯草期和返青期长，放牧繁殖家畜的高营养需求与草地低营养供给的尖锐矛盾严重限制了繁殖家畜的生产性能，同时对仔畜的初生重及其生后的生长性能也造成了严重的影响。譬如牧草的主要有机营养物质以及微量元素和维生素等营养成分含量随季节的变换而变化，直接影响了家畜的营养供给，限制了家畜生产潜力的发挥。饲料添加剂的应用对促进草原畜牧业的发展是非常重要的关键因素。随着遗传育种技术的发展，放牧家畜的遗传生产潜力不断增加，随着草原生态环境的不断恶化，草地低营养供给与家畜高营养需求的矛盾更加突出，因此，饲料添加剂在草原畜牧业中的应用尤为重要。

（二）饲料添加应用特点

1. 地域性明显 由于放牧家畜的营养供给主要来源于天然草地，天然草地的微量元素分布与当地的气候特点、土壤条件密切相关，存在明显的地域性。饲料添加剂的应用应该具有针对性。在以放牧为主的牧区，由于草场和饲料生产条件所限，使得家畜生产能力受到限制，尤其在补饲条件较差的地区，家畜的营养需要不能得到满足，矿物质营养往往缺乏。反之，在某些牧区，由于土壤和牧草因素，或由于工业污染等原因，使某些元素的含量过高，超过了动物正常需要量的界限，导致家畜中毒。所有这些因素都对草原畜牧业生产造成不利影响，成为放牧家畜生产中一个重要限制因素。

2. 存在季节性变化 对于牧区，家畜在冬春季节正值妊娠和泌乳阶段，需要大量的营养物质供给，尤其是某些微量元素和维生素对于家畜的繁殖性能和营养物质代谢具有非常重要的作用，但在冬、春季节牧草的微量元素和维生素含量与在夏、秋季节存在很大差异，尤其是维生素含量很低，需要适量补充。

3. 根据当地的饲养模式合理使用饲料添加剂 为了保护草原生态环境，我国很多牧区实行禁牧或休牧舍饲，尤其在冬春季节。禁牧或休牧期间的舍饲饲养，家畜的营养物质供给完全依赖于舍饲日粮，因此，饲料添加剂的应用应区别于放牧补饲的饲养模式。

（三）饲料添加剂的应用

目前，在牧区的家畜生产中，很多地区使用矿物质盐砖补充饲料添加剂，起到了良好的效果。矿物质盐砖主要是用食盐和一定比例的钙、磷、铜、铁、锌、锰、钴、碘、硒等十多种常量和微量矿物元素，经科学配制而成的一种矿物质饲料补充剂。它能有效地提高饲料利用率，满足动物的矿物质营养需求，维持机体正常的代谢平衡。大量实践表明，饲用矿物质盐砖对提高饲料报酬、促进畜禽生长、提高动物繁殖力和生产力都具有很好的效果。特别是对矿物质营养缺乏，如牛羊异嗜癖、白肌病，高产奶牛产后瘫痪，流产，幼畜易发的佝偻病，营养性贫血及鸡啄癖等症，均有显著的效应。

矿物质盐砖分为 2 种剂型，一种以高压处理的轮胎式圆形或方形块状的盆砖最为常见；另一种是粉状称为盐粉。牛羊及骡马大牲畜多将矿物质盐砖悬挂在饲槽处，让家畜自由舔食。猪、禽等单胃动物主要使用盐粉。矿物质盐砖只是家畜的矿物质补充物，不能作为替代料。配制动物的日粮时饲料应该多样化，使家畜能够从日粮中获得较多的常量和微量矿物质元素，不足部分通过舔食盐砖来补充。通常肉牛、奶牛等大家畜每天对矿物质盐砖的舔食量为 50～55 g，绵羊、山羊等小家畜则不超过 30 g。使用矿物质盐砖时，必须保证动物有充足的饮水。

（四）饲料添加剂利用中的主要问题

饲料添加剂的广泛使用也衍生出诸多问题，一些添加剂的不合理使用可能影响畜产品品质，或者导致环境污染，或者危害人畜健康。目前人们比较关注的是抗生素添加剂、化学合成的药物添加剂、重金属添加剂、瘦肉精和动物源性饲料添加剂的违规使用。

1. 抗生素添加剂使用中存在的问题 抗生素添加剂在消灭动物身上生命力较弱微生物的同时，也使部分微生物产生了抗药性，这些有抗药性的菌株不仅代代相传，而且在一定的条件下又能将耐药（抗药）因子传递给其他敏感细菌，使得某些不耐抗生素的致病菌也变成了耐药、抗药菌株，给动物疾病的防治带来困难。

抗生素添加剂的不合理使用会使其在畜产品中残留，进而危害人体的健康。人长期摄入低剂量的残留抗生素的食品，一定时间后则可能由于残留抗生素在体内逐渐蓄积而导致各种慢性毒性作用，主要表现为过敏反应、毒性作用、细菌耐药性、致畸、致突变、致癌等方面。有学者指出长期食用有抗生素残留的食品，会降低人体的免疫力。抗生素已被称为人类健康的“超级隐形杀手”。

抗生素以原形或代谢方式经由畜禽粪便排泄到环境中，不仅污染土壤、水体，降低农作物的安全标准，降低土壤的农业价值，而且再次污染人类的食物链，若被植物吸收后转移污染动物食品，必然加大人的耐药性。

抗生素残留对土壤生物的活动、种群结构代谢功能、种族元素数量等都会产生影响，使土壤生物的生物区系发生改变，微生物的分解作用降低，土质结构改变，肥力下降。抗生素还影响水中微生物种群，阻碍水中有机物的无机化过程，影响水的自净能力。

2. 药物添加剂使用中存在的问题　药物添加剂尤其是驱虫保健剂的使用，对于保障动物健康发挥了重要作用，但长期使用弊端重重，例如，长期用药会导致耐药虫株的出现和药物在体内残留。此外还会干扰动物自身的免疫力，这是因为药物添加剂的使用虽然驱除了宿主体内的虫体，但也使动物失去抗原的刺激，延缓或推迟了体内自身免疫力的产生，一旦停止用药则极易导致感染的重新出现。

3. 重金属添加剂使用中存在的问题　重金属添加剂的滥用也对人畜健康和环境造成了危害。例如，大量使用或滥用高铜添加剂可引起动物多种形式的中毒表现，并通过食物链作用于人。急性铜中毒可引起胃肠道黏膜刺激症状，恶心、呕吐、腹泻，甚至溶血性贫血，肝功能衰竭，肾功能衰竭，休克、昏迷或死亡。奶牛采食过量的铜在明显表现为中毒以前，铜会在肝脏中大量沉积。应激或其他因素会导致大量的铜突然从肝脏释放进入血液，引起溶血、黄疸、高铁血红蛋白血症、血红素尿、全身性黄疸、大面积坏疽，死亡率升高。在牛饲粮中铜的添加量为需要量的 4～5 倍，就可能导致慢性中毒。铜对瘤胃微生物有毒害作用，当铜超过限量使用时，微生物活性降低或死亡，影响饲料利用率。

4. 瘦肉精在牛羊育肥中的违禁使用　近年来，个别地区出现瘦肉精使用从生猪养殖向牛、羊等反刍动物养殖扩散的苗头。

“瘦肉精”（克仑特罗）是一种强效选择性的β受体激动剂，有强而持久的松弛支气管平滑肌的作用。在临床上主要用于支气管哮喘的治疗，作用维持时间持久，可达 5 h 左右，半衰期为 25～39 h。克伦特罗进入动物体内后主要分布于肝脏，在肝脏中去甲基后从尿中排出，而在肌肉中含量较肝脏中低很多。克仑特罗还可以起消除脂肪、增加体重的作用。

一些不法养殖业者为了增加牛、羊的体重，提高瘦肉率和改善猪肉颜色的目的，不惜在饲料中添加克仑特罗，在家畜屠宰前 20 d 左右连续使用，以便达到一定浓度，取得应有的效果。瘦肉精的代谢比较缓慢，需要经过相当长的时间才能从牛羊体内代谢完全，其残留特别严重。人食用了含有瘦肉精的牛羊肉，将会在 1～2 h 内出现心慌、心悸、心跳加快、出冷汗、双手颤抖等症状，可引起心率加速，特别是原有心律失常的病例更易发生心脏反应，可见心室早搏、ST 段与 T 波幅压低，还会发生肌肉震颤。瘦肉精对人体的伤害主要是影响心肌的正常工作，对有心脏病的人特别危险。瘦肉精会对肾脏也产生一定的危害，对神经系统会产生不良作用。

5. 动物源性饲料在反刍动物养殖中的违规使用　动物源性饲料产品是指以动物或动物副产品为原料，经工业化加工制作的单一饲料。由于具有蛋白质含量丰富及生物学价值高等特点，被饲料生产企业和养殖者广为利用。但动物源性饲料产品原料多为食品加工业的副产品或下脚料，来源复杂，容易受到污染，加之加工方法简单，存在着极大的安全隐患。不仅对畜牧业生产带来危害，造成经济损失，而且还可污染食品，对人类自身的健康产生难以估计的影响。

动物源性饲料添加剂在反刍家畜的饲料中除牛奶及其副产品外是禁止使用的。我国蛋白质资源严重匮乏，因而国内对动物源性饲料的市场需求十分巨大。鱼粉等动物源性饲料的国内年产量已达 100 万 t，每年进口动物源性饲料数也达百万吨。国内动物源性饲料的生产和使用较为混乱，进口动物源性饲料得不到安全保障，一些进口商违法违规从疫区国家将禁用牛羊等动物源性饲料掺入鱼粉或其他动物源性饲料中，或通过第三国出口到我国，严重威胁我国的牛羊生产。

国民生活水平的提高，呼唤绿色产品。因此，研究和开发无污染、无残留、无副作用、抗疾病、无耐药性、促生长的环保型绿色饲料添加剂，如微生态制剂、酶制剂、酸化剂、寡糖类、高利用率有机微量元素等受到越来越多的重视。根据不同地域土壤—作物—动物生态体系营养特性，有针对性的研发适用于当地畜禽的饲料添加剂，避免添加剂的滥用、保障人禽健康具有重要意义。

二、主要牧区家畜饲料添加剂新技术及其应用

（一）内蒙古牧区家畜饲料添加剂新技术及其应用

1. 促进生长类饲料添加剂的应用技术

（1）微生态制剂　微生态制剂，又称活菌剂、生菌剂，是以动物体内正常菌群为主体的有益微生物经特殊工艺制成的活菌制剂。微生态制剂具有无毒副作用、无耐药性、无残留以及效果显著、成本低等诸多优点，能有效补充消化道内的有益微生物，杀灭有害微生物尤其是大肠杆菌等病原菌，改善消化道菌群平衡，迅速提高机体抗病、代谢及饲料的吸收能力，从而起到防治消化道疾病和促进生长的双重效果。

农业部第105号公告（1999年）公布《允许使用的饲料添加剂品种目录》，饲料级微生物菌种有12种：干酪乳杆菌、植物乳杆菌、粪链球菌、屎链球菌、乳酸片球菌、枯草芽孢杆菌、纳豆芽孢杆菌、嗜酸乳杆菌、乳链球菌、啤酒酵母、产朊假丝酵母、沼泽红假单胞菌。真正用于配合饲料的活体微生物菌种主要是乳酸杆菌、粪链球菌、芽孢杆菌、双歧杆菌及酵母。目前，生产上使用的微生态制剂有2种，一种为单一菌属组成的单一型制剂，另一种为多种不同菌属组成的复合菌制剂。

微生态制剂的作用主要表现在调节胃肠道菌群平衡、增强机体免疫力、生物拮抗病原微生物作用、合成消化酶，促进营养物质的消化吸收、净化肠道内环境，改善养殖场所环境卫生等方面。微生态制剂在反刍动物养殖上的应用效果很明显。给奶牛饲喂微生态制剂，可刺激奶牛瘤胃中微生物的生长、稳定瘤胃pH、改变瘤胃发酵模式和终产物的产量、增加瘤胃后营养素的流量、提高养分的消化率、增强免疫反应以缓解应激。使用微生态制剂可以辅助治疗奶牛乳房炎，并且可以避免奶中的抗生素残留的难题。微生态制剂如乳酸杆菌等都能利用黏膜上皮的糖原分解为乳酸，以抑制阴道中的其他微生物，可用于治疗奶牛子宫内膜炎。使用奶牛专用微生态制剂或益生菌制剂，通过微生物提供营养、调控菌群、抑制疾病、增强抵抗力、促进营养物质的转化和利用，从而提高奶牛产奶量。此外微生态制剂还能通过调整失调的肠道菌群，防治奶牛某些自身免疫性疾病。

（2）饲用酶制剂　饲用酶制剂是采用一定的加工工艺，将一种或多种用生物工程技术生产的酶与载体或稀释剂混合而生产的一种饲料添加剂。1975年，美国饲料工业首次将酶制剂作为饲料添加剂应用并取得了显著效果。饲料用酶制剂的规模化应用始于1990年代初，但发展迅速，目前已成为世界工业酶产业中增长速度最快、势头最强劲的一部分。随着现代生物技术，尤其是微生物的基因改造和发酵技术的迅速发展，生物酶制剂的生产成本越来越低。饲用酶制剂可以分为单一酶制剂和复合酶制剂。单一酶制剂是酶制剂运用于饲料的最初形式，由于成分单一，作用有限，现一般不单独作添加剂使用，饲用复合酶制剂现在已成为饲料酶领域的主体。

饲用酶制剂用于反刍动物生产，在过去一直有争议。最近有关酶制剂在反刍动物中的推广应用和作用机制的研究越来越多，将酶制剂添加到反刍动物日粮中，可以显著提高生产性能并减少饲料营养物质的浪费；另外，有学者认为，给瘤胃微生物区系尚未完全发育的幼龄反刍动物补充酶制剂可能会更有用。在生长牛高粗料日粮中添加纤维素酶能提高反刍动物饲料表观消化率和蛋白质消，提高粗饲料中纤维消化率，提高平均日增重。在奶牛日粮中添加外源酶能提高饲料消化率和产奶性能。

（3）寡糖　寡糖又称寡聚糖或低聚糖，是指2～10个单糖通过糖苷键连接形成的直链或支链的小聚合物的总物，其种类很多，自然界达数千种以上。作为饲料添加剂使用的主要是动物自身的酶不能水解，但能对机体微生物区系、免疫等功能有重要影响的寡糖类型。在畜禽养殖中广泛使用的寡糖产品有寡葡萄糖、半乳糖寡糖、果寡糖、寡木糖、甘露寡糖、异源糖寡糖类等。大量研究结果表明，寡糖具有促进动物生长；防止动物腹泻与便秘；增强动物免疫功能，提高动物的抗病力；减少粪便及粪便中氨气等腐败物质的产生，防止环境污染；提高动物对营养物质的吸收率和饲料的利用效率；降低血清中胆固醇的含量等生理功能。

壳聚糖是一种可溶性氨基多糖，具有可生物降解性和生物相容性、可食用性、抗菌抑菌性等多种生物学功能，并且其安全性已得到试验证实。研究表明，壳聚糖作为新型饲料添加剂能增强机体免疫及抗氧化功能、提高动物抗病能力、抗菌抗肿瘤、调节肠道微生物区系、缓解动物应激、提高动物生产性能及改善畜产品品质，并且具有不会产生耐药性、无残留等优良特性。

内蒙古牧区生态高效草原牧养技术模式研究与示范课题组 2011 年开展了肉牛补饲绿色饲料添加剂壳聚糖的饲养试验。试验结果表明：日粮添加 500 mg/kg 壳聚糖可提高肉牛平均日增重和平均日采食量，降低料重比，显著提高肉牛血液中生长激素的含量；日粮添加壳聚糖可在一定程度上提高肉牛血清中 IgM、IgA、IgG、TNF－α、可溶性 CD4、可溶性 CD8 浓度；日粮添加 500 mg/kg 壳聚糖可提高肉牛血清总超氧化物歧化酶活力，过氧化氢酶活力也有一定程度的升高；壳聚糖对肉牛后肠道乳酸菌增殖有显著的促进作用，对大肠杆菌有一定的抑制作用，从而改善后肠道微生态环境；日粮添加壳聚糖可显著降低肉牛血清中 ACTH 水平，缓解肉牛应激状态。日粮添加 500 mg/kg 壳聚糖还可以促进肉牛对干物质、蛋白质、能量、钙的消化率。

2. 改善产品品质类饲料添加剂的应用技术

（1）油料籽实　在反刍动物日粮中添加一定量的脂肪，可提高日粮能量水平，降低饲料成本。油料作物籽实是一种高能、高蛋白的植物性饲料添加剂，含有较高的脂肪，特别是含有较高的多不饱和脂肪酸和蛋白质，而且与植物油不同之处在于，具有天然的部分过瘤胃作用，从而更加利于动物吸收育肥。研究表明奶牛日粮中添加油料籽实可使血液中的甘油三酯和胆固醇含量增加，并且刺激低密度脂蛋白相应地增加，可为机体合成乳脂或其他代谢需要提供充足的能量。籽实的天然保护作用使其在瘤胃中降解速度减慢，一定程度上避免了瘤胃发酵，增加了过瘤胃蛋白的数量，增加了进入小肠的氨基酸数量和质量，从而使乳蛋白含量有所提高。此外，奶牛日粮中添加植物油料籽实还可以改变乳脂肪酸组成，增加共轭亚油酸含量。富含亚油酸的葵花籽、加热大豆、亚麻籽在优化乳脂肪酸构成、提高乳脂共轭亚油酸含量方面效果较好。内蒙古自治区盛产亚麻籽、葵花籽和线麻籽，这些油料籽实富含亚油酸或亚麻酸，将上述籽实添加到反刍动物的饲料中可以改善反刍动物产品的品质。

内蒙古牧区生态高效草原牧养技术模式研究与示范课题组 2012 年开展了添加不同处理的富含 α－亚麻酸的油料籽实对羊肉品质影响的研究，试验结果显示，与未添加组相比，添加熟粒籽实显著提高了肌肉脂质 n－3PUFA 的比例（5.36%和 0.47%），显著降低了 n－6PUFA/n－3PUFA 比值，改善了羊肉的品质，有益于消费者的健康。

（2）矿物质元素和维生素　矿物质元素和维生素是反刍动物必需的营养素。矿物质营养缺乏不仅会导致反刍动物生产性能下降，还会影响畜产品品质。钙缺乏导致奶牛产奶量和牛奶品质下降，还会引发奶牛产后瘫痪、胎衣不下及真胃变位等疾病；日粮中添加脂肪酸钙，不仅提高牛奶产量和品质，而且可以使奶牛泌乳 60 d 以后的产奶高峰期延长。维生素是具有高度生物学活性的有机化合物，是天然饲料中的成分，是维持反刍动物正常生命和生长所必需的一类特殊的营养物质，其需要量很少，但在生理上却起着调节和控制新陈代谢的重要作用，对反刍动物的生长、健康、发育、繁殖、免疫均具有十分重要的意义。内蒙古草原枯草期较长，在此期间，仅凭放牧是远远满足不了动物的矿物质和维生素需要的。内蒙古地区许多草场上放牧饲养的家畜矿物质和维生素存在不同程度的缺乏。

内蒙古牧区生态高效草原牧养技术模式研究与示范课题组针对本区域不同季节土壤—牧草—家畜“三位一体”生态系统中矿物质元素营养以及放牧家畜的维生素营养状况，开展了补饲矿物质和维生素饲料添加剂对阿尔巴斯绒山羊和呼伦贝尔羊生产性能的影响的研究，取得较好的应用效果。

根据研究结果得出，按照以下方案补饲可以降低呼伦贝尔羊母羊的失重，增加羔羊的增重速度：在补饲前期粗蛋白质、钙和磷的日补饲量分别为 4.65 g/($W^{0.75}$ · kg)、0.18 g/($W^{0.75}$ · kg)、0.18 g/($W^{0.75}$ · kg)；微量元素铁、锰、锌、铜、碘、硒、钴的日补饲量分别为 4.5 g/($W^{0.75}$ · kg)、3.4 g/($W^{0.75}$ · kg)、5.7 g/($W^{0.75}$ · kg)、0.9 g/($W^{0.75}$ · kg)、0.034 g/($W^{0.75}$ · kg)、0.034 g/($W^{0.75}$ · kg)、0.034 mg/($W^{0.75}$ · kg)；维生素 A、维生素 D、维生素 E 的日补饲量分别为 568.5 g/($W^{0.75}$ · kg)、

284.3 g/($W^{0.75}$・kg)、2.84 IU/($W^{0.75}$・kg)。在补饲后期呼伦贝尔羊粗蛋白质、钙和磷的补饲量分别为 2.33 g/($W^{0.75}$・kg)、0.09 g/($W^{0.75}$・kg)、0.09 g/($W^{0.75}$・kg)；微量元素铁、锰、锌、铜、碘、硒、钴的日补饲量分别为 2.3 g/($W^{0.75}$・kg)、1.7 g/($W^{0.75}$・kg)、2.9 g/($W^{0.75}$・kg)、0.45 g/($W^{0.75}$・kg)、0.017 g/($W^{0.75}$・kg)、0.017 g/($W^{0.75}$・kg)、0.017 mg/($W^{0.75}$・kg)；维生素 A、维生素 D、维生素 E 的日补饲量分别为 284.3 g/($W^{0.75}$・kg)、142.2 g/($W^{0.75}$・kg)、1.42 IU/($W^{0.75}$・kg)。

此外，内蒙古牧区生态高效草原牧养技术模式研究与示范课题 2011—2012 年在内蒙古白绒山羊种羊场开展了妊娠期绒山羊的放牧补饲实验。试验周期为 2011 年 12 月 1 日至 2012 年 4 月 1 日，共 120 d，按照不同营养水平分为补饲前期与补饲后期 2 个阶段。第一阶段为 2011 年 12 月 1 日至 2012 年 2 月 1 日，为补饲前期，第二阶段为 2012 年 2 月 2 日至 2012 年 4 月 1 日，为补饲后期。补饲组的浓缩料为课题组自己配制，每千克预混料中含维生素 A 1 000 000 IU、维生素 D 350 000 IU、维生素 E 3 000 mg（IU)、铜 1 600 mg、铁 3 000 mg、锰 5 000 mg、锌 10 000 mg、碘 60 mg、硒 60 mg、钴 45 mg。试验结果表明，对妊娠期的放牧阿尔巴斯白绒山羊母羊进行适当补饲可显著增加母羊产后体重与产绒量，羔羊初生重的增加趋于显著。日补饲的消化能、粗蛋白质、钙、磷水平在妊娠前期以 6.99 MJ、71.12 g、4.90 g 及 1.93 g，妊娠后期以 11.38 MJ、114.42 g、7.62 g 及 2.68 g 时较好，但对绒长与绒的细度无显著影响。针对牧区羊的矿物质和维生素营养状况，因地制宜的配制预混料进行补饲，既可以节约生产成本，又能增加母羊产后体重和羔羊初生重。

（二）青藏高原牧区家畜饲料添加剂新技术及其应用

1. 非蛋白氮饲料添加应用 青藏高原的主要牧区牧草产量较低，而且蛋白质含量偏低，草地供给绵羊的蛋白质数量常常不足。尽管如此，这些有限的蛋白质进入绵羊体内也不能被高效利用，再加上草地实际载畜量远远高于理论载畜量，绵羊营养严重缺乏。研究表明，放牧绵羊在多数情况下的蛋白质和能量进食量低于 NRC 推荐的需要量（NRC，1985）。目前，我国主要牧区推行合作社牧养技术，将会进一步促进规模化牦牛、藏羊业的发展，非蛋白氮（尿素）在牦牛、藏羊饲料中安全高效地应用有着广阔的市场前景。

（1）尿素的饲喂量和饲喂方法　尿素量占混合精料的 2%～3%，或不超过日粮中蛋白总量 20%～25%，或每 10 kg 体重 2～3 g。尿素可以有不同的饲用方式。但要想保证尿素最大限度地发挥营养作用，最重要的是在尿素被采食进入瘤胃后，控制和减缓氨的释放速度，提高利用速度，以使瘤胃内维持低的氨浓度，从而防止氨中毒和促进尿素的利用。

（2）非蛋白氮饲料添加剂的应用现状　青藏高原草场绝大多数是非豆料牧草，含粗蛋白低，因此放牧家畜常年缺乏蛋白质，即使是牧草非常充足时仍不能获得正常生长发育所需的蛋白质，冬春枯草期更为严重。因此，给放牧家畜补氮显得尤为重要，在这方面青海牧科院进行了长时间的大量研究，提出并研制了许多补氮技术，如：糖蜜尿素舔砖、复合尿素舔砖、补饲用糊化尿素等。

用尿素糖蜜多营养舔砖［尿素 10%，糖蜜 10%，采食量为 0.5 kg/(d・头)］对天祝白牦牛和甘南牦牛进行了冷季补饲试验，结果表明，天祝白牦牛和甘南牦牛的活重损失分别减少 80.3%和 46.8%，产奶量分别提高 20%和 13.6%，怀孕率分别提高 17.4 和 20.0 个百分点，处理组与对照组之间存在极显著差异（$P<0.01$)；用营养舔砖（尿素 10%、玉米 13.5%、麸皮 10%、脱毒菜籽饼 13.5%、糖蜜 46%、食盐 2%、微量元素 1%）对牦牛和藏羊进行了补饲试验，结果表明，试验组牦牛活重损失为 2.74 kg，对照组为 8.8 kg，两者之间存在极显著差异（$P<0.01$)。试验组藏羊活重损失为 2.0 kg，对照组为 5.12 kg，两者之间差异显著（$P<0.05$)；用控释尿素对牦牛和藏羊进行了补饲试验，结果表明，试验组牦牛增重显著高于对照组（$P<0.01$)，试验组藏羊增重显著高于对照组（$P<0.01$)；用营养舔砖（玉米、麦麸、脱毒菜籽饼、糖蜜、尿素、食盐、微量元素以及黏合剂等）对藏羊进行了补饲，结果表明，试验组比对照组少损失 3.21 kg，两组间差异显著（$P<0.05$)。

2. 矿物质饲料添加剂 在放牧条件下，最常见的缺乏的矿物元素有 Ca、P、Na、Co、Cu、I、

Se、Zn等，在某些特定情况下，Mg、K、Fe、Mn可能缺乏，F、Mo、Se可能过量。牧草往往不能满足放牧家畜矿物质需要，缺乏Se、Co、I时植物正常生长，并获得最佳产量，植物需要Fe、Zn、Mn、Cu、Co比动物低，正常生长植物含Se、Mo、Cu水平对放牧家畜可能是过量的。现行放牧家畜矿物质需要的最佳补饲技术是自由选择饲粮矿物元素法。

（1）放牧家畜矿物元素补饲技术　补加矿物元素的最有效方法是将待补加矿物元素与精料混合，当动物采食其他养分时，即可确保摄入适宜矿物元素，但这一补饲模式不适用于放牧家畜。放牧家畜主要采食牧草，许多因素影响其矿物元素需要。目前，给放牧绵羊矿物质需要的最佳补饲技术是各种直接和间接的方法，可用于预防或纠正放牧绵羊的矿物元素缺乏症给畜牧业带来的经济损失。

（2）矿物质补充料的选择

① 典型矿物质补料。在放牧条件下，为保证提供动物适宜矿物质营养，强化全价矿物质补料对放牧家畜自由选择矿物质应该是可行的。强化全价矿物质补料通常包括盐类、低氟磷酸盐、Ca、Co、Cu、Mn、I、Fe和Zn。除硒中毒地区外，大多数自由选择矿物质补料应含有Se。近年认为Mg、K、S或其他矿物质也应加入矿物质补料中。Ca、Cu、Se过量对反刍动物生产更有害，对高Mo牧草地区，可增加矿物质补料中3～5倍Cu，以拮抗Mo中毒，在Mo 3 mg/kg时已降低铜有效性达50%，在S 500 mg/kg时具有同样效果，使用过量Cu拮抗Mo、S是一个复杂问题，每一地区应有可行的经济技术措施。在配制自由选择矿物质补料时，最好参考分析值或其他实用资料，注意藏羊对Cu更敏感和Se中毒问题。

② 特定矿物质补料。草痉挛季节，口服镁补料具有实用价值，国外一些商用含镁自由选择矿物质补料对防止草痉挛几乎没有作用，原因是：镁含量不适宜；非敏感期供给正常动物镁量并非预防镁量。在快速提高动物血镁方面，对牧草使用特定高镁矿物盐补料比施用Mg肥更有效。各种氧化镁盐、蛋白补料、糖蜜、其他精料成分及饲料均可获得最佳镁摄入，如：a. 氧化镁＋糖蜜（1∶1）；b. 97%糖＋3%氧化镁（常带尿素和磷源）；c. 等量氧化镁＋盐＋骨粉＋谷物；d. 食盐＋氧化镁（1∶1）。用其他方法也可控制牧草痉挛，如饮水、注射等。某些情况下对成熟牧草需要补钾。选择矿物质补料中不含有硫，对生长在缺硫土壤的低品质饲料或饲喂高水平尿素时，需要补硫。

③ 矿物质添加剂应用现状。放牧牛羊矿物质的补充主要通过矿物质舔砖或混合精料的方式给予补饲，矿物质舔砖是牧区最常用也是比较经济的矿物质补充方式。矿物质舔砖是以牛羊等动物日粮中容易缺乏的常量矿物质（食盐、钙、磷、钾、镁、硫等）和微量元素（铁、铜、锰、锌、碘、硒、钴等）为原料，在高压下压制而成。由于这种舔砖中食盐的比例较高，所以人们也常常称之为“盐砖”。它的主要特点是质地坚硬，耐潮湿，便于贮存和运输。动物舔砖舔食量一般为：羊10～15 g/d，牛50～80 g/d。

用尿素舔砖饲喂藏系母羊时发现，在试验期间，饲喂舔砖的羊只，每天每只羊平均自由舔食尿素营养舔砖194 g，日增重114.7 g，而对照组减重36 g，头均增加纯收入10.07元。

3. 家畜饲料添加剂新技术

（1）微生态制剂（probiotics）　用于提高人类、畜禽宿主或植物寄主健康水平的人工培养菌群及其代谢产物，或促进宿主和寄主体内正常菌群生长的物质制剂的总称。可调整宿主体内的微生态失调，保持微生态平衡。这是一个总体的大概念，包括活菌、死菌及代谢产物。

（2）益生菌（probiotic）　以恰当剂量摄入时，能产生有益于宿主健康影响的活的微生物制剂。活的微生物（活菌）是该类产品的核心，代谢产物为次；对动物具有安全性和有益性；直接饲喂进入动物消化道，并具有一定的酸和胆汁酸盐耐受性；常在菌的定植性要好、过路菌的繁殖性要好；代谢产物的有益性（指营养物、酶类、维生素类、抗菌物质等）；对环境条件敏感，应有一定的耐机械加工、耐高温（80 ℃）特性；具生物多样性。菌种、培养条件、形态、发酵方式、数量等均不同。

（3）微生态制剂在畜牧业中的应用　犊牛、肉牛、奶牛、牦牛均可使用。可提高育肥牛日增重平均约13.2%；提高饲料转化率平均约6.3%；可增强牛的免疫功能，降低牛的腹泻，预防疾病发生；

改善牛的饲养环境，降低牛圈的臭味，减少牛放屁；可替代抗生素，实现无抗、生态养殖，提高肉、奶的品质。

（4）微生态制剂在牛羊生产上的应用　犊牛日粮中使用微生态制剂可使日增重提高5.3%，饲料利用率提高5.2%，腹泻发病率由82%降低为35%，死亡率由10.2%降低为2.8%，发病也较轻。犊牛、羔羊食料中添加酵母培养物，可提高生产性能和采食量。

（三）甘肃牧区家畜饲料添加剂的使用及其配制技术

舔砖生产及应用技术

（1）牛羊舔砖加工过程

① 舔砖配方的设计原则。舔砖完全是根据反刍动物喜爱舔食的习性而设计生产的，生产舔砖常用的原料有：糖蜜、尿素、食盐、玉米粉、谷物副产品（如麸皮）、脱毒菜籽饼、固化剂（如水泥、生石灰等）、膨润土、骨粉、矿物质和维生素预混剂等，矿物质预混料通常含有钙、磷和铁、铜、锌、碘、锰、硒和钴等矿物质元素，现今研究普遍认为，舔砖的原料选取与配方的确定应遵循的原则是：根据动物饲料供给、营养状况、生产水平、繁殖性能和发病情况等，确定配方中营养物质的种类与配量。充分考虑牛羊的适口性、消化利用率、效价、来源和成本等多种因素，确定配制原料。充分考虑矿物质元素间的拮抗与协同作用，确定各种原料的配合比例。除提供营养物质外，某些原料还起到黏合剂、凝固剂、抗氧化剂、调味剂和舔食量控制剂的作用。根据动物对舔块的头日平均舔食量和舔块质量的检验结果，最后调整各原料的配方比例。

② 舔砖的加工所需原料。

a. 微量元素预混料。微量元素作为动物必需的营养素，对动物的物质代谢和生长发育有很大的影响。在舔砖加工过程中所使用的预混料是我们根据牛羊的具体需求进行配制，将其按照一定比例混合加入舔砖中。

b. 食盐。对草食家畜、奶牛和役畜更要注意补充食盐，因为植物性饲料中含钠和氯低，但家畜需要量大。

c. 石粉。石粉除用做钙源外，石粉还广泛用做微量元素预混合饲料的稀释剂或载体。石粉在舔砖中的作用，除了提供一定钙源外，对舔砖的硬度起到一定的作用。

d. 凝固剂——水泥。水泥呈粉末状，与水混合后，经过物理化学过程能由可塑性浆体变成坚硬的石状体，并能将散粒材料胶结成为整体，是一种良好的矿物胶凝材料。其他凝固剂：有报道称，添加氧化镁能使块状饲料有足够硬度，以限制牲畜的采食量，磷酸氢钙也具有一定的凝固作用。

e. 黏结剂——膨润土。在饲料工业中可用作添加剂载体、矿物质添加剂、解毒剂、稀释剂、黏合剂等，膨润土储藏量大、分布广泛、价格便宜，是发展中国家生产糖蜜尿素舔砖用的主要黏合剂。

f. 麦饭石。麦饭石是一种具有一定生物活性的复合矿物或药用岩石，在养殖业中，麦饭石具有改善动物代谢机能，促进动物的生长发育等功能。

g. 糖蜜。作为动物饲料中常见的原料，其主要成分包括天然蔗糖、葡萄糖和果糖，是一种颇具特色的高能量的饲料原料，可以增加饲料的营养价值、改善动物的生长性能。在生产中应用糖蜜可以优化瘤胃微生物群的生长和营养代谢，刺激瘤胃对饲料的消化能力。糖蜜具有很好的黏结作用，可与其他物料混合，制成舔块。

③ 加工流程。

a. 加工设备。

电子秤：主要用于配料。

搅拌机：普通滚筒式搅拌机。

液压压砖机：主要有液压机、主缸、副缸、控制器等组成，压制模具为圆筒形，圆同内径20 cm、高30 cm；液压机压力可调，范围：0～20 t；保压时间可调，范围：0～10 min。

加热设备：用于对糖蜜进行水浴加热。

喷雾器：用于在搅拌过程中喷洒水分。

其他辅助器材：装料桶、磨具垫片、刷子、料铲等。

b. 加工流程。

第一步：配料，按照一定的比例称取原料食盐、预混料、麦饭石、膨润土、石粉、凝固剂、氧化镁、磷酸氢钙倒入搅拌机内。

第二步：搅拌，将滚筒搅拌机的进料口和出料口进行密封并搅拌，当搅拌进行到4～5 min时，用喷雾器向进料口注水孔喷入一定量的水。

第三步：添加糖蜜，将加热好的糖蜜分批加入搅拌机使其混合均匀，搅拌完毕后将混合好的物料从出料口倒出并称取一定量的物料倒入舔砖压制机内。

第四步：压制，设定好压力和保压时间并压制成型。

第五步：干燥，将压制好的舔砖边缘稍做修整后放在通风干燥处进行阴干。

（2）舔砖应用举例　下面以河西绒山羊专用营养舔砖为例，具体说明舔砖的加工与应用技术。

① 预混料配方的设计。预混料配方是根据河西绒山羊营养需要量而配制的，配方见表3-51。

表3-51　河西绒山羊矿物质预混料配方

河西绒山羊矿物质需要量（mg/kg 饲粮干物质）										
元素	Fe	Cu	Zn	Mn	Co	I	Se	Ca	P	合计
含量	55	11	32	48	0.45	0.5	0.4	7	3.5	
原料	$FeSO_4 \cdot 7H_2O$	$CuSO_4 \cdot 5H_2O$	$ZnSO_4 \cdot 7H_2O$	$MnSO_4 \cdot 5H_2O$	1% $CoCl_2 \cdot 6H_2O$	1% $Ca(IO_3)_2$	1% Na_2SeO_3	石粉	$CaHPO_4$	
配方（%）	11.00	4.00	13.00	9.89	3.12	3.47	2.78	33.30	19.44	100.00

② 舔块配方。河西绒山羊营养舔块配方见表3-52。

表3-52　河西绒山羊舔块配方（%）

原料	专用预混料	食盐	膨润土	麦饭石	凝固剂	氧化镁	糖蜜	蛋氨酸	尿素	饲用酵母	水
配比（%）	30	30	6	6	6	3	6.5	2	1	0.5	9

③ 舔块原料配制过程。a. 将舔砖生产所需原料按配方逐一称量；b. 糖蜜事先在66 ℃下水浴加热，降低黏度，能更好地与无机原料混合；c. 称量后的尿素，先溶于66 ℃热水中，然后混入糖蜜中；d. 2%蛋氨酸与6%的膨润土稀释混合均匀，减少蛋氨酸的损失；e. 按如下次序加入到搅拌机中：食盐→预混料→凝固剂、麦饭石、膨润土（事先与蛋氨酸均匀混合）→氧化镁；f. 先不加水，开启滚筒搅拌机，5 min后粉状原料混合均匀；g. 边搅拌，边喷雾加水，加水量一般为原料总重量的10%～10.5%；h. 最后将水浴加热后的糖蜜加入混合机中，搅拌5 min，这样保证所有原料均匀混合后，卸出。

④ 舔块加工过程。舔块加工过程按如下要求进行：a. 舔块加工时，开启电机，舔砖压制装置空载运行3～5 min，以预热液压油。预热后检验成型油缸和推料油缸的工作状态、电磁阀的工作状态，压力设定为15 MPa，将上模置于上限位，将下模托盘置于下限位。b. 将称重后的物料加入模具内，混合后潮湿的原料按3.5 kg/块称重，这样干燥后约为3 kg/块，水分含量9%左右，舔砖硬度高。c. 启动成型油缸下压按钮，上模下压，达到最大设定压力→保压45 s→启动成型油缸上升按钮，上模回升到上限位置→启动推料油缸上升按钮，下模托盘上升，顶起已成型舔块，人工取出→启动推料油

缸下行按钮，托盘回到下限位置。按此过程，周而复始进行舔块的生产。d. 压制成型的舔块，置于阴凉通风处干燥，48 h 后，即可硬化。

⑤ 舔砖品质。a. 干燥后，舔砖重 3 kg/块，外观平整，无裂纹和膨胀等不良现象，经长期经饲喂试验，适口性好，羊喜食。b. 经对多块矿物质舔砖质量测定，11 Mpa(48.73 kg/cm^2) 压力下压制的舔砖，ϕ200 mm，厚 (493±5)mm，重 (3±0.1)kg/块，密度约 1 937 kg/m^3，羊正常舔食量：30～50 g/ (头・天)。c. 舔砖配方中食盐含量较高，目的是通过食盐的摄入量来控制其他元素的摄入量，即使每天摄入 100 g 食盐，约为正常需要量的 8 倍，不会出现食盐中毒的情况，其他元素更难以达到中毒剂量。

第四节　主要牧区冷季高效养殖技术

一、内蒙古牧区冷季高效养殖技术

(一) 西部荒漠草原冷季高效养殖技术

1. 内蒙古白绒山羊冬季放牧补饲技术　针对绒山羊的冬季补饲技术，相继开展了大量基础性研究工作，近年来，随着遗传育种与繁殖技术的发展，内蒙古白绒山羊的产绒性能与繁殖性能潜力与以前相比有了大幅度提高，前人研究的成果已经不能有效指导内蒙古白绒山羊的养殖。为此，内蒙古牧区生态高效草原牧养技术模式研究与示范课题组通过对鄂尔多斯荒漠化草原冬季草场的营养价值动态变化规律与妊娠母羊营养物质进食量进行分析，研制了与当地饲料资源和环境特点相匹配的绒山羊精料补充料和添加剂预混料配方，全面开展了绒山羊的冬季放牧补饲试验研究，科学制订了妊娠期阿尔巴斯白绒山羊的放牧补饲方案。

研究表明，荒漠草原在冬季 12 月的牧草粗蛋白质含量为 6.0%；中性洗涤纤维与酸性洗涤含量分别为 76.9%与 39.8%；粗灰分含量为 12.5%，钙磷比不平衡，含量分别为 1.0%与 0.05%。妊娠期产单羔母羊与双羔母羊的牧草干物质日采食量分别为 0.56、0.65 kg/只，对能量、粗蛋白质、钙、磷、中性洗涤纤维与酸性洗涤纤维的消化率分别为 32.9%～42.1%、46.6%～51.2%、16.3%～21.2%、36.6%～52.6%、30.9%～37.8%、23.4%～31.3%。课题组分别针对单双羔母羊分别设计了三种营养物质补饲水平（低、中、高）的补饲方案。图 3－12 和图3－13 的结果显示，对妊娠期的阿尔巴斯白绒山羊母羊进行放牧补饲，可显著增加母羊产后体重与产绒量；图 3－14 的结果显示，羔羊初生重的增加趋于显著，日补饲的消化能和粗蛋白水平在妊娠前期以 6.99 MJ 和 71.12 g、妊娠后期以 11.38 MJ 和 114.42 g 较好，但对绒毛长度与细度无显著影响。

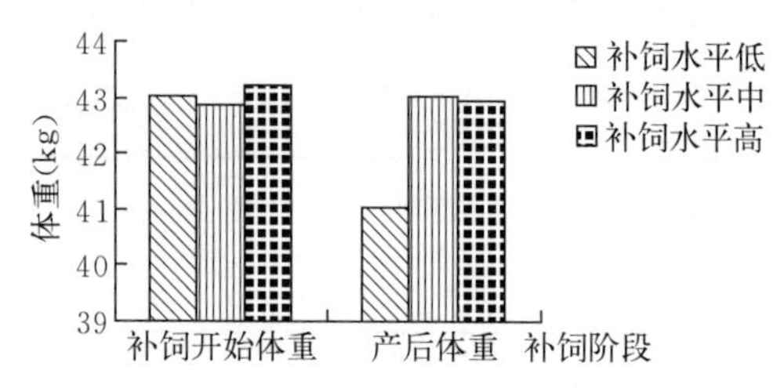

图 3－12　放牧补饲水平对绒山羊产后体重的影响

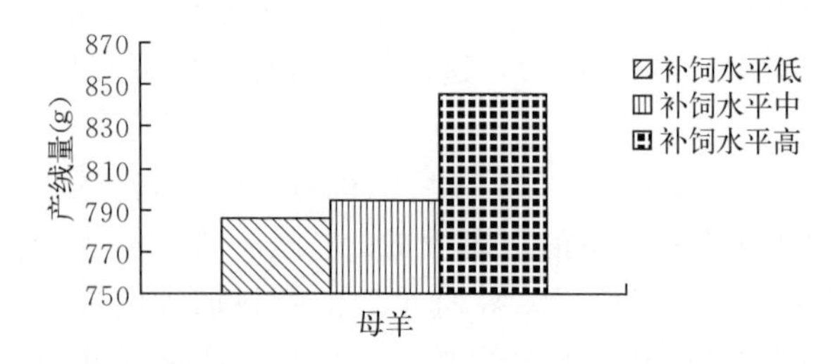

图 3－13　放牧补饲水平对绒山羊产绒量的影响

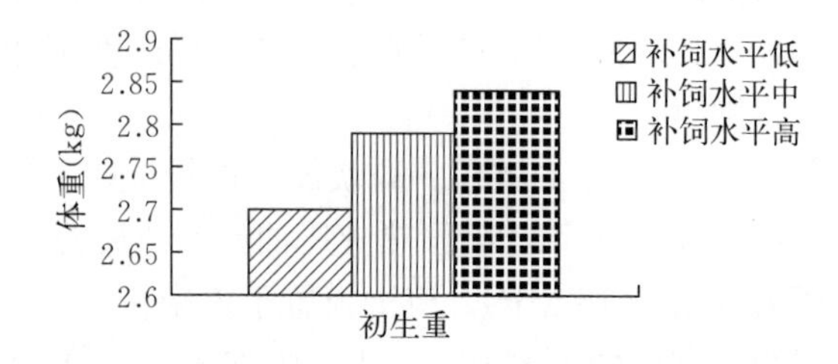

图 3－14　放牧补饲水平对绒山羊羔羊初生重的影响

2. 内蒙古白绒山羊春季休牧舍饲技术　内蒙古白绒山羊母羊主要是春季产羔，此时草场牧草营养价值低，泌乳绒山羊在草场上采食牧草极少，而且，绒山羊泌乳期正值风沙大、对草场破坏最为严重的春季，结合西部荒漠草原的气候条件和草原生态特点，为了有利于草场生态的恢复，当地政府规定从 4 月份开始对草场实行为期 3 个月的休牧。因此，针对泌乳期母羊制订科学的休牧舍饲方案对减少母羊失重、增加羔羊生长速度是非常必要的。目前，关于泌乳期绒山羊摄入多少营养物质才能够既满足母羊维持和泌乳的需要而又不浪费饲料的研究报道很少。有鉴于此，内蒙古牧区生态高效草原牧养技术模式研究与示范课题组 2011 年和 2012 年全面开展了绒山羊母羊的春季放牧补饲试验研究，科学制定了休牧舍饲阶段的阿尔巴斯白绒山羊补饲方案。

课题组分别针对产单羔母羊群与产双羔母羊群设计了 3 种营养物质补饲水平（低、中、高）的补饲方案，并按照泌乳期分为泌乳前期与泌乳后期。图 3－15 和图 3－16 的研究结果表明，在泌乳期，日粮营养水平对绒山羊体重和其羔羊生长速度有显著的影响，中、高营养水平组母羊体重和羔羊增重显著高于低营养水平组，高营养水平组略好于中营养水平组；各组母羊在产后 30 d 内的失重以低营养水平组最多，高营养水平组最少；在产后 30～90 d 时，中、高营养水平组母羊体重的增加幅度大于低营养水平组。高营养水平组绒山羊对日粮钙和磷的表观消化率与低营养水平组相比趋于显著。图 3－17和图 3－18 的产单羔母羊增重显著低于产双羔母羊，但所单羔增重显著高于双羔。在泌乳前期，产单羔母羊与产双羔母羊的日干物质进食量分别为 1.57 kg 和 1.75 kg 为宜。在泌乳后期，产单羔与产双羔母羊的日干物质进食量分别为 1.39 kg 和 1.49 kg 为宜。在泌乳前期，每千克代谢体重的消化能、粗蛋白质、钙、磷日进食量为：产单羔母羊分别为 0.91 MJ、8.76 g、0.72 g 及 0.21 g，产双羔母羊分别为 0.99 MJ、9.64 g、0.82 g 及 0.23 g；在泌乳后期产单羔母羊分别为 0.74 MJ、7.51 g、0.40 g 及 0.17 g，产双羔母羊分别为 0.85 MJ、8.71 g、0.47 g 及 0.20 g 时，效果较好。

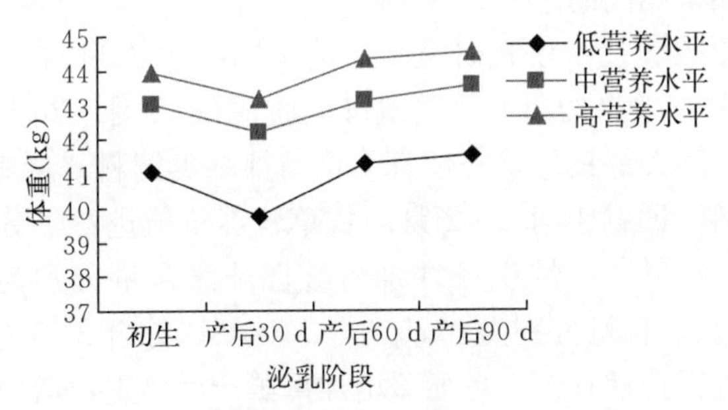

图 3－15　休牧舍饲水平对泌乳期绒山羊体重的影响

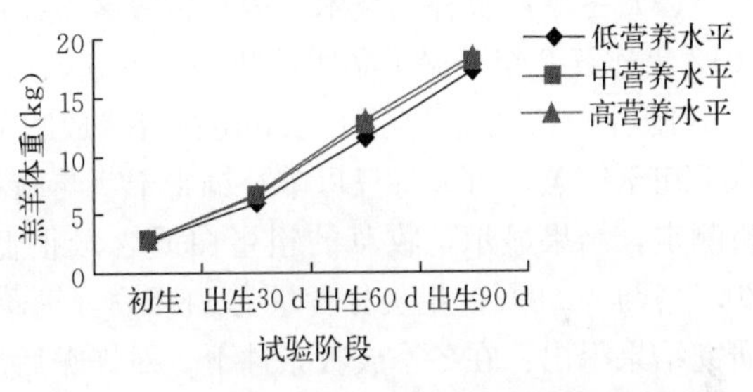

图 3－16　休牧舍饲水平对绒山羊羔羊体重的影响

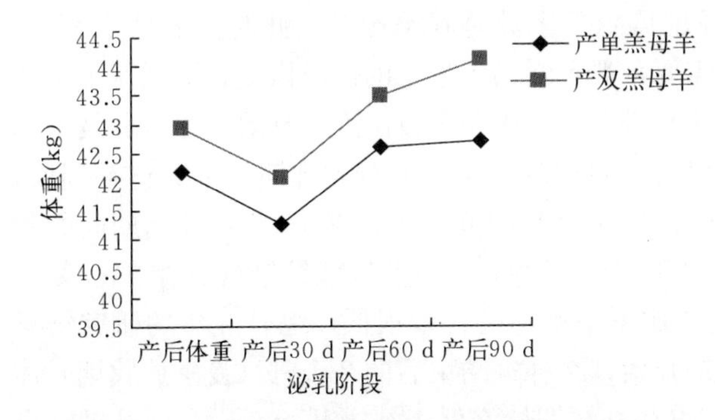

图 3－17　产羔率对泌乳期绒山羊产后体重的影响

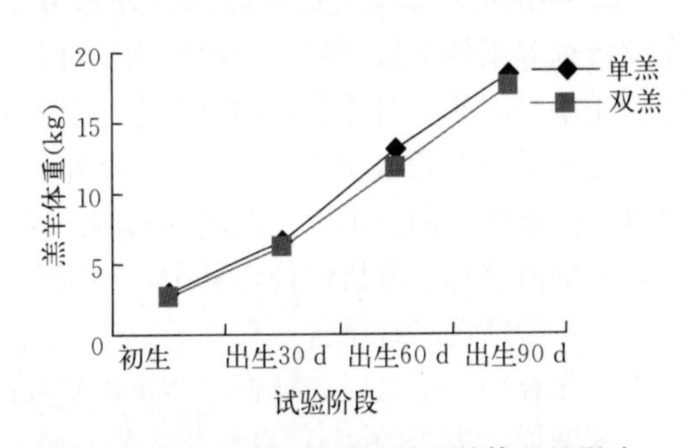

图 3－18　产羔率对绒山羊羔羊体重的影响

（二）东部典型草原冷季高效养殖技术

1. 呼伦贝尔羊妊娠母羊冷季高效养殖技术　呼伦贝尔羊是我国优秀的肉羊品种。呼伦贝尔羊经过长期的自然选择和人工选育，形成了耐寒耐粗饲、善于行走采食、能够抵御恶劣环境、抓膘速度快、保育性强、羔羊成活率高、肉质好且无膻味等特点。呼伦贝尔羊生活的地区冬季寒冷漫长，冬季积雪厚度 20～40 cm，积雪期 5 个月，枯草期长达 7 个月，呼伦贝尔羊的妊娠期正好处于枯草期，牧草营养价值很低，加之寒冷的气候增加了母羊维持能量的消耗。因此，因地制宜地进行补饲，并推广暖棚养殖技术，可有效提高呼伦贝尔羊的生产性能，提高养殖收益。根据呼伦贝尔羊的品种特点，提出以下配套的冷季养殖技术。

（1）冬季暖棚饲养　冬春季节棚圈保暖和严冬时节减少放牧时间，增加舍饲比重对放牧绵羊营养调控都十分重要。冬季呼伦贝尔地区天气寒冷，1 月的平均气温低于－24 ℃。寒冷应激会提高呼伦贝尔羊的基础代谢消耗，使其用于生产的能量减少。与此同时，寒冷应激还会降低饲料消化率。Christopherson（1976）报道，绵羊、犊牛和阉牛在寒冷应激时，环境温度每降低 1 ℃，饲料干物质消化率分别降低 0.31%，0.21%和 0.08%。冬季放牧呼伦贝尔羊不得不掉膘以维持其正常体温和胎儿生长发育的营养需要。因此，冬季采取保暖措施，如暖棚养殖技术，不仅可以防止母羊大量掉膘和无谓的营养消耗，而且还能增加向母羊的营养投入。因此，在现有产春羔生产体系下对呼伦贝尔羊进行科学的补饲外，还应利用暖棚养羊技术，积极探索呼伦贝尔羊冬羔生产模式，以节约补饲成本。

（2）利用补偿生长机制　呼伦贝尔羊具有很强的补偿生长能力，在冬季处于妊娠后期的母羊受到一定程度的营养限饲，在夏季牧草旺盛期可得到与不限饲母羊相同的生产性能，既不影响母羊的生产性能，又可达到节约补饲、降低生产成本和提高生产效率的目的。多年来针对羊的补偿生长性能开展了大量研究，得出体重在 30～50 kg 的绵羊在妊娠后期（90～150 d）每千克代谢体重日摄入能量 0.40 MJ（代谢能），日摄入粗蛋白 73.3 g，折合成青干草采食量（放牧＋补饲）约为每天 840 g，在这样的低营养水平下饲喂妊娠后期的母羊，不会影响母羊及其羔羊以后的生产性能，所产羔羊的体重在夏秋盛草期达到了与妊娠后期高水平饲喂母羊所产羔羊相同的水平。

（3）冬季放牧补饲技术　内蒙古牧区生态高效草原牧养技术模式研究与示范课题组在 2011 年和 2012 年连续 2 年开展了冬季放牧条件下妊娠后期母羊补饲效果的研究。繁殖母羊通常在 10 月下旬至 11 月配种，12 月中旬至 1 月下旬在自然放牧的基础上每天每只母羊补饲青干草与糠麸类饲料；从 1 月下旬至产羔，每天每只母羊补饲青干草与精料补充料。课题组对 1～2 月的牧草营养价值进行了分析测定，结果显示，牧草的粗蛋白质含量很低，为 4.02%；中性洗涤纤维与酸性洗涤含量分别为 70.1%与 40.8%；粗灰分含量为 11.8%，钙磷比不平衡，含量分别为 0.75%与 0.04%。综合 2 年的研究结果得出：在冬季放牧条件下，对妊娠后期母羊进行合理补饲，可显著增加母羊产后体重，增加羔羊初生重与成活率；补饲组母羊所产羔羊的生长速度、体长、体高及胸围显著增加。妊娠后期补饲的精料补充料营养水平以粗蛋白质为 18.0%、钙和磷分别为 0.80%和 0.75%时补饲效果较好。

2. 呼伦贝尔羊哺乳母羊冷季高效养殖技术　呼伦贝尔羊多数是春季产羔，此时正值枯草季节，在放牧饲养条件下摄取的营养很难满足母羊泌乳的需要，严重制约了母羊的体况恢复，降低了羔羊的生长速率。因此，对哺乳期的母羊进行合理补饲是非常必要的。内蒙古牧区生态高效草原牧养技术模式研究与示范课题组在 2011 年和 2012 年连续 2 年研究了春季放牧条件下对泌乳期母羊进行补饲后，对母羊体重变化和羔羊生长性能的影响。课题组对呼伦贝尔草原示范区在春季 4～6 月补饲期间的牧草营养价值进行了分析评价，其中，粗蛋白质含量为 3.5%～7.0%，中性洗涤纤维含量在 64.3%～76.1%，酸性洗涤纤维含量在 30.9%～48.1%；钙磷比不平衡，磷含量很低。综合 2 年的研究结果得出：在补饲 2 个月时，补饲组体重恢复并高于补饲开始，在补饲结束后的 2 个月（夏季放牧期）体重继续增加，为 48.9 kg；自然放牧的对照组母羊体重在补饲期始终低于补饲开始，一直到补饲结束后 2 个月（夏季放牧期）时的体重为 44.2 kg，仍然不能完全恢复到补饲开始。从补饲开始直到补饲结束 2 个月，补饲组母羊体重较对照组增加 10.5%，日增重增加 40.9 g/（只・d）。补饲组羔羊的体重在补饲 1 个月和 2 个月时分别较对照组高 1.09、2.18 kg/只；母羊补饲结束后 2 个月，补饲组羔羊体重较对照组增加 13.2%，日增重较试验组提高 31.7 g/只。补饲组羔羊的体长、体高及胸围在补饲结束后的 2 个月分别较对照组增加 4.3%、4.1%与 5.2%。

春季放牧条件下，对泌乳母羊进行补饲，可显著减少母羊失重，增加羔羊增重。补饲组母羊在补饲1个月时的失重约0.76 kg，对照组失重为3.50 kg以上，补饲组失重较对照组减少78.5%；补饲组母羊体重在补饲2个月时，体重恢复并高于补饲开始，较对照组体重增加2.8 kg/只以上。在补饲结束后的2个月（夏季放牧期）母羊体重继续增加，达48.0 kg以上；自然放牧的对照组母羊体重在补饲期始终低于补饲开始，一直到补饲结束后2个月（夏季放牧期）仍然不能完全恢复到补饲开始。从补饲开始一直到补饲结束2个月，补饲组母羊体重较对照组增加10.5%。母羊补饲结束后2个月，补饲组羔羊体重较对照组增加13.2%，日增重较对照组提高31.7 g/只。补饲组羔羊的体重、体长、体高及胸围在补饲结束后的2个月极显著高于对照组，分别较对照组增加4.3%、4.1%与5.2%。针对上述试验结果，建议呼伦贝尔羊春季分娩后应该及时补饲，补饲期为2个月，补饲精料补充料的营养水平以粗蛋白质为20.4%、钙和磷分别为0.77%和0.8%，补饲前期补饲量为0.4 kg/只、后期为0.2 kg/只时补饲效果较好（图3-19～图3-23）。

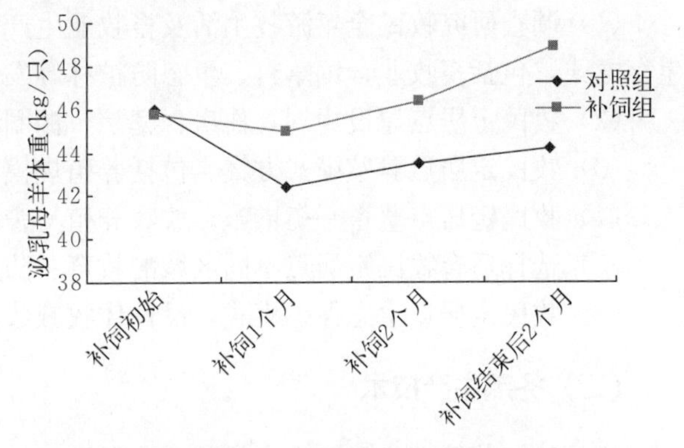

图3-19　放牧补饲对泌乳呼伦贝尔羊体重的影响

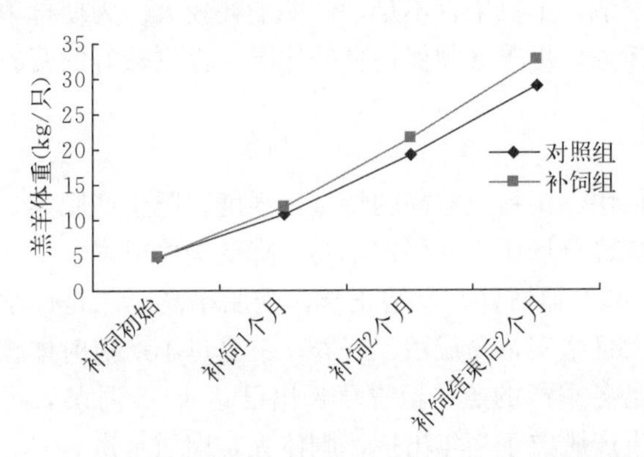

图3-20　放牧补饲对泌乳呼伦贝尔羔羊体重的影响

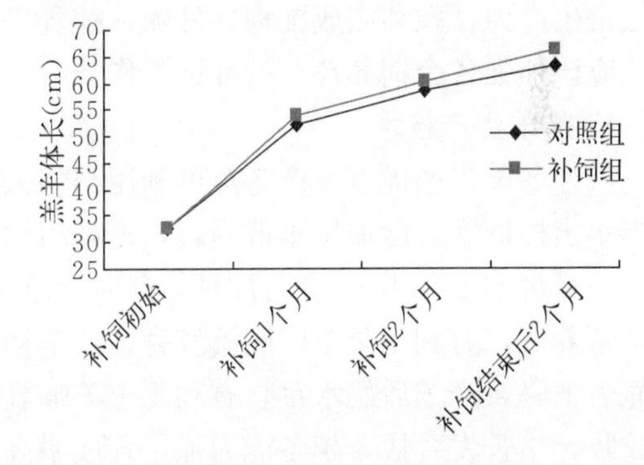

图3-21　放牧补饲对泌乳呼伦贝尔羔羊体长的影响

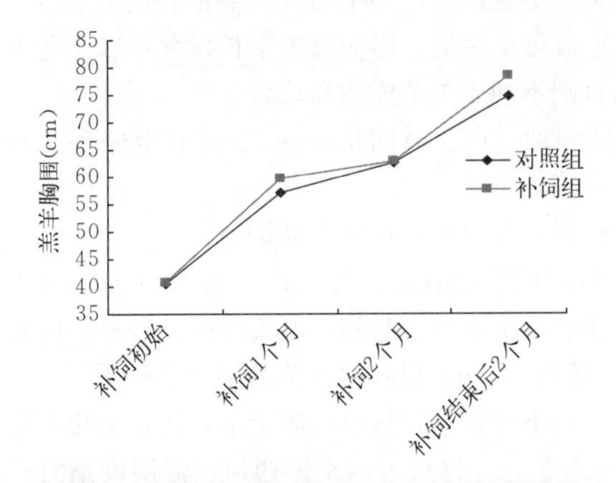

图3-22　放牧补饲对泌乳呼伦贝尔羔羊胸围的影响

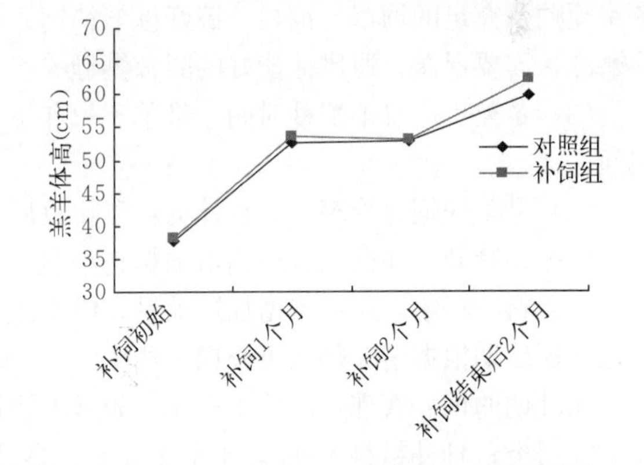

图3-23　放牧补饲对泌乳呼伦贝尔羔羊体高的影响

3. 呼伦贝尔羊哺乳羔羊冷季高效养殖技术　呼伦贝尔羊通常在4月中下旬开始产羔，此时母羊采食牧草很难满足泌乳的需要，制约了羔羊的生长发育。为了充分发挥羔羊在哺乳期的生长优势，内蒙古牧区生态高效草原牧养技术模式研究与示范课题组在开展了呼伦贝尔哺乳羔羊补饲技术的研究。羔羊于产后1周开始补饲青干草和精料补充料，青干草自由采食。补饲期从4月中旬至7月中旬，共3个月。研究结果得出，春季放牧条件下，对哺乳期呼伦贝尔羔羊及时补饲，可显著减少母羊泌乳期失重，增加羔羊生长速度与成活率。补饲组羔羊的体重、体长、体高及胸围较不补饲组显著增加。补饲精料补充料的营养水平以粗蛋白质为20.8%、钙和磷分别为1.25%和0.78%时补饲效果较好。

二、新疆牧区冷季高效养殖技术

（一）新疆冷季高效养殖技术体系

（1）调查研究牧民全年游牧生活及畜牧业生产中存在的问题，研究特定环境条件下牧民定居后的生存方式，包括畜牧业、饲草料、生态防护林等发展生产的配套技术体系。

（2）牧民定居点建设规划，住房、庭院、棚圈布局，林园配置等的配套体系建设情况。

（3）牧民定居点养殖模式方案。包括养殖规模、养殖方式、饲养方法、牧草栽培和管理方法等。

（4）牧民定居点草畜平衡措施，放牧养殖与舍饲圈养相结合的养殖模式设计。

（5）选择适合牧民定居点不同区域的牧草、防风林的种植品种。

（6）牧民定居点生态保护模式，设计休牧减牧生态修复保障体系和机制。

（二）冬羔生产技术

母羊的饲养管理是冬羔生产的基础，保持好母羊的生产体况，是关系到羔羊生产成败的关键。冬春季节，牧草枯萎，营养水平下降，此时正值寒冷季节，羊只采食不足，体能消耗较大。为使母羊保持正常生产力，顺利完成配种、妊娠、哺乳等繁殖任务，母羊必须保持良好体况，提供较好的营养水平，应该加强各个饲养环节的补饲工作。

1. 羔羊生产技术

（1）冬羔生产优点　产冬羔可利用当年羔羊生长快，饲料效益高的特点，强度育肥生产肥羔，并于当年出栏屠宰，能加快羊群周转，提高出栏率，减轻草场压力并保护草场，降低饲养成本。

一是母羊于每年8～9月配种，此时青草丰茂，母羊膘情好，发情正常，受胎率高；二是怀孕期母羊营养好，有利于羔羊的胚胎发育，羔羊初生重大且坚实，易成活，好养；三是母羊产羔时体膘尚未显著下降，产羔后奶水足，有利于羔羊哺乳；四是冬季产的羔，至青草长出已达4～5月龄，可跟群放牧，生长发育快，越冬能力强，育成率高，若生产肥羔于当年出栏，胴体大，肉质鲜嫩。

（2）冬羔生产缺点　产冬羔需要有一定的条件，一是冬季产羔，羔羊哺乳后期正值枯草季节，故冬季须贮备充足的饲草、饲料，搞好母羊补饲，否则造成母羊缺奶，影响羔羊生长发育；二是冬季气候寒冷，需要保温、通风性能好的圈舍供母羊产羔，否则不利于羔羊成活和培育。

（3）冬羔生产母羊配种时间　母羊于每年8～9月配种。产羔时间集中在12月底至翌年2月初期间。

（4）母羊的饲养管理　放牧补饲：在收牧后适时补饲，视草质草量适当补饲精料。

妊娠期管理：在此期应适当增加精料给量，以适应产后高精料的需要，在产前15 d内需减少或停止青贮料的喂给；应适当增加运动量，但要注意运动强度不要过于激烈，严禁恐吓、暴打，防止流产；妊娠后期根据情况每天可补饲干草1.0～1.5 kg，精料450 g，以获得羔羊的最大初生重。

哺乳期的饲养管理：产后1～3 d，如母羊膘情好，可不喂精料，只喂优质干草，防止消化不良或发生乳房炎；日补精料500 g，干草1.0 kg，多汁饲料1.5 kg；保持舍内干燥通风，温湿度适宜；哺乳后期除放牧外可补喂些干草，不足时再补喂些精料。

2. 羔羊饲养管理与培育技术　羔羊时期，易发生肺炎、胃肠炎、脐带炎和痢疾等，为减少发病死亡应注意做到以下几点。

（1）早吃、吃好初乳　羔羊生后30 min内，一定让其吃上初乳，初乳比常乳的矿物质和脂肪含量高1倍，维生素含量高20倍，含有较多的钙盐和镁盐，含有大量的抗体和溶菌酶，具有较高的酸度；初乳的抗病效应随分娩后时间的延长而迅速下降，羔羊的胃肠对乳中抗体的吸收能力也在不断下降，出生 36 h 后就不再吸收完整的抗体蛋白大分子，所以吃早吃好初乳是促进羔羊体质健壮、减少发病的重要措施。

（2）安排好吃奶时间　生后 20 d 内可母仔同圈，让其自由吃奶；20 d 龄后可把母仔分开，每天定时奶羔 3 次，这样有利于羔羊采食。

（3）保持适宜的舍温　保温防寒是初生羔羊护理的重要方面，羊舍温度应保持在 5 ℃以上；室温是否适宜，可以从母仔表现判断，若室温不合适，应及时采取调温措施。

（4）搞好圈舍卫生　圈舍应保持宽敞、清洁、干燥；要加强卫生管理，冬季要勤换褥草，搞好保暖，夏季要通风换气，使之凉爽；对羊舍及周围环境要定期严格消毒；对病羔实行隔离，对死羔及其污染物要及时处理。

（5）提早补饲　羔羊生后 10 d 就应开始补饲，目的是训练采食精粗饲料的能力，也是为了满足羔羊迅速生长发育的需要。从 15 d 龄开始补饲混合饲料，混合精料炒后粉碎放入食槽，或与切碎的优质青干草混合搅拌喂给，同时可混入少量食盐和磷酸氢钙，以刺激羔羊食欲并防止异食癖。正式补饲时，应先喂粗料，后喂精料，定时定量，喂完后把食槽扫净。

（6）合理运动　羔羊生后 5～7 d，选择无风、温暖的晴天，把羔羊赶到运动场进行运动和日光浴，随着羔羊日龄的增加，应逐渐延长在运动场的时间，以加大羔羊的运动量。

（7）合理分群　15～20 d 龄羔羊应适时把强弱羔或单双羔分群饲养；断奶后应把公母羊分开饲养，不做种用的公羔应及早去势育肥。

（8）羔羊去势　去势后的公羔称为羯羊，性情温顺，管理方便，节省饲料，肉的膻味小，且较细嫩；公羔出生后 18 d 左右去势为宜，如遇天阴或羔羊体弱可适当推迟。去势和断尾可同时进行或单独进，最好在 10:00 进行，以便全天观察和护理去势羊。去势可采用“刀切法”或“结儿法”。

（9）断尾　羔羊的断尾主要针对肉用绵羊品种公羊同本地母绵羊的杂交羔羊、细毛羊羔羊。这些羊均有一条细长尾巴，为避免粪尿污染羊毛及防止夏季苍蝇在母羊阴部产卵而感染疾病，便于母羊配种。断尾应在羔羊生后 10 d 内进行，此时尾巴较细，出血少。断尾可以采取“热断法”和“结扎法”。

3. 消毒

（1）圈舍入口消毒　养殖场入口设消毒室，室内两侧、顶壁设紫外线灯，地面设消毒池，用麻袋片或草垫浸 4%氢氧化钠溶液。圈舍入口设消毒池，保持足够的消毒药液，一般 5～7 d 更换 1 次，并经常喷 4%氢氧化钠溶液或 3%过氧乙酸等。

（2）圈舍周围环境消毒　羊舍、羊圈、场地及用具应保持清洁、干燥；每天清除粪便及污物；清除羊舍周围的杂物、垃圾，填平死水坑。羊舍周围环境定期用 2%火碱或撒生石灰消毒，养殖小区（场）周围及内部污染池、排粪坑、下水道出口每月用漂白粉消毒 1 次。

（3）圈舍消毒　无羊消毒时，可关闭门窗，用福尔马林熏蒸消毒 12～24 h，然后开窗通风 24 h。福尔马林用量为每立方米空间 25～50 mL，加等量水加热蒸发；也可用 10%～20%的石灰乳或 10%的漂白粉溶液或 2%～4%氢氧化钠消毒，将消毒液盛于喷雾器内，先喷洒地面，然后喷墙壁，再喷天花板。最后再开门窗通风，用清水刷洗饲槽、用具、将消毒药味除去。带羊消毒可用 1∶(1 800～3 000) 的百毒杀。

羊舍消毒每周 1 次，每年再进行 2 次大消毒。产房在产羔前消毒 1 次，产羔高峰时进行多次，产羔结束后再进行 1 次。在病羊舍、隔离舍的出入口处流放置浸有消毒液的麻袋片或草垫，消毒液可用 2%～4%氢氧化钠、1%菌毒敌（对病毒性疾病）或 10%克辽林溶液（对其他疾病）。

（4）粪污消毒　粪便消毒最实用的方法是生物热消毒法，将羊粪堆积起来，上面覆盖 10 cm 厚的土，堆放发酵 30 d 左右，即可用作肥料；污水消毒是将污水引入污水处理池，加入漂白粉或其他氯制剂等化学药品消毒，一般 1 L 污水用 2～5 g 漂白粉。

4. 免疫　“预防为主”的方针极为重要，定期预防注射是有效地控制产染病发生和传播的重要措施。在生产中，应根据当地羊群的流行病学特点进行预防注射。一般是在春季或秋季，注射羊快疫、肠毒血症三联苗和炭疽、布病、大肠杆菌病菌苗等。在缺硒地区，应在羔羊出生后 6 日左右注射亚硒酸钠预防白肌病。对受传染病威胁的羊只，应进行相应的预防接种。

（1）常用疫苗

① 羔羊痢疾氢氧化铝菌苗。预防羔羊痢疾，在怀孕母羊分娩前 20～30 d 和 10～20 d 时各注射 1 次，注射部位分别在两后腿内侧皮下，疫苗用量分别为每只 2 mL 和 3 mL，注射后 10 d 产生免疫力。羔羊通过吃奶获得被动免疫，免疫期 5 个月。

② 羊四联苗或羊五联苗。羊四联苗即快疫、猝狙、肠毒血症、羔羊痢疾病疾苗。五联菌即快疫、猝狙、肠毒血症、羔羊痢疾、黑疫苗。每年于 2 月底至 3 月初和 9 月下旬分 2 次接种。接种时不论羊只大小，每只皮下或肌肉注射 5 mL，注射疫苗 14 d 后产生免疫力。

③ 羊痘鸡胚化弱毒疫苗。预防山羊痘，每年 3～4 月接种，免疫期 1 年。接种时不论羊只大小，每只皮下注射疫苗 0.5 mL。

（2）驱虫

① 内寄生虫。预防性驱虫，通常在春季放牧前和秋季转入舍饲以后，但原则上应选在羊群已感染，但还没有大批发病的时候。对临床发病的羊群药进行治疗性驱虫。

驱虫药常用的有驱虫净、丙硫咪唑、阿维菌素等。考虑到内寄生虫病的多样性、感染时间的不一致性及驱虫药的有效性，针对性地选择驱虫药物、或交叉用 2～3 种驱虫药、或重复使用 2 次等都会取得更好的驱虫效果。大群驱虫时，无论选择何种驱虫药，应先对少数羊驱虫，确定安全有效后再全面实施。

② 外寄生虫。为驱除羊体外寄生虫，预防疥癣等皮肤病的发生，每年要在春季放牧前和秋季舍饲前进行药浴。药浴的方法主要有池浴、大缸浴、喷淋式药浴等。药液配制可选用 0.2%的杀虫脒，0.5%～1.0%的精制敌百虫，0.05%的辛硫磷溶液，速来菊酯（80～100 mL/L），溴氰菊酯（80～100 mL/L），也可用石硫合剂溶液（其配方为生石灰 7.5 kg、硫黄粉 12.5 kg 和水 150 L）。

药浴时应注意的事项有：a. 药浴最好隔 1 周再进行 1 次。b. 药浴前 8 h 停止放牧或饲喂；入浴前 2～3 h 给羊饮足水，以免羊吞饮药液中毒。c. 让健康的羊先浴，有疥癣等皮肤病的羊最后浴。d. 凡妊娠 2 个月以上的母羊暂不进行药浴，以免流产。e. 要注意羊头部的药浴。无论采用何种方法药浴，必须要把羊头浸入药液中 1～2 次。f. 药浴后的羊应收容在凉棚或宽敞棚舍内，过 6～8 h 后方可喂草料或放牧。

（三）羔羊育肥出栏技术

国外所进行的杂交，绝大多数都是进行羔羊生产。根据本国不同地区的自然资源和羊的品种资源情况，选择成熟早、生长快、体型大的羊为父系品种；选择繁殖力高、母性强、泌乳能力好的为母系品种通过杂交生产出综合性能高的羔羊。并且广泛采用现代化繁殖新技术，如调节光照促进肉羊早期发情，提早配种，早期断奶，诱发分娩，集中强度育肥等措施。尤其是运用同期发情技术，使母羊同时发情，统一配种，从而保证了羊肉的大批量生产，均衡上市，全年供应。

1. 羔羊育肥 羔羊具有生长发育快、饲料报酬高的特点，饲养成本低，经济效益高，适合现代高效养殖生产要求。羔羊育肥就是羔羊断奶后在舍饲的条件下，每天满足青绿饲草，补饲以玉米、豆饼、麸皮为主的混合饲料，每只羔羊 300～800 g/d，经 50～60 d 的育肥，羔羊体重达到 40 kg 以上时出栏。具体技术要点如下。

（1）羔羊育肥的准备 羔羊的断奶和训练采食。在育肥开始前对羔羊训练采食饲料。每天空腹时让羊采食，或者用人工的方法强行往嘴里塞料。饲料要粉碎，要配入适口性好的玉米、豆饼等，并加入适量的食盐。经 1 周训练后羔羊渐渐地可以采食饲料。做好羔羊的驱虫、剪毛、药浴、防疫注射、羔羊的去势以及合群性培养等，为羔羊的单独组群做准备。

（2）育肥羔羊阶段　育肥分为3个阶段，即育肥前期、育肥中期和育肥后期。育肥期为60 d，即育肥前、中、后期各为20 d。其基本原则是：育肥前期管理的重点是观察羔羊对育肥管理是否习惯，有无病态羊，羔羊的采食是否正常，根据采食情况调整补饲标准、饲料配方等。育肥中期加大补饲量，增加蛋白质饲料的比例，注重饲料中营养的平衡和质量。育肥后期在加大补饲量的同时，增加饲料的能量，适当减少蛋白质的比例，以增加羊肉的肥度，提高羊肉的品质。

补饲量的确定应根据体重的大小，参考饲养标准补饲，并适当超前补饲，以期达到应有的增重效果，并根据羊群的健康状态和增重效果，随时改变育肥方案和技术措施。育肥饲料用豆饼、麦麸、玉米粉碎后配制成混合精料，根据育肥时期不同，配制比例有所不同。常用饲料配方比例为：育肥前期豆饼占30%，麦麸占55%；育肥中期豆饼占25%，麦麸占15%，玉米占60%；育肥后期豆饼占20%，麦麸占15%，玉米占65%。

育肥期间除了喂食精饲料外，每天还要喂一定的粗饲料，育肥用粗饲料最好选用苜蓿干草，喂前先粉碎，长短在3 cm左右。育肥羔羊每天粗料食用量要按比例搭配。育肥前期精料为0.2～0.6 kg，粗料为0.7 kg，食盐7 g；育肥中期精料为0.6～0.8 kg，粗料为0.6 kg，食盐8 g。

（3）日粮配方　参照NRC商品羔羊育肥营养需要量进行饲粮配方设计，所用饲料原料的干物质、粗蛋白质、钙和磷的含量系实测值，按配方加工成舍饲条件下的精料补充料，青干草玉米秸秆等粗料自由采食。下面的配方供参考。

① 配方1。玉米75%，豆饼15%～20%，苜蓿草粉和尿素等蛋白质的平衡剂8.5%～3.5%，食盐、矿物质元素1.5%。每只羔羊每天饲喂量为350～800 g。

② 配方2。作为每只羔羊每天的饲料供给量，玉米0.38 kg、豆饼0.22 kg、贝壳粉5 g、食盐5 g、饲草0.64 kg。

在整个育肥期间，要有一个固定的饲喂程序，精料喂2次/d，10:00 1次，14:00 1次，粗料要少喂勤添，至少喂8次/d。

2. 饲养管理

（1）圈舍需求　修建“三防”圈舍：修建防寒、防暑、防潮“三防”圈舍，为羊只提供一个舒适的生长环境。保证羊有足够的舍内占地面积，羊舍应尽量建的宽敞以利于运动，每只育肥羊的占用面积为0.6～0.8 m^2，具体修建畜舍面积要求根据养畜数量确定，舍外设运动场，羊的运动面积为羊面积的3～4倍。此外，畜舍还要通风良好、干燥向阳，水槽建在舍内。地面采用木板条床。

（2）免疫驱虫　除按规定免疫程序进行防疫注射，分别驱虫，注意圈的卫生消毒，在日常管理中注意观察羊的精神饮食，粪便是否正常，做到早发现、早隔离、早治疗，定期消毒，每天清除1次粪便。

（3）羊的饲喂　当地养羊主要以传统放牧的方式放养，羊只都还没有断奶，所以要对舍饲的羔羊强制断奶，用按NRC商品羔羊育肥营养需要所配制的饲料进行补饲。饲草秸干必须切短或粉碎后饲喂，在饲喂上做到先粗后精，先喂后饮。每天分早、中、晚分3次饲喂，饮水每天3次或4次，自由运动。另外圈养家畜运动较少，消化功能普遍较差，定期每月或隔月健胃1次。

3. 羊穿衣技术　羊穿衣能够起到一定的防寒保暖的作用，但主要母的是增加羊毛的净毛率，提高经济价值。羊穿衣能够减少羊身上草屑、刺枝、沙尘等物质的混杂，增加羊毛产量，提高净毛率。在我国北方细毛羊主产区经试验证明，细毛羊经过穿衣后，羊毛长度、无污染毛长及无污染比例显著增加；能减少环境因素对羊毛的侵蚀，杜绝草杂、草粉对羊毛的污染，大幅度提高羊毛的净毛率，尤其是背部净毛率。经穿衣后的羊毛利于工厂进行细毛、梳毛，因此其收购价格较高，绵羊穿衣技术的推广使用，在一定程度上增加了农牧民的收入。

（1）羊衣材料的选择　为防止灌木的刮擦，抗阳光、风雨的侵蚀，采用成本相对较低、纤维强度大并且抗老化的乙烯材料制作。

（2）羊衣的规格　由于不同年龄和性别差异，细毛羊体尺随之变化。因此，根据细毛羊生长发育情况大致将羊衣分3种规格（长×宽，单位：cm），大号，115×105（适宜种公羊穿）；中号，105×100（适宜成年母羊穿）；小号，95×90（适宜后备羊穿）。

（3）穿衣时间　羊穿衣根据时间长短可分为全年穿衣和季节性穿衣。全年穿衣的羊在剪毛后立即穿上，至翌年剪毛时脱去；季节性穿衣的羊在进入秋季穿上，至翌年剪毛时脱去。广大牧区一般采用季节性羊穿衣，即立秋时进行穿衣，至第2年剪毛时才脱去。一般穿衣时间达到7～8个月。

（4）穿脱方法　穿衣时一手持羊衣，另一手保定羊只。先将羊只头部穿入前端“领口”，羊衣铺展于羊背，然后提起羊的两后肢穿入羊衣后端“袖口”，穿着即完成。脱衣与穿衣次序逆向操作。脱衣后将羊衣洗净、晾干、叠好，存放于干燥避光通风处。

（5）穿衣羊的日常管理　根据羊的生物特性，要穿羊衣必须整群统一实施，防止相互顶撞，造成不必要的损失；羊衣在胸口、后肢处容易开口，要注意观察及时缝补。羊衣面料严禁使用易对羊毛造成异型纤维污染的织物；穿羊衣的羊只在放牧时应跟群放牧，尽量不要到灌木林中去放牧，以防羊衣被灌木林挂破或羊衣挂在灌木上损伤羊只；全年穿衣适宜于夏季进山放牧冬季下山舍饲半舍饲方式的羊群。如羊群全年均在农区饲养，盛夏季节气温过高时不宜穿着羊衣（或谨慎穿着），以免发生过热中暑等意外；通常情况下羊衣可重复使用，使用过的羊衣应在脱衣后洗净修整，放在室内留待下期再用；在羊衣穿这期间应考虑寄生虫的侵害，定期实施灭虫工作，药浴洗澡时要将羊衣脱去。

三、青海、西藏牧区冷季高效养殖技术

（一）牦牛藏羊冷季补饲技术

1. 牦牛冷季补饲技术　在高原牧区，牦牛增重集中在5～9月，9月时体重和膘情达到全年的峰值，进入9月下旬以后，牧草开始枯黄，产量和质量变差，气温降低，在长达7个月（10月至翌年4月）之久的冷季，日采食量少，营养物质不足，以消耗体脂、体蛋白来维持体温和补充体能消耗而开始掉膘，处于高寒牧区牦牛每年生长的恶性循环中，严重制约了牦牛业的可持续发展和牧民增收。

对生产牦牛应该从经济成本、草场、效益等进行综合分析，找出一个合适的补饲量，通过补饲的方式，保证牦牛的营养供给，使其发挥正常生产性能。补饲料以青干草和多汁饲料为主，同时添加少量的精饲料和矿物质，可以基本满足牦牛冷季放牧基础上的营养需要，对增强牦牛的体质，减少疫病的发生，保证牦牛安全抗寒越冬可起到积极作用，提高牦牛养殖业经济收益。

2. 藏羊冷季补饲技术　藏羊一年四季均可放牧，但冬季牧草干枯，营养价值显著降低，单纯依靠放牧饲养的藏羊，草场饲草无论从数量上和质量上都难以满足营养需要。同时，羊体热能散失增加，羔羊生长迟缓，体质瘦弱，成活率低，青年羊发育不良，成年羊生产力低下。为了做好保膘、保胎工作，最有效的办法就是冬季对藏羊进行补饲。

要贮备一定数量的饲草、饲料，一般要求每只羊贮备干草300～500 kg，精料100～150 kg。补饲时间从11月开始，一直到翌年5月初，每天在收牧后进行。将补饲的精料和切碎的块根均匀拌在一起，食盐和矿物质可同时加入，预先撒在食槽内，再放羊进去采食。若喂青贮饲料，采食完精料后即可接着喂。干草一般放在草架里饲喂。精料最后补充，让羊慢慢采食。微量元素和维生素采用舔块的形式补饲。

（二）牦牛藏羊冷季抗灾保畜技术

牧业灾害主要是冬季的暴风雪、寒流和草原干旱。灾害的表现，一般是把牦牛死亡率在4%以下，藏羊死亡率6%以下的损失视为正常死亡，超过此限度为灾害损失。

1. 雪灾　牦牛藏羊在冬牧场放牧期间，当积雪掩埋草地超过一定深度，或积雪不深，但密度大，或雪面覆冰，形成冰壳，牦牛藏羊采食行走困难，饥饿加低温，即会引起死亡。形成雪灾的条件，一

是冬春季降雪量，二是积雪掩埋草地和牧道的程度，三是积雪持续时间的长短。

青藏高原的主要牧区冬牧场和春秋牧场多属草甸草场和谷地，牧草高度一般为 20～30 cm，当积雪深度达到 10 cm，覆盖深度达牧草株高的 30%～50%时，牦牛藏羊还能采食。当积雪层厚 20～30 cm，牧草株高 50%以上被掩埋时，牦牛藏羊难以采食和行走，产生中等雪灾灾情。对藏羊膘情的判断，以当时的个体行走表现为根据分为 4 个等级，即一等牛羊为强壮个体，走在牛羊群前列，起开路作用；二等牛羊开路困难，但能跟在一等牛羊的后面行走，不掉队；三等牛羊膘情比较差，走在牛羊群最后面，有个别掉队；四等牛羊多属淘汰牛羊，行走困难。

一般情况下，有较强冷空气入侵和有稳定积雪时常为雪灾多发期。对本地区的积雪持续时间和深度有基本了解之后，便于及早采取措施防灾保畜。

2. 干旱灾害　草原干旱灾害是指牧区四季天然草地、人工割草地、灌溉草地和饲草饲料基地因发生严重灾害性干旱气候，造成牧草产量大面积严重减产或绝收的灾害。一般多见于降水量偏少或持续干旱天数偏长时。例如，当年降水量较历年均值偏少 15%～30%时，春、秋牧场有可能出现旱情。4～6 月持续干旱天数超过 30～40 d，割草地会受旱减产，7～10 月干旱持续 50～60 d，夏、秋牧场出现旱情，延续至 61 d 以上，呈现严重干旱景象。

上述气象灾害，频次高，对牧区畜牧业危害大。针对灾害危害面，牧区应当积极兴修水利，加强草地建设，增加草料储备，科学种草养畜，实行牧民定居，提升综合抗灾保畜能力。

3. 防灾抗灾　防灾抗灾保畜是草原畜牧业生产的主要任务，这是因为牧区的地理位置多处于远离海洋的大陆中心，境内高山环抱，形成典型的内陆干旱气候，夏季干旱炎热，冬季严寒多风雪，而对牧业危害的主要季节正是在冬春季，这时，牧区牛羊群已全部转入冬春草场放牧，天寒地冻，膘情明显下降。冷空气在这一期间活动频繁，寒流强度大，时间长，会给牛羊群造成灾难性危害，“夏饱、秋肥、冬瘦、春乏”便是草原牛羊业生产受大自然约束所显示的季节变化。

藏羊群从 6 月下旬剪毛至 8 月下旬，母羊体重和羊毛生长量达到全年最高峰，然后开始下降，一直延续到翌年 3～4 月，降到最低点，5 月以后开始回升。母羊 11 月配种后开始进入冬牧场，这时，牧草供给量与母羊营养需要量之间的不平衡加剧，并日趋严重，牧草粗蛋白质含量已由夏牧场的 22.7%、秋牧场的 10.4%降至 8%以下，最低点达到 4%，而这一期间正是母羊临产前要求营养水平最高时节，天气突变，寒流侵袭，母羊无力抗灾。

加强管理，精心放牧，抓好膘情是羊群安全过冬度春、增强抗御自然灾害能力的前提。多修多建棚圈，抓紧做好牧道、桥梁、灌排水渠等项目建设，加快牧民定居、半定居步伐，把部分牧区羊群有计划地安排到农区过冬，缓和草畜矛盾，同时抓紧多储草、早备料工作，入冬前调运到冬春牧场，及早安排好羊群补饲工作。

（1）补饲时间　一般在绵羊体重下降到最低限之前要进行补饲，低于此限时，即使增加饲喂量，也只是“早补腿，晚补嘴”，仍免不了羊群中死亡现象的发生。根据绵羊 5～6 月剪毛后体重，视体型大小分为 30 kg、35 kg 和 40 kg 档，开始补饲的最低体重不宜小于 35 kg、40 kg 和 45 kg。冬季天寒雪大时，上述最低体重应酌情上浮 5 kg，在有一定膘情时开始补饲。要注意，上述多项体重指标是指羊群的真实体重，不含有毛量重和肠胃内容物的重量。

（2）补饲方法

① 藏羊冬季防灾抗灾保畜的饲养，与春夏季干旱灾情严重时饲养相似，目的是保全羊群，减少损失，而不是提高生产性能，增大效益。绵羊的维持饲养是按空腹时活重计算的，其能量需要是以维持基础代谢和正常生命健康为基础，而抗灾保畜时的饲养，只是为了保命，能量需要量可以低一些，体重不下降到上述活重的最低限即可。比如，对妊娠、哺乳等不同生理阶段的各类母羊则应适当调整补饲量，以满足自身的生理需要。

② 冬季防灾抗灾保畜补饲的饲料种类不宜与一般正常补饲等同看待，前者是以减慢体重下降速度为主要目的，能量的提供量是首要考虑因素。干草释放能量慢，有利于绵羊抗寒，藏羊也乐于采

食，不会出现精料饲喂过多引起的酸中毒等病例，缺点是效果不显著，品质差异大。当藏羊因饥饿采食过多低质干草或秸秆时，由于消化道负担过大，常会发生瘤胃梗塞，食欲减退。预防措施是添加一定量的精料或改换优质干草。例如，在秸秆或低质干草中增加油渣、精料（80～90 g/d）或苜蓿干草（1 份苜蓿干草＋2 份秸秆），将秸秆粗蛋白质含量从 2.7%提高到 5%～7.5%，基本上达到维持饲养水平。

精料，特别是谷粒饲料，是防灾抗灾保畜时主要的能量饲料。但精料的饲喂量应有一个适应过程，开始时量宜少，与干草混喂，第 1～2 d 给 50 g，3～4 d 给 100 g，5～6 d 给 200 g，逐步加大饲喂量，在这一适应过程结束时，个体活重不能低于上述体重的最低限要求。天冷雪大，个体对摄入的能量需要量相应增加，补饲量也应酌情增加。其次，谷粒（如玉米）不需粉碎处理，粉碎后反容易造成消化不良，严重时引起酸中毒症状，即一次采食过量玉米，当天（6～12 h 内）见羊群中有精神不振、低头垂耳、腹部不适的羊只，可以怀疑已得病，立即停喂精料，并灌服小苏打水（15 g 碳酸氢钠溶于 1 L 水内）。其次，对已经习惯于采食一种谷物的绵羊，不要轻易更换其他谷物。突然改变谷物种类，常会引起体重下降。要换，也要有个适应过程，1 周后才能饲喂全量。

防灾抗灾保畜时，还需要补充一些蛋白质饲料，特别是干草品质不好，藏羊体重仍会下降。对空胎母羊和羯羊来说，日粮中最低限蛋白质含量不宜少于 5%，妊娠母羊 7%，当年羔羊 10%。蛋白质不足，影响藏羊食欲，能量得不到保证。补充精料，可以弥补粗饲料的能量不足，但会造成羊群恋料，影响放牧采食。日粮中增加一些蛋白质饲料，如油渣、苜蓿干草，可以提高粗饲料的消化率，增加能量。

在补饲方法上，应尽可能适应防灾抗灾保畜的现实条件，如羊群瘦乏、放牧草场有限、草料储备不足、气象条件严峻时，建议实施措施：a. 照顾好重点羊群，如妊娠母羊、哺乳母羊、后备留种羔羊和育种群。b. 根据放牧草场情况，大群化小，择优分配远近草场。c. 对现有羊群按大小、强弱、体重重新分组，青年羊单独组群。d. 挑出病、伤、弱羊和优秀高产个体以及一部分不争食的“掉队”羊，单独饲喂，提前补饲，开始时先喂优质干草，逐日添加谷粒，待体况好转，达到大群饲喂水平后允许部分合群，从大群中再挑出新出现的“掉队”羊，偏草偏料。e. 大群羊可以按日给饲料量的总量，1 周 2～3 次一次喂给，不采用每天投喂的补饲做法，但妊娠后期母羊、哺乳母羊和天气恶劣变化时要增加饲喂次数。

③ 不同类别的藏羊补饲。a. 妊娠母羊。补饲时间应早于其他羊。妊娠母羊的活重不代表其实际体重，尤其在妊娠后期，胎儿、胎衣和胎水等重量不低于 10 kg。不了解母羊的配种日期，不好计算母羊的妊娠时间，可通过同群中同龄空胎母羊的体重，间接估计妊娠母羊的体重变化以确定补饲时间。配种后头 3 个月，妊娠母羊的补饲量与空胎母羊一样，第 4 个月酌情增加精料，第 5 个月继续增加，按能量计算应比空胎母羊高 30%。妊娠后期胎儿发育快，能量不足常易出现妊娠毒血症，严重时母羊流产或死亡。即便是顺产，羔羊初生重达不到 3～3.5 kg，羊群中因饥饿、寒冷而死亡的羔羊时有发生。b. 哺乳母羊。母羊产后必须供给足够的能量，使日产奶 750 mL 以上，方能保证大多数羔羊成活。同样能量的补饲日粮，如果精、粗饲料比例不一样，取得的效果也会不同。喂精料型日粮的母羊，体重不减，但影响泌奶量和羔羊成活率。喂精料和优质干草各一半时，母羊体重有所下降，但泌乳量增加，大多数羔羊成活，生长速度较快。全部喂优质干草的母羊，补饲效果介于二者之间。因此，母羊产后的补饲日粮中，优质干草比例不宜低于 30%。羔羊能同母羊一起放牧采食时，减少精料喂量，1 周喂 2～3 次，并增加干草投喂量。

四、甘肃牧区冷季高效养殖技术

（一）冷季补饲技术

1. 冷季补饲时间 补饲时间根据具体羊群、草原面积和饲草料储备情况而定。

肃南牧区牧户习惯于在每年的 3 月，也就是泌乳期开始补饲，补饲对象仅为产后虚脱的母羊。从表面上看这种做法节约了饲养成本，也在一定程度上改善了母羊体况，实际上此时羊群已十分乏瘦、体重接近临界值，补饲效果不很理想。

建议在1～2月即开始补饲，此时母羊处于妊娠后期，营养需要旺盛，补饲可极大提高其抵御严寒和生产羔羊的能力，补饲收益最大。

补饲一旦开始，就应连续进行，直至5月。牧草返青之后，羊会表现的对补饲饲料缺乏兴趣，自发采食青草。

2. 冷季补饲饲料　冷季补饲饲料包粗饲料、精饲料及矿物质、维生素等。

（1）粗饲料　粗饲料是绵羊冬春季节的主要补饲饲料，包括各种青干草和作物秸秆、秕壳。特点是体积大、水分少、可消化营养少、适口性差。

① 青干草。包括豆科干草、禾本科干草和野干草，其中豆科青干草品质最好。禾本科牧草在抽穗期、豆科牧草在花蕾形成期收割，叶子不易脱落，并含有较多的维生素和蛋白质。在肃南牧区，牧户多种植加拿大燕麦，冷季以燕麦青干草为主要补饲料。此外，在该地区引进种植小黑麦、垂穗披碱草、老芒麦等牧草，均收到良好效果，也可以以这些人工种植牧草青干草作为冷季补饲的主要饲草。

② 秸秆。农作物收获过种子后、剩余的秸秆、茎蔓等。肃南牧区属于甘肃省张掖市，该地区是我国重要的优质苜蓿生产基地。全市年产各类农作物秸秆222.69万t（干物质），其中麦草51万t，玉米秸秆116.79万t，玉米芯29.86万t，豆类等秸秆35万t。但截至至2012年，全市的秸秆利用率仅为24.8%。因此，可以充分利用该地区的秸秆资源，采用青贮等方式加工冷季绵羊补饲饲料。

（2）精饲料　精饲料是富含无氮浸出物与消化总养分、粗纤维低于18%的饲料。

精饲料体积小，含水量少，消化率高。可分为高能量精料如禾谷类籽实及加工副产品，和高蛋白质精料，如豆科籽实、豆粕，棉籽饼等。在肃南牧区，主要的精料是玉米和青稞。

（3）矿物质、维生素及其他饲料　用来补充日粮中矿物质的不足，包括矿物质、维生素、尿素、氨基酸等，可以制作成营养舔砖，供绵羊舔食。

3. 冷季补饲饲料的加工调制与贮存

（1）青干草的调制与贮存　青干草的调制方法：牧草刈割后，在草垄上进行干燥，当牧草含水量减少到35%～40%时（约24 h），堆成草堆，牧草在草堆上干燥2～3 d即可调制成干草。青干草的贮存：晒制好的青干草可贮存在草棚、空屋内，注意防水防火。

（2）青贮料制作　在秸秆尚未成熟之前收割，以青贮的形式调制贮藏。青贮方法简单，能够使秸秆长期保存而不变质，养分损失少。秸秆制成干草时损失养分35%～40%，而制成青贮料时仅损失10%～15%。

青贮主要采用窖青贮、塔青贮、地面堆贮、塑料袋青贮和拉伸膜青贮几种形式。

窖青贮、塔青贮需要建立青贮窖和青贮塔，一次性投资大、使用期长并且青贮饲料养分损失少，适用于大量青贮。地面堆贮是最为简便的方法，在平坦、干燥的地面铺好塑料薄膜，堆好青贮料后压紧即可，地面堆贮贮量少、保存期短，适用于小规模生产。塑料袋青贮只需将青贮料切断，装入塑料袋，排出空气后扎紧袋口即可，塑料袋青贮方法灵活简便，投资较少。拉伸膜青贮是指将收割好的青绿植物揉碎后，用捆包机高密度压实打捆，然后用饲料拉伸膜包裹起来，在密封条件下3～6周后完成自然发酵。拉伸膜青贮保存时间长，不受天气影响，饲料浪费少，使用方便。

4. 绵羊冷季补饲的方法　补饲根据羊只的种类、年龄、性别不同有所区别，一般来说，种公羊补饲量1.0 kg/日，母羊0.2 kg/日，育成羊0.2 kg/日，羯羊不补饲。

补饲以粗饲料为主，精饲料为辅，应因地制宜，尽量选择当地生产的饲料进行补饲，以节约成本。

补饲饲料配方，主要参考绵羊饲养标准、饲料营养成分及营养价值表确定，但也要考虑放牧地牧草质量及预测的放牧采食量。实际生产中，较难确定绵羊的放牧采食量，可参考中国美利奴羊不同生理阶段冬春放牧采食的营养物质量。

5. 冷季补饲的要点

（1）补饲顺序　先喂粗料，再喂精料，以节约成本；先喂次草次料，再喂好草好料，以免吃惯好草料后，不愿再吃次草料。

（2）补饲次数　少喂勤添，分顿饲喂。每天可安排 2～3 次饲喂，羊槽内有剩余补饲饲草时，可不再补饲。

（3）补饲地点　早晚天气寒冷，可在羊舍内补饲，中午温度较高，可以选择在运动场或者草地上直接补饲。

（4）补饲饲料　氨化饲料须在启封 2～3 d 后，待氨味散发尽再喂羊。同时，饲喂氨化饲料要有 2 周的适应期，每次喂量不能大，要和非氨化粗料按 7∶3 的比例混合饲喂。另须注意，氨化时不能加入糖蜜。

不宜给妊娠后期的母羊饲喂过多的青贮料，产前 15 d 应停喂青贮料。饲喂多汁饲料时，应洗去泥沙、除去腐烂部分、切碎后与精料拌和饲喂或单独饲喂。对妊娠母羊补饲青贮料时，切忌酸度过高，以免引起流产。

（二）塑料暖棚养殖技术

1. 塑料暖棚的建造

（1）塑料暖棚建造的基本要求　塑料暖棚建筑与设计要求：能对冷热、温度、光照、羊舍卫生等有效控制，消除环境的极端状态和不利影响，羊群免遭环境造成的污染，使生产率和繁殖性能大大提高，符合现代化养羊生产的高效益，专业化发展要求，能更好、更合理地满足和保证羊只的生理及生长的要求，有效控制生产环境，使羊群生产性能发挥到最佳状态。

（2）塑料暖棚的选址及材料　暖棚应选择建立在地势较高、向阳、背风、干燥、水源充足、水质良好、地段平坦且排水良好之处，应避开冬季风口、低洼易涝、泥流冲积的地段，并要考虑靠近路边，方便人出入、放牧、饲草（料）运送和管理，并能保证防疫和生产的方便、安全。朝向应选择坐北朝南或南偏东 15°。

暖棚应选择透光性能好、易封闭的覆盖材料，尽可能地利用太阳辐射热和羊只本身所散发的热量。棚圈应便于通风换气，防止舍内结露，但要避免贼风，创造有利于羊只生长发育和生产的小环境；减少能量损耗，降低维持需要。

（3）塑料暖棚羊舍的建造　建造形式：简易型，即半棚式塑料暖棚配合运动场，利用简易敞圈和羊舍的运动场，搭建好骨架后，扣上密闭的塑料薄膜。

羊舍建筑仿照简易羊棚，不同之处是后半个顶为硬棚单坡式，前半顶为塑料拱形薄膜顶。拱的材料既可用竹竿也可用钢筋。羊舍依羊数确定，保证每只羊的占有面积在 1 米^2 以上，太小不利于羊生长，太大投资多。运动场应设在羊舍的南边，并紧挨羊舍，面积为羊舍的 1.5～2 倍，内设饮水、饲草设备，最好在羊舍旁边设一间贮草房。舍饲羊棚建筑的布局兼顾方便、简洁、经济、耐用几方面。

暖棚建设的基本参数要求：一般跨度为 6.0～9.0 m，净高（地面到棚顶）为 2.0～2.5 m，后高 1.7～2.0 m，棚顶斜面呈 45°（表 3－53）。

表 3－53　各类羊占用圈舍面积

羊别	面积（m^2/只）	羊别	面积（m^2/只）
种公羊	4～6	夏季产羔母羊	1.1～1.6
一般公羊	1.8～2.25	冬季产羔母羊	1.4～2.0
去势公羊和小公羊	0.7～0.9	1 岁母羊	0.7～0.8
去势小羊	0.6～0.8	3～4 月龄羔羊	占母羊面积的 20%

2. 塑料暖棚羊舍的管理

（1）防潮　塑料暖棚由于密封好，羊饮水或粪尿所产生的水分蒸发，导致棚内湿度较大，如不注意，会导致疾病发生。可以在每天中午气温较高时进行通风换气，及时清除剩料、废水和粪尿。也可以铺设垫草或垫料，起到防潮作用。

（2）增加透光性　密封好的另一个后果就是暖棚中多灰尘，遮蔽暖棚，同时牧区冷季昼夜温差较大、暖棚内外温差更大，棚顶经常出现结露，应当经常擦拭薄膜灰尘水珠，增加透光性。

（3）通风换气　以进入棚后感觉无太浓的异常臭味，不刺鼻、不流泪等为好。一般应在羊出牧或到外面运动时进行彻底换气。

（4）防风防雪　羊舍建筑要注意结实耐用，要将薄膜牢固固定，勤检查、勤维护，注意不要有对流风孔，以防大风天气将薄膜全部刮掉。北方冷季多雪，为防止大雪融化压垮大棚，棚面应有一定的倾斜角度，一般以50°～60°为好，降雪后应及时扫除积雪。

（5）做好消毒　每隔固定天数进行消毒，防寄生虫和病菌的滋生。

五、四川牧区冷季高效养殖技术

（一）麦洼牦牛冷季补饲技术

1. 牧草种植与贮备　采用免耕人工种草、卧圈种草2种方式，于每年4月下旬开始播种，播种方式为燕麦与川草1号及2号老芒麦混播。当年7月底至8月初利用收割机收割牧草，晾制青干草，小部分进行青贮。

2. 补饲对象　怀孕母牦牛、当年生犊牛、体况较差的牛，补饲前对所有牛只进行统一免疫、驱虫。

3. 补饲料及时间

（1）补饲料　青干草、青贮草及玉米面。

（2）补饲时间　青干草、青贮草补饲从当年11月1日到翌年4月30日，玉米面补饲从2月1日到5月15日；根据牧草返青及天气情况，可适当延长。

4. 补饲方法及补饲量

（1）补饲方法　放牧＋补饲或暖棚＋放牧＋补饲。

（2）补饲量　平均每头母牛每天傍晚收牧后补饲青干草0.5～1.0 kg，早上出牧前补饲玉米面0.2 kg。大雪天气可减少放牧时间，增加补饲量。

5. 补饲效果

（1）牦牛冷季补饲体重变化　表3-54表明，试验户与对照户试验前挤奶母牛与犊牛平均体重差异不显著（$P<0.05$）。而经过6个月的补饲后，试验户挤奶母牛、犊牛体重比对照户少掉膘17.5 kg和8.34 kg，掉膘损失差异极显著（$P<0.01$）。

表3-54　牦牛冷季补饲掉膘损失统计

	组别	试验末总数（只）	样本数（只）	年龄	初始重（kg）	末重（kg）	掉膘损失（%）	损失率（%）
挤奶母牛	试验户A	23	7	5～6岁	204.55	175.97	−28.58	13.97
	对照户B	20	8	5～6岁	207.67	161.59	−46.08	22.19
犊牛	试验户A	20	12	0.5岁	57.42	55.28	−2.14	3.73
	对照户B	15	12	0.5岁	54.08	43.6	−10.48	19.38

（2）牦牛冷季补饲产奶量变化　牧区在10月后为保障带仔牦牛母子安全越冬及翌年母牛发情配种，一般不挤奶，特别是有犏牛的牧户。无犏牛的牧户为保证冷季生活需要，少部分挤奶牦牛在加强

补饲的情况下挤一点生活用奶。对2户冷季用于自食挤奶牛的测定表明（示范户饲养方式为暖棚＋玉米面＋青干草＋适量清油和食盐，对照户为暖棚＋适量青干草），示范户的产奶量呈上升趋势并一直保持在较高的量，对照户的牦牛在12月和翌年1月上旬都和试验组相差不大或略有超出，但在2月下旬后就大幅下降并于3月底停止产奶，如图3-24所示。

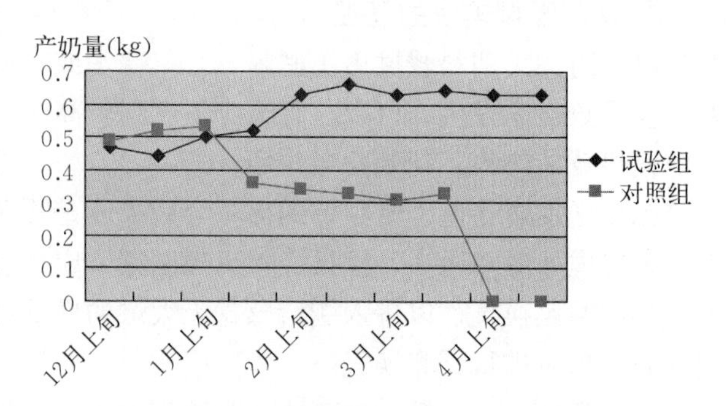

图3-24 牦牛冷季补饲产奶量变化

（3）牛群越冬存活情况　川西北高寒牧区冷季达7个月，气候严寒、枯草期长、饲草料匮乏，牦牛营养严重不足，掉膘、死亡损失严重。一般情况下，牛群越冬死亡率超过5%，掉膘超过25%；补饲情况下，牛群越冬死亡率不超过2%，掉膘率低于10%，效果非常显著。

6. 补饲意义及问题　开展人工种草，加强饲草料贮备，能有效缓解冷季饲草料不足。推广示范户人工草地规模不超过草场面积的4%，户均收贮青干草14 000 kg以上，比示范前增加10 000 kg。但人工种草有两点最主要的问题需要解决：一是牧民普遍缺乏整地、播种、施肥、覆盖，牧草收割、加工机械设备，种草、收草困难；二是7月底至8月初是牧草收割最佳时期，同时也是多雨期，牧草晾晒困难。

通过冷季补饲，能大大降低牦牛死亡，减少牦牛掉膘，延长挤奶期及增加产奶量，特别有利于犊牛的安全越冬和生长发育；此外，还能提高整个牛群的质量，促进牛群尽早恢复膘情、发情配种，具有显著的经济效益。

卧圈种草是利用牦牛卧圈土壤肥沃的原理，种植优良牧草，产量高。经研究、总结，卧圈种草有了新的内涵，是指有意识地用围栏在收牧点附近形成数个卧圈，增加有较好土壤肥力的草场面积，经过简单处理后种植优良牧草。该方法简单易操作，且成本低，产量高，在生产中加强推广应用。

通过人工种草及冷季补饲生产示范，增强了牧民种草养畜的信心，科学种草、科学养殖及保护草地生态观念逐渐被牧民接受。

（二）牦牛冷季补饲技术

1. 原理　牦牛一般在8月底至10月初屠宰出售，市场上10月中旬到翌年7月几乎没有新鲜牦牛肉出售。根据多年研究结果，牦牛在12月以前掉膘不足5%，损失率很低，如果给予少量青干草和玉米面，牦牛不仅不会掉膘，体重反而略有增加。然而，在12月以后，即使给牦牛较高的补饲水平，牦牛仍然会掉膘，如果再提高补饲水平，经济上不合算。因此，在10～12月给牦牛进行补饲，错开牦牛屠宰高峰期，在牦牛销售淡季屠宰出栏，经济划算。

2. 补饲对象及时间　本应在8月底至10月初屠宰出售的健康牛。补饲时间为10月至翌年1月，即3～4个月。

3. 补饲草料　青干草以燕麦和老芒麦为主，精料以燕麦、麸皮和玉米为主，适量添加食盐或矿物舔砖。

4. 补饲方法及补饲量　每天早晚各补一次。青干草1.0 kg，精料0.3 kg。

5. 补饲效果　体重增加5%以上，而且价格比销售旺季和冻牛肉高20%，经济效益显著。

（三）藏绵羊冷季舍饲育肥技术

冷季舍饲育肥技术是在秋季高原草地牧草枯萎后，以自己储备的青干草＋精饲料，以圈舍的方式进行饲喂藏绵羊，达到藏绵羊冷季不掉膘，进而长膘，满足冷季对羊肉消费需求的一种饲养方式。四川省阿坝藏族羌族自治州若尔盖县红星乡回族群众采用冷季舍饲育肥技术育肥羯羊，精料以玉米为主，草料以青干草为主，进行冷季育肥，满足当地群众冬春季对羊肉的需求，育肥户从中获得较好的经济收益。

1. 育肥羊只的选择

四川高原地区的绵羊一年繁殖一胎，一般产羔时间为当年的11～12月以及翌年1～2月。羔羊育肥应选择产羔时间在11～12月时所产的羔羊，产羔前与产羔后应加强产羔母羊的营养供给与饲养管理，出生后的羔羊应在10 d左右挑选进行体质较好、健康的公羊进行去势处理，去势后逐步进行羔羊诱食，20 d左右进行梭菌疫苗免疫以及口蹄疫免疫。3月初，将出生时间较为一致的羔羊集中，进行强制断奶，进入育肥阶段。

在每年6～10月，是选购上年11～12月与当年1～2月出生羔羊的最佳时间，在非疫区进行选购，挑选体质较好、健康无病的公羊，进入育肥场后进行隔离饲养，观察是否存在重大流行性疾病，并做好相应的免疫、驱虫与去势，适应了育肥场的饲养状况与环境之后，采用草地常规放牧方式进行饲养，待到11月时，对选购的羊只进行分群整理，个体大小、体重比较一致的个体放在一起，进行集中育肥。

2. 育肥饲草料　四川牧区，草料一般选择禾本科类的青干草或青贮料，易于获得与制作，条件许可的可购置优质苜蓿草。牧草的刈割与晾晒，选择较好天气进行刈割并就地平摊，晴天晾晒一天，叶片凋萎，含水量45%～50%时即可堆堆，再晾晒2～3 d，揉搓草束发出沙沙声，叶卷曲，茎不易折断即可收藏。牧草的干燥方法有：自然干燥法、草架干燥法、发酵干燥法、人工干燥法吹风干燥法和高温快速干燥法等，结合实际情况进行牧草的干燥。

育肥分为育肥前期、育肥中期和育肥后期3个阶段，育肥所用精料参照不同的育肥阶段与当地对原料资源的获得而适当调整，一般以玉米、豆粕、小麦麸为主，再添加石粉、食盐、预混料、磷酸氢钙等，不同的育肥阶段可参照的精料配方：

（1）育肥前期　玉米46%、豆粕30%、小麦麸20%、石粉1.5%、食盐1%、预混料1%、磷酸氢钙0.5%。

（2）育肥中期　玉米56%、棉籽粕25%、小麦麸15%、石粉1.5%、食盐1%、预混料1%、磷酸氢钙0.5%。

（3）育肥后期　玉米77.5%、大豆饼17%、尿素1%、石粉1%、食盐1%、预混料1%、磷酸氢钙1.5%。

（4）羔羊育肥　参照精料配方：玉米65.5%、大豆饼15%、小麦麸15%、石粉1.5%、食盐1%、预混料1%、磷酸氢钙1%。

3. 冷季育肥　准备育肥的羊只经过去势、免疫、驱虫、个体大小选择之后，进入育肥舍进行育肥。羔羊育肥阶段按照羔羊育肥饲料配方配制精饲料，育肥期内按0.2～0.4 kg/d的精饲料进行饲喂，育肥前期可按0.2 kg/d进行饲喂，随着育肥时间的增加，逐步增加精饲料，青干草2～5 kg/d，前期按低值进行饲喂，逐步增加饲喂量。1岁左右的羯羊可按照0.4～0.8 kg/d的精料+3～5 kg/d的青干草进行饲喂，前期降低饲喂量，逐步增加。同时，保证饮水和注意舍内保温。

第五节　主要牧区牛羊高效育肥技术

一、主要牧区舍饲育肥技术

（一）牛舍饲育肥技术

1. 育肥牛的选择

（1）品种　首先选择西门塔尔、夏洛莱和利木赞等国外肉用品种和牧区地方地方品种杂交后的杂种牛；其次可选用乳用公牛、三和牛和蒙古牛等地方品种。也可根据肉牛销售方向决定品种选择。总的来说，同一批次内最好是同一品种牛。从品种的角度考虑，选择育肥牛的优先次序为：首先是肉用杂种改良牛，即用国外优良肉牛父本与本地黄牛杂交繁殖的一、二代杂种公牛。其次是奶用黑白花公牛、淘汰母牛及黑白花牛与本地牛的杂交改良后代。其特点是体型大、增重快，但肉质较差。然后是国内优良品种，如南阳牛、鲁西黄牛、秦川牛、草原红牛等。

（2）年龄　育肥牛的生产目的不同，对性别与年龄要求也有不同。若育肥出口活牛或生产高档优质牛肉，则应选择2岁以内的公牛，若生产普通牛肉，对年龄和性别的要求可以放宽，但以幼牛为好。选择12月龄以前的小牛最好，因为牛的生长发育特点是在充分饲养条件下，12月龄以前生长速度最快，1周岁以后生长速度减慢，2周岁以后更慢。生长速度一般是2岁是1岁的70%，3岁是2岁的50%。同时增重所消耗的饲料也逐渐增加。

（3）体重　体重主要反应肉牛的生长发育水平和营养状况，一般年龄相同，体格越大、体重越重的牛肉肉用性能越好。目前，在我国广大牧区较粗放的饲养管理条件下，一般要求0.5岁体重达到180 kg以上，1.5～2岁内肉用杂种牛和乳用公牛体重在250～300 kg，2～3岁牛多在300～400 kg。一个批次内年龄、体重要相近。在月龄相同的情况下，应选择体重大、增重效果好的牛。

（4）性别的选择　从增重速度、产肉量、饲料报酬综合来看，公牛最佳，阉牛次之，母牛最差；但从肉的品质来看，则反之。目前我国高档牛肉生产多采用阉牛育肥。

（5）外形及其他　选择的育肥牛要符合肉用牛的一般体型外貌特征，肉用牛体型外貌应该是身体低垂、呈长方砖形。颈宽厚、肋骨张开良好、后躯丰满、宽平、臀端距离宽、前后肢裆距宽的牛最理想，另外要选被毛短密光亮、鼻镜湿润、眼大有神、牙齿结构好、皮肤松软、健康状况良好的牛。

另外，要选择非疫区并且经过产地检疫健康无病的牛。健康牛的特征是：皮毛光亮、行动自然、鼻镜湿润、双眼明亮、反刍正常、采食量大、食欲旺盛、四肢粗壮、体型大、骨架大、身躯长，要求体重250～300 kg。

2. 舍饲育肥技术　进入育肥的架子牛要经过检疫，隔离观察，并进行驱虫、育肥前牛的适应性饲养、过渡期饲养，才能开始育肥。舍饲育肥前，畜舍要维修清扫并消毒。放牧加补饲育肥，放牧场设置围栏，建检疫的遮阳设施，准备补饲的用具。架子牛进场后，在隔离区隔离，进行健胃驱虫。

（1）适应期　适应期一般为1个月左右，只要是诱导牛采食育肥饲料，适应育肥场所的管理。刚进舍的断奶犊牛，对新环境不适应，要让其自由活动，充分饮水，水中适当加盐。第1周内只少量饲喂优质青草或干草、麸皮（麸皮每日每头0.5 kg左右）。第2周，逐渐加喂精料量，如麦麸，逐渐达到每头每天2 kg，接近育肥条件。参考配方：每头每日量，酒糟5～10 kg，切短的干草15～20 kg（如喂青草，用量可增加3倍）：麸皮1～1.5 kg，食盐30～35 g。如发现牛消化不良，可喂给干酵母，每头每日20～30片；如粪便干燥，可喂给多种维生素，每头每日2～2.5 g。

适时给肉牛去势可提高育肥效果12.5%左右，进场的牛可在育肥前15～20 d去势，幼龄公牛宜在早期去势，可在3～5月龄时进行。肉牛15月龄其体重350 kg左右，转入肥育期。肉牛从16～18月龄起，通过育肥方式饲养，到出栏这段时间称肥育期，19～21月龄出栏，体重430～480 kg，肥育期中又分为增体期和肉质改善期两个阶段。

（2）增体期　幼牛育成期完成后进入增体期，一般为3～4个月时间，要求日增重0.9 kg以上。增体期完成后体重达420 kg左右，日粮中蛋白质含量10%～12%，可消化总养分63%～70%，日粮精粗比为60∶40。

① 育肥前期。一般为7～8个月，大致可分成两个阶段。前一个阶段的饲料参考配方：酒糟10～20 kg，切短的干草5～10 kg，麸皮、玉米粗粉、饼类各0.5～1.5 kg，尿素50～70 g，食盐40～50 g。喂尿素时要将其溶解在少量水中，拌在酒精或精料中喂给，切忌放在水中让牛饮用，以免引起中毒。后一个阶段的饲料参考配方：酒糟20～35 kg，切短的干草2.5～5 kg，麸皮0.5～1 kg，玉米粗粉2～3 kg，饼渣类1～1.25 kg，尿素100～125 g，食盐50～60 g。

② 育肥后期。一般为2个月左右。此期主要是促进牛体膘肉丰满，沉积脂肪，饲料参考配方：

酒糟 25～30 kg，切短的干草 1.5～2 kg，麸皮 1～1.5 kg，玉米粗粉 3～3.5 kg，饼渣类 1.25～1.5 kg，尿素 150～170 g，食盐 70～80 g。催肥期可使用催化剂瘤胃素，每头每日用 200 mg，混于精料中喂给效果更好，体重可增加 10%～15%。通过 2 个月左右的快速育肥，肉牛颈部隆起，臀部圆润，全身肌肉丰满时，可停止育肥，及时出栏。

3. 育肥方式、方法　以精饲料为主的育肥方式　以精饲料为主的肉牛育肥，就是在育肥过程中最大限度地喂给精饲料，最小限度地喂给粗饲料，使肉牛快速生长发育，快速出栏。该育肥方式的优点是：牛增重速度快，出栏期短，肉质好，便于规模饲养；缺点是育肥期消耗精饲料多。

（1）前粗后精育肥方式　前粗后精育肥就是在肉牛育肥过程中，前期以饲喂粗饲料为主，在低营养状态下维持体格生长；后期以饲喂精饲料为主，在高营养状态下，发挥代偿增长的优势，加速肌肉和脂肪的生长。该育肥方式的优点是育肥期消耗饲料少，后期增重速度快，出栏体重大，肉质好；缺点是总体增重速度慢，育肥期长。

（2）青粗饲料为主的育肥方式　以青粗饲料为主的肉牛育肥是在育肥过程中，以喂给青粗饲料为主，并按照肉牛生长发育规律补饲精料，使肉牛正常生长发育并逐渐达到育肥程度。该育肥方式的优点是犊牛断奶后直接转入育肥饲养，不必经过育成期；育肥过程中可以充分利用青粗饲料，可以采取放牧加补饲的饲养方式，同时还可以根据市场需求变化情况合理调整出栏期。其缺点是增重速度慢，育肥期长。

（3）以精饲料为主的育肥方式　育肥过程中必须保证喂给一定量的粗饲料。育肥前期为防止脂肪过早过快沉积，粗饲料的比例应大些，一般控制在 35%左右；育肥后期为加快肌肉和脂肪的生长，粗饲料的比例应尽量缩小，一般控制在 20%左右，最低限度不少于 10%。

（4）前粗后精育肥方式　低营养阶段（5～6 个月），应以粗饲料为主，粗饲料的比例可以达到 50%以上，但最低饲养标准应该保持日增重在 0.4 kg 以上；代偿生长阶段（5～6 个月），应增加精饲料给量，粗饲料比例降到 35%。肉质改善阶段（5～8 个月），进一步增加精饲料给量，粗饲料比例降到 20%以内，但最低限度应保持 10%。

育肥期间以喂给青粗饲料为主，给料的原则是育肥准备期保持日增重 0.7 kg，育肥前期和中期保持日增重 0.6 kg，育肥后期保持日增重 0.5 kg。育肥前 12 个月应控制精饲料给量，以占体重的1%～1.35%为宜；体重达到 450～470 kg 以后，精饲料给量增至占体重的 1.4%；育肥后期肉牛采食量减少，食入精饲料的比重也减少，精饲料给量占体重的 1.2%～1.3%。

4. 舍饲育肥牛管理

（1）育肥牛饲养方式　饲养方式主要包括散放圈养和拴系饲养。散放圈养，幼龄期的育肥牛，适合散放圈养。将性别相同、体重和月龄相近的牛只编为 1 组，放在同 1 个圈内群养。全价日粮，自由采食，自由运动。一般每圈 10～15 头为宜。架子牛和月龄较大的育肥牛应采用拴系饲养方式。按育肥牛大小，强弱编好次序，定好槽位。喂饲方法为每天定时喂饲 2～3 次，其间隔不应少于 6 h，每次采食时间为 1.0～1.5 h，饮水应在喂饲后 1 h 进行，夏季饮水 2～3 次，冬季 2 次，最好饮温水。精料应粗饲料混拌均匀，分批分次喂给，也可先将精料拌一部分粗饲料先喂吃完后再将余下的粗饲料添入槽中。日粮的种类应该相对稳定，如调换日粮时要逐步进行。添加尿素时要先给定量的 20%～25%，经过 1 周左右时达到计划给量。

（2）舍饲育肥牛日常管理　实行“五定”、“六净”、“三观察”。即“五定”，定人员、定饲养头数、定饲料种类、定喂饮时间、定管理日程。实行“六净”，料净，不含砂石金属等异物，不发霉腐败，不受有毒农药污染；草净，无泥土块，无铁钉铁丝以及塑料布、绳等；圈净，勤除粪，保持牛床清洁干燥；槽净，每天清扫。水净，饮水要卫生；牛体净，每天刷拭，经常保持牛体清洁卫生。“三观察”，观察牛的精神状态、食欲、粪便，发现异常及时处置。

肉牛强度育肥，要掌握先喂草料，再喂配料，最后饮水的原则，定时定量进行饲喂。一般每日喂 2～3 次，饮水 2～3 次，饮水要用 15～25 ℃的清洁温热水，并在每次喂料的 1 h 左右进行。要是饲喂干酒糟每次配料时先取用水拌湿，或干、湿酒糟各半混匀，再加麸皮，玉米粗粉和食盐等拌匀。牛吃到最后拌入少许玉米粉，使牛把料槽内的食物吃干净。

5. 饲料调制与配合

（1）饲料原料　牧区常见的饲料包括酒糟、青干草和秸秆等。酒糟分为白酒糟和啤酒糟两种，在实际生产应用酒糟饲喂育肥牛的效果上看，白酒糟增重效果好于啤酒糟，小酒厂的酒糟增重效果好于大酒厂。青干草营养丰富，具有高蛋白、高纤维、适口性好、易消化、饲用损失小，纯天然、非人工种植、无任何污染，对牛体的滋补具有十分显著的作用，功能和价格比优越。秸秆是肉牛育肥中粗饲料部分，用秸秆发酵饲料喂育肥肉牛可提高牛的采食量并改善牛的营养，不仅可节省大量精料而且可显著提高养牛的经济效益。

（2）饲料配制　为了达到比较理想的增重指标，每天必须喂给相应的饲料。这些饲料，既要使牛有饱腹感，又要满足牛的营养需要。精、粗饲料比例，取决于粗饲料的种类、营养成分含量、价格以及育肥牛的年龄和育肥期的不同阶段、预期增重目标等。按干物质计，精、粗饲料比例为 1∶(2～3)。以持续育肥为例，开始重 200 kg，平均日增重 1 kg，最后达到 500 kg 出栏体重。以风干物计，粗饲料以优质青干草为主的日粮，精、粗饲料的比例为 30∶70；以玉米秸秆和青贮为粗饲料日粮的精、粗料比例为 40∶60；而以酒糟为主的日粮，精、粗饲料比例为 25∶75。要注意各种饲料的价格，饲料的含水量，适口性及消化率，肉牛的营养需要量和增重指标。配制的日粮不能影响牛肉品质，尽可能多种饲料搭配，有助于营养互补。

（3）饲料添加剂

① 碳酸氢钠。在肉牛饲料中添加碳酸氢钠 0.7%后，能使肉牛瘤胃内的 pH 保持在 6.2～6.8，瘤胃具有最佳的消化机能，可提高 9%的采食量，日增重提高 10%以上。

② 莫能菌素（瘤胃素）。每头牛每天使用 200～300 mg，混于饲料中喂，或把混有莫能菌素的精料与精饲料混合喂，一般增重可提高 15%～20%。

③ 稀土。在育肥牛的日粮中添加稀土 1 000 mg/kg，日增重可提高 15%～20%。

④ 溴化钠。将 0.5 g 溴化钠溶于水中后拌精饲料喂，可限制牛的活动，减少能量消耗，增加营养物质在体内沉积，日增重可提高 16.4%～17.7%。

⑤ 益生素。益生素是一种平衡胃肠道内微生物剂，如乳酸杆菌剂、双歧杆菌剂、枯草杆菌剂等，添加量一般为牛日粮的 0.02%～0.2%。

6. 育肥牛舍

（1）牛舍的保障技术　育肥牛最适生长温度为 15～22 ℃，当舍温低于 15 ℃或高于 22 ℃时，对育肥牛的生长发育都有不同程度的影响，因此，牛舍的保温和降温工作很重要。在冬季，牛的增重受牛舍温度的影响很大，如果保温技术不过关，就会因为能量散失使育肥牛增重受到影响甚至出现掉膘的严重后果。所以，牛舍在冬季要采取严密的保温措施，常用的一些技术手段，如加盖塑料布或者用稻草来堵住通风口。另外，夏季温度过高时要注意通风降温工作，可以在墙壁上设置进气孔，保持牛舍的空气流通，也可在棚舍上方加遮阳棚，避免阳光直射牛舍，必要时可以喷水降温。育肥牛养殖中的防疫工作也是重中之重，否则一旦发生疫病将会前功尽弃。做好防疫工作，需要保持牛蹄和牛舍内的卫生，及时清理粪尿，并用石灰或者火碱消毒；要对肥牛建立免疫档案，定期注射相应疫苗，春秋两季驱除体内外的寄生虫，保持其自身卫生；同时饲喂器具也要进行定期消毒。

（2）牛舍的设计理念与原则　牛舍设计应该重视环境控制设施设备的配置，同时要制订应对当地环境变化的预备方案；利用机械设备提高劳动效率，如采用机械饲喂、机械清粪等设备，节约人力；粪污处理的生态循环与经济循环相结合等理念。

一是为牛创造适宜的环境一个适宜的环境可以充分发挥牛的生产潜力，提高饲料利用率。一般来说，家畜的生产力 20%取决于品种，40%～50%取决于饲料，20%～30%取决于环境。例如，不适宜的温度可使家畜的生产力降低 10%～30%。即使喂给全价饲料，如果没有适宜的环境，饲料也不能最大限度地转化为畜产品，而降低了饲料利用率。由此可见，修建牛舍时，必须符合肉牛对各种环境的要求，包括适宜温度、湿度、良好的通风、光照，空气中二氧化碳、氨、硫化氢等有害气体稀少等，为肉牛创造良好的环境。

二是符合生产工艺要求要保证生产顺利进行和畜牧兽医技术措施的实施。肉牛生产工艺包括牛群的组成和周转，运送草料、饲喂、饮水、清粪等，也包括测量、称重、防疫、生产护理等技术措施。修建牛舍必须与生产工艺相结合，为生产管理提供方便。假如牛舍建造不够宽敞，牛只特别拥挤，导致相互争斗；地面处理不当，会因牛只排出的粪便和尿液造成地面泥泞，牛体肮脏；牛舍封闭过严，在冬季能起到保暖作用，但牛舍通风换气效果较差，造成牛舍环境不良；饲喂通道过窄会给生产操作造成不便，饲槽长度过短，出现以强欺弱现象，饲槽过矮，造成肉牛环境不良；饲喂通道貌岸然过窄会给生产操作造成不便，饲槽长度过短，出现以强欺弱现象，饲槽过矮，造成肉牛采食困难；围栏面积过小，牛只不能得到很好的休息。因此，肉牛舍的设计，大规模饲养时，应该考虑到节省劳力，小规模饲养时，便于观察每头牛的状态。

三是有利于卫生防疫，防止疾病传播进行肉牛规模化养殖时，群体数量比较庞大，如果一头牛发生流行性疾病，对全场牛只会形成严重的威胁，甚至造成牛只死亡，造成经济损失。因此通过修建规范合理的牛舍，创造适宜环境，注意卫生，以利于防疫制度的执行，减少或防止疾病发生。

四是要做到经济合理、技术可行在满足以上要求的前提下，牛舍修建还应尽量降低工程造价和设备投资，以降低生产成本，加快资金周转。在资金不充足的情况下，要尽量利用现有的房舍，如旧厂房、仓库，经过修缮和改造用以养牛，以节省资金投入，提高经济效益。

（3）牛舍建筑　根据牛舍设计原则以及牛舍对环境的要求，结合当地的气温变化和牛场生产，综合各种因素来确定牛舍建筑。建牛舍要因陋就简，就地取材，经济实用，还要符合兽医卫生要求，做到科学合理。有条件的，可建质量好、经久耐用的牛舍。

牛舍内应干燥，冬暖夏凉，地面应保温、不透水、不打滑，且污水、粪尿易于排出舍外。舍内清洁卫生，空气新鲜。

① 牛舍的类型。肉牛饲养可分为拴系饲养和围栏群养。拴系饲养可减少牛群不同个体之间相互干扰，便于饲喂、刷拭、清粪，但费工费时。牛舍按屋顶形式有单坡式、双坡式、平屋式和拱形屋顶式；按牛舍的围护墙的形式可分为：敞棚式、开敞式、半开敞式、封闭式和塑料暖棚等。

② 牛床在舍内排列形式。分为单列式、双列式和四列式等。

③ 舍内设施。舍内设计不论采取何种饲养方式，一般牛舍内的主要设施有：牛床与拴系设备、喂饲设备、饮水设备、粪便清理设备以及舍外的运动场（采用运动体系饲养时）等其他一些相关设施。

a. 牛床。牛床的长度由牛的体型决定，前身靠近饲料槽后壁，后肢接近牛床的边檐，使粪便能直接排到粪沟里为宜。牛床长 1.8～2.0 m，宽一般采用 1.1～1.2 m，坡度常采用 1%～1.5%，前高后低。并高出道路 5 cm，在冬季铺垫物厚度应少于 10 cm。

b. 拴系设备。拴系设备用来限制牛在床内的活动范围。在采食时拴系可以防止牛只抢食，保持饲喂统一均匀。拴系设备的形式有软链式、硬关节颈架式。

c. 饲喂设备。食槽是关键的饲喂设备之一。饲槽设在牛床的前面，以固定式水泥槽最适用，其上宽 0.6～0.8 m，底宽 0.35 m，底呈弧形。槽内缘高 0.35 m（靠牛床一侧），外缘高 0.6～0.8 m。食槽一般做成统槽式，其长度和牛床的宽度相同。食槽的上沿宽度为 70～80 cm，底部宽 60～70 cm，前沿高约 45 cm，后沿高约 30 cm。在食槽后沿上设牛栏杆，自动饮水器可装在栏杆上。最好用饮水槽代替饮水器，饮水槽允许容积最小到 100 L，深 0.2～0.3 m。

d. 饮水设备。牛舍内饮水设备包括输送管路自动饮水器或水槽。

e. 舍内清粪设备。一般在牛床和通道之间设置排粪明沟。宽度一般为 32～35 cm，深度为 5～8 cm。沟底应有 1%～3%的纵向排水坡度。

（二）羊舍饲育肥技术

1. 羔羊育肥 羔羊育肥是利用羔羊生长发育快的特点，采取相应的饲养管理技术、当体重达到一定要求时即屠宰上市。因为不同品种适于屠宰利用的时间和体重不同，故羔羊育肥又称肥羔生产或羔羊肉生产。羔羊育肥的优点：一是生产周期短，生长速度快，饲料报酬高，便于组织专业化、集约化生产。二是羔羊肉鲜嫩多汁，瘦肉多、脂肪少，膻味轻，味鲜美，容易消化吸收，深受消费者喜爱。三是6～9月龄宰杀的羔羊可剥取质优价高的毛皮。四是羔羊当年屠宰利用，可提高羊群出栏率、出肉率和商品率，同时对减轻越冬度春期间的草场压力和避免冬春掉膘或死亡损失，也是有利的。

（1）放牧育肥 羔羊断奶普遍在5～6月，此时正是牧草生长旺季，很适宜刚断奶羔羊的摄取；加之夏季昼长夜短，放牧时要坚持早出牧，午歇好（乘凉、饮水），晚归牧的方式，延长放牧时间，让羔羊吃饱吃好。特别是在早晚凉爽时，要选择好的草场（坡）让羔羊食草。进入伏天，放牧时要早出晚归，禁食露水草。进入秋季，牧草结子，营养丰富，是羔羊育肥抓膘的黄金时节。放牧时要控制羊群，稳步少赶，轮流择草放牧，多食草，少跑路，严禁跑长路“放野羊”。

（2）混合育肥 进入11月，牧区大部分牧草枯萎，此时要采取放牧与补饲相结合的育肥方法。在搞好放牧的同时，要给予补饲，除维持秋膘外，要加喂营养丰富的豆科牧草，如苜蓿青干草，每日早晚补饲2次，日补精料250～500 g，保证羔羊膘满肉肥。

育肥羔羊补饲配方1：玉米66%、豆饼20%、麦麸8%、骨粉1%、贝壳粉2.5%、尿素1%、盐1.5%。

育肥羔羊补饲配方2：玉米70%、豆饼24%、麦麸4%、骨粉1%、食盐和微量元素1%。

（3）舍饲育肥 按照肥育羊的饲养标准，配制饲喂日粮。在正常育肥情况下，混合精料占日粮的45%，粗料（如青干草、微贮料等）占55%。在饲喂时应“先粗后精”，即先喂粗饲料，后喂精饲料。羊舍内常备新鲜清洁饮水，供羊只自由饮用。

羔羊育肥中为确保绿色肉品生产，应适时饲喂舔砖、矿物质和维生素等生物保健剂。

哺乳羔羊的育肥优势是不断奶育肥可减少断奶造成的应激，保持羔羊稳定生长。饲养时要注意：在母羊哺乳期间，每天喂足量的优质豆科牧草，另加500 g精料，使母羊泌乳量增加；羔羊应及早隔栏补饲，且越早越好。

早期断奶羔羊也可采用强度育肥。羔羊1.5月龄断奶，采用全精料育肥，育肥期为50～60 d，育肥期末羔羊活重可达30 kg左右，日增重达300 g，料肉比为3∶1。饲养方法是，羔羊生后与母羊同圈饲养，前21 d全部依靠母乳，随后训练羔羊采食饲料，将配合饲料加少量水拌潮即可；以后随着日龄的增长，添加苜蓿草粉，45 d断奶后用配合饲料喂羔羊，每天中午让羔羊自由饮水；另外圈内要设微量元素盐砖，让其自由舔食。

配制育肥用日粮任何一种谷物类饲料都可用来育肥羔羊，但效果最好的是玉米等高能量饲料。实践证明，整粒料比破碎谷物饲料育肥效果好，配合饲料比单独喂养某一种谷物饲料育肥效果好，主要表现在饲料转化率高和肠胃病少。最优饲料配方：整粒玉米83%、黄豆饼15%、石灰石粉1.4%、食盐0.5%、维生素和微量元素0.1%。其中，维生素和微量元素的添加量按每千克饲料计算为：维生素A、维生素D、维生素E分别是5 000国际单位、1 000国际单位、200 mg，硫酸钴5 mg，碘酸钾1 mg。若没有黄豆饼，可用18%花生饼代替，同时把玉米比例调整为80%。

在饲喂技术上可采用羔羊自由采食，自由饮水。投给饲料最好采用自制的简易自动饲槽，以防止羔羊四蹄踩入槽内，造成饲料污染而降低饲料摄入量，扩大球虫病与其他病菌的传播。饲槽高度应随羔羊日龄增长而提高，以槽内饲料不堆积或不溢出为宜。如发现某些羔羊啃食圈栏时，应在运动场内添设盐槽，槽内放入食盐或食盐加等量的石灰石粉，让羔羊自由采食。注意羔羊采食整粒玉米的初期，有玉米粒从口中吐出，随着日龄的增长，玉米粒吐出现象逐渐消失。羔羊反刍动作初期少、后期多，这些都属于正常现象，不影响育肥效果。在正常情况下，羔羊粪便呈团状，黄色，粪团内无玉米粒，但在天气变化或阴雨天，羔羊可能出现拉稀。育肥全期不变更饲料配方。

育肥羔羊需适时出栏。一般羔羊育肥期为 50 d，但育肥终重与品种有关，大型品种羔羊 3 月龄育肥终重可达到 35 kg 以上。据报道，细毛羔羊和非肉用品种的育肥终重与 1.5 月龄断奶重有关，一般断奶重在 13～15 kg 时，育肥 50 d 体重可达到 30 kg 以上。

羔羊育肥生产应注意的问题：一是利用杂种优势，选择早熟性好、多胎高产的母羊生产育肥用羔羊。二是尽可能产早春羔或冬羔，有利于延长羔羊入冬前的生长期，增加羔羊胴体重。三是加强哺乳期母羊和羔羊的饲养管理，使羔羊在哺乳期得到很好的生长发育，以便实施早期断奶（3 月龄断奶），并为后期育肥奠定基础。

2. 成年羊育肥

（1）育肥羊的选择 选择体躯较大、健康无病、牙齿良好的成年羊育肥。

（2）日粮配方 此种育肥方式的典型日粮配方如下。

配方一：禾本科干草 0.5 kg、青贮玉米 4.0 kg、碎谷粒 0.5 kg。此配方日粮中含干物质 40.60%、粗蛋白质 4.12%、钙 0.24%、磷 0.11%、代谢能 17.974 MJ。

配方二：禾本科干草 1 kg、青贮玉米 0.5 kg、碎谷粒 0.7 kg。此配方日粮中含干物质 84.55%、粗蛋白质 7.59%、钙 0.6%、磷 0.26%、代谢能 14.379 MJ。

配方三：青贮玉米 4 kg、碎谷粒 0.5 kg、尿素 10 g、秸秆 0.5 kg。此配方日粮中含干物质 40.72%、粗蛋白质 3.49%、钙 0.19%、磷 0.09%、代谢能 17.263 MJ。

配方四：禾本科干草 0.5 kg、青贮玉米 3 kg、碎谷粒 0.4 kg、多汁饲料 0.8 kg。此配方日粮中含干物质 40.64%、粗蛋白质 3.83%、钙 0.22%、磷 0.1%、代谢能 15.884 MJ。

有饲料加工条件的地区，饲养的肉用成年羊或羯羊可利用颗粒饲料。颗粒饲料中，秸秆和干草粉可占 55%～60%，精料 35%～40%。现推荐两个典型日粮配方供参考。

配方一：草粉 35%、秸秆 44.5%、精料 20%、磷酸氢钙 0.5%。此配方每千克饲料中含干物质 86%、粗蛋白质 7.2%、钙 0.48%、磷 0.24%、代谢能 16.897 MJ。

配方二：禾本科草粉 30%、秸秆 44.5%、精料 25%、磷酸氢钙 0.5%。此配方每千克饲料中含干物质 86%、粗蛋白 7.4%、钙 0.49%、磷 0.25%、代谢能 17.106 MJ。

为提高育肥效益，应充分利用天然牧草、秸秆、树叶、农副产品及各种下脚料，扩大饲料来源。合理利用尿素及各种添加剂。成年羊日粮中，尿素喂量每 10 kg 体重 2～3 g，矿物质和维生素可占精料的 3%。

成年羊只日粮的日喂量依配方不同而有差异，一般为 2.5～2.7 kg。每天投料 2 次，日喂量的分配与调整以饲槽内基本不剩料为标准。喂颗粒饲料时，最好采用自动饲槽投料，雨天不宜在敞圈饲喂，午后应适当喂些青干草，每只 0.25 kg，以利于反刍。

（3）饲养管理与防病治病 对于舍饲成年羊的疾病要采取预防为主，有病早治的措施，要把饲养管理与防病治病结合起来，做好饲养卫生和消毒工作。

日常喂给的饲料、饮水必须保持清洁。不喂发霉、变质、有毒及夹杂异物的饲料。

饲喂用具经常保持干净。羊舍、运动场要经常打扫，并定期消毒。

羊只定期进行预防注射，要注射口蹄疫、羊痘、羊四防等疫苗，注射时要严肃认真，逐只点清，做好查漏补注。

要定期驱虫，每年春秋两季要对羊群驱肝片虫 1 次。

羊舍饲后，活动范围变小，容易造成圈舍的潮湿和环境不良，往往会引起寄生虫病的发生，因此要注意羊舍的环境卫生、通风和防潮，做好羊疥癣等寄生虫病的防治。

坚持健康检查，在日常饲养管理中，注意观察每只羊的精神、食欲、运动、呼吸、粪便等状况，发现异常及时检查，如有疾病，及时治疗。

当发生传染病或疑似传染病时，应立即隔离，观察治疗并根据疫情和流行范围采取封锁、隔离、消毒等紧急措施，

对尸体要妥善处理，深埋或焚烧，做到切断病原，控制流行，及时扑灭。

二、主要牧区放牧加补饲育肥技术

（一）牛放牧加补饲育肥技术

1. 育肥牛的选择和处理

（1）选牛　牛群过大易造成过牧，同时作育肥对象，但最好选择本地牛在3岁左右、杂交牛在2岁左右的公牛进行育肥，效果较好。选购时要注意健康无病，生长发育正常，骨架大，有增重潜力的牛。在选牛时要考虑到放牧地的坡度问题，坡度较陡的草场只能选择本地品种牛（如草原红牛、蒙古牛等）和中小型杂交牛，大型杂交牛如西（西门达尔）本杂牛，只适合在坡度较缓的丘陵草场上放牧。

（2）处理　选好牛后要对牛进行驱虫处理。可用苯硫丙咪哇、灭虫丁-7051、阿维菌素、伊维菌素等，按使用说明进行饲喂，驱出体内外寄生虫。放牧区如是某种传染病的疫区，还需进行疫苗注射（当地兽防部门可协助完成），以免牛群感染疾病，造成不必要的损失。

2. 放牧管理

（1）放牧季节　放牧补饲育肥主要是利用天然牧草季节性生长的特点进行，育肥期应选在5～11月（各牧区有差异）牧草生长的旺季进行，这时牧草营养价值高，萌发能力强，可保证牛的采食需求。

（2）牛群规模　牛群规模视农户的经济能力和居住地的草山面积及草场质量而定，还要考虑精料的供给能力。一般一户人家养5～20头均可，但不要过多。在半农半牧区的草场多数为几十亩至几百亩的零星草场，牛群过大易造成过牧，同时不便于放牧管理。

（3）放牧注意事项（距离、营养、时间）

① 放牧地离居住地最好在3 km的范围内，便收牧补料。如果草场太远应在草场建临时简易牛舍。要考虑在草场或途中有水源保证牛的饮水。

② 要观察草的生长和被采食情况，定期变换放牧地点，保证牛能吃饱，草场不出现过牧现象。

③ 尽量让牛早出晚归，保证每天有8 h的放牧时间；中午可让牛就近在荫凉处休息反刍；一天要让牛吃饱2～3次。

3. 精料补饲技术　在放牧季节，虽然牧草质量较好，但由于蛋白质的缺乏（野生牧草中豆科牧草比例很低），能量摄入不足，牛仍然达不到快速增重和提高肉的品质的目的，所以要补充高营养浓度的精料，加快牛的出栏速度，提高养牛效益。

（1）补饲配方见表3-55、表3-56

表3-55　精饲料与搭配饲料配比（赵友，1997）

精饲料	含量（%）	搭配饲料	含量（%）
玉米面	80	青干草	45
豆饼	10	粉碎玉米穗	55
麸皮	10		

（2）补饲量及方法　饲料要定时、定量，日喂3次，将粗料与精料混合均匀饲喂，上下午喂料后1 h饮水各1次（夏季饮冷水，冬季饮温水）。自育肥期开始到第10 d以后每半个月增加0.5～0.6 kg精料，到育肥期满即80～110 d体重达到450 kg左右，精料增到4 kg为止。

表 3－56　模式化育肥牛日粮配方（赵友，1997）

项目	饲料类型			
	酒槽型		糖化饲料型	
月龄	15～18	27～30	15～18	27～30
主料给量（kg）	15～20	25～30	15～25	25～30
精饲料给量（kg）	3～5		3～5	
搭配饲料（kg）	3			
食盐（g）	40～60		40～60	

4. 常见放牧补饲育肥方法（持续育肥法）　持续育肥法是指犊牛断奶后，立即转入阶段进行，一直到出栏体重（12～18 月龄，体重 400～500 kg）。使用这种方法，日粮中的精料大约可占总营养物质的 50%以上，可采用放牧加补饲的方式。持续由于在饲料利用率较高的生长阶段保持较高的增重，加上饲养期短，故总效率高。生产的牛肉鲜嫩，仅次于小白牛肉，而成本较犊牛低，是一种很有推广价值的方法。

（1）放牧加补饲持续育肥法　在牧草条件较好的地区，犊牛断奶后，以放牧为主，根据草场情况，适当补充精料或干草，使其在 18 月龄体重达 400 kg。要实现这一目标，随母牛哺乳阶段，犊牛平均日增重达到 0.9～1 kg。冬季日增重保持 0.4～0.6 kg，第二个夏季日增重在 0.9 kg，在枯草季节，对杂交牛每天每头补喂精料 1～2 kg。放牧时应做到合理分群，每群 50 头左右，分群轮放。在我国，1 头体重 120～150 kg 牛需 1.5～2 hm^2 草场。放牧时要注意牛的休息和补盐。夏季防暑，狠抓秋膘。

（2）放牧—舍饲—放牧持续育肥法　此种育肥方法适应于 9～11 月出生的秋犊。犊牛出生后随母牛哺乳或人工哺乳，哺乳期日增重 0.6 kg，断奶时体重达到 70 kg。断奶后以喂粗饲料为主，进行冬季舍饲，自由采食青贮料或干草，日喂精料不超过 2 kg，平均日增重 0.9 kg。到 6 月龄体重达到 180 kg。然后在优良牧草地放牧（此时正值 4～10 月），要求平均日增重保持 0.8 kg。到 12 月龄可达到 325 kg。转入舍饲，自由采食青贮料或青干草，日喂精料 2～5 kg，平均日增重 0.9 kg，到 18 月龄，体重达 490 kg。

（二）羊放牧加补饲育肥技术

放牧加补饲育肥是指天然放牧加适量补饲的育肥方法，采用这种方法效果明显。补饲混合精料的组成：玉米 47.63%、胡豆 8%、麦 30%、菜籽饼 3%、尿素 1%、骨粉适量等。各地应根据原料来源进行适当调整，补饲量按 200～250 g/只计算。羔羊早期断奶强度育肥，在补饲条件较好的地区可在 1～3 个月内断奶，精饲料以颗粒饲料和整粒谷物饲料育肥效果最好，饲料报酬高。在肥羔生产中，应提倡产冬羔或早春羔，以便保证羔羊有足够的育肥时间。

1. 育肥羊的选择和处理

（1）育肥前准备

① 圈舍。育肥圈舍选择塑料暖棚，接近放牧草地。在牧区羊圈舍多为狭长形半坡式，坐北朝南，采光面积相对较大，排水通风良好，后墙高 1.8 m，前檐高 2.2 m，圈舍前面设有活动场，面积为 600 m^2。舍内温度不低于－5 ℃，中午敞开圈门或窗户换气。北侧墙为上料过道，用栅栏与羊床隔开。为防止羔羊有互相顶抵的现象发生，饲槽设置槽栏，将羊头部固定在槽栏内，使其均匀采食。靠近栅栏处放置足够的料槽及水槽。为了增加育肥效果，饲养密度为 0.4～0.5 m^2/只，以利于限制羊只运动。

② 耳标。为了便于育肥羔羊生长情况、称重、病情观察等，羔羊入圈后统一戴塑料耳标，进行编号。耳标所戴位置在耳的下侧、耳筋的中间，这里血管较少，用耳标钳子打入时一般不会流血，以

减少细菌感染。

③ 驱虫。为了提高饲料利用率，减少寄生虫的危害，须对所有育肥羔羊进行体内驱虫。驱虫药可用“草原驱虫王”，用量为0.8～1.0 mL/只，方法为皮下注射，用以全部驱除秋末初冬感染的所有幼虫和少量残存的成虫。

（2）放牧补饲育肥

① 放牧。育肥期间羔羊白天放牧，宜选山前平原、草甸草原或刈割后草地。合理利用天然草地资源，也可降低生产成本。

晚秋季草地牧草枯萎，草质低劣，营养物质含量下降，因此要注意选择放牧地段。要注意选择牧草条件较好、背风向阳、低洼地段放牧。先远后近，先高后低，先洼后平，先阴后阳，顶风出，顺风归，使羊只对寒冷逐渐适应并顺利进圈。出牧时控制行走速度，让羊多吃草、少走路。

根据天气情况，尽量延长放牧时间。放牧时要坚持全天放牧，采取晚出早归，中午不收牧的放牧方式。这时要抓紧中午暖和的时间放牧，让羊只尽量多采食牧草，放牧时间每天为8 h左右，以增加羔羊采食量，让羔羊吃饱、吃好，促进其生长发育。

② 圈舍补饲。羔羊补饲的颗粒饲料配方：颗粒饲料配方可选玉米、玉米酒糟、棉粕、油葵粕、红花粕、膨化大豆、尿素、豆油、硫酸氢钙、细石粉、畜粉盐、小苏打、多维（预混料）、多矿（预混料）和香味剂，用量分别为61%、9%、11%、3%、5%、5%、0.5%、0.5%、1.1%、1.6%、1%、0.4%、0.3%、0.5%、0.1%，合计100%。

a. 圈舍饲喂。羔羊补饲采用料槽投喂颗粒精饲，早晚各投料1次，饲喂前清扫干净食槽，以提高采食率，避免浪费。根据羔羊消化生理特点，随体重增加，逐渐增加喂量。晚秋季节由于气温较低，若给羊饮冷水，甚至冰碴水，羊不愿饮用，会造成羊饮水不足。这样不仅使羊饲料消化过程放慢，体内代谢受阻，膘情下降，还会引发各种疾病。圈舍设有水槽。每天放入充足的自来水供羔羊随意饮用，确保羔羊有充足的饮水。开始补饲时，每天早晚投料时对食槽进行清理再投入新料。待羔羊学会吃料后，每天按设计日进食量投料。在圈舍内设盐槽，槽内放入食盐，让羔羊自由采食。

b. 日进食用量。初为每只100～150 g，育肥中期达到每只500 g，后期达到每只700～800 g。投料时，以30～40 min内吃净为佳。

2. 放牧及补饲管理 羊进入育肥期后，选择青绿多汁、营养丰富的优良草场进行放牧。白天加强放牧管理，使羊少走动，吃好草，晚间归牧后每只羊喂给精料0.7～1.0 kg。视草场情况，再加喂青干草0.5～1.0 kg以及适量的青贮和氨化饲料。自由饮水。青干草粉碎后与精料、青贮或氨化饲料混合补给。

放牧补饲时间根据当地情况而定，可参考下列时间：7:00—8:00（出牧前），补饲颗粒精料；8:30—16:30，放牧；17:00（收牧后）补饲颗粒精料。

3. 精料补饲技术

（1）配方一　玉米72%、豆饼15%、麸皮10%、食盐2%、石粉1%、作为放牧补饲用，每天补饲150～250 g。

（2）配方二　玉米45%、麸皮20%、胡麻饼33%、食盐0.5%。营养素1.5%，作为5～6月龄的奶山羊公羔育肥饲料配方，日给量400～500 g。

（3）配方三　玉米60%、豆饼9%、胡麻饼10%、麸皮20%、石粉1%，日饮水2～3次，并适当补饲食盐。

三、其他特殊育肥技术

（一）牛异地育肥技术

1. 圈舍准备 圈舍达到“五有”：有饲槽、有水泥或石板地面、有粪尿沟、有贮粪池、有门窗，并在每年春、秋两季各进行1次消毒工作。其方法为：20%的生石灰乳粉刷牛舍墙壁，2%～5%的火碱消毒牛舍地面，20%的福尔马林（18～36 mL/m^3）加20%的高锰酸钾（36 mL/m^3）熏蒸消毒牛舍空间（关闭门窗）。

2. 育肥牛的选择　选择发育正常的小牛和健康的架子牛；首选杂交牛，其次为本地牛；以选公牛为主，其次为阉牛和淘汰母牛。对年老体弱、无齿、有严重消化道疾病而无育肥价值的不能用作育肥。选择产肉性能较好的品种，如夏洛莱、西门塔尔、海福特、短角、草原红牛等后代。同时选择体型匀称，身长在1.5 m以上，身高在1.3 m以上，体重在200～250 kg，皮薄骨细、体质健壮、肌肉丰满、毛短而有光泽的架子牛。

3. 种植牧草　大量种植优质牧草，以黑麦草、三叶草、扁穗牛鞭草、紫花苜蓿和皇竹草为主，并做好牧草混播。如刈草型混播草地，主要是作刈割草场，所选牧草应是发育较一致的中等寿命的上繁草，主根型的豆科牧草如：红三叶、紫花苜蓿等和禾本科疏丛型的多年生黑麦草、鸭茅、猫尾草等。如放牧型混播草地，所选牧草以长寿命的豆科牧草白三叶和禾本科的早熟禾、苇状羊茅等下繁草为主。

4. 秸秆氨化、青贮或微贮　开展秸秆氨化盐化贮藏、青贮或微贮，解决冬、春季节缺料的问题。如秸秆的氨化处理：将尿素或碳酸铵溶于水，拌匀，再喷到装入氨化池中切短揉碎的秸秆上，边喷洒边分层压实，最后用塑料薄膜密封。氨化时，秸秆含水量以45%左右较为适合，尿素、碳酸铵用量分别每100 kg为3～5 kg和6～12 kg。

对异地育肥牛实行科学的饲养管理是获得高效益的保障。育肥牛买来后一般划分成4个阶段饲养，即驯饲期、第一增重期、第二增重期、第三增重期。驯饲期为7～15 d，在此期内使牛逐渐适应新的饲料条件和环境条件；第一增重期为30 d，在此期内增加氮化或盐化秸秆的给量；第二和第三增重期也是30 d，进一步加大氨化或盐化秸秆的给量以及玉米面、尿素等的给量，以增进产肉所需蛋白质的沉积。以上四阶段都是日喂两次每次间隔10～12 h，喂法是先喂氨化或盐化秸秆、干草，待吃到半饱后再将精料拌入。日饮2次水（夏季增加1次，冬季饮温水）。日粮中的尿素，要严格按配方规定量添加，否则会出现副作用，因为尿素只有在一定数量碳水化合物配比下才能转化成瘤胃微生物的体蛋白；另外，溶水的尿素也不能直接饮喂，因为尿素水溶液在瘤胃不能停留，会直接流入皱胃引起中毒（表3-57、表3-58）。

表3-57　氨化秸秆为主育肥日粮配方（kg）（王尧，1996）

期别	氨化秸秆	干草	玉米面	豆饼	食盐
训饲期（7～15 d）	2.5～5.0	10.15	1.5		0.04
第一增重期（30 d）	5～8	4～5	2.0～2.5	0.5	0.05
第二增重期（30 d）	8～10	4～5	2.5～4.0	0.5	0.05
第三增重期（30 d）	5～8	2～3	4～5	0.5	0.05

表3-58　盐化秸秆为主育肥日粮配方（kg）（王尧，1996）

期别	盐化秸秆	干草	玉米面	豆饼	尿素
训饲期（7～15 d）	8	7.7～8.5	1.0	0.5	0.05
第一增重期（30 d）	10	7.8～8.0	2.5～3.0	1.0	0.06
第二增重期（30 d）	10～15	4.0～6.0	3.0～4.0	1.0	0.1
第三增重期（30 d）	8.0～10	3.5～5.0	4.0～5.0	1.0	0.12

5. 精料　常用的育肥牛混合精料配方（供参考）：玉米63%、麦麸12%、米糠5%、菜籽饼10%、豆粕6%、尿素1.5%、小苏打0.5%、磷酸氢钙1.5%、矿物质添加剂0.5%。矿物质添加剂

可在市场上购得。

6. 日粮搭配 育肥牛的日粮参考肉牛饲养标准，并结合本地区饲料生产实际进行搭配，对新选用的饲料除了考虑价格低、易获取外，还考虑其适口性。日粮中的用量：精料0.5～2 kg/头，氨化秸秆5～10 kg/头，青草、多汁饲料5～10 kg/头。

7. 育肥方式

（1）育肥前期即预饲期（7～10 d） 育肥牛进行驱虫、健胃。体内寄生虫一般用丙硫咪唑（5～10 mg/kg体重），体外寄生虫采用1%～3%敌百虫液进行体表擦抹，牛的健胃采用中草药或健曲。同时进行健康观察和称重，及时淘汰有严重消耗性疾病的牛。

育肥牛在驯饲期添加尿素喂养中，如发现因尿素没混匀产生中毒现象（呕吐、瘤胃膨胀、反刍减少），可灌服0.5%的醋酸1 L或糖水1 L，加快育肥速度，可采用生长刺激素（如畜大壮）在颈部包埋，方法是在牛耳后颈部消毒，用注射枪把畜大壮丸射入松软皮肤内，每头射入3粒（36 mg）。为了搞好防疫灭病，除按规定进行防疫注射外，在饲养管理中要严格执行卫生管理制度，不喂发霉变质的饲草、饲料，不饮脏水，牛体每天刷挠1次，粪便及时清理，饲槽每月用0.1%的高锰酸钾水消毒1次，每次喂饲结束后要清除槽内草料，保持食槽和圈舍的清洁。

（2）育肥期

① 架子牛强度肥育（60～90 d）。利用架子牛生长后期进行异地育肥，提高营养水平，补饲混合精料1～2 kg/d、尿素50～100 g/d，体重达300 kg后就可上市屠宰。

② 架子牛持续肥育。采取放牧补饲肥育方式，放牧期补精料0.5～1.0 kg/d，最后催肥期（3个月）补精料0.5～2 kg/d，适当搭配青粗料，酒糟喂量10～15 kg/d。体重达300 kg以上可上市，肥育期12～18个月。

③ 成年牛的短期育肥。日粮以粗料为主，秸秆喂5～8 kg/d，酒糟喂量5～10 kg/d，精料0.5～1 kg/d。育肥期间限制运动，育肥期60 d左右。

8. 注意事项

（1）牛源选择 根据育肥地的气候特点选择牛源：生活在寒冷地区牛，怕热不怕冷，如果夏季在炎热地区饲养，很容易生病，饲料消耗多，生长慢，有的体重减轻。因此，这些地区养牛户不要在夏季购买太寒冷地区的架子牛育肥。最好改在夏末秋初购牛，翌年夏季之前出栏。

根据饲养规模选择牛源：如果可存栏100头以上，可考虑到外地一次性选购较多数量的架子牛。如果只可存栏50头左右，在本地择优选购架子牛即可。

根据价格差距选择牛源：选择购牛地点要计算好运费、路途风险和损耗。运输路程1 000 km以上，如活牛每千克差价在2元之内，就没有必要去异地购牛。

调查好牛源地情况才购牛：要对牛源地架子牛的品种、数量、价格、疫病情况进行详细了解。品种不对路或有病的牛决不能只图便宜购买。购买架子牛最好采取过磅称重的方式，注意观察牛是否被灌水灌料。

到与育肥地饲料资源相似的地区购牛：要认真调查牛源地的饲料资源状况，深入饲养户了解当地牛饲料的品种、喂牛方式，以便架子牛到育肥地后能很快适应当地饲料，缩短预饲期。

查清架子牛产地：由于经纪人采用长途贩运，在某一个地方上市的牛不一定是当地牛，购牛时要对牛的真实产地有所了解。

（2）架子牛运输 买好架子牛后，让牛充分休息，喂给优质干草，给予充足饮水。起运前不要喂得太饱，可让其饮些淡食盐水。对装运车辆要仔细检查，车厢内不能有任何金属突起物，在车厢底铺上厚垫料。架子牛上车后不要拴系。普通汽车可装载250～350 kg重的架子牛30头左右。要选择篷车装牛，以避免雨淋和遭受风寒。行车要慢启动、慢停靠，每行车1 h要停车检查。路程在1 500 km以上的，途中要给牛饮水。

（二）特殊过瘤胃产品育肥技术

1. 过瘤胃保护技术　过瘤胃技术是指将一些营养物质如氨基酸、蛋白质、脂肪等经一定的处理后保护起来或使之迅速通过瘤胃，避免或减少在瘤胃中被分解而直接进入肠被消化吸收。过瘤胃技术的目的，是既要保护足够比例的营养物质，不被瘤胃微生物降解而进入小肠，同时又要保护过瘤胃后的营养物质进入小肠后，能在小肠内被有效地消化和利用。在反刍动物日粮中添加过瘤胃氨基酸、脂肪等产品，不仅可以提高反刍动物的生产能力和饲料利用率，还可以减少反刍动物脂肪肝、饲料中粗蛋白的供应量、家畜热应激等问题。过瘤胃氨基酸、脂肪研发以及对饲料原料进行特定的加工处理在一定程度上减缓了世界蛋白质饲料资源紧缺的加剧，减少了动物粪尿中氨氮排放以及反刍家畜常面临的能量负平衡、营养代谢病等难题，提高了畜产品质量，降低了日粮成本，改善了畜产品品质，迎合了人类对环境保护的要求。

（1）保护淀粉过瘤胃　淀粉在瘤胃中降解的数量过多，导致产生高比例的丙酸和较低的瘤胃pH，并且对瘤胃中纤维的消化和饲料采食量具有抑制作用。保护淀粉过瘤胃可以避免以上现象的发生。适量的过瘤胃淀粉可给反刍动物提供大量的外源性葡萄糖，减少了体内合成葡萄糖的能量损失，节约了体内宝贵的生糖氨基酸。通过选择某些特殊的饲料或饲料经加工处理（膨化、蒸汽压片等）可以改变淀粉在瘤胃中的降解率，使淀粉的消化位点由瘤胃转向肠道。

（2）保护脂肪过瘤胃　过瘤胃脂肪是一种不影响瘤胃发酵且易被瘤胃后消化系统消化吸收的能量来源。在肉牛和肉羊的日粮中添加瘤胃被保护脂肪有助于限制失重速度。过瘤胃脂肪在瘤胃液中不易分解，能通过瘤胃而不影响瘤胃微生物菌群，但在真胃和十二指肠中被化学以及酶的作用，变成能被吸收的形式，最终在小肠中吸收。采用脂肪酸钙将脂肪保护起来，使其在瘤胃中不分解，既避免对瘤胃微生物的影响，又可提高脂肪的利用效率，能较好地为反刍动物育肥提供充足的能量。

瘤胃保护性脂肪可分为3类：①天然油类籽实。脂肪、蛋白质和碳水化合物的复合体。②化学加工。通过脂肪的加氢，皂化等化学反应使其变为饱和脂肪酸或钙皂达到过瘤胃的目的。③物理加工。通过物理分馏法获得高熔点的饱和脂肪。其中钙皂在国外高产奶牛中的应用已相当普遍。由于动物性脂肪的禁用，而利用植物油生产脂肪酸钙工艺的不成熟及生产成本较高等因素，目前，过瘤胃脂肪在我国反刍动物饲料配方中还没有被广泛应用。

（3）保护蛋白质及氨基酸过瘤胃　一般来说，进入瘤胃的蛋白质约有60%被分解，分解的产物是氨、挥发性脂肪酸、二氧化碳和其他含氮物质，其余未被消化的部分则随前胃食糜的运动进入瘤胃后消化，被皱胃和小肠的蛋白酶进一步消化，这部分未被瘤胃微生物分解的蛋白质，称为“过瘤胃蛋白质”。保护氨基酸过瘤胃是将氨基酸以某种方式修饰或保护起来以免在瘤胃内被微生物降解，而在胃肠道中产生最佳效果部位处还原或释放出来被吸收和利用的保护性氨基酸。使用少量的瘤胃保护氨基酸（RPAA）可以代替数量可观的瘤胃非降解蛋白（UIP），降低日粮蛋白质水平和饲料成本。

一般情况下，瘤胃微生物蛋白基本可以满足羊的蛋白质需要，但对于一些高产品种的牛羊，瘤胃微生物蛋白就不能满足它们对蛋白质需要量，特别是限制性氨基酸（如蛋氨酸）的需要量，必须补充额外的蛋白质或蛋氨酸，但在饲料中补充这些物质时，由于微生物的作用，往往不能收到理想的效果，在这种情况下，利用过瘤胃蛋白或过瘤胃氨基酸，一般可较好地解决上述矛盾。大量的研究证明，给高产反刍家畜饲喂过瘤胃蛋白或过瘤胃氨基酸可有效提高畜产品量。目前常用的过瘤胃技术有：①应用不同饲料加工工艺使其中的蛋白质得到保护，如将牧草制成干草可降低牧草蛋白质的瘤胃降解率，热处理一般可保护饲料的蛋白质，但对不同的饲料需要选用不同的加热温度和加热时间。将蛋白质饲料制成颗粒或用胶囊保护，也是常用的一种方法。②用化学处理方法保护蛋白质，常用的化学保护剂有单宁、甲醛、戊二醛、乙二醛等，这些物质一般都能有效地保护蛋白质（或氨基酸）使其免于瘤胃的发酵，但同时也降低了被保护蛋白在小肠中的消化率。在对饲料进行过瘤胃处理时，很容易造成蛋白质的过度保护，使它们在小肠中的消化率大大降低，反而降低了蛋白质的利用率，因此在处理时应加注意。

国外开发的保护性氨基酸主要是采用化学保护方法的产品，如N-羟甲基-DL-蛋氨酸钙、DL-蛋氨酸羟基类似物及其钙盐（MHA-Ca）以及氨基酸金属螯合物（蛋氨酸锌、蛋氨酸硒、蛋氨酸铜、蛋氨酸钙、赖氨酸锌等）。由于蛋氨酸羟基类似物通过瘤胃时不需要“保护性”被膜，因而不会受到饲料加工的制约。这意味着可以对蛋氨酸羟基类似物进行混合、高温蒸汽调制、挤压、膨化或造粒而不破坏其活性。氨基酸金属螯合物具有很好的过瘤胃性能，并可以达到“1＋1＞2”的效果，即蛋白质和微量元素的生物利用率都得到显著提高。

（4）保护维生素过瘤胃　过瘤胃维生素就是经过特殊加工处理后能够通过瘤胃，到真胃释放，小肠吸收的维生素，生物学效率相当于普通维生素的1倍以上。维生素是保证动物健康的一种必须添加剂，影响许多关键的生理功能，包括生长、繁殖和免疫。但是反刍动物由于其特殊的生理结构特点，普通维生素大部分（70％～80％）在瘤胃都被微生物破坏掉了，不能发挥其营养作用。过瘤胃维生素能够有效解决瘤胃微生物对维生素的破坏，顺利到达真胃，在小肠充分利用吸收，达到真正补充维生素的效果。过瘤胃维生素的主要成分有维生素A、维生素D、维生素E、烟酸生物素等主要成分，进行包被而成。过瘤胃维生素可有效预防乳房炎，减少蹄部皮肤炎、白线病，促进钙磷的吸收。减少骨质疏松，四肢关节变形和筋骨变形等疾病。瘤胃对维生素A的破坏作用很大。饲喂干草和玉米籽实饲粮的阉牛，添加的维生素A大约有60％被瘤胃破坏（Warner等，1970）。用体外瘤胃模拟系统也得到类似的结果（Rode等，1990；Weiss等，1995）。体外数据表明，采食高粗料饲粮的牛瘤胃可以破坏大约20％的维生素A。但是当牛饲粮含50％～70％精料时，维生素A破坏率可上升到70％。

2. 常见的蛋白质过瘤胃保护技术及其效果评价　目前常用的保护过瘤胃蛋白质的方法有：甲醛保护、单宁保护、氢氧化钠保护、丙酸保护、乙醇保护等化学保护方法；干热、热压、膨化、培炒等热处理方法；蛋白质包被、化合物包被、聚合物包被等物理方法以及现今认为最环保、保护效果最好的糖加热复合保护处理，现分述如下。

（1）化学方法　化学保护方法所采用的化学药品很广泛：甲醛、单宁、乙醇、戊二醛、乙二醛、氯化钠、氢氧化钠和苯甲叉四胺等。其作用原理是利用它们与蛋白质分子间的甲叉反应，在酸性环境是可逆的特性。目前常用的化学药品，主要有甲醛、氢氧化钠、锌盐和单宁，且主要用于蛋白质过瘤胃保护。

①甲醛处理。甲醛保护蛋白质的理论基础是甲醛与蛋白质可发生化合反应，形成酸性溶液中可逆的桥键，使得处理后的蛋白质在瘤胃弱酸环境中处于不溶解状态，因而微生物难以对其降解利用。而在到达真胃酸性较强的环境时桥键断裂，在小肠中被水解、消化、吸收。

大多数研究表明，利用甲醛处理蛋白质饲料能显著降低蛋白质在瘤胃内的降解率。研究认为，反刍家畜最大限度地利用氮的适宜甲醛用量为0.35～0.58g/100 g（粗蛋白质）。甲醛保护效果最好的是豆粕、花生饼、棉籽饼和菜籽饼，甲醛处理对它们快速、慢速降解部分的影响也最明显。用2 g/kg（干物质）甲醛处理可大幅度降低豆饼干物质和粗蛋白在瘤胃中的降解率，而基本上不影响其在真胃和小肠中的消化，如果甲醛用量超过2 g/kg（干物质）可能会造成过保护。

由于甲醛具有毒性，且容易在畜体内残留，对泌乳牛来讲还会提高奶中的甲醛浓度，影响乳的品质，目前在国内外基本已不再使用。

②单宁处理。单宁是多羟基酚类化合物，有很强的极性，与蛋白质发生两种类型的反应，一类为水解反应，在真胃酸性条件下可逆，易为家畜消化利用；另一类为不可逆的缩合反应，降低了饲料的适口性，抑制酶和微生物活性，与蛋白质形成了不良复合物，消化率降低。研究表明（张晓宁，2005）水解单宁可降低豆粕干物质和粗蛋白的降解率；单宁酸用量为5％时有明显作用，10％～15％时变化幅度最大。饲粮中的单宁含量对干物质、有机物及磷的消化吸收没有显著（$P>0.05$）影响；但日粮中中性洗涤纤维、酸性洗涤纤维及钙的消化率呈下降趋势。

③ 氢氧化钠处理。氢氧化钠处理豆饼和菜籽饼中，当50%的NaOH溶液用量占干物质的2%时，可显著降低蛋白质的瘤胃降解率，蛋白质的瘤胃降解率最低时碱液的添加量为3%，当添加量增加为4%时，保护效果不佳。

④ 乙醇处理。研究表明，用70%的乙醇浸泡豆粕36 h可以提高蛋白质的瘤胃非降解率，降低瘤胃内氮的消失率，而其他浓度的乙醇浸泡处理对豆粕的瘤胃降解率影响不大。

除以上方法外，还有许多学者研究了戍二醛、乙二醛、氯化钠、丙酸等化学物质对优质蛋白质饲料的过瘤胃保护作用。Britton（1986）证实，用1%～2%锌盐（氯化锌或硫酸锌）处理豆饼，可减少蛋白质降解，改善犊牛的氮利用状况。

（2）加热处理 加热处理是在降低饲料中一些抗营养因子作用的一种最常用的方法，也被许多学者证明加热处理可明显降低优质蛋白质饲料的过瘤胃率。研究表明，用热喷处理豆粕喂绵羊可降低12h干物质消失率，提高了进入小肠内氨基酸总量和赖氨酸数量，增加了氮沉积，显著提高了日增重和羊毛长度。热处理蛋白质可使其在瘤胃内氮的产量下降、降解率下降等是美拉德反应的结果，它使糖醛基与游离的氨基酸基团发生了不可逆反应。通过加热处理来保护蛋白质会使半胱氨酸、酪氨酸和赖氨酸等氨基酸受到破坏，同时氨基酸的小肠消化率也会降低。

（3）物理包被 研究证明血粉在瘤胃内完全不降解，并用全血撒到蛋白质补充料上在100 ℃下干燥，发现在瘤胃内氮的消失率显著下降，并随着全血用量的增加氮的消失率极显著下降。有研究（李爱科，1991）在蒸煮条件下10%、20%、30%、40%和50%鲜血水平对豆饼蛋白质降解率的影响，结果表明，30%的鲜血水平比较合适。

（4）复合保护处理 戊糖能保护豆粕降低豆粕蛋白的瘤胃降解率。戊糖含有多个醛或酮，加热后可以和蛋白质的氨基酸残基发生美拉德反应（Non-enzymic browning)。所谓美拉德反应，是广泛存在于食品、饲料加工中的一种非酶褐变反应，是如胺、氨基酸、蛋白质等氨基化合物和羰基化合物（如还原糖、脂质以及由此而来的醛、酮、多酚、抗坏血酸、类固醇等）之间发生的非酶反应，也称为羰氨反应（Amino-carbonyl reaction)。美拉德反应机理十分复杂。影响美拉德反应的重要因素，除了氨基酸种类及还原糖的种类外，还与反应温度、反应时间、保护剂添加浓度、水分、pH等有关。如何控制美拉德反应达到最适当加热程度，是成功保护大豆粕蛋白质的关键。理想的保护效果应该是降低保护豆粕蛋白的瘤胃降解率，而在小肠中的消化、吸收不受影响。采用美拉德反应原理对粕类蛋白保护是一种全新的方法，糖类是一种新型的绿色蛋白保护剂，无残留、无污染，符合人们对绿色添加剂的需要。

第六节 主要牧区草原放牧管理技术

一、内蒙古牧区草原放牧管理技术

（一）呼伦贝尔草原放牧管理技术

呼伦贝尔草原以牛、羊放牧和打草利用为主。由于地广人稀，草地生产力高，多数地方靠放牧加补饲干草，即可保证畜牧业的稳定生产。近年来，由于牲畜数量不断增多，草地放牧压力逐年增大，退化沙化现象比较严重。一些地方出现了饲草短缺现象。由于生态环境条件不同，各地放牧管理的方式和水平也各有差异。

目前，呼伦贝尔草原利用分为四季放牧、两季放牧和全年放牧等管理方式，并开辟有专门的打草场。其中，两季放牧方式最为常见，即把草地分为冬春和夏秋两季牧场，冬春季在定居点附近放牧，遇到较大降雪时，放牧加干草补饲；夏秋季在远离定居点的地方，安置临时居住点（蒙古包、帐篷或简易住房），进行轮牧或短距离游牧。由于对草地保护和植被恢复的需要，春季也开始休牧，大约在牧草返青后1个月左右。如果春季降水比较丰富，草地面积大，牧草生长旺盛，也可以缩短休牧期或不休牧，直接进行轮牧。有些牧户还把放牧场和打草场轮换利用。

在个别草原区域，由于地貌复杂，草场类型多样，把草地划分为四季放牧场，在季节间轮换利用。一般把春营地设在定居点附近，或在沙地草场，利用牧草返青早、土地升温快的特点，便于家畜产仔育幼；夏季利用河流两岸的草场，以避暑热；秋季在具有大量葱类、蒿类等杂类草较多的草场放牧，利于家畜抓膘；冬季多利用缺水草场放牧，家畜可以利用积雪作为水源。一般在冬、春草场都设有家畜棚圈。

由于草地承包到户，越来越多的牧户采用全年都在定居点放牧的方式利用草地，把距离较远的地块作为打草场。这种做法极易引起草地退化，往往距离居住点越近，退化越严重。当较多的牧户集中居住形成村落时，就会形成以村落为中心的环形退化带。目前，因为围栏的大量使用，为划区轮牧提供了有利条件。人们开始把定居点周边草地划分成类似于季节牧场的小区，有计划地轮流利用，以缓解草场压力。家畜在冬春季往往需要较多的补饲，不仅补饲干草，也需要补饲精料或混合饲料。

（二）锡林郭勒草原放牧管理技术

锡林郭勒草原主要采用定居式自由放牧利用，大体分为 3 种放牧类型。

1. 东部草甸 东部草甸草原区的放牧管理，因为水草充足，靠近大兴安岭，与呼伦贝尔草原的管理方式基本一致。

2. 沙地草地 沙地草地的利用基本上是采用全年放牧方式，根据不同的草地地块，在四季简单轮牧。在低洼地条件好的地方打草，进行冬春补饲。由于沙地灌木分布较多，即使是冬季降雪后，家畜也能采食到部分饲草料。近年来，沙地草地退化、沙丘活化比较严重，为了保护生态，这些区域执行了严格的休牧、禁牧。如多伦县采取全年禁牧制度，允许打草和庭院养畜，草地生态已全面恢复，草地旅游成为重要产业。近几年到多伦县的游客数量每年都在 40 万人以上，是全县人口数的 4 倍多。沙地其余地区的放牧情况差别很大，但普遍实行春季休牧制度，基本上从 4 月中旬开始到 6 月中旬结束，严格控制家畜外出放牧。其余时间则根据载畜量的要求，实行草畜平衡制度，发展季节畜牧业，限制超载放牧。退化严重的区域则实施禁牧措施，或进行移民搬迁。对放牧的区域，逐渐推行划区轮牧制度，鼓励建设以水为核心的家庭草库伦。

3. 典型草原和荒漠草原 这种类型应用最为普遍，即在大面积的典型草原和荒漠草原区，实行冬春和夏秋两季放牧，春季休牧。夏秋放牧采用灵活的划区轮牧方式，春秋放牧以自由放牧为主，适当补饲，设有棚圈。该草原上饲养的家畜以绵羊为主，西部干旱区山羊比例较大，东部区有一定比例的牛群。由于可以作为打草场的区域有限，难以大规模发展人工草地，大量外购干草就成为这一区域的一大特色，饲养家畜的成本也比较高。近年来，锡林郭勒草原商品牧草流通产业获得了很大发展，对稳定畜牧业发展起到了很大作用。

锡林郭勒草原是内蒙古最早实施休牧、禁牧和划区轮牧政策的地方，管理体制健全，监理队伍层次完善，数量较多，政策执行严格。经过十几年的有效保护和科学管理，基本上实现了草原增绿、畜牧业增效、牧民增收的目标。

（三）科尔沁草原放牧管理技术

科尔沁草原处于西拉木伦河西岸和老哈河之间的三角地带，呈坨、甸并存的生态景观。这里气候冬季寒冷、夏季炎热，春季风大沙多。坨子地由相对高度 2 m 以上的流动、半流动沙丘和半固定沙丘组成，土壤为白沙土和黄沙土。植物群落由草本、灌木和乔木构成，层次丰富。甸子地是分布在坨子地内部及之间的低湿地，群落主要由羊草、寸草苔、地榆、拂子茅、马蔺等草本植物组成。历史上科尔沁草原河川众多、水草丰茂。但因为长期滥垦沙质草地，砍伐森林，过重放牧，甸子地不断缩小，坨子地扩大，沙化面积急剧增加，最终形成了中国北方最大的沙地。

科尔沁草原基本靠近农区，缺少集中连片的大片天然草场，因而在放牧利用上形式也多种多样。

采用全年放牧方式，春季在4月中旬至6月中旬休牧。在甸子地条件好的地方打草，进行冬春补饲。由于毗邻农区，农作物秸秆成为饲养家畜的重要饲料来源，精料也比较丰富。另外，科尔沁草原也是内蒙古草原人工种草最为发达的地区，使草地畜牧业和草地农业得到了均衡发展。

（四）鄂尔多斯高原草地放牧管理技术

鄂尔多斯高原草地位于温带季风区西缘，年均降水量150～500 mm，由西北向东南渐增，草地类型也由荒漠过渡到典型草原。由于毛乌素沙地和库不齐沙漠处于境内，使草地条件比较复杂。西北为典型的荒漠植被，中部为荒漠草原植被，东部为典型草原沙地植被。沙地内地下水较好，坨甸相间，草本植物和灌木都得到很好发育。这类草地基本上采用全年放牧、春季休牧的家畜饲养方式。草地放牧时间为每年的7月1日至翌年的3月31日，放牧天数为274 d，其余3个月休牧。根据现有生产条件以及牧民生产发展计划，遵循“草畜平衡”理论，一般先确定草场载畜量，编制划区轮牧方案，按计划利用。

在水分条件好的低洼地，多建设有配套草库伦，生产储备饲草料。春季3个月的休牧期内，对家畜进行全舍饲。在放牧季，当草场饲草量不足时，也适当补饲。

在严重退化的区域，或在极端干旱年份，靠舍饲圈养，发展庭院畜牧业，非常普遍。近年来随着苜蓿种植业的扩大，家畜的饲草条件得到较大改善。靠近农区的地方，作物秸秆对养畜业起着重要支撑作用。

（五）西部干旱草地放牧管理技术

内蒙古西部干旱草地主要包括温性荒漠草原、温性草原化荒漠和温性荒漠3个大类。温性荒漠草原地处温带干旱区，草原向荒漠过渡地带；温性草原化荒漠是荒漠草原向荒漠的过渡地带；温性荒漠类地则处于最干旱地带。在这几类草地中放牧，通常将放牧场分为夏秋场和冬春场。夏秋场放牧时间一般在180 d左右，冬春场放牧时间为185 d左右。放牧场通常进行划区轮牧管理，管理较粗放。在每年4～6月是牧草返青和初期生长阶段，生态系统极其脆弱，极易受外界因素的侵扰而遭到严重破坏。家畜也处于严重掉膘期。此时都实施春季休牧，对家畜进行舍饲圈养。饲料以能满足家畜营养物质和能量的维持需要为标准，多采用当地种植的牧草及农副产品加适当精料。

在靠近作物种植区的地方，如四子王旗、武川县、巴彦淖尔市的部分旗，也大量利用农田作物茬子地放牧。而包头市的达尔罕茂明安联合旗则实行全年禁牧，家畜饲养集中在专业化、规模化的饲养场内进行，全部舍饲。

二、新疆牧区草原放牧管理技术

（一）新疆草原牧区传统放牧管理技术

由于新疆独特的地理地貌结构，在草原利用上形成了独特的垂直移动放牧形式、以划分四季草场分区利用为显著特征，以逐水草而居的游牧方式而世代相传。

1. 季节草场合理布局　新疆各族牧民在长期放牧实践中总结出适合于不同区域，不同气候、地形、水文和草地植被等自然条件的四季草场划分与布局的利用原则。在地表水源条件好，地处中、高山带，夏季凉爽，植被类型以山地草甸、高寒草甸为主体的草场，作为夏季放牧场放牧利用；在冬季有积雪，地处中、低山区逆温带，冬季相对暖和，地形破碎、阳坡与阴坡交替分布，植被类型以蒿类等半灌木和小灌木为主体，植株冬季保留率高，一般作为冬季放牧场利用。在春季升温快、秋季牧草再生期长，有地表水条件的山前冲、洪积平原及前山带，一般作为春秋季放牧场利用；在中山带水热条件好、地势较平缓地段以及平原区的泉水溢出带及河漫滩，作为天然打草场和冬季放牧利用。

2. 天然草场季节休闲放牧技术 在对天然草地不同季节草场合理划分基础上形成的新疆天然草场季节休闲放牧制度，是新疆草原牧区传统放牧管理技术的核心与精华。其宗旨是，在一年各季节中，畜群完全处于气候、牧草等自然条件最佳的环境和区域内放牧，在一年中，各季节草场都有固定的休闲与放牧时期，为牧草的繁衍生息创造了极为有利的时间与空间。

“转场”就是依照牧草生长周期和气候的变化，把牲畜有序地在不同草场间转移，是一种按季节循环轮牧的过程。转场距离因各地情况差异而不同，近则几十千米，远则上百千米甚至几百千米，日行程一般 10～15 km。

3. 畜群放牧管理技术

（1）畜群规模控制 夏季牧场畜群控制在 350～450 头（只），而冬牧场控制在 200～250 头（只）。

（2）牧民放牧技术 人跟着羊群走，每天放牧的区域要有所不同，每天确保畜群饮水一次，夏季多饮水有利于上膘、春秋季则不然，夏牧场必须补盐，冬牧场放牧要先阴坡、后阳坡，夏季每天放牧时间 11 h 左右，冬季每天放牧时间 9 h 左右，注意冰雹、洪水及狼群的袭击。

（二）放牧场合理载畜量监控技术

1. 建立定点监测站（点） 摸清草场的年产草量，相对准确的核定该区域的合理放牧强度，为建立合理的暖季放牧利用制度提供技术支撑，是定点监测的目的。监测样地要选择地势开阔、草地植被具有该区域的代表性，其放牧强度也能代表该区域。

（1）监测方法 监测样方布设——在畜群进入草场前，在确定的监测区域布设 1.5 m×1.5 m 的可移动样方笼，样方笼高度为 0.7 m、笼壁不影响采光，每个样方笼的间距>50 m，每次监测后移动样方笼的位置>50 m，以监测放牧状态下牧草再生量，该方法是一种常用的间接测定方法，用放牧前和放牧后草地生物量的减少来计算采食量和再生量。每次监测再在各移动样笼外布设放牧状态下牧草存量监测样方。

（2）监测时间 监测从牧草返青开始，到 9 月底结束，间隔 30 d 监测 1 次。

（3）样方测产 每次监测在各移动样方笼内布置 1 m^2 测产样方，另外在各样方笼外间隔≥10 m 处，布置 1 m^2 测产样方。样方测产齐地面分建群种、杂类草分别剪割称重，称量鲜重后再分别装入布袋中保留样品，以测风干重。

开放式定点样方笼移动法估测夏草场产草量公式：

夏草场年产牧草量＝6 月初样方笼内平均牧草存量（kg/hm^2）＋7～8 月的牧草再生量（kg/hm^2）＋放牧结束后 9 月初草场的牧草存量（kg/hm^2）

估测夏草场实际放牧利用率公式：

夏草场的实际放牧利用率＝[当年草场牧草产量（kg/hm^2）－畜群转出后的牧草存量(kg/hm^2)]/当年草场牧草产量（kg/hm^2）

2. 牧区放牧牲畜数量监测体系 以现有草原监理及草原承包管理体系为基础，建立完善的草原牧区放牧牲畜统计监控机制。首先要建立牧区统计调查队伍，制订合理可行的统计、监测方案，做到掌控草原牧区放牧牲畜数量的动态变化，为草畜平衡管理提供基础数据支撑。

（三）暖季放牧场合理调配

在进行季节草场规划和调整中遵循的基本原则是：依照历次草地资源调查成果资料并结合各地人工饲草料基地生产能力和规模及其发展潜力，科学合理地确定各季节草场的承载量，并依此确定各季节草场的面积和布局。可以调整部分季节草场的利用时间，如部分海拔较高且有饮水条件的冬草场可以调整为夏、秋或冬季轮换放牧，部分夏草场可以调整为夏、秋或春季轮换放牧等。

(四) 草场健康状况评价实用技术

专业技术人员或牧民通过对放牧场植被的长期监测和观察，可以判断和评价放牧利用的程度和草场植被的健康状况。每个牧民都可以对自己的牧场进行有目的的长期观察，以便准确了解和掌握草场健康状况，发现问题及时调整放牧管理方式。

草场监测和观察的简易方法是：在牧场上固定一个有代表性的位置，并做好标记，在每年的牧草生长旺盛期（相同时间），观察并记录固定位置上数量最多的牧草是哪些，较多的是哪些以及以前没有见过的植物，把多年的记录进行对比，并按照以下评价指标进行打分：

1. 观察草场植物成分变化情况（40 分，分 4 个等级）

A. 与原有成分相比基本一致得 40 分；B. 与原有成分相比有较小变化 25 分；C. 与原有成分相比有较大变化 15 分；D. 与原有成分相比有重大变化 0 分。

2. 观察草场地表枯枝落叶量（25 分，分 3 个等级）

A. 地表有较多枯枝落叶（每平方米 10 g 以上）得 25 分；B. 地表枯枝落叶较少（每平方米 10 g 以下）得 13 分；C. 地表没有枯枝落叶得 0 分。

3. 观察草场地表水土流失情况（20 分，分 4 个等级）

A. 没有人为造成的地表裸露及冲刷迹象得 20 分；B. 有轻微地表冲刷迹象得 10 分；C. 有人为造成的地表裸露，水土流失明显得 5 分；D. 有严重的水土流失现象得 0 分。

4. 观察草群结构情况（8 分，分 4 个等级）

A. 草地植被具有 4 层得 8 分；B. 草地植被具有 3 层得 6 分；C. 草地植被具有 2 层得 3 分；D. 草地植被具有 1 层得 0 分。

5. 观察草场新增加外来入侵杂草数量（7 分，分 3 个等级）

A. 不存在外来入侵杂草得 7 分；B. 入侵杂草数量极少量得 5 分；C. 入侵杂草数量较多得 0 分。

草场健康评价各项指标总分值为 100 分，评定分值在 75～100 分，说明草场处于健康状态，草场放牧利用维持着健康状态；评定分值在 50～74 分，草场基本健康但有问题，是早期预警，提示在放牧利用制度上需要进行调整或改进，比如调整放牧方式，实施延迟放牧、休闲轮牧等；评定分值在 50 分以下，草场处于不健康状态，需要采取紧急行动，有必要进行重大的调整，比如休牧、禁牧等。参见表 3-59。

表 3-59　草场健康评价分值指标与应对方案

分值	健康状态	应对方案
75～100 分	健康	可暂时维持当前利用方式
50～74 分	基本健康（预警）	需要进行调整或改进（降低利用强度或休闲、轮牧）
50 分以下	不健康状态	进行重大调整（休牧、禁牧）

三、青海、西藏牧区草原放牧管理技术

(一) 牦牛放牧管理技术

1. 冷季放牧　冷季放牧的任务是使牦牛安全度过冷季，减少牛只活重的损失，防止牛只乏弱，使妊娠母牛保胎或安全分娩，提高犊牛的成活率。

进入冷季牧场初始，一般牛只膘满体壮，尽量利用未积雪的边远牧场、高山及坡地放牧，迟进定居点附近的冷季牧场。冷季风雪多，要注意气象预报，及时归牧。如风力 5～6 级时，可造成牛只体表的强制性对流，体热的散失增多，牛只采食不安。大风（≥8 级时）可吹散牛群，使牛只顺风而

跑，大量消耗体热。

冷季要晚出牧，早归牧，充分利用中午暖和的时间放牧，在午后饮水。晴天放阴山及山坡，还可适当远牧。风雪天近牧，或在避风的洼地或山湾放牧，即牧民所说的“晴天无云放平滩，天冷风大放山湾”。放牧牛群应顺风方向行进。妊娠牛不宜在早晨或空腹时饮水，并要避免在冰滩放牧行走。

在牧草不均匀或质量差的牧场上放牧时，要采取散牧（牧民俗称“满天星”），让牛只在牧场上相对分散地采食，以便在较大的面积内使每头牛都能采食到较多的牧草。

冷季末，牛群从牧草枯黄的牧场向牧草萌发较早的牧场转移时（也称季节转移），宜先在夹青带黄的牧场上放牧，逐渐增加采食青草的时间，约需 2 周的适应期。这样做可防止牛只贪食青草（抢青），避免误食萌发较早的毒草引起腹泻、中毒甚至死亡。草原牧草此阶段处于危机期，放牧强度不宜过大（达正常放牧强度的 40%～50%），按以上方法放牧可使牧草增产 1.2～2 倍，否则可招致牧草大量减产。

冷季末或暖季初，是牦牛一年中最乏弱的时候，除跟群放牧外，还应加强补饲。特别是在剧烈降温或大风雪天，由于牛只乏弱，寒冷对牛只造成的危害比冷季更为严重，应停止放牧，在棚圈内进行补饲，保证牛只的安全。此外，雪后要及时清扫棚圈内的积雪，使棚圈保持干燥。此期间妊娠母牛开始产犊，一群牛最好由两人放牧，以便挡强护弱，接产和护理犊牛。

2. 暖季放牧管理 暖季放牧的主要任务是增产牛乳，搞好母牦牛的发情配种，使供肉用的牦牛多增重，并为其他牛只度过冷季打好基础。牧民说“一年的希望在于暖季抓膘”。向暖季牧场转移时，牛群日行程以 10～15 km 为限，边放牧边向目的地前进。

暖季要做到早出牧、晚归牧，延长放牧时间，让牛只多采食。天气炎热时，中午要在凉爽的地方让牛只安静卧息及反刍。出牧以后由山脚逐渐向凉爽的高山放牧，由牧草质量差或适口性差的牧场，逐渐向良好的牧场放牧，可让牛只在头天放牧过的牧场上再采食一遍，这时牛只因刚出牧而饥饿，选择牧草不严，能采食适口性差的牧草，可减少牧草的浪费。在牧草良好的牧场上放牧时，要控制好牛群，使牛只呈横队采食（牧民称“一条鞭”）或为牧民说的“出牧七、八行，放牧排一趟”，保证每头牛能充分采食，避免乱跑践踏牧草或采食不匀而造成浪费。

暖季按放牧安排或轮牧计划，要及时更换牧场或搬圈。更换牧场或实行轮牧，牛只的粪便在牧场上得以均匀散布，对牧场特别是圈地周围的牧场践踏较轻，可改善植被状态，有利于提高牧草产量，还可减少寄生虫病的感染。

当宿营圈地距放牧场 2 km 以外时，就应搬圈，以减少每天出牧、归牧所需要的时间和牛只体力的消耗。产乳带犊的母牛牦牛群，10 d 左右应搬圈 1 次。暖季应给牛毛牛在放牧地或圈地周围补饲尿素食盐舔砖。

（二）藏羊放牧管理技术

放牧是藏羊的主要饲养方式。藏羊终年放牧，依靠天然草场维持生活与生产，亦唯有放牧，才能节约饲料开支，降低畜产品成本，获得最好的经济效益。放牧好，可以使羊只抓好膘；母羊发情整齐，胎儿发育好，产羔适时，母羊泌乳力好，羔羊成活率高，“母壮仔肥”，毛皮质量高。增强抗春乏能力，抵御自然灾害的影响。

在自由放牧状态下，藏羊放牧行程远，采食时间长，休息时间短。采食量大、采食速度快、择食性广。在一个放牧日中，采食速度表现为“中间低，两头高”，在生产上应充分利用“两头高”的特点，夏季早出牧，晚归牧。

在藏羊终年放牧中，要掌握四季放牧特点。自由放牧时，四季牧场的选择，可用“春洼、夏岗、秋平、冬暖”8 个字来概括。冬天，气候寒冷，容易掉膘，所以要选择在平坦、温暖背风，或山间小盆地，水源充足多草的草场放牧。春天，选择向阳温暖的地方，由于洼地有枯草，同时洼地的牧草返青早，可以连青带枯一起吃，防止跑青。夏天，天气炎热，选择高山草原，凉爽，蚊蝇又少，把羊放牧在高梁，通风凉爽，防止受热，利于抓膘。秋天，天高气爽，牧草结籽，庄稼收获后，很多牧草新鲜幼嫩，放牧茬地，利于增膘。牧工的经验是“冬放暖窝春放崖，夏放梁头秋放茬”。

（1）立春—清明　这时羊群的体况是“九尽羊干”，十分乏弱，每日游走 5 km 就感到困难。草场上牧草稀薄，青黄不接，加之时常出现春寒，容易造成死亡。这时，对于乏弱的羊只，除注意放牧外，还要给予一定的补饲，使其体重保持在最高体重的 60%，以便到抢青时，能维持抢青体况，不致因跑青乏死羊。此阶段羊只主要采食的牧草是梭草、黄蒿芽、马莲、冷蒿以及白草的残枝叶。

（2）清明—立夏　“羊盼清明，驴盼夏”，到了清明，羊只进入了抢青阶段。这时，羊只采食到的牧草，主要是梭草、麦秧子、黄蒿芽、冰草。

（3）立夏　羊群度过了抢青关，吃饱了青草，有了体力。气候不冷不热，很适宜羊只的生理要求，所以，立夏至夏至是羊只第一个抓膘高峰，应早出晚归，延长放牧时间，促进第一高峰的形成。这时，羊只采食的主要牧草是白草、枝儿条和猫头刺花。

（4）小暑以后　天气闷热，藏羊是怕热的家畜，不利于抓膘，夏天放羊，要防止羊“生躁”（盐池地方话），即三五成群，低头互找身影庇荫，不动不食。防止羊躁，应从春天抢青时，就要注意，以开散的放牧队形，并训练羊只顶太阳，逐日训练，锻炼不怕太阳的耐热性。同时，夏天放羊，不宜折羊。剪毛后，对羊只进行清水浴，洗掉身上的沙子，就可防止羊只生躁，让羊只多吃草，以利抓膘。

（5）立秋　羊只出现第二个抓膘高峰。这时，羊只要多抢茬；多采食草籽。其中，以枝条儿最好，因为结籽数量多，营养丰富，羊群吃了易上膘。

（6）白露　此时大部分牧草开始枯老，但有些牧草还在生长，开始抢倒青，抢好倒青奶胖羔，对促进胎儿发育，母羊泌乳都有很大好处。

（7）立冬—立春　主要吃各种蒿属。

四、甘肃牧区草原放牧管理技术

（一）延迟放牧技术

延迟放牧是在植物解除冬眠后到结实过程中，提前停止冬季放牧，推迟早春放牧的开始，避免植物在生长早期利用的一种方法。延迟放牧可以增加种子产量、提高幼苗的生长速度、避免饲草在早春生长能力低的时候被过度利用和践踏。这种方法最适合于四季分明的天然草地。延迟放牧类似休牧，都是提高植物地上生物量的方法，延迟放牧避免在植物生长敏感期放牧，有利于提高植物活力、增加植物种类。延期放牧与适度放牧相结合，功效远远大于单一的轻度放牧。既能够保持植物的活力，又能够保持物种的多样性。

放牧使用这种方法前，应根据牧地实际情况制订计划，合理的计划应根据植物的物候期来制订：早春——植物利用上一年积累的营养物质开始发芽；春季——植物具有重新发育成完整植株的最大潜能；夏季——植物开始开花，进行种子生产；秋季——植物积累和储存营养物质；

我国北方草原区植物的越冬休眠芽到 4 月中下旬开始萌芽，6 月进入植物枝叶生长的旺盛时段。有些植物种子也在 4 月中旬萌发，这是植物种群繁育的新生个体。因此，北方牧区一般可从 4 月中旬牧草返青时开始延迟放牧，其中以连续延迟放牧 50～60 d 比较合适，同时经济可行。

（二）常规放牧技术

1. 有序放牧　有序放牧是在许多不同植物类型的天然草地上，进行草食动物的迁移式放牧。这种有不同类型植物组成的草地是非常适合放牧家畜或收获饲草。有序放牧能够满足放牧家畜的需要，各种植物都有适合家畜利用的最佳时期，有很高的家畜生产能力。野生草食动物在迁移过程中从一个草地类型转移到另一个草地类型的过程就是一个有序放牧。

有序放牧的优点是根据不同类型牧草的最适利用期进行放牧（每种植物类型各自组成的草地都有一个典型的、短暂最适放牧期），从而可以提高牧草的利用率及其产量，实现牧草的合理利用。不同植物类型的放牧单元经常被安排为季节性利用或全年性利用，有序放牧可用于各种类型的放牧地，这种放牧方法既可以为草地补充草种，又可以改良天然草地。有序放牧非常适合于繁殖家畜、幼畜、育肥畜的放牧利用，而且也有利于防止草地退化。

有序放牧地可根据植物类型将牧场用围栏隔开分成独立的放牧单元，也可根据牧场的管理水平、生产条件及场地进行划分，放牧单元上的围栏经常随着地理位置、规模及草地拥有权进行变化。

2. 早期集中放牧 早期集中放牧是集中在整个牧草快速生长期的高密度放牧方法。在饲草尚未成熟且极具有营养价值的生长季早期集中放牧。但在植物开花期不放牧，以利于植物自由恢复和正常繁殖。早期集中放牧最适合于断奶和育肥家畜，不适合于繁殖家畜的放牧。对于育肥牛利用早期集中放牧，可以短期达到市场行情出栏，同时减少50%的资金投入。在饲草生长速度快、营养价值高的时期利用饲草时，家畜产量随着放牧密度的增加而增加。

3. 暖季限时放牧 暖季限时放牧是指在夏秋季节放牧过程中，考虑高温、家畜营养消耗以及草地植被等因素，每日规定一个或几个时间段限制家畜在草地采食的放牧方式。夏秋季节是草地植物生长发育旺盛到成熟的时期、草地生物量和营养价值最高的季节和草地利用管理的关键时期，是家畜补充营养、恢复体力和储存营养的重要季节，因此，在这个阶段对家畜放牧管理的科学与否直接影响到整个年度草地的合理利用与家畜的正常生长发育。暖季限时放牧降低了家畜选择性采食行为与践踏强度和频度，避免高温对家畜采食的影响，减少放牧家畜因游走所消耗的能量，使草地在利用中得到恢复，对草地的合理利用及其健康发展具有重要意义。有关牧民限时放牧的经验证明，它确实是符合生产实际需要的科学放养方式。一是减少了羊群在草地上的活动时间，减轻了羊群因跑蹿造成的对草地的践踏破坏，有效地保护了草地。另外，与传统的放牧方式相比，限时放牧平均每天可缩短放牧时间4 h，1年可缩短放牧时间1 460 h，相当于1年休牧2个月。二是在一定程度上减少了羊群的活动，使羊群的体能消耗减少，避免了不必要的营养损耗，有利于提高羊群的膘情。三是可以让羊群避开“露水期”和中午“烈日高温曝晒期”，既减少了羊疾病的发生，又减少了羊体内水分和能量的消耗。

4. 隔栏放牧 隔栏放牧是指通过围栏封育一定的小家畜可进入采食，同一时间内大家畜不能进入的区域，给小家畜提供优质饲草的放牧方法。隔栏放牧与隔栏喂养有相同的目的，不同是前者只提供高质量的牧草，后者只是集中喂养，故前者在饲养幼畜方面更可行。隔栏牧场必须接近或设置在最基本的牧场，但要与那些开放的牧场分开。小家畜可以和大家畜一样进入基础牧场进行连续放牧或轮牧时，小家畜可进入隔栏牧场放牧。考虑到小家畜不能像大家畜一样高效利用牧草，为了提高饲草利用率，采取二次放牧利用，当小家畜利用完第一个隔栏牧场时，成年的牧群就可进入这个隔栏牧场充分利用饲草，同时为小家畜另开一个牧场，在放牧季节就按这个顺序周而复始。国外研究者认为隔栏放牧有好多优点：①一般比隔栏喂养花费少；②比隔栏喂养省力；③可以提高基本牧场的放牧率；④在隔栏牧场中小牛可获得高质量的优质牧草。3～4个月大的小牛最适合利用隔栏牧场。

5. 畜群先后放牧 畜群先后放牧是给两个畜群不同营养的放牧方法，在同一块草地上先放营养需要高的畜群，随后进行营养需要较低的畜群。先后放牧对同一种类或不同种类有较高产量的畜群有利。第一个畜群可以优先吃到直立的营养价值高的牧草，第二个畜群在第一个畜群利用的基础上进一步充分利用该牧场的牧草。当第一个畜群利用完高质量的牧草后，转移到第二个牧场中，同时第二个畜群就会进入原牧场，这样依次类推一直持续到放牧季节的结束。国外研究报道，春季在草地上轻度放牧可以确保在春季后期牧草产量，但会降低饲草的营养价值（此时牧草是少叶多枝的）。这个问题可通过先后放牧来解决。先后放牧通常将高产的（如停止生长的家畜、奶牛或纯种群）作为第一次利用的畜群，而低产的畜群（如商品肉牛、母牛和小牛、母羊和小羊等混合畜群、产奶量低的奶牛群或者是增重量少的家畜）归为第二畜群。在理论上将剩下的只需要维持的家畜归为第三类，这样会增加管理难度，为了实用只分为两类。

五、四川牧区草原放牧管理技术

（一）季节轮牧技术

高山地区季节轮牧的做法是冬放河谷，春秋放半山，夏季放山巅（山顶、高山）。在夏季气温最高的时候选择到海拔高的山顶放牧，气温相对较低，气候凉爽，适合牲畜活动。随着夏季时间推移，气温慢慢降低，秋季放牧的牲畜缓慢向半山转移。到了冬季，气温很低，所有牲畜就到冬草场进行放牧。牧区地势较平坦，一般进行四季轮牧，根据气候的变化，冬春季节温度较低，在草场较好，交通便利，离定居点较近，背风、向阳、地形低洼的草场放牧。在冬春季节内也要进行轮牧，初冬主要在较远的冬草场放牧，随着温度的降低，放牧路线越来越近，当青黄不接的时候，牲畜在冬帐房附近活动，以减少体力消耗。牧民还常根据天气情况进行轮牧，如果天气好，没有下雪，可以选择在离定居点稍远的阴坡草场进行放牧；反之，如果天气不好，气温较低，选择在离定居点稍近的阳坡草场，且避风的地方进行放牧。夏秋季节在海拔较高、离定居点较远的高山草场放牧。

在放牧时，根据地形、气候条件确定放牧路线，一般把冬草场确定在草场较好、背风、向阳、地形较矮的地方，白天时间较短，放牧距离短；春天的草场紧临冬草场，夏草场在边远的高山，别的季节不便于利用，夏季高山蚊蝇较少。秋草场紧临夏草场，距离冬草场也较远，有严格的乡规民约约束，每个联户都有自己固定的放牧地，每天都有严格的放牧路线。

牧民在放牧中积累了丰富的经验，主要有“两赶”、“三看”、更替放牧和分片轮牧。

“两赶”即春赶青草、秋赶草籽；“三看”即一看天气、二看草场、三看牲畜（早上看粪便，晚上看磨牙、反刍，平时看膘情）。

季节放牧可以合理利用草场，相对“逐水草而居”是一种进步，但在牲畜数量不断增加，以致超过草地承载能力的情况下，其防止草场退化的作用是难以显现的。

（二）草场划区轮牧“4＋3”模式

该模式由四川省草原科学研究院根据划区轮牧原理，结合高寒牧区实际，本着由易到难、便于实施的原则，提出的一种简单的划区轮牧模式。该模式将天然草场划分为7个区，即5个放牧区（冬春草场2个区，夏秋草场3个区），1个打草区（冬春草场）和1个休牧区（夏秋草场）。牲畜冷季分别在2个放牧区进行轮牧，休牧区每年在夏秋草场轮换1次，割草场每5年在冬春草场轮换1次。该模式的核心是以草定畜，在此基础上进行划区轮牧、休牧、打草。

（三）天然草场的管理

1. 天然草地健康判断技术　草地健康是指草地生态系统中土壤、植被、水和空气及其生态学过程可持续程度。健康的草地能保持生态平衡，维持物种多样性，同时给草地畜牧业生产者提供持续的放牧机会，并支持其他一系列的生产活动。如果草地健康状况下降，就提示草地经营者需要转变经营管理方式，否则会导致健康状况进一步恶化，乃至最终丧失可持续利用的能力。

健康评价方法是实地在被评价草地上进行取样调查测定，主要包括植被盖度、物种优势度、土壤状况、系统结构等，并详细记录各项测定数据。草地生态系统健康评价的具体指标见表3-60。

表 3-60　草地健康判断指标

健康状况	植物种类组成	地上生物量与盖度	地被物与地表状况	土壤状况	系统结构	可恢复程度
健康	原生群落组成无重要变化，优势种或适口性好的种保持稳定或有减少趋势	保持稳定或稍有降低（下降10%以下）	地表与地被物以及高度无变化或变化不明显	无明显变化，硬度稍增大	无明显变化	围封后自然恢复较快，一般1～2年
亚健康	建群种与优势种发生明显更替，但仍保持大部分原生物种	下降20%～30%	地表有侵蚀痕迹出现，地被物高度下降20%～30%	土壤硬度增大1倍左右	肉食动物减少，草食性啮齿类增加	围封后可自然恢复
不健康	原生种类大半消失，种类组成单纯化。低矮、耐践踏的杂草占优势	下降40%～50%	地表出现裸斑，植株高度下降40%～50%	硬度增加2倍左右，有机质明显降低，表土粗粒增加	食物链结构简单，系统结构简单化	自然恢复困难，需加改良措施

2. 天然草地培育　天然草地培育是指针对草地退化采取单项或综合的改良技术措施，以恢复和提高天然草地生产力。应根据牧户的生产需要和投资能力分轻重缓急进行，一般先进行天然打草地培育，再改良冬春草地，有条件的还可以对夏秋草地进行改良培育。

（1）传统的天然草地培育技术

① 焚烧枯草。传统的火烧作为一种廉价的方法和重要手段常用于草地植被更新和管理，尤其是对于灌木和老枯草的清除，是其他方法难以替代的。

② 卧地培育。卧地是暖季放牧时晚上集中关养牲畜的地方。因牲畜集中关养，排出的粪尿可起到给草地集中施肥的作用，有利于提高草地牧草的产量。一般而言，关养牲畜的时间越长，其培育的效果越显著。但牲畜集中关养对草地牧草的践踏和蹄蚀作用加剧，时间太长会造成牧草的严重损伤而形成裸地，牧民在关养牧畜5～7 d后又轮换地点，从而使卧地培育面积不断扩大。

（2）封育　封育是采用围栏或利用天然屏障、时空等措施，在牧草返青后至枯黄前的整个生长发育期间禁止放牧，以达到使优良牧草恢复生机，逐步改善群落结构，提高产草量的目的。封育是实施草地禁牧、休牧的重要手段。

需要封育的草地，主要是利用过度严重退化的草地、受风沙危害及水土流失严重的草地、新补播或新建立的改良及人工草地。

封育主要是利用各种围栏或其他设施将封育对象围起来，也可由人看管，禁止在一定时间内利用。要能管得住，真正达到封育目的，必须使草地的使用与管理权限十分明确，责、权、利一致，最好订立必要的奖罚条例或制度。

（3）休牧　休牧一般是指短期禁止放牧利用，即在一年内牧草生长季节对草地进行封育的措施。休牧时间一般选在春季植物返青以及幼苗生长期和秋季结实期。春季休牧以当地主要草本植物返青开始，一般在每年的4月中下旬至6月下旬结束。结实期休牧一般在夏末或秋初开始，以当地主要草本植物进入盛花期为主要参考指标，结束时间应在牧草种子成熟落粒后。

（4）禁牧　禁牧指对草地施行一年以上封育或长期禁止放牧利用的措施。禁牧措施适用于过度放牧而导致植被减少，生态环境严重恶化的地块。为防止家畜进入，禁牧地块一般要求有围栏设施。禁牧以一个植物生长周期（一年）为最小时限。视禁牧后植被的恢复情况，禁牧措施可以延续若干年。

参考文献

柴局，张燕军，张家新，等．2011．内蒙古白绒山羊附睾精子冷冻效果的研究[J]．中国畜牧兽医，38(10)：99-105．

陈代文，吴德．2003. 饲料添加剂学[M]. 北京：中国农业出版社．
陈军，蔡涛，彭涛，等．2008. 重构胚移植用受体山羊同期发情处理效果比较[J]. 黑龙江动物繁殖，16(2)：32-33.
德科加．2004. 营养舔砖对冷季放牧牦牛、藏羊的补饲效果[J]. 青海畜牧兽医杂志(34)1：9-10.
丁向阳．2004. 肥羔生产方式试验研究[J]. 中国草食动物(S1)：145-146.
段淇斌．2007. 肉羊养殖技术[M]. 兰州：甘肃科技出版社．
冯克明．2006. 非繁殖季节绵羊同期发情试验[J]. 草食家畜，132(3)：43-44.
冯瑞林，郭宪，郭建，等．2010. TIT 双羔素在绒山羊中的应用效果分析[J]. 黑龙江畜牧兽医(12)：65-67.
冯瑞林，焦硕，肖玉萍，等．2009. 双羔素提高蒙古羊繁殖力的研究[J]. 中国草食动物(6)：34-35.
冯宇哲，刘书杰，王万邦，等．2008. 高寒地区放牧牦牛补饲尿素糖蜜营养舔块效果研究[J]. 中国草食动物，(28)3：40-42.
高雅琴，王宏博，牛春娥，等．2009. 我国细羊毛质量现状与对策[J]. 草食家畜，143(2)：15-17.
谷云．2006. 关于九龙牦牛选育的思考[J]. 四川畜牧兽医(8)：20-24.
韩银仓，靳义超，薛白．2009. 补饲控释尿素对放牧牦牛和藏羊日增重的影响[J]. 中国草食动物，(29)6：13-14.
韩增祥．2000. 牛羊复合添加剂对放牧绵羊的应用效果[J]. 饲料工业，21(2)：15-16.
何明珠．2012. 麦洼牦牛、九龙牦牛种质资源特性及保护措施[J]. 草业与畜牧(8)：42-46.
何永林．2010. 内蒙古资源的科学开发和利用[M]. 呼和浩特：内蒙古人民出版社．
胡辉平，张琪，陈玉林，等．2006. 复合营养舔砖配方、工艺参数及舔食量的研究[J]. 西北农业学报 15(6)：48-53.
姬秋梅，普穷，达娃央拉，等．2000. 帕里牦牛生产性能的研究[J]. 中国草食动物(6)：3-6.
贾开健，荆文学，高长江．2006. 应用双羔素提高细毛羊繁育率的试验报告[J]. 中国草食动物，26(4)：31-32.
贾云．2003. 肉牛催肥常用的添加剂[J]. 北方牧业(19)：12.
蹇尚林，邓鍵岷，傅昌秀，等．2006. 麦洼牦牛选育情况调查[J]. 中国草食动物(2)：27-28.
焦硕，冯瑞林，孙晓萍．2006. 国产甾体抗原双羔素的应用效果[J]. 家畜生态学报，27(6)：277-250.
李成魁．2005. 营养舔块补饲绵羊效果试验[J] 中国草食动物，25(1)：57-58.
李国华．2011. 肉牛的选择及育肥方法[J]. 养殖技术顾问(4)：45.
李慧英．2009. 壳聚糖对肉鸡免疫功能的影响及其分子机理研究[D]. 呼和浩特：内蒙古农业大学．
李金泉．2001. 绒山羊育种研究现状及展望[J]. 草食家畜(1)：19-23.
李俊杰，桑润滋，田树军，等．2004. 孕酮栓＋PMSG＋PG 法对羊同期发情效果的试验研究[J]. 畜牧与兽医，36(2)：3-5.
李林，薛白．2007. 控释尿素对藏羊瘤胃氨氮和微生物蛋白质的影响[J]. 中国畜牧兽医(34)6：19-21.
李琼，周汉林，王东劲，等．2005. 中草药添加剂在反刍家畜中的应用与展望[J]. 家畜生态学报，26(2)：7-10.
李秋艳，阎凤祥，侯健．2008. 不同因素对绵羊同期发情的影响[J]. 畜牧与兽医(12)：48-50.
李晓敏，等．2014. 新疆牧民放牧管理技术手册[M]. 北京：中国农业出版社．
梁朗勤，曾俊，刘仁善．2010. 用氯前列烯醇对圈养隆林山羊进行同期发情繁殖效果的观察[J]. 上海畜牧兽医通讯(1)：34-35.
刘锁珠，李瑜鑫．2001. 提高西藏牦牛生产水平的对策探讨[J]. 畜牧兽医杂志(3)：29-31.
刘延鑫，刘太宇．2006. 杜泊绵羊对我国本地绵羊杂交改良的初步效果[J]. 中国畜牧兽医，33(7)：32-34.
娄玉杰，姚军虎．2004. 家畜饲养学[M]. 北京：中国农业出版社．
卢德勋．2004. 系统动物营养学导论[M]. 北京：中国农业出版社．
罗晓林，谢荣清，徐惊涛，等．2009. 青藏高原犏牛生产技术研究与示范[J]. 草业与畜牧(1)：1-4.
吕绪清．2007. 小尾寒羊在高寒地区的适应性及其与本地呼伦贝尔羊的杂交效果[J]. 中国畜牧杂志，43(19)：60-62.
马过昌，刘玉国，施秀美，等．2006. PMSG、PG 结合 CIDRS 对绵羊同期发情效果的影响试验[J]. 甘肃畜牧兽医，36(4)：14-15.
毛进彬．2005. 九龙牦牛品种资源保护与利用存在的问题及建议[J]. 四川畜牧兽医(11)：10-11.
孟克格日乐，柴局，张家新，等．2011. 不同离心方法去除精浆对内蒙古白绒山羊精液冷冻保存效果的研究[J]. 中国农学通报，27(26)：15-19.
孟庆龙，马万国．2010. 育肥牛的选择、运输与育肥方法[J]. 中国畜禽种业，6(6)：68-69.
那日苏，桂荣，赵青余，等．2002. 牛用益生素的研究与应用[J]. 饲料研究(12)：10-13.

聂晓伟，王公金，窦德宇，等.2007.湖羊同期发情与杜泊绵羊人工授精技术[J].江苏农业科学(3)：140-141.
皮文辉，杨永林，倪建宏.2009.氟孕酮海绵栓在绵羊生产技术中的应用[J].中国草食动物(6)：65-66.
祁红霞.2006.尿素糖浆营养舔砖对放牧牦牛和藏羊的补饲效果[J].当代畜牧(12)：27-28.
强巴央宗，谢庄，琼达，等.2001.藏东南牦牛业发展的制约因素及对策[J].畜牧与兽医(3)：20-21.
秦秀娟，李宏图，哈斯其其格，等.2003.呼伦贝尔羊与杜泊肉用绵羊杂交的效果观察[J].内蒙古畜牧科学(4)：27-28.
任鑫亮，高雅英.2012.呼伦贝尔羊的特性及饲养管理措施[J].畜牧与饲料科学，33(3)：122-123.
任有蛇，岳文斌，张开亮，等.2006.TIT双羔素免疫提高辽宁绒山羊繁殖力的研究[J].中国草食动物，26(1)：19-20.
桑润滋.2002.动物繁殖生物技术[M].北京：中国农业出版社.
沈宽泰.2010.育肥牛养殖中的关键技术探讨[J].湖南农机，7(4)：259-260.
沈启云.2004.注射双羔素提高滩羊繁殖效果的试验[J].中国畜牧杂志，40(4)：57-58.
盛红.2004.育肥牛的选择、肥育方式及实例分析[J].农村养殖技术(1)：8-10.
施六林.2008.高效养羊关键技术指导[M].合肥：安徽科技出版社.
石国庆，杨永林，倪建宏，等.2005.MOET技术在绵羊育种中的应用[J].种业研究(10)：38-40.
帅丽芳，段铭，张光圣，等.2002.微生态制剂对反刍动物消化系统的调控作用[J].中国饲料(9)：16-17.
宋德爱.2009.提高羊繁殖潜力的综合技术分析[J].山东畜牧兽医(12)：35-36.
孙晓萍，李宏，魏云霞，等.2002.应用双羔素提高甘肃细毛羊繁殖力示范试验[J].中国草食动物(专辑)：191-192.
陶发章，马占海.2007.复合营养舔砖对青海半细毛羊的应用效果[J].现代农业科技(11)：130-131.
陶勇，章孝荣，何美德，等.2003.双羔素免疫对山羊繁殖性能的影响[J].畜牧兽医杂志(3)：8-10.
万国栋，李春来，潘照仁，等.2009.冷季放牧绵羊补饲尿素—糖蜜营养舔砖的效果[J].草业科学，(26)1：123-125.
汪玺.2004.草食动物饲养学[M].兰州：甘肃教育出版社.
王大星，徐冬.2009.阿勒泰羊品种遗传资源调查报告[J].草食家畜(143)2：38-40.
王继卿，周智德，李少斌，等.2011.高寒牧区羔羊育肥效果分析.[J]畜牧与兽医，43(4)：41-44.
王建国，闫素梅，杨朋飞，等.2011.微生态制剂对奶牛产奶性能及日粮营养物质消化率的影响[J].畜牧与饲料科学，32(9-10)：171-173.
王利智，焦硕，朱以萍，等.1994.性甾体抗原影响绵羊繁殖力的研究[J].兰州大学学报：自然科学版(增刊)：162-165.
王恬.2002.畜牧学通论[M].北京：高等教育出版社.
王晓阳，于永生，刘铮，等.2010.浅谈山羊同期发情技术[J].吉林农业科学，35(1)：42-44.
文博.2013.肉羊舍饲育肥指南[J].农家参谋(3)：23.
吴伟生，杨平贵，罗晓林，等.2010.麦洼牦牛两个不同毛色选育群产奶性能的分析[J].中国牛业科学(5)：5-9.
肖伟伟，冯琳，刘扬，等.2010.壳聚糖对水生动物免疫能力的影响及其可能的调节机制[J].动物营养学报，22(3)：544-550.
谢荣清，赵洪文，周明亮.2014.牦牛多元杂交组合试验研究[J].西南农业学报(1)：391-397.
徐成体.2002.青南牧区营养舔砖补饲藏羊效果的研究[J].青海草业，11(3)：6-7.
徐小波，王公金，赵伟，等2004.胚胎移植用受体山羊同期发情方法的比较[J].畜禽业(5)：60-61.
许宏伟，穆阿丽，吕爱军.2007.反刍动物矿物质营养的监测方法研究进展[J].饲料研究(7)：45-47.
严斌昌，梁国荣.2009.甘肃景泰县绵羊食毛症的发病特点及防治[J].中国畜牧兽医，36(2)：127-128.
杨梅，翁凡，汪立芹，等.2004.利用CIDR+PMSG对乏情期绵羊同期发情处理的研究[J].草食家畜(3)：38-39.
杨勤，刘汉丽.2010.牦牛藏羊绿色标准化生产技术[M].兰州：甘肃科学技术出版社.
于凤英，周宇飞.2003.如何选择育肥牛[J].北方牧业(19)：12.
于萍.2012.壳聚糖对肉牛增重性能、免疫机能及后肠道菌群的影响[D].呼和浩特：内蒙古农业大学.
于向春，张文广，李金泉，等.2006.内蒙古白绒山羊育种信息管理系统的研究与应用[J].中国草食动物(3)：15-19.
袁丰涛，马伟斌，杨正春，等.2003.双胎素(TIT)免疫陇东绒山羊效果试验[J].中国草食动物，24(3)：17-19.

岳斌．2010．育肥牛饲养管理技术[J]．科学种养(9)：35-36．
泽柏．2009．高寒牧区草地畜牧业实用技术手册[M]．成都：四川民族出版社．
张鸣实，何彦春，严天元，等．2002．块状饲料添加剂开发试验研究[J]．中国草食动物，22(3)：18-20．
张容昶，胡江．2002．牦牛生产技术[M]．北京：金盾出版社．
张耀荣．2003．科学育肥牛与出栏[J]．致富之友(10)：8-10．
赵凤立，张晓英，史良，等．2002．杂交肉羊舍饲育肥日粮筛选[J]．中国草食动物，22(4)：38-40．
周明亮，陈明华，吴伟生，等．2013．白萨福克羊高原过渡期适应性研究[J]．家畜生态学报(9)：73-77．

第四章　主要牧区生态高效草原牧养技术示范

第一节　内蒙古牧区生态高效草原牧养技术示范

一、西部荒漠草原生态高效草原牧养技术示范

（一）绒山羊放牧补饲技术示范

内蒙古白绒山羊是内蒙古自治区经本品种选育而成的绒肉兼用型地方品种，包括阿尔巴斯型、二郎山型和阿拉善型3种类型。主要特点是羊绒细、纤维长、光泽好、强度大、白度高、手感柔软，综合品质优良；尤其阿尔巴斯白绒山羊所产羊绒以细、长、柔软闻名国内外。由于西部荒漠草原营养物质季节性变化明显，每年深秋进入枯草期，牧草营养价值降到低值，此阶段，正值绒山羊羊绒的强度生长期和营养需求快速增加的妊娠后期与哺乳前期，在寒冷的冬季，维持正常生理活动消耗的营养持续增加，形成了牧草低营养供给与绒山羊高营养需求之间的供需矛盾，遇到风雪灾害，问题更为突出，营养的不平衡严重制约了绒山羊的生产水平。为此，对绒山羊实行冬季放牧补饲饲养管理模式，是使其营养达到平衡、繁殖性能与产绒性能得到提高的重要举措。

1. 补饲对象　放牧补饲技术主要针对妊娠羊进行。整群基础母羊在10月下旬至11月初进行人工授精，预产期预计在翌年3月下旬至4月上旬。妊娠母羊群每天自然放牧，自由饮水。

2. 补饲时间　补饲开始的早晚应根据羊群具体情况与草料储备情况来定。绒山羊的补饲期分为补饲前期与补饲后期2个阶段，共90 d。第一阶段为补饲前期，时间为每年的12月1日至翌年的1月31日；第二阶段为补饲后期，时间为每年的2月1日至3月31日。

3. 补饲方法　补饲在出牧前和归牧后均可进行，如果仅补饲粗饲料，最好安排在归牧后；如果同时补充精饲料则可以在出牧前补饲精饲料，归牧后补饲粗饲料。补饲粗饲料时可先喂质量较次的、后喂质量较好的，秸秆等劣质粗饲料最好加工成颗粒形式补饲，以减少浪费，提高采食量。

4. 补饲的饲料种类　绒山羊的补饲一般以当地较为方便的粗饲料为主、精饲料为辅。粗饲料主要包括青干草、青贮饲料和农作物秸秆，如玉米秸秆、小麦秸秆、豆秸、葵花盘等，农作物秸秆如果加工调制成颗粒饲料效果更好。精饲料由能量饲料、蛋白质饲料、矿物质饲料和添加剂预混料组成，其中，最常用的能量饲料是玉米和小麦麸皮，最常用的蛋白质饲料是棉粕、大豆粕、葵花粕等饼粕类，最常用的矿物质饲料有石粉、食盐、磷酸氢钙等，添加剂预混料主要由微量元素添加剂、维生素添加剂和非营养性添加剂与载体构成。

5. 补饲的日粮组成与营养水平　绒山羊的补饲日粮通常由60%～65%的粗饲料与35%～40%精饲料构成，主要取决于粗饲料的质量，粗饲料主要是玉米秸秆颗粒，如果粗饲料中以营养质量较好的干草替代部分玉米秸秆，粗饲料的比例可增加到65%～70%。日粮的消化能、粗蛋白质、钙、磷含量在补饲前期分别为9.73 MJ/kg、9.9%、0.71%、0.28%，在补饲后期分别为9.46 mJ/kg、9.52%、0.68%、0.24%；补饲前期与补饲后期的日粮中性洗涤纤维与酸性洗涤纤维含量以不超过48%与30%为宜。

补饲日粮中如果玉米秸秆是唯一的粗饲料，则补饲日粮的粗饲料与精饲料比例为63∶37，补饲前期的精饲料由70.3%玉米、8.8%豆粕、8.4%棉粕、4.8%DDGS（玉米酒糟）、1.9%磷酸氢钙、2.9%食盐、2.9%添加剂预混料组成；补饲后期的精饲料由70.0%玉米、6.8%豆粕、9.6%棉粕、7.1%DDGS、1.3%磷酸氢钙、2.6%食盐与2.6%添加剂预混料组成。每千克添加剂预混料可为绒山

羊提供维生素 A 1 000 000 IU、维生素 D 350 000 IU、维生素 E 3 000 mg（IU）、铜 1 600 mg、铁 3 000 mg、锰 5 000 mg、锌 10 000 mg、碘 60 mg、硒 60 mg、钴 45 mg。

6. 补饲量　在补饲前期与补饲后期，日粮干物质的日补饲量分别为 0.68 kg 和 1.10 kg 为宜。根据补饲日粮的精粗比例与精饲料的日粮组成可计算出每只绒山羊每天补饲各种饲料的数量。干物质、消化能、粗蛋白质、钙、磷的日补饲水平在妊娠前期为每千克代谢体重（$W^{0.75}$）41 g、0.41 MJ、4.22 g、0.27 g 和 0.11 g 时，妊娠后期为 67 g、0.64 MJ、6.38 g、0.46 g 和 0.14 g 时，更有利于绒山羊胎儿的发育和绒毛生长，增加羔羊的出生重。

一般情况下，每只绒山羊在妊娠期的补饲需要储备玉米秸秆 51～55 kg，精饲料 31～35 kg，其中，玉米 22～25 kg、棉粕 2.8～3.0 kg、大豆粕 2.5～3.0 kg、DDGS 1.8～2.0 kg、磷酸氢钙0.5～0.6 kg、食盐 0.9～1.0 kg 与添加剂预混料 0.9～1.0 kg。

7. 补饲效果　对妊娠期的放牧白绒山羊进行适当补饲可使母羊产后体重增加 6.2%，产绒量增加 7.0%，羔羊初生重增加 5.2%，对绒长与绒的细度没有显著影响。

（二）绒山羊休牧舍饲技术示范

山羊的泌乳期通常为 75 d，有的持续到 90 d，在产羔后 15 d 达到产奶最高峰。产羔后的泌乳母羊需要摄取大量的营养物质以分泌乳汁供给羔羊。内蒙古白绒山羊母羊主要集中在 3 月下旬至 4 月上旬产羔，正值草场覆盖度小、牧草营养价值低的“青黄不接”阶段，导致泌乳绒山羊在草场上采食牧草极少，以至于绒山羊摄取的营养物质难以保证维持需要和泌乳的需要，造成母羊失重、泌乳不足和羔羊生长缓慢等问题的出现，所以对泌乳期母羊进行科学补饲是必要的。而且，泌乳期正值风沙大、对草场破坏最为严重的春季，结合西部荒漠草原的气候条件和草原生态特点，为了有利于草场生态的恢复，从 4 月份开始对绒山羊饲养实行休牧舍饲制度。因此，针对泌乳期母羊制订科学的休牧舍饲方案对减少母羊失重、提高羔羊生长速度是必要的。

1. 休牧舍饲对象　休牧补饲技术主要针对泌乳羊进行。妊娠母羊主要集中在 3 月下旬至 4 月上旬进行分娩。

2. 休牧舍饲时间　休牧舍饲期为 90 d，分休牧舍饲前期和休牧舍饲后期 2 个阶段。前期，即泌乳前期为每年 4 月 1 日至 5 月 31 日，后期，即泌乳后期为每年的 6 月 1 日至 6 月 30 日。

3. 休牧舍饲方法　泌乳母羊群全部进行休牧舍饲，每天饲喂 2 次，自由采食，自由饮水。舍饲时先粗后精，饲喂粗饲料时先喂质量较次的、后喂质量较好的，秸秆等劣质粗饲料最好加工成颗粒形式补饲，以减少浪费，提高采食量。有条件的地区也可将精饲料与粗饲料混合在一起湿法饲喂，水分控制在 45%～55%，即全混合日粮（TMR）饲喂，以减少挑食，提高适口性，增加采食量，保证营养物质均衡供给，但 TMR 饲喂时必须现配现喂，以免酸败。泌乳母羊的饲喂应该按照产羔率分群饲喂，分为产单羔母羊群与产双羔母羊群，并按照泌乳期分为泌乳前期与泌乳后期。

4. 休牧舍饲的饲料种类　绒山羊休牧舍饲的饲料种类同放牧补饲，以当地较为方便的粗饲料为主、精饲料为辅，有条件的地区粗饲料中最好有一些青干草与青贮饲料。

5. 休牧舍饲的日粮组成与营养水平　绒山羊的休牧舍饲日粮通常由 65%～70%的粗饲料与 30%～35%精饲料构成，粗饲料主要是玉米秸秆颗粒，日粮的精粗比例主要取决于粗饲料的质量，如果粗饲料中以营养质量较好的苜蓿干草替代部分玉米秸秆，粗饲料的比例可增加到 75%。泌乳前期的日粮消化能、粗蛋白质、钙、磷含量为 9.30 MJ/kg、8.99%、0.72%、0.22%；泌乳后期的日粮消化能、粗蛋白质、钙、磷含量为 9.77 MJ/kg、9.95%、0.53%、0.23%；泌乳前期与后期日粮的中性洗涤纤维与酸性洗涤纤维的含量以不超过 50%与 30%为宜。

补饲日粮中如果玉米秸秆是唯一的粗饲料，则泌乳前期舍饲日粮的粗饲料与精饲料比例为 69：31，精饲料由 66.3%玉米、5.5%豆粕、10.6%棉粕、9.2%DDGS、1.7%磷酸氢钙、3.3%食盐、3.3%添加剂预混料组成；泌乳后期舍饲日粮的粗饲料与精饲料比例为 64：36，精饲料由 68.5%

玉米、6.7%豆粕、9.4%棉粕、8.5%DDGS、1.4%磷酸氢钙、2.7%食盐与2.7%添加剂预混料组成。每千克添加剂预混料可为绒山羊提供维生素A 1 000 000 IU、维生素D 350 000 IU、维生素E 3 000 mg（IU）；铜1 600 mg、铁3 000 mg、锰5 000 mg、锌10 000 mg、碘60 mg、硒60 mg、钴45 mg。

6. 饲喂量 在泌乳前期，产单羔母羊与产双羔母羊的日干物质进食量分别为1.57 kg和1.75 kg为宜。在泌乳后期，产单羔母羊与产双羔母羊的日干物质进食量分别为1.39 kg和1.49 kg为宜。根据补饲日粮的精粗比例与精饲料的日粮组成就可计算出每天每只绒山羊饲喂的各种饲料的数量。在泌乳前期，每千克代谢体重的消化能、粗蛋白质、钙、磷的日进食量为：产单羔母羊分别为0.91 MJ、8.76 g、0.72 g、0.21 g，产双羔母羊分别为0.99 MJ、9.64 g、0.82 g、0.23 g；在泌乳后期产单羔母羊分别为0.74 MJ、7.51 g、0.40 g、0.17 g，产双羔母羊分别为0.85 MJ、8.71 g、0.47 g、0.20 g时，效果较好。

一般情况下，每只产单羔的绒山羊在泌乳期需要储备玉米秸秆105～110 kg，精饲料45～50 kg，其中，玉米30～33 kg，棉粕4.6～5.0 kg，大豆粕2.7～3.0 kg，DDGS 4.0～4.5 kg，磷酸氢钙0.7～0.8 kg，食盐1.4～1.6 kg与添加剂预混料1.4～1.6 kg，每只产双羔的泌乳母羊在产单羔母羊的基础上增加10%～15%。

7. 休牧舍饲效果 对泌乳期的内蒙古白绒山羊进行休牧舍饲，并按照泌乳阶段和产单双羔情况进行合理调整饲喂量，可显著降低绒山羊在泌乳期的失重，增加羔羊生长速度，促进营养物质消化。

（三）绒山羊延迟放牧技术示范

内蒙古在草原区推行禁牧、休牧和划区轮牧政策实施的前几年，进展并不顺利。观念上、经济上、技术上、配套措施上的原因很多，具体表现之一是各地出现了偷牧、夜牧行为。即在禁牧、休牧期内，家畜白天卧圈休息，晚上偷偷到草地上放牧。实际上，有些国家如新西兰、澳大利亚以及欧洲、南美洲、北美洲等，都有昼夜放牧的习惯，夜不归牧。其优点是可以让家畜自己选择合适的时间采食或休息，节省了放牧成本。

内蒙古农牧业科学院草原研究所探索在荒漠草原白绒山羊夜间延迟放牧技术，取得了成功，值得推广。荒漠草原延迟放牧技术是在夜间进行放牧的一种方式。延迟放牧需设有棚圈遮阴设施，供夜间放牧羊群白天休息。夜间放牧时间为20:00至次日6:00。因为内蒙古荒漠草原地区夏季温度高，而且无风，白天放牧时日光直射羊头部时，对家畜生长发育极为不利，有扎堆或"疯跑"现象，采食受到很大影响。而牧区夜间温度低，凉爽适度，放牧有利于防止家畜中暑，可以舒适采食。

比较发现，白绒山羊成年羊放牧期增重分别为：夜间延迟放牧区增重14.63 kg，白天放牧区为10 kg，全天放牧区为7.16 kg；白绒山羊羔羊放牧期增重分别为：夜间延迟放牧区增重10 kg，白天放牧区为8.64 kg，全天放牧区为6.61 kg，增重效果差异都很显著。限时放牧管理成本降低一半。

传统放牧的情况下，羊吃饱以后四处游走，践踏破坏草场。延迟夜间放牧时，家畜不仅提高了采食速度，采食时间和游走距离减少，吃饱后趴卧在草场上，减少了对草场的践踏；家畜对牧草的选择性下降，利用性增加，基本能够均衡采食，有利于草场植被恢复和生产性能的增加。

在治安状况良好的前提下，围栏草场上夜间放牧，没必要由牧工照看，只在入场和归圈时饮水即可。这种放牧方式主要适应于夏季和秋季，不适于寒冷的冬季和需要休牧的春季。

（四）绒山羊日粮营养调控与补偿生长技术示范

绒山羊具有较强的补偿生长能力，在冬春季节处于妊娠后期和泌乳期的母羊受到一定程度的营养限饲，在夏季牧草旺盛期可得到与不限饲母羊相同的生产性能，既不影响母羊的生产性能，又可达到节约补饲、降低生产成本和提高生产效率的目的。因此，利用营养调控技术，寻求妊娠母羊和泌乳母羊在冬春放牧补饲和休牧舍饲期间摄取营养物质的最低"阈值"，对合理利用有限的饲料资源、达到节约补饲和降低生产成本具有重要的理论与实践意义。

1. 实施对象　补偿生长调控技术主要针对妊娠羊和泌乳羊进行。整群基础母羊在10月下旬至11月初进行人工授精，预产期通常在翌年3月下旬至4月中旬。

2. 妊娠羊的放牧补偿生长调控技术　妊娠羊的放牧补偿生长调控技术适用于妊娠后期（90～150 d）的母羊，即每年的1月1～31日。限饲期间的日粮组成、饲料种类与常规放牧补饲技术相似，但饲喂量与营养水平不同。在妊娠后期，日补饲的日粮干物质量为0.86 kg为宜。干物质、消化能、粗蛋白质、钙、磷的日补饲水平为每千克代谢体重52 g、0.52 MJ、5.39 g、0.358 g和0.132 g时，补偿效果较好。

3. 泌乳羊的放牧补偿生长调控技术　泌乳羊的放牧补偿生长调控技术适用于泌乳期的母羊，即每年的4月1日至6月30日。限饲期间的日粮组成、饲料种类与常规的休牧舍饲技术相似，但饲喂量与营养水平不同。在泌乳前期，产单羔母羊与产双羔母羊的日补饲的日粮干物质量分别为1.57 kg和1.75 kg为宜。在泌乳后期，产单羔母羊与产双羔母羊的日补饲的日粮干物质量分别为1.39 kg和1.49 kg为宜。在泌乳前期，每千克代谢体重的消化能、粗蛋白质、钙、磷日进食量为：产单羔母羊分别为0.84 MJ、8.03 g、0.67 g、0.19 g，产双羔母羊分别为0.91 MJ、8.92 g、0.76 g、0.21 g；在泌乳后期产单羔母羊分别为0.67 MJ、6.82 g、0.37 g、0.15 g，产双羔母羊分别为0.76 MJ、7.53 g、0.43 g、0.17 g时，补偿效果较好。

4. 补偿效果　对妊娠后期和泌乳期的白绒山羊进行适当限饲，尽管母羊的产后体重、羔羊初生重降低，产后失重增加，但在青草放牧期结束时，母羊的体重可得到全部补偿。

（五）绒山羊草原牧养管理技术示范

内蒙古西部大面积的荒漠草原和荒漠，是饲养山羊的理想场所。由于山羊绒产品属于市场上的高端产品，产量低，价格高；西部地区的山羊肉风味独特，肉质鲜美，深受大众喜爱。绒肉兼用的特性，使饲养山羊的市场风险相对较小，因而，山羊的饲养量增长很快。与此同时，这些地区的草地也出现了加速退化的趋势，被认为与山羊数量以及羊群中山羊所占比例的非限制性增加有直接关系，因为山羊食性广泛，行动敏捷，好动性强，践踏能力强，对草地植被和土壤都有较强的破坏性。但研究表明，放牧草地退化，主要与羊的载畜率高有关，与山羊或绵羊本身关系不密切。如果严格控制草地载畜率，放牧山羊与放牧绵羊或其他家畜对草地的影响无明显差别。在短花针茅荒漠草原的试验表明，当春季食物短缺时，山羊和绵羊都有刨食行为。因为绵羊对食物的选择余地更小，比山羊刨食的频率更高，对草地土壤的破坏性更大。

以短花针茅荒漠草原为例，在牧户饲养条件下，传统上都是山羊和绵羊混群放牧，二者的比例主要由市场需求和产品价格来调节，一般牧户并不考虑对草地的影响。草地牧草以短花针茅、冷蒿和无芒隐子草为主，草层低矮，牧草种类较贫乏。主要伴生种有银灰旋花、木地肤、狭叶锦鸡儿、羊草和薹草等。冬春放牧期为10月1日至翌年4月1日，之后进入休牧舍饲期至5月底。冬、春季羊只白天放牧采食，晚上归圈后只补饲少量复合精料，不补饲干草。偶遇大风大雪不能放牧时，才补饲少量干草。夏秋放牧期为6月1日至10月底，全部依赖草地放牧，不补饲。饲养的关键时期是冬春季。

放牧时，一般冬季出牧时间为9:30—10:00，归牧时间为17:30—18:00，总放牧时间为480 min左右；春季出牧时间与冬季一致，归牧时间为18:00—18:30，总放牧时间为510 min左右。在放牧过程中，单纯放牧山羊和羊群中混入一定比例绵羊，会明显影响到山羊的牧食行为。随着山羊比例的增加，山羊间的打斗行为增加。当草地饲草的保存率比较低，单口采食量减少，对食物的竞争变得比较明显时，山羊游走时间变长，采食过程稳定性较差，对草地践踏加重。当山羊比例降低时，羊群整体采食过程稳定性也变差，绵羊受山羊的影响明显，也加大了对草地的干扰。

经过对草地和家畜影响的综合评价，单一结构羊群中，山羊冬、春季对草地的影响大于绵羊；混合结构中，冬季山羊对草地干扰大于绵羊，春季则小于绵羊。山羊和绵羊比例为1∶1的羊群，对草地的影响相对最小，掉膘程度也最轻。仅从冬春对草地和家畜影响角度考虑，如果条件允许，山羊和绵羊混群对半饲养值得推广。冬春季节饲养，在放牧时适当进行补饲，对产子育幼、保证母畜健康、维持体能、充分利用夏秋草场实现增膘保膘，都有积极作用。

（六）绒山羊育肥出栏技术示范

绒山羊育肥羊的来源主要包括 4 月龄断奶羔羊与成年淘汰羊。

1. 断奶羔羊育肥技术示范

（1）育肥方式　绒山羊羔羊的育肥方式主要包括放牧补饲育肥与舍饲育肥两种。羔羊一般于 7 月份（4 月龄）断奶，断奶后母羔体重为 16.5～19.0 kg，羯羔体重为 21.5～24.5 kg。羔羊育肥期分为育肥前期、中期和后期 3 个阶段，共 3 个月，一般从 7 月中旬至 10 月中旬。

（2）放牧补饲育肥技术　断奶羔羊放牧补饲育肥期间，每天自然放牧，同时补饲精料补充料。精料补充料的日补饲量断奶母羔为 0.2 kg，断奶羯羔为 0.3 kg，精料补充料主要由玉米、饼粕类、小麦麸、食盐、小苏打、磷酸氢钙、微量元素与维生素预混料组成。每天通过放牧和补饲摄入的干物质、消化能、粗蛋白质、钙、磷的量，断奶母羔分别为：920～930 g、11.5～11.7 MJ、87～88 g、13～14 g和 1.0～1.2 g；断奶羯羔分别为 1 070～1 080 g、13.0～13.5 MJ、102.5～103.5 g、16.0～16.5 g 和 1.3～1.5 g。

① 育肥效果。育肥期间母羔平均日增重为 56 g 以上，饲料转化效率（日增重/日采食量×100）为 6.10 以上；羯羔平均日增重为 64 g 以上，饲料转化效率为 6.4 以上，胴体重为 11.0 kg 以上，屠宰率平均为 44%，净肉率平均为 35.2%。

② 育肥期的饲料储备量。一般情况下，一只断奶羔羊在放牧补饲育肥期间需要储备精饲料 18～27 kg，其中，玉米 13～19 kg、饼粕类 4.5～7 kg、食盐 0.2～0.3 kg、磷酸氢钙 0.2 kg、微量元素与维生素预混料 0.2～0.3 kg。

（3）舍饲育肥技术

① 日粮组成与营养水平。断奶羔羊舍饲育肥期间日粮干物质基础的精粗比例育肥前期为 40∶60，育肥中期和育肥后期均为 50∶50。粗饲料主要是玉米秸秆颗粒、苜蓿草（主要在育肥前期饲喂）、葵盘粉、白酒糟等，精饲料主要由玉米、豆粕、棉粕、葵花粕、DDGS、食盐、小苏打、磷酸氢钙、微量元素与维生素预混料组成。育肥期间母羔每天摄入的干物质、消化能、粗蛋白质、钙、磷的量分别为 810～820 g、9.3～9.5 MJ、142～143 g、5.8～5.9 g、2.3～2.5 g；羯羔分别为 995～1 000 g、10.7～10.9 MJ、173～175 g、7.1～7.3 g、2.9～3.0 g。

② 育肥效果。育肥期间母羔平均日增重 92 g 以上，饲料转化效率 12.0 以上；羯羔平均日增重 111 g 以上，饲料转化效率为 12.0 以上，胴体重平均 18.0 kg 以上，屠宰率平均 56.1%，净肉率平均 48.4%。绒山羊羯羔的育肥性能高于母羔，羯羔日增重较母羔增加 17.5%；羯羔的饲料转化效率高于母羔。绒山羊羔羊进行短期舍饲育肥与放牧补饲相比，其育肥性能与屠宰性能明显提高，舍饲育肥羔羊的日增重较放牧补饲羔羊增加 69.4%，屠宰率、净肉率、眼肌面积较放牧补饲分别提高了 27.6%、37.4%和 59.5%。

③ 饲喂方法。舍饲时先粗后精，饲喂粗饲料时先喂质量较次的、后喂质量较好的，秸秆等劣质粗饲料最好加工成颗粒形式补饲，以减少浪费，提高采食量。有条件的地区也可将精饲料与粗饲料混合在一起湿法饲喂，水分控制在 45%～55%，即全混合日粮（TMR）饲喂，以减少挑食，提高适口性，增加采食量，保证营养物质均衡供给，但 TMR 饲喂时必须现配现喂，以免酸败。断奶母羊的饲喂应该按照性别分群饲喂，并分为育肥前期、中期与后期 3 个阶段。

④ 育肥期的饲料储备量。一般情况下，一只断奶羔羊在舍饲育肥期间需要储备粗饲料 46～48 kg，其中，玉米秸秆颗粒 4.5～5.0 kg、苜蓿草（主要在育肥前期饲喂）3～3.5 kg、葵盘粉 25～26 kg、白酒糟 13～14 kg。需要储备精饲料 40～42 kg，其中，玉米 26～27 kg、豆粕 1.8～2.0 kg、

棉粕 3.5～4.0 kg、DDGS 7.0 kg、食盐 0.4～0.5 kg、小苏打 0.5～0.6 kg、磷酸氢钙 0.2 kg、微量元素与维生素预混料 0.7～0.8 kg。

2. 成年淘汰羊育肥技术示范

（1）育肥方式与育肥期　成年淘汰羊育肥分为放牧育肥与舍饲育肥两种方式，育肥期分为育肥前期与育肥后期，共 2 个月，一般从 7 月中旬至 9 月中旬。

（2）放牧育肥技术　放牧育肥期间成年淘汰羊每天摄入的干物质、消化能、粗蛋白质、钙、磷的量分别为 2.0 kg、21.27 MJ、195 g、30 g、5 g，平均日增重为 84.3 g，饲料转化效率为 4.62；胴体重为 19.8 kg，屠宰率为 47.3%，净肉率为 32.1%。

（3）舍饲育肥技术

① 日粮组成与营养水平。成年淘汰羊舍饲育肥期间日粮干物质基础的精粗比例育肥前期为 35∶65，育肥后期均为 50∶50。粗饲料主要是玉米秸秆颗粒、葵盘粉、白酒糟等，精饲料主要由玉米、豆粕、棉粕、葵花粕、DDGS、食盐、小苏打、磷酸氢钙、微量元素与维生素预混料组成。每千克代谢体重舍饲育肥母羊的营养物质进食量消化能为 1.18～1.25 MJ、粗蛋白质为 12.37～16.29 g、钙为 0.43～0.63 g、磷为 0.17～0.25 g。

② 育肥效果。育肥期间平均日增重 190 g 以上，饲料转化效率 9.6 以上；平均胴体重 30.8 kg，屠宰率 59.6%，净肉率 40.8%。绒山羊成年淘汰羊进行短期舍饲育肥与放牧补饲相比，其育肥性能与屠宰性能明显提高，舍饲育肥的日增重较放牧补饲增加 111.1%，饲料转化效率提高了 107.6%，屠宰率、净肉率、眼肌面积较放牧补饲分别提高了 25.9%、35.6%和 46.2%。

③ 饲喂方法。舍饲时先粗后精，饲喂粗饲料时先喂质量较次的、后喂质量较好的，秸秆等劣质粗饲料最好加工成颗粒形式补饲，以减少浪费，提高采食量。有条件的地区也可将精饲料与粗饲料混合在一起湿法饲喂，水分控制在 45%～55%，即全混合日粮（TMR）饲喂，以减少挑食，提高适口性，增加采食量，保证营养物质均衡供给，但 TMR 饲喂时必须现配现喂，以免酸败。

④ 饲料储备量。一般情况下，一只成年羊在舍饲育肥期间需要储备粗饲料 70～75 kg，其中，玉米秸秆颗粒 5.0～5.5 kg、葵盘粉 39～40 kg、白酒糟 27～28 kg。需要储备精饲料 49～50 kg，其中，玉米 39～40 kg、棉粕 3.8～4.0 kg、DDGS 3.9～4.0 kg、食盐 0.5～0.6 kg、小苏打 0.7～0.8 kg、磷酸氢钙 0.15～0.2 kg、微量元素与维生素预混料 0.5～0.6 kg。

二、东部典型草原生态高效草原牧养技术示范

（一）呼伦贝尔羊放牧补饲技术示范

呼伦贝尔羊是我国优秀的肉羊品种，主要分布于内蒙古自治区呼伦贝尔市新巴尔虎左旗、新巴尔虎右旗、陈巴尔虎旗和鄂温克族自治旗。经过长期的自然选择和人工选育，呼伦贝尔羊具有体大、早熟、耐寒易牧、抗逆性强和瘦肉率高等特点。妊娠期的呼伦贝尔羊尤其是妊娠后期正值冬春季节，气候寒冷，牧草处于枯草期，营养价值很低；即妊娠母羊与泌乳期母羊在放牧饲养条件下的营养需要很难满足胎儿生长与泌乳的需要，严重影响了羊的生产。因此，在冬、春两季的放牧期间对呼伦贝尔羊进行科学合理的补饲是非常必要的。

1. 妊娠母羊放牧补饲技术示范

（1）补饲期　呼伦贝尔羊的妊娠期通常从 11 月至翌年 4 月。补饲期从 12 月中旬至翌年 4 月上旬，共 3～4 个月；其中，12 月上旬至翌年 1 月下旬为补饲前期，1 月下旬至 4 月上旬为补饲后期。

（2）补饲方法　补饲可在出牧前进行，也可在归牧后进行。

（3）补饲的日粮组成与营养水平　补饲前期在自然放牧的基础上每天每只母羊 1.0 kg 和油菜糠等糠麸类饲料 0.2 kg；补饲后期，每天每只母羊补饲干草 1.0 kg 与精料补充料 0.15～0.18 kg。补饲的精料补充料配方为由玉米 60%、玉米胚芽粕 2.5%、棉粕 7.5%、大豆粕 5.3%、菜粕 16%、

DDGS 5.0%、石粉 0.7%、食盐 1%、磷酸氢钙 1.2%和添加剂预混料 0.8%组成。补饲的精料补充料中粗蛋白质为 18.0%、钙和磷分别为 0.80%和 0.75%。每千克精料补充料中含铁 200 mg、锰 150 mg、锌 250 mg、铜 40 mg、碘 1.5 mg、硒 1.5 mg、钴 1.5 mg、维生素 A 25 000 IU，维生素 D 12 500 IU，维生素 E 125 IU。

一般情况下，每只呼伦贝尔羊在妊娠期的补饲大约需要准备青干草 100～120 kg，精料补充料 12～14 kg，其中，玉米 7～9 kg、小麦麸和油菜糠等糠麸类饲料 8～10 kg、豆粕 0.5～1.0 kg、棉粕 0.8～1.2 kg、菜粕 2～2.5 kg、DDGS 0.5～1.0 kg、玉米胚芽粕 0.3～0.5 kg，石粉 0.1 kg、食盐 0.1～0.2 kg、磷酸氢钙 0.15～0.2 kg、微量元素与维生素预混料 0.1 kg。

（4）补饲效果　冬春季放牧条件下，对妊娠期母羊进行合理补饲，可显著增加母羊产后体重，增加羔羊初生重与成活率。补饲组母羊所产羔羊的生长速度、体长、体高及胸围显著增加。

2. 泌乳母羊放牧补饲技术示范

（1）补饲期　呼伦贝尔羊母羊通常在每年的 4 月上旬至中旬产羔。补饲期从 4 月上旬至 6 月上旬，共 2 个月，补饲第 1 个月为补饲前期，第 2 个月为补饲后期。

（2）补饲方法　补饲可在出牧前进行，也可在归牧后进行。

（3）补饲的日粮组成与营养水平　补饲的精料补充料主要由 60%玉米、12%棉粕、6.3%大豆粕、16%菜粕、2.0%DDGS、0.7%石粉、1%食盐、1.2%磷酸氢钙等和 0.8%添加剂预混料组成，粗蛋白质为 20.4%、钙和磷分别为 0.77%和 0.8%。每天的补饲量在补饲前期为 0.40 kg/只，补饲后期为 0.20 kg/只。每千克精料补充料中含铁 200 mg、锰 150 mg、锌 250 mg、铜 40 mg、碘 1.5 mg、硒 1.5 mg、钴 1.5 mg、维生素 A 25 000 IU、维生素 D 12 500 IU、维生素 E 125 IU。

一般情况下，每只呼伦贝尔羊在泌乳期的补饲需要储备精料补充料 18～20 kg，其中，玉米 11～12 kg、豆粕 1.1～1.3 kg、棉粕 2.0～2.5 kg、菜粕 2.8～3.0 kg、DDGS 0.3～0.5 kg、石粉 0.15 kg、食盐 0.2～0.3 kg、磷酸氢钙 0.25～0.35 kg、微量元素与维生素预混料 0.15～0.2 kg。

（4）补饲效果　春季放牧条件下，对泌乳母羊进行补饲，可减少母羊泌乳期的失重，促进羔羊生长速度，与放牧组相比，补饲组母羊的体重增加 10.5%，羔羊体重增加 13.2%，体长、体高与胸围分别增加 4.3%、4.1%与 5.2%。补饲对母羔与公羔具有相似的改进效果。

3. 哺乳羔羊放牧补饲技术示范

（1）补饲期　呼伦贝尔羊羔羊通常在每年的 4 月上中旬出生，平均初生重 4.0～4.5 kg。补饲期从 4 月上旬至 7 月上旬，共 3 个月。

（2）补饲方法　补饲可在出牧前进行，也可在归牧后进行。

（3）补饲的日粮组成与营养水平　补饲的精料补充料主要由 55.5%玉米、6.5%棉粕、23.5%大豆粕、8.5%菜粕、2%DDGS、1%石粉、0.5%食盐、1.5 磷酸氢钙等和 1%添加剂预混料组成；精料补充料的消化能为 13.26 MJ/kg、粗蛋白质为 20.8%、钙和磷分别为 0.92%和 0.64%。每天的补饲量在补饲第一个月为 15 g/只，补饲第二个月为 120 g/只，补饲第三个月为 220 g/只。在 3 个月的补饲期一般需要补饲精料补充料 10～11 kg。每千克精料补充料中含铁 200 mg、锰 150 mg、锌 250 mg、铜 40 mg、碘 1.5 mg、硒 1.5 mg、钴 1.5 mg、维生素 A 25 000 IU、维生素 D 12 500 IU、维生素 E 125 IU。

（4）补饲效果　春季和夏季放牧条件下，对哺乳母羊进行补饲，可减少母羊泌乳期的失重，促进羔羊生长速度；与放牧组相比，补饲组母羊的体重增加 7.7%，羔羊体重增加 6.6%。补饲组羔羊在 6 月龄时的出栏体重为 36.0 kg 以上，较对照组增加 11.1%，经济效益显著。

（二）呼伦贝尔羊繁殖改良技术示范

母羊繁殖效率直接决定养羊经济效益，所以它是养羊生产的制约因素。为了提高呼伦贝尔羊繁殖效率，促进呼伦贝尔羊的应用，探索和建立呼伦贝尔羊二年三产体系具有很大经济价值。

1. 母羊及羔羊的饲养管理 发情调控处理前和产羔期间对所有母羊实施全舍饲饲养。对产后羔羊采用早期断奶，补饲羔羊早期断奶，对缺奶羔羊饲以代乳粉。羔羊实行分群管理，即单双羔分开，强弱分开，以保证羔羊均衡发育。

2. 供试药品 CIDR产地新西兰，PMSG、PGF2α，LRH－A3购于宁波市激素制品有限公司。

3. 母羊发情季节的同期处理 在发情季节，绵羊处于繁殖活动期，繁殖母羊主要用两种方法处理。①CIDR＋PMSG：CIDR埋置13 d，撤栓同时注射PMSG 300单位。②PGF2α＋PGF2α：第1天注射PGF2α 0.1 mg，9 d后第2次注射PGF2α 0.1 mg，输精时注射LRH－A3 20 μg。这两种处理方法都可以获得较好的同期率，可以针对不同的饲养条件进行，CIDR＋PMSG可以提高双羔率，适合管理条件较好的羊场，对于一些管理条件差的羊场可以采用PGF2α＋PGF2α法。

4. 母羊非发情季节的诱导发情处理 蒙古绵羊属于季节性发情动物，每年在秋冬季发情配种。要想在春夏季进行配种，必须进行诱导发情处理。诱导发情处理的方法：阴道内放置孕酮海绵栓，共埋植7 d，埋栓的第6 d，肌内注射PMSG 500单位＋PGF2α 0.2 mg，第7 d撤栓，撤栓后24 h肌内注射LH 100单位。然后观测母羊的发情情况并配种。

5. 配种 采用人工授精，用假阴道法采集种公羊精液，对精子活力、密度、顶体完整率等进行检查，根据配种方案选用优质个体用于人工授精。根据各种羊个体精液密度和活力大小用预热的灭菌生理盐水对采集的精液进行适度（2～6倍）稀释。各母羊发情10 h后进行第1次人工授精（0.1 mL/只），间隔12 h后再用同一公羊稀释精液输精1次。

6. 接产 呼伦贝尔地区冬季严寒，每年3～4月份正是产羔的时候，因此，产羔季节应给予特殊管理，加强护理，防止损失，提高成活率。

首先要搞好羊舍的棚圈建设，尤其在春季，要防止“倒春寒”，接羔室及育羔室最好是砖瓦结构，有灰棚。一般羔羊舍温度保持在10～15 ℃。

接产时要做好消毒等方面的工作，对新出生的羔羊应立即握住羔羊的嘴，擦净口腔、鼻眼内的羊水，并使母羊很快接受羔羊的吮乳；一般健康羔羊出生后15～20 min开始起立，有寻找母羊乳头和吸乳的跌撞摩擦动作，这时应挤去母羊乳房中第一股奶再让羔羊靠近，必要时人工辅助羔羊第1次吃奶；初乳有利于胎便的排出和促进胃肠蠕动，并能使羔羊体内产生免疫力；对于双羔中的弱羔被强羔排挤造成羔羊生后吃不上初乳，饲养员应立即给羔羊喂些温奶。温奶最好是刚产羔母羊的初乳。如果没有初乳，可采用牛奶暂时代替。

在养羊生产中，新生羔羊体温过低是体弱、死亡的主要原因。羔羊的正常体温是39～40 ℃，一旦低于36 ℃时，如采取措施不及时会很快死亡。出现羔羊体温过低的主要原因是：出生后4～5 h之内全身未擦干，散热过多造成的；出生6 h以后（多数是在12～48 h）因吃奶不足，导致饥饿而耗尽体内有限的能量储备，而自身又难以产生需要的热能；羔羊舍内温度过低或照顾不周导致死亡。护理体温降低的羔羊，要尽快使其体温恢复到37 ℃以上，针对以上情况可采取：要有专人护理，用木箱红外灯距羔羊120 cm进行增温或采取其他增温措施；要尽快哺乳，增加羔羊的抵抗力及抗病能力。

7. 羔羊的饲养管理 母羊产羔后，采用配套的羔羊超早期断奶技术对羔羊进行强化培育，以期达到母羊早期诱导发情提前配种的目的。

8. 二年三产的配种时间安排 第一年：9月母羊采用同期发情处理、配种，第二年：2月产羔、4月羔羊断奶，5月母羊采用同期发情处理、配种，10月产羔、12月羔羊断奶，第三年：1月份母羊采用同期发情处理、配种，6月产羔、8月羔羊断奶，9月母羊采用同期发情处理、配种。以此类推，全年可以安排配种和产羔计划，以达到全年的均衡产羔。

（三）呼伦贝尔羊放牧管理技术示范

呼伦贝尔羊有许多与天然草原放牧相关的优良特性。母羊母性强、有很强的适应性。羔羊即使在条件较差的天然草场放牧，仍然可获得较快的生长。呼伦贝尔羊能够在覆雪 20 多 cm 的情况下，长时间刨雪吃草，维持生命，死亡率比当地饲养的细毛羊及改良羊低得多。合群性好，可以组织大群放牧，易于管理；吃草的能力很强，可以在牛、马已经放牧过的草地上采食；善于行走采食，抓膘速度快，耐寒耐粗饲。在冬春枯草季节大群长期放牧，能很好地保持膘情和维持正常生理活动；一般情况下无需暖棚舍条件，只需适当避风即可越冬；绝大部分营养来源于放牧采食，只有当遇到大风雪无法放牧时才需要补饲。

由于呼伦贝尔羊适于放牧，抗病力很强。如果长期舍饲，食欲会减退，消化和利用饲草的能力降低，容易发病。所以，牧民对该羊采取常年放牧的方式管理，靠放牧来抓膘保膘。

对四季放牧的呼伦贝尔羊，选择好四季牧场非常重要。呼伦贝尔草原由复杂多样的草场类型组成，为四季放牧利用提供了条件。沙地草场返青早，多作为春营地和接羔点；夏季利用河流两岸的草场，以避暑热；具有大量葱类植物的草场，常作为秋营地，利于快速抓膘；冬季多在有积雪的缺水草场放牧。

针对放牧饲养，当地牧民总结了许多好的经验，如在刮风下雪天，最好顶风出牧，顺风归牧，控制头羊，稳住全群，防止顺风奔跑；剪毛期间注意天气变化，防止刚剪过毛的羊被冷雨淋湿；秋季抓油膘期间，放牧要慢走，保持羊群安静，防止惊吓乱跑；冬季放牧要适当晚出早归，防止羊圈粪盘冻结而致母羊流产；羊发情时，多采用自然交配，把选好的种公羊与繁殖母羊按 1∶40 的比例混合。

呼伦贝尔羊放牧管理的技术环节如下。

1. 春季放牧 春季气候不稳定，忽冷忽热，时有风雪侵袭，要特别注意天气变化。春场多设在靠近棚圈设施和贮备干草的地方，温暖向阳。放牧时宜慢，应前挡后让，防止“抢青”，避免过多奔跑消耗体力。由冬场转入春场时要逐渐过渡，先在阴坡或返青晚的地段放牧一段时间；进入春场后，出牧时先在枯草地上放牧，半饱后再赶到青草地上，习惯一段时间，再充分采食青草，以避免羊群腹泻。

2. 夏季放牧 夏季气候炎热，应到高山牧场、林间草场、河流两岸放牧，这些地方天气凉爽，牧草丰盛，利于放牧抓膘。夏季尽量延长放牧时间，宜早出晚归，使羊群每天吃饱 3 次。为了延长放牧采食时间，中午可选择高燥凉爽的地方，让羊群卧息。

3. 秋季放牧 秋季天气渐冷，牧草开始枯黄，羊群可选择牧草丰盛的山腰和山脚地带放牧。因为羊的体况较好，可尽量利用距离较远的牧地，继续抓好秋膘，利于过冬。秋季牧草籽穗营养价值很高，应多在这类地区放牧。为了避开晨霜，羊群最好晚出晚归，中午继续放牧。

4. 冬季放牧 冬季气候寒冷，风雪频繁，应选择地势较低和山峦环抱的向阳平滩地放牧。牧草要高，最好是保存率高的禾草、薹草、马蔺等为主的草场。放牧时不要游走过远，以便在天气不利时快速返场，保证羊群安全。冬季放牧的原则是先远后近、先阴后阳、先高后低、先沟后平、晚出晚归。如有可能在羊圈附近留下一些牧地，以便天气不良时临时放牧。要准备足够的饲草料，在大风大雪无法出牧时补饲。接羔季节天然牧草匮乏，准备棚圈设施和足够的饲草贮备，是保障生产安全的必要措施。

5. 防止针茅危害 许多针茅是草地的建群种或优势种，其生长状态代表着草地的健康水平。如果针茅长势好，产量高，盖度大，说明草地状况良好。各类针茅是草地上优良的牧草。然而，当针茅处于结实成熟期，果实极易脱落，其尖锐基盘很容易对绵羊造成伤害。针茅对呼伦贝尔羊的伤害主要在夏末秋初，要尽量避免伤害，一是保证家畜健康，二是保护羊皮质量，再次是减少羊毛的杂质。避免针茅对羊只危害的办法很多，首先是避牧，即在针茅成熟时节，让羊群进入无针茅分布的区域放牧，直到针茅果实全部脱落后，再进入该区域放牧。其次是混牧。先让马牛等在针茅较多的草地放牧，通过扰动啃食，使大部分针茅果实脱落，然后在放牧羊群，减轻危害。再次割草利用。在针茅孕穗到抽穗阶段，打草利用。可以制成干草，也可以制作青贮饲料保存。因为此时针茅的营养价值很高，收获利用后可以一举两得。再生草可以在秋季或冬春季利用。最后是建设人工放牧地。有条件时，积极建设人工放牧地，在针茅结实后，作为替代草地放牧。

6. 划区轮牧 由于草地分户管理，围栏越来越多，大范围转场放牧和四季放牧的空间受到限制，在家庭牧场内部或联户内部进行划区轮牧就成为必然。目前，限制呼伦贝尔羊划区轮牧的关键因素是水源无法保证，羊群就近饮水是最大问题。所以，必须因地制宜，先推广粗放式的轮牧，再进行半集约化的轮牧，有条件的地方，最终过渡到集约化的轮牧。

(四) 呼伦贝尔羊育肥出栏技术示范

1. 呼伦贝尔羊羔羊放牧补饲育肥技术示范

(1) 育肥羊来源 主要来源于呼伦贝尔羊 4 月龄羔羊。

(2) 补饲期 呼伦贝尔羊羔羊的育肥方式主要采取放牧补饲育肥。每年的 8 月份从 4 月龄羔羊中选择健康优秀的母羔作为后备羊，其他羔羊淘汰育肥。一般情况下，淘汰的 4 月龄羔羊的体重为27～29 kg。羔羊育肥期分为育肥前期和后期两个阶段，共 2 个月，一般从 8 月初至 9 月底。

(3) 补饲方法 补饲可在出牧前进行，也可在归牧后进行。补饲前期的精料补充料配方为：玉米 50.9%，菜粕 5%，大豆粕 12.5%，棉粕 9%，DDGS 18.9%，磷酸氢钙 0.5%，食盐 1.2%，添加剂预混料 1.0%，小苏打 1.0%；补饲后期的精料补充料配方为：玉米 64.1%，菜粕 5.5%，棉粕 9.6%，DDGS 18%，磷酸氢钙 0.5%，食盐 0.8%，添加剂预混料 0.5%，小苏打 1.0%。补饲前期的精料补充料消化能为 13.43 MJ/kg、粗蛋白质为 19.8%、钙和磷分别为 0.30%和 0.52%；补饲后期的精料补充料消化能为 13.60 MJ/kg、粗蛋白质为 15.7%、钙和磷分别为 0.27%和 0.47%。每天的补饲量在补饲第 1 个月为 0.27 kg/只，补饲第 2 个月为 0.53 kg/只。在 2 个月的补饲期一般需要补饲精料补充料 24 kg。每千克精料补充料中含铁 200 mg、锰 150 mg、锌 250 mg、铜 40 mg、碘 1.5 mg、硒 1.5 mg、钴 1.5 mg、维生素 A 25 000 IU、维生素 D 12 500 IU、维生素 E 125 IU。

(4) 育肥效果 夏季放牧条件下，对 4 月龄羔羊羊进行补饲，可促进羔羊生长速度，改善羔羊育肥性能。育肥期间羔羊的日增重达 164.4 g，比放牧组羔羊增加 85.6%；在 6 月龄时出栏体重达 39 kg 以上，屠宰率为 52.2%，净肉率为 43.4%，分别比放牧组羔羊增加 13.0%、18.5%，经济效益显著。

2. 呼伦贝尔羊杂交改良羔羊放牧补饲育肥技术示范

(1) 育肥羊来源 育肥羊来源于呼伦贝尔母羊与杜泊公羊的杂交一代羔羊。

(2) 补饲期 呼伦贝尔羊杂交一代羔羊的育肥方式主要采取放牧补饲育肥。每年的 8 月份将 4 月龄杂一代羔羊进行放牧补饲育肥。一般情况下，4 月龄杂一代羔羊的体重为 37～38 kg。羔羊育肥期分为育肥前期和后期两个阶段，共 2 个月，一般从 8 月初至 10 月初。

(3) 补饲方法 补饲可在出牧前进行，也可在归牧后进行。补饲的精料补充料主要由玉米、小麦麸皮、棉粕、大豆粕、菜粕、DDGS、石粉、食盐、磷酸氢钙等和添加剂预混料组成，配方与呼伦贝尔羊羔羊放牧补饲育肥相似。补饲前期的精料补充料营养水平消化能为 13.43 MJ/kg、粗蛋白质为 19.8%、钙和磷分别为 0.30%和 0.52%；补饲后期的精料补充料营养水平消化能为 13.60 MJ/kg、粗蛋白质为 15.7%、钙和磷分别为 0.27%和 0.47%。每天的补饲量在补饲第 1 个月为 0.27 kg/只，补饲第 2 个月为 0.53 kg/只。在 2 个月的补饲期一般需要补饲精料补充料 24 kg。每千克精料补充料中含铁 200 mg、锰 150 mg、锌 250 mg、铜 40 mg、碘 1.5 mg、硒 1.5 mg、钴 1.5 mg；维生素 A 25 000 IU、维生素 D 12 500 IU、维生素 E 125 IU。

(4) 育肥效果 夏季放牧条件下，对 4 月龄杂一代羔羊进行补饲，可促进羔羊生长速度，改善羔羊育肥性能。育肥期间羔羊的日增重达 191.7 g，比放牧组羔羊增加 190.9%；在 6 月龄时出栏体重达 51 kg 以上，屠宰率为 55.1%，净肉率为 45.6%，分别比放牧组羔羊增加 11.3%、14.4%，经济效益显著。

第二节　新疆牧区生态高效草原牧养技术示范

一、细毛羊冷季舍饲技术示范

在新疆昌吉示范点开展的细毛羊冷季舍饲试验，按舍饲期5个月、5.5个月、6个月分别设置了3个试验组，每组确定试验户2户。5个月组为11月中旬至翌年4月中旬；5.5个月组为11月初至翌年4月中旬；6个月组为10月中旬至翌年4月中旬。

选四季放牧羊群3群为对照组，每群基础母羊62～90只。并按计划给试验户和对照户补助了草料。在项目组的安排下试验户均按项目实施方案按时将试验羊只入圈上槽，其中5个月组入圈2群206只，5.5个月组入圈2群210只，6个月组入圈2群209只，3个组共入圈625只。对照组3户分别有母羊62只、78只和90只。通过试验，舍饲圈养试验组羊的膘情及羔羊体重好于对照组（表4-1）。

表4-1　试验组与对照组体重对比表（kg）

类别＼内容	试验末平均重量	与对照比较增减	羔羊平均体重	与对照比较增减
四季放牧对照	45.9	—	7.73	—
舍饲5月组	46.3	+0.4	11.9	+4.17
舍饲5.5月组	46.92	+1.02	9.82	+2.09
舍饲6月组	53.32	+7.42	8.8	+1.07

二、细毛羊二年三产技术示范

20世纪后半叶，国外在生产中开始采用配套技术实现规模化高效生产，养羊业发达国家如保加利亚、澳大利亚、新西兰等高频高效繁育调控配套技术已经在生产中应用，使养羊业发展成为工厂化生产的高效产业，并且收到了很好的经济效益。其特点是：羊场规模大，饲养密度高，生产周期短，繁殖率和劳动生产率高。

新疆养羊业受羊品种的限制，历来基本上是秋季配种冬春产羔，母羊一年只能繁殖1次，繁殖效率低，从客观上限制了养羊的效益。通过绵羊高效繁殖技术提高母羊的繁殖率，是提高养羊业综合效益的重要措施之一。

从工厂化养羊的发展趋势看，羊高频高效繁殖调控技术是实现高效养羊的关键技术，也是决定养羊生产效益和适应市场经济的首要制约因素。

第一产：9月配种属于繁殖季节配种，将种公羊按照1∶30的比例放入羊群进行自然交配。

第二产：5月配种属于非繁殖季节配种，采用“阴道海绵栓埋+PMSG+PG”方法诱导发情。

第三产：1月配种属于非繁殖季节，采用“阴道海绵栓埋+PMSG+PG”方法诱导发情。

公羊处理：注意配种前一定要提前处理公羊，加强公羊运动，同时加强营养管理，配种时每天给公羊加饲鸡蛋。

哺乳期母羊饲养管理：带单羔的母羊每天哺喂混合饲料0.3～0.5 kg，带双羔或多羔的母羊每天补饲1.0～1.5 kg。对膘情好的母羊产羔后1～3 d不补饲精料，防止乳房炎的发生。产后母羊应尽快饲喂麸皮水和淡盐水，这样有助于恶露的排出。产羔3 d后饲喂优质青干草和青贮多汁饲料，可以促进母羊的泌乳机能。

产后羔羊的饲养：羔羊分娩出后，先把口腔、鼻腔和耳内黏液掏出擦净，羔羊身上黏液若母羊不舔，应用干草迅速给羔羊擦干净，免得着凉。羔羊产出后 30 min 内吃初乳，初乳营养成分高，而且有助于胎粪的排出。羔羊吃初乳越多，增重越快。羔羊生后 7～10 d 可以开始训练吃草、料。适当运动及放牧，生后 1 周，天气暖和就可在室外自由运动，晒晒太阳，生后 1 个月便可随群放牧。强化饲养，2 月龄断奶。

根据天山山脉得天独厚的自然资源条件和养羊产业化发展的需要，2011 年在昌吉市开展细毛羊二年三产技术进行示范，选择健康、膘情中上等、泌乳性能良好、年龄在 2～4 岁、产羔时间在 50 d 以上成年母羊，编号记录后采用“放牧＋补饲”的养殖方式集中饲养。待母羊泌乳结束，开展细毛羊同期发情，配套开展羔羊早期断奶、羔羊育肥试验。项目组 2012—2013 年在昌吉开展细毛羊二年三产技术示范，第一产为秋季自然发情，第二产对 6 户 203 只高频繁殖试验母羊群组进行同期发情处理，使用萨福克和道赛特肉羊进行了为期 22 d 2 个情期的同期发情和人工授精，配种母羊 199 只，共产羔 241 只，双羔率达到 21.1%；产羔前做好产羔后母羊补饲和羔羊培育的准备工作；羔羊平均 40 日龄断奶，断奶平均体重为 14.36 kg，繁殖成活率达到 99.6%，肉羊品种改良的效果得到广大农牧民养殖户的好评。公羔断奶后经 105 d 直线育肥，平均宰前活重达到 44.7 kg，屠宰率 49.69%。第三产处理 114 只母羊，使用萨福克、无角道赛特、德国美利奴等肉羊品种公羊进行人工授精配种，共配母羊 114 只，44 只羊产羔，其中产双羔羊 5 只、三羔羊 2 只，共产羔 53 只。

通过两年三产配套技术的实施，繁育效果显著，养殖户取得了非常好的经济效益。

三、细毛羊“穿衣”技术示范

绵羊常年栖居在高海拔的寒冷山地，穿衣起到保暖作用，减少了能量损耗，使羊毛生长较快，毛长增加。在高海拔地区的绵羊，由于太阳辐射强，羊毛中油托的粘性降低，对被毛的附着力减小，易被雨水冲刷，使羊毛失去油汗的保护，羊毛中所含的硫在日光曝晒下氧化成硫酸，会使羊毛纤维的物理、化学性能发生某些变化，影响羊毛的品质。绵羊穿衣后可防止或减少雨琳和日光对羊毛的直接破坏，使羊毛品质得到改善。

1. 细毛羊穿衣适宜的地区　细毛羊穿衣法适用的地区较为广泛，尤其是针对干旱、多风沙、草场环境复杂的牧区，但是不适用高温高湿的地区。

2. 细毛羊穿衣的效果　细毛羊穿衣后：被毛的结构大大改善，羊毛分布整齐均匀，表面平整，坚实而紧密，闭合性好，弯曲一致，油汗正常，手感柔软，剪毛时形成一个完整的套毛；羊毛的品质显著提高，净毛率提高 12.45%；毛条制成率提高 6.45%。

3. 细毛羊穿衣的技术要点

（1）羊衣用料　必须柔软、耐磨、抗老化，能阻挡灰尘、雨水的穿透，防止紫外线的强烈照射，透气性良好，不影响绵羊本身机体的正常生理代谢，穿衣后细毛羊无不舒适感。

（2）羊衣形状　似矩形，四边各有一条松紧带控制，尺寸根据不同品种、不同条件下的绵羊个体而定。一般采用长 90 cm×宽 80 cm 和长 85 cm×宽 70 cm 2 种规格。注意留有羊毛生长期所占的空间。

（3）穿衣时间　因品种、自然气候条件、草场植被、饲养管理和营养水平不同而有差异。一般在秋季药浴之后穿衣，脱衣时间一般是在翌年剪毛前 1 d。

（4）注意事项　穿衣前一定要对羊只进行认真彻底的药浴。绵羊刚穿上羊衣后，互相不适应，有惊群现象，要加强管理以防乱跑，1～2 d 后羊群恢复正常。穿衣期间加强管理，跟群放牧，在森林灌丛草场及铁丝网围栏草场放牧时，应注意观察防止羊只被挂。

（5）示范　2012 年，在昌吉市阿什里乡开展细毛羊穿衣技术示范，穿衣时间从当年 11 月初至翌年 5 月底，经试验示范，穿穿衣细毛羊平均剪毛量 3.91 kg，毛长 8.2 cm；对照组没穿羊衣的毛长 8.1 cm，剪毛量 4.22 kg。尽管没穿衣的羊平均每只羊多剪毛 0.31 kg，但净毛重就比穿衣羊少

0.4 kg。按照穿衣羊毛每千克 25 元计算，每只羊毛多卖 10 元。

四、阿勒泰羔羊育肥出栏技术示范

项目在富蕴县杜热乡开展阿勒泰羊育肥技术示范，通过选择健康、生长发育良好的 7 月龄的阿勒泰羊进行分群饲养，根据当地饲草料资源进行全价料配置，按照饲料配方进行日常饲喂管理。

1. 试验日粮 见表 4-2、表 4-3。

表 4-2 阿勒泰羊试验组精料组成（%）

饲料	比例
玉米	60
葵粕	23
麸皮	15
小苏打	1
盐	1
合计	100

表 4-3 阿勒泰羊不同生长阶段精料饲喂量

	预试期	试验期 1～20 d	试验期 21～40 d	试验期 41～60 d
精料饲喂量 [kg/(只·d)]	0.3	0.6	0.8	1

2. 饲养管理

试验预试期 7 d，正试期 60 d。

预试期：严格按照试验前饲养水平进行饲养，逐步变换到试验配方，对试验羊进行驱虫、称重、分组、编号。饲养试验前对圈舍进行常规消毒。

试验期：试验组 1 和试验组 2 均进行群饲，每天充足饮水。试验羊每天饲喂两次，分别在 9:00 和 18:00，先精后粗。正试期 1～20 d 按每只羊 0.6 kg/d 投喂混合精料，21～40 d 按每只羊 0.8 kg/d 投喂混合精料，41～60 d 按每只羊 1 kg/d 投喂混合精料，精料无剩余；粗料自由采食。

3. 测量指标 试验开始与结束测量各组试验羊体重、体斜长、体高、胸围、胸深、胸宽、脂臀宽、脂臀长、脂臀厚、管围。对照组羊也同时期进行测量。测量安排在固定时间段，试验期间每隔 20 d 进行 1 次体尺体重测定。

4. 屠宰测定 试验结束进行宰前活重、胴体重、屠宰率、净肉率、骨肉比、氨基酸、微量元素等测定。

在冬季来临的 11 月，利用阿勒泰地区现有饲草料资源进行育肥饲料配方的制作，并开展 7～8 月龄羊短期育肥技术示范推广。经冷季舍饲育肥 60 d 的阿勒泰羊，胴体重平均达到 30 kg 以上，平均日增重达到 270 g 以上，增重效果明显。育肥技术示范推广提高牧民经济收入，有助于冬草场以及春秋草场的保护，为牧区冷季舍饲育肥模式提供技术支撑。

五、阿勒泰羊本品种选育提高技术示范

阿勒泰羊选育提高也称本品种选育，其原则是保持本品种的优点，克服本品种的缺点，提高本品种的生产性能。新疆畜牧科学院承担“新疆主要牧区生态高效草原牧养技术模式研究与示范”研究任务，选定富蕴县杜热乡开展阿勒泰羊本品种选育提高，制订了“富蕴县阿勒泰羊选育提高实施方案”，

根据方案要求，建成核心选育群 30 个，核心群基础母羊 3 000 只，通过选育向全县提供优质良种公羊。

1. 选种选育 阿勒泰羊品种选种选配，建立阿勒泰羊育种核心群，大面积开展人工授精工作，搞好阿勒泰羊的提纯复壮和羔羊育肥出栏工作。与此同时，在选育区内要严格淘汰劣质种羊，杜绝不合格的种羊继续做种用。

2. 种羊鉴定 按照 4 月龄、1.5 岁、2 岁等年龄阶段进行品种来源、外貌评定、体尺体重测定来进行特级、一级、二级的鉴定。

3. 自然交配 根据富蕴县阿勒泰羊养殖方式及秋季放牧草场实际情况，在配种季节，即 9～10 月按照公母比 1∶30 将种公羊放入羊群进行配种。

2010—2013 年，在富蕴县杜热乡实施了阿勒泰羊本品种选育技术示范，共完成选育任务 3 000 只；引进特级种公羊 100 只；培育出栏特、一级种公羊 600 余只。通过阿勒泰本品种选育提高技术示范，阿勒泰羊体尺、体重指标有一定提高，2013 年测定数据见表 4-4。

表 4-4 阿勒泰羊（2013 年）选育后体重、体尺测定表

年龄	体重（kg）	体高（cm）	体长（cm）	胸围（cm）	胸宽（cm）	胸深（cm）	管围（cm）	尾长（cm）	尾宽（cm）	尾厚（cm）
1.5 岁	70.39	70.66	70.53	101.33	21.69	30.47	9.11	12.94	24.15	14.30
成年	77.14	71.80	70.84	104.47	23.41	31.77	9.10	13.99	25.02	14.99

通过阿勒泰羊选育提高，4 年累计推广种公羊 2 万余只，羊均增收达 700 元左右，种羊销售增收达 1 400 余万元，效益显著。

六、奶牛性控冻精冷配技术示范

由于性控冻精能大幅增加母犊数量，利用性控冻精这一特点在合作社开展奶牛性控冻精冷配技术示范。性控冻精是通过精子分离仪使 X 精子与 Y 精子有效分离后冷冻而成，用 X 精子给奶牛输精，就产母犊。然而性控冻精有效精子数只有常规冻精有效精子数的 1/5，因此要严格掌握性控冻精冷配技术操作要点。项目组于 2011 年 11 月至 2012 年 6 月底在新峰牛场使用性控冻精 500 剂，共配母牛 392 头，定孕 297 头，受胎率为 75.8%。产犊 289 头，母犊 269 头，公犊 20 头，母犊率 93%，较常规冻精多获得母犊 120 头左左。

2013 年 6 月 1 日至 9 月 25 日，在富蕴县城南养殖小区使用西门塔尔性控冻精（sexingx XM，04517，2013-4-17）40 剂，每次发情配 1 次用两剂冻精，配 8 头牛，怀孕 7 头，目前已产 6 头均为母犊。

2013 年 6 月 5 日至 9 月 15 日，在杜热乡四个牧业村使用西门塔尔性控冻精（sexingx XM，08533，2013-4-17）100 剂，怀孕 48 头，产母犊 48 头。

性控冻精的使用大幅度提高母犊比例，利于牛群的迅速扩大，提高产奶量、产肉率，增加牛群养殖的经济效益。

七、暖季草场合理放牧制度技术研究与示范

导致草地植被退化的原因是多方面的，人为破坏、过度利用、自然灾害等原因皆有之。其中，人为破坏活动不仅仅是放牧和“超载过牧”，大面积开垦及非放牧性活动，对草地生态环境的破坏力度更大。自然灾害对天然草地植被的影响亦不可轻视；粗放的放牧管理制度，在草地负载不断增加时，对草地植被的负面影响更为显著。不合理的放牧，特别是在旱灾期和牧草“忌牧期”强度放牧会对草

地植被造成致命损伤，而适度合理的放牧有利于草地植被的生长发育。

1. 研究示范区概况 研究区位于本项目示范区昌吉市庙尔沟乡庙尔沟牧业村的索尔巴斯陶夏季牧场，地处天山北坡中段，海拔 2 330～2 450 m，草地类型以禾草＋薹草＋杂类草（雨衣草、珠芽蓼、老鹳草和糙苏等）为主体的山地草甸草场，是新疆主要牧区（天山北坡）夏季牧场具有代表性的草场类型。

2. 研究方法与内容

（1）选择不同放牧强度的代表性地段，设置监测点 通过对索尔巴斯陶夏牧场的实际放牧强度和草场植被状况调查，选择了放牧强度高、中、低，并具代表性地段的 3 户（联户）牧民的夏季放牧场，设置不同放牧强度监测点，其中，重放牧强度约每公顷 33 绵羊单位、中放牧强度约每公顷 19.5 绵羊单位、轻放牧强度约每公顷 7.5 绵羊单位。

（2）在不同放牧强度监测点开展对比研究

① 监测时间。监测从牧草返青开始，到秋季牧草枯黄结束，对牧草的整个生育期进行全程监测。每间隔 30 d 监测 1 次。

② 样方布置。畜群进入草场前，在不同放牧强度区内各布设 5 个 1.5 m×1.5 m 的活动围笼（样方笼高度为 0.7 m、笼壁不影响采光），并做标记。在活动围笼内布置测产样方，再在活动围笼外布置同样测产样方，每次监测后移动活动围笼的位置（沿等高线方向移动位置＞50 m），另外，监测点同区域的围栏禁牧区设置对照监测点。以此，监测在不同放牧强度条件下，草场的牧草再生量、产草总量及草场植被状况，为制订合理放牧制度体系提供技术支撑。

③ 样方面积。面积为 1 m^2。

④ 剪割和称重。样方测产齐地面按牧草经济类型（或分别禾本科、豆科、蒿类及杂类草）分别剪割称重。称量鲜重后再分别装入布袋中，写明标签带回室内放在阴凉处风干，风干后再称重测定风干率。

⑤ 样方表的描述与记载。按照监测规范要求进行。

⑥ 土壤养分测定。测定深度为 30 cm，每 10 cm 为一层，共 3 层。每个放牧强度监测点取 3 次重复，其中各个重复以土钻分别取 3 个样点，所取土样混合均匀后，取土样 1 kg 左右，带回进行分析。

⑦ 照片资料的提取。每次测产时对样地景观及测产方情况拍摄照片，并建立不同监测时间的图片文件夹，以便备查。

3. 监测结果 见表 4－5～表 4－7。

表 4－5 天山北坡不同放牧强度夏草场牧草产量（干草）变化（2012 年监测）（kg/hm²）

放牧强度	6 月初放牧前牧草存量	7～8 月牧草再生量	9 月底牧草存量	草场年贮草量
轻度	919.5	880.5	439.5	2 239.5
中度	853.5	780	207	1 840.5
重度	826.5	769.5	54	1 650
打草场				2 440.5

表 4－6 天山北坡不同放牧强度夏草场牧草产量（干草）变化（2013 年监测）（kg/hm²）

放牧强度	6 月初放牧前牧草存量	7～8 月牧草再生量	9 月底牧草存量	草场年贮草量
轻度	1 294.5	867	420	2 581.5
中度	991.5	921	207	2 119.5
重度	550.5	1 405.5	112.5	2 068.5
打草场				3 340.5

表 4-7　2012 年不同放牧强度夏草场土壤养分

取样点位		土层	全氮 (g/kg)	全磷 (g/kg)	全钾 (%)	有机质 (g/kg)
放牧强度中	Ⅰ	0~10 cm	11.82	0.96	1.56	211.0
		10~20 cm	6.9	0.82	1.72	115.7
		20~30 cm	5.35	0.70	1.80	87.4
	Ⅱ	0~10 cm	10.54	0.97	1.46	179.1
		10~20 cm	6.16	0.98	1.70	99.2
		20~30 cm	5.36	0.74	1.96	82.0
	Ⅲ	0~10 cm	9.24	1.14	1.58	153.5
		10~20 cm	7.63	1.04	1.74	127.6
		20~30 cm	5.63	1.03	1.88	87.0
	平均值	0~10 cm	10.53	1.02	1.53	181.2
		10~20 cm	6.7	0.95	1.72	114.17
		20~30 cm	5.45	0.82	1.88	85.47
放牧强度重	Ⅰ	0~10 cm	6.69	1.18	1.72	109.2
		10~20 cm	5.05	0.86	1.87	82.6
		20~30 cm	3.62	0.75	1.92	57.6
	Ⅱ	0~10 cm	16.16	1.40	1.40	294.9
		10~20 cm	7.86	1.11	1.72	134.6
		20~30 cm	5.90	1.12	1.77	99.1
	Ⅲ	0~10 cm	12.73	1.12	1.52	221.2
		10~20 cm	6.78	1.19	1.83	111.5
		20~30 cm	4.84	0.90	1.84	74.5
	平均值	0~10 cm	11.86	1.23	1.55	208.73
		10~20 cm	6.59	1.05	1.81	109.57
		20~30 cm	4.79	0.92	1.84	77.07
放牧强度轻	Ⅰ	0~10 cm	12.3	1.19	1.53	231.1
		10~20 cm	6.65	1.17	1.70	118.8
		20~30 cm	4.86	1.08	1.82	77.6
	Ⅱ	0~10 cm	11.63	1.38	1.43	216.0
		10~20 cm	7.32	1.40	1.76	127.6
		20~30 cm	4.00	0.96	1.76	69.2
	Ⅲ	0~10 cm	12.10	1.31	1.38	228.8
		10~20 cm	7.66	1.32	1.47	138.6
		20~30 cm	4.76	1.26	1.84	83.1
	平均值	0~10 cm	12.01	1.29	1.45	225.30
		10~20 cm	7.21	1.30	1.64	128.33
		20~30 cm	4.54	1.10	1.81	76.63

4. 结论

（1）天山北坡山地草甸类草场的适宜载畜量　根据 2012—2013 年定点样笼移动监测，天山北坡山地草甸类草场在每亩 0.5 羊单位放牧状态下，草场年均产干草量约 2 410.5 kg/hm²；在每亩 1.3 羊单位放牧状态下，草场年均产干草量约 1 980 kg/hm²；在每亩 2.2 羊单位放牧状态下，草场年均产干草量约 1 860 kg/hm²；打草年产干草量约 2 890.5 kg/hm²。根据监测区羊只体格状况，确定羊单位的采食量约 1.5 kg/d，天山北坡山地草甸类草场相对合理可行的利用率约为 0.65 左右，由此，天山北坡山地草甸类草场在目前较合理放牧强度约为：每公顷放牧利用草场 90 d 放牧 9.6 羊单位。

（2）天山北坡山地草甸类草场不同放牧强度下土壤养分变化　见图 4-1、图 4-2。

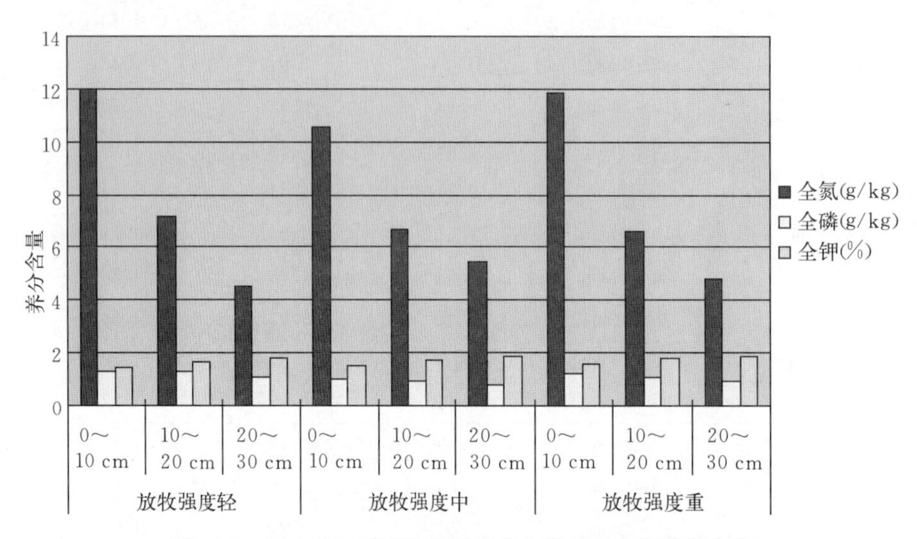

图 4-1　天山北坡不同放牧强度草甸类草地土壤养分变化

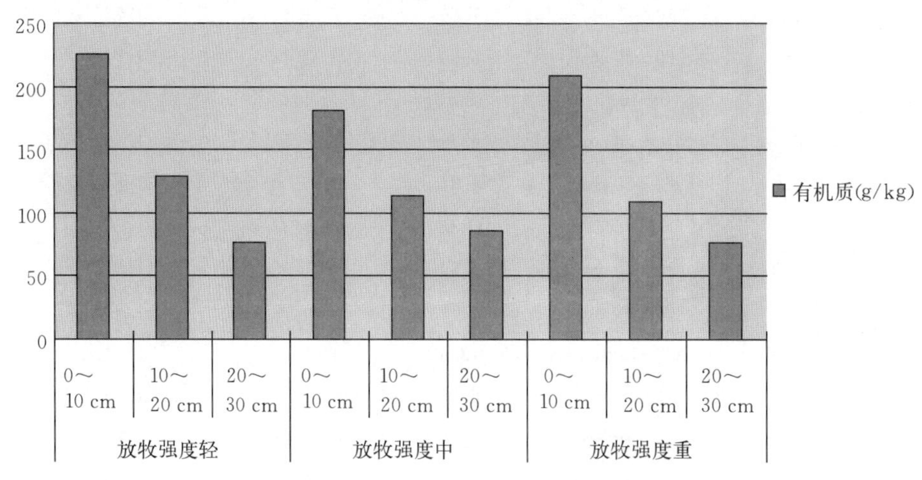

图 4-2　天山北坡不同放牧强度草甸类草地土壤有机质含量变化

由于土壤养分的积累和变化是一个漫长的过程，从监测区的数据看，不同土层养分变化显著。轻放牧强度各类养分含量最高，重放牧强度条件下，受家畜排放粪便增多的影响，养分含量也较高。

第三节　青藏高原牦牛藏羊生态高效草原牧养技术示范

一、青藏高原牦牛生态高效草原牧养技术示范

（一）牦牛冷季补饲技术示范

在传统的牦牛生产系统中，由于冷季（11 月至翌年 5 月）牧草短缺，导致牦牛体重随季节变化而变化，产奶量和繁殖率低。成年母牦牛的体重通常为 160～290 kg，在漫长寒冷的冬季由于牧草短

缺而减重 25%～30%，翌年暖季缓慢恢复到正常体重，年复一年，恶性循环。特别是近年来，牦牛数量迅速增加，草畜矛盾日益突出，严重影响着高寒草地牦牛生产系统的平衡与稳定。许多学者报道：在牦牛生产系统中，应用粗饲料（牧草干草、燕麦干草和青稞秸秆等）和精料（玉米、菜籽饼、小麦麸皮和尿素蜜糖复合营养舔砖等）补饲放牧牦牛能够降低牦牛冬季体重的损失，但对传统的牦牛生产系统中有关生产和经济效益最优补饲策略却少有研究。

牦牛为甘肃省甘南藏族自治州草地畜牧业支柱产业，受牧区长期形成的生产观念影响及补饲饲草料限制，很少开展冷季补饲工作，也缺乏相应的试验研究与示范。2011 年，冷季对不同年龄段牦牛群体补饲精料（玉米 53%、青稞 25%、小豆 20%、酵母粉 1%、食盐 1%）。补饲量：当年犊牛、2 岁牦牛 0.75 kg/d、3 岁及成年牦牛 1 kg/d，每天归牧后补饲。补饲期牦牛体重变化见表 4－8。从表中可以看出，在 90 d 的试验期内，各龄牦牛补饲一定量精料对减轻冷季掉膘有明显作用。当年犊牛、2 岁、3 岁和成年牦牛补饲精料（补饲组）后体重增加，全期增重量分别为 11.4 kg、3.4 kg、2.6 kg 和 4.35 kg，其中以当年犊牛体重增加最明显（增加 11.4 kg），2 岁、3 岁和成年牦牛体重增加无明显差异；对照组除当年犊牛（增加 2 kg）外，冷季活重均下降，且随年龄增加活重下降越明显。补饲组较对照组体重增加量分别高出 9.4 kg、10.1 kg、14.85 kg 和 20.65 kg，在 90 d 的补饲期内 2 组间相对增重量较大。

表 4－8　各龄牦牛阶段体重

测定项目	当年犊牛		2 岁		3 岁		成年	
	补饲组	对照组	补饲组	对照组	补饲组	对照组	补饲组	对照组
初始重（kg）	43.5±4.3	52.2±5.0	79.5±6.5	100.3±5.4	88.9±6.2	120.75±7.5	174.35±8.6	182±8.5
补饲 30 日重（kg）	48.3±5.4	52.9±5.1	81.7±6.2	102.5±5.8	89.3±6.7	116.1±7.6	175.3±8.1	174.5±8.9
补饲 1～30 日增重量（kg）	4.8	0.7	2.2	2.2	0.4	－4.65	0.95	－7.5
补饲 60 日体重（kg）	49.2±4.2	51.62±5.3	83.1±6.0	97.9±5.7	86.9±6.4	105.5±7.5	173.1±8.4	165.9±8.6
补饲 31～60 日增重量（kg）	0.9	－1.28	1.4	－4.6	－2.4	－10.6	－2.2	－8.6
补饲 90 日体重（kg）	54.9±5.0	54.2±3.5	82.9±5.4	98.4±6.5	91.5±7.5	108.5±8.6	178.7±10.4	165.7±11.5
补饲 61～90 日增重量（kg）	5.7	2.58	－0.2	0.5	4.6	3	5.6	－0.2
全期增重量（kg）	11.4	2	3.4	－6.7	2.6	－12.25	4.35	－16.3
全期日增重（kg）	0.13	0.02	0.04	－0.07	0.03	－0.14	0.05	－0.18

资料来源：马桂琳．冷季补饲精料对不同年龄段甘南牦牛增重的影响［J］．畜牧与兽医．2012，44（11）．

表 4－9 为牦牛补饲后产生的经济效益分析结果，可以看出，当年犊牛、2 岁示范组每日补饲精料 0.75 kg/头，补饲期（90 d）消耗精料 67.5 kg/头，饲料成本 162 元/头，体重比对照组增加 9.4 kg/头和 10.1 kg/头，按当年活牛出售价格 20 元/kg 计算，减去饲料成本，头均分别比对照组增加纯收益 26 元和 40 元。3 岁、成年试验组每日补饲精料 1 kg/头，补饲期（90 d）消耗精料 90 kg/头，饲料成本 216 元/头，体重比对照组增加 14.85 kg/头和 20.65 kg/头，按当年活牛出售价格计算，减去饲料成本，头均分别比对照组增加纯收效 81 元和 197 元。从经济效益分析看，补饲可显著减少牦牛的冷季经济损失，且随年龄增加补饲的效益越明显。

表 4－9　补饲牦牛经济效益分析

组别	精料采食量（kg/头）	较未补饲牦牛体重增加量（kg/头）	较未补饲牦牛增加产值（元/头）	饲料费（元/头）	纯收益（元/头）
当年犊牛试验组	65.7	9.4	188	162	26
2 岁补饲组	65.7	10.1	202	162	40
3 岁补饲组	90.0	14.85	297	216	81
成年补饲组	90.0	20.65	413	216	197

注：当年牦牛活重市场价 20 元/kg，精料价格 2.4 元/kg。

资料来源：马桂琳．冷季补饲精料对不同年龄段甘南牦牛增重的影响［J］．畜牧与兽医．2012，44（11）．

总之，冷季适当补饲精料可以有效缓解牦牛“掉膘”或减重，且对幼龄牦牛增重效果显著；相对于未补饲牦牛，补饲精料能提高各龄牦牛的经济效益，且以成年牦牛最为明显。因此，冷季补饲是高寒牧区牦牛业高效、可持续发展的一项行之有效的措施。

（二）牦牛冷季暖棚饲养技术示范

实行牦牛冬季暖棚饲养是解决草畜矛盾及季节不平衡和保持草地畜牧业可持续发展的主要措施。研究发现，暖棚内温度为－5～14℃，比棚外温度高10～15℃，比一般圈舍高5～10℃。特别在日温差大，夜晚寒冷的高寒牧区，其增温保暖效果更为明显，冷季夜晚平均温度较棚外和一般圈舍分别高7℃和15℃。暖棚饲养牦牛，棚内成、幼牦牛越冬无死亡，产仔成活率为100%，而棚外死亡率分别为7.5%和20%，产仔成活率为60%。

冷季棚内饲养的牦牛生长发育正常，生产性能好，而敞圈饲养家畜由于受低温影响生长发育受阻，生产性能低下。冷季暖棚饲养牦牛其成年牛和幼牛的增重率分别为－5.3%、31.6%，而敞圈饲养的成牛和幼牛的增重率分别为－21.2%和－12.6%。可见暖棚养牦牛可有效地解决草地畜牧业中冷季掉膘的问题。按牧民自己的话说“喂再多的草，不如有个温暖的圈”。同时，暖棚中饲养的母牦牛泌乳期延长，产奶量增加，比棚外牦牛多产奶30 kg/头。

每棚（100 m^2）饲养60头牛（孕牛20头，半产牛20头，幼牛20头），牦牛价分别按成牛3 000元/头，犊牛2 000元/头，幼牛1 000元/头，活重按18元/kg，奶价6元/kg计，则每棚因减少成幼牛死亡、掉膘和增加产奶、提高产仔成活率4项合计所增加的产值为10 120元。

暖棚造价由结构不同而不同。一般棚圈改造用聚氨乙烯建造，需薄膜4 kg左右，14元/kg，计56元，加木椽、人工等成本400元，但仅能使用一个冷季，而且怕风、雹，易损坏，保温效果也差。用砖混或土、石墙结构建造永久棚圈，圈舍基本结构可使用20～30年，采光材料用万通板、采光板等使用3～10年。造价为150～250元/m^2（不含牧民投工和自筹材料），因此，每100 m^2暖棚造价为2万元左右。可见暖棚投入产出比为1∶(1.29～5.06)。计算中牦牛活重价取值保守，此外还未计对低温和雪灾损失的抗御能力，因此实际经济效益还更高，可见暖棚养畜有明显的经济效益。可大幅度地提高牧区畜牧业经济效益，增加牧民收入，发展牧区生产力，亦有利于促进畜牧实用技术的推广应用。暖棚养畜是一项看得见、摸得着、见效快，牧民容易接受的技术，可为牦牛提供适宜的生存环境，并为配套牧业增产综合技术创造了条件，能够带动其他牧业科技成果的推广和转换。暖季牲畜分区轮牧，暖棚可用于种植蔬菜和饲料，解决牧民的蔬菜供应，一棚多用，对改善牧民生活和促进农牧结合有重要的作用。

暖棚养畜利用牧区丰富的太阳能资源降低牦牛冷季掉膘和死亡损失，缩短其饲养周期，节省饲草，对合理利用和保护草地资源，促进草地生态良性循环，实现牧区畜牧业可持续发展有重要的作用。通过暖棚养畜，推动牧区畜牧业基础建设，增强牧区畜牧业抵御自然灾害的能力，变被动抗灾为主动防灾，促进甘南牧区由传统畜牧业向高产、优质、高效畜牧业转变。

（三）牦牛放牧管理技术示范

1. 牦牛的组群　为便于放牧管理和合理利用牧场，应对不同性别、年龄、生理状态的牦牛分别组群，避免混群放牧，使群性相对安静，采食及营养状况相对均衡，减少放牧困难。

（1）产乳牛群（包括哺乳犊牛）　每群100头以内，分配给最好的牧场。产乳牛中有相当一部分为当年未产犊仍继续挤乳的母牦牛（藏语称牙日玛），数量多时可单独组群。

（2）干乳牛群（或称干巴群）　指未带犊而干乳的母牦牛，还可组入已达初次配种年龄的母牦牛，每群150～200头。

（3）幼牦牛群　指断乳至12月龄以内的牛只，性情比较活泼，合群性较差，与成年牛混群放牧时相互干扰很大，应单独组群，一般50头为宜。

(4) 青年牛群　指12月龄以上到初次配种年龄的牦牛，每群头数与干乳牛群相同，除去势小公牛外，公、母牦牛应分别组群，隔离放牧，防止早配。

(5) 肥育牛群　指肥育供肉用的牦牛，包括当年要淘汰的牛只，种公牦牛也可并入此群，每群头数150～200头。

2. 牦牛的管理

(1) 牦牛的系留管理　牦牛归牧后将其系留于圈地内，使牛只在夜间安静休息，不致相互追逐和随意游走，减少体力消耗，不仅有利于提高生产性能，而且便于挤乳、补饲及实施其他畜牧兽医技术措施。

① 系留圈地的选择。系留圈地随牧场利用计划或季节而搬迁。一般选择有水源、向阳干燥、略有坡度或有利于排水的牧地，或牧草生长差的河床沙地等。暖季气温高的月份，圈地应设于通风凉爽的高山或河滩干燥地区，以利于放牧或抓膘。

② 系留圈地的布局。系留圈地上主要布以拴系绳，即用结实而较粗的皮绳、毛绳或铁丝构成，每头牛平均约需2 m。在拴系绳上按不同牛的间隔距离结上小拴系绳（牧民称为母扣），其长度母牦牛和幼牦牛为40～50 cm，驮牛和犏牛为50～60 cm。一般多用毛绳（表4-10）。

表4-10　不同牦牛拴系的间隔（或母扣）距离（m）

牛别	有角母牦牛	无角母牦牛	牦牛犊	驮牛
拴系距离	1.9～2.2	1.8～2.0	1.7～1.9	2.5～3.0

拴系绳在圈地上的布局。多采取正方环形系留圈，也有的采用长方并列系留圈，但前者应用广泛。拴系绳之间的距离为5 m。牦牛在拴系圈地上的拴系位置，是按不同年龄、性别及行为等确定的。在远离帐篷的一边，拴系体大、力强的驮牛及暴躁、机警的初胎牛，紧靠的第一圈拴系绳拴系有角母牛；不拴系的种公牛毛牛，均在外圈担当护群任务，兽害不易进入牛群。母牦牛及其犊牛在相对邻的位置上拴系，以便于挤乳时放开犊牛吸吮和减少恋母、恋犊而卧息不安的现象。

牛只的拴系位置确定后，不论迁圈与否，每次拴系时不要任意打乱。据观察，牦牛对自己长期拴系的位置，有一定的识别力，归牧后一般能自动站准位置。如站错嗅后即离开，拴错位置即表现不安。新迁圈后第一次拴系较困难，但拴系1～2次在其位置上排过粪尿后，大部分牛只能站准位置。

③ 拴系方法。在牦牛颈上拴系有带小木杠的颈拴系绳，小木杠用坚质木料削成，长约10 cm。当牛只站立或被牵入其拴系位置后，将颈拴系绳上的小木杠套结于母扣上，即拴系妥当。

(2) 剪毛　牦牛一般在6月中旬左右剪毛，因气候、牛只膘情、劳力等因素的影响可稍提前或推迟。剪毛顺序是先驮牛（包括阉牦牛）、成年公牦牛和育成牛群，后剪干乳牦牛及带犊母牦牛群。患皮肤病（如疥癣）等的牛（或群）留在最后剪毛。临产母牦牛及有病的牛应在产后2周或恢复健康后再剪毛。

牦牛剪毛是季节性的集中劳动，要及时安排人力和准备用具。根据劳力的状况，可组织捉牛、剪毛（包括抓绒）、牛毛整理装运的作业小组，分工负责相互协作，有条不紊地连续作业。所剪的毛（包括抓绒），应按色泽、种类或类型（如绒、粗毛、尾毛）分别整理、打包装运。

当天要剪毛的牛群，早晨不出牧，也不补饲。剪毛时要轻捉轻放倒，防止剧烈追捕、拥挤和放倒时致伤牛只。将牛只放倒保定后，要迅速剪毛，1头牛的剪毛时间最好不超过15 min，可两人同剪。兽医师可利用剪毛的时机对牛只进行检查、防疫注射等，并对发现的病牛或剪伤及时治疗。

牦牛尾毛2年剪1次，并要留一股用以摔打蚊、虻。为防止驮牛鞍伤，不宜剪鬐甲或背部的被毛。母牦牛乳房周围的留茬要高或留少量不剪，以防乳房受风寒龟裂和蚊蝇骚扰。对乏弱牦牛仅剪体躯的长毛（裙毛）及尾毛，其余留作御寒，以防止天气突变而冻死。

3. 产乳母牦牛及犊牛饲养管理要点

（1）产乳母牦牛的放牧及挤乳

① 放牧。产乳母牦牛挤乳及带犊或哺乳，因此，暖季放牧工作的好坏，不仅影响到产乳和牦牛犊的生长发育，而且影响到当年的发情配种。放牧工作要细致，应分配给距圈地近的优良牧场，牧工跟群放牧。产犊季节要注意观察妊娠母牦牛，并随时准备接产和护理母、犊牛。

暖季母牦牛挤乳和哺育犊牛占用的时间多，部分母牦牛发情配种的干扰大，因而采食相对减少。要尽量缩短挤乳时间，早出牧，或在天亮前先出牧（犊牛仍在圈地拴系），日出后收牧挤乳。在进行两次挤乳时还可采取夜间放牧。要注意观察牛只的采食及乳量的变化，适当控制挤乳量，及时更换牧场或改进放牧方法，让母牦牛多食多饮，尽早发情配种。进入冷季前，要对妊娠母牦牛进行干乳，即停止挤乳并将犊牛隔离断乳。

② 挤乳。挤乳是劳动量很大的一项工作。牦牛挤乳时先由犊牛吸吮，然后才能手工挤乳。在每次挤乳的过程中，吸吮和挤乳要重复两次，或排乳反射分两期。因此，牛群挤乳的时间长，劳动效率低。

母牦牛的乳头细短（乳头长 2.20～2.31 cm），一般只能采用指擦法挤乳。牛群挤乳工作的速度，影响到产乳量和牛只全天的采食时间，所以挤乳速度要快，每头牛挤乳的持续时间要短，争取一头牛在 6 min 内挤完。产乳母牦牛对生人、噪音、异味等很敏感，挤乳时要安静，挤乳人员、挤乳动作、口令、挤乳顺序及有关操作等不宜随意改变，否则影响牛只的排乳反射和挤乳量。

挤乳员挤乳技术的熟练程度和挤乳速度，对牦牛的挤乳量有一定的影响。据报道，挤乳员的手工挤乳速度平均为 146.2 次/min，牦牛日挤乳量为 2.7 kg；当挤乳速度为 97.8 次/min 时，日挤乳量为 0.75 kg。此外，牦牛自然哺乳及挤乳的间隔时间不同，挤乳量也不同。如间隔 8 h，55 头牦牛的平均日挤乳量为 0.89 kg/头，间隔 12 h，57 头牦牛的平均日挤乳量为 1.25 kg/头。

（2）牦牛犊的饲牧管理要点　牦牛犊一般均为自然哺乳，为使犊牛生长发育好，必需依牧场的产草量、犊牛的采食量及其生长发育、健康状况，对母牦牛的挤乳量进行调整。据国外试验报告，牦牛犊出生至 6 月龄的自然吮乳量为 248.1 kg，其中 1 月龄（在 5 月份）吮乳量最多为 64.5 kg（日吮乳量 2.18 kg）；2～6 月龄的吮乳量依次为 50.4 kg、43.8 kg、37.8 kg、27.2 kg、24.4 kg。试验指出，此吮乳量喂养的牦牛犊生长发育正常。

牦牛犊在 2 周龄后即可采食牧草，3 月龄左右可大量采食，随月龄增长和吮乳量减少，或乳越来越不能满足其需要时，促使犊牛加强采食牧草。同成年牛比较，牦牛犊每日采食的时间较短（占日放牧时间的 1/5），卧息时间多（占 1/2），在放牧中应重视这一特点。要保证充分的卧息时间，防止驱赶或游走过多而影响生长发育。不让犊牛卧息于潮湿、寒冷处，应有干燥的棚圈供其卧息，不宜远牧，天气寒冷，遇暴风雨或下雪时应及时收牧。

犊牛哺乳至 6 月龄（即进入冷季），一般应断乳并与母牦牛分群饲养。如果一直随母牦牛哺乳，幼牦牛恋乳，母牦牛带犊，均无法很好采食，甚至拖到下胎产犊后还争食母乳。这种情况，母牦牛除冷季乏弱自然干乳外，就无获得干乳期的可能，不仅影响母、幼牛的健康，而且影响妊娠母牛胎儿的生长发育，如此恶性循环，就很难提高牦牛的生产性能。

（四）牦牛提纯复壮技术示范

“大通牦牛”新品种主要用于改良提高我国的家牦牛的品种，以提高家牦牛的生产速度、体重、产肉、产奶性能和繁殖性能，遏止牦牛的退化，提高牦牛个体的生产水平和潜力，增加牦牛的抗逆性及生活力，能更加有效地利用高山草原，是短期内迅速复壮牦牛的有效途径。在祁连县野牛沟乡、海晏县、默勒镇、刚察、大通牛场测定了大通牦牛和当地牦牛生长发育情况，由表 4-11 可知，大通牦牛 6 月龄、1 岁、1.5 岁、3 岁和 6 岁体重、体尺均显著高于当地牦牛的体重、体尺（$P<0.01$）。

表 4－11　大通牦牛、当地牦牛活重和体尺测定表

组别	年龄	性别	测定头数（头）	体高（cm）	体斜长（cm）	胸围（cm）	管围（cm）	活重（kg）
大通牦牛	6 月龄	♂	171	89.42±5.75	91.12±5.83	114.05±8.52	12.23±0.96	82.56±9.76
		♀	137	88.09±5.12	87.75±4.75	113.74±6.53	12.89±0.98	79.92±7.63
	1 岁	♂	157	91.71±6.15	91.64±5.76	118.79±7.21	13.83±0.83	92.66±10.26
		♀	178	88.65±5.97	90.92±5.25	115.57±6.77	12.96±0.85	83.15±11.35
	1.5 岁	♂	161	96.98±5.43	108.51±8.14	138.35±7.91	11.69±0.85	143.90±21.32
		♀	147	91.93±5.03	98.12±7.49	118.47±7.58	12.31±0.75	117.53±6.24
	3 岁	♂	124	101.88±6.55	114.14±6.68	172.45±9.29	15.05±0.98	237.31±15.31
		♀	139	95.13±4.36	108.21±5.10	130.06±7.94	13.83±0.83	169.57±11.96
	6 岁	♂	57	121.32±6.67	142.53±9.78	195.6±11.53	19.20±1.80	381.7±29.61
		♀	63	106.81±5.72	121.19±6.57	153.46±8.43	15.44±1.59	220.3±27.19
当地牦牛	6 月龄	♂	62	75.34±4.26	74.66±3.87	91.32±6.52	9.7±0.37	46.78±5.73
		♀	54	69.56±3.45	70.78±2.98	87.45±7.43	9.4±0.57	43.65±4.56
	1 岁	♂	34	77.47±8.12	79.0±8.37	83.21±9.68	9.7±0.37	52.6±6.5
		♀	27	76.21±9.02	78.11±9.54	79.34±8.14	9.4±0.57	50.6±7.44
	1.5 岁	♂	70	83.68±4.87	86.77±4.77	103.45±5.23	9.9±0.28	93.67±16.48
		♀	68	79.56±3.78	80.58±4.25	94.35±4.25	9.6±0.48	84.17±15.09
	3 岁	♂	89	98.77±3.67	98.68±3.98	114.34±6.54	11.2±0.54	159.10±10.64
		♀	95	89.87±5.45	90.78±3.98	109.45±5.35	10.6±0.68	151.50±18.58
	6 岁	♂	101	109.18±4.78	119.10±6.68	151.35±6.18	15.70±1.05	190.97±26.08
		♀	75	107.78±6.43	117.16±11.39	149.47±9.52	15.70±1.19	184.96±35.69

大通牦牛具有明显的野牦牛特征，嘴、鼻、眼睑为灰白色；具有清晰可见的灰色背线；公牛均有角，母牛多数有角，体形外貌符合规定：体型结构紧凑，偏向肉用，体质结实，发育良好，体重、体尺符合育种指标，毛色全黑色或夹有棕色纤维，背腰平直，前胸开阔，肢高而结实。

大通牦牛生长发育速度较快，初生、6 月龄、18 月龄体重比家牦牛平均提高 15%～27%；具有较强的抗逆性和适应性，牦牛越冬死亡率连续 5 年的统计小于 1%，比同龄家牦牛群体的 5%越冬死亡率降低 4 个百分点。繁殖率较高，初产年龄由原来的 4.5 岁提前到 3.5 岁，经产牛为 3 年产 2 胎，产犊率为 75%；抗逆性与适应性较强。突出表现在越冬死亡率明显降低，觅食能力强，采食范围广。

改良 F_1 后代具有明显的大通牦牛特征，且改良 F_1 代的体重、体尺指标表现出与大通牦牛高度的一致性。表 4－12 结果表明，改良 F_1 代牦牛初生重、6 月龄和 18 月龄体重分别为 12.89 kg、50.94 kg和 90.04 kg，比当地家牦牛各年龄段体重（初生重、6 月龄和 18 月龄体重分别 11.55 kg、43.98 kg、81.87 kg）体重增加 1.34 kg、6.69 kg、8.07 kg。体重比同龄家牦牛分别提高 11.6%、15.8%、9.85%。F_2 代牦牛 18 月龄平均体高、体斜长、胸围分别为 91 cm、93.9 cm、118.58 cm。比同龄家牦牛上三项指标分别高 6.22 cm、6.03 cm、5.15 cm。提高幅度分别为 7.34%、6.86%、4.54%，体格大于家牦牛。经生物统计方法检验，F_1 代牦牛和家牦牛体重、体尺差异极显著（$P<0.01$）。

表 4-12 改良 F_1 代牦牛、当地牦牛生长发育测定统计表

组别	年龄	测定头数（只）	体高（cm）$X \pm S$	体斜长（cm）$X \pm S$	胸围（cm）$X \pm S$	体重（kg）$X \pm S$
改良 F_1 代牦牛	初生	22	53.36±1.64	51.03±2.39	58.35±2.00	12.89±0.81
	6月龄	23	77.95±3.33	80.65±6.15	99.29±7.37	50.94±7.47
	18月龄	54	91.00±5.20	93.90±6.29	118.58±6.07	90.04±14.03
当地牦牛	初生	42	51.22±1.63	48.28±2.41	56.30±2.09	11.55±0.89
	6月龄	33	73.54±4.16	75.76±3.97	93.02±5.62	43.98±5.83
	18月龄	48	84.78±3.97	87.87±5.07	113.43±4.21	81.97±10.10

引进的大通牦牛（♂）改良母牦牛，其 F_1 代和当地牦牛的产肉性能详见表 4-13。由表中可见，在相同地区、相同环境及相同饲养管理条件下，改良后代的产肉性能优于当地牦牛，胴体重增加 6.08 kg，屠宰率提高 1.03 个百分点，表明对当地母牦牛导入大通牦牛血液后，可提高后代的胴体重和屠宰率，是提高当地牦牛种质、产肉性能行之有效的途径。

表 4-13 改良 F_1 代与当地牦牛产肉性能比较

品　种	性别	年龄（岁）	测定头数（头）	体重（kg）	胴体重（kg）	屠宰率（%）
改良 F_1 代	♂	2岁	3	108.5	50.10	46.18
当地牦牛	♂	2岁	3	97.5	44.02	45.15

在良好的天然草地放牧饲养，无补饲条件下，牦乳牛 4 月份产犊，日挤奶一次，测定 120 d 产奶量，结果表明，改良 F_1 代牦牛产乳量较家牦牛略有提高（表 4-14），但差异不显著，这与牦牛的饲养管理等诸多因素有关，有待进一步研究和探讨。

表 4-14 改良 F_1 代与当地母牦牛产奶性能对比

品　种	胎次	测定头数（头）	120 d 产奶量（kg）	日均产奶量（kg）	平均乳脂率（%）
改良 F_1 代	1	20	192.0±20.18	1.60±0.16	5.30±0.29
当地牦牛	1	10	184.59±10.54	1.53±0.10	5.35±0.41

引进大通牦牛改良本地牦牛，改良 F_1 代的繁殖性能均比本地牦牛有不同程度的提高，改良 F_1 代母牦牛的受胎率、产犊率、犊牛成活率、繁殖成活率依次分别为 75.2%、95.1%、90.15%、46.5%（$n=562$），比当地牦牛的上述繁殖指标依次分别提高 0.04%、0.06%、0.02%、0.086%。由此可见，引入大通牦牛改良本地牦牛其繁殖性能略有提高，如果再加强牦牛饲养管理，改善饲养条件，可提高家牦牛繁殖性能。

（五）不同生理阶段牦牛育肥技术示范

牦牛是高寒牧区特有的畜种。近年来实施季节畜牧业生产，大量减少了春乏死亡，但是春乏对牦牛业发展仍然是突出制约因素。因此，有计划、有目的实行牦牛的冷季补饲，可有效缓解因草畜矛盾及季节不平衡而造成的牦牛掉膘问题。

2012 年，在藏北对不同年龄阶段的牦牛进行了补饲育肥，试验组牦牛进行“半舍饲＋驱虫健胃＋营养舔砖＋精饲料补饲［玉米 48%、麸皮 10%、小麦（青稞）8.8%、豆粕 10%、油饼 8.7%、酒糟 9%、磷钙 1%、骨粉 1.6%、食盐 1%、预混料 1%、小苏打 0.8%、硫酸镁 0.1%］”模式补饲育肥试验，归牧后 2～3 岁牦牛每头每天补饲配合精料 0.2 kg，成年牦牛补饲 0.5 kg，试验组牦牛统一每头补饲干草 1 kg，供给充足饮水，自由舔食矿物质能量舔砖。对照组按传统方式饲养，全天放牧，供给充足饮水，不补饲精料。结果见表 4－15，各年龄段试验组和对照组的绝对增重和日增重均达到极显著水平（$P<0.01$）。在整个放牧育肥期内，3 岁牦牛的绝对增重和平均日增重分别比 2 岁高 4.47 kg 和 49.60 g，而成年牦牛试验组比对照组分别高 28.42 kg 和 315.80 g，且均差异极显著（$P<0.01$）。

表 4－15　不同生长发育阶段冷季半舍饲牦牛体重及增重变化

项目	始重（kg）	末重（kg）	绝对增重（kg）	日增重（g）
试验组Ⅰ（2 岁）	74.05±4.34	106.51±5.77	32.46±1.11	360.70±23.46
对照组Ⅰ	75.40±5.21	81.09±5.09	5.69±1.34	63.33±11.33
试验组Ⅱ（3 岁）	109.25±6.45	146.18±7.21	36.93±0.99	410.30±18.76
对照组Ⅱ	107.10±4.66	117.00±3.48	9.90±0.87	110.00±20.08
试验组Ⅲ（>5 岁）	249.65±32.11	291.12±23.65	41.47±2.31	460.80±24.57
对照组Ⅲ	246.40±23.46	258.45±21.21	13.05±1.08	145.00±12.33

资料来源：色珠等．牦牛冷季半舍饲育肥试验研究 [J]. 中国草食动物科学．2012，32（6）．

整个育肥期内，2 岁、3 岁和成年试验组牦牛日增重分别达 360.70 g、410.30 g 和 460.80 g，绝对增重比相应对照组分别增加 26.77 kg、27.03 kg 和 28.42 kg，按 50%屠宰率计算，鲜肉按市场价 50 元/kg，2 岁、3 岁和成年牦牛头均毛收入比对照组分别高 669.25 元、675.75 元和 710.50 元。

2～3 岁牦牛试验期 90 d 补饲精料和干草总计 18 kg/头和 90 kg/头，价格为精料 3 元/kg，干草 1 元/kg；舔砖每天每头消耗 80 g，试验期共消耗 7.2 kg/头，价格 4 元/kg，计 28.8 元/头；补饲成本 172.8 元/头。成年牦牛试验期 90 d 补饲精料和干草总计 45 kg/头和 90 kg/头；舔砖每天每头 80 g，试验期共消耗舔砖 7.2 kg/头，计 28.8 元/头；补饲成本 253.8 元/头。在育肥期内，每头牦牛的疫病防治费、驱虫费 10 元。在整个育肥期内，需雇工 1 人，按 900 元/月计，每头牦牛在育肥期饲养管理费 45 元。育肥结束时，不同生长发育阶段牦牛的冷季半舍饲育肥效益，其净收入由毛收入减去饲养成本，冷季半舍饲 2 岁牦牛头均净收入 441.45 元，3 岁牦牛头均净收入 447.95 元，5 岁成年牦牛头均净收入 401.7 元。

对不同生长发育阶段 2 岁、3 岁和 5 岁以上的成年牦牛采取冷季半舍饲育肥，其试验组绝对增重和日增重均高于相应年龄阶段对照组。因此，开展半舍饲育肥可有效缩短牦牛的存栏时间，缓解放牧压力，保护天然草场，提高牧户抗灾越冬能力，有利于增加农牧民收入。

（六）天然草地合理利用技术示范

本研究选取玛曲县阿孜畜牧试验站为实验点，海拔 3 500 m；年均气温为 1.2 ℃，月气温从 1 月的－10 ℃到 7 月的 11.7 ℃；年降水量约为 620 mm，属高寒湿润区；年日照时数约 2 580 h，年平均霜日大于 270 d；主体土壤类型为亚高山草甸土，土壤呈有机质及全量养分丰富而速效养分贫乏的特点；植被类型是以莎草科的线叶嵩草、禾本科的羊茅、波伐早熟禾、剪股颖、菊科的瑞苓草为优势种和毛茛科的钝裂银莲花为常见种，并伴有其他杂草的典型高寒草甸。主要是多年生草本，仅有少数一年生植物。实验地坡度约为 30°。

1. 放牧地载畜量监测　试验动物为 2.5 岁牦牛，共 12 头，随机分成 3 组，每组 4 头。试验分为冷季放牧和暖季放牧 2 季轮牧。冷季草场面积为 10.49 hm^2，暖季草场面积为 9.17 hm^2。放牧强度试验按牧草利用率设置 4 个处理（表 4－16），即轻度 30%（LG）、中度 50%（MG）、重度 70%（HG）和对照（F），各放牧强度牧草的利用率依次为 0、30%、50%和 70%。根据产草量和牦牛的日粮，按不同的利用率折算出每个放牧组的面积，然后用网围栏分围。试验从 2010 年 6 月开始，到 2011 年 5 月结束。在试验期按月测定不同放牧强度试验区产牧草现存量。在测定牧草产量时，按禾草类、莎草类、杂类草等功能群分类，并于每年7～8月测定草场植物群落种类组成及分盖度、株高等参数。试验期间，5～10月（暖季草场），每月末用电子秤测定牦牛体重，11月至翌年4月（冷季草场），每2月测定牦牛体重1次。

表4-16　牦牛放牧强度试验设计

利用率	试验牛数（头）	草地面积（hm^2）		放牧率（头/hm^2）		
		暖季	冷季	暖季	冷季	全年
30%（LG）	4	4.50	5.19	0.89	0.77	0.41
50%（MG）	4	2.75	3.09	1.45	1.29	0.68
70%（HG）	4	1.92	2.21	2.08	1.81	0.96
禁牧（F）	0	1.00	1.00	0.00	0.00	0.00

开展了不同草地类型牧草营养物质测定，结果表明，种类不同所含粗蛋白质含量不尽相同。各牧草6月份粗蛋白含量高。随着时间的变化，蛋白含量随之下降。高山草甸混合草样蛋白含量从6月的21.11%下降到9月的10.85%，降低58%。纤维是植物细胞壁的主要成分。它的高低直接影响家畜对牧草得利用效率，高寒草甸牧茎酸洗纤维含量在15.20%～39.62%。（表4-17）。不同类型草地5月份ADF含量显著低于其他季节。随着季节推移各牧草酸洗纤维含量都增加。

表4-17　不同草地类型营养物质含量

取样时间	草地类型	粗蛋白（%）	粗脂肪（%）	酸洗纤维（ADF）	中洗纤维（NDF）
5月	亚高山草甸	18.09	4.81	11.37	42.35
	高山草甸	21.11	4.91	13.36	40.16
	灌丛草甸	18.06	3.32	17.36	43.22
	沼泽化草甸	19.06	3.62	17.35	40.11
7月	亚高山草甸	15.58	4.31	28.85	46.77
	高山草甸	16.89	4.61	21.38	47.23
	灌丛草甸	13.15	4.52	29.38	46.86
	沼泽化草甸	12.08	4.31	27.42	49.13
9月	亚高山草甸	9.36	3.08	27.67	49.76
	高山草甸	10.85	3.14	23.34	49.56
	灌丛草甸	8.54	3.12	27.75	50.32
	沼泽化草甸	10.65	3.45	27.74	50.28

2. 不同放牧强度下草地植物物种组成及其数量特征　植物群落由一定的植物种类组成，每一种植物的个体都有其一定的形状和大小，它们对周围的生态环境和外界的干扰有不同的反应，同时它们在群落中各处处于不同的地位和起着不同的作用。表4-18显示了不同放牧强度下草地植物群落的物种组成、每种植物重要值等特征。[物种重要值 $IV=(RC+RF+RH)\times100/3$；式中，RC 为每种物种在群落中的相对盖度，RF 为相对频率，RH 为相对高度]。

如表4-18所示，不同放牧强度下草地植物的物种组成及其数量特征有着明显的差别。不放牧的草地植物由26种物种组成，植被总盖度为96.2%，主要以垂穗鹅冠草、异针茅、垂穗披碱草等禾草为主，伴生种有藏异燕麦等；轻度放牧地的物种数是25种，植被总盖度为89.7%，优势种有紫羊茅。与不放牧地相比较，轻度放牧地优势种的重要值有所减小，伴生种草玉梅和川嵩草的重要值有不同程度的增加。中度放牧草地由30种植物组成，植被总盖度为93.6%，优势种为川嵩草，主要伴生种有垂穗鹅冠草、高山紫苑、草玉梅和高山嵩草；重度放牧草地植物由21种物种组成，植被总盖度为73.6%，优势种为川嵩草和高山嵩草，伴生种为鹅绒委陵菜、长叶火绒草和垂穗鹅冠草。

由此可见，随放牧强度的增加，草地植物群落中莎草科川嵩草和高山嵩草逐渐增加，取代了禾草科的垂穗鹅冠草、发草和垂穗披碱草成为群落的优势种。同时，随放牧强度的增加杂类草也有不同程度的增加，如高原毛茛，狼毒和鹅绒萎陵菜的数量随放牧强度的增加而增加。

表4-18　不同放牧强度下植物群落种类组成及多度值

种　名	放牧强度			
	F组	LG组	MG组	HG组
禾草类 Grasses	10.754	17.502	19.593	23.737
异针茅 *Stipa aliena*	1.973	5.306	6.334	8.995
紫羊茅 *Festuca rubra*	2.933	6.588	5.366	6.278
垂穗披碱草 *Elymus nutans*	3.570	3.372	4.213	4.160
早熟禾 *Poa alpigena*	0.595	0.588	1.451	1.485
藏异燕麦 *Helictotrichon tibeticum*	0.145	0.561	0.212	0.618
莎草类 Sedges	9.693	13.984	6.072	4.871
矮嵩草 *Kobresia humilis*	2.955	5.887	0.693	1.301
黑褐薹草 *Carex atro - fusca*	2.941	2.964	1.754	1.328
线叶嵩草 *Kobresia capillifolia*	0.054	2.381	2.050	0.362
灌丛 Shrub	10.921	9.694	18.92	13.898
金露梅 *Potentilla fruticosa*	10.739	9.584	18.92	13.677
杂类草 Forb	65.877	52.070	50.677	45.160
鹅绒萎陵菜 *Potentilla anserina*	3.810	—	0.778	0.309
美丽风毛菊 *Saussurea superba*	0.435	2.090	0.754	0.221
雪白萎陵菜 *Potentilla nivea*	4.254	5.388	3.556	4.027
钝叶银莲花 *Anemone obtusiloba*	2.580	2.831	2.528	1.905
线叶龙胆 *Gentiana farreri*	1.331	1.919	0.390	—
尖叶龙胆 *G. aristata*	1.810	1.512	1.628	0.908
甘肃马先蒿 *Pedicularis kansuenss*	2.073	—	0.961	0.858
甘青老鹳草 *Geranium pylzowianum*	5.331	1.841	3.066	2.994
细叶蓼 *Polygonum tenuifolium*	2.593	3.447	1.800	0.952
雅毛茛 *Ranunculus pulchellus*	3.367	0.212	1.096	1.437
珠芽蓼 *Polygonum viviparum*	1.575	3.528	2.514	0.872
二裂萎陵菜 *Potentilla bifurca*	1.665	0.294	0.233	—
蓬子菜 *Galium verum*	0.181	0.380	0.223	—
獐牙菜 *Swertia* spp.	0.407	1.897	1.713	0.855
三裂叶毛茛 *Harlerpestes tricuspis*	—	—	—	—
高原鸢尾 *Iris potaninii*	—	0.200	0.153	—
长叶毛茛 *Halerpestes ruthenica*	—	0.059	—	—
飞燕草 *Consolida ajacis*	—	—	0.737	—
红景天 *Rhodiola rosea*	—	—	0.044	—
柴胡 *Bupleurum condensatum*	—	—	0.038	—
豆科 Leguuminosae	2.756	6.505	5.731	11.964
异叶米口袋 *Amblytropis diversifolia*	1.647	4.215	1.724	2.564
黄花棘豆 *Oxytropis ochrocephala*.	0.213	0.851	1.409	1.501
披针叶黄花 *Thermopsis lenceolata*	0.118	0.059	0.490	2.587

如果以主要经济类群：禾草类、莎草类、灌木，杂类草的多度分析，不同放牧强度下各类群的分布比例不尽相同。杂类草在HG组中占绝对优势，并随放牧强度的减轻而减小，HG、MG、LG、F组中杂类草的多度依次为65.88%、52.07%、50.68%、45.16%；禾草类的多度禁牧组最高，并随放牧强度的减轻而增加，HG、MG、LG、F组中禾草类的多度依次为10.75%、17.50%、19.59%、23.74%；莎草类多度依次为LG组（13.98%）＞HG组（9.69%）＞LG组（6.07%）＞F组（4.87%）；灌木的多度依次为LG组（18.92%）＞G组（13.90%）＞HG组（10.92%）＞MG组（9.69%）；经相关性分析表明，杂类草的多度变化与放牧强度呈显著正相关（$P<0.05$），禾草类的优势度变化与放牧强度呈显著负相关（$P<0.05$）。

3. 不同放牧强度下草地生物量季节动态变化 植物生物量是生态系统获取能量能力的集中表现，对生态系统结构和功能的形成具有十分重要的作用。植物生长初期，地上活体生物量随放牧强度的增加表现出下降的趋势，其中重度放牧下活体生物量显著（$P<0.05$）小于不放牧和轻度放牧，不放牧、轻度和中度间差异不显著（$P>0.05$）。7月活体生物量的变化趋势类似于6月，但活体生物量在不放牧地条件下显著（$P<0.01$）高于其他放牧地。8月，地上活体生物量达到了整个生长季节的最高值，不同放牧强度对应的生物量大小顺序分别是不放牧＞中度放牧＞轻度放牧＞重度放牧，其中不放牧草地的生物量显著（$P<0.01$）大于轻度和重度放牧地的生物量。9月，植物开始进入枯黄期，不同放牧强度草地的活体生物量都开始降低，但不同放牧强度间活体生物量的变化仍有不同表现，主要是中度放牧强度下的活体生物量显著（$P<0.01$）高于其他放牧强度下的活体生物量，其他放牧强度间的差异不显著（$P>0.05$）。生长季节6～9月，不同放牧强度下草地活体生物量都表现出了从6月期开始增加，8月达到最大值，9月起开始下降，这种季节的变化模式反映了气候水热条件的季节变化。

地上总生物量是地上活体植株生物量和枯落物生物量之和。每个生长季节内，不同放牧强度下草地的地上总生物量变化趋势与地上活体植株的变化趋势一致，而且不放牧草地地上总生物量显著（$P<0.01$）高于重度放牧地生物量。结果表明，重度放牧减少了地上生物量产量。整个生长季节内，地上总生物量从6月起开始增加，8月达到最大值，9月起开始下降。生长季节内地上总生物量的变化幅度在157 g/m^2（6月重度放牧地生物量）和343 g/m^2（8月不放牧地生物量）之间。

4. 不同放牧强度下高寒草甸土壤养分变化 5月土壤含水量随放牧强度增加而减少；7月、9月则具有相反的规律，而且在7月、9月，封育样地的含水量显著低于重牧样地的。在整个生长季节封育、轻牧样地的土壤容重显著低于中牧和重牧样地的土壤容重（$P<0.05$）。

在整个生长季节，土壤有机碳含量随着放牧强度的增加而趋于下降；各放牧样地土壤的全氮含量并没有显著变化，而土壤硝态氮、氨态氮在整个生长季节均随着放牧强度的加大而增加；各生长季节土壤全磷、速效磷含量变化是从轻牧到中牧增加，从中牧到重牧2个指标的含量均一致降低，在7月、9月，各个放牧样地的氨态氮、硝态氮、速效磷含量分别显著变化，说明在植物生长的旺盛季节，放牧强度强烈影响着土壤速效养分的含量（表4-19）。

表4-19 不同放牧强度草地土壤全氮、全磷、有机碳、氨氮、速效磷含量

取样时间	放牧强度	全氮(%)	全磷(%)	速效磷(mg/kg)	速效氮(mg/kg)	有机质(%)	有机碳(%)
5月	F	42.09	5.81	11.37	5.82	4.63	4.61
	LG	41.1	5.91	13.36	6.33	4.38	4.36
	MG	38.06	6.32	17.36	6.99	4.11	4.09
	HG	36.06	5.62	17.35	7.51	3.74	3.76
7月	F	40.58	5.31	8.85	12.11	4.19	4.01
	LG	39.89	5.61	11.38	12.45	4.01	4.00

（续）

取样时间	放牧强度	全氮(%)	全磷(%)	速效磷(mg/kg)	速效氮(mg/kg)	有机质(%)	有机碳(%)
7月	MG	40.15	6.52	19.38	15.29	3.97	3.94
	HG	38.08	6.31	7.42	18.60	3.68	3.67
9月	F	43.41	4.72	7.67	5.84	4.13	4.18
	LG	40.15	4.72	13.34	6.57	4.06	4.05
	MG	38.79	6.21	17.75	8.72	3.99	3.91
	HG	37.95	6.11	7.74	11.56	3.68	3.62

5. 不同放牧强度下，牦牛体重季节变化　根据2010年6月试验开始至2011年8月，不同放牧强度下牦牛体重变化的季节动态差异显著。随着放牧强度的增大，牦牛体重减少。轻度放牧、中度放牧和重度放牧轻度下，试验开始牦牛平均体重分别为100.2 kg/只、101.9 kg/只和101.2 kg/只，到2011年8月牦牛平均体重分别为222.8 kg/只、218.0 kg/只和192.4 kg/只，牦牛平均增重依次为122.6 kg、116.1 kg、91.2 kg。轻牧组、中牧组增重较重牧组增重分别高3434%、27.30%，轻牧组增重较中牧组增重高5.53%。

此外，放牧家畜从冬季草场转到夏季草场后，牦牛体重随放牧强度的减小而增大。轻度放牧牦牛平均体重增长较快，中度放牧牦牛平均体重增长次之，而重度放牧牦牛平均体重增加缓慢。经相关分析表明，放牧牦牛体重与放牧强度呈负相关（$r=-0.930$，$P>0.05$）个体增重与放牧强度呈极显著负相关（$r=-0.947$，$P>0.05$），单位面积增重与放牧强度呈正相关（$r=0.956$，$P>0.05$）放牧牦牛体重与个体增重呈极显著正相关（$r=0.999$，$P<0.05$），个体增重与单位面积增重呈负相关（$r=-0.811$，$P>0.05$）。

综上所述，不同放牧强度下，无论是放牧藏系绵羊，还是放牧牦牛，采食利用对草场植被和家畜体重都会产生明显影响。在重度放牧条件下，由于家畜的过度采食抑制了牧草的生长，尤其对禾本科牧草的过度利用，使它们失去生殖生长和种子更新的机会，最后导致优良牧草逐渐衰退，有毒有害的杂草滋生，植物低矮，无明显的层次分化，初级生产力下降。放牧家畜由于食物短缺，能量不足，体质下降，个体变小；而在中度或轻度放牧条件下，由于草场有充足的饲草供应，家畜啃食较轻，牧草有较好生长发育的条件和机会，植株较高，层次分化明显，植物群落垂直结构一般以禾草类为上层，嵩草属植物和杂类草为下层的双层结构。放牧家畜由于牧草充足，发育良好，增重较快。高寒嵩草草甸草地由于人为活动的干扰，超载过牧、鼠虫危害等因素的影响，导致原生植被向退化演替方向发展，群落结构特征发生重大变化，物种数急剧减少，覆盖度下降，优良牧草的比例锐减。

（七）围栏、划区轮牧技术示范

划区轮牧兼顾了经济发展与草原生态环境保护，被认为是一种实现草地持续利用的有效方法。2012年4月底，对试验点设置的各放牧小区（轮牧1区：已经放牧，枯枝落叶很少；轮牧2区：正在放牧，枯枝落叶留有1/2；轮牧3区：正在放牧，枯枝落叶留有1/3）植物萌发的数量和枯枝落叶进行了观测，同时测定了地表温度和土壤水分（表4-20）。

表4-20　划区轮牧各小区植物萌发数和枯枝落叶量

项目		地表温度（℃）	土壤含水量（%）	植物萌发数（株/m²）	枯枝落叶（g/m²）
轮牧1区	0～10 cm	7.16	19.93	2 612±156	2.04±0.88
	10～20 cm	4.1	24.28		
	20～30 cm	2.5	36.19		

（续）

项目		地表温度（℃）	土壤含水量（%）	植物萌发数（株/m²）	枯枝落叶（g/m²）
轮牧2区	0～10 cm	5.4	22.36	832±96	7.89±2.55
	10～20 cm	2.7	35.34		
	20～30 cm	1.45	48.56		
轮牧3区	0～10 cm	6.9	23.35	1 328±108	4.15±1.22
	10～20 cm	3.03	32.28		
	20～30 cm	1.63	45.64		

植物的返青需要一定的水热条件。轮牧1区由于0～10 cm土壤温度较高，有利于0～10 cm土层种子的萌发；适量的枯枝落叶层（轮牧3区）可促进植物的萌发，由于凋落物覆盖地表，避免了风对地表的直接作用，阻碍了地面与空气的热交换，减少了土壤蒸发量，保持土壤墒情。

从4月下旬（牧草返青）到8月（群落生产力最大），在围栏对照区、连续放牧区和划区轮牧各小区，每月同一时间分种测定植物地上现存量，烘干称重，样方面积为50 cm×50 cm，5次重复。表4-21反映了不同处理的牧草现存量在试验期间的变化。其中总的牧草现存量是莎草科植物藏嵩草、杂类草植物鹅绒委陵菜等的和。对照区（围栏）与轮牧各区主要优势种植物现存量各月均高于连续放牧区。

表4-21　轮牧各小区、连续放牧区和对照围栏区主要优势植物现存量（g/m²）

优势植物	处理	时间（月-日）				
		04-26	05-16	06-19	07-17	08-16
藏嵩草	轮牧1区	16.76	34.88	185.66	246.58	338.08
	轮牧2区	17.85	36.47	181.76	239.74	335.39
	轮牧3区	18.23	34.49	192.42	270.66	387.97
	对照区（围栏）	19.55	38.16	197.44	266.50	391.30
	连续放牧区	17.56	32.14	127.17	149.06	177.82
鹅绒委陵菜	轮牧1区	9.00	12.08	12.88	18.21	36.06
	轮牧2区	8.66	11.56	12.42	19.62	35.23
	轮牧3区	9.07	12.17	13.60	18.24	36.45
	对照区（围栏）	9.87	12.66	14.85	22.30	36.86
	连续放牧区	7.85	10.45	11.58	14.29	19.84
总的牧草现存量	轮牧1区	25.76	46.96	198.54	264.79	374.14
	轮牧2区	26.51	48.03	194.18	259.36	370.62
	轮牧3区	27.30	46.66	206.02	288.90	424.42
	对照区（围栏）	29.42	50.82	212.29	288.79	428.16
	连续放牧区	25.41	42.59	138.75	163.35	197.66

试验期间，在围栏对照区、连续放牧区和划区轮牧各小区分别设置5个50 cm×50 cm测定样方，于6～8月测定植物群落盖度、高度。通过对比各区优势植物高度来看放牧时间对植物生长的影响。研究发现，轮牧各区与对照区（围栏）藏嵩草和鹅绒委陵菜的高度之间没有显著差异，但连续放牧区藏嵩草和鹅绒委陵菜的高度显著低于轮牧各区、对照区（围栏），家畜采食是其高度降低的直接原因（表4-22）。

表 4-22　轮牧各小区、连续放牧区和对照围栏区主要优势植物高度（cm）

优势植物	处理	时间（月-日）				
		04-26	05-16	06-19	07-17	08-16
藏嵩草	轮牧 1 区	3.58	9.55	16.9	25.43	36.65
	轮牧 2 区	3.22	8.69	15.88	25.11	36.36
	轮牧 3 区	3.41	8.78	16.35	24.53	35.89
	对照区（围栏）	3.63	9.12	16.82	26.44	38.12
	连续放牧区	2.11	6.20	11.47	17.53	22.17
鹅绒萎陵菜	轮牧 1 区	1.25	2.99	5.55	9.95	13.59
	轮牧 2 区	1.12	3.17	5.38	9.55	13.27
	轮牧 3 区	1.24	3.11	5.16	8.88	12.88
	对照区（围栏）	1.33	3.24	6.78	10.12	14.07
	连续放牧区	0.87	1.54	3.19	6.45	9.22
植物群落	轮牧 1 区	3.58	9.55	16.9	25.43	36.65
	轮牧 2 区	3.22	8.69	15.88	25.11	36.36
	轮牧 3 区	3.41	8.78	16.35	24.53	35.89
	对照区（围栏）	3.63	9.12	16.82	26.44	38.12
	连续放牧区	2.11	6.20	11.47	17.53	22.17

划区轮牧的利用方式协调了该类型草地这些优势种群的生态生物学特性与放牧之间的关系。如嵩草属植物和禾本科植物，是该类型草原返青最早的植物，是春季放牧家畜食物的主要来源。连续放牧条件下，家畜的连续采食使其几乎没有休养生息的机会。尤其早春高强度的放牧，光合作用产生的组织远不能补偿家畜啃食消耗掉的部分，从而消耗大量的储藏营养物质，严重影响了其在接下来暖季的生长活力，使其生产力下降。划区轮牧首先能够控制开始放牧的时间，使草场避免了早春敏感时期的强度啃食，保证了营养物质的有效积累与组织增长；另外由于各小区放牧时间不同，后放牧小区的牧草得到了生长和发育的机会，此时放牧对牧草已不会构成大的影响，早放牧的小区在休闲的时间里能够很好地恢复生长。因此，划区轮牧对于植被的积极作用主要就在于其通过在空间上控制家畜的采食范围，给牧草以休闲的时间，使其基本能够按正常生物学机制运转。

二、青藏高原藏羊生态高效草原牧养技术示范

（一）藏羊冷季补饲技术和抗雪灾补饲示范

青藏高原藏系绵羊冷季体重下降乃至乏弱死亡一直是困扰高寒牧区草地畜牧业生产的大问题。一只绵羊经过一个冷季的营养亏损，消耗体重占上年秋末最大体重的 40%～43%。因此，使冷季一直处于半饥饿状态的羊只，正常年景平均死亡率为 5%～8%，遇风雪等灾害死亡率高达 10%～15%，每年都给牧民造成巨大经济损失。

依据藏羊冷季乏弱期限和乏期严重阶段的需要，藏系绵羊经济合理的最佳补饲时限是 12 月 1 日至翌年 3 月 31 日，共计 121 d；合理补饲量为日补：青干草 0.5 kg/只或草粉 0.25 kg/只，或混合饲料 0.25 kg/只；补饲方式以草粉最优。补饲对藏羊保持体力、增强体质有着极其重要的作用，对“春乏”后恢复体重和体力有显著作用，可减少乏弱羊只的死亡率。

2011 年，青海省祁连县和天峻县实施枯草期放牧藏羊补饲试验，利用燕麦青干草添加复合预混料补饲放牧藏羊，结果表明，补饲对体重影响较大，祁连点试验组成年母羊补饲前体重为 35.20 kg，比对照组低 3.56 kg；补饲后体重比补饲前增加了 6.10 kg（$P<0.05$），补饲后体重比对照组高

1.53 kg（$P>0.05$）。天峻点试验组成年母羊补饲后体重比对照组增加了 3.10 kg，2 组间差异显著（$P<0.05$）；对照组在试验期体重下降了 1.41 kg（$P>0.05$）。体重与羊的膘情呈正相关。试验点处于春末夏初（3 月初至 6 月初），是青海省高寒牧区牧草严重缺乏期，放牧藏羊掉膘严重，补饲对防止掉膘效果明显，可增加体重。

2002 年，在西藏牧区开展藏羊抗雪灾补饲，日粮由蒸煮脱毒菜籽粕、玉米、小麦和小麦秸等组成，再添加一定比例的矿物质微量元素。配合日粮代谢能 5.59 MJ/kg，粗蛋白质 15.22%，钙 1.2%，磷 0.48%，粗纤维 18.63%。驱虫后预试 7 d，分圈饲喂，对照组于 9:00 随大群绵羊自然放牧，18:00 归牧。试验组 9:00 喂料，14:00 饮水，18:00 收槽，记录采食量。饲喂量为 300 g/d 的试验组，平均体重增加 1 110 g，饲料成本为 0.42 元/d；饲喂量为 600 g/d 的试验组，平均体重增加 1 930 g，饲料成本为 0.84 元/d；饲喂量为 900 g/d 的试验组，平均体重增加 3 360 g，饲料成本为 1.26 元/d。试验组与自然放牧对照组经 F 检验差异极显著（$P<0.01$），日喂量为 300 g/d 时，即可满足绵羊的维持需要，具有较好的抗雪灾效果。

（二）藏羊冷季暖棚饲养技术示范

暖棚是将羊舍的一部分用塑料膜覆盖，利用塑料膜的透光性和密闭性，将太阳能的辐射热和羊体自身散发热保存下来，提高棚内温度，创造适于羊只生长发育的环境，减少为御寒而维持体温的热能消耗，提高营养物质的有效利用。

1. 暖棚养羊的技术要点

（1）屋顶保温　由于热空气上浮，塑料棚顶部散热多，因此羊舍塑料膜覆盖部分占棚顶面积的 1/2。遇到极冷天气（−25 ℃以下），塑料棚顶上最好加盖草帘子或毡片等，减少棚内热的散失。

（2）墙壁保温　畜舍四周墙壁散发的热量占整个畜舍散发的 35%～40%。墙的厚度，砖墙不小于 24 cm，土墙或石墙的厚度分别不小于 30 cm 和 40 cm。

（3）门窗保温　门窗以无缝隙不透风为佳，在门窗上加盖帘子，也可以减少热量散失。

（4）棚内温度和有害气体　羊舍内湿度应低于 75%。为保持棚内温度又不使湿度和有害气体增多，每只产羔母羊使用的面积和空间为 1～1.2 m^2 和 2.1～2.4 m^3。另外，还要经常通风换气，确保棚内空气新鲜。

（5）光照　为了充分利用太阳能，使棚内有更多的光照面积。建棚时要使脊梁高与太阳的高度角一致，才能增加阳光射入暖棚内的深度，以每年冬至正午，阳光能射到暖棚后墙角为最低要求，使房脊至棚内后墙脚的仰角大于此时的太阳高度角。暖棚前墙高度影响棚内日照面积，应将前墙降低到 1.4 m 为宜。

2. 暖棚环境控制　暖棚是大自然气候环境中一个独特的小气候环境。搞好小气候环境，才能使畜禽正常发育，从而提高生产性能。

（1）温度　暖棚内热源有 2 个，一是畜体自身散发的热量，二是太阳光辐射热；其中太阳辐射是最重要的热源，暖棚应尽可能接受太阳光辐射，加强棚舍热交换管理，还可采取挖防寒沟、覆盖草帘、地温加热等保温措施。防寒沟是为防止雨雪对棚壁的侵袭而在棚舍四周挖的环形沟，一般宽 30 cm，深 50 cm，沟内填上炉灰渣夯实，顶部用草泥封死。覆盖草帘可控制夜间棚内热能不通过或少通过塑料膜传向外界以保持棚内温度。

（2）湿度　棚内湿度来源于大气带入、畜体排泄、水气蒸发等。湿度控制除平时清理畜粪尿、加强通风外，还应采取加强棚膜管理和增设干燥带等措施控制。

（3）尘埃　微生物和有害气体主要源于畜体呼吸、粪尿发酵、垫草腐败分解等。有效的控制方法是及时清理粪尿，加强通风换气。通风换气时间一般应在中午，时间不宜太长，一般每次 30 min。

3. 饲养管理技术要点

（1）备足草料　草料的准备和调制是暖棚养羊的关键。饲草采取青干草和生物发酵饲草，发酵饲草利用秸秆青贮和微生物发酵技术贮备。饲料储备要充足，按饲养羊只数量做好计划，配合饲料是根据舍饲羊生长阶段和生产水平对各种营养成分的需要量和消化生理特点做好计划贮备，避免饲料浪费、贮存、提高饲料转化率。常用的配合饲料有浓缩饲料、精料混合料、全价配合饲料。

（2）饲喂方式　设计好食槽水槽，控制羊践踏草料和弄脏饮水，提高草料利用率；同时大小羊、公母羊分开饲养。饲喂时将饲料放入饲槽中让羊自由采食，喂食应少量多次，每天4次。水槽中不能断水，注意每天换水。同时按照羊只不同生长阶段配置精料补充，一般育肥羊秸秆饲草与精料比例为4∶1、妊娠羊5∶1、种公羊4∶1。

（3）饲养密度　保持适当的饲养密度，充分利用羊只所产生的体热能，可显著提高棚内和舍内温度，舍内要保持干燥、通风，尽量做到冬暖夏凉。

4. 暖棚的维护与管理要点

（1）保温防潮　选择保温性能好的聚氯乙烯薄膜或聚乙烯薄膜，双层覆盖，夹层间形成空气隔绝层，防止对流。密封好边缘和缝隙，门口应挂门帘。由于塑料暖棚密封好，羊只粪尿或饮水产生水分蒸发，导致棚内湿度较大，如不注意，会导致疾病发生。所以，每天中午气温较高时要进行通风换气，及时清除剩料、废水和粪尿。铺设垫草或草木灰，可起到防潮作用。

（2）通风换气　暖棚应有换气设施，人进入棚后感觉无太浓的异常臭味，不刺鼻、不流泪为好。一般应在羊出牧或外面运动时进行彻底换气。

（3）防风防雪　建筑上要注意结实耐用，为防止大雪融化压垮大棚，一般棚面以50°～60°为好，应及时扫除积雪。

（4）早搭暖棚　到秋末冬初，室外气温一般都在10℃以下，加之牧草枯竭，羊只从牧地获得的营养已无法满足需要，只能消耗体内的贮备营养，造成“掉膘”。因此，要防止羊只掉膘，就要早搭塑料暖棚。经验证明，每年10月搭棚，可防止80%以上的羊掉膘，保持中等膘情。

实践证明，利用暖棚养羊比敞圈和放牧养羊产肉多，增重快，产毛率高，节省饲料，羔羊成活率高，抗病效果非常显著。羊只越冬、渡春死亡率由原来的10%下降到2%左右，产羔成活率由75%提高到96%以上。

（三）藏羊二年三产及三年五产技术示范

1. 二年三产体系　中国农业科学院兰州畜牧与兽药研究所“青藏高原牦牛藏羊高效生态牧养技术试验示范研究”课题组在青海省祁连县开展了繁殖母羊补饲、羔羊早期断奶和繁殖母羊2年产3次羔羊的综合技术示范应用。具体程序为母羊11月1号开始补饲，直至翌年5月20号牧草返青补饲结束；母羊11月中旬配种，翌年4月中旬产羔，羔羊70日龄断奶，母羊7月中旬配种，当年11月中旬产羔，羔羊90日龄断奶，翌年4月母羊配种，9月产羔，母羊11月配种。实现了藏羊的二年三产，大幅度提高了母羊的繁殖效率和羔羊的出栏率。

2. 三年五产体系　三年五产体系又称为星式产羔体系，是一种全年产羔的方案，关键技术包括母羊发情调控、高频繁殖的营养调控、羔羊早期断奶等技术。母羊妊娠期一般是151 d。羊群可被分为3组。开始时，第一组母羊在第一期产羔，第二期配种，第四期产羔，第五期配种；第二组母羊在第二期产羔，第三期配种，第五期产羔，第一期再次配种；第三组母羊在第三期产羔，第四期配种，第一期产羔，第二期再次配种。如此周而复始，产羔间隔7.2个月。使繁殖母羊能够有计划地全年均衡产羔，极大提高母羊的繁殖效率及资金、设备的利用率。

（四）藏羊本品种选育技术示范

1. 藏羊本品种选育　自2009年以来，中国农业科学院兰州畜牧与兽药研究所“青藏高原牦牛藏羊高效生态牧养技术试验示范研究”课题组在青海省祁连县继续开展藏羊的本品种选育，通过对藏羊资源摸底调查、制订选育计划，有组织进行多点联合育种，进一步提高了藏羊的制种供种能力和生产性能。

课题组在祁连县多隆乡扎沙村四社进行白藏羊定点选育工作，对本地区的基本情况和藏系绵羊进行了详细的调查研究，对其藏系绵羊的生产性能各项指标逐年测定，定期进行绵羊鉴定，按照鉴定等级组建选育核心群，在此基础上进行良种公羊后裔测定和优质种公羔的配育。通过选育，取得了较好的效果，使该地区藏系绵羊的整个群体素质有所提高，一、二级羊比例显著增加，占41.57%，选育效果提高21.56%。1981年测定对比一级公羊平均产毛量1.8 kg，母羊1.53 kg，比未选育的对照群，一级公羊提高0.13 kg，一级母羊提高0.36 kg。5月龄羔羊断奶鉴定结果平均体重13.31 kg，（11～18 kg），羔羊毛长平均17.4 cm（11～22 cm），毛色全白占83.33%，体白占10%，体杂占6.67%。在进行上述工作的同时为防止由于近亲繁殖而造成藏羊品种的退化，选择引进州托勒牧场（现为央隆乡）优秀藏系公羔，放入多隆乡（现为默勒镇）扎沙村四社一、二级混合母羊群中远亲交配，进行血液更新，结果使所产羔羊中优、中级羔羊显著增加，羔羊毛色、羊毛长度、羔毛弯曲等均优于本地羔羊，被毛品质明显改善，提高了群体素质。

2. 欧拉羊本品种选育 自2009年以来，中国农业科学院兰州畜牧与兽药研究所“青藏高原牦牛藏羊高效生态牧养技术试验示范研究”课题组在甘肃省玛曲县继续开展欧拉羊的本品种选育，通过资源摸底、制订选育计划和选种标准，建立开放式多点联合育种体系，优化羊群结构，改进饲养管理措施，大幅度提高了欧拉羊的制种供种能力和生产性能。

课题组在玛曲县欧拉羊核心产区的欧拉乡和尼玛镇确定了4户牧户的羊群为核心选育群，经表型鉴定和个体性能测定，根据藏羊品种的选择标准进行个体编号，以表型性状为组群手段组建了群体规模为2 150只羊的选育核心群，其中配种公羊45只，繁殖母羊1 250只，后备公羊50只，后备母羊805只。特级羊15%，一级羊55%，二、三级羊30%，其中，特级公羊70%。

通过协商，在自愿的基础上建立了联户育种机制，即各户所繁殖的公羊经鉴定为特一级公羊可交换使用，以扩大优秀公羊的遗传影响，加速选育进程和制种能力。同时，优秀后备母羊可在育种联户内交换或买卖，以补充淘汰等外级母羊的空缺及保持羊群稳定。

选育方向以肉用为主，肉皮毛（地毯毛）兼用。经过四年多的整群鉴定，进行选种选配，种公羊选留一级以上，母羊选留三级以上，进行纯种繁育，培养后代种公羊按初生、断奶、1.5岁、成年四个阶段表型性状（体重、体尺、剪毛量、毛色）来选择培育，到2013年7月选育群中成年种公羊特级、一级由选育前的17%提高到43.4%，母羊特级、一级从39%提高到59%，使欧拉羊选育核心群羊只体重、产肉量、剪毛量、繁殖成活率、羔羊成活率、成畜保活率分别提高了9.791 kg、5.3 kg、0.17 kg、11.77%、13.00%、3.00%，经对体重与体高、剪毛量相关分析，均呈正相关。

欧拉型藏羊羔羊体重和体尺的日龄变化测定表明，在羔羊整个哺乳期内，生长过程中体重和体尺的变化趋势符合生物自然生长规律（表4-23）。

表4-23 羔羊体重及体尺变化

日龄（d）	数量（只）	体重（kg）	体高（cm）	体长（cm）	胸围（cm）
0	25	4.18±0.575	38.00±3.823	31.63±2.451	35.53±2.637
2	25	4.97±0.462	37.45±2.872	32.44±1.651	35.45±1.582
7	25	5.41±0.244	40.26±1.483	35.52±1.568	38.45±2.435
14	25	6.24±0.752	43.65±2.135	39.62±1.875	43.15±2.294
21	25	7.21±0.435	45.82±1.726	41.78±0.732	43.46±1.652
28	25	8.72±1.826	47.54±2.634	43.45±1.854	47.21±2.412
42	25	9.98±0.432	50.18±2.246	48.85±2.377	49.56±2.162
56	25	16.72±2.172	53.82±2.564	52.44±2.53	55.26±3.634
70	25	17.82±1.675	55.74±1.522	55.24±2.074	56.36±2.434
84	25	18.44±2.231	57.65±1.064	56.52±1.784	57.62±2.652
98	25	20.14±1.772	60.12±2.432	58.65±2.468	58.24±1.837
112	25	22.74±2.256	63.72±1.545	60.62±2.235	59.43±2.258

（五）藏羊羔羊早期断奶及代乳料技术示范

1. 羔羊生长发育规律　羔羊初生至3周龄为无反刍阶段，3～8周龄为过渡阶段，8周龄以后为反刍阶段。3周龄内羔羊基本以母乳为营养来源，其消化是由皱胃承担，消化规律与单胃动物相似；3周龄后羔羊开始消化植物性饲料，瘤胃开始发育。当生长到7周龄时，麦芽糖酶的活性逐渐显示出来。8周龄时胰脂肪酶的活力达到最高水平，瘤胃得到充分发育，能采食和消化大量植物性饲料。

2. 哺乳母羊哺乳期泌乳规律　母羊产后1周内的乳汁成为初乳，初乳具有多种免疫活性因子，能够提高羔羊的抗病力，同时具有轻泻作用，促进羔羊胎粪的排出。因此，必须保证羔羊吃好初乳。2～4周，母羊达到泌乳高峰，3周内泌乳量相当于泌乳周期泌乳总量的75%。此后，泌乳量明显下降，到9～12周后，泌乳量仅能满足羔羊营养的5%～10%。

3. 早期断奶　羔羊早期断奶是指将羔羊哺乳期缩短到40～60 d，利用羔羊在4月龄内生长速度最快这一特性，将早期断奶后的羔羊进行强度育肥，充分发挥其优势，在较短时间内达到预期育肥目标。

从理论和实践观察，羔羊断奶的实际月龄和体重应当以其能独立生活、转变为以牧草营养为主而定。根据M. J. Tucker的试验和观察，认为羔羊的断奶年龄在8周龄是合理的，此时羔羊的瘤胃已得到充分发育，能采食和消化大量的牧草。在澳大利亚，羔羊断奶年龄最早为6周，平均为10周龄。在法国，决定断奶羔羊的最小活重为其初生重的2倍。罗马尼亚建议羔羊断奶时的体重为其初生重的3倍。在英国，决定羔羊体重达11～12 kg时断奶。中国农科院兰州畜牧与兽药研究所“青藏高原牦牛藏羊生态高效牧养技术试验与示范研究”课题组研究表明：藏羊70～80日龄断奶较为合理。实行羔羊早期断奶，还能促进母羊提前干乳，从而打破了传统的季节产羔，使一年两产或两年三产成为可能，为全年均衡生产肥羔奠定了基础。

4. 人工奶粉配制　有条件的羊场可自行配制人工奶粉或代乳粉。人工合成奶粉的主要成分是：脱脂奶粉、牛奶、乳糖、玉米淀粉、面粉、磷酸钙、食盐和硫酸镁。用法：先将人工奶粉加少量不高于40 ℃的温开水摇晃至全溶，然后再加水。温度保持在38～39 ℃。一般4～7日龄的羔羊需200 g人工合成奶粉，加水1 000 mL。

5. 代乳粉配制　代乳粉的主要成分有：大豆、花生、豆饼类、玉米面、可溶性粮食蒸馏物、磷酸二钙、碳酸钙、碳酸钠、食盐和氧化铁。可按代乳粉30%、玉米面20%、麸皮10%、燕麦10%、大麦30%的比例溶成液体喂给羔羊。代乳品配制可参考下述配方：面粉50%、乳糖24%、油脂20%、磷酸氢钙2%、食盐1%、特制料3%。将上述物品按比例标准在热火锅内炒制混匀即可。使用时以1∶5的比例加入40 ℃开水调成糊状，然后加入3%的特制料，搅拌均匀即可饲喂。

（六）藏羊肥羔生产技术示范

1. 羔羊早期育肥

（1）饲料　1.5月龄断奶羔羊，可以采用任何一种谷物类饲料进行全精料育肥，而玉米等高能量饲料效果最好。饲料配合比例为，整粒玉米83%、豆饼15%、石灰石粉1.4%、食盐0.5%、维生素和微量元素0.1%。其中维生素和微量元素的添加量按每千克饲料计算为维生素A 5 000 IU、维生素D 1 000 IU、维生素E 20 IU、硫酸锌150 mg、硫酸锰80 mg、氧化镁200 mg、硫酸钴5 mg、碘酸钾1 mg。若没有黄豆饼，可用10%的鱼粉替代，同时把玉米比例调整为88%。

（2）饲喂　羔羊自由采食、自由饮水，饲料的投给最好采用自制的简易自动饲槽，以防止羔羊四肢踩入槽内，造成饲料污染，降低饲料摄入量，扩大球虫病与其他病菌的传播；饲槽离地高度应随羔羊日龄增长而提高，以饲槽内饲料不堆积或不溢出为宜。如发现某些羔羊啃食圈墙时，应在运动场内添设盐槽，槽内放入食盐或食盐加等量的石灰石粉，让羔羊自由采食。饮水器或水槽内应始终有清洁的饮水。

（3）断奶　羔羊断奶前半月龄实行隔栏补饲；或让羔羊早、晚一定时间与母羊分开，独处一圈活动，活动区内设料槽和饮水器，其余时期母子仍同处。断奶前补饲的饲料应与断奶后育肥饲料相同。玉米粒不要加工成粉状，可以在刚开始时稍加破碎，待习惯后则以整粒饲喂为宜。羔羊在采食整粒玉米初期，有吐出玉米粒的现象，反刍次数增加，此为正常现象，不影响育肥效果。

（4）防病　羔羊育肥期常见的传染病是肠毒血症和出血性败血症。肠毒血症疫苗可在产羔前给母羊注射或断奶前给羔羊注射。一般情况下，也可以在育肥开始前注射快疫、猝疽和肠毒血症三联苗。

（5）育肥期　育肥期一般为50～60 d，此间不断水、不断料。育肥期的长短取决于育肥的最后体重，屠宰体重应视具体情况而定。哺乳羔羊育肥时，羔羊不提前断奶，保留原有的母子对，提高隔栏补饲水平，3月龄后挑选体重达到25～27 kg的羔羊出栏上市，活重达不到此标准者则留群继续饲养。其目的是利用母羊的繁殖特性，安排秋季和冬季产羔，供节日应时特需的羔羊肉。

2. 断奶后羔羊育肥技术　断奶后羔羊育肥需经过预饲期和正式育肥期2个阶段，方可出栏。

（1）预饲期　预饲期每天喂料2次，每次投料量以30～45 min内吃净为佳，不够再添，量多则要清扫；料槽位置要充足；加大喂量和变换饲料配方都应在3 d内完成。断奶后羔羊运出之前应先集中，空腹1夜后次日早晨称重运出；入舍羊只应保持安静，供足饮水，1～2 d只喂一般易消化的干草；全面驱虫和预防注射。要根据羔羊的体格强弱及采食行为差异调整日粮类型。

预饲期大约为15 d，可分为3个阶段。第一阶段第1～3 d，只喂干草，让羔羊适应新的环境。第二阶段第7～10 d，从第三天起逐步用第二阶段日粮更换干草日粮至第7 d换完，喂到第10 d。日粮配方为：玉米粒25%、干草64%、糖蜜5%、油饼5%、食盐1%，加抗菌素50 mg。此配方含蛋白质12.9%、钙0.78%、磷0.24%、精粗比为36∶64。第三阶段是第10～14 d，日粮配方为：玉米粒39%、干草50%、糖蜜5%、油饼5%、食盐1%、抗菌素35 mg。此配方含蛋白质12.2%、钙0.62%、精粗比为50∶50。

（2）预饲期结束后，转入正式育肥期

① 精料型日粮。仅适于体重较大的健壮羔羊肥育用，如初重35 kg左右，经40～55 d的强度育肥，出栏体重达到48～50 kg。日粮配方为：玉米粒96%、蛋白质平衡剂4%，矿物质自由采食。其中，蛋白质平衡剂的组分为上等苜蓿62%、尿素31%、粘固剂4%、磷酸氢钙3%、经粉碎均匀后制成直径地0.6 cm的颗粒；矿物质成分为石灰石50%、氯化钾15%、硫酸钾5%、微量元素成分是在日常喂盐、钙、磷之外，再加入双倍食盐量的骨粉，具体比例为食盐32%，骨粉65%，多种微量元素3%。本日粮配方中，每千克风干饲料含蛋白质质12.5%，总消化养分85%。要保证羔羊每只每日食入粗饲料45～90 g，可以单独喂给少量秸秆，也可用秸秆当垫草来满足。

进圈羊只休息3～5 d注射三联疫苗，预防肠毒血症，再隔14～15 d注射1次。保证饮水，从外地购来羊只要在水中加抗菌素，连服5 d。

② 粗饲料型日粮。按投料方式分为两种，一种普通饲槽，把精料和粗料分开喂给；另一种自动饲槽，把精粗料合在一起喂给，减少饲料浪费。对有一定规模的肉羊饲养场，采用自动饲槽。在用自动饲槽时，要保持槽内饲料不出现间断，每只羔羊应占有7～8 cm的槽位。羔羊对饲料的适应期一般不低于10 d。自动饲槽日粮中的干草应以豆科牧草为主，其蛋白质含量不低于14%。按照渐加慢换原则逐步转到肥育日粮的全喂量。每只羔羊每天喂量按1.5 kg计算，自动饲槽内装足1 d的用量，每天投料1次。注意不能让槽内饲料流空。配制出来的日粮在质量上要一致。带穗玉米要碾碎，以羔羊难以从中挑出玉米粒为宜。

（3）当年羔羊的放牧育肥　所谓当年羔羊的放牧育肥是指羔羊断奶前主要依靠母乳，随着日龄增长、牧草比例增加、断奶到出栏一直在草地上放牧，最后达到一定活重即可屠宰上市。

① 育肥条件。当年羔羊的放牧育肥必须具备一定条件方可实行。其一，参加育肥的品种具有生长发育快，成熟早，肥育能力强，产肉力高的特点。如甘肃省的绵羊，是我国著名的绵羊地方类型。是放牧育肥的极好材料。其二，必须要有好的草场条件，如绵羊的原产地，在甘肃省玛曲县及其毗邻

的地区，降水量多，牧草生长繁茂，适合于当年羔羊的育肥。

② 育肥方法。主要依靠放牧进行育肥。方法与成年羊放牧相似，但需注意羔羊不能跟群太早，年龄太小随母羊群放牧往往跟不上群，出现丢失现象，在这个时候如果因草场干旱，奶水不足，羔羊放牧体力消耗太大，影响本身的生长发育，使得繁殖成活率降低。其次在产冬羔的地区，3～4月羔羊随群放牧，遇到地下水位高的返潮地带，有时羔羊易踏入泥坑，造成死亡损失。

③ 影响育肥效果的因素。产羔时间对育肥效果有一定影响，早春羔的胴体重高于晚春羔，在同样营养水平的情况下，早春羔屠宰时年龄为7～8月龄，平均产肉18 kg，晚春羔羊为6月龄，平均产肉15 kg，前者比后者多产3 kg，从而看出将晚春羔提前为早春羔，是增加产肉量的一个措施，但需要贮备饲草和改变圈舍条件，另外与母羊的泌乳量有关系，绵羊羔羊生长发育快，与母羊产奶量存在着正相关。整个泌乳期平均产奶量105 kg，产后17 d左右每昼夜平均产奶1.68 kg，羔羊到4月龄断奶时出栏体重已达35 kg，再经过青草期的放牧育肥，可取得非常好的育肥效果。

据报道，藏羊早期生长发育快，肥育性能好，幼龄羊比老龄羊增重快，育肥效果高。羔羊在1～8月龄的生长速度最快，3个月龄肉用羊羔体重可达1周岁羊的50%。冬羔在4月龄时断奶，在冬春草场利用牧草生长旺季放牧育肥，羔羊日增重达到170 g以上，育肥60 d胴体重可达到11 kg，屠宰率为43.37%。10月龄幼年羯羊的增重和增重率均高于2岁以上的成年羯羊。欧拉羊羔羊育肥试验和屠宰试验表明：初生到6月龄平均日增重达130 g，6月龄后日增重随着月龄的增长呈递减趋势。10月龄体重（无补饲）约40 kg，为1.5岁羊体重的80%～90%，是成年羊体重的70%左右；经55 d短期放牧＋补饲育肥，10月龄平均体重和日增重分别达到46.22 kg和243 g，比无补饲羊高5.94 kg和110.64 g，胴体重达到21.40 kg，屠宰率达到47.45%。因此，如果进行藏羊育肥，从年龄方面考虑，建议最好用冬羔，以5～15月龄的去势公羊进行育肥效果最好。群体整齐，便于集中出栏。

（4）羔羊放牧季育肥补饲与当年出栏示范 在玛曲欧拉羊生产实践中，5月20号，羊群进入夏季牧场，9月20号，羊群进入冬春牧场，夏秋放牧抓膘期为120 d左右，10月中旬至11月中旬为羊只的集中出栏时间，因此，夏秋季节的放牧能力决定了羊群的出栏率、产肉水平及商品率。根据生产实际和放牧季草地营养状况，制订了“放牧＋补饲”育肥当年羔羊，以转变牧区当年羔羊无法出栏，生产效率低，高档羔羊肉产量少的现状。相关的技术措施及研究结果如下。

① 补饲制度及饲料配方。补饲制度：羊群转入夏秋牧场后，此时牧草生长旺盛，营养成分较高，在放牧期内，羊群基本能够吃饱，为了实现精饲料的补饲效果，将精料的补饲时间定为上午羊群出牧前饲喂。精料的补饲量根据草地营养状况定为每只羊每天100 g。

饲料配方见表4-24。

表4-24 羔羊育肥颗粒饲料配方成分和营养水平

颗粒料配方成分		颗粒料配方营养水平	
原料	配比（%）	营养成分	含量
玉米	66	干物质（%）	86.78
小麦麸	10	粗蛋白（%）	15.37
豆粕	10	粗脂肪（%）	3.10
菜粕	10	粗纤维（%）	3.64
石粉	1.5	钙（%）	0.89
磷酸氢钙	1	磷（%）	0.60
预混料	1	氯化钠（%）	0.49
食盐	0.5	消化能（MJ/kg）	13.18

② 羔羊在育肥期的增重情况。本实验在玛曲县尼玛镇的项目示范户中开展，2012年6月10号开始补饲，9月20号结束，试验期100 d，同时设计了对照试验，结果见表4-25。

表 4-25 6月龄羯羊育肥期羔羊生长情况

组别	实验组	对照组
数量（只）	65	60
体重（kg）	24.56±3.52	23.85±3.76
月龄	10	10
体重（kg）	46.45±4.77	38.22±5.34
日增重（g）	218.9	143.7

通过表 4-25 可以看出，"放牧＋补饲"育肥当年羔羊能够达到较好的增重效果，育肥后 10 月龄羔羊的体重已达到国内外肥羔生产所要求的羔羊体重。

③ 育肥羔羊的屠宰性能及经济效益分析。2012 年 11 月初，结合牧区羊群出栏实际，对育肥羊进行了屠宰测定，结果见表 4-26。

表 4-26 羔羊屠宰测定

组别	实验组	对照组
宰前重（kg）	48.25±4.67	39.25±3.45
血重（kg）	1.14±0.25	1.06±0.28
蹄重（kg）	1.17±0.24	0.97±0.18
皮毛重（kg）	3.65±0.42	2.95±0.45
胴体重（kg）	24.25±1.54	16.65±1.87
屠宰率（%）	50.26	42.42
花油重（kg）	0.95±0.27	0.65±0.21
板油重（kg）	0.87±0.31	0.67±0.36
净肉重（kg）	19.25±0.58	10.85±0.68
净肉率（%）	79.38	65.17
骨重（kg）	5.21±0.46	4.92±0.46
眼肌面积（cm^2）	16.66±2.65	10.54±2.55
心脏重（kg）	0.312±0.15	0.282±0.13
肝脏重（kg）	0.65±0.12	0.61±0.22
肺脏重（kg）	0.55±0.08	0.49±0.08
脾脏重（kg）	0.95±0.08	0.85±0.07
肾脏重（kg）	0.125±0.07	0.105±0.07

表 4-26 可见，育肥羊的屠宰性能均显著高于非育肥羊。据调查，玛曲当地市场的羊肉价格（含骨）为 45 元/kg，以对照组为基础，草地放牧费、人工费、防疫费、日常管理费等均以 0 计，补饲育肥羊每只平均增产羊肉 8.4 kg，育肥期内的饲料成本为 0.1（日补饲 100 g）×1.8 元（每千克饲料 1.8 元）×100 d（补饲育肥期）=18 元，育肥新增利润 8.4×45－18＝360 元，可见"放牧＋补饲"育肥当年羔羊能够产生显著的经济效益，是增加牧民收入的有效手段。

（5）放牧育肥适时出栏示范　青海省牧区夏秋牧场一般海拔较高，青草期较短，到了 8 月底至 9 月初，牧畜尚未达到满膘牧草就开始枯黄，养分含量也随之下降。但冬春牧场，每年 8 月下旬至 10 月上旬是牧草结籽、产草量和养分积累均达到高峰值的时期，此时组织当年拟出栏牧畜对冬春牧场作轻度利用，应该说是一种最为经济合理的草地利用方式。近几年来，当地牧民为了利用好这一季节优势，把当年拟出栏绵羊提前单独组群，适时转移到冬春牧场，进行后期放牧育肥。实践已经证明，这是一项加快畜群周转，增加产肉量，提高草地生产能力的重要措施。

采用的育肥技术主要是从夏季牧场转移到冬春牧场的围栏草地内混合放牧，全用丙硫咪唑驱虫，自然放牧，自由饮水，载畜量8只/hm^2。育肥期从8月末到10月末，约60 d。试验表明：10月龄幼年羯羊的增重和增重率均高于2岁以上的成年羯羊（$P<0.01$）。这一结果符合绵羊生长发育规律，说明在养羊业中提倡当年羔羊育肥出栏是非常关键的环节，对缩短饲养周期，加快羊群周转十分必要，也完全可能。淘汰母羊在后期育肥中增重量达到6.50 kg，增重率高于2岁羯羊8.25%，仅低于当年羯羔羊组9.56%，表现了很强的补偿功能。这也说明淘汰母羊出栏前进行后期育肥是十分必要的。

放牧育肥出栏适宜时期为8月末至10月上旬，10月中旬开始掉膘损失体重。因此，放牧绵羊秋季出栏屠宰工作应在10月10日前完成。这一适宜育肥期与高山草甸草地牧草营养季节变化规律相吻合。

（6）放牧藏羊暖季育肥示范　在高寒草地畜牧业生产方式下，通过暖季牧草相对丰富，牧草营养价值较高，采取不同方法育肥增加放牧藏羊体重，是合理利用高寒草地的有效方法。

2005年，李芙蓉等在青海果洛藏族自治州的试验表明，从实验牧场和草籽场牧户羊群中选择体重、体质相近、生长发育正常，健康的成年羯羊60只，分4组每组15只羊，试1组采取围栏草放牧育肥、试2组采取非围栏草放牧+尿素颗粒料、试3组采取非围栏草地放牧+埋植增肉剂育肥，对照组采取非围栏草地自然放牧。分别使用的营养水平为，牧草：蛋白质含量在9.16%～18.15%，粗脂肪含量1.58%～4.92%，尿素颗粒料：主要成分为玉米、麸皮、脱毒菜籽饼、花生壳粉、尿素（2%）、骨粉、食盐、膨润土以及微量元素和维生素，营养水平代谢能10.32 MJ/kg，粗蛋白质16.35%。增肉剂（α-玉米赤酶醇）：每丸含α-玉米赤酶醇12 mg。育肥期40 d。试验前试验组和对照组羊空腹称重、编号、打号、登记造册。试1组围栏草场放牧。试2组每日牧归后补饲尿素颗粒料，前期10 d饲喂100 g/(d·只)、后期30 d饲喂250 g/(d·只)，试3组埋植增肉剂。试验和对照组羊均在毗邻的围栏草场和非围栏草场上放牧，每天早晨8:00—9:00出牧，日落前18:00—19:00归牧。放牧藏羊经40 d不同方法育肥后，试1、试2和试3组平均增重比对照组分别提高4.4 kg、5.4 kg和3.5 kg，分别提高13.23%，16.39%和10.88%，平均日增重分别提高110 g、135 g和88 g。而非围栏放牧不经任何补饲和处理的对照组增重0.6 kg，平均日增重仅15 g。结果表明，无论采取围栏草地育肥，非围栏草地放牧+补饲和增肉剂处理，都能提高增重，且效果明显。采取不同方法育肥放牧藏羊，每只增重部分价值扣除尿素颗粒料成本8.5 kg×1.8元=15.3元。增肉剂成本，每丸3元，分别增收33元、23.25元和38.25元。在40 d育肥期内，试1、试2和试3组45只藏羊增收1 221.75元。

表明通过育肥可有效提高日增重，提高出栏重、增加收入，同时又能减轻冬季草地压力，有效促进草地季节性畜牧业生产和保持草地畜牧业可持续发展。

在高寒牧区，采取围栏草地，非围栏放牧+补饲和非围栏放牧增肉剂处理短期育肥放牧藏羊较其他方式简单易行，且成本低、效益高、牧民易操作。

第四节　甘肃牧区生态高效草原牧养技术示范

一、绵羊冷季补饲技术示范

1. 绵羊冷季补饲的目的和意义　绵羊属于放牧家畜。在青草季节仅靠放牧就能满足营养需要，但在牧草枯黄季节，则必须依靠补饲满足其维持需要。尤其在祁连山草原牧区，冷季长达7个月之久，此时牧草停止生长，营养供应不足，严重影响到甘肃高山细毛羊的繁殖和发育，即便未遇到极端严寒气候，甘肃高山细毛羊越冬后体重均有不同程度降低。

2. 绵羊冷季补饲的时间　经过长期的调整适应，祁连山牧区母羊多产冬羔，配种始于10月底，

12月结束。3～5月均为产羔期，母羊的整个妊娠期全部处于枯草期。当地牧民多在3～5月，即母羊的妊娠后期和产羔期对产羔母羊和体弱母羊进行补饲，补饲量以家中储备饲料情况为依据，一般补饲一个月即结束，这样的补饲方法很难满足绵羊的维持需要。

建议将补饲工作提前至1月开始，最晚不能晚于3月即母羊的妊娠后期，一直补饲到5月底牧草返青，青草已能饱食时结束补饲。

3. 绵羊冷季补饲原则 根据储备饲草料的多少进行补饲，一般来说，以粗饲料为主，精饲料为辅，对高产羊要给予优厚的补饲，精料比例应适当加大。饲喂顺序是先喂次草次料，再喂好草好料，循序渐进。

4. 绵羊冷季补饲的营养需要 营养需要包括能量需要、蛋白质需要和微量元素需要。

对绵羊而言，营养需要主要包括维持需要和生产需要。维持需要只是绵羊为了维持其正常生命活动，所需要的营养物质；生产需要包括生长、繁殖、泌乳、育肥和产毛等所需的营养物质。在冷季，放牧绵羊的需要包括维持需要，放牧需要（相对于舍饲的放牧所需要的额外代谢能需求），御寒需要，产毛需要等，对于繁殖母畜而言，营养需要还包括妊娠需要和泌乳需要。

5. 绵羊冷季补饲技术示范

（1）冷季营养标准对照 祁连山牧区冷季，绵羊正处在妊娠后期，调查分析绵羊补饲对照绵羊妊娠后期营养需要标准，结果表明：在当前饲喂体系下，妊娠后期母羊能量与蛋白质供应与母羊妊娠后期营养需要标准相比分别缺3.28 MJ/d和79.6 g/d，特别是蛋白质供应不到营养标准的50%。因此对妊娠后期进行有效补饲才能满足其能量与蛋白质需求（表4-27、表4-28）。

表4-27 妊娠后期营养需要标准

体重（kg）	日增重（g）	干物质采食量（kg/d）	代谢能（MJ）	粗蛋白（g）
40	170	1.6	12.60	167

表4-28 当前饲喂方案营养水平供应现状

饲草料名称	干物质采食量（kg/d）	代谢能（MJ）	粗蛋白（g）
草地提供	0.8	5.68	43.20
燕麦青干草	0.52	3.80	44.20
合计	1.32	9.48	87.40
与标准比较	−0.28	−3.28	−79.60

（2）不同饲喂模式对绵羊生产效益的影响 选择3户典型牧户，其中试验组Ⅰ为冬季母羊全舍饲户，1月中旬开始舍饲，至4月中旬结束，舍饲时间3个月，日粮（干物质）组成为如表4-29所示，试验组Ⅱ为正常放牧＋补饲，白天放牧，从3月初起归牧后补饲，至5月初结束补饲，对照组为放牧组，母羊只放牧不补饲。每组羊只均放矿物质舔砖，自由舔食。实验以绵羊的繁殖节律为研究周期，分别测定繁殖母羊配种，和出冬场时的体重，记录母羊产羔和羔羊成活情况，计算妊娠率、产羔率和羔羊断奶成活率；测定每只绵羊剪毛量及羊毛品质指标；并在三组中分别选择100只年龄结构组成相同的母羊分析经济效益。

表4-29 日粮组成及营养成分

组别	日粮组成（干物质）					营养水平	
	玉米（kg）	玉米糠、秸秆混合物（kg）	燕麦青干草（kg）	草原牧草（kg）	合计（kg）	代谢能量（MJ）	粗蛋白（g）
试验组Ⅰ	0.39	0.67	0.07	—	1.12	17.99	111.29
试验组Ⅱ	0.21	—	0.31	0.48	0.99	13.5	126.68

① 不同饲养模式下母羊越冬体重损失及夏季体重恢复。不同饲养模式下绵羊越冬体重损失测定结果（表 4-30）表明，三组绵羊越冬均有体重损失，其中试验组Ⅰ母羊体重损失最小，平均下降了 5.62 kg，其次为试验组Ⅱ，平均体重下降 6.04 kg，对照组体重损失最大，为 11.4 kg，占入冬场前体重的 27.2%。本研究结果表明 3 种饲养方案均不能满足绵羊维持需要，但补饲能够有效改善营养供应，减缓冷季母羊掉膘。与第二年进冬场前相比，试验组Ⅰ和试验组Ⅱ母羊的平均体重分别增加了 2.76 kg 和 1.91 kg，而对照组则下降了 1.24 kg，表明冷季补饲对母羊夏季体况的恢复具有积极作用。

表 4-30　不同饲养模式下母羊越冬体重损失及夏季体重恢复情况

	入冬场体重（kg）	出冬场体重（kg）	翌年入冬场体重（kg）	冷季体重损失（kg）	冷季体重损失百分比（%）	入冬场前体重变化（kg）
试验组Ⅰ	45.77±4.90	40.15±4.34	48.53±5.96	−5.62	12.3	2.76
试验组Ⅱ	40.32±4.56	34.28±4.42	42.23±4.71	−6.04	14.9	1.91
对照组	41.92±5.06	30.52±4.99	39.68±4.77	−11.4	27.2	−1.24

② 饲养模式对母羊繁殖力的影响。表 4-31 表明，试验组Ⅰ能繁母羊受胎率显著高于对照组（$P<0.05$），试验组Ⅱ母羊受胎率极显著高于对照组（$P<0.01$）。试验组母羊的产羔率均极显著高于对照组（$P<0.01$），两试验组间无显著性差异（$P>0.05$）。项目户绵羊配种季节集中在 11 月，母羊体重测定在 10 月完成，配种时母羊体况对受胎率有重要影响，两组试验户的体况明显好于对照组，因此受胎率和产羔率也较高。

表 4-31　冷季母羊饲养模式对繁殖性能的影响

组别	受胎率（%）	产羔率（%）
试验组Ⅰ	97*	97**
试验组Ⅱ	99**	96**
对照组	88	79

注：同列数字上标为 * 表示差异显著（$P<0.05$），上标为** 表示差异极显著（$P<0.01$），无 * 表示差异不显著（$P>0.05$）。

③ 产毛量及毛品质分析。补饲能有效提高羊毛品质和羊毛产量。试验组Ⅰ母羊产毛量极显著高于试验组Ⅱ和对照组（$P<0.01$），试验组Ⅱ和对照组间差异不显著（$P>0.05$）。羊毛品质试验组均优于对照组，其中单纤维强力组间差异均极显著（$P<0.01$），羊毛细度及白度实验组Ⅱ显著高于对照组（$P<0.05$）（表 4-32）。

表 4-32　产毛量及羊毛品质测定结果

	平均产毛量（kg）	单纤维强力（cN）	单纤维伸长率（%）	自然长度（mm）	白度
试验组Ⅰ	3.65±0.05a	9.54±2.30a	49.89±3.23	69.60±5.52	52.92±1.62a
试验组Ⅱ	2.90±0.55b	8.72±1.60A	48.92±2.93	65.10±10.67	53.80±2.02b
对照组	2.92±0.06b	7.56±1.77B	46.87±6.47	64.20±12.81	51.75±2.66a

注：同列数字上标字母相同表示差异不显著（$P>0.05$），不同表示差异显著（$P<0.05$），大小写字母不同表示差异极显著（$P<0.01$）。

④ 饲养模式对牧户经济效益的影响。绵羊饲养成本主要包括购买饲草料、防疫和疾病治疗费三部分，其中饲草料购买开支占饲养成本的 85%以上。收入主要来自出售羔羊、羊毛和淘汰羊，三组牧户母羊的饲养成本和收入统计结果表明（表 4-33），对照组平均饲养成本为 18.5 元/(只·年)，试验组Ⅰ和Ⅱ的饲养成本分别为 61.82 元/(只·年) 和 30.65 元/(只·年)。

由于影响淘汰母羊数量及其价格的因素较多，占牧民收入的比例很低，因此，未做考虑。羊毛和羔羊收入为当地牧民收入的主体，按 2008 年市场价格，羊毛价格为 15 元/kg，羔羊活重 14 元/kg，试验组Ⅰ、Ⅱ和对照组的羔羊出栏活体重分别为 30.98 kg、27.74 kg 和 23.65 kg。不同饲养方式下牧户直接经济效益统计结果表明，冷季暖棚全舍饲饲养成本和收入均最高，但收入/成本最低，以全放牧纯收入最低，但投入产出比最高。与暖棚养殖相比，补饲＋放牧组每只母羊纯收入低 25.44 元，其投入产出比增加近 2 倍（表 4－33）。

表 4－33　牧户直接经济效益分析表

组别	饲养成本（元）	收入来源		纯收入（元）	收入/成本（%）
		羊毛收入（元）	羔羊收入（元）		
试验组Ⅰ	6 182	5 475	43 372	42 665	6.90
试验组Ⅱ	3 065	4 350	38 836	40 121	13.09
对照组	1 850	4 380	33 110	35 640	19.26

二、羔羊早期断奶技术示范

1. 概念　羔羊早期断奶是指将羔羊哺乳期缩短到 40～60 d，利用羔羊在 4 月龄内生长速度最快这一生理特点，将早期断奶后的羔羊进行强度育肥，充分发挥其生长优势，在较短时间内达到预期育肥目标。

2. 意义　我国常规的养羊模式，羔羊一般在 3～4 月龄断奶，在牧区甚至采用自然断奶的方法，羔羊断奶时间延迟至 5～6 月龄。羔羊断奶时间晚，导致母羊泌乳素分泌水平较高，抑制雌性激素的分泌，从而推迟母羊的发情期，造成母羊发情配种时间较晚，延长了配种周期，降低了母羊繁殖力。

早期断奶技术能够提高母羊的繁殖潜力，缩短世代间隔，降低养殖成本，加快羔羊的生长速度。以小尾寒羊为例，实施早期断奶技术后，母羊由两年三胎或三年五胎的水平提高到每年两胎，羔羊在 7 月龄左右体重即可达到 30 kg 以上。

3. 原理　研究羊只主要生理阶段，可以看出，哺乳期羔羊，对环境适应能力较差，消化机能不健全；断奶后，羔羊采食量不断增加，消化能力提高，骨骼和肌肉以及其他各个器官迅速增长，是生产肥羔的有利时期；当达到性成熟时，体型基本定型，但仍保持一定的生长速度；进入成年期后，新陈代谢相对稳定，但在饲料充足的条件下，仍能沉积脂肪；进入老年期，整个机体新陈代谢水平开始下降，饲料利用率和生产性能也随之下降。为此，羔羊育肥应成为羊育肥生产的主体

从生理角度，母羊分娩后 2～3 周产奶达到最大量，其后则迅速下降。2 月龄时母乳已经无法满足羊羔的生长发育需求，并且对羔羊的生长已不再是必要的。试验观察，羔羊 21 日龄时瘤胃已开始发育，到 49 日龄瘤胃功能可达到成年羊状态，羔羊便可利用植物饲料中的营养物质。瘤胃网胃与瓣胃真皱胃组织重量比，随着日龄的变化而变化，也说明羔羊到 60 日龄瘤胃发育已接近成年羊的水平（表 4－34）。

表 4－34　不同日龄羊瘤胃网胃与瓣胃皱胃组织重量的比较

年龄	瘤胃网胃与瓣胃皱胃比
初生	1∶2
30 日龄	1.4∶1
60 日龄	2.6∶1
成年	2.7∶1

注：摘自美国《畜禽饲料与饲养学》。

从理论上讲，羊羔断奶的月龄和体重，应以能独立生活并以饲草为主获得营养为准。羔羊到 8 周

龄瘤胃已充分发育，能采食和消化大量植物性饲料，此时断奶比较合理。羔羊断奶后，不需要人工育羔，即可全部饲喂植物性饲料或实施放牧饲养。

4. 方法　羔羊早期断奶的方法主要有3种，一是在羔羊出生后1～2 d就断奶，用绵羊代乳品培育羔羊到40 d左右，转为干饲，此方法成本较高，在实际生产中应用较少；二是在40 d左右转为植物性饲料干饲，由于没有对羔羊诱食，造成羔羊应激性较大，容易导致羔羊拉稀等现象，不宜在实际生产中推广；三是在前期对羔羊进行饲料调教，在40 d左右直接转为干饲，应用此方法实际效果较好。

5. 时间　羔羊生长高峰一般在1～5月龄，酮体瘦肉多，脂肪少，饲料报酬高，料重比为（3～4）：1，每增重1 kg比成年羊节约饲料1/2以上；而6月龄以后，生长速度变慢，饲料报酬降低，一般为（6～8）：1。

羔羊断奶的月龄和体重，应以能独立生活并以饲草为主获得营养为标准。研究证实，波尔山羊最佳断奶时间为40日龄，多浪羔羊确定的断奶时间为70～90日龄。湘东黑山羊羔羊45日龄断奶效果好。甘肃高山细毛羊因羔羊初生重较小，断奶在3月龄为宜。

6. 技术示范　按照传统饲养模式，祁连山牧区绵羊4～5月产羔，自然断奶，至10月出栏时仍有未断奶羔羊。课题组结合牧区实际情况，选择4月下旬至5月初产的健康甘肃高山细毛羊羔羊100只，试验组50只，到3月龄时强制断奶，从春秋草场转入冬草场，自由放牧为主，每只每天补饲玉米0.25 kg+豆粕0.28 kg。对照组采用跟群放牧，自然断奶，自由采食。

试验结果表明，通过短期育肥后。试验组羔羊平均日增重和屠宰率分别达到了104 g和42.62%，试验组牧户纯收入增加了98.57元/只，均显著高于对照组（表4-35、表4-36）。

表4-35　育肥前后羔羊体重变化

	育肥前活重（kg）	育肥后活重（kg）	日增重（g）	热胴体重（kg）	屠宰率（%）
试验组	26.07	35.64	104	14.21	42.62
对照组	26.60	32.23	61.2	13.17	40.86

表4-36　牧户经济效益分析

头数（只）	饲料成本（元/只）	出栏时售价（元/只）	收入（元/只）
40	121.43	880	758.57
40	0	660	660

实施牧区强制断奶后试验组母羊增重与对照组相比，差异极显著。在提高牧户潜在经济效益的同时，有利于其生长繁育（表4-37）。

表4-37　早期断奶母羊增重与体况变化

组　别	平均始重（kg）	平均末重（kg）	增重（kg）
试验组	34.88a±4.42	45.63b±4.55	10.75B
对照组	35.42a±5.02	41.86a±3.02	6.44b

注：同列数字字母相同表示差异不显著（$P>0.05$），不同表示差异显著（$P<0.05$），大小写字母不同表示差异极显著（$P<0.01$）。

三、羔羊补饲技术示范

1. 类型　羔羊补饲按照羔羊年龄阶段和补饲目的，可分为羔羊早期断奶补饲和大羔（幼龄羊）

育肥。

羔羊早期断奶补饲：对 2～3 月龄羔羊进行强制断奶的同时一般都会对羔羊提前补饲，提前补饲一方面可以加快羔羊的生长发育速度，为日后提高肥育效果打好基础。另一方面也可以促进羔羊消化系统发育，锻炼采食能力，使羔羊断奶后迅速适应新的饲养管理方式。

幼龄羊育肥：1 周岁以下的羔羊叫幼龄羊，在出栏前对幼龄羊开始补饲或全舍饲强度育肥，一般绵羊品种上市体重平均 35 kg 左右，大的可达到 45 kg。前文已详细讲过羔羊早期断奶补饲的相关方法，本节主要介绍幼龄羊育肥的相关内容。

2. 时间 羔羊生长高峰期一般在 1～5 月龄，因此应尽量在这一阶段对羔羊进行补饲，以充分发挥其生长速度快的优势，达到补饲育肥的目标。补饲在早晨出牧前或晚上归牧后进行均可。

3. 饲料 补饲饲料应因地制宜，尽量选择当地生产的或购买方便的原材料，以降低成本。饲养标准是制定羔羊饲料配方的主要依据，因羔羊体重不一样和所要求的日增重不同有一定变化。肉毛兼用品种一般采用的饲养标准如表 4－38、表 4－39 所示。杂交羔羊一般采用的日增重以 200 g 为宜。

表 4－38 羔羊强度育肥营养标准

羔羊月龄	体重（kg）	饲料单位（kg）	可消化粗蛋白质（g）	食盐（g）	钙（g）	磷（g）	胡萝卜素（g）
1	12	0.12	10				
2	18	0.32	40	3～5	1.4	0.9	4
3	25	0.75	100	3～5	3	2	5
4	32	1	150	3～5	4	2.5	7
5	39	1.2	140	5～8	5	3	8
6	46	1.4	130	5～8	5.2	3.2	9

表 4－39 商品羔羊育肥营养标准

体重（kg）	日增重（g）	日采食干物质（kg）	粗蛋白质（g）	可消化粗蛋白质（g）	能蛋比	消化能（MJ）	钙（g）	磷（g）	胡萝卜素（g）
30	200	1.3	143	87	24	15.23	4.8	3	1.1
35	220	1.4	156	94	23	17.31	4.8	3	1.3
40	250	1.6	176	107	22	20.61	5	3.1	1.5
45	250	1.7	187	114	22	21.91	5	3.1	1.7

4. 技术示范 选择典型牧户 80 只 2 月龄甘肃高山细毛羊羔羊，分为 2 组，每组 40 只，对照组羔羊按照传统方式饲喂，试验组羔羊采取放牧＋配合育肥补饲料方式饲喂，补饲饲料选择普瑞邦生长育肥期羔羊育肥饲料。具体成分见表 4－40。育肥期 3 个月。

表 4－40 育肥期饲料配方（%）

时期	玉米	豆粕（饼）	棉粕（饼）	菜粕（饼）	麸皮	预混料
育肥前期	50	18	5	5	17	5
育肥中期	55	14	7	5	14	5
育肥后期	65	8	7	3	12	5

育肥第一个月为育肥前期，每天每只羔羊喂量 0.4 kg，第二个月为育肥中期，补饲量为每天每只羔羊喂量 0.5 kg，第三个月为育肥后期，每天每只羔羊喂量 0.6 kg。部分羔羊在育肥 2 个月后出售。

经过 3 个月育肥，试验组羔羊平均体重达到 36.24 kg。日增重为 144.11 g，高于对照组羔羊。育肥 2 月的羔羊出售价格为 820 元/只，扣除饲料成本，每只育肥羔羊纯收入为 749.9 元，较对照组羔羊每只高出近30元，经济效益显著（表4-41、表4-42）。

表4-41　育肥羔羊体况变化

组别	体重（kg）				平均日增重（g）
	育肥前	育肥1月	育肥2月	育肥3月	
试验组	23.27	27.03	31.58	36.24	144.11
对照组	22.7	25.33	28.97	32.66	110.67

表4-42　经济效益分析

组别	饲喂量（kg/月）		合计（kg）	饲料成本（元）	羔羊出售价格（元/只）	纯收入（元/只）
	育肥1月	育肥2月				
试验组	12	15	27	70.2	820	749.8
对照组	0	0	0	0	710	710

四、甘肃高寒牧区燕麦青干草快速干燥技术示范

1. 燕麦青干草调制的目的　在高寒牧区燕麦收获期正处于降雨期，影响到燕麦营养物质的保存。本项目针对燕麦收获期遇到实际问题，开展燕麦青干草干燥技术的研究和推广，从根本上改善了燕麦青干草收获处理方式。

2. 快速干燥技术　快速干燥方法分为单纯物理干燥和化学干燥与物理干燥相结合2种。单纯物理干燥包括：自然晒干、压裂茎秆晒干、草架晾干；化学干燥与物理干燥相结合包括喷洒2.0% $CaCO_3$晾干、喷洒0.5% KH_2PO_3晾干、喷洒1.0% $NaHCO_3$晾干（表4-43）。

表4-43　干燥方法

干燥方式	具体操作方式
晒干	将样品平摊放在室外的水泥地上进行日晒，晚上收回放入室内
压裂晒干	将样品平摊在水泥地上用80 kg的重物压裂茎秆至破碎后进行晒干
草架晾干	将燕麦样品放置在草架上进行自然晾干
$CaCO_3$晾干	喷洒2.0% $CaCO_3$在室外进行自然晾干
KH_2PO_4晾干	喷洒0.5% KH_2PO_4在室外进行自然晾干
$NaHCO_3$晾干	喷洒1.0% $NaHCO_3$在室外进行自然晾干

3. 燕麦青干草快速干燥技术示范　在天祝项目区，选择当地燕麦品种，分别在2012年8月18日（抽穗期）、8月25日（开花期）和9月7日（灌浆期）开展快速干燥试验示范。结果显示显示使用压裂茎秆晒干及喷洒$CaCO_3$自然晾干的干燥方法，可取得理想的干燥速度并能保存燕麦青干草的营养价值。这项技术的推广为高寒牧区人工饲草生产中燕麦的收获储草和利用提供了极大的技术帮助（表4-44）。

表4-44　不同干燥处理下各生育时期刈割燕麦干燥速率（%/h）

干燥方法	抽穗期			开花期			灌浆期		
	第1阶段	第2阶段	全期	第1阶段	第2阶段	全期	第1阶段	第2阶段	全期
晒干	1.41 b	0.55 c	0.84 c	1.13 c	0.44 c	0.72 c	1.13 c	0.51 c	0.75 c
压裂晒干	1.83 a	0.79 b	1.22 b	1.48 a	0.69 b	1.04 b	1.63 a	0.66 b	1.01 b

（续）

干燥方法	抽穗期			开花期			灌浆期		
	第 1 阶段	第 2 阶段	全期	第 1 阶段	第 2 阶段	全期	第 1 阶段	第 2 阶段	全期
草架晾干	0.91 c	0.50 c	0.71 d	0.97 d	0.42 c	0.63 d	0.85 d	0.49 c	0.69 d
$CaCO_3$ 晾干	0.96 c	0.56 c	0.85 c	1.28 bc	0.48 c	0.78 c	1.09 c	0.54 c	0.78 c
KH_2PO_4 晾干	1.76 a	1.05 a	1.39 a	1.30 b	0.82 a	1.19 a	1.51 b	1.06 a	1.15 a
$NaHCO_3$ 晾干	1.05 c	0.58 c	0.89 c	1.25 bc	0.61 b	0.96 b	1.15 c	0.60 bc	0.96 b

注：同列不同小写字母表示差异显著（$P<0.05$）；第 1 阶段为燕麦初始水分降至 40%左右，第 2 阶段为燕麦干草水分从 40%降至 18%以下。

五、高寒牧区冷季补饲和延迟放牧技术示范

1. 冷季补饲和延迟放牧的重要性 甘肃天祝高寒牧区与全国地处高海拔的牧区一样，草畜不平衡主要体现在季节性的不平衡，即夏秋季牧草供给量大于家畜需求量，而冬季由于寒冷牧草停止生长，饲草供给不足常引起家畜冬春季掉膘、死损严重。因此，解决高寒牧区草畜平衡问题，关键点在于如何解决冬春季家畜饲草缺乏问题。基于此种认识，作者在天祝项目区主要开展了加强冬季补饲，以降低冬春草地放牧压力，逐步实现季节性的草畜平衡。

2. 冷季补饲技术示范 项目地选在甘肃省天祝县抓喜秀龙乡，该地处于海拔 2 960 m 的高寒草甸区，境内地形受马牙雪山和雷公山的影响，形成东向西的峡谷地带，西高东低，昼夜温差较大，空气稀薄，太阳辐射强，气候寒冷潮湿，年均降水量 416 mm，主要集中在 7～9 月，年蒸发量 1 592 mm，无绝对无霜期，仅分冷、热两季。年均气温－0.1 ℃，7 月和 1 月气温分别为 12.7～18.3 ℃，≥0 ℃的年积温 1 380 ℃，植物生长期 120～140 d。草地类型为高寒草甸草地，牧草以禾本科和莎草科为主，主要家畜种类为白牦牛和高山细毛羊。

在当地牧户牛群内选取健康、生长发育良好的 5～7 岁成年牛 72 头，分为 4 组，每组 18 头，一组为对照，其他三组进行补饲。试验组和对照组牦牛均打上电子耳标进行编号并建档案，试验前进行常规防疫驱虫。试验组采取白天放牧＋晚上补饲，对照组只开展放牧，不进行补饲。试验组各组补饲青贮料，饲喂量分别为 1、2 和 3 kg/d。经过 5 个月的补饲，试验组和对照组白牦牛体重变化如图4－3。

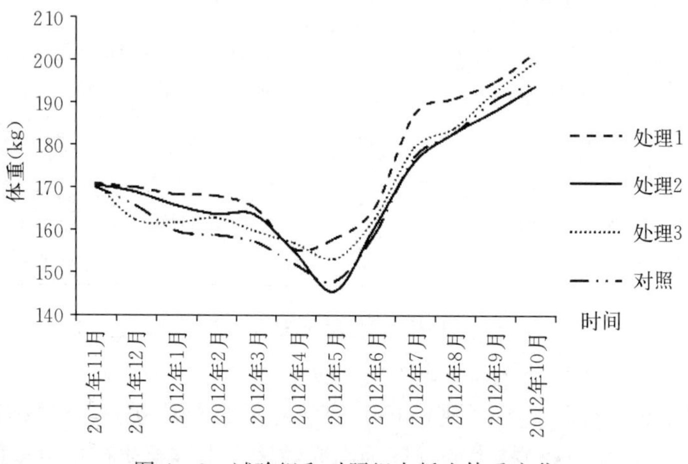

图 4－3 试验组和对照组白牦牛体重变化

从图中可以看出，在进行补饲试验前，试验组与对照组牦牛体重无显著性差异。在进行补饲时，由于草原处于冬季枯草期，牦牛整体出现掉膘情况，但是各试验组牦牛较对照组掉膘较少。在夏秋季节，各处理组牦牛处于一个迅速增肥的阶段，但是试验组增重较对照组快。说明冬季补饲不仅有利于减轻白牦牛冷季掉膘率，而且有助于夏秋季节的抓膘增肥。

3. 延迟放牧技术示范 结合白牦牛冷季补饲，作者在同一项目户开展了延迟放牧对草地生产力及植被群落结构的影响试验。将有补饲条件的白牦牛放牧缩短冬春场放牧时间，实施春季延迟放牧。

将没有白牦牛补饲的作为对照区，按传统方式自由放牧。草地地上生物量及其他指标的比较见表4-45（处理1：自由放牧区；处理2：春季延迟放牧区）。

表4-45　春季休牧对冬春草地生产力和植被群落的影响

月份	处理	平均盖度（%）	平均高（cm）	植物种数（种）	地上生物量（鲜重g）
5月	处理1	67%±0.3%b	2.33±0.06c	8±1a	9.63±0.06c
	处理2	73.3±2.6%a	3.20±0.10a	11±1b	12.50±0.20a
6月	处理1	76.2%±0.1%b	5.27±0.06c	13±1c	38.30±0.26c
	处理2	77.0%±0.7%b	6.68±0.04b	15±1b	53.37±0.06b
7月	处理1	84.9%±0.3%b	13.53±0.10c	20±1b	136.03±0.45c
	处理2	85.5%±0.5%b	14.69±0.03b	21±1b	142.57±0.60b
8月	处理1	85.8%±0.5%c	14.21±0.02b	21±1b	141.43±0.51c
	处理2	87.0%±0.1%b	14.72±0.33b	21±1b	146.40±0.40b

注：表中字母相同表示差异不显著（$P<0.05$），字母不同表示差异显著（$P>0.05$）。

从表4-46可以看出，冷季补饲可以有效改善冬春草场植被的健康状况，春季延迟放牧可明显增加冬春草场的产草量、植被盖度及高度，并且冬春草地的开花和结实的植物种数明显增加，有助于冬春草地牧草繁殖及保持生物多样性，为来年冬季储草奠定了基础，也就意味着开展冬春季草地草畜平衡有了保障。

表4-46　春季休牧对草原植被开花结实的影响

植物种类	单位面积结实株数			
	开花数		结实数	
	处理1	处理2	处理1	处理2
禾本科、莎草科	19	104	2	17
豆科	4	7	6	5
其他	23	19	12	12

因此，高寒牧区开展草畜平衡，具体来讲开展冬春季节草畜平衡是关键。但是，寻找合适的冷季补饲原料，如质优价廉的青贮饲料是地理位置接近农区的一个关键因素。从天祝的经验来看，实行农牧耦合，将农区玉米秸秆运至牧区青贮，很大程度解决了冷季饲草不足的瓶颈，是在高寒牧区草地畜牧业发展中一个重要突破。

六、甘肃高山细毛羊妊娠后期母羊补饲技术示范

妊娠后期母羊补饲技术　本示范试验地基位于甘肃省肃南裕固族自治县祁连山北麓的康乐草原。基于胎儿生长发育主要在妊娠后期完成，在分娩前2个月开始对试验羊进行不同补饲时间的饲养，母羊分娩后饲养试验结束。2010年，选择典型牧户经同期发情、且同期受孕的健康甘肃高山细毛羊120只。试验开始按体重随机分配到3个处理组（每组畜群结构基本相同），每组各40只。将补饲混合精料加入草料饲喂。一组分娩前2个月开始补饲，另一组分娩前1个月开始补饲。对照组自由放牧采食，无补饲。各组自由饮水。

以代谢能为评价指标分析当地妊娠后期母羊补饲现状发现当前饲喂体系下，妊娠后期母羊能量、蛋白质供应与母羊妊娠后期营养标准相比分别缺3.28 MJ/d和79.6 g/d，特别是蛋白质供应不到营养标准的50%。补饲方案根据当前饲喂体系下，妊娠后期母羊能量与蛋白质供应的盈缺值及当地饲草

料状况设计补饲配方。配方及营养物质补充量见表 4-47。

表 4-47 补饲方案及营养物质补充量

饲草料	饲喂量［kg/(天·只)］	代谢能（MJ）	粗蛋白（g）
玉米	0.06	0.7	5.4
豆粕	0.15	1.75	65
麸皮	0.09	0.9	10.8
合计	0.3	3.45	81.4

通过测定羔羊初生重、补饲母羊前后体况。结果表明（表 4-48）补饲 2 个月和补饲 1 个月能够显著提高羔羊的初生重，补饲 2 个月与补饲 1 个月和无补饲相比差异性显著。

表 4-48 羔羊初生重（kg）

补饲时间	2 月	1 月	0 月
初生重（kg）	4.22±0.53a	3.75±0.38b	3.41±0.41c

注：同行小写数字不同表示差异显著（$P<0.05$）。

经过补饲后，补饲 2 个月母羊体况前后基本无明显差异（表 4-49），补饲 1 个月母羊前后体况虽有差异但是差异不显著，无补饲母羊前后体况差异显著。

表 4-49 母羊体况评分值

补饲时间	2 月		1 月		0 月	
	补饲前	补饲后	补饲前	补饲后	无补饲前	无补饲后
体况评分值	3.12±0.2a	3.09±0.35a	3.17±0.44a	2.94±0.28a	3.09±0.33a	2.42±0.29b

注：不同字母表示差异显著（$P<0.05$），相同字母表示差异不显著。

母羊妊娠后期补饲能够显著改善羔羊初生重，提高母羊产后恢复速度。从而使母羊体况得到更好的恢复。

七、绵羊精准饲养管理技术示范

1. 家畜精准饲养管理 当前放牧家畜管理粗放，北方草原主要以放牧羊为主，从表面上看牧户收入与羊的存栏量呈简单正相关，家畜个体对群体经济收入总量的贡献呈非线性关系，家畜群体经济收入的最高点与经济收入总量并不一致。据报道，澳大利亚羊群中约 20%的个体对群体的经济收入总量没有贡献。牧户饲养的家畜主要以基础母羊为主，还有育成羊和羯羊。牧户的经济收入主要来源于出售羊毛和羊只，其收入的多少取决于产品的数量；由于牧区畜牧业技术水平低，管理粗放，牧户主要通过增加家畜数量来达到增加经济收入的目的；因此就形成了超载过牧、草原退化恶性循环的局面。精准畜牧业管理理论是通过对家畜个体的管理实现生产的精准性和目的性。精准管理技术可准确评估绵羊个体的生产性能及个体对经济效益总量的贡献大小，从而开展个体的精准选育。精准管理技术是降低家畜数量，提高家畜生产水平，促进草畜平衡和增加农民收入的主要技术并可以有效地应用于指导实践。而且精准管理模型以母羊牙齿、乳房、体重和体况作为个体管理的评价指标，降低了模型应用的技术要求和硬件要求，试验过程中牧户也可以轻松掌握，可操作性强。当家畜的营养条件和环境条件得到保证，体况就不是家畜生产效益的瓶颈，此时就可以应用草食家畜精准管理理论，对其他性状进行选择。比如子畜出生重、日增重、肉品品质、绵羊的产毛量、毛细度、肉用性状以及草食家畜的饲草料利用效率等。精准畜管理技术无疑对实现草畜平衡，促进草地畜牧业的可持续发展具有重要意义。

2. 绵羊精准饲养管理技术示范　现以祁连山草原牧区的典型牧户为例，建立绵羊精准管理技术体系，提出牧区绵羊精准管理理论，通过建立家畜精准管理模型，研究和分析牧区家庭牧场减畜、增效，实现草畜平衡，保护草原的技术措施和可行性。

（1）试验地典型牧户基本情况　典型牧户绵羊生产基本情况及生产节律如表 4－50 和表 4－51 所示。

表 4－50　典型牧户的基本情况

母羊				羯羊		羔羊
存栏量（只）	体重（kg）	产毛量（kg）	能繁母羊比例(%)	存栏量（只）	体重（kg）	出栏重（kg）
100～120	38～42	2.8～3.3	85～95	2～14	39～48	24～34

表 4－51　典型牧户生产节律

生产节律	配种	产羔	剪毛	断奶	出栏	补饲
时间	11～12 月	3～4 月	7 月	9～10 月	9～10 月	3～5 月

注：补饲以燕麦青干草和玉米为主。

（2）试验处理　根据试验户具体情况，将其饲养管理水平和经营水平划分为高、中、低 3 个类型。其中低经营水平牧户绵羊仅放牧不补饲，中等经营水平牧户是在母羊妊娠后期进行少量补饲，高经营水平牧户是母羊的妊娠期进行全舍饲。补饲日粮组成及营养成分如表 4－52 所示。

表 4－52　日粮组成及营养成分

饲养管理水平	日粮组成（干物质）					营养水平	
	玉米 (kg)	玉米糠、秸秆混合物 (kg)	燕麦青干草 (kg)	草原牧草 (kg)	合计 (kg)	代谢能量 (MJ)	粗蛋白 (g)
中等管理水平	0.39	0.67	0.07	—	1.13	17.99	111.29
高管理水平	0.21	—	0.31	0.48	1.00	13.5	126.68

（3）试验结果　通过对这 3 户不同饲养水平的典型牧户的母羊牙齿、乳房健康状况、年龄、体况评分、体重和经济效益等数据的收集，应用精准管理模型分析其绵羊生产状况。

① 低饲管理水平。如图 4－4 所示，在曲线（实际收入）中，A 点和 B 点所获得的收入都为33 662元，但 B 点绵羊数量为 128 只，而 A 点绵羊数量为 138 只，绵羊数量减少了 7%。在曲线（优化收入）中，维持收入不变，提高饲养和管理水平，C 点（80 只）在保持收入不变的同时绵羊数量

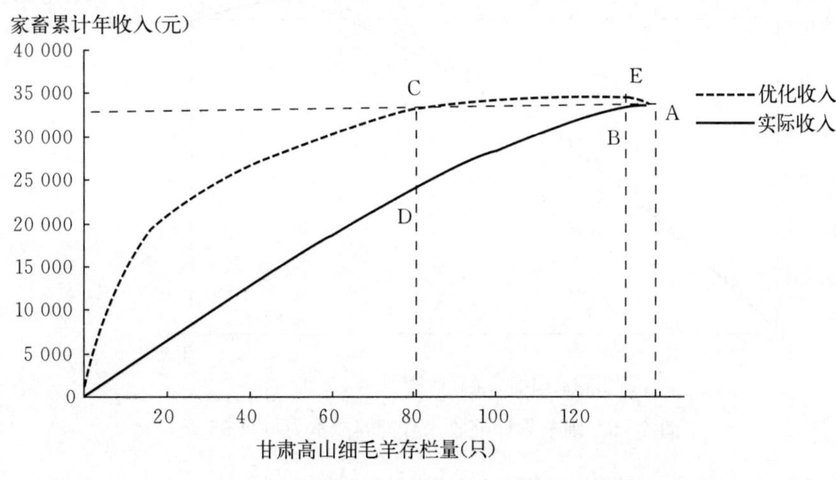

图 4－4　绵羊累计纯收入（饲养成本为每只 20 元）

仍可在B点的基础上降低38%，总计降低42%。由于此户牧户饲养成本很低，绵羊个体没有达到其个体生产水平，绵羊生产水平较低，所以实际收入曲线与改良收入曲线差距较大，此牧户的绵羊生产的提升空间很大。

② 中等管理水平。如图4-5所示，在曲线（实际收入）中，A点和B点所获得的收入都为18 476元，但B点绵羊数量为72只，而A点绵羊数量为136只，其中减少了64只，绵羊数量减少了47%。在曲线（优化收入）中，E点和B点绵羊数量同为72只，而E点收入为20 714元，比B点的18 476元提高了12%，同时绵羊数量比A点降低了47%。如果维持收入不变，提高饲养和管理水平，C点（61只）在保持收入不变的同时绵羊数量仍可在B点的基础上继续降低15%，总计降低55%。

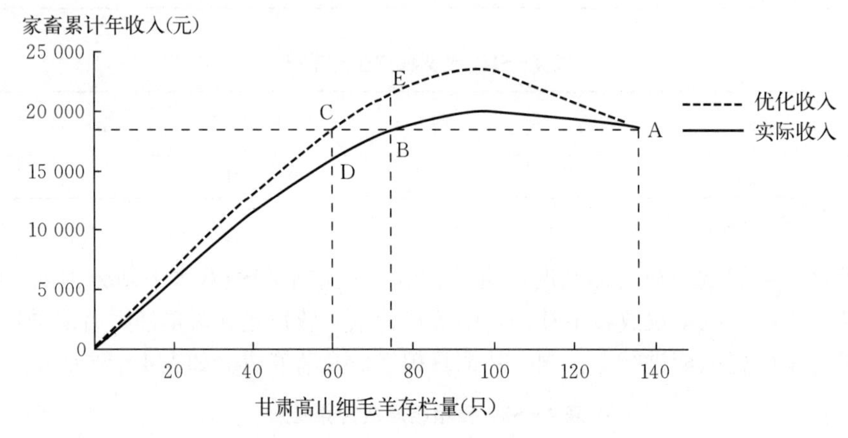

图4-5 家畜累计纯收入（饲养成本为每只78元）

③ 高管理水平。在曲线（实际收入）中，A点和B点所获得的收入都为60 766.7元，但B点绵羊数量为250只，而A点绵羊数量为339只，其中减少了89只，绵羊数量减少了26%。在曲线（优化收入）中，E点和B点绵羊数量同为250只，而E点收入为62 352元，比B点的60 766.7元提高了2.6%，同时绵羊数量比A点降低了26%。如果维持收入不变，提高饲养和管理水平，C点在保持收入不变的同时绵羊数量仍可在B点的基础上继续降低4%，总计降低29%。从图4-6和此牧户绵羊饲养成本可知，其家畜生产水平相对较高，两曲线之间差距较小，绵羊生产提升空间较小，选择进展降低，群体效益累计曲线很快将出现平顶状态。

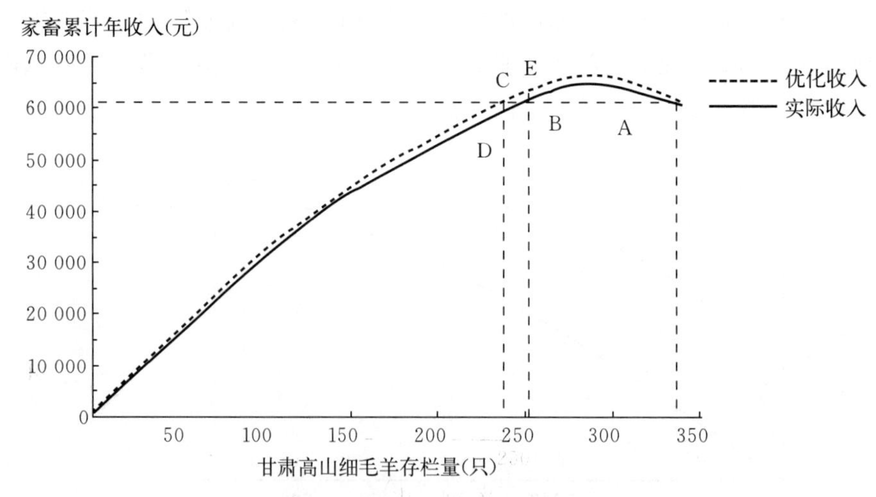

图4-6 绵羊累计纯收入（饲养成本为每只95元）

为验证个体管理模型优化结果，对其中低管理水平和高管理水平典型牧户实施精准管理技术，调整畜群结构，数量和饲养管理措施后实际绵羊存栏量分别下降了7%和26%。中等管理水平的典型牧户按传统模式饲但养存栏量上升18%（4-53）。

表4-53　绵羊存栏量变化表

饲养管理水平	成年羊总数（只）		存栏量变化（%）
	优化前	优化后	
高管理水平	339	250	26
低管理水平	138	128	7
中等管理水平	136	160	18

实施精准管理技术后，对效益不良个体进行淘汰后，结果表明底管理水平和高管理水平典型牧户平均产毛量及总产毛量均有所提高，而中等管理水平的典型牧户虽然总产毛量高于优化前，但平均产毛量下降了0.55 kg。同时，低管理水平和高管理水平典型牧户成年母羊及后备母羊的体重较优化前均有提高。而中等管理水平的典型牧户成年母羊体重下降，后备母羊体重增加不显著（表5-54）。

表4-54　施行精准管理前后绵羊生产性状的变化（kg）

饲养管理水平	平均产毛量			成年母羊平均体重			后备母羊平均体重		
	优化前	优化后	变化	优化前	优化后	变化	优化前	优化后	变化
高管理水平	4.17	4.96	0.79	45.77±4.90	48.53±5.96	2.76	39.16±3.00	45.32±3.16	6.16
低管理水平	3.18	3.26	0.08	38.46±4.75	39.17±5.60	1.91	33.34±4.09	36.11±5.02	2.77
中管理水平	4.1	3.55	−0.55	41.92±5.06	39.68±4.77	−1.24	32.36±2.93	32.58±4.07	0.22

根据高管理水平典型牧户绵羊淘汰前的饲养成本可知，其饲养管理水平相对较高，两曲线之间差距较小，家畜生产提升空间较小，选择进展降低，群体效益累计曲线很快将出现平顶状态，因此在淘汰效益不良个体后其未增加其总饲养成本，平均每只羊的饲养成本由95元降低到61.83元。

而低管理水平典型牧户绵羊淘汰前饲养成本不高，绵羊个体生产水平较低，所以实际收入曲线与改良收入曲线差距较大，此牧户的家畜生产的提升空间很大。因此在淘汰效益不良个体后维持总饲养成本不变，单只羊的饲养成本获得提高。

跟踪测定一年内绵羊个体的生产性能和牧户经济收入变化，结果表明试验组收入均有不同程度的增加，而对照组收入下降，符合模型分析结果（表4-55）。

表4-55　经济效益分析表（元）

饲养管理水平	饲养成本			收入来源		
	优化前	优化后	变化	羊毛收入增加	体重收入增加	变化
高管理水平	95	61.83	−33.17	952	9 775.92	11.39
低管理水平	20	22.11	2.11	140	1 153.04	4.2
中等管理水平	18.51	18.51	0	2 072	−3 010.56	−7.4

应用精准管理模型分析典型牧户生产数据表明，在保持牧民收入稳定的条件下，优化畜群结构，可降低绵羊存栏量7%～47%。进一步提高饲养管理水平可以降低存栏量29%～55%，可以实现肃南细毛羊生产草畜平衡，同时还对群体进行有效选育。试验证明，在分别降低家畜存栏量7%、26%之后，典型牧户的收入分别提高了11.39%和4.2%，且存栏家畜的生产性能指标更加优秀。而存栏量上升18%的牧户，其收入降低了7.4%，所饲喂绵羊的平均产毛量及体重均有所下降。这与模型分析结果相吻合。

通过精准管理技术的实施，绵羊个体生产水平提高，基础母羊繁殖性能得到改善。淘汰群体中零贡献个体和亏损个体，降低绵羊存栏量，显著降低绵羊饲养量，促进草畜平衡，同时也提高或保证牧户的经济收入总量。

按照精准管理模式，可以在不降低牧户收入的同时，可以降低家畜数量的7%～55%，显著的降低草原载畜量，实现了草畜平衡，这样就基本解决了我国北方草原的超载过牧的问题。另一个方面通过实施家畜个体的管理技术基础母羊的生产性状得到显著提高并对基础母羊群体进行有效选育。

八、高寒牧区杂交改良技术示范

1. 高寒牧区杂交改良目的意义 针对当地羔羊体格小、生长速度慢等情况，引进优良的种公羊与当地高山细毛羊和藏羊进行杂交，一方面可以提高羔羊出生率和成活率，另一方面也可以在很大程度上提高羔羊的生产性能，促进羔羊生产（表4-56）。

表4-56 各杂交组合具体情况

组别	父本	母本
AC	优良欧拉羊	甘肃高山细毛羊
BC	优良细毛羊	甘肃高山细毛羊
CC	甘肃高山细毛羊	甘肃高山细毛羊
DE	优良邦德	本地藏羊
AE	优良欧拉羊	本地藏羊
EE	本地藏羊	本地藏羊

2. 高寒牧区杂交改良示范 2012年7月，在试验地引进优良欧拉羊、细毛羊以及邦德种公羊，在试验户进行杂交试验，对照组为甘肃高山细毛羊和本地藏羊纯繁。2013年3月开始，在羔羊集中出生时，选取各组合出生日龄相差不过5 d的羔羊各10只，对其初生重以及1～5月龄重进行监测，在5月龄时随机选取不同杂交组合羔羊各3只进行屠宰试验。试验组与对照组羔羊饲养方式均为随母羊放牧（表4-57～表4-59）。

表4-57 各杂交组合生长性能

组别	初生重（kg）	五月龄重（kg）	日增重（kg/d）
AC	3.83	27.69	0.16
BC	3.45	28	0.165
CC	1.75	20.2	0.123
DE	3.74	32	0.19
AE	4.63	31	0.176
EE	1.83	23.1	0.141 8

表4-58 各杂交组合屠宰性能

组别	宰前重（kg）	胴体重（kg）	屠宰率（%）	GR值（mm）	眼肌面积（cm²）
AC	22.6	9.9	43.40	4.66	6.53
BC	24.5	10.65	43.43	4.3	7.11
CC	22.5	10.3	45.37	4.835	6.23
DE	30.75	13.6	44.26	6.575	13.02
AE	31	13.6	43.87	6.11	11.97
EE	21.5	8.5	39.53	3.565	9.01

表 4-59　各杂交组合羊肉品质测定

组合	失水率（%）	pH	熟肉率（%）	嫩度（kg·f）	肉色评分	大理石花纹评分	膻味
AC	36.09	6.7	59.68	4.445 5	4	2.5	淡
BC	29.16	6.7	57.13	6.345 5	4	2.5	淡
CC	36.02	6.8	60.05	3.445 5	4	2.5	淡
DE	24.74	7.05	64.37	6.448	4	2.5	淡
AE	38.74	6.95	64.36	7.908 5	4	2.5	淡
EE	26.58	7.05	60.68	5.471 75	4	2	淡

从羔羊生产性能看出，各杂交组合的出生重、5 月龄重以及日增重都显著优于当地纯繁的品种。在所有杂交组合中，藏羊杂交的各项生产性能指标优于其他组合，体格大、生长速度快。

九、高寒牧区羔羊短期育肥技术示范

1. 羔羊短期育肥目的意义　羔羊短期育肥按照羔羊品种可分为甘肃高山细毛羊短期育肥和天祝藏羊短期育肥。实行 3 月龄的羔羊进行全舍饲短期育肥，一方面可以加快羔羊生长速度，迅速增肥，减少生长时间、提前出栏，另一方面也可以降低草地放牧压力，促进母羊生产性能恢复，提高草地畜牧业的经济效益。

2. 羔羊短期育肥时间　育肥时间为 2013 年 4～6 月，这段时间是牧草返青前期和返青期，也是放牧的危机期。目的是降低随母羊放牧造成的采食压力，并有利于母羊体况恢复。预饲期为 10 d，正式饲喂期为 60 d。从开展试验开始，每隔 10 d 进行空腹称重。称重设备和方法采用放牧家畜全自动称重仪。

3. 羔羊短期育肥饲料　育肥饲料为“羔羊精料补充料”，生产厂家为甘肃昊胜资源饲料科技有限公司，营养水平见表 4-60。

表 4-60　育肥饲料营养水平

组　分	含　量	组　分	含　量
能量（MJ/kg）	5.33	磷（g/kg）	6.1
粗蛋白（g/kg）	181.2	赖氨酸（g/kg）	10.6
纤维（g/kg）	33	粗脂肪（g/kg）	37
钙（g/kg）	8.3	食盐（g/kg）	4.1

4. 羔羊短期育肥技术示范　在当地牧户羊群内分别选取 40 只健康、生长发育良好、体重无显著差异的 3 月龄天祝藏羊和甘肃高山细毛羊，各分为 4 组，每组 10 只，一组为对照，三组进行短期育肥。试验组和对照组羔羊均打上电子耳标以利于定期称重和建立个体档案。羔羊入栏育肥前，用 3% 的 NaOH 溶液多次喷洒消毒整个羊舍。试验期间，不定期用过氧乙酸或强力消毒灵喷洒羊舍，每周彻底清扫育肥区，并用石灰进行地面消毒。试验组采用全舍饲育肥，夜晚与母羊同圈。每天喂料 5 次，时间为 7:30、11:30、15:30、18:30 及 21:30，放置饮水槽自由饮水，并记录每天饲料的投放量和实际采食量。对照组为自由放牧。天祝藏羊和甘肃高山细毛羊的饲喂量分别按 NRC 羔羊日增重 150 g 和 200 g 标准进行饲喂（表 4-61）。

表 4-61　不同羔羊品种育肥处理及精料饲喂量

品种	精料饲喂量（kg/d）			
	CK	1 组	2 组	3 组
甘肃高山细毛羊	0	0.3	0.35	0.4
天祝藏羊	0	0.2	0.25	0.3

试验组藏羊与细毛羊的日增重都显著高于对照（表4－62、表4－63）；细毛羊增重显著高于藏羊。藏羊在饲喂量为0.25 kg/d时，增重效果最优；细毛羊在饲喂量为0.3 kg/d时，增重效果最佳。

表4－62　天祝藏羊育肥效果（kg/只）

处理	初始重	末　重	增　重
1组	11.84	18.40	6.56
2组	11.49	19.03	7.54
3组	9.74	16.80	7.06
CK	9.53	14.40	4.87

表4－63　甘肃高山细毛羊育肥效果（kg/只）

处理	初始重	末重	增重
1组	10.84	23.84	13.00
2组	12.06	23.84	11.78
3组	12.62	24.52	11.90
CK	10.72	16.20	5.48

十、白牦牛犊牛补饲技术示范

1. 白牦牛犊牛补饲目的意义　针对天祝白牦牛犊牛在出生第一个冷季里生长发育缓慢、体弱死亡严重，影响到白牦牛的保种和选育的现象，对白牦牛犊牛实施冷季精料补饲，依据不同补饲量对牦牛犊牛生长和增重的影响效果，选择最优的补饲策略，缓解白牦牛冷季掉膘问题，提高牦牛犊牛的生产性能。

2. 白牦牛犊牛补饲饲料　白牦牛犊牛补饲采用燕麦青干草加燕麦籽粒的方式，各补饲饲料品种的营养成分见表4－64。

表4－64　饲料品种的营养组成

饲料品种	粗蛋白(%)	粗纤维(%)	粗脂肪(%)	粗灰分(%)	酸性洗涤纤维(%)	中性洗涤纤维(%)	蛋白质(%)
青干草	8.34	27.3	1.94	5.23	53.2	32.5	—
燕麦籽粒	—	—	—	—	—	—	12.98

3. 白牦牛犊牛补饲示范　在当地牧户牛群内选取生长发育良好、体重相当的8月龄白牦牛犊牛24头，分为4组，每组6头，所有牦牛均打上电子耳标进行编号并建档案，试验前进行常规防疫驱虫。试验组采取白天放牧＋晚上补饲，对照组只进行白天放牧，晚上不补饲。各组饲喂量如表4－65，试验时间共150 d（2012年11月20日至2013年4月20日），所有牦牛在8:30—9:00出牧，17:30—18:00归牧后分组圈养，然后将补饲日粮按分组一次性饲喂（表4－65）。试验开始后，每月20日进行牧前空腹体重称重，所用仪器为放牧家畜自动称量仪。

表4－65　各处理组犊牛饲喂量［kg/(头・天)］

处理	燕麦青干草	燕麦籽粒
处理1	1	0.1
处理2	1	0.2
处理3	1	0.3
对照组	1	0

在补饲期间，各个组牦牛体重增幅比较平稳，分别为处理1：2.2 kg，处理2：5.6 kg，处理3：8.2 kg，对照组：1.5 kg。随着补饲量的增加，犊牛在冬季的增重越大（表4-66）。

表4-66　补饲期间体重变化

处理	2012年11月	2012年12月	2013年1月	2013年2月	2013年3月	2013年4月
处理1	59.0	59.5	59.8	61.6	60.6	61.2
处理2	60.9	59.6	62.2	64.5	64.3	66.5
处理3	57.9	60.7	62.4	64.2	67.8	66.1
对照组	58.9	60.1	63.7	66.9	63.5	60.4

十一、高寒牧区燕麦施肥增产技术示范

1. 燕麦施肥增产的目的意义　冬季饲草缺乏是困扰青藏高原高寒草甸牧区家畜冷季越冬的主要限制因素。由于高寒牧区人工饲草料地种植面积有限，提高单位面积产量并降低投入是高寒牧区人工饲草生产模式优化措施之一。为了提高单位面积产量、节约肥料成本，开展了不同肥力配比及播种量对燕麦人工草地生产力的影响试验。

2. 燕麦施肥增产材料　燕麦种子为青海甜燕麦，所用肥料均由市场购买所得，N肥为尿素，含N46%；P肥为过磷酸钙，含P_2O_5 12%。

3. 燕麦施肥增产示范　燕麦播种量设3个梯度分别为300 kg/hm^2、450 kg/hm^2、600 kg/hm^2。N肥设4个梯度分别为0（N_1）、37.5 kg/hm^2（N_2）、75 kg/hm^2（N_3）、112.5 kg/hm^2（N_4）。P肥设4个梯度分别为0（P_1）、75 kg/hm^2（P_2）、150 kg/hm^2（P_3）、225 kg/hm^2（P_4）。不同肥力配比为N肥、P肥以不同梯度分别组合。小区面积为6 m^2，每个处理3个重复，共144个小区，播种方式为条播。在燕麦灌浆期进行测产。

从结果来看（表4-67），在450 kg/hm^{2}的播种量下，燕麦产量较好，在施肥水平为N_1P_4（N：37.5 kg/hm^2+P：225 kg/hm^2）产量到达了最高为44 563.95 kg/hm^2。

表4-67　氮、磷对不同播种量下产草量的影响

项目	300 kg/hm^{2}播量下		450 kg/hm^{2}播量下		600 kg/hm^{2}播量下	
	施肥组合	产量（kg/hm^2）	施肥组合	产量（kg/hm^2）	施肥组合	产量（kg/hm^2）
施氮各水平间互比（含4个施氮水平平均值）	N_1P_1	28 678.00	N_1P_1	32 250.00	N_1P_1	38 694.00
	N_2P_1	29 666.00	N_2P_1	32 406.00	N_2P_1	37 930.00
	N_3P_1	26 888.00	N_3P_1	30 410.00	N_3P_1	37 159.00
	N_4P_1	29 590.00	N_4P_1	32 528.00	N_4P_1	36 858.00
施磷各水平间互比（含4个施磷水平平均值）	N_1P_1	28 678.05	N_1P_1	32 250.00	N_1P_1	38 694.00
	N_1P_2	31 006.01	N_1P_2	37 951.95	N_1P_2	37 824.00
	N_1P_3	37 278.00	N_1P_3	43 722.00	N_1P_3	40 230.00
	N_1P_4	43 944.00	N_1P_4	44 563.95	N_1P_4	40 484.00
16个组合互比	N_1P_4	43 944.00	N_1P_4	44 563.95	N_2P_3	42 274.00
	N_4P_4	43 324.05	N_3P_4	44 464.05	N_4P_4	42 016.00
	N_2P_4	42 996.00	N_4P_4	44 364.00	N_1P_4	40 484.00
	N_3P_4	42 835.95	N_3P_3	44 004.00	N_1P_3	40 230.00
	N_4P_3	41 926.05	N_2P_4	43 774.05	N_2P_4	40 162.00

（续）

项目	300 kg/hm² 播量下		450 kg/hm² 播量下		600 kg/hm² 播量下	
	施肥组合	产量（kg/hm²）	施肥组合	产量（kg/hm²）	施肥组合	产量（kg/hm²）
16个组合互比	N_2P_3	41 412.00	N_1P_3	43 722.00	N_3P_2	40 156.00
	N_3P_3	39 838.05	N_2P_3	43 548.00	N_3P_4	39 758.00
	N_1P_3	37 278.00	N_4P_3	43 423.95	N_4P_3	39 490.00
	N_4P_2	37 276.05	N_4P_2	41 005.95	N_3P_3	39 448.00
	N_3P_2	35 929.95	N_1P_2	37 951.95	N_1P_1	38 694.00
	N_2P_2	33 718.05	N_3P_2	37 494.00	N_4P_2	38 252.00
	N_1P_2	31 006.05	N_2P_2	36 984.00	N_2P_1	37 930.00
	N_2P_1	29 665.95	N_4P_1	32 527.95	N_1P_2	37 824.00
	N_4P_1	29 590.05	N_2P_1	32 406.00	N_2P_2	37 780.00
	N_1P_1	28 678.05	N_1P_1	32 250.00	N_3P_1	37 159.00
	N_3P_1	26 887.95	N_3P_1	30 409.95	N_4P_1	36 858.00

第五节　四川牧区生态高效草原牧养技术示范

一、高产优质人工草地建植技术示范

四川牧区冬春饲草料极度缺乏，草地过度利用现象比较严重，这既阻碍了四川牧区畜牧业的发展，又损害了牧区生态环境。利用牧区水热条件较好、海拔较低、地势地理较好的区域或鼠荒地、撂荒地建植高产人工草地，可以有效缓解牧区冬春饲草料缺乏问题，同时可以减轻放牧对草场带来的压力。

1. 场地选择　土地应选择在地势相对平坦，坡度不大，一般小于10°，比较开阔，不易引起风蚀沙化，土层厚度30 cm以上，土壤质地和水热条件较好，富含有机质，适合牧草生长，肥水充足和距水源较近，地下水位适中，距居民点、养殖业农户和畜群点比较近、交通方便的亚高山草甸草地、鼠害鼠荒地、撂荒地及其他适宜的土地或草地。

2. 地块整理　土地整理包括除杂、耙地、旋地、镇压等。地块整理前测试土壤氮、磷、钾肥、有机肥及有关微量元素含量，或查阅当地土壤调查资料，了解土壤养分水平，以便制订施肥计划。

3. 基础设施　在地段选择后或播种后，使用水泥桩刺丝网或菱形网进行围栏。在比较干旱的地区可以修建灌溉设备，如挖井、修水渠等。

4. 草种及组合　见表4-68。

表4-68　适宜播种的主要草种及可以混播搭配的草种组合

主要草种	可以混播草种组合
老芒麦	红豆草、光叶紫花苕、三叶草
披碱草	红豆草、光叶紫花苕、三叶草
虉草	常单播，可与根茎型下繁草紫羊茅和早熟禾混播
扁穗雀麦	白三叶、鸭茅、黑麦草
紫羊茅	黑麦草、白三叶、红三叶
多年生黑麦草	三叶草、苜蓿、鸭茅和猫尾草
一年生黑麦草	红三叶、白三叶、苕子、箭筈豌豆

（续）

主要草种	可以混播草种组合
燕麦	箭筈豌豆、毛苕子、豌豆、光叶紫花苕
猫尾草	红三叶、草地羊茅
草地早熟禾	红三叶、白三叶、猫尾草
红豆草	紫花苜蓿、无芒雀麦、老芒麦、披碱草等
紫花苜蓿	鸭茅、猫尾草、多年生黑麦草、无芒雀麦等
红三叶	黑麦草、披碱草、老芒麦、鸭茅、燕麦等
白三叶	黑麦草、披碱草、老芒麦、鸭茅、雀麦、燕麦、羊茅等
草木樨	燕麦、大麦
光叶紫花苕	多花黑麦草、小黑麦、燕麦、大麦、芜根萝卜
箭筈豌豆	燕麦、大麦
饲用甜菜	易单播
芜根萝卜	多花黑麦草、小黑麦、燕麦、大麦

5. 播种技术

（1）种子要求　播种的种子要求纯净度高、籽粒饱满匀称、生活力强、含水量低。豆科牧草种子要求含水量为12%～14%，禾本科牧草种子的含水量为11%～12%等。

（2）播种前种子处理　为了保证播种质量，播前应根据不同情况进行去芒、清选、浸种、根瘤菌接种等种子处理。具体方法见本章第一节种子生产技术相关内容。

（3）播种　川西北地区牧草播种一般采用春播或夏播，最适宜播种期为4月，最迟不超过6月中下旬，以保证牧草和饲料作物有足够的生长期，既可获得高产，也有利于多年生牧草越冬。播种方式采用条播、点播（穴播）或撒播等方式进行单播或混播。

条播：牧草栽培中最常用的一种播种方式，其中包括同行条播、间行条播和交叉播种。同行条播是各种混播牧草种子同时播于同一行内，行距通常为7.5～15 cm；间行条播则可采用窄行间行条播及宽行间行条播，前者行距15 cm，后者行距30 cm。当播种3种以上牧草时，一种牧草播于一行，另两种分别播于相邻的两行，或者分种间行条播，保持各自的覆土深度。也可30 cm宽行和15 cm窄行相间播种。在窄行中播种耐阴或竞争力强的牧草，宽行中播种喜光或竞争力弱的牧草。交叉播种是先将一种或几种牧草播于同一行内，再将一种或几种牧草与前者垂直方向播种，一般把形状相似或大小近等的草种混在一起同时播种。条播深度均一，出苗整齐，利于和杂草竞争，也便于中耕除草、施肥等田间管理。

撒播：整地后把种子尽可能均匀地撒在土壤表面并轻耙覆土的播种方式，无株行距不能进行中耕除草，撒播因覆土厚度不一，常出苗不整齐，成熟度不一，田间管理不方便。撒播适宜于在降水量较充足的地区进行，但播前必须清除好杂草。

点播（穴播）：在行上、行间或垄上按照一定株距开穴点播种子的方式，该播种方式最节省种子，出苗容易，间苗方便，播种比较费工，主要用作株高叶大的饲料作物如饲用甜菜、芜根萝卜、饲用玉米等。

混播：按牧草形态（上繁与下繁、宽叶与窄叶、深根系与浅根系）的互补、生长特性的互补、营养互补（豆科与禾本科）或对光、温、水、肥的要求各异的原则进行混播组合。最常见的混播牧草多数是豆科与禾本科混播。混播牧草的播种方法有同行播种、交叉播种、间条播种、撒一条播（行距15 cm，一行采用条播，另一行进行宽幅的撒播）。

播种量：播种量的多少主要由种子的净度和发芽率来决定。一般可按照以下两种公式计算：

单播时牧草的播种量＝种子用价为100%的播种量/种子用价（%）

种子用价（%）＝发芽率（%）×纯净度（%）

混播时牧草播种量＝牧草在混播中的比例×单播牧草的播种量/牧草的种子用价

播种深度：是指土壤开沟的深浅和覆土的厚薄。开沟深度原则上在干土层之下；牧草以浅播为宜，播种过深，子叶不能冲破土壤而被闷死；播种过浅，水分不足不能发芽。决定播种深度的原则：大粒种子应深，小粒种子应浅；疏松土地应深，黏重土地应浅；土壤干燥者稍深，土壤潮湿者宜浅。饲料作物播种深度较牧草深，轻质土壤 4～5 cm，黏重土壤 2～3 cm，小粒饲料作物则更应浅些。

6. 田间管理

（1）破除土壤板结　出现地表板结，用短齿耙或具有短齿的圆镇压器破除。有灌溉条件的地方，可采用轻度灌溉破除板结。

（2）间苗和定苗　在保证合理密植所规定的株数基础上，去弱留壮；第一次间苗应在第一片真叶出现时进行，过晚浪费土壤养分和水分；定苗（即最后一次间苗）不得晚于 6 片叶子。进行间苗和定苗时，要结合规定密度和株距进行；对缺苗率超过 10%的地方，应及时移栽或补播。

（3）中耕　川西北干旱寒冷地区，中耕覆土有利于多年生牧草越冬。中耕时间和次数应根据牧草饲料种类、土壤情况及杂草发生情况而定，第一次中耕应在定苗前进行，易浅，一般为 3～5 cm；第二次中耕在定苗后进行，稍微深些，目的是促进次生根深扎；第三次中耕在拔节前后进行，应浅些。中耕最好与施肥、灌溉结合进行。对于干旱土壤，中耕次数可多些；对于黏质土壤，雨后应及时中耕。

（4）杂草防除　除杂宁早勿晚，要尽可能将其消灭在开花结籽之前。具体方法与第一节杂草防除相同。

（5）追肥　一般情况下，在牧草 3～4 片叶时要及时追苗肥，一般使用尿素，每 667 m^2 施用 5～10 kg。追肥以化肥为主，追肥方法可以撒施、条施、穴施、灌溉施肥或叶面喷肥等。追肥时间一般在禾本科牧草的分蘖、拔节期；豆科牧草的分枝、现蕾期。为了提高牧草产草量，每次收割后和返青期也应追肥。一般禾本科牧草需要氮肥较多，应施氮肥为主，适当配以磷肥和钾肥；豆科牧草则以磷、钾肥为主，也需要少量的氮肥，特别是幼苗期根瘤菌尚未形成时。混播草地以复合肥为主，氮的施入量以每 667 m^2 1.5～2 kg 为宜，秋季追肥以磷、钾肥为主，以便牧草能安全越冬。

（6）灌溉　在川西北地区干旱的地方，牧草返青前、生长期间、入冬前宜进行适当的灌溉，以提高牧草产量。

（7）病虫鼠害防治　川西北高原由于其特殊的地理和气候环境，病虫害较少，但病虫害防治要以预防为主，一旦发生要立即采取措施予以控制。川西北牧区鼠害严重，应及时防治。

（8）越冬管理　为保证牧草的安全越冬，牧草每年最后一次刈割时间应在当地初霜期来临前 1 个月左右，刈割留茬宜高；冻结前少量灌水，可减缓土温变化幅度，但不应多灌，否则会增加冻害。入冬前 1 个月禁止放牧。

（9）返青期管理　牧草返青芽萌动后，生长速度加快，对水肥比较敏感，此时根据牧草种类特性进行施肥。若土壤墒情较差要及时进行灌溉。返青期间为保护返青芽的生长，加强围栏管护，禁止放牧。

7. 人工草地收获与利用　川西北人工草地主要利用方式可以刈割利用，也可以放牧利用。

（1）刈割利用

① 刈割时期。禾本科牧草首次刈割时期以抽穗到开花这段时间为宜；豆科牧草以现蕾到开花初期为宜。

② 刈割留茬高度。禾本科牧草的刈割留茬高度为 4～5 cm；以根茎再生为主的豆科牧草（苜蓿、白三叶、红三叶、沙打旺等）的刈割留茬高度以 5 cm 左右为宜；以叶腋芽处再生为主的豆科牧草（草木樨、红豆草等）的刈割留茬高度为 10～15 cm 为宜。当年最后一次刈割时的留茬高度要比平时多 5 cm，以利于来年春天牧草及早返青。

③ 刈割次数和刈割频率。西北高寒地区的牧草一般刈割为 1～2 次。刈割频率原则上要保证牧草有足够的恢复再生、蓄积营养的时间，一般牧草两次刈割间隔的时间至少要在 40～50 d。

饲草利用方式：刈割后的饲草可以鲜饲，也可以青贮、调制青干草和加工成草粉等。

（2）放牧利用

① 放牧时间。一般以多数牧草处于营养生长后期为宜；混播多年生牧草当禾本科牧草为拔节期为宜；豆科牧草在腋芽发生期为宜。

② 放牧强度。一般放牧留茬高度以 2～5 cm 为宜，进行轮牧或混合畜群放牧。放牧时间间隔，一般为 20～30 d，如果牧草再生速度慢，牧草长势差，间隔时间一般为 40～50 d。

项目实施期间，已经在红原、若尔盖县开展生产示范，累计示范规模达到 1.33 万 hm^2 以上。

二、天然草地改良技术示范

四川牧区的高寒草甸草地及大部分亚高山草甸草地生态环境脆弱。这些区域大部分草地已经退化或处于退化趋势，因此本区域主要进行生态环境保护，在草地严重退化的区域禁牧，在中度、轻度退化的草地实施轮牧或适度放牧。免耕种草技术是本区域沙化草地治理、退化草地湿地植被恢复和人工草地建设的主要技术措施。

1. 适宜地块选择　一般选择离牧户定居点较近的冬春草场亚高山草甸草地区域。重点选择向阳背风、地势高平、土层较深厚的亚高山草甸草地、鼠害鼠荒地、撂荒地及其他适宜的土地和草地。

2. 地面处理　首先，清除地面的石块或其他杂物；其次采用 2，4－D 丁酯等选择性除草剂灭除双子叶植物等毒杂草（使用方法见除草剂使用说明书）；另外对较板结的地面，可采用重耙疏松地表土层 5～10 cm。

3. 适宜草种与组合

（1）适宜草种　用于川西北天然草地补播的多年生牧草主要有老芒麦、披碱草、藨草、无芒雀麦、草地早熟禾、紫羊茅、羊茅等；一年生牧草主要有燕麦、多花黑麦草等。

（2）草种组合　根据实际需要选择两种或三种不同类型的牧草混播。多年生牧草混播比例一般为老芒麦、披碱草等上繁草占单播用量的 70%～80%，紫羊茅、羊茅等下繁草占单播用量的 20%～30%，无芒雀麦、草地早熟禾等根茎型牧草占单播用量的 10%～30%。多年生与一年生牧草混播比例一般为一年生牧草占单播用量的 50%，多年生牧草占单播用量的 80%。

4. 建植技术　大面积的采用免耕播种机，根据不同的植被盖度采用不同的播种量。如果没有免耕补播机的可以撒种后驱赶牛羊践踏 3～5 d，进行蹄耕覆盖。

（1）种子处理　具芒种子在机械播种前须用脱芒机进行脱芒处理；休眠性种子在播种前需采用变温、擦破种皮、化学药物等方法对种子进行处理；豆科牧草种子在播种前需选择专门的根瘤菌进行根瘤菌接种；种子丸衣化处理等。

（2）播种时间　一般在土壤解冻后的 4 月中下旬播种为宜。可充分利用高原有限的热量资源，延长牧草的生长期，获得较高的产量。最佳播期在 4 月下旬，最迟不能晚于 6 月下旬。

（3）播种方法　目前，天然草地免耕补播多采用免耕补播机，川西北草地可选择 6115 免耕播种机或可越障式免耕播种机。如果补播面积较小，可人工撒播后，再牛羊践踏 2～3 次即可。

（4）播种量　免耕补播一般较大，披碱草、老芒麦、早熟禾、紫羊茅等多年生禾本科牧草一般每 667 m^2 补播 2～3 kg；燕麦等大粒型的一年生牧草一般每 667 m^2 补播 15～20 kg；多花黑麦草等小粒型一年生牧草一般每 667 m^2 补播 2～3 kg。

5. 田间管理

（1）围栏封育　免耕人工草地应在周围设置围栏，禁止牲畜进入草场内采食牧草和践踏草地。

（2）施肥　在播种当年初冬季节，在免耕草地适度放牧牛羊群，以采食地面枯草，并以其粪尿作为有机肥施用。放牧时间一般为 7 d 左右。放牧结束后进行一次检查，对没有粪便或粪便少的地方适当补施牛羊粪。第二年 5 月禾本科牧草到达分蘖期后，每 667 m^2 追施尿素 10 kg 左右。

6. 牧草收获与利用 一般禾本科牧草在抽穗到开花期刈割，此时刈割的牧草品质较佳，适口性较好，产量也较高。面积在 0.67 hm^2 以下的可采用背负式割草机或甩镰进行刈割；面积在 0.67～3.33 hm^2 一般采用背负式割草机进行刈割；面积大于 3.33 hm^2 的一般采用机动割草机进行刈割。选择晴天刈割，刈割后牧草散放地上晾晒，一天后翻晒，持续 2～3 d，当含水量为 15%左右时，就可收贮堆垛备用；也可晾晒 0.5 d 左右，含水量在 60%～70%时采用青贮窖或青贮袋进行青贮料调制。

项目实施期间，已在红原、若尔盖县开展天然草地改良 1.33 万 hm^2 以上。

三、优质肥羔生产技术示范

2009—2013 年，采用同期发情＋人工授精＋子宫颈输精法共对 600 只藏绵羊进行改良试验，繁殖了杂交羔羊 567 只，断奶成活了 510 只羔羊，断奶成活率为 90.1%，周岁杂交一代公、母羊体重分别达到（70.11±11.09）kg 和（57.53±9.23）kg，比本地藏羊分别提高 41.85%和 40.23%，成年公、母羊平均体重分别达到 98.42 kg 和 73.71 kg，比本地藏羊分别提高 45.72%和 41.28%。10 月龄杂交羊平均胴体重为 30.28 kg，比同龄藏绵羊提高 39.99%，屠宰率提高 4.54 个百分点，净肉率提高 5.04 个百分点，杂交改良效果显著。

向红原县的藏绵羊养殖合作社和养殖大户推广白萨福克羊种公羊 26 只，累计进行了鲜精配种和自然交配配种 2 800 只藏绵羊，产羔存活 1 912 只，繁殖成活率 68.29%。

研发了高原绿色无污染的羊肉产品——雪域羊尕尔。

四、牦牛适时出栏技术示范

在红原县科技示范园区、红原县溜溜牛公司养殖基地，开展了牦牛适时出栏综合配套技术的集成示范，包括怀孕母牦牛的饲养管理、犊牦牛全哺乳培育、冷季“放牧＋补饲＋暖棚”饲养、暖季“放牧＋补饲”育肥、标准化疫病防治、免耕种草和饲草料调制等技术。在四川省龙日种畜场建立麦洼牦牛标准化养殖示范基地 1 个，开展牦牛适时出栏技术的应用推广。

此外，在红原瓦切、邛溪镇、麦洼、色地等 7 个乡镇、22 个村、900 余户牧民中开展牦牛适时出栏配套技术及单项技术的应用推广。

本项技术的应用使牦牛提前 1～2 岁育成出栏变为现实，有利于加快牛群周转，提高出栏率，增加适龄母牛比例，优化牦牛群结构，提高牛群质量，减轻草场压力，提升牦牛饲牧业的整体水平，使牦牛长期粗放的生产方式向高产、高效、优质方向转变，推进牦牛产业化进程，为社会提供更多的绿色牦牛食品。

五、牦牛杂交改良技术示范

1. 红原县瓦切乡泽让夺基犏牛专业养殖示范户 红原县瓦切乡犏牛养殖户泽让夺基采用荷斯坦冻精与牦牛杂交生产一代荷犏牛，其后代与西黄杂种种公牛自然交配生产二代犏牛，母犏牛在牛群中的比例超过 30%。母犏牛用于挤奶，其挤奶量比牦牛提高 3～5 倍；公犏牛生长发育速度远高于牦牛，用于育肥出售。并通过建立人工刈割草地、冬季暖棚＋放牧＋补饲、划区轮牧等配套技术的应用，取得了较为可观的收益，自 2005 年以来，年收入一直保持在 10 万元以上。

2. 红原县色地乡额巴犏牛专业养殖示范户 红原县色地乡额巴采用娟姗牛冻精与牦牛杂交生产一代娟犏牛，其后代母犏牛与荷黄杂种种公牛自然交配生产二代犏牛，母犏牛在牛群中的比例也超过

30%。一代犏牛和二代较好的母犏牛用于挤奶，其挤奶量是牦牛的2～4倍；公犏牛及母犏牛的生长发育速度比牦牛提高60%以上，产肉性能也显著提高，公犏牛及二代较差的母犏牛均用作育肥出售。通过配套技术的应用，取得了明显的经济效益。

3. 红原县瓦切杂交改良示范基地 为进一步推广牦牛杂交改良技术，红原县在阿木柯乡建立了牦牛杂交改良示范基地，现有基础母牦牛200余头，杂交改良牛120余头。在该基地主要开展：牦牛冻精改良技术示范；三元杂交生产优质犏牛技术示范；人工种草、饲草粗加工、补饲等配套技术的示范。

通过实施牦牛杂交改良技术生产犏牛，一方面减少了牛群饲养数量，减轻了草场压力；另一方面，提高了养殖效益，增加了牧户收入，实现了生态保护与经济发展双赢。

值得注意的是：调整改良牛比例需要长期坚持，应选择与自己条件适应的方式（二元杂交或三元杂交）增加改良牛，改良牛的饲养需按“良种良法”的方式进行。实施牦牛改良生产犏牛，其周期较长，见效慢，前3年经济收入的增长较慢。

第六节 牧区草原环境容量评估技术示范

一、牧区草原生物量监测模型

我国草原资源丰富，是世界第二草原大国，面积4亿hm^2，是放牧畜牧业产业重要的物质生产基础，对牧区稳定、牧业发展、牧民增收乃至维持生物多样性、水土保持等方面有着重大作用。由于气候影响、过度放牧，近三四十年来草原严重退化，草地生物量积累过程发生了明显变化，特别是内蒙古、新疆、青海、西藏、甘肃、四川、宁夏7个省（自治区）的草原牧区尤为显著。正确地模拟和估算我国牧区草原植被30多年来的变化过程，对于研究陆地生态系统的碳循环、指导我国草地畜牧业生产具有重要意义（表4-69）。

表4-69 七省（自治区）10类草原类型面积

序号	草原类型	面积（km^2）	所占比例（%）
1	高寒草甸草原	67 815.43	2.26
2	温性草原化荒漠	90 729.99	3.02
3	温性草甸草原	106 175.66	3.53
4	山地草甸	136 411.80	4.54
5	温性荒漠草原	184 018.97	6.12
6	低地草甸	205 912.71	6.85
7	温性草原	389 040.47	12.95
8	温性荒漠	458 246.80	15.25
9	高寒草原	470 099.52	15.65
10	高寒草甸	664 736.58	22.13
合计		2 944 942.84	92.30

注：国家农业科学数据共享中心草地科学数据子平台提供数据支持。

研究结合草地生物量调查资料、对应时段NDVI数据，分析了1982—2010年不同时期我国草地生物量空间格局变化特征。所采用的遥感数据为美国马里兰大学GIMMS数据中心（ftp://ftp.glcf.umiacs.umd.edu/glcf/GIMMS/）的NOAA/AVHRR-NDVI每月2次最大值合成数字影像，8 km×8 km空间分辨率数据时间跨度为1981年7月至2004年3月，1 km×1 km空间分辨率数据时间跨度为1992—1996年，数据处理和分析在ERDAS和ARC/info软件下进行，地理投影采用双标准纬线等积圆锥投影（ALBERS），椭球体为KRASOVSKY，坐标系为Beijing 1954。地面生物量数据包括1992—1994年、2002—2004年草地生长最盛期路线抽样调查实测数据，包括1 119个1 km×1 km典型样地。1992—1994年路线调查数据共包括268个典型样地，样地面积1 km×1 km，每样地内根据草地组成、分布格局、地形和土壤条件设置5～10个代表样方（草本1 m×1 m，半灌木或高大草本2 m×2 m），收割法测定地上生物量，根据目测的样地内盖度百分率换算1 km×1 km样地平均地上生物量。2002—2004年路线调查数据共包括851个典型样地，样地布置选取比较均一的草地布设1 km×1 km的样地，样地内样方布设、测定内容与方法同上。

应用系统抽样法（systematic sampling）在MODIS NDVI和NOAA NDVI遥感影像上抽取研究样本，抽样间距为40 km，其中MODIS影像中的样本范围为一个半径是4 000 m的圆形区域，将该区域内的NDVI平均值作为MODIS数据在该点的抽样值，NOAA数据中的样本范围是一个象元（8 000 m×8 000 m），该象元值即为NOAA数据在该点的抽样值。分别在研究区域内高寒草甸草原、温性草原化荒漠、温性草甸草原、山地草甸、温性荒漠草原、低地草甸、温性草原、温性荒漠、高寒草原、高寒草甸10类草原。

10类草原类型上每年分别获得43、59、70、92、120、148、237、277、279、395个样本，6年总样本量为10 320个，用该方法在2000—2005年的6幅MODIS和NOAA年度最大值合成NDVI影像上抽样，并按照草原类型分类进行线性回归分析。

二、牧区草地植被供给功能空间格局分析

以上获得草地生物量监测模型为基础，进行研究区域内草地生物量的模拟计算。为了排除年度之间气候波动对草地生物量空间格局变化分析的影响，采取相邻几年的平均值代表某个时段的草地生物量水平，分别采用1982—1985年、1986—1990年、1991—1995年、1996—2000年、2001—2005年、2006—2010年的平均值进行计算。

由表4-70中可见，在草地生物量上，低地草甸、温性草甸草原1980年代后期较1980年代前期略有增加，20世纪90年代开始下降，21世纪后逐步增加，表明这两类草原21世纪初期10年的治理成效开始显现；山地草甸1982—1985年至1996—2000年平均草地生物量持续缓慢下降，21世纪后开始恢复，揭示了在20世纪的最后20年内，山地草甸受到持续的负面干扰；1982—1950至1996—2000年，温性草原与低地草甸、温性草甸草原的生物量变化一致，但2000年代后期草原生物量有所下降，除不利气候因素的影响外，表明温性草原的外界干扰有加剧的趋势。高寒草甸1996—2000年开始扭转草地生物量下降的趋势，并逐步增加，2006—2010年达到最大，并超过20世纪80年代水平。温性荒漠草原1982—1985年至1996—2000年，草原生物量逐年缓慢增加，2006—2010年开始迅速下降，与2006—2010年相比，下降8%。表明2006—2010年温性荒漠草原受到了较为强烈的外界干扰。温性荒漠平均草原生物量2006—2010年以前整体波动较小，2006—2010年开始迅速恢复，增长明显，比20世纪80年代的平均草地生物量高18%；高寒草原、温性草原化荒漠和高寒草甸草原总体为平稳增加趋势，各年代间波动较小，2006—2010年达到最大值。

表4-70　六个时期不同区域内草地地上生物量平均值（kg/hm²）

区域类型	1982—1985年	1986—1990年	1991—1995年	1996—2000年	2001—2005年	2006—2010年
低地草甸	930.40	967.34	959.74	942.74	975.26	1 087.63
温性草甸草原	1 065.68	1 106.01	1 095.21	1 034.71	1 095.81	1 145.75

（续）

区域类型	1982—1985年	1986—1990年	1991—1995年	1996—2000年	2001—2005年	2006—2010年
山地草甸	1 193.45	1 171.48	1 148.54	1 120.06	1 145.74	1 278.38
温性草原	744.28	774.48	772.77	766.09	807.80	755.85
高寒草甸	664.15	654.54	644.70	656.57	679.67	751.73
温性荒漠草原	529.19	547.01	548.64	557.38	552.84	509.40
温性荒漠	367.70	380.55	376.39	384.81	381.10	435.08
高寒草原	298.46	302.21	301.12	305.94	309.03	349.77
温性草原化荒漠	412.86	421.94	424.14	437.35	426.20	459.84
高寒草甸草原	382.28	380.71	388.72	397.74	409.69	425.15

注：国家农业科学数据共享中心草地科学数据子平台提供数据支持。

由图4-7可见，研究区域内1986—1990年草原中，生物量下降草原面积占48.15%，生物量上升草原面积占51.85%。草原生物量下降区域主要分布在研究区域的东南部地区，新疆天山的中西部地区以及内蒙古东部零星地区。草原生物量上升的区域主要有新疆北部地区，内蒙古东部地区以及青海中部地区。按照草地类型划分，与1982—1985年草原相比，高寒草甸、山地草甸、高寒草甸草原、温性草原化荒漠生物量下降面积显著，均超过50%以上。

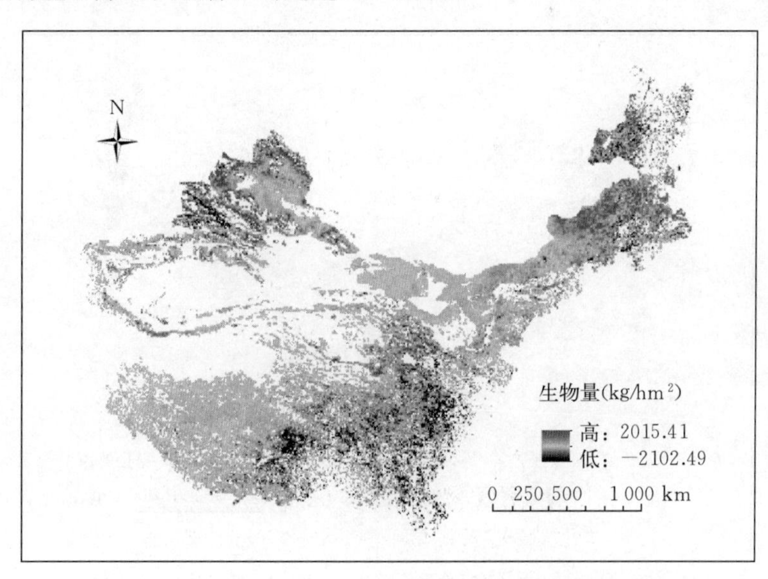

图4-7　1986—1990年与1982—1985年草原生物量变化

由图4-8可见，研究区域内1991—1995年草原中，生物量下降草原面积占60.22%，生物量上升草原面积占39.78%。研究区域内草原生物量主要呈下降趋势。生物量下降的草原主要分布在研究区域的东北部地区以及新疆北部、四川东部、青海中部零星区域，其中呼伦贝尔草原生物量下降明显，程度较重。草原生物量上升的区域主要分布在内蒙古中南部地区，其中锡林郭勒草原、天山草原生物量上升明显。按照草地类型划分，与1986—1990年草原相比，除高寒草甸草原以外，其他9类型草原生物量下降的面积比例显著，特别是温性荒漠草原生物量下降草原面积高达70%以上。

由图4-9可见，研究区域内1996—2000年草原中，生物量下降草原面积占45.76%，生物量上升草原面积占54.24%。草原生物量下降区域主要分布在研究区域的东北部地区，以及新疆北部地区，青海中部零星区域，其中锡林郭勒草原生物量下降明显。草原生物量上升区域零星存在，主要有四川、西藏东部和青海南部地区，面积分布较为分散。按照草地类型划分，与1991—1995年草原相

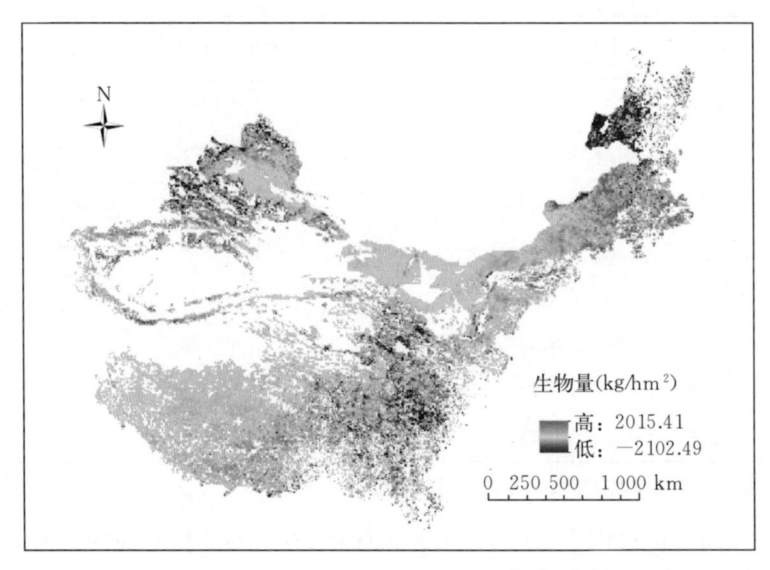

图 4-8 1991—1995 年与 1986—1990 年草原生物量变化

比，温性草甸草原、低地草甸、山地草甸生物量下降的面积比例突出，分别达到了 83.69%、65.31%、64.10%，其他类型草原下降面积较小。

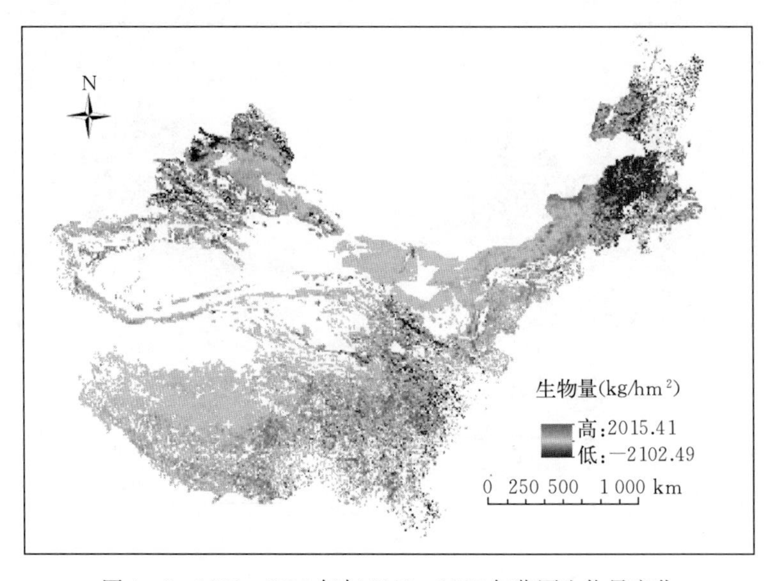

图 4-9 1996—2000 年与 1991—1995 年草原生物量变化

由图 4-10 可见，研究区域内 2001—2005 年草原中，生物量下降草原面积占 50.32%，生物量上升草原面积占 49.68%。草原生物量下降区域主要分布在研究区域的西北部地区，以及内蒙古中部零星区域，空间分布较为分散。草原生物量上升区域主要分布在研究区域东部，以及四川东部西张东部等区域，其中锡林郭勒草原和呼伦贝尔草原生物量明显增加。按照草地类型划分，与 1996—2000 年草原相比，荒漠类草原生物量下降面积显著，平均面积占近 70%，其他类型草原下降面积较小。

由图 4-11 可见，研究区域内 2006—2010 年草原中，生物量下降草原面积占 43.19%，生物量上升草原面积占 56.81%，研究区域内草原主要呈缓慢恢复趋势。草原生物量下降区域主要分布在研究区域的东北部地区，以及内蒙古中部零星区域，空间分布较为分散。草原生物量上升区域主要分布在研究区域东部，以及新疆北部、四川东部等区域，其中锡林郭勒草原、呼伦贝尔草原和四川东部草原生物量下降明显。按照草地类型划分，与2001—2005年草原相比，山地草甸、高寒草甸、温性草原、低地草甸生物量下降面积突出，其中山地草甸生物量下降面积高达82.11%。

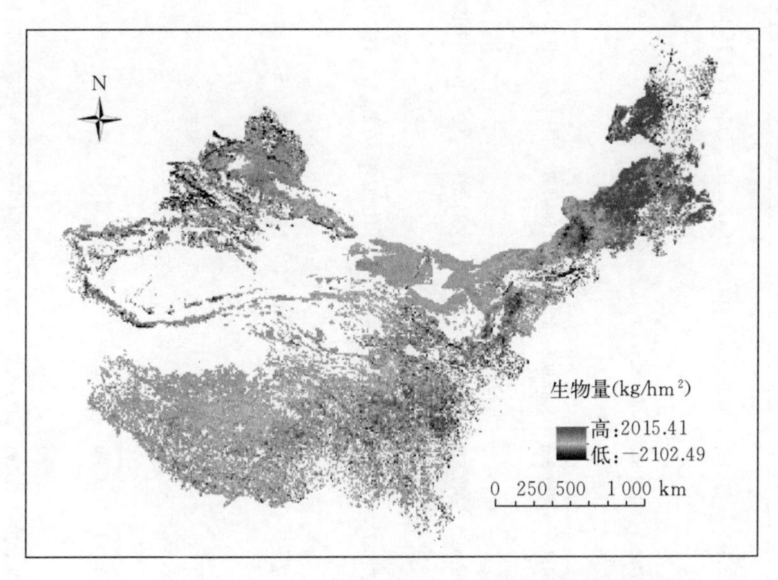

图4-10　2001—2005年与1996—2000年草原生物量变化

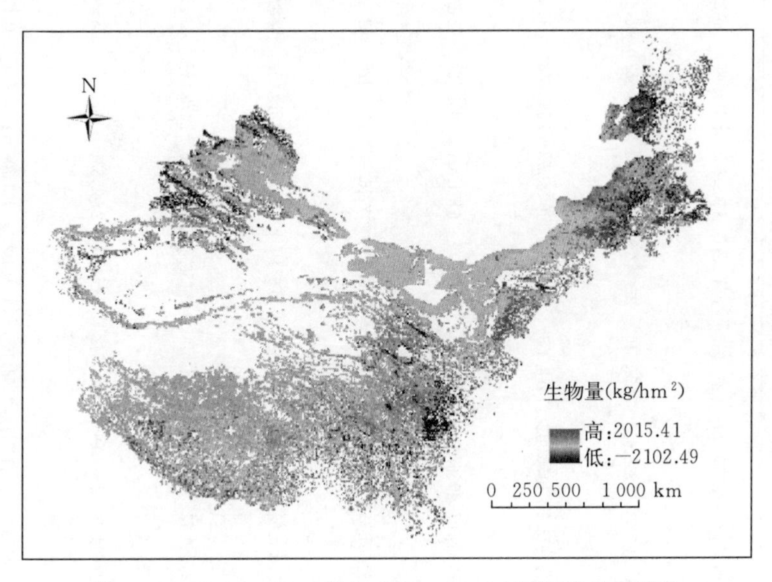

图4-11　2006—2010年与2001—2005年草原生物量变化

此外，研究区域内饲草料的供给能力直接决定了牧区畜牧业发展规模和水平，进而对国家粮食安全产生重大影响，特别是在我国这样一个经济发展快、人口急速膨胀、耕地压力大的国家。因此开展对草地供给能力的研究，将为牧区草地供给能力保障提供强有力的数据支撑，并在一定程度上促进牧业发展、牧民增收、牧区稳定。

根据以上得到的数据，参考田永中等人的研究（田永中，2004），将草地干物质生产力转化为标准羊单位产量，再折算成三大营养成分产量。按每300 kg干草饲养一头羊，一头中等大小的羊约合14 kg羊肉。参考食物营养成分表，平均每100 g中等肥瘦的羊肉折合热量约850 KJ、19.0 g蛋白质、14.1 g脂肪，可以得出研究区域内不同时期不同区划类型的草地热量、蛋白质、脂肪供给量（表4-71）。

表 4-71　六个时期不同区域内草地单位面积营养成分

区域类型	1980年代前期			1980年代后期			1990年代前期			1990年代后期			21世纪初期			2010年		
	热量 (kcal*)	蛋白质 (g)	脂肪 (g)	热量 (kcal)	蛋白质 (g)	脂肪 (g)	热量 (kcal)	蛋白质 (g)	脂肪 (g)	热量 (kcal)	蛋白质 (g)	脂肪 (g)	热量 (kcal)	蛋白质 (g)	脂肪 (g)	热量 (kcal)	蛋白质 (g)	脂肪 (g)
低地草甸	88 139.89	8 249.547	6 122.032	91 639.34	8 577.081	6 365.097	90 919.37	8 509.695	6 315.089	89 308.9	8 358.961	6 203.229	92 389.63	8 647.305	6 417.211	103 034.8	9 643.653	7 156.605
温性草甸草原	100 955.4	9 449.029	7 012.174	104 776	9 806.622	7 277.546	103 752.9	9 710.862	7 206.482	98 021.53	9 174.429	6 808.392	103 809.7	9 716.182	7 210.43	108 540.7	10 158.98	7 539.035
山地草甸	113 059.5	10 581.92	7 852.901	110 978.2	10 387.12	7 708.338	108 805	10 183.72	7 557.393	106 107	9 931.199	7 369.995	108 539.8	10 158.89	7 538.969	121 105.2	11 334.97	8 411.74
温性草原	70 508.13	6 599.283	4 897.362	73 369.07	6 867.056	5 096.078	73 207.08	6 851.894	5 084.827	72 574.26	6 792.665	5 040.872	76 525.59	7 162.493	5 315.324	71 604.19	6 701.87	4 973.493
高寒草甸	62 917.14	5 888.797	4 370.107	62 006.76	5 803.588	4 306.873	61 074.58	5 716.34	4 242.126	62 199.06	5 821.587	4 320.231	64 387.4	6 026.407	4 472.229	71 213.89	6 665.339	4 946.383
温性荒漠草原	50 131.93	4 692.151	3 482.07	51 820.08	4 850.155	3 599.326	51 974.5	4 864.608	3 610.051	52 802.47	4 942.103	3 667.56	52 372.38	4 901.848	3 637.687	48 257.16	4 516.68	3 351.852
温性荒漠	34 833.45	3 260.273	2 419.466	36 050.77	3 374.21	2 504.019	35 656.68	3 337.325	2 476.646	36 454.33	3 411.982	2 532.05	36 102.87	3 379.087	2 507.638	41 216.58	3 857.709	2 862.826
高寒草原	28 274.11	2 646.345	1 963.867	28 629.36	2 679.595	1 988.542	28 526.1	2 669.931	1 981.37	28 982.72	2 712.668	2 013.085	29 275.44	2 740.066	2 033.417	33 134.88	3 101.294	2 301.487
温性草原化荒漠	39 111.6	3 660.692	2 716.619	3 9971.78	3 741.201	2 776.365	4 0180.2	3 760.708	2 790.841	41 431.62	3 877.837	2 877.763	40 375.35	3 778.973	2 804.396	43 562.18	4 077.248	3 025.747
高寒草甸草原	36 214.66	3 389.549	2 515.402	36 065.93	3 375.629	2 505.072	36 824.74	3 446.651	2 557.778	37 679.24	3 526.628	2 617.129	38 811.3	3 632.585	2 695.76	40 275.88	3 769.663	2 797.487

* cal 为非法定计量单位，1 cal=4.184 J。

注：国家农业科学数据共享中心草地科学数据子平台提供数据支持。

三、示范区草原环境容量评估

本项目分别选取内蒙古呼伦贝尔市海拉尔区、新疆昌吉市、新疆富蕴县、甘肃天祝县、甘肃玛曲县、四川红原县作为研究示范区，结合2013年度地面实测样方数据与载畜量统计数据，进行示范区内草畜平衡分析，其中遥感监测数据主要为美国国家航天局（NASA）免费提供的覆盖研究区域的第1、2波段MOD09Q1产品，利用其生成8 d NDVI植被指数数据集；统计数据主要为所在区县统计局2013年度公开发布数据，各类草地类型折算干草系数采用 （表4-72），环境容量监测工具主要选用项目所开发的草畜生产决策管理系统，对所选取的6个示范区进行草原环境承载力计算分析。

表4-72　各类草地类型折算干草的系数

草地类型	折算系数	草地类型	折算系数
低地草甸	1∶3.5	山地草甸	1∶3.5
高寒草甸草原	1∶3.2	温性草甸草原	1∶3.2
高寒草甸	1∶3.2	温性草原化荒漠	1∶2.5
高寒草原	1∶3.0	温性草原	1∶3.0
高寒荒漠草原	1∶2.7	温性荒漠草原	1∶2.7
高寒荒漠	1∶2.5	温性荒漠	1∶2.5
沼泽	1∶4.0	改良草地	1∶3.2

（一）内蒙古海拉尔示范区

海拉尔区位于呼伦贝尔草甸草原的核心区域，属寒温带半湿润半干旱大陆性季风气候，草原类型主要有低地草甸、山地草甸、温性草甸草原和温性草原四类，面积约1 308 km²，其相对集约的生产方式在北方畜牧业具有典型性。由于地上生产力高（1.3～2.0 t/hm²），但放牧季节短，该区域割草舍饲历史悠久，其独特的地理区域特征、典型的生态系统特征、相对先进和集约生产经营方式以及相对保存完好的原生自然环境，是开展草原生态观测、草原自然过程以及人类活动影响研究、草业生产实验最理想的天然实验室和综合生态单元，因此选取该区域作为本项目的典型示范区，开展草原环境容量评估技术应用示范研究（图4-12）。

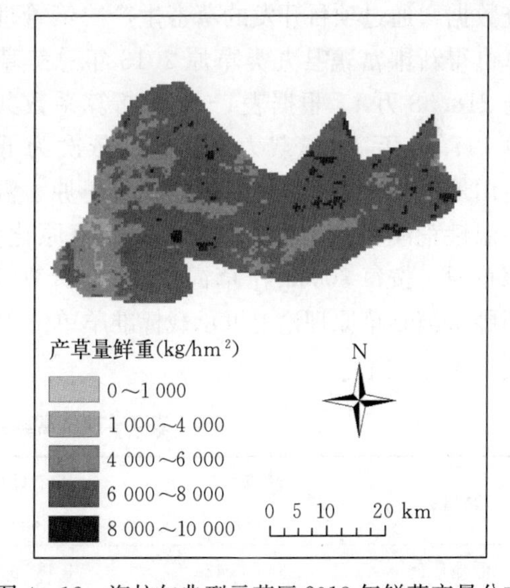

图4-12　海拉尔典型示范区2013年鲜草产量分布

基于以上下载、镶嵌、校正处理后的2013年7～8月8 d合成NDVI植被指数数据集和地面样方调查数据，通过项目开发的草畜生产决策管理系统计算可得海拉尔区四类草原2013年总鲜草产量约为57.35万t，根据表4-72的折算系数共折合干草17.58万t，承载力从高到低依次为山地草甸、温性草甸草原、低地草甸和温性草原。按每300 kg干草饲养一头羊计算，2013年海拉尔区草原理论上可承载标准羊单位58.60万头（表4-73）。

表 4-73　海拉尔典型示范区 2013 年产草量

草地类型	鲜草总量 (kg)	干草总量 (kg)	鲜重单产 (kg/hm²)	鲜重单产 (kg/hm²)	面积 (km²)
低地草甸	127 792 768	36 512 219	4 109.09	1174.03	311
山地草甸	115 318 400	32 948 114	6 233.43	1 780.98	185
温性草甸草原	181 119 664	56 599 895	4 221.90	1 319.35	429
温性草原	149 230 480	49 743 493	3 896.36	1 298.79	383

（二）新疆富蕴县示范区

富蕴县位于新疆准噶尔盆地的东北部，阿勒泰山中段南麓，富蕴县属大陆性寒温带气候，草原类型主要有低地草甸、高寒草甸、高寒草原、山地草甸、温性草甸草原、温性草原化荒漠、温性草原、温性荒漠草原、温性荒漠九类，面积约27 405 km^2，畜牧业发达，最高存栏家畜 130 余万头。富蕴草原独特的自然地理条件，形成丰富的动植物景观，野驴、赛加羚羊、北山羊、鹅喉羚（长尾黄羊）、角百灵、雪鸥、毛腿沙鸡、草原雕、冬虫夏草、阿巍、党参、甘草等资源丰富。因此选取该区域作为本项目的典型示范区，开展草原环境容量评估技术应用示范研究（图 4-13）。

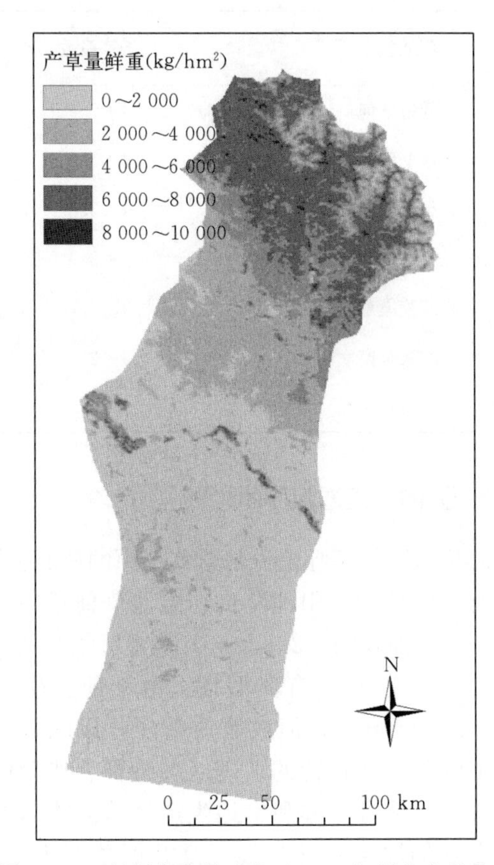

图 4-13　新疆富蕴县示范区 2013 年鲜草产量分布

基于以上下载、镶嵌、校正处理后的 2013 年 7～8 月 8 d 合成 NDVI 植被指数数据集和地面样方调查数据，通过项目开发的草畜生产决策管理系统计算可得新疆富蕴县九类草原 2013 年总鲜草产量约为 218.58 万 t，根据表4-72 的折算系数共折合干草 147.61 万 t，承载力从高到低依次为低地草甸、山地草甸、高寒草甸、温性草甸草原、温性草原、温性荒漠草原、温性荒漠、温性草原化荒漠、高寒草原。按每 300 kg 干草饲养一头羊计算，2013 年新疆富蕴县草原理论上可承载标准羊单位 492.03 万头（表 4-74）。

表 4-74　富蕴县典型示范区 2013 年产草量

富蕴县	鲜草总量 (kg)	干草总量 (kg)	鲜重单产 (kg/hm²)	干重单产 (kg/hm²)	面积 (km²)
低地草甸	33 203 424	9 486 693	3 046.19	870.34	109
高寒草甸	315 390 240	98 559 450	2 173.61	679.25	1 451
高寒草原	195 496 480	65 165 493	1 097.06	365.69	1 782
山地草甸	617 539 664	176 439 904	2 551.82	729.09	2 420
温性草甸草原	189 453 344	59 204 170	1 762.36	550.74	1 075

（续）

富蕴县	鲜草总量 (kg)	干草总量 (kg)	鲜重单产 (kg/hm²)	干重单产 (kg/hm²)	面积 (km²)
温性草原化荒漠	10 672 432	4 268 973	1 199.15	479.66	89
温性草原	489 973 584	163 324 528	1 742.44	580.81	2 812
温性荒漠草原	68 390 256	25 329 724	1 387.23	513.79	493
温性荒漠	2 185 794 496	874 317 798	1 272.73	509.09	17 174

（三）新疆昌吉市示范区

昌吉市位于天山北麓、准噶尔盆地南缘，地处亚欧大陆中心，典型的大陆性干旱气候，昌吉市地貌类型大体分为南部山地、中部平原、北部沙漠三大部分，整个地势呈南高北低阶梯之势，地理条件得天独厚，昌吉绿洲连绵、土地肥沃、宜牧宜耕，畜牧业发达，是新疆重要的畜产品基地，畜牧业产值约占农业总产值的半壁江山，是农牧民增收的重要支柱产业。因此选取该区域作为本项目的典型示范区，开展草原环境容量评估技术应用示范研究（图 4-14）。

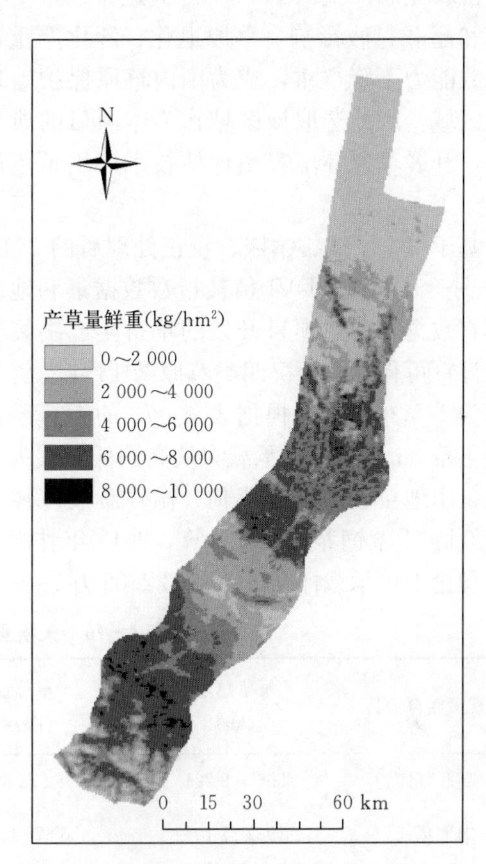

图 4-14　新疆昌吉市示范区 2013 年鲜草产量分布

基于以上下载、镶嵌、校正处理后的 2013 年 7～8 月 8 d 合成 NDVI 植被指数数据集和地面样方调查数据，通过项目开发的草畜生产决策管理系统计算可得新疆昌吉市七类草原 2013 年总鲜草产量约为 95.45 万 t，根据表 4-72 的折算系数共折合干草 54.73 万 t，承载力从高到低依次为低地草甸、山地草甸、温性草甸草原、温性荒漠、高寒草甸、温性草原、温性荒漠草原。按每 300 kg 干草饲养一头羊计算，2013 年新疆昌吉市草原理论上可承载标准羊单位 182.43 万头（表 4-75）。

表 4-75　昌吉市典型示范区 2013 年产草量

昌吉市	鲜草总量 (kg)	干草总量 (kg)	鲜重单产 (kg/hm²)	干重单产 (kg/hm²)	面积 (km²)
低地草甸类	67 569 472	19 305 563	4 223.09	1 206.60	160
高寒草甸类	72 876 800	22 774 000	1 980.35	618.86	368
山地草甸类	196 893 376	56 255 250	2 833.00	809.43	695
温性草甸草原类	48 128 448	15 040 140	2 734.57	854.55	176
温性草原类	87 043 600	29 014 533	1 805.88	601.96	482
温性荒漠草原类	62 441 456	2 3126 465	1 462.33	541.60	427
温性荒漠类	954 457 008	38 1782 803	2 377.82	951.13	4 014

（四）天祝草原示范区

天祝草原位于甘肃中部，西部高峻，向东南逐渐变低，境内地形以山地为主，全县70%以上的面积分布在海拔3 000 m以上的区域，属于大陆性高原季风气候，草原资源丰富，草原面积41.41 hm^2，主要有草甸类草原、温性草原和荒漠类草原等类型，饲养各类牲畜100万头，畜牧业产值占农业总产值的65.8%。但近年来，受气候变化和超载过牧影响，草原退化、沙化严重，草原承载能力下降严重，成为国内草原保护治理的热点区域，因此选取该区域作为本项目的典型示范区，开展草原环境容量评估技术应用示范研究（图4－15）。

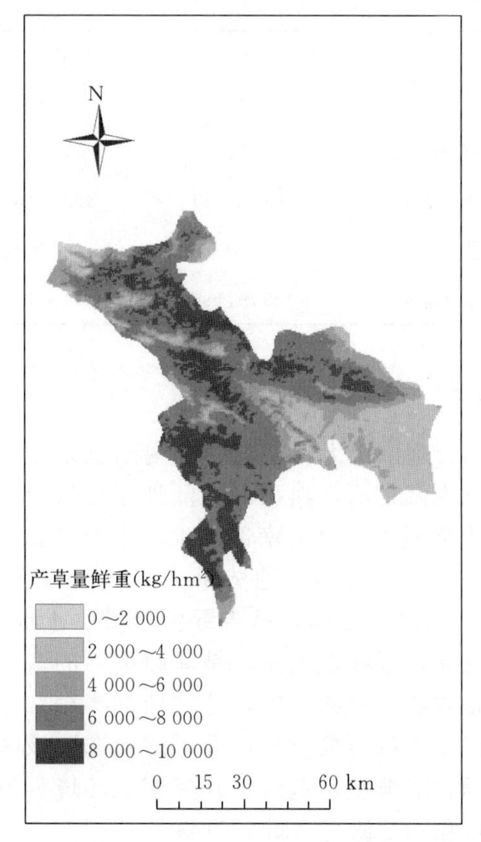

图4－15　甘肃天祝县示范区2013年鲜草产量分布

基于以上下载、镶嵌、校正处理后的2013年7～8月8 d合成NDVI植被指数数据集和地面样方调查数据，通过项目开发的草畜生产决策管理系统计算可得甘肃天祝四类草原2013年总鲜草产量约为115.08万t，根据表4－72的折算系数共折合干草36.63万t，承载力从高到低依次为温性草原、山地草甸、高寒草甸、温性荒漠草原。按每300 kg干草饲养一头羊计算，2013年甘肃天祝草原理论上可承载标准羊单位122.05万头（表4－76）。

表4－76　天祝县典型示范区2013年产草量

天祝藏族自治县	鲜草总量（kg）	干草总量（kg）	鲜重单产（kg/hm^2）	干重单产（kg/hm^2）	面积（km^2）
高寒草甸	506 492 224	158 278 820	2 625.67	820.52	1 929
山地草甸	198 027 104	56 579 173	2 765.74	790.21	716
温性草原	377 969 296	125 989 765	3 189.61	1 063.20	1 185
温性荒漠草原	68 321 936	25 304 421	2 057.89	762.18	332

（五）玛曲草原示范区

玛曲县位于甘肃甘南藏族自治州西南部，青藏高原东端，甘、青、川三省交界处，黄河第一弯曲部，地势西高东低，由西北向东南倾斜，海拔在3 300～4 806 m。气候属高寒湿润型。长冬无夏，气候严寒是其特征。全县总面积10 109.67 km^2，其中天然草地91.1万hm^2，占总面积的89.4%，草场类型属川西藏东高原灌丛草甸区，有47科413种牧草，其中优等牧草13种，良等牧草44种，中等牧草68种，玛曲县发展畜牧业条件得天独厚。但受人口增长和经济发展的双重影响，在气候变化的不利条件下，近年来玛曲草原人—畜—草问题突出，如何平衡人口生存需求和生态环境保护关系，已成为当地经济发展亟待解决的重要命题。因此，选取该区域作为本项目的典型示范区，开展草原环境容量评估技术应用示范研究。

基于以上下载、镶嵌、校正处理后的2013年7～8月8 d合成NDVI植被指数数据集和地面样方调查数据，通过项目开发的草畜生产决策管理系统计算可得甘肃玛曲县三类草原 2013 年总鲜草产量约为 318.55 万 t，根据表 4-72 的折算系数共折合干草 96.64 万 t，承载力从高到低依次为高寒草甸、山地草甸、沼泽。按每 300 kg 干草饲养一头羊计算，2013 年甘肃玛曲县草原理论上可承载标准羊单位 322.12 万头（表 4-77）。

表 4-77 玛曲县典型示范区 2013 年产草量

玛曲县	鲜草总量 (kg)	干草总量 (kg)	鲜重单产 (kg/hm²)	干重单产 (kg/hm²)	面积 (km²)
高寒草甸	2 265 133 248	707 854 140	3 338.44	1 043.26	6 785
山地草甸	795 690 640	227 340 183	3 616.78	1 033.36	2 200
沼泽	124 706 464	31 176 616	3 316.66	829.17	376

（六）四川红原草原示范区

红原县地处青藏高原东部，位于四川省西北部、阿坝藏族羌族自治州中部，地势东南向西北倾斜，呈大陆性高原寒温带季风气候，天然草场面积 77.2 hm²，占总面积的 91.8%，其中可利用优质草场 74.7 万 hm²。当前，红原县正处于传统转场游牧向现代牧业转型的关键时期，已通过科学饲养、生态奖补、培训转产等多种形式促进草原休养、缓解牧压，提高家庭牧场合作化水平，发展新型畜牧业技术，保障当地牧民增收、牧业发展。因此，选取该区域作为本项目的典型示范区，开展草原环境容量评估技术应用示范研究，为红原县近年来的草原保护治理成效评估提供科学数据（图 4-16）。

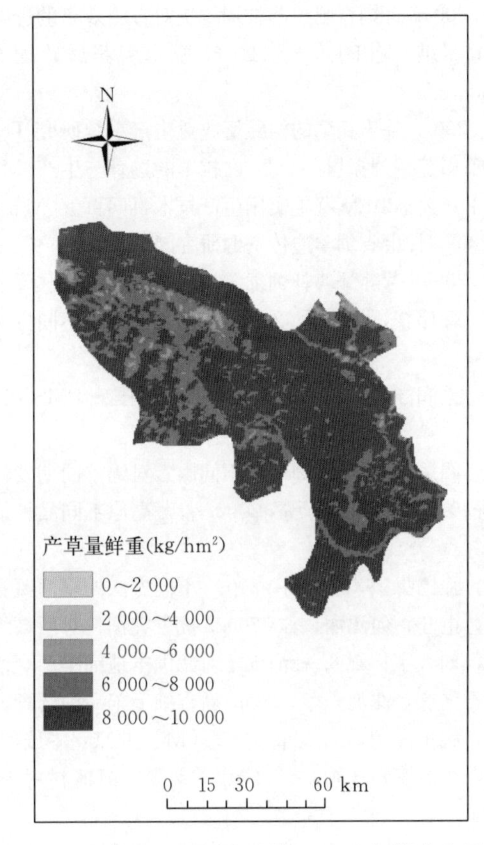

图 4-16 玛曲县、红原县示范区 2013 年鲜草产量分布

基于以上下载、镶嵌、校正处理后的 2013 年 7～8 月 8 d 合成 NDVI 植被指数数据集和地面样方调查数据，通过项目开发的草畜生产决策管理系统计算可得四川红原县三类草原 2013 年总鲜草产量约为 263.97 万 t，根据表 4-72 的折算系数共折合干草 76.70 万 t，承载力从高到低依次为高寒草甸、山地草甸、沼泽。按每 300 kg 干草饲养一头羊计算，2013 年四川红原县草原理论上可承载标准羊单位 255.67 万头（表 4-78）。

表 4-78 红原县典型示范区 2013 年产草量

红原县	鲜草总量 (kg)	干草总量 (kg)	鲜重单产 (kg/hm²)	干重单产 (kg/hm²)	面积 (km²)
高寒草甸类	706 711 760	220 847 425	3 314.78	1 035.87	2 132
山地草甸类	1 761 491 056	503 283 159	3 499.88	999.97	5 033
沼泽类	171 543 200	42 885 800	3 573.82	893.45	480

参考文献

才仁本.2012.无角陶赛特杂交藏系羊的效果试验[J].中国畜禽种业(11):47-48.
陈代文,吴德.2003.饲料添加剂学[M].北京:中国农业出版社.
代江生,马玉英,陶鄂疆,等.2005.肉用细毛羔羊早期断奶试验[J].草食家畜,129(4):47-49.
段淇斌.2007.肉羊养殖技术[M].兰州,甘肃科技出版社,
范涛,许海抚,王煜,等.2004.无角道赛特羊与青海细毛羊杂交效果[J].黑龙江畜牧兽医(7):40-41.
冯瑞林,郭宪,郭建,等.2010.TIT双羔素在绒山羊中的应用效果分析[J].黑龙江畜牧兽医(12):65-67.
冯瑞林,焦硕,肖玉萍,等.2009.双羔素提高蒙古羊繁殖力的研究[J].中国草食动物(6):34-35.
韩国忠.2006.青海省循化县岗察牧区暖棚养羊试验分析[J].草原与畜牧(9):47-49.
韩增祥.2000.高寒地区补饲复合预混料对放牧绵羊的效果[J].黑龙江畜牧兽医(9):16-17.
韩增祥.2000.牛羊复合添加剂对放牧绵羊的应用效果[J].饲料工业,21(2):15-16.
何长芳.2004.舍饲育肥羔羊补饲舔块对育肥效果的影响[J].黑龙江畜牧兽(1):27-28.
胡辉平,张琪,陈玉林,等.2006.复合营养舔砖配方、工艺参数及舔食量的研究[J].西北农业学报,15(6):48-53.
姬秋梅.2002.基于牦牛的西藏畜牧业生产系统研究[D].北京:中国科学院地理科学与资源研究所.
郎侠,王彩莲,刘振恒.2012.欧拉羊的选育与生产[M].兰州:甘肃科学技术出版社.
郎侠,王彩莲.2012.藏羊实用生产技术百问百答[M].兰州:甘肃科学技术出版社.
郎侠.2009.甘肃省绵羊遗传资源研究[M].北京:中国农业科学技术出版社.
李成魁.2005.营养舔块补饲绵羊效果试验[J].中国草食动物,25(1):57-58.
李芙蓉,韩伟仓,杨玉林.2005.高寒牧区暖季不同方法育肥放牧藏羊增重效果试验[J].青海畜牧兽医杂志,35(2):9-10.
李俊杰,桑润滋,田树军,等.2004.孕酮栓+PMSG+PG法对羊同期发情效果的试验研究[J].畜牧与兽医,36(2):3-5.
李秋艳,阎凤祥,侯健.2008.不同因素对绵羊同期发情的影响[J].畜牧与兽医(12):48-50.
李全,杨荣珍,魏雅萍,等.2002.青藏高原不同品种绵羊应用TIT双羔素效果试验[J].青海畜牧兽医杂志,(32)2:3-4.
李瑜鑫,强巴央宗,徐业芬.2009.不同方法处理西藏青稞秸秆饲喂藏绵羊试验[J].饲料研究(9):54-57.
刘锁珠,屯旺,何玛丽,等.2002.抗雪灾饲料对西藏绵羊的饲喂效果[J].畜牧与兽医,(34)1:18.
刘延鑫,刘太宇.2006.杜泊绵羊对我国本地绵羊杂交改良的初步效果[J].中国畜牧兽医,33(7):32-34.
柳楠,石国庆,沈涓,等.2006.新吉细毛羊品种选育方案育种效果分析[J].草食家畜,131(2):21-23.
娄玉杰,姚军虎.2004.家畜饲养学[M].北京:中国农业出版社.
马登录,张海滨,杨勤,等.2012.冷季补饲精料对不同年龄段甘南牦牛增重的影响[J].畜牧与兽医,44(11):32-34.
马桂琳,祁红霞,刘秀,等.2011.甘南藏绵羊冷季补饲试验研究[J].畜牧兽医杂志,30(6):35-37.
马过昌,刘玉国,施秀美,等.2006.PMSG、PG结合CIDRS对绵羊同期发情效果的影响试验[J].甘肃畜牧兽医,36(4):14-15.
马寿录.2012.祁连县高原型藏羊本品种选育区建设调研报告[J].青海畜牧兽医杂志,(42)2:27-29.
马秀红,王跃忠,娘吉先,等.2008.陶塞特羊与土种藏羊杂交一代羊的生长育肥试验研究[J].中国畜牧兽医,6(35):143-146.
孟克格日乐,柴局,张家新,等.2011.不同离心方法去除精浆对内蒙古白绒山羊精液冷冻保存效果的研究[J].中国农学通报,27(26):15-19.
聂晓伟,王公金,窦德宇,等.2007.湖羊同期发情与杜泊绵羊人工授精技术[J].江苏农业科学(3):140-141.
彭巍,徐尚荣,赛琴,等.2012.母牦牛同期排卵与定时授精技术的研究[J].黑龙江畜牧兽医(7):157-159.
皮文辉,杨永林,倪建宏.2009.氟孕酮海绵栓在绵羊生产技术中的应用[J].中国草食动物(6):65-66.
秦秀娟,李宏图,哈斯其其格,等.2003.呼伦贝尔羊与杜泊肉用绵羊杂交的效果观察[J].内蒙古畜牧科学(4):

27-28.
任鑫亮，高雅英．2012. 呼伦贝尔羊的特性及饲养管理措施[J]. 畜牧与饲料科学，33(3)：122-123.
色珠，巴桑旺堆，杰布，等．2012. 牦牛冷季半舍饲育肥试验研究[J]. 中国草食动物科学，3(6)：26-28.
沈启云．2004. 注射双羔素提高滩羊繁殖效果的试验[J]. 中国畜牧志，40(4)：57-58.
施六林．2008. 高效养羊关键技术指导[M]. 合肥，安徽科技出版社．
史生寿．2010. 藏羊本品种选育现状及展望[J]. 养殖与饲料(7)：12-13.
宋德爱．2009. 提高羊繁殖潜力的综合技术分析[J]. 山东畜牧兽医(12)：35-36.
陶勇，章孝荣，何美德，等．2003. 双羔素免疫对山羊繁殖性能的影响[J]. 畜牧兽医杂志(3)：8-10.
汪玺．2004. 草食动物饲养学[M]. 兰州，甘肃教育出版社．
王宏辉，王昆山，李瑜鑫．2001. 藏东南河谷型绵羊舍饲和放牧行为的观察[J]. 家畜生态，22(3)：39-41.
王敏强．2000. 肉乳兼用牦牛新品种的培育—幼龄生长牦牛冷季失重规律与补饲效果分析[J]. 中国草食动物(4)：9-11.
王明玖，赵和平，殷国梅．2014. 草地科学管理与合理利用技术问答[M]. 呼和浩特：内蒙古出版集团—内蒙古人民出版社．
王恬．2002. 畜牧学通论[M]. 北京，高等教育出版社．
徐小波，王公金，赵伟，等．2004. 胚胎移植用受体山羊同期发情方法的比较[J]. 畜禽业(5)：60-61.
严斌昌，梁国荣．2009. 甘肃景泰县绵羊食毛症的发病特点及防治[J]. 中国畜牧兽医，36(2)：127-128.
杨梅，翁凡，汪立芹，等．2004. 利用CIDR+PMSG对乏情期绵羊同期发情处理的研究[J]. 草食家畜(3)：38-39.
余忠祥，毛学荣，马利青，等．2003. 高寒牧区放牧条件下萨福克羊与藏羊杂交效果研究[J]. 家畜生态(24)：34-36.
岳文斌．2000. 现代养羊[M]. 北京：中国农业出版社．
张国庆．2008. 全哺乳和限制哺乳对牦牛犊牛生长发育的影响[J]. 中国畜牧兽医(10)：126-127.
张玲勤，陈刚，韩志辉，等．2011. 高寒地区枯草期放牧藏羊补饲试验[J]. 黑龙江畜牧兽医(12)：68-70.
张鸣实，何彦春，严天元，等．2002. 块状饲料添加剂开发试验研究[J]. 中国草食动物，22(3)：18-20.
张万民，孔占林，保善科．2009. 谈海北州藏系绵羊本品种选育提高和开发利用[J]. 青海草业，18(3)：27-30.
张亚林，郭淑珍，牛小莹，等．2010. 欧拉羊杂交改良山谷型藏羊杂交F_1代与对照组羔羊生长发育效果观察[J]. 畜牧兽医杂志(5)：48-49.
张玉．2009. 肉羊高效配套生产技术[M]. 北京：中国农业大学出版社．

第五章　主要牧区生态高效草原牧养技术模式

第一节　内蒙古牧区生态高效草原牧养技术模式

在保证草原生态安全的前提下，探索牧区适合不同季节和地域资源特点的最经济、科学的牧养技术模式，实现牧区草原畜牧业生态优质高效生产和可持续发展，已经成为目前内蒙古畜牧业发展亟须解决的现实问题。

在过去的几十年中，我国在草地生态环境保护和草地畜牧业生产技术模式等领域做了许多切实有效的工作，使得牧区的草地生态环境有了不同程度的改善，牧区草原畜牧业的牧养技术模式部分实现了由单纯放牧模式到放牧与补饲和休牧舍饲相结合的牧养技术模式的转变，草原畜牧业生产效率有了很大程度的提高；但在牧养技术模式的优化改进与推广利用方面仍然存在许多需要解决的实际问题。

项目组针对内蒙古典型草原和荒漠草原区的草原生态环境特点、地域性资源特点和限制草原畜牧业高效发展的关键问题，将现有的草原利用技术、饲草料加工技术和放牧补饲技术等实用技术进行集成与示范，形成了以呼伦贝尔羊为代表的内蒙古典型草原生态高效牧养技术模式，以内蒙古白绒山羊为代表的内蒙古荒漠草原生态高效牧养技术模式。对于恢复和改善内蒙古草地的生态环境、提高现有草地的生产力、实现草地畜牧业优质高效生产，保障区域整体生态安全和草地畜牧业可持续发展具有重要战略意义和现实意义。

一、内蒙古典型草原生态高效牧养技术模式

典型草原是内蒙古天然草地的主体，总面积 2 767.34×10^4 hm^2，占内蒙古天然草地总面积的 35.12%；可利用面积 2 422.52×10^4 hm^2，占可利用总面积的 38.1%。呼伦贝尔草原是世界上最著名的草原之一，草原面积 993.33×10^4 hm^2，可利用草场 906.67×10^4 hm^2，牧区人均占有草原面积为 98.93 hm^2。其中，典型草原约占呼伦贝尔草原总面积的 30%。

呼伦贝尔羊是我国优秀的肉羊品种。经过长期的自然选择和人工选育，呼伦贝尔羊具有体大、早熟、耐寒易牧、抗逆性强和瘦肉率高等特点。放牧繁殖母羊的高营养需求与草地低营养供给的尖锐矛盾严重制约了呼伦贝尔羊的繁殖性能、生产性能和羔羊的生长性能。项目组以呼伦贝尔羊和呼伦贝尔典型草原为示范，将草原合理利用、高效繁殖改良、饲草料加工和放牧补饲营养管理等实用技术进行集成与示范，形成了与内蒙古典型草原和环境特点相适应的繁殖母羊生态高效草原牧养技术模式与羔羊生态高效草原育肥技术模式，如图 5-1 所示。

（一）繁殖母羊生态高效草原牧养技术模式

呼伦贝尔母羊于 11 月配种，妊娠期为 11 月至翌年 4 月，在气温最低的深冬季节（12 月至翌年 1 月）为妊娠后期；在气温逐渐升高的春季（4 月）产羔，泌乳期为 4～7 月。8～10 月母羊恢复进入下一轮生产周期。课题组根据呼伦贝尔羊的繁殖特性，形成了与内蒙古典型草原和气候环境特点相适应的夏、秋季自然放牧与冬春季放牧＋补饲的繁殖母羊生态高效草原牧养技术模式。

1. 草原合理利用技术　呼伦贝尔草原的草地生产力高，以放牧和打草利用为主。近年来，由于牲畜数量不断增多，草地放牧压力逐年加大，退化沙化现象比较严重。呼伦贝尔草原常用的放牧管理技术方式主要有 4 季放牧、2 季放牧和全年放牧，并有专门的打草场。针对目前草地大部分已承包到

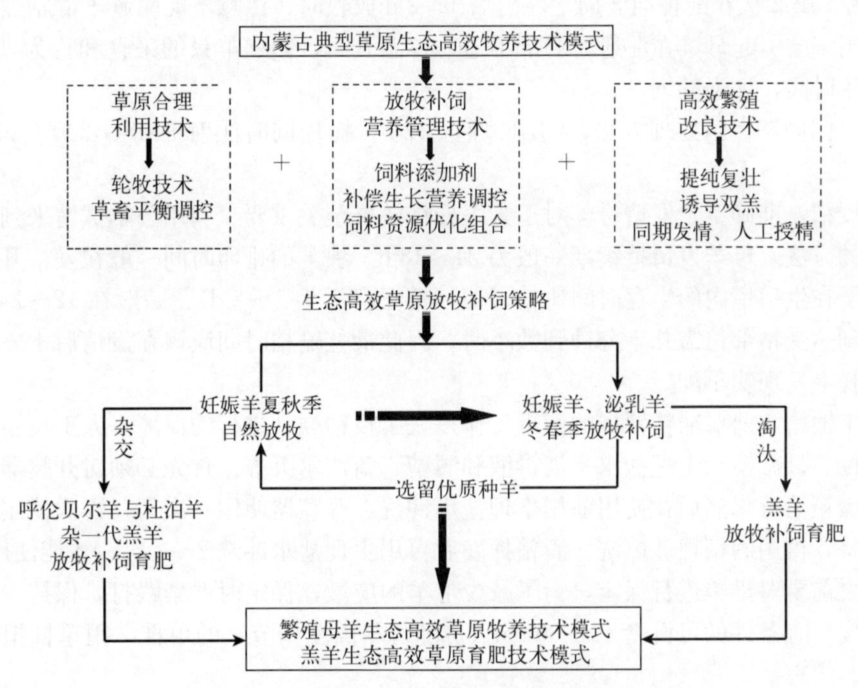

图 5-1　内蒙古典型草原生态高效草原牧养技术模式

户的实际情况，草地实行全年划区轮牧制度，有计划地轮流利用，以缓解草场压力。在夏、秋两季实行天然放牧，采用划区轮牧制度；冬、春两季采用放牧加补饲的利用模式。划区轮牧时每小区放牧天数平均 8～9 d，放牧频率 2 次，轮牧周期 75 d，每年 6～10 月依次轮回利用，轮牧季 150 d。打草通常在 8 月进行，打草场实行轮刈制度。打草时采取四区四年轮刈制或五区五年轮刈制，至少要有一区休闲。打草带 250 m 宽，必须保留 50 m 的草场植被作为草籽带，以保证牧草的有性繁殖力。为了避免针茅对羊毛、羊皮的影响与危害，在打草场的针茅结实前进行刈割，留茬 5 cm。打草后对牧草晾干打捆，遇雨水较大时节，则实施青贮，把干草和青贮作为冬春补饲饲草。在实施划区轮牧和放牧补饲技术情况下，载畜量为每个羊单位 0.67～1 hm^2 天然草地。

2. 高效繁殖改良技术　针对蒙古羊（呼伦贝尔羊）地处环境恶劣、繁殖力相对比较低的特点，主要以同期发情、诱导双羔和非发情季节诱导发情为主要的繁殖技术，提高蒙古羊的繁殖效率。

（1）同期发情技术　在发情季节，绵羊处于繁殖活动期，主要采用两种方法对母羊进行发情同期化处理，一是 CIDR＋PMSG：CIDR 埋置 13 d，撤栓同时注射 PMSG 300 单位，然后观察发情并配种，该方法比较适合管理条件较好的羊场。二是 PGF2α＋PGF2α：第 1 天注射 PGF2α 0.1 mg，第 9 天第二次注射 PGF2α 0.1 mg，然后观察发情并配种。这种方法的费用也比较低，适用于一些管理条件差的羊场。

（2）乏情期诱导发情技术　呼伦贝尔羊属于季节性发情动物，每年在秋季发情配种。为了能够最大限度地发挥其繁殖效率，对非繁殖季节的呼伦贝尔羊进行诱导发情处理，从而让非繁殖季节的母羊有计划地发情、配种和产羔，在此基础上可以进行两年三胎，提高种羊生产量。通过研究摸索出适合蒙古羊（呼伦贝尔羊）的诱导发情激素模式（详见第四章高效繁殖技术示范），这种方法处理后的母羊发情同期率是 80.2%，怀孕率为 51.7%。

（3）诱导双羔　对于呼伦贝尔羊的诱导双羔可以采用两种方法，一种是采用双胎素处理，另一种是结合同期发情采用 PMSG 处理。诱导母羊产双羔，能有效地发掘母羊的繁殖潜力，使母羊多排卵，达到多产羔的目的，从而提高养羊业的经济效益。

双胎素法：双胎素免疫是一种可以有效提高繁殖率的方法，具有微量、高效、安全和廉价的特点。双胎素购于中国农科院兰州畜牧研究所，一共免疫注射2次，注射部位为颈侧上1/3处皮下，第1次在配种6周，第2次在配种前3周。注射后1～2 d放牧时，注意不能驱赶羊群剧烈奔跑。由于油佐剂的缓释作用，会引起母羊在注射后局部不适，体温升高，影响羊只的采食和行为，故在免疫后1周内要缩短放牧时间，加强补饲。

PMSG法：同同期发情处理方法，CIDR埋置13 d，撤栓同时注射PMSG 200～300单位，然后观察发情并配种。

（4）人工授精　准确鉴定发情母羊对于人工授精效果至关重要。利用公羊试情来判断母羊发情是比较准确可行的方法。母羊发情持续期一般为24～48 h。绵羊的排卵时间一般在发情开始后24～36 h开始排卵。卵子在生殖道内的生存时间比精子短（精子存活为1～2 d），一般在12～24 h。精子进入母畜生殖道，到达受精部位需几十分钟到数小时。因此最佳输精时间应该在发情后12～24 h，即早晨发现晚上配，晚上发现明早配。

在进行人工输精之前对输精器械的消毒工作是人工授精顺利进行的保障。人工授精器械及药品有开膣器、输精枪、显微镜、生理盐水、消毒液和酒精、新洁尔灭等。首先必须对开膣器、输精枪进行蒸煮或高温干燥箱消毒，然后在使用前用生理盐水冲洗。开膣器使用一次后，再次使用时必须用蒸馏水棉球擦净外壁，再用酒精棉球擦洗，酒精挥发后再用生理盐水冲洗2～4次，才能使用。

人工输精之前要对母羊进行保定，为了减少母羊的应激，保定时严禁殴打，保持安静的环境，要求做到温和适度。有条件的可设立40～60 cm（可随母羊高度调节）的单杠，用单杠担起后胯，以使后肢离地10 cm为宜。

输精操作是人工授精的最后一个环节，也是最重要的一道程序。输精人员在输精操作时要认真仔细。在输精之前必须清理母羊阴部，先用棉球蘸水洗涤、去污垢，再用生理盐水擦干。输精时要做到轻、柔、稳、准、快。在开膣器上涂上生理盐水或凡士林以增加滑润，慢慢插入阴道内。当羊受到刺激而努劲时，先停止插入，待羊放松肌肉后再重新插入。展开开膣器寻找母羊子宫颈，子宫颈口的位置不一定正对准阴道。子宫颈在阴道内呈一小凸起，发情时充血，较阴道壁黏液的颜色深。成年母羊阴道松弛，且分泌物多，容易插入。找到子宫颈，将输精器注入子宫颈口内0.5～1.0 cm进行输精，输精深度与受精率相关，受精率最高的是在子宫内，其次是子宫内0.5～1.0 cm处。再其次是在阴道内。输精后，拍打母羊股部一掌，使其子宫颈收缩，有助于精液不倒流。处女母羊阴道狭窄，要选择小号开膣器缓慢推进，如果还未找到子宫颈，可采用阴道输精，但输精量至少增加1倍。

通过对蒙古羊的同期发情、非发情季节的诱导发情、人工授精处理，基本上建立了一套高效、经济、实用的蒙古羊繁殖技术体系，为优质肉用绵羊的高效繁殖奠定了基础。

3. 放牧补饲营养管理技术　呼伦贝尔草原冬季积雪厚度20～40 cm，积雪期5个月，枯草期长达7个月之久。呼伦贝尔羊通常在11月配种，在气温逐渐升高的春季（4月）产羔，妊娠期正值寒冷的冬季和牧草营养价值很低的枯草期，母羊在自然放牧饲养条件下摄取的营养物质不能满足胎儿快速生长的需要，制约了呼伦贝尔羊的生产水平。为了使草原植被得到全面恢复，草场资源得到合理利用，课题组针对当地生态环境和草场特点，对妊娠期与泌乳期的呼伦贝尔繁殖母羊实行冬春季放牧补饲的饲养管理模式。

（1）妊娠羊放牧补饲技术　呼伦贝尔羊母羊的妊娠期通常为11月至翌年4月。补饲期从12月中旬至4月上旬，共3～4个月，12月上旬至翌年1月下旬为补饲前期，1月上旬至4月上旬为补饲后期。确定补饲方案前，在对天然草场的牧草营养价值进行分析评价的基础上，根据母羊体况确定补饲精料补充料的营养水平与补饲量。通常，补饲前期在自然放牧的基础上每天每只母羊补饲青干草1.0 kg和油菜糠等糠麸类饲料0.2 kg；补饲后期，每天每只母羊补饲青干草1.0 kg与精料补充料0.15～0.18 kg。补饲精料补充料的粗蛋白质含量为18.0%，钙和磷含量分别为0.80%和0.75%。每千克精料补充料中需要根据当地草原微量营养素特点补饲地域性添加剂预混料。补饲可在出牧前进行，也可在归牧后进行。冬春季放牧条件下，对妊娠期母羊进行合理补饲，可显著增加母羊产后体重，增加羔羊初生重与成活率。补饲组母羊所产羔羊的生长速度、体长、体高及胸围显著增加。

(2) 泌乳母羊的放牧补饲技术　呼伦贝尔羊母羊的泌乳期通常从4月至翌年8月，补饲期从4月上旬至6月上旬，共2个月。在确定补饲方案前，需要对典型草原在春季4～6月的牧草营养价值进行分析评价，然后根据母羊体况确定其补饲方案。根据课题组的研究成果确定出平均每天补饲精料补充料0.3 kg。补饲分2个阶段进行，每只补饲量在补饲第一个月为0.4 kg；补饲第二个月为0.2 kg。精料补充料粗蛋白质为20.4%，钙和磷分别为0.77%和0.80%。每千克精料补充料中补充微量元素与维生素添加剂预混料。通过实施放牧补饲技术，母羊的体重增加10.5%，羔羊体重增加13.2%。补饲组羔羊的体长、体高及胸围较放牧组显著增加。

(二) 羔羊生态高效草原育肥技术模式

当年羔羊育肥出栏是呼伦贝尔草原牧区主要的羊肉生产方式。课题组根据羔羊生长育肥规律、当地环境特点和草场营养价值变化规律研究示范了呼伦贝尔羊当年羔羊放牧补饲育肥技术，及呼伦贝尔羊杂交改良羔羊放牧补饲育肥技术，形成了羔羊生态高效草原育肥技术模式。

1. 呼伦贝尔羔羊放牧补饲育肥模式　母羊于气温逐渐升高的春季（4月）产羔，羔羊补饲分为哺乳期补饲与断奶羔羊育肥期放牧补饲2个阶段。哺乳期补饲从4～7月，8月断奶选择优质羔羊转入育成羊群，淘汰羔羊进行2个月的放牧补饲育肥，9～10月出栏。哺乳期的精料补充料补饲在出生后1周进行。每天的平均补饲量在补饲第一个月为15 g/只，补饲第二个月为120 g/只，补饲第三个月为220 g/只。3个月的补饲期间一般需要补饲精料补充料10～11 kg。补饲期间精料补充料的粗蛋白质、钙与磷分别为20.9%、1.25%和0.78%。补饲组羔羊体重在补饲3个月结束时体重较对照组增加7.7%。

每只断奶羔羊在放牧补饲育肥期间一般需要补饲精料补充料22～26 kg。每天的补饲量在育肥前期为每只0.25～0.3 kg；育肥后期为每只0.50～0.55 kg。通过放牧补饲育肥技术，呼伦贝尔羊羔羊的育肥性能明显提高，放牧补饲组出栏体重较自然放牧组提高了8.0%以上；生长育肥速度较自然放牧羔羊增加38.5%。育肥结束时，放牧补饲组羔羊的胴体重、屠宰率、净肉重、净肉率较自然放牧组分别增加了21.5%、12.6%、29.1%、17.8%和58.3%。放牧补饲组羔羊除熟肉率高于自然放牧组外，肉色、大理石花纹、pH、失水率、剪切力和导电率等指标均与自然放牧组没有显著差异，即放牧补饲和自然放牧公羔羊的肌肉肉理化特性间无显著差异。

2. 呼伦贝尔羊杂交改良羔羊放牧补饲育肥模式　为了提高羔羊的生长育肥和屠宰性能，课题组研究示范了呼伦贝尔羊与杜泊羊杂交一代羔羊放牧补饲育肥技术，形成了杂交改良羔羊放牧补饲育肥模式。杂交改良羔羊于每年的8月进行放牧补饲育肥。一般情况下，4月龄杂一代羔羊的体重为37～38 kg。羔羊育肥期分为育肥前期和后期两个阶段，共2个月，一般从8月初到10月初。育肥前期的精料补充料补饲量为0.25～0.3 kg/只，育肥后期为0.50～0.55 kg/只。在2个月的补饲期一般需要补饲精料补充料22～26 kg。在夏秋季放牧条件下，对4月龄杂一代羔羊进行放牧补饲育肥，可促进羔羊生长速度，改善羔羊育肥性能和屠宰性能。育肥期间羔羊的日增重达191.70 g以上，比放牧组羔羊增加190.9%；在6月龄时出栏体重达51 kg，屠宰率为55.1%，净肉率为45.6%，分别比放牧组羔羊增加11.3%和14.4%，经济效益显著。杂一代羔羊的增重性能和屠宰性能均优于呼伦贝尔羔羊，产肉量显著增加。杂一代公羔的胴体重、屠宰率、净肉重、净肉率、肾脂重、大网膜脂重、肠系膜脂重和眼肌面积均优于呼伦贝尔公羔。杂一代羔羊肌肉理化特性优于呼伦贝尔羔羊。

二、内蒙古荒漠草原生态高效牧养技术模式

荒漠草原类主要分布于阴山山脉以北的内蒙古高原中部偏西地区，整体上呈东北—西南方向的狭长带状分布。在阿拉善盟境内的贺兰山北段海拔2 000 m以下山地也有少量分布。该类草原总面积

842×10^4 hm^2，可利用面积 765.28×10^4 hm^2，分别占内蒙古草地总面积和可利用面积的 10.69% 和 12.03%。

内蒙古白绒山羊可分为阿尔巴斯、二狼山和阿拉善白绒山羊 3 个类型，尤其是阿尔巴斯白绒山羊是在内蒙古鄂尔多斯高原特定的干燥、寒冷、风沙多的自然环境下形成的，所产羊绒以细、长、柔软闻名世界。内蒙古白绒山羊有 1 700 余万只，优质改良绒山羊达到 740 余万只，优质山羊绒产量 8 100 多 t，占全国产绒总量的 45%以上，占世界羊绒产量的 1/3。

绒山羊养殖受季节影响严重，在牧草营养价值很低的冬季和春季枯草期，正值绒山羊的妊娠期和泌乳期，需要大量的营养物质用于胎儿的快速增长和母羊泌乳，严重制约了绒山羊的繁殖与生产。项目组以内蒙古白绒山羊和荒漠草原为示范，将养殖场规划与羊舍设计技术、草原利用技术、高效繁殖技术、饲草料加工技术、放牧补饲和舍饲技术等实用技术进行集成与示范，形成了与当地草原环境特点相适应的夏秋季节自然放牧、冬季放牧＋补饲与春季休牧舍饲的内蒙古荒漠草原生态高效牧养技术模式与生态高效草原羊肉生产技术模式，如图 5－2 所示。

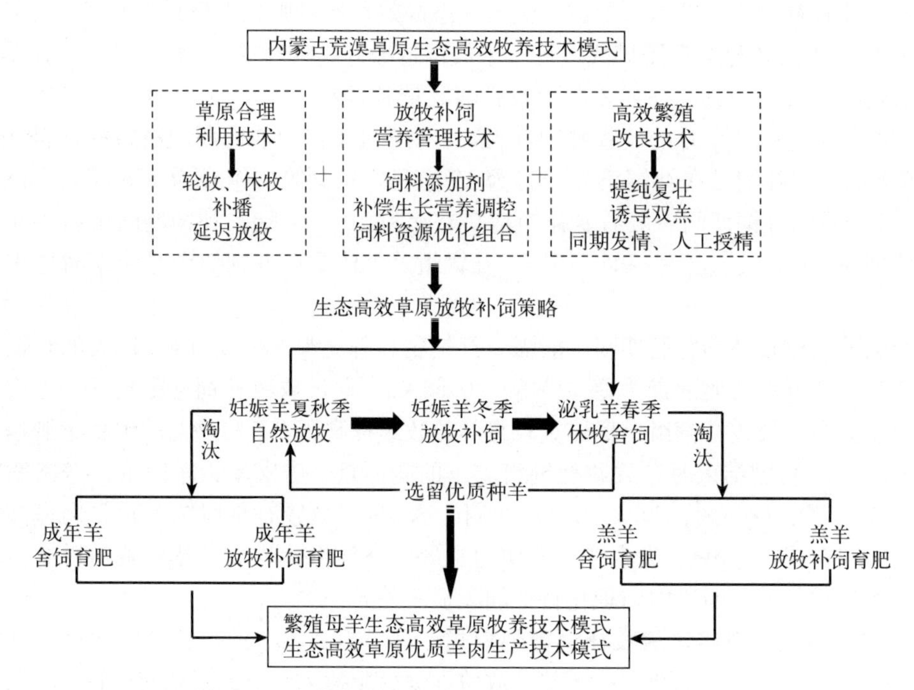

图 5－2　内蒙古荒漠草原生态高效草原牧养技术模式

（一）繁殖母羊生态高效牧养技术模式

内蒙古白绒山羊于 10 月配种，主要集中在 3 月下旬到 4 月上旬产羔，在气温最低的深冬季节（12 月至翌年 1 月）为妊娠后期；在风沙大、牧草覆盖度小的春季为泌乳期（4～7 月）。8～10 月，母羊自然放牧恢复进入下一轮生产周期。课题组在示范基地以妊娠和泌乳期的内蒙古白绒山羊为模型，结合当地气候特点、荒漠草原营养物质动态变化规律和绒山羊营养需求特性，形成了夏秋季节自然放牧、冬季放牧＋补饲与春季休牧舍饲的内蒙古荒漠草原繁殖母羊生态高效牧养技术模式。

1. 半舍饲绒山羊舍规划与设计技术　适宜的生存环境是提高绒山羊生产力水平的必要条件。课题组根据绒山羊的生物学特性及生产特点，研究制定了适合当地气候条件、便于在牧区示范推广的半舍饲绒山羊舍建筑形式及羊场规划布局方案，为在牧区推广标准化半舍饲绒山羊舍及羊场设计模式提供依据。

通常，羊场应选择在地势高燥，背风向阳，排水良好的地方，地势以坐北朝南或坐西北朝东南方向的斜坡地为好。羊场的建设应有利于防疫，离交通要道、集市和其他牧场有一定距离，最好选择有天然屏障的地方建场。具有一定规模的羊场应划分为管理区、生产区、病畜隔离区 3 个功能区。绒山羊羊舍的类型主要以简易的半开放式羊舍为主。羊舍及运动场面积，成年种公羊为 4.0～6.0 m^2/只；产羔母羊为 1.5～2.0 m^2/只；断奶羔羊为 0.2～0.4 m^2/只；其他羊为 0.7～1.0 m^2/只。产羔舍按基础母羊占地面积的 20%～25%计算。运动场面积一般为羊舍面积的 1.5～3 倍。羊场主要设施包括草架、饲槽、羔羊补饲栏、母仔栏、分群栏、青贮窖、药浴池和饲草棚。产羔舍最低温度应保持在 10 ℃以上，一般羊舍 0 ℃以上，夏季舍温不应超过 30 ℃。羊舍应保持干燥，地面不能太潮湿，空气相对湿度应低于 70%。采光面积通常是由羊舍的高度、跨度和窗户的大小决定的。在气温较低的地区，采光面积大有利于通过吸收阳光来提高舍内温度，而在气温较高的地区，过大的采光面积又不利于避暑降温。实际设计时，应按照既利于保温又便于通风的原则灵活掌握。

2. 高效繁殖改良技术　针对内蒙古白绒山羊，主要采用以同期发情、诱导双羔和人工输精为主要的高效繁殖技术模式，提高绒山羊的繁殖效率。

（1）同期发情技术　利用同期发情技术，可以使山羊的妊娠同期化、分娩同期化、出栏同期化，降低饲养管理成本。同期发情技术主要是在阴道内放置孕酮栓，12 d 后撤栓，同时注射前列腺素，然后观测母羊的发情情况并配种。人工输精是用假阴道法采集种公羊精液，根据配种方案选用优质个体用于人工授精。

（2）人工输精　用假阴道法采集种公羊精液，对精子活力、密度、顶体完整率等进行检查，根据配种方案选用优质个体用于人工授精。根据各种羊个体精液密度和活力大小用预热的灭菌生理盐水对采集的精液进行适度（2～6 倍）稀释。各母羊发情 10 h 后进行第 1 次人工授精（0.1 mL/只），间隔 12 h 后再用同一公羊稀释精液输精 1 次。

（3）诱导双羔技术　通过双胎素处理的方法来诱导母羊产双羔。鄂尔多斯市鄂托克旗内蒙古白绒山羊种羊使用双羔素处理后，产双羔相比提高 12%～16.7%。而且在饲养环境差的情况下，使用双羔素处理，可以降低怀孕母羊发生流产的比率。

3. 草原合理利用技术　鄂尔多斯高原位于内蒙古自治区西南部，黄河以南。主要草原类型属于丘陵荒漠草原亚类和沙地荒漠草原亚类。根据现有生产条件以及牧民生产发展计划，实施“以草定畜”为主要内容，禁牧、休牧、划区轮牧、限时放牧为主要措施的草畜平衡政策。进行分等定级管理，根据草原植被覆盖度、草牧场建设与管理、牧草质量等情况，将草牧场划分为 5 个等级，并对不同等级的适宜载畜量作相应调整。草原干草产量低，平均为 600 kg/hm^2。按照草场利用率 40%～50%计，载畜量为 0.69～0.86 hm^2/羊单位。

该类草场主要实施以季节性休牧为主要措施的放牧制度，将休牧与放牧相结合。每年的 3 月 1 日至 6 月 30 日为休牧时间，绒山羊饲养方式为舍饲；7 月 1 日至 11 月 30 日为自然放牧时间，采用划区轮牧制度进行放牧饲养；12 月 1 日至翌年 2 月 28 日的饲养方式为放牧加补饲的半舍饲饲养，放牧时主要采用划区轮牧的放牧制度。

在绒山羊实际生产中，通常在确定草场载畜量的基础上，编制划区轮牧方案，按计划利用草地。这类草地的牧草再生性差，放牧频率不超过 2 次；在放牧周期不少于 50 d 的限制条件下，牧民一般根据各季放牧期的长短和载畜量，决定放牧小区的数量、面积和放牧天数。实践证明，季节性休牧与划区轮牧是保护草原的有效途径，确保牧草在返青期得以充足生长。

4. 冬季放牧补饲管理技术　放牧补饲技术主要针对妊娠后期的绒山羊母羊。补饲期 90 d，补饲时间为每年的 12 月 1 日至翌年的 2 月 28 日。补饲前首先确定放牧期天然草场的营养价值；其次，预测母羊在妊娠前期的放牧采食量和营养物质消化率；在此基础上对产单双羔母羊分别制定补饲方案。补饲日粮由 60%～65%的粗饲料与 35%～40%精饲料构成。补饲期分为补饲前期（12 月 1 日至翌年 1 月 31 日）和补饲后期（2 月 1 日至 3 月 31 日）2 个阶段。在补饲前期与补饲后期，每只母羊补饲的日粮干物质量分别为 0.68、1.10 kg 为宜。对妊娠期的绒山羊进行放牧补饲，可使母羊产后体重增加 6.2%，产绒量增加 7.0%，羔羊初生重增加 5.2%，对羊绒长度与羊绒细度没有显著影响。产单羔母羊与产双羔母羊的补饲应区别对待，产双羔母羊的补饲量通常较产单羔母羊高至少10%以上。

5. 春季休牧舍饲技术 春季休牧补饲技术主要针对泌乳羊进行。休牧舍饲期为90 d，为每年4月1日至6月30日，分为休牧舍饲前期和后期2个阶段。休牧舍饲前期即泌乳前期，为每年4月1日至5月31日，舍饲后期即泌乳后期，为每年的6月1～30日。泌乳母羊应该按照产羔率分群饲喂，分为产单羔母羊群与产双羔母羊群，并按照泌乳期分为泌乳前期与泌乳后期。绒山羊休牧舍饲的饲料种类同放牧补饲，以当地较为方便的粗饲料为主，精饲料为辅，有条件的地区粗饲料中最好有一些青干草与青贮饲料。绒山羊的休牧舍饲日粮通常由65%～70%的粗饲料与30%～35%精饲料构成。在泌乳前期，产单羔母羊与产双羔母羊的日干物质进食量分别为1.57 kg和1.75 kg为宜。在泌乳后期，产单羔母羊与产双羔母羊的日干物质进食量分别为1.39 kg和1.49 kg为宜。根据补饲日粮的精粗比例与精饲料的日粮组成计算出每天每只绒山羊补饲的各种饲料的数量。对泌乳期的绒山羊根据泌乳阶段进行合理舍饲，可显著降低母羊泌乳期的体重失重，增加羔羊生长速度，促进营养物质消化。在泌乳90 d时，母羊体重增加7.2%，羔羊体重增加7.5%。产双羔母羊的体重较产单羔母羊增加3.3%，单羔体重较双羔体重增加5.7%。

（二）生态高效草原优质羊肉生产技术模式

内蒙古白绒山羊是世界著名的绒肉兼用型品种，所产羊绒以细、长、柔软著称，素有“纤维宝石”之美誉，是饲养绒山羊主要的经济增长点。由于草场载畜量和种用规模的限制，断奶后的羔羊只有部分留作种用，大部分淘汰后作为肉羊利用。近年来，由于山羊绒价格下跌、羊肉需求量及价格不断上涨，迫使山羊肉生产成为饲养绒山羊新的经济增长点。绒山羊羊肉生产主要有放牧育肥、放牧补饲育肥和舍饲育肥3种，但受草原面积和生态环境限制，使得放牧补饲育肥与舍饲育肥成为目前绒山羊育肥的主要生产方式。课题组结合绒山羊生产特点，在示范基地对绒山羊成年羊和羔羊的育肥方式进行了研究示范，形成了生态高效草原优质羊肉生产技术模式。

母羊主要集中在3月下旬至4月上旬产羔，羔羊补饲分为哺乳期补饲与断奶羔羊育肥期放牧补饲2个阶段。哺乳期从4～7月。7月断奶选择优质羔羊转入育成羊群，淘汰羔羊进行3个月的放牧补饲育肥或舍饲育肥，9～10月出栏。

1. 哺乳羔羊补饲技术 哺乳羔羊补饲期从4月上旬至7月上旬，共3个月。补饲粗饲料在出生后5 d进行。补饲的粗饲料一般为苜蓿干草，自由采食。补饲精料补充料在出生后1周进行，每周补饲量递增。

2. 断奶羔羊的高效育肥技术 绒山羊断奶羔羊的育肥方式主要包括放牧补饲育肥与舍饲育肥两种。绒山羊羔羊一般于7月（4月龄）断奶，断奶母羔体重为16.5～19.0 kg，羯羔体重为21.5～24.5 kg。羔羊育肥期共3个月，10月中旬出栏。通常，放牧补饲育肥期间，每只羔羊补饲精料补充料0.3 kg左右；育肥期结束时，羯羔出栏体重30 kg以上，屠宰率44%，净肉率35.2%；母羔出栏体重24 kg以上。

断奶羔羊舍饲育肥期间日粮干物质基础的精粗比例在育肥前期为40∶60，育肥中期和育肥后期均为50∶50。一般情况下，一只断奶羔羊在舍饲育肥期间需要储备粗饲料46～48 kg，精饲料40～42 kg。舍饲育肥时，有条件的地区也可将精饲料与粗饲料混合在一起湿法进行全混合日粮（TMR）饲喂，水分控制在45%～55%。育肥期结束时，羯羔出栏体重为32.5 kg以上，屠宰率为56.0%以上，净肉率为48.4%以上。母羔出栏体重为25.7 kg。绒山羊羔羊进行短期舍饲育肥与放牧补饲相比，其育肥性能与屠宰性能明显提高，舍饲育肥羔羊的日增重较放牧补饲羔羊增加69.4%，屠宰率、净肉率和眼肌面积较放牧补饲分别提高了27.6%、37.4%和59.5%。

3. 成年羊舍饲育肥技术 成年淘汰羊育肥分为放牧育肥与舍饲育肥两种方式，育肥期分为育肥前期与育肥后期，共2个月，一般从7月中旬至9月中旬。舍饲育肥期间日粮干物质基础的精粗比例育肥前期为35∶65，育肥后期均为50∶50。育肥期间平均日增重为190 g以上，平均胴体重为

30.8 kg，屠宰率为59.6%，净肉率为40.8%。绒山羊成年淘汰羊进行短期舍饲育肥与放牧补饲育肥相比，其育肥性能与屠宰性能明显提高，舍饲育肥的日增重较放牧补饲育肥增加111.1%，饲料转化效率提高了107.6%，屠宰率、净肉率和眼肌面积较放牧补饲分别提高了25.9%、35.6%和46.2%。舍饲育肥时，有条件的地区也可将精饲料与粗饲料混合在一起湿法饲喂，水分控制在45%～55%，即全混合日粮（TMR）饲喂，增加采食量，保证营养物质均衡供给，但必须现配现喂，以免酸败。

第二节 新疆主要牧区生态高效草原牧养技术模式

从1980年代中期开始，新疆致力于通过牧民定居、暖季放牧冷季舍饲等措施，大力推进传统草原畜牧业的提升与改造。通过转变草原畜牧业生产方式与产业结构调整等手段，促进新疆草原畜牧业健康稳定发展。在新疆传统草原畜牧业生产方式转变过程中，已经建立并被广大牧民群众所接受的主导生产方式概括有3种类型：

一是暖季放牧冷季舍饲的生产方式。以充分发挥新疆草场资源的暖季生产优势为基础，实施暖季放牧生产，以牧民定居点的基础设施和饲草料资源为基础，实施冷季舍饲与冬羔生产，它是新疆草原畜牧业转型的重要方向。

二是牧民定居点舍饲生产方式。通过实现牧民定居与牧区产业结构调整后，一部分牧民从草原放牧中转移，充分利用定居点的基础设施和饲草料资源优势，实施季节性舍饲生产方式，它是现代草原畜牧业发展的必然结果。

三是天然草场放牧加补饲生产方式。在依靠天然草地资源优势的同时，在牧草生长的“忌牧期”和冷季，通过补饲达到减少对草地资源的破坏、满足家畜营养需求的目标，它是对新疆传统草原畜牧业方式的修复与完善。

本项目经过几年的“关键牧养技术”研究与示范，集成了与以上3种主要生产方式配套的技术模式，进而为新疆草原畜牧业的健康发展提供可靠的技术支撑。

一、冷季舍饲+暖季放牧技术模式

1. 合理调整畜种畜群结构 根据不同类型的草场，选择适合当地气候条件，满足人们需要的品种进行养殖。总体要以羊为主，牛、马、骆驼等大家畜次之。一般情况下在寒冷的阿勒泰、塔城等北疆地区选择具有耐寒、生长速度较快的阿勒泰羊、巴什拜羊、哈萨克羊进行养殖。在巴音布鲁克、昆仑山等高海拔地区选择牦牛、山区和田羊、巴音布鲁克羊等品种进行养殖。在草地资源良好，海拔相对较低的草场开展细毛羊、新疆褐牛、西门塔尔牛等畜种的养殖。

调整畜群结构，压缩非生产牲畜存栏，提高繁殖母畜比例，增加幼畜成活率。提倡当年羔羊当年育肥出栏及牛周岁半出栏，加快畜群周转，提高畜群生产能力，减轻过冬压力。根据不同区域的自然、资源、经济、社会状况，选择有比较优势和市场潜力的畜种作为主攻方向，大力发展专业化生产，逐步形成特色鲜明、规模适度、优势突出、效益良好的畜种结构。根据不同畜种的繁育特性，合理确定畜群内部基础母畜、后备母畜和种公畜比例，尽快形成母畜比重高、出栏扩大、周转快速、持续发展的畜群结构。生产母畜的数量一般要占全群的70%以上。

2. 暖季放牧制度体系 对基本实现冷季舍饲、半舍饲的地区，可以将原有的部分海拔较高且有饮水条件的冬草场调整为夏、秋季轮换放牧，部分夏草场可以调整为夏、秋或春季轮换放牧，春秋两季放牧草场，调整为春季、秋季的轮换放牧，把轮牧的理念和技术措施融入现行的季节休闲放牧制度之中。

暖季放牧场休闲放牧制度是对传统季节休闲放牧制度的调整，其核心是将现行的某一季节牧场始终固定在同一时间放牧或休闲，转变为不同年份的放牧和休闲时期有所变化，以此激发和调动草场植被的自我修复潜力。在冷季舍饲条件下，由于部分冷季草场的休闲，可以将现有的春秋两季放牧场，在一定时期内调整为两个片区，分别在春、秋两季轮换放牧，或将某一夏牧场在一定时期变换为夏末和秋季放牧。暖季草场的梯度放牧时间 195 d（具体进出各类草场时间及其合理放牧强度，见第二章第三节相关内容）。

草畜平衡监控技术：选择地势开阔、草地植被具有该区域的代表性、放牧强度也能代表该区域，建立定点监测站（点）。在畜群进入草场前布设监测样方，按照本项目确定的定点移动样方笼监测方法监测草场牧草产量。监测时间——从牧草返青开始，到 9 月底结束，大约每 30 d 监测一次，暖季草场牧草产量估测及适宜载畜量标准见第三章第六节的“新疆牧区草原放牧管理技术”相关内容。

3. 草场健康状况评价技术

（1）基层技术人员及牧民简易“草场健康评价”方法　通过对草场上牧草成分变化情况、草场地表枯枝落叶数量、草场地表水土流失情况、草场植被结构情况和草场新增加外来入侵杂草数量的观察与评估，利用本项目制定的“新疆牧民草场健康评价技术”，每个牧场和牧民都可以应用此方法对自己的牧场进行草场健康状况评价。各项指标总分值 100 分，评定分值在 75～100 分，说明放牧利用的草地处于健康状态；得 50～74 分，草场基本健康但有问题，是早期预警，提示在放牧利用制度上需要进行一定的变化或调整，比如调整放牧方式、实施延迟放牧和休闲轮牧等；得 50 分以下，草场已处于不健康状态，需要采取紧急行动，有必要进行重大的调整，比如休牧、禁牧等。

（2）专家“草场健康评价”方法　按照本项目研究成果“草场健康评价指标体系”，通过野外调查取样，由相关专业机构出具有专业水准的草场健康评价报告。

4. 提纯复壮技术　由于天然草场植被受到不同程度破坏，加之选育工作力度不够，相对过剩的牲畜存栏量以及农牧民饲养管理水平比较落后，致使地方品种生产性能有所下降，出现品种退化现象。通过开展本品种选育，保持本品种的优点，提高本品种的生产性能。

开展提纯复壮工作实际就是进行本品种选育，恢复或提高地方品种生产性能。通过选种选配、品系繁育，改善培养条件等措施，是提高本品种生产性能的一种方法。重点任务是组成选育核心群。选育核心群中评定等级：种公畜要求一级、特级。选育群为开放式选种，将等级较高的外群成年公母畜调入选育群，开展选配工作。选育群开展选配工作，要求详细记录配种情况、分娩情况、初生重测定；初生、断奶、周岁、成年阶段体尺体重测定。

5. 冷季舍饲饲草料保障技术　按照暖季放牧制度所确定的暖季放牧 195 d、冷季舍饲 170 d 的暖季放牧冷季舍饲生产模式，依据国家公益性行业（农业）科研专项“牧区生态高效草原牧养技术模式研究与示范”项目“牧区饲草料保障技术”研究成果确定新疆主要牧区冷季舍饲的饲草料保障标准。

天山北坡：每只绵羊需配置 0.017～0.023 hm^2 人工草地，其中，玉米 0.003 hm^2，青贮玉米 0.01 hm^2 或苜蓿 0.02 hm^2。

阿勒泰地区：每只绵羊需配置 0.02～0.027 hm^2 人工草地，其中，玉米 0.003 hm^2，青贮玉米 0.017 hm^2 或苜蓿 0.023 hm^2。

6. 冬羔生产技术　产冬羔可加快羊群周转，提高出栏率，减轻草场压力并保护草场，降低成本，提高冷季舍饲的经济效益，是牧民定居冷季舍饲的最佳选择方案。羔羊的生产体况，是关系到羔羊生产成败的关键。开展冬季产羔，需要母羊于 7～8 月配种，此时青草丰茂，母羊膘情好，发情正常，受胎率高，羔羊初生重大，易成活。草场返青时可跟群放牧，生长发育快，越冬能力强，育成率高，若生产肥羔于当年出栏，胴体大，肉质鲜嫩，冬羔秋季出售平均价格较春羔高 100～200 元/只。

实施冬羔生产需要贮备充足的饲草、饲料，搞好母羊补饲，同时，建设有保温、通风性能好的圈舍供母羊产羔。开展冬羔生产，必须加强羔羊饲养管理与培育。

7. 细毛羊二年三产技术　二年三产技术是将多种外源激素协同应用于羊繁殖生产过程中，开展定期集中配种，集中产羔，集中管理，实现母羊二年三产，单产多胎的效果，从而缩短繁殖周期，提高繁殖效率。大多数绵羊是季节性发情，在自然放牧下一年产一羔。实施细毛羊二年三产技术，提高生产效率。要达到二年三产，母羊必须8个月产羔1次。具体产羔计划：9月（孕酮海绵栓＋PG同期发情处理）配种，翌年2月产羔；5月（孕酮海绵栓＋PMSG＋PG同期发情处理）配种，10月产羔；1月（孕酮海绵栓＋PMSG＋PG同期发情处理）配种，6月产羔。

8. 暖圈建设及冷季舍饲技术标准　羊用暖圈建设技术规程，规定了羊用暖圈建设的基本要求，适用于牧民定居点舍饲养羊。

（1）基本要求　根据羊的生物学特性及对温度、湿度、光照等环境的要求，结合当地气候条件，建造羊用暖圈。采用透光性能好、易封闭的覆盖材料，尽可能利用太阳光辐射热和畜体本身所散发的热量。暖圈应便于通风换气，防止台内结露，要避免贼风，创造有利于羊只生长发育和生产的小环境；减少能量损耗，降低维持需要。

（2）建筑要求　应选择地势较高、向阳、背风、干燥、水源充足、水质良好、地段平坦且排水良好之处，应避开冬季风口、低洼易涝、泥流冲积的地段，并要考虑放牧、饲草（料）运送和管理方便。坐北朝南或南偏东不大于15°。

（3）羊舍面积及运动场　寒冷地区的羊舍宜建在避风向阳的地方，炎热多雨地区宜选在干燥通风之处。墙体是砖混结构，屋架是木梁结构，屋面是瓦椽结构。整个结构有利于夏天通风、冬天保暖。羊舍的长度不超过40 m，羊舍宽有6 m（双列式）。羊舍要有换气窗。圈门必须坚固灵活，门为侧拉门或上提，不设门槛或台阶。窗户宜采用卷帘、推拉窗或旋转窗，安装高度室内距地面不小于1.2 m。北侧窗口应便于冬季采用泥草等材料进行封闭，防止形成贼风。饲槽为砖混结构上宽30 cm，下宽20 cm、深30 cm。

通道：舍内通道宽度可根据实际需要设置，一般为1.2～2.5 m。

地面：一般为砖地地面，羊舍地面需高出舍外地面20～30 cm。

羊舍面积及运动场见表5-1。

表5-1　羊舍及运动场面积参考值

类　别	数量（m^2/只）	备　注
生产母羊舍建筑面积	1.2	产羔舍按基础母羊占地面积的20%～25%计算
生产母羊运动场面积	2.4	运动场面积一般为羊舍面积的1.5～3倍，或成年羊运动场面积可按4 m^2/只计算
育肥羊舍建筑面积	1.0	
运动场面积	2.0	
育成母羊舍建筑面积	0.7～0.8	
3～4月龄羔羊占舍面积	0.24	占母羊舍面积的20%
种公羊	2～2.5	单饲4～6 m^2/只
育成公羊	0.7～1	

羊舍温度：最适宜温度为14～22 ℃，夏季要防暑，冬季要加温。

饲草储备：每只羊的日补饲量可按干草2.0～3.0 kg来安排。育成羊、羔羊分别按成年羊的75%、25%计算（表5-2）。

表5-2　舍饲羊主要日粮储备参考标准［kg/(d·头)］

种类	生产母羊	后备羊	育肥成年羊	育肥羔羊
混合干草	2.0	1.5	1.5	1.0
青贮玉米	1.5	1.0	3.0	2.0
各类精饲料	0.3	0.25	0.4	0.5

饮水量：饮水要安全卫生，成年母羊和羔羊舍饲需水量分别为10 L/(只·d) 和5L/(只·d)。冬季要饮温热水。

二、牧民定居舍饲育肥技术模式

1. 肉羊标准化生产技术

(1) 品种的选择　选择萨福克、道赛特、特克赛尔、杜泊等肉羊品种与地方品种羊杂交，开展肉羊产品标准化生产，需要有足够的羊只数量，拥有良好的饲养管理技术和配套完整的产品生产加工流水线。

(2) 饲养管理技术

① 种公羊的饲养管理。种公羊保持中上等膘情，性欲旺盛，精液品质好。种公羊精液数量和品质取决于饲料的全价性和合理的管理。公羊1次射精量1 mL，需要消化蛋白约50 g。种公羊获得足够的蛋白质，性欲旺盛，精子活力强，密度大，母羊情期受胎率高。根据饲养标准配合日粮，放牧场应选择优质的天然或人工草场放牧。补饲要选择适口性好，富含蛋白质、维生素、矿物质的日粮。在管理上，种公羊可以进行单独组群饲养，要求有足够的运动量。种公羊在秋冬季性欲比较旺盛，精液品质好；春夏季性欲减弱，天气炎热，影响采食量，精液品质下降。根据种公羊在配种季节和非配种季节的不同营养需要进行饲养管理。

② 繁殖母羊的饲养管理。对繁殖母羊，要求常年保持良好的饲养管理条件，以完成配种、妊娠、哺乳和提高生产性能等任务。

空怀期：主要是恢复体况，一般经过2个月的抓膘，可为配种做好准备。

妊娠期：可通过加强放牧便能满足母羊的营养需要。随着牧草的枯黄，除了放牧外，还应给适量饲草料的补给。

哺乳期：保证母羊全价营养，以提高产乳量，母羊除了放牧采食外，可少量的补饲草料，羔羊早期断奶有助于母羊体况的恢复。

③ 育成羊的饲养管理。应按性别单独组群，夏季主要是抓好放牧，安排较好的草场。羔羊断奶时，不能同时断料，在断奶组群放牧后，仍要继续补饲几天。在冬春季，除了放牧外，还应适当补饲干草，青贮饲料，食盐和水。

④ 羔羊的饲养管理。羔羊出生后2 h内吃到初乳。羔羊出生后15 d，可进行适量的草料饲喂，逐天增加饲草料的饲喂量。羔羊生后45～50 d断奶，断奶后饲喂植物性饲料或在优质人工草地上放牧。

(3) 疫病防控技术　做好卫生和消毒工作：日常喂给的饲料、饮水必须保持清洁。不喂发霉、变质、有毒及夹杂异物的饲料。羊舍、运动场要经常打扫，并定期消毒。定期进行预防注射，要注射羊痘、羊四防等疫苗，注射时要严肃认真，逐只清点，做好查漏补注工作。羊舍饲后，活动范围变小，容易造成圈舍潮湿和环境不良，会引起寄生虫病的发生，因此注意羊舍的环境卫生、通风和防潮措施，做好羊疥癣等寄生虫病的防治。

2. 7～8月龄阿勒泰羊冷季舍饲育肥　传统放牧条件下养殖的阿勒泰羊，牧民在选留后备羊群后常将7～8月龄羊进行出售，此时段正处于阿勒泰地区寒冷季节的到来，未及时处理的7～8月龄羊继续以放牧为主，掉膘情况严重。针对11月中下旬阿勒泰羊开始掉膘的实际情况，结合当年羔羊在营养充足情况下生长发育快的特点，利用当地现有饲草料资源进行育肥饲料配方的制作，并开展7～8月龄羊短期育肥技术示范推广。通过育肥技术示范推广提高牧民经济收入，有助于冬草场以及春秋草场的保护，为牧区冷季舍饲育肥模式提供了技术支撑。

(1) 育肥羊的选择　根据阿勒泰生长发育情况，结合阿勒泰地区冬季寒冷，放牧条件下7月龄阿勒泰羊在传统养殖方式下体重增长缓慢，甚至12月体重出现负增长，选择健康的7月龄阿勒泰羊开展舍饲育肥。

（2）饲养管理　饲养管理准则应符合 NY/T 5151 的规定。日粮按营养需要配制精、粗饲料。7 月龄阿勒泰羊公、母分群，按营养需要饲养。7 月龄体重达到 35～45 kg。

（3）羔羊育肥　饲料的使用应符合 NY 5150 的规定。不得在羊体内埋植或者在饲料中添加镇静剂、激素类等药物。供应足够的新鲜、清洁饮水。

混合精料组成：玉米 60%～75%、麦麸 5%～15%、葵粕 15%～20%、石粉 1%、碳酸氢钙 1%、食盐 1%、预混料 1%、小苏打 1%，含硒微量元素和维生素 A、维生素 D_3 粉等按说明书添加。以玉米秸青贮和花生蔓、玉米秸秆为主，有条件的地区可以补加苜蓿、野干草和青绿多汁饲料等。

肥育方式：舍饲育肥分预饲期、育肥期、出栏期 3 个阶段。预饲期即育肥开始至第 7 天的过渡期。精饲料日喂量 0.3 kg，每日分 2 次饲喂。育肥期即育肥 60 d。从第 15 天开始适当增加饲料供给量，精饲料日喂量 0.5～0.9 kg。每隔 15 d 视育肥羊日增重调整 1 次饲喂量。出栏期即出栏前 7 d。这一阶段适当减少精饲料供给量。全期粗饲料自由采食，自由饮水、舔食盐砖。

育肥目标：育肥期 60 d，日增重 240～270 g，出栏活重达到 50 kg 以上。

胴体：胴体的技术要求，检验方法和标识、贮存、运输应符合 GB 9961 的规定。

3. 肉牛标准化生产技术

（1）品种的选择　以本地黄牛为主要品种，选好基础母牛，淘汰本地公牛，采取引进良种公牛冷冻精液进行人工授精配种，以杂交牛为商品牛进行牛产品标准化生产。

（2）饲养管理技术

① 饲养方式。人工草地采用放牧为主，冬季适度补饲的饲养方式，其余以舍饲为主，种畜适度放牧增加运动。在牧草生长期，牛在人工改良草地放牧采食优质牧草，冬季枯草季节补饲青贮料、青干草、微贮料及适当精料和其他秸秆粗料。

② 繁殖技术。按照黄牛冷配杂交改良经验，牛的配种要重点抓住春配和秋配。配种年龄及产后配种：青年母牛 15～18 月龄及体重达 280～300 kg 时可以开始配种，经产母牛产后配种时期适宜选择在产犊后 40～100 d。根据放牧特点，实行季节性集约配种制度。可采用同期发情技术，使母牛在相对集中的时间发情配种。配种方法采用人工冷配授精技术，用直肠把握法进行输精。授精的适宜时间为发情开始后 12～16 h，在最适配种期连配 2 次。

③ 饲养管理。母牛怀孕后期，应调整饲养标准，以满足胎儿迅速生长发育的营养需要，除正常放牧以外，应补充矿物含量合理的配合饲料及优质的青贮饲料。犊牛出生后 10～15 d 为新生期，对外界不良环境抵抗力较弱，因此需加强饲养管理。犊牛出生后应在清洁温暖的环境，产后 2～3 h 人工喂给母牛初乳。杂交犊牛生下后不久，母乳供应可能不足，必须适时补喂豆浆、牛奶等，尽早开食草料。牛幼畜可视实际补饲由玉米、豆饼、钙及盐等组成的混合料。对 3 月龄断奶至产犊前的杂交母牛，以放牧食牧草为主要饲养方式，17～18 月龄体重应达到 300 kg，开始配种。

（3）架子牛快速育肥饲养方法

过渡驱虫期约 15 d：对刚买进的架子牛一定要驱虫（包括内外寄生虫），然后实施过渡阶段饲养，即首先让刚进场的牛自由采食粗饲料，上槽后仍以粗饲料为主，这时粗饲料可铡成 1 cm 左右，每天每头牛控制精饲料 1 kg，与粗饲料拌匀后饲喂、精料量逐渐增加到 2 kg，尽快完成过渡期。

第 16～60 d：架子牛的干物质采食量达到 8 kg，精料粗蛋白水平为 11%，精粗比为 6∶4，日增重 1.7 kg 左右。精料配方为：70%玉米粉，20%棉籽饼，10%麸皮，30 g 食盐，100 g 预混料。

第 61～120 d：干物质采食量达到 10 kg，精料粗蛋白水平为 10%，精粗比为 7∶3，日增生 1.9 kg左右。精料配方为：85%玉米粉，10%棉籽饼，5%麸皮，30 g 食盐，100 g 预混料。

注意事项：不同育肥期的牛应分槽喂养，应防止膨胀病及拉稀，保证饮水充足，保持安静，搞好清洁卫生，防蚊蝇干扰。

定时饲喂：每日早、晚各喂 1 次。

定时饮水：有条件的地方要给牛饮用温水，先喂后饮，深机井水的温度如达到 10 ℃，可以随抽随饮。

拴系饲养：适度活动，冬天多晒太阳，刷牛体。

三、天然草场放牧＋草场补饲技术模式

1. 草畜平衡监控技术体系 选择地势开阔、草地植被具有该区域的代表性、放牧强度也能代表该区域，建立定点监测站（点）。在畜群进入草场前布设监测样方，按照本项目确定的定点移动样方笼监测方法监测草场牧草产量。监测时间——监测从牧草返青开始，到 9 月底结束，大约每 30 d 监测一次，暖季草场牧草产量估测及适宜载畜量标准见第三章第七节的“新疆牧区草原放牧管理技术”相关内容。

2. 草场健康状况评价技术 按照冷季舍饲＋暖季放牧技术模式的相关要求进行。

3. 草场合理放牧制度体系 季节放牧场休闲放牧制度是对传统季节休闲放牧制度的调整，其核心是将现行的某一季节牧场始终固定在同一时间放牧或休闲，转变为不同年份的放牧和休闲时期有所变化，以此激发和调动草场植被生物的自我修复潜力。在冷季放牧加补饲条件下，由于冷季放牧强度的下降，可以将现有的春秋两季放牧场，在一定时期内调整为两个片区，分别在春、秋两季轮换放牧。

确定季节牧场合理放牧时间的核心，是春秋季放牧场与夏季放牧场，放牧时间应该依据草场植被类型及其返青时间与牧草生育期来确定，并在牧草停止生长前结束放牧。通常应该以禾本科牧草进入拔节期、抽穗前，豆科及杂类草的始花期，为最佳放牧时间。具体进出各类草场时间及其合理放牧强度，见第二章第三节相关内容。

4. 放牧补饲技术 开展天然草场放牧要根据草场牧草供给情况进行合理的饲草料补充，满足牲畜生长发育营养需要。补饲一般有：种公畜配种季节的补饲、母羊妊娠后期的补饲、母畜泌乳期的补饲、幼畜早期补饲等。秋季羊群进入发情配种阶段，此时段羊群在牧草枯黄但营养价值相对较高的秋草场放牧，种公羊每天参加配种需消耗大量能量，仅从放牧难以补充种公羊的营养需要，每只羊每天补饲 500 g 精料能确保种公羊顺利完成配种任务。春季羊群多处在泌乳哺乳阶段，尤以早春时期牧场匮乏，母畜在一定时间和空间范围内很难通过放牧来满足自身及幼畜生长发育需要。根据不同地区草场植被覆盖情况，一般在早春母畜泌乳期每天给予每只羊 200 g 精料予以补饲。羔羊在 10 日龄就开始进行饲草、饲料的自由采食，促进羔羊瘤胃发育，每天每只羔羊按照 50 g 精料进行补饲，根据采食情况进行逐步添加。

5. 细毛羊“穿衣”技术 细毛羊穿衣是针对我国西北地区高寒、紫外线强烈、干旱、多风沙的自然条件而研制设计的一种能有效地保护羊毛品质、提高绵羊个体净毛产量的方法。不同的季节草场植被变化、季风变化对细羊毛的品质有很大影响，通过羊穿衣能大幅度提高羊毛品质。使用后羊毛的品质显著提高。穿衣时间一般选择在当年剪毛后至第二年剪毛前，可根据当地自然气候条件进行调整。

第三节　青藏高原牦牛、藏羊生态高效草原牧养技术模式

青藏高原是具有全球生态意义的一个脆弱生态系统，在其 $253\times10^4\ km^2$ 的面积上，草地生态系统占 50.9%，森林生态系统占 8.6%，农田生态系统占 1.7%，湖泊生态系统占 1.2%，湿地生态系统占 0.1%。其他 37.5%的面积为冰川雪被、沙漠戈壁和荒漠。青藏高原草地具有十分重要的生态学意义，既是畜牧业生产基地，又是重要的生态环境屏障。

青藏高原是我国高寒草地分布面积最大的一个区域。天然高寒草地面积 $1.28\times10^8\ hm^2$。分布于青藏高原海拔 3 000 m 以上的高寒草地可利用草地面积达 $1.059\times10^8\ hm^2$，其中，西藏 $0.57\times10^8\ hm^2$，

青海 0.38×10^8 hm^2，川西北 0.073×10^8 hm^2，甘南 0.036×10^8 hm^2，占北方草原区（2.2×10^8 hm^2）可利用草地面积的0.48%。青藏高原草地植被种类包括高寒草甸、高寒灌木、高寒草地和高寒荒漠，高寒草地面积居各种类型草地之首。

在青藏高原的放牧生态系统中，草畜平衡是核心，放牧强度和频率直接影响草地植物群落结构和植物多样性，进而影响家畜生产力、草地恢复力和稳定性。草原生态系统的本质是草原地境与其赖以生存的生物的耦合。其间，草原植物与草原动物之间的营养级转化是草原生态必经之路。研究草地植被的生长变化，是优化草地生态系统，维持草地生态系统平衡的基础，以草地生态系统最优模型为科学管理的依据，才能使草地既满足最大的经济效益，又实现草地的生态功效，实现草地畜牧业的可持续发展。

一、青藏高原牦牛、藏羊良种繁育＋暖棚培育＋冷季补饲技术模式

（一）牦牛、藏羊良种繁育

1. 牦牛良种繁育　牦牛繁育是牦牛生产中的重要组成部分，是提高牦牛品质、增加良种数量、改进牦牛产品质量的关键环节，也是不断扩大和改良提高现有牦牛品种和培育新品种的重要步骤。近年来，由于良种体系不健全、畜群结构不合理、以自然交配为主等诸多因素的影响，严重制约着牦牛群体生产力水平的提高，致使部分地区牦牛表现出体格变小、体重下降、繁殖率低、抗病力弱、死亡率高等“退化”征候。因此，如何提高牦牛繁殖效率，改良牦牛品质，加快遗传进展，提高牦牛生产性能，成为目前牦牛繁育工作的焦点问题。

（1）本品种选育　本品种选育要明确选育方向，制订选育目标和选育方案，划定选育区，确定选育群，建立核心群。在牦牛主产区建立牦牛核心群、良繁群、扩繁群，建立二级良种繁育体系，开展牦牛选种选配工作，将传统的育种方法与现代育种方法相结合，以利优良基因保存和珍稀遗传资源保存及开发利用（如适应性、抗寒、抗病性等)，防止珍稀遗传基因的丢失。根据牦牛的生物学特性，牦牛的主选性状应当是早熟性、日增重、后躯发育等性状。要求选育牛体躯深广，后躯发育良好，四肢粗壮，毛色纯黑。

① 公牦牛的选择。将后备公牛分三步选留：半岁初选、1岁半再选、2岁半定选。落选者一律阉割，定选的公牛投入母牛群中竟配，能力弱者淘汰。后备公牛应当来自选育群或核心群经产母牛的后代中，对其父的要求是：体格健壮，活重大，悍威强但不凶猛，额头、鼻镜、嘴、前胸、背腰、尻部要宽，颈粗短、厚实，肩峰高长，尾毛多，前肢挺立，后肢支持有利，阴囊紧缩，毛色全黑为佳。

本品种选育要考虑远距离引进公牛，更新血液，防止过度近交。现在牧民的种公牛多在本群中选留，近亲繁殖严重，导致出现家牦牛体格变小、生长增重缓慢等退化现象。如果继续采取本交自然交配，则上述弊端难以有效扭转。可采用现代成熟的冷冻精液人工授精技术，则良种公牛来源问题，通过外部配套顺利解决，近亲繁殖问题也有效避免了，从而根本上解决了家牦牛退化问题。

② 母牦牛的选择。母牦牛的选择应当着重于繁殖力，初情期超过4～5岁而不受孕者、连续3年空怀者、母性弱不认犊者都应及时淘汰。不符合选育要求的母牛编入繁殖群。

在母牛数量少的情况下，采用开放式选育制度，即无论是选育群或繁殖群生产的小母牛，只要符合选育要求，都可编入选育群。但是，选育群母牛所产小母牛，应优先选留为选育群后备牛，达不到选育要求的，作为后备在选育群数量达到能够自群繁殖时，采用封闭式选育制度，即只选留选育群母牛所产小母牛作为选育群后备畜。在按草原载畜量计算已经满载的场社，要淘汰劣质繁殖群母牛。

（2）导入外血

① 导入野血牦牛。野牦牛是家牦牛最近的祖先，由于严酷的自然选择和特殊的闭锁繁育，野牦牛体格健壮，体型外貌一致，基因纯合度高，属于优势的“原生亚种”。野牦牛与家牦牛杂交一代体重大、生长发育快、体格大、适应性强、杂种优势明显，可利用其杂种一代公、母牦牛培育种公牛，

对家牦牛进行改良，提高牦牛的生产性能。

② 导入良种牦牛。可利用我国优秀的牦牛品种，如大通牦牛，对当地牦牛进行杂交改良，所生杂种横交，以加大牦牛体型，提高本地牦牛的体重、产肉量和产毛绒量等。

③ 种间杂交。杂交一定要因地制宜，应在海拔相对较低，即3 000 m左右，自然条件较好，又有相应设备的地区进行。当前多用的是2品种与3品种杂交，常用的品种是黄牛、西门答尔、夏洛莱、利木赞、海福特、短角牛、安格斯、瑞士褐牛、黑白花。筛选最佳的杂交组合是搞好经济杂交的关键。用其他品种牛与牦牛或犏牛杂交，杂交后代与牦牛相比虽然都具有生长快、体形较大、产肉较多的优点，但杂交优势的大小是有差别的，至于用哪个杂交组合方式为好，还是根据不同地区生态特点进行试验而定。

（3）种群建设

① 组建良种繁育核心群。在原有牛群的基础上进行结构调整，压缩存栏，淘汰不达标牛，通过兑换、购进等方式，调进优秀种公牛和母牛组建繁育群。开展选留培育、精中选精、优中选优而形成的核心群，从中选择优良的种牛个体，用以补充核心群中的种牛，核心群中的所生产的优良个体再调动到选育群和扩繁群中，形成种牛选育的良性循环。

② 纯繁基础群建设。在已建立的核心群周围，其他牦牛的毛色较杂，种公牛间串群跑群配种现象多，无法形成封闭繁育，因此，必须在核心群周围建立纯种繁育保护区，淘汰黑花公牛，统一选留优秀纯色牦牛，形成封闭繁育，是确保核心群的纯度和纯种繁育区建立的有效途径。

（4）繁育

① 配种、产犊时间。根据高山草原的自然环境条件，逐步调节母牦牛在适宜的时间配种、产犊，也是提高经济效益的一个不可忽视的方面。产后第一次发情间隔期（约4个月）、发情持续期短（18 h）等周期性特点，抓好7、8月发情旺季的配种。母牦牛6～11月为发情配种季，以7～8月为旺季，翌年3～8月为产犊季，以4～5月为旺季。研究采取改善饲牧管理、同步发情等畜牧技术措施，调节母牦牛基本上集中在7～8月配种，翌年4～5月集中产犊。采用冻精输配，力争早配、早产，提高受配、受胎率。

② 适龄繁殖母牦牛在畜群中的比例。牦牛本种繁育中，适龄繁殖母牦牛在畜群结构中所占的比例普遍较低（一般在35%左右），给牦牛生产的经济效益、畜群总增、出栏牛头数等造成一定的限制。增加适龄繁殖母牦牛在畜群中的数量，一般以45%为宜。

③ 人工授精。如果采用人工授精，既可以节约公牛开支，又可以提高优良公牦牛的利用率和牛群质量，增加单位面积草原的收入，降低产品成本。冻配母牛必须健康、无布病及其他传染病。应选3～4胎（7～9岁）的母牦牛进行人工授精冻配。因为3～4胎是母牦牛连产率较高的鼎盛时期。8胎以后的母牦牛连产率下降，原则上应予以淘汰。这是提高牦牛繁殖率首要技术措施之一。

授配母牛膘情应在六七成以上。产犊后，日挤奶次数多的母牦牛一般来说，身体恢复慢，膘情肯定不好，发情往往推后或不发情，且影响下一胎犊牛的出生体重。故母牦牛的膘情也是冻配母牛选择的重要表现指标之一。选择初配牛是生产连续性的现实需求，应据生产的规模适当选择，在膘情上要严格控制。对产后不带犊牛的母牛要区别对待。对上年度犊牛疾病或意外事故造成的犊牛中途夭折的母牦牛可选择作为冻配母牦牛。

由于母牦牛发情时间短，而且不易发现，故冻配人员在牦牛放牧前1 h提前进入牛群观察，根据爬跨程度和授配母牛外阴表征及放牧员观察三者相结合，及时准确地确定发情母牛，使之准确无误，减少无故地错抓，它不仅节约时间，而且可进一步增进冻配技术人员与户主的合作融洽关系。外阴流浓黏性脓状分泌物和子宫颈口肿胀较大且柔软弹性强者，一般子宫颈口都已开腔，输精枪可直接进入子宫颈内，这就是最佳的母牦牛授精时间。

授配母牛要专人专管，尤其是怀孕后期，放牧时要多加看管，严防授配母牛吃雪霜草和进出牛舍时的相互拥挤与抵撞。牦牛怀孕的中后期，正值冬春枯草期，单靠放牧，难以满足胎儿生长发育对营养的需要，特别是杂交怀孕的牦牛，更容易发生营养缺乏症。故在冬春对营养状况差的孕牛及杂交孕牛应及早补饲，使之常年保持中上等营养水平。让母牛及时舔食盐砖，并做好冬春饲草料的补饲工作。每头孕牛贮备优质青干草 1 500～2 000 kg，每日每头补饲精料 0.5 kg。

2. 藏羊良种繁育

(1) 本品种选育　在本品种内部通过选种选配、品系繁育、改善饲养管理条件等措施，提高品种性能。

① 建立稳定的选育基地和良种繁育体系。在藏羊产区，划定品种选育基地，办好各种类型的藏羊养殖场（户），建立和完善良种繁育体系，组建选育群和核心群。良种繁育体系可由藏羊场、良种专业户或重点户、一般牧户组成。藏羊场内集中经品种普查鉴定出的最优秀公、母羊组成选育核心群，按照育种方案进行严格的选种、选配，开展品系繁育，不断提高品种的性能和品质，同时培育出优良种畜更新和扩展核心群，分期分批推广，装备良种专业户。良种专业户的任务是扩繁良种、供应一般牧户繁殖饲养。藏羊选育基地要相对集中，不宜过度分散，避免由于交通不便，信息不畅而产生各自为政、难以统一的状况。

a. 健全性能测定制度和严格选种选配。核心群和选育群的藏羊，都应按选育标准、使用统一的技术，及时、准确地做好各项性能测定工作。建立良种等级制度，健全种畜档案，并在此基础上，选择出优秀的种母羊，与经过性能测定的公羊进行选配，从而使羊群质量不断得到提高和改进。

选种选配是本品种选育的关键措施。选种时，应针对藏羊类群的具体情况突出重点，集中选择几个主要性状，以加大选择强度。选配时，各场（户）可采取不同方式。在育种场的核心群中，为了建立品系可采用不同程度的近交。在良种繁育场（户）和一般饲养场（户）应避免近交。

b. 建立与选育目标相一致的配套培育和饲养管理体系。在进行藏羊本品种选育时，所选出的优良品种只有在适宜的饲养管理条件下，才能发挥其应有的生产性能。因此，应加强饲草饲料基地建设，改善饲养管理，进行合理培育。建立藏羊的科学饲养和合理培育体系。

c. 以"性状建系"法为主开展品系繁育。藏羊的系统选育程度不高，系谱制度不健全，开展品系繁育主要以"性状建系"法为主，采用品系繁育能有效加快选育进程。

d. 有计划、有针对性的适当引入外血。在藏羊本品种选育过程中，虽然采取一定的选育措施，但某些缺陷仍然无法克服时，可考虑采用引入杂交，有计划、有针对性的引入少量外血（外源基因），改良缺陷性状。不可超越本品种选育的范畴，藏羊的性质基本不能改变。

e. 定期举办藏羊评比会。通过评比会评选出优秀公、母羊，交流和推广藏羊繁育的先进经验，检阅育种成果，表彰先进个人和集体，以达到向广大牧民宣传、普及畜牧兽医科技知识、推动选育工作的目的。

f. 坚持长期选育。藏羊的本品种选育世代间隔长、涉及面广、社会性强，进展较慢。另外，藏羊的饲养管理相对粗放，选育程度低，分布地区社会经济文化较落后，先进技术的接受、消化较困难。这很大程度上决定了藏羊选育工作的长期性。因此，选育计划一经确定，不要轻易变动，特别是育种方向，更不能随意改变。要争取各方面的支持，坚持长期选育。

② 种公羊选留。初生公羔的选留是从核心群一级母羊所产公羔中，选择体质健壮、品种特征明显、初生重在 4.0 kg 以上的公羔进行登记、打号。6 月龄公羔的选留对选留的公羔，在 6 月龄时逐只鉴定选留。1.5 岁后备公羊的选留剪毛前对后备公羊进行鉴定，选择特级、一级、二级公羊作为后备公羊，三级以下的淘汰。

③ 种公羊培育。后备公羊和种公羊采取集中或分户单独组群方式。后备公羊和种公羊在优质草场进行放牧的同时，在冬春季节出牧前、归牧后适量补饲。平均补饲精料 0.25～0.5 kg/(只・d)，青干草 1.0～2.0 kg，补饲 60～90 d。后备公羊和种公羊必须保证每天有充足的清洁饮水。

(2) 藏羊选种和选配　种羊选择按藏羊体形外貌、体重和体尺指标进行表型选择（个体选择），兼顾系谱审查和后裔测验。鉴定前对整个羊群从外貌整齐程度、体格大小、营养状况等进行观察，对羊群品质有总体概念。鉴定时从被鉴定羊的前后及体侧观察体躯结构是否协调，体态是否丰满，站立姿势是否正确，典型外貌特征及生殖器官有无缺陷等。鉴定时，按羊的体重和体尺大小，突出产肉性能，选出优良公、母羊。种公羊应经过初生、6月龄、1.5岁、2.5岁和成年鉴定，母羊1.5岁第一次鉴定，初步评定等级，2.5岁时第二次鉴定，决定终身等级。此后，一般羊群即不再鉴定，种公羊育种核心群母羊应每年进行鉴定，长期观察种羊的品质变化，进而总结选育的效果。

藏羊应根据羊只前门齿的生长情况进行判断年龄大小。选育核心群应根据育种档案、耳标（耳标上标明出生年、月）确定年龄。种羊鉴定时，在体形外貌符合藏羊典型特征的情况下，突出繁殖力和体重、体高、体长、胸宽、胸深、胸围、尻宽等肉用性能指标，兼顾产毛量。选留后备公羊占公羊总数的20%～30%，选留后备母羊占母羊总数的20%～30%。公羊达到18月龄、体重45 kg或达到成年公羊体重的65%以上；母羊达到18月龄、体重35 kg或达到成年母羊体重的65%。

选配原则应遵循公羊品质高于母羊。优良的公、母羊除了有目的地杂交外，进行同质选配。在某方面有缺点的母羊选配公羊时，必须选择在这方面具有特别优点的公羊与之交配。采用亲缘选配时应当特别谨慎，不得滥用，避免使用过幼、过老的种羊，禁止有遗传缺陷的公羊、母羊相互交配。

采用群体选配时，把优、缺点相同的母羊归类分等，然后指定一只或几只优秀的公羊与之配种。应用特、一级公羊与一、二、三级母羊选配。公羊等级必须高于母羊等级。采用亲缘选配时，选择健康状况良好，生产性能高且没有严重缺陷的血缘关系相近的公、母羊进行交配，所获得的后代，必须进行严格鉴定，选留体质结实、体格强壮的个体作为种用。

（3）配种　藏羊配种采用自然交配和人工辅助交配。自然交配时，公、母羊比例为1∶(25～30)。人工辅助交配时，采取公羊、母羊分群饲养，按选配制度实行一只公羊与多只母羊定配。公羊配种每天早晚两次，每次1～2 h。每年5～8月藏羊发情，当母羊不拒绝公羊爬胯时开始配种，到全部母羊不再发情时结束。

（4）产羔　藏羊的妊娠期为145～155 d。对已怀孕的母羊要防止隐性流产和早产。特别是怀孕后期和产羔季节，避免羊群拥挤、禁止剧烈运动。产羔舍要求宽敞、光亮、清洁、干燥、通风良好。产羔舍的温度以4～8 ℃最适宜。羔羊脐带自然断裂或离脐带基部约10 cm用剪刀剪断，在断端涂5%碘酊消毒。

（5）初生羔羊的护理　对初生羔羊要防止冻、饿、挤压和疾病的发生。羔羊出生后1 h内及时吃上初乳，要特别留意初产母羊所产的羔羊。发现缺奶羔羊，及时用羊奶、牛奶、羔羊奶粉等代乳品进行人工补喂，要定时、定温、定量，注意奶瓶的清洁卫生。

羔羊出生后1～3 d，选择灌服消食片、乳酶生、复合维生素等防腹泻药物。羔羊10日龄左右开始训练吃草料，少给勤添，补喂精料50～100 g/(只·d)。1月龄以后适当增加补饲量。3月龄以后，以放牧及补饲为主。在羔羊2～3月龄期间，将母、仔分开进行一次性断奶。

（二）暖棚培育

尽管牦牛、藏羊有很强的抗逆性，但对其恶劣的环境的适应是以降低体重、降低繁殖能力、延长出栏周期为代价的。要实现牦牛、藏羊养殖业的高产、优质和高效，就必须改变其生存环境。由于高寒牧区牧草生产与家畜营养需要的季节不平衡，降低了物质和能量的转化效率，浪费了大量的牧草资源。实行牦牛、藏羊冬季暖棚饲养是解决草畜矛盾及季节不平衡和保持草地畜牧业可持续发展的主要措施。

1. 牦牛暖棚培育

（1）暖棚基本要求　根据牛的生物学特性及对温度、湿度、光照等环境的要求，结合甘南气候条件，建造牛用暖棚。采用透光性能好、易封闭的覆盖材料，尽可能地利用太阳辐射热和畜体本身所散发的热量。暖棚应便于通风换气、防疫、消毒，防止冷风侵袭和棚内结露，创造有利于牛生长发育和繁殖的小环境；减少能量损耗，降低维持需要。

（2）棚址选择 选择棚址应符合本地区农牧业生产发展总体规划、土地利用发展规划、城乡建设发展规划和环境保护规划的要求。暖棚建在定居点建筑群或放牧点相近之处，并与定居点保持一定的距离，以便于放牧、饲养管理，减少环境污染和疾病传播。棚址周围应具备就地无害化处理粪尿、污水的足够场地和排污条件。应选择地势高燥、背风向阳、空气流通、土质坚实、水源充足、水质良好、地段平坦且排水良好之处，周围无遮蔽物、隔离条件好、易于组织防疫的地方，离水源地 500 m 以上；交通相对便利，距交通要道 200 m 以上。

（3）建筑朝向与形式 暖棚一般坐北朝南，东西向，偏西 5°～10°。暖棚采用封闭的单列式棚舍，屋顶采用不等式双斜面或后棚采用斜面，前棚采用拱形。

（4）棚内平面布置 采用单列双走道形式，北侧为饲料通道，宽 120～150 cm，设饲槽，饲槽外沿高 80 cm，内深 45 cm，宽 50 cm，最低端安置直径 2 cm 排污水口。饲槽护栏高 180 cm，圆钢横间距为 40～50 cm，竖间距为 50～60 cm。南侧为清粪通道，通道宽 120～150 cm。牛床尺寸可根据不同种类、不同年龄牛的体形以及饲养方式、生产工艺等加以确定。成年牛的牛床长 160～180 cm（奶牛）和 130～150 cm（牦牛、犏牛）、宽 100～120 cm（奶牛）和 90～110 cm（牦牛、犏牛）。

（5）建筑尺寸 双坡屋顶的牛用暖棚，前墙高 200 cm，后墙高 220 cm，山墙顶处高 280 cm。暖棚宽度 600 cm，长度可根据场地的地形走势、建筑结构材料、饲养规模来综合考虑，但不超过 4 000 cm为宜。

在暖棚东墙开设饲养员出入门，南墙开设运动场和牛出入门（双扇门），宽 200 cm，高 180 cm。在南（前）墙和北（后）墙开设通风孔。南墙通风孔距地面 20～40 cm 处，大小为 20 cm×20 cm，每 20 m^2 的暖棚面积设计 1 个；北墙通风孔距地面 140～160 cm 处，大小为 50 cm×50 cm，每 20 m^2 的暖棚面积设计 1 个，通风孔安装换气扇或百叶窗，做到关启方便。后棚顶用木料制成 80 cm×80 cm 的换气窗，上安风帽，换气窗要关启方便，每 40～50 m^2 的暖棚面积安装 1 个。

（6）主要设施 每头成年牦牛或犏牛的棚内饲养面积 3.5～4.5 m^2，奶牛和肉牛的棚内饲养面积 5.5～6.5 m^2。育肥暖棚面积 50～80 m^2，繁育暖棚 80～120 m^2，可根据地势、经济能力、牛群数量适当增减，最多不超过 240 m^2，最少不低于 50 m^2。暖棚南侧设运动场，放牧地区可不设置；养殖小区和养殖场运动场用围栏或土墙围起，运动场面积为圈舍建筑面积的 2～3 倍。

在暖棚西侧设一饲料间，其面积根据饲料存放量及贮存时间确定，建议每头牛配饲料间面积 1.2～1.5 m^2，养殖小区和规模化养殖场在东侧设面积 8～15 m^2 的工作间（饲养员室）。草料堆放可采用草垛或草料库，布置在距暖棚 20 m 以上的侧风向处，占地面积按每 10 头牛 50 m^2 计算。养殖小区和规模化养殖场每 20 头成年母牛设产房一间，其建筑面积 16～18 m^2。产房可单建，也可与其他牛舍相连。

（7）温度与湿度 暖棚内的适宜温度应保持在 7～27 ℃。暖棚内相对湿度 50%～75%。寒冷时暖棚加盖草帘、单子、篷布、加热等方法，密封好边缘缝隙，破损部位及时修补，门口挂门帘。根据气温变化及时开关进气孔和排气孔。暖季时暖棚进气孔和排气孔全部打开，以利通风降温。采用自然换气降温。自然换气降温方法是在牛出牧前 1 h，打开门窗进行通风换气，使棚内外温度接近，以防牛出牧时温差太大而引发感冒。

2. 藏羊暖棚培育 暖棚饲养是将羊舍的一部分用塑料膜覆盖，利用塑料膜的透光性和密闭性，将太阳能的辐射热和羊体自身散发热保存下来，提高了棚内温度，创造适于羊只生长发育的环境，减少为御寒而维持体温的热能消耗，提高营养物质的有效利用，进而获得较好的经济效益。

（1）暖棚的技术要点

① 屋顶保温。由于热空气上浮，塑料棚顶部散热多，因此羊舍塑料膜覆盖部分占棚顶面积的 1/2。遇到极冷天气（－25 ℃以下），塑料棚顶上最好加盖草帘子或毡片等，以减少棚内热的散失。

② 墙壁保温。畜舍四周墙壁散发的热量占整个畜舍散发的 35%～40%。墙的厚度，如砖墙不小于 24 cm，土墙或石墙的厚度分别不小于 30 cm 和 40 cm。

③ 门窗保温。门窗以无缝隙不透风为佳，在门窗上加盖帘子，也可以减少热量散失。

④ 棚内温度和有害气体。羊舍内湿度应低于75%。为保持棚内温度又不使湿度和有害气体增多，每只产羔母羊使用的面积和空间为1～1.2 m^2 和2.1～2.4 m^3。另外，还要经常通风换气，确保棚内空气新鲜。

⑤ 光照。为了充分利用太阳能，使棚内有更多的光照面积。建棚时要使脊梁高与太阳的高度角一致，才能增加阳光射入暖棚内的深度，以每年冬至正午，阳光能射到暖棚后墙角为最低要求，使房脊至棚内后墙脚的仰角大于此时的太阳高度角。暖棚前墙高度影响棚内日照面积，应将前墙降低到1.4 m为宜。

（2）暖棚环境控制　暖棚是大自然气候环境中一个独特的小气候环境。搞好小气候环境，才能使畜禽正常发育，从而提高生产性能。

① 温度。暖棚内热源有两个，一是畜体自身散发的热量，二是太阳光辐射热；其中，太阳辐射是最重要的热源，暖棚应尽可能接受太阳光辐射，加强棚舍热交换管理，还可采取挖防寒沟、覆盖草帘、地温加热等保温措施。防寒沟是为防止雨雪对棚壁的侵袭，而在棚舍四周挖的环形沟，一般宽30 cm，深50 cm，沟内填上炉灰渣夯实，顶部用草泥封死。覆盖草帘可控制夜间棚内热能不通过或少通过塑料膜传向外界，以保持棚内温度。

② 湿度。棚内湿度主要来源有大气带入、畜体排除、水汽蒸发等。湿度控制除平时清理畜粪尿、加强通风外，还应采取加强棚膜管理和增设干燥带等措施控制。

③ 通风换气。尘埃、微生物和有害气体主要源于畜体呼吸、粪尿发酵、垫草腐败分解等。有效的控制方法是及时清理粪尿，加强通风换气。通风换气时间一般应在中午，时间不宜太长，一般每次30 min。

（3）饲养管理技术要点

① 备足草料。草料的准备和调制是暖棚养羊的关键。饲草采取青干草和生物发酵饲草，生物发酵利用秸秆青贮和微生物发酵技术贮备。饲料储备要充足，按饲养羊只数量做好计划。配合饲料是根据舍饲羊生长阶段和生产水平对各种营养成分的需要量和消化生理特点做好计划贮备，避免饲料浪费、贮存、提高饲料转化率。常用的配合饲料有浓缩饲料、精料混合料、全价配合饲料。

② 饲喂方式。设计好食槽水槽，控制羊践踏草料和弄脏饮水，提高草料利用率；同时大小羊、公母羊分开饲养。饲喂时将饲料放入饲槽中让羊自由采食，喂食应少量多次，每天4次。水槽中不能断水，注意每天换水。同时按照羊只不同生长阶段配置精料补充，一般育肥羊秸秆饲草与精料比例为4∶1、妊娠羊5∶1、种公羊4∶1。

③ 饲养密度。保持适当的饲养密度，充分利用羊只所产生的体热能，可显著提高棚内和舍内温度，舍内要保持干燥、通风，尽量做到冬暖夏凉。

（三）冷季补饲

冷季牦牛、藏羊体重下降乃至乏弱死亡一直是困扰高寒牧区草地畜牧业发展的重大问题。由于漫长的冷季（10月至翌年4月）气候条件和牧草营养下降，造成牦牛、藏羊生产水平大幅降低。成年母牦牛的体重通常为160～290 kg，而在漫长而寒冷的冬季由于牧草短缺而减重25%～30%。藏羊冷季营养亏损（消耗体重）占上年度秋末最大体重的40%～43%，同时，冷季处于半饥饿状态的羊只，正常年均死亡率为5%～8%，而风雪灾害年份的死亡率则高达10%～15%，给广大牧民群众造成巨大的经济损失。翌年暖季才可恢复到正常体重，年复一年，即所谓“夏饱、秋肥、冬瘦、春乏”的恶性循环。特别是近年来，随着牦牛、藏羊数量的迅速增加，草畜矛盾日益突出，严重影响着高寒草地牦牛、藏羊生产系统的平衡与稳定。

1. 牦牛冷季补饲料　牦牛补饲精料主要包括能量饲料和蛋白饲料。能量饲料是指谷物籽实及其加工副产物，包括玉米、小麦、青稞、麸皮等；蛋白饲料是指含粗纤维低于18%，含粗蛋白等于或高于 20%，包括豆类作物籽实、油料作物籽实及油渣（豆饼、菜籽饼等）等。

牦牛归牧后自由舔食。使用舔砖前最好对牦牛进行驱虫。使用舔砖初期，可在砖上撒施少量食盐粉、玉米面或糠麸类，诱其舔食，一般要经过几天的训练，牦牛就会习惯自由舔食了。舔砖应用铁丝悬挂或放入食槽内，不可随意丢放，并注意清洁。舔食营养舔砖饲料，每块舔砖为 2 头牦牛 100 d 的补饲标准，每天舔食 80 g，归牧后，集中在圈内舔食 30～60 min。

总之，冷季适当补饲精料可以有效缓解牦牛掉膘或减重，且对幼龄牦牛增重效果显著；相对于未补饲牦牛，补饲精料能提高各龄牦牛的经济效益，且以成年牦牛最为明显。因此，冷季补饲是高寒牧区牦牛业高效、可持续发展的一项行之有效的措施。

2. 藏羊冷季补饲　补饲精料以本地作物为主，其成分为青稞 20%，玉米 50%，豌豆 28%，酵母粉 1%，食盐 1%。补饲量为：1 岁羊 0.2 kg/(只·d)；2 岁、3 岁及成年羊 0.25 kg/(只·d)。归牧后自由舔食牛羊专用高效复合矿物质营养舔砖，其主要成分为尿素、糖浆、过瘤胃蛋白、其他有机物、食盐等多种矿物元素。采食量为：每日归牧后自由舔食，舔食量约为 50 g/(只·d)，舔砖放于羊圈让羊自由舔食。

总之，牦牛、藏羊属终年放牧的家畜，长期以来由于超载过牧，草地严重退化。饲草严重不足，是制约青藏高原草地畜牧业发展的主要限制因素之一。因此，牦牛、藏羊产业的发展应立足于“因地制宜”，在放牧技术上以“抓膘、保膘”为基础，有膘作基础，牦牛、藏羊才能发情、配种、产仔、泌乳、哺乳、产肉等，否则在牦牛、藏羊的健康都不能保证的前提下，对提高其生产性能都是空谈。通过冷季冷季补饲可大幅度降低其活重损失，是提高牦牛、藏羊生产效率，解决冷季饲料不足的有效途径。也可以减轻冷季草地放牧压力，提高家畜周转率。而且可以减少冷季牦牛、藏羊掉膘和提高幼畜存活率，增强抗病和越冬能力，减少经济损失。在草地畜牧业状态下，保证牧草充足的前提下，利用冷季补饲保膘是目前最有效的饲养方式，亦是合理利用草地的重要一环，也唯有冷季补饲，才能降低草地畜牧业生产成本。

二、青藏高原藏羊高频繁殖技术模式

藏羊的配种计划安排一般根据各地区、各羊场每年的产羔次数和时间来决定。一年一产的情况下，有冬季产羔和春季产羔两种。产冬羔时间在 1～2 月，需要在 8～9 月配种；产春羔时间在 4～5 月，需要在 11～12 月配种。一般产冬羔的母羊配种时期膘情较好，对提高产羔率有好处，同时由于母羊妊娠期体内供给营养充足，羔羊的初生重大，存活率高。此外冬羔利用青草期较长，有利于抓膘。但产冬羔需要有足够的保温产房，要有足够的饲草饲料贮备，否则母羊容易缺奶，影响羔羊发育。春季产羔，气候较暖和，不需要保暖产房。母羊产后很快就可吃到青草，奶水充足，羔羊出生不久，也可吃到嫩草，有利于羔羊生长发育。但产春羔的缺点是母羊妊娠后期膘情最差，胎儿生长发育受到限制，羔羊初生重小。同时羔羊断奶后利用青草期较短，不利于抓膘育肥。

随着现代繁殖技术的应用，密集型产羔体系技术越来越多的应用于各大羊场。在二年三产的情况下，第一年 5 月配种，10 月产羔；第二年 1 月配种，6 月产羔；9 月配种，来年 2 月产羔。在一年两产的情况下，第一年 10 月配种，第二年 3 月产羔；4 月配种，9 月产羔。

1. 配种前准备工作　配种前 1 个月，开始做准备工作。

（1）对母羊　①淘汰有乳房病、老龄无牙、体膘过差和以往繁殖记录不好的母羊。②体况评分，分群饲养，一般按瘦、正常、肥组成 3 小群，瘦群转到优良草场或提前补饲，肥群限制放牧时间，停止补饲。③驱虫，修蹄。注意有无流产性传染病的传播可能，一经发现则要预防注射。

（2）配种前半月　①正常群开始增膘补饲，计划按 1 个月补，配种前半个月，配种开始后半个月。这样做预计可以提高 10%～20%产羔率。每日每头补饲 200 g 精料或转到优良草场上放牧，这一点在非繁殖季节配种尤为重要。②准备试情公羊，最好是用外科手术绝育的公羊试情。为产生公羊效应，配种前2周放入母羊群，这样做到配种期一开始，会有相当大比例的母羊同期化发情，有利于做到配种期紧凑。

（3）对公羊　生产上要求在规定时间内配上的母羊比例大，双羔率高，对往年用过的公羊如此，对新来的公羊更应如此，因为配种前半期失配母羊多，意味着羔羊少，增大开支。公羊来到一个新环境，往往因应激而影响到精子生成和成熟，这一过程历时7～8周，即新公羊应不迟于配种前45 d，最好60 d前进场，使适应新环境后参加配种。配种前30～60 d全面检查公羊，更换不合格的公羊。检查项目有外观、生殖道、精液、性欲。

① 外观。体况偏瘦、偏肥皆不宜。无影响接近和爬跨母羊能力的损征，无影响采食、视线和活动的缺陷（如齿病、毛盲、肢病）。暂停使用病羊，加紧治疗，如淋巴腺炎、传染性角膜炎、肺炎和外寄生虫病等。

② 生殖道。不允许阴茎、包皮有擦破、肿胀、发炎，以及睾丸或附睾不对称、一大一小。淘汰阴囊围长小于30 cm的公羊，因为这与精子生成能力高度相关，是评定公羊配种能力的有用标志。

③ 精液。通过肉眼和显微镜观察，检测精液的颜色、射精量、精子密度、活力、精子畸形率等。

④ 性欲。通过与几头母羊接触的实地观察决定。

2. 根据母羊群的大小决定与配公羊数　自然交配时，母羊群的大小调整到100头以下。

对公羊要求：体况评分3分，进入配种期内体重在上升。时刻注意健康状况和活动情况。偏瘦时增加补饲，要保持公羊整个配种期体重不减，精力旺盛。夏末秋初配种可以考虑剪毛。

调整母羊群的大小：母羊群小，尤其是纯种群，混入1头公羊，第1发情周期结束，17 d后复发情的母羊多，表示公羊有问题，应立即更换公羊。母羊群大，放入1头公羊的失配率高，必须放入几头公羊，按前述公母比例计算。但为避免各头公羊的负担不匀，出现个别公羊的与配母羊过多，一般可以选用体格、年龄近似的公羊，1岁公羊不宜与成年公羊混用。另一种办法是轮回配种，给公羊有一定间隔休息，提高公羊利用率。间隔时间要固定，如有100头母羊需要配备3头公羊，配种第1 d先放入其中的1头，24 h后换用第2头公羊，24 h后再换入第3头公羊。这样，每头公羊用1 d，休息2 d。公羊一轮时间也可以超过24 h，原则是第一发情期结束，失配母羊不宜与原公羊再相遇。根据经验，安排4 d一轮的配种方案也可行，即1号公羊1～4 d和13～16 d，2号公羊5～8 d和17～20 d，3号公羊9～12 d和21～24 d，这样轮回，在第1发情期用的公羊未配上的母羊，到第2发情期可以错开原配对，而换到另两头公羊的份下。

3. 藏羊密集繁殖体系的选择　青藏高原地区气候类型复杂、藏羊生产习俗多样，对于一个地区尤其是具体到一个规模化藏羊养殖场或养殖区域而言，根据本地区的地理生态条件、藏羊类群资源和饲料资源情况、母羊的繁殖性能特点以及藏羊养殖单位的管理能力、设备条件和技术水平等诸多因素，按照从实际出发、因地制宜的基本原则，选择最适宜的密集繁殖体系十分必要。配套必要的技术措施，如选择利用母羊母性强、泌乳量高、羔羊成活率高的繁殖性能特点，为密集繁殖体系的实施奠定基础；建立优质人工牧草基地和饲料生产基地以及天然打草场，实现了藏羊生产过程中优质牧草和精料补充料一年四季的均衡供应，为密集繁殖体系的实施提供物质保障；人工授精技术、繁殖控制技术、羔羊早期断奶技术、隔栏补饲技术等项技术的研制开发和示范推广应用，为密集繁殖体系的实施提供技术保障。

4. 藏羊密集繁殖体系实施方案的设计　二年三产是20世纪50年代后期提出的一种方法，沿用至今。为达到二年三产，繁殖母羊必须每8个月产羔1次，这样两年正好产羔3次。这个体系一般有固定的配种和产羔计划，羔羊一般是2月龄断奶，母羊在羔羊断奶后1个月配种；为了达到全年均衡产羔、科学管理的目的，在生产中，常根据适繁母羊的群体大小确定合理的生产节律，并依据生产节律将适繁母羊群分成8个月产羔间隔相互错开的若干个生产小组（或者生产单元），制订配种计划，每个生产节律期间对1个生产小组按照设计的配种计划进行配种，如果母羊在组内怀孕失败，1个生产节律后参加下一组配种。这样每隔1个生产节律就有一批羔羊屠宰上市。

（1）确定合理的生产节律　合理的生产节律不但有利于提高规模化藏羊生产场适繁母羊群体的繁

殖水平，全年均衡供应羊肉上市，而且便于进行集约化科学管理，提高设备利用率和劳动生产率。确定合理的生产节律，其实质是根据适繁母羊的群体大小以及羊场现有羊舍、设备、管理水平等条件，在羊舍及设备的建设规模和利用率、劳动强度和劳动生产率、生产成本和经济效益、生产批次和每批次的生产规模等矛盾中作出最合理的选择。理论上讲，生产节律越小，对羊舍尤其是配种车间、人工授精室及其配套设备等建设规模要求越小，利用率越高；与此相适应的是工人的劳动强度越大，劳动生产率越低；较小的生产节律也缩短了适繁母羊群体的平均无效饲养时间，生产成本降低，经济效益提高；同时导致生产批次增加，而每批次的生产规模变小。随着生产节律的逐渐变大，羊舍及设备的建设规模和利用率、劳动强度和劳动生产率、生产成本和经济效益、生产批次和每批次的生产规模等变化则正好相反。根据宁夏农垦目前肉羊业生产中羊舍、设备建设情况及饲养管理水平现状，大型规模化藏羊生产场较适宜按照月节律生产组织二年三胎密集繁殖体系的具体实施；中、小型规模化肉羊生产场则以 2 个月节律生产较为适宜。

（2）确定适宜的生产小组（生产单元）　为了实现全年均衡生产，在二年三胎密集繁殖体系的具体实施过程中，依据生产节律将适繁母羊群分成若干个生产小组（或者生产单元）组织生产。为了使生产单元数量为整数，确定生产节律时通常将能够整除 8 作为考虑因素之一，当生产节律不能整除 8 时，依据四舍五入的原则对上述估算结果进行取整处理。经估算，按照月节律组织生产的大型规模化肉羊生产场，可将适繁母羊群分成 8 个生产单元；按照 2 个月节律组织生产的中、小型型规模化肉羊生产场，可将适繁母羊群分成 4 个生产单元。

（3）生产单元的组建　传统的组建方案将羊场全部适繁母羊按照等分的原则组建 8 个或者 4 个相同规模的生产单元，每个生产单元按照预先设计的配种计划进行配种，如果母羊在组内怀孕失败，则 1 个生产节律后参加下一组配种，这种方案组建的生产单元在运行过程中不能实现全年均衡生产（生产单元群体规模逐渐增大），且与预期结果相比较将导致一定数量的母羊增加了无效饲养时间，故该方案在具体实施过程中应加以改进。

为了克服传统组建方案的上述不足，各生产单元群体规模可改进为：第 1 个生产单元 $=n/R$ 只，第 2～7 或第 2～3 个生产单元 $=n$ 只，第 8 或第 4 个生产单元为 $=n-n\times(1-R)/R$ 只。在此方案下各生产单元的配种规模分别为：第 1 个生产单元 $=n/R$ 只，第 2～7 或第 2～3 个生产单元为 $=n+n/R\times(1-R)=n/R$ 只，第 8 或第 4 个生产单元 $=[n-n\times(1-R)/R+n/R\times(1-R)]=n$ 只；配种后妊娠母羊的饲养规模分别为：第 1 个生产单元 $=n$ 只，第 2～7 或第 2～3 个生产单元 $=n$ 只，第 8 或第 4 个生产单元为 $=n\times R$ 只（表 1）。改进后的组建方案，虽然各生产单元群体规模不同，但除最后一个生产单元外的其他各单元的配种规模、妊娠羊饲养规模完全一致，基本实现了全年均衡生产，同时更为重要的是，新组建方案在实施过程中较传统组建方案减少了 K 只母羊 1 个生产节律的无效饲养时间。

$$K(\text{只})=[N/M]\times\{[(1-R)\times(M-1)]/R\}-[N/M]\times[(1-R)/R]\times[1-(1-R)-(1-R)^2-A-(1-R)^{(M-1)}]$$

假设规模化肉羊生产场适繁母羊群体数量 $N=3\,000$ 只，生产单元数量 $M=4$，配种母羊 25 d 不返情率 $R=70\%$，则新组建方案较传统组建方案将减少 777 只母羊 1 个生产节律（即 2 个月）的无效饲养时间；生产单元数量 $M=8$ 时，新组建方案较传统组建方案将减少 1 033 只母羊 1 个生产节律（即 1 个月）的无效饲养时间，经济效益十分显著（表 5－3）。

表 5－3　生产单元组建方案及运行效果

项　目	第 1 个生产单元	第 2～7 或 2～3 个生产单元	第 8 或 4 个生产单元
群体规模（只）	n/R	n	$n-n\times(1-R)/R$
配种规模（只）	n/R	R/n	n
妊娠羊饲养规模（只）	n	n	$n\times R$

（4）配种方法　根据青藏高原地区藏羊生产目前种公羊存栏数量、技术力量等现实情况及今后发展趋势，规模化藏羊生产场（户）配种方法应以小群体分散配种方法为主。

（5）配种和产羔计划　规模化藏羊生产场（户）二年三胎密集繁殖体系实施方案的核心，是根据适繁母羊在特定地理生态条件所表现出的繁殖性能特点确定方案实施的起始点，并依据业已确定的生产节律、组建的生产单元和适宜的配种方法等制定相对固定的配种和产羔计划。由于藏羊发情主要集中在每年的6～9月，因此为方便二年三胎密集繁殖体系实施，可选择母羊发情最为集中的9月为方案实施的起始点，与2个月节律生产相配套的配种和产羔计划见表5-4。

表5-4　二年三胎密集繁殖体系配种和产羔时间安排

胎次	项目	生产单元1	生产单元2	生产单元3	生产单元4
第1胎	配种	第1年9月	第1年11月	第2年1月	第2年3月
	妊娠	第1年9月至第2年2月	第1年11月至第2年4月	第2年1～6月	第2年3～8月
	分娩	第2年2月	第2年4月	第2年6月	第2年8月
	哺乳	第2年2～4月	第2年4～6月	第2年6～8月	第2年8～10月
	断奶	第2年4月	第2年6月	第2年8月	第2年10月
第2胎	配种	第2年5月	第2年7月	第2年9月	第2年11月
	妊娠	第2年5～10月	第2年7～12月	第2年9月至第3年2月	第2年11月至第3年4月
	分娩	第2年10月	第2年12月	第3年2月	第3年4月
	哺乳	第2年10～12月	第2年12月至第3年2月	第3年2～4月	第3年4～6月
	断奶	第2年12月	第3年2月	第3年4月	第3年6月
第3胎	配种	第3年1月	第3年3月	第3年5月	第3年7月
	妊娠	第3年1～6月	第3年3～8月	第3年5～10月	第3年7～12月
	分娩	第3年6月	第3年6月	第3年10月	第3年12月
	哺乳	第3年6～8月	第3年8～10月	第3年10～12月	第3年12月至第4年2月
	断奶	第3年8月	第3年10月	第3年12月	第4年2月

（6）预期效果　为了提高祁连白藏羊的选育效率和供种能力，中国农业科学院兰州畜牧与兽药研究所"青藏高原牦牛藏羊高效生态牧养技术试验示范研究"课题组在青海省祁连县开展了繁殖母羊补饲、羔羊早期断奶和繁殖母羊二年三产羔羊的综合技术示范应用。具体程序为母羊11月1日开始补饲，直至翌年5月20日牧草返青补饲结束；母羊11月中旬配种，翌年4月中旬产羔，羔羊70日龄断奶，母羊7月中旬配种，当年11月中旬产羔，羔羊90日龄断奶，翌年4月母羊配种，9月产羔，母羊11月配种。实现了藏羊的二年三产，大幅度提高了母羊的繁殖效率和羔羊的出栏率。

按照本设计方案实施规模化肉羊生产场二年三胎密集繁殖体系，不但可实现优质肥羔的全年均衡生产，而且能够较大幅度的提高适繁母羊的繁殖生产效率，为商品肉羊生产场获取较高的经济效益提供了基础条件和重要保障。据估计，二年三胎密集繁殖体系母羊的繁殖生产效率较一年一胎的常规繁殖体系增加40%以上；较青海祁连白藏羊繁育场目前较先进的10个月产羔间隔的繁殖体系增加25%左右，生产效率和经济效益十分显著，可以在青藏高原地区有条件的养殖单位全面推广。

三、青藏高原牦牛、藏羊放牧草地改良+人工种草+补饲技术模式

（一）放牧草地改良

1. 退化草地补播　补播草种为垂穗披碱草，播种量为15 kg/hm^2；同时施用有机肥（牛粪和羊粪

的混合圈肥），施肥量为 22.5 t/hm²。

2. 退化草地综合治理　使用旋耕机对高寒草甸进行草皮划破，深度为 5～8 cm，并打碎鼠丘，破坏鼢鼠及鼠兔的栖息地。划破完毕后，在雨季来临之前（6 月 16～22 日）对示范区草地补播垂穗披碱草，每公顷播种 15 kg。在划破补播完毕后，对示范区植被群落结构、物种多样性、土壤理化性质等进行调查，方法同上。

3. 天然草地施肥　利用施肥进行退化天然草地恢复。在同一时间内施入同一种肥料，而施肥量不同，产量也有变动，其幅度在 1.1～1.7 倍，增产效果基本类似。从经济效益上看，随着施肥量的增加而效益降低，15 kg 施肥量时每千克化肥增产鲜草 10.2 kg，20 kg 施肥量为 3.6 kg，25 kg 施肥为 5.9 kg，仅仅从鲜草产量这一结果看，在高寒草甸草地施肥，建议施肥为 15 kg 以下较为适宜，大于 15 kg 以上经济效益低些。

（二）人工饲草料种植

1. 一年生人工牧草的引种与推广　在牧草引种、筛选的基础上，结合当地生产习惯，重点从气候环境相似的青海引进燕麦良种，更新当地品种，改变当地燕麦品种混杂、初级产量不高的现状。选择当地燕麦和适合于高海拔地区的品质较好的青海湟源燕麦，进行牧草高产丰产栽培技术试验示范，通过不同收获期进行青干草储备，在冷季对家畜补饲，建立高寒牧区饲草轮供模式。

2. 高寒草地适宜草种的筛选　高寒草地适宜草种筛选研究结果表明，包括无芒雀麦、各种冰草、老芒麦、垂穗披碱草、草地早熟禾、燕麦、大麦、小黑麦在内的绝大多数禾本科牧草适应性好、生长旺盛、产草量较高。其中垂穗披碱草、细茎披碱草、达乌里披碱草、吉林老芒麦、甘南老芒麦、川草 2 号老芒麦、细茎冰草、中间冰草、北方冰草、碱茅、无芒雀麦、草地早熟禾、冷地早熟禾、扁秆早熟禾等种类表现优异。

豆科牧草由于海拔高、鼢鼠危害等原因，表现欠佳。在供试的 10 余个苜蓿品种中，只有紫花苜蓿抗寒性好，越冬率高，经过两年的严冬考验仍然存活，但生长速度慢，产量很低。其他豆科牧草中草木樨表现较好，红豆草当年生长较好，但越冬后返青很差，逐渐被淘汰。一年生豆科牧草中箭筈豌豆表现良好。柠条、胡枝子等虽然也能越冬，但生长缓慢，根系常被鼢鼠咬断，死亡率较高。

3. 燕麦人工草地建植

（1）播前准备

① 整地施肥。燕麦对于氮肥有良好的反应，燕麦播种前整地的主要措施是深耕和施肥。春燕麦要求秋翻，复种燕麦则在前茬作物收获后随即耕翻，耕翻深度以 18～22 cm 为宜。翻后及时耙地和压地耕前施基肥，每 667 m² 1 500 kg。大量施用有机肥对燕麦丰产的作用也非常明显，但必须结合施用草木灰，以防倒伏。

② 倒茬轮作。燕麦忌连作，应注意适当地倒茬轮作。前作以豆科植物最为理想，尤以豌豆茬地对它的增产效果特别显著。马铃薯、甘薯、玉米、甜菜都是燕麦的良好前作。

③ 选种。应选纯净的大粒种子播种。选用籽粒大，饱满，发芽率高，发芽势强，播种品质好的籽粒作种子能显著提高产量。

④ 种子处理。播前要晒种，以提高其发芽率和生活力。黑穗病流行地区，播前要实行温汤浸种。

（2）播种

① 播种期。春播燕麦一般在 4 月下旬至 5 月上旬。具体播种时间可视自然条件和生产目的而定。如青刈燕麦长到抽穗刈割利用，自播种至抽穗需 65～75 d，气温高，其生长期缩短，反之则延长。

② 播种深度。一般为 3～4 cm，干旱地区可稍深些，播种后镇压有利于出苗。

③ 播种量。每 667 m² 播种量为 15.0～17.5 kg。青刈燕麦刈割期早，生长期短，不易倒伏，为获得高产优质的青饲料，可适当密植，其播量可增加 20%～30%。

④ 播种方法。多采用条播。单播时一般行距为 15～30 cm，混播为 30～50 cm，复种的为 15 cm。在干旱条件下，燕麦与豌豆、山黧豆、苕子等混播可以提高干草和蛋白质的产量。燕麦与豌豆混播，不仅能提高干草和种子产量，并能减轻豌豆的倒伏程度。混播通常以燕麦为主作物，占混播的总量 3/4，每公顷用燕麦 180 kg，豌豆 75～112.5 kg，或苕子 45～60 kg，可根据需要酌情增减。

（3）田间管理　除草、追肥：燕麦在出苗前后若表土出现板结，可以轻耙一次。苗期应注意除草，可用人工除草，也可用2，4－D丁酯进行化学除草，每公顷用药量不超过 1.5 kg。在分蘖或拔节期进行第二次除草时，结合灌溉、降雨施入追肥。

（4）收获利用

① 利用。燕麦可以鲜喂、青贮、调制干草或利用燕麦地放牧。

② 刈割时间。燕麦再生力较强，两次刈割能为畜禽均衡提供优质青绿饲料。青刈燕麦，可根据饲养需要于拔节至开花期刈割。青贮应在抽穗至初花期刈割。调制干草宜在抽穗至开花期进行。

③ 储藏。无论是窖贮或是塑料袋贮，都需要铡短，节长 4～6 cm 为宜。调制干草刈后捆束，降雨较多的地区要架贮，严防霉烂。

4. 多年生人工草地建植规程

（1）地面处理　包括耕前土壤及表面处理和耕作及基肥施用。

① 耕前土壤及表面处理。酸性碱性及盐渍化严重的土壤，都应进行相应的处理，以满足牧草及饲料作物生长的需要。一般盐碱地可采用灌水洗盐碱、排盐碱；酸性土壤施石灰改良；碱性土壤施石膏、磷石膏、明矾、绿矾、硫黄粉改良。有地表积水的应开沟排水。

② 耕作及基肥施用。在耕作前或耕作过程中，有条件的应施基肥，有机肥 20 000～30 000 kg/hm^2。土壤耕作视具体立地条件及有关技术要求采用常规耕作或少耕。要求土块细碎，地面平整。在地面有残茬、立枯物等覆盖，或在南方土层较薄、坡度较大、天然草被茂盛，用除草剂连续处理 2～3 次，待枯死的草已处于半分解状态时，可用免耕机播种或直接播种后结合蹄耕覆盖。

（2）播前准备　包括播种材料选择、混播组合的原则、播种量计算和种子处理。

① 播种材料选择。适应当地气候和土壤条件；符合建植人工草地的目的和要求；选择适应性强、应用效能高的优良牧草品种；种子质量符合国家质量标准；无性繁殖材料要求健壮、无病、芽饱满；就近供种。

② 混播组合。在符合播种材料选择原则的基础上，还应遵循如下原则：牧草形态（上繁与下繁、宽叶与窄叶、深根系与浅根系）上的互补；生长特性的互补；营养互补（豆科与禾本科）；对光、温、水、肥的要求各异。

③ 种子处理。破除休眠。对豆科牧草的硬实种子，通过机械处理、温水处理或化学处理，可有效破除休眠，提高种子发芽率。对禾本科牧草种子，通过晒种处理、热温处理或沙藏处理，可有效地缩短休眠期，促进萌发。

清选去杂。采用过筛、风选、水漂、清选机破碎附属物等对杂质多、净度低的播种材料在播前进行必要的清选，以提高播种质量。对有长芒和长棉毛的种子，将种子铺于晒场上，厚度 5～7 cm，用环行镇压器进行压切，而后过筛去除。也可选用去芒机去除芒和长棉毛。

根瘤菌、黏合剂、干燥剂、灭菌剂、灭虫剂的准备。首次种植的豆科牧草播种时必须接种根瘤菌。商品根瘤菌剂有液体和固体两种，液体菌剂要求活菌数 5 亿/mL 以上，有效期 3～6 个月；固体菌剂要求活菌数 1 亿/g 以上，有效期 6～12 个月。黏合剂一般采用羧甲基纤维素钠、阿拉伯树胶、木薯粉、胶水等；干燥剂用钙镁磷肥；还可准备灭虫剂、灭菌剂。

（3）播种　包括播种期选择、包衣拌种及根瘤菌接种、播种方式选择和覆盖与镇压。

① 播种期选择。可安排在雨季来临前，可选择春播。北方以春播为主，以保证牧草和饲料作物有足够的生长期，一方面可获得高产，另一方面有利于多年生牧草越冬；南方各地均可春播，但春播

杂草危害严重。

② 包衣拌种及根瘤菌接种。将黏合剂与根瘤菌剂（禾本科牧草无需根瘤菌）充分混合，用包衣机将混合液均匀喷在所需包衣的种子上；也可用手工混合均匀，手工包衣。喷入细粉状的干燥剂、肥料、灭菌剂和杀虫剂等材料（豆科牧草接种根瘤菌后就不加杀菌剂），迅速而均匀地混合，直到有初步包衣的种子均匀分散开为止。低温鼓风快速干燥，温度一般在 40 ℃以下，手工包衣的种子一般随包随播，不进行干燥也不能保存，不用于飞机播种。

③ 种子播种方式。穴播——在行上、行间或垄上按一定株距开穴点播 2～5 粒种子。条播——按一定行距一行或多行同时开沟、播种、覆土一次完成。同行条播——各种混播牧草种子同时播于同一行内，行距通常为 7.5～15 cm。间行条播——可采用窄行间行条播及宽行间行条播，前者行距 15 cm，后者行距 30 cm。人工或两台条播机联合作业，将豆科和禾本科草种间行播下。当播种 3 种以上牧草时，一种牧草播于一行，另两种分别播于相邻的两行，或者分种间行条播，保持各自的覆土深度。也可 30 cm 宽行和 15 cm 窄行相间播种。在窄行中播种耐阴或竞争力强的牧草，宽行中播种喜光或竞争力弱的牧草。交叉播种——先将一种或几种牧草播于同一行内，再将一种或几种牧草与前者垂直方向播种，一般把形状相似或大小近等的草种混在一起同时播种。撒播——把种子尽可能均匀地撒在土壤表面并覆土。

④ 覆盖与镇压。播种后要覆土，种子特别细小时，为避免覆土过深，一般采用耱地覆土。在干旱和半干旱地区，播后镇压对促进种子萌发和苗全苗壮具有特别重要的作用，湿润地区则视气候和土壤水分状况决定镇压与否。

（4）管理　包括苗期管理、杂草防除、追肥、中耕与覆土、灌溉和病虫鼠害防治。

① 苗期管理。破除地表板结，出现地表板结，用短齿耙或具有短齿的圆镇压器破除，有灌溉条件的地方，也可采用轻度灌溉破除板结。间苗与定苗，保证合理密植所规定的株数基础上，去弱留壮。第一次间苗应在第一片真叶出现时进行。定苗（即最后一次间苗）不得晚于 6 片叶子，进行间苗和定苗时，要结合规定密度和株距进行。检查出苗成苗情况，对缺苗率超过 10%的地方，应及时移栽或补播。

② 杂草防除。通过农艺方法或化学方法及时防除杂草。

③ 追肥。在 3～4 片叶时要及时追苗肥，一般使用尿素，75 kg/hm^2。原则上在每次利用后都要追肥，追肥的种类和数量要根据土壤分析和牧草生长发育情况确定。一般禾本科草地以氮肥为主；豆科草地以磷钾肥为主；混播草地以复合肥为主，施用氮肥应避开豆科牧草快速生长期，以免抑制其根瘤菌固氮。

④ 中耕与覆土。北方干旱寒冷地区，中耕覆土有利于多年生牧草越冬。

⑤ 灌溉。根据当地的气候条件和牧草自身的生物学特性确定草地是否需要灌溉，需灌溉的牧草种（品种）在无灌溉条件的地方不宜栽培。在北方，牧草返青前、生长期间、入冬前宜进行灌溉。南方在春旱、伏旱、冬旱期间宜灌溉。

⑥ 病虫害防治。病虫鼠害防治要以预防为主，一旦发生要立即采取措施予以控制。

（5）利用

① 刈割。刈割留茬高度按具体牧草的利用要求执行。一般中等高度牧草留茬 5 cm，高大草本留茬 7～10 cm。刈割的最佳时期，禾本科牧草是分蘖—拔节期；豆科牧草是初花期。

② 放牧。人工草地可以放牧利用，但在我国往往是先刈割利用，再生草放牧利用或者茬地放牧利用。再生草地放牧利用时，往往放牧带羔母羊或育肥羊。

（三）补饲管理

1. 青干草储备　燕麦青草收割后，自然晾晒 3～4 d，然后用小型打捆机将收割的燕麦青草打成 30～40 kg 的圆形捆，再用小型打包机将打成的捆用黑塑料薄膜打包贮藏备用。燕麦草的青干比为

2.5∶1。在没有人工种植燕麦青草的牧区，可以人工收割野生牧草或购买青干草，也可以使用氨化青稞秸秆等饲料。

2. 精饲料及矿物饲料准备

(1) 能量饲料　能量饲料指其干物质中粗纤维含量低于18%，且粗蛋白含量低于20%的饲料原料，这类饲料的消化能（代谢能）一般在10.5 MJ/kg，能量饲料通常指各种谷物籽实以及它们的加工副产品，前者如玉米、小麦、高粱、稻谷，后者如米糠、麸皮等，此外，生产某些高能量饲料时，也把油脂作为能量饲料加入全价配合饲料当中。

(2) 蛋白质饲料　按照饲料学的分类，只有干物质中粗蛋白质含量在20%以上，而粗纤维含量又低于18%的饲料原料，才能被称为蛋白质饲料，按其来源，可以分为植物性蛋白饲料、动物性蛋白饲料及单细胞蛋白饲料。植物性蛋白饲料包括各种油饼粕及一些豆科植物的籽实，如大豆饼粕、菜籽饼粕、花生饼粕、葵花饼粕以及大豆等；动物性蛋白饲料通常指鱼粉、血粉、羽毛粉、肉骨粉、蚕蛹粉等；单细胞蛋白饲料在国内是近几年发展起来的一种新型蛋白质饲料资源，它的典型代表是饲料酵母。

(3) 矿物质饲料　矿物质饲料以提供矿物元素为主要目的甚至是唯一的目的，按动物需要量的多少，可以分为常量矿物质饲料和微量矿物质饲料，前者主要指钙磷饲料及食盐，后者是指那些含微量元素的化合物，如铁、铜、锌的硫酸盐或氧化物。

(4) 添加剂　添加剂的种类繁多，但大体上饲料行业所使用的添加剂可以分为两类，一类是营养性添加剂，如氨基酸、维生素及矿物质微量元素等；非营养性添加剂指本身没有营养价值，但为了保证饲料质量或某些特殊需要，而添加的某些成分，如防霉剂、抗氧化剂、各种药物等。由于添加剂在全价饲料中使用量很少，因此在全价饲料厂，添加剂一般以预混合饲料的形式出现。

3. 补饲管理技术

(1) 补饲时间　补饲开始的早晚，要根据具体畜群和草料储备情况而定。原则是从体重出现下降时开始，最迟不能晚于春节前后。补饲过早，会显著降低牦牛藏羊本身对过冬的努力，对降低经营成本也不利。此时要使冬季母畜体重超过其维持体重是很不经济的，补饲所获得的增益，仅为补充草料成本的1/6。但如补饲过晚，等到畜群十分乏瘦、体重已降到临界值时才开始，那就等于病危求医，难免会落个畜草两空，“早喂在腿上，晚喂在嘴上”，就深刻说明了这个道理。补饲一旦开始，就应连续进行，直至能接上吃青。如果“三天补两天停”，反而会弄得畜群惶惶不安，直接影响放牧吃草。

(2) 补饲方法　补饲安排在出牧前好，还是归牧后好，各有利弊，都可实行。大体来说，如果仅补草，最好安排在归牧后。如果草料俱补，对种畜和核心群母畜的补饲量应多些，而对其他等级的成年畜，则可按优畜优饲，先幼后壮的原则来进行。

在草料利用上，要先喂次草次料，再喂好草好料，以免吃惯好草料后，不愿再吃次草料。在开始补饲和结束补饲上，也应遵循逐渐过渡的原则来进行。

日补饲量，一般可按一只羊0.5 kg干草和0.1～0.3 kg混合精料来安排。牦牛归牧后补饲干草（燕麦和箭筈豌豆）1 kg左右，再补饲精料0.5 kg。补草最好安排在草架上进行，一则可避免干草的践踏浪费，再则可避免草渣、草屑的混入毛被。对妊娠母畜补饲青贮料时，切忌酸度过高，以免引起流产。

第四节　甘肃牧区生态高效草原牧养技术模式

一、人工种草+天然草原合理利用+冷季补饲技术模式

该模式适合于人工草地面积较大，但仍以天然草地放牧为主要畜牧业生产方式，而且冬季寒冷是

该区域的主要气候特点的牧区。鉴于天然草地退化严重，单纯依赖某些技术措施提高天然草地产草量既不现实，也需要较长时间。因此，在不破坏天然草地植被的前提下，开发可以种植优质牧草的土地资源，通过提高饲草生产总量，实现冷季补饲需要。在此基础上，改善天然草地管理措施，重点开展草地合理利用，充分体现天然草地的生态功能和生产功能。

（一）人工种草技术要点

1. 整地　整地包括清除石块、耕地、耙地、镇压和除草。

耕地包括浅耕灭茬和秋季深耕。灭茬的任务之一就是消灭杂草。多年生牧草幼苗生长特别缓慢，极容易受杂草的危害，所以整地工作中的灭茬对于牧草来说，是比较重要的环节。深耕可加深耕层，可以保证土壤水分更多的聚集，减少田间杂草，土壤表层更疏松，促进根系发育。牧草根系一般比较发达，入土也较深（尤其是多年生豆科牧草），为了使根系得到应有的发展，应该特别加大深度。耙地和镇压可以保墒，细碎土快，使地面平整。牧草的种子一般较小，播种较浅，若土块过大成土壤密实则种子发芽有困难，所以整地的要求使土壤松软、细碎、平坦。

2. 施基肥　基肥中应含有足够的氮，磷，钾等营养元素，一般每公顷施用腐熟的农家肥（有机肥）30～45 t，于秋季耕作时或播种前施用。基肥主要是提高土壤肥力。

土壤肥力的最重要指标之一是有机质含量，必须通过施用有机肥把土壤有机质含量维持在较高水平上。施有机肥 45 t/hm^2，约可使土壤有机质含量提高 0.2%。有机肥宜全耕层均匀基施。土壤有机质含量丰缺指标和推荐有机肥施用量参见表 5-5。

表 5-5　土壤有机质含量丰缺参考指标和推荐有机肥施用量

项　目	缺乏	中等	丰富
有机质含量（%）	<1.5	1.51～2.5	>2.5
有机肥施用量（t/hm^2）	45～75	30～45	0～30

3. 播种

（1）单播

① 播种期。牧草种子的播种期应根据牧草的生物学特性和当地的气候而决定。最好在秋季土壤水分充足，温度逐渐下降，不适于病虫害的蔓延和杂草的生长，而对于牧草的生长与发育温度 18～23 ℃，是比较适宜的，过晚了则有冻死的危险。豆科牧草春播较为适宜，一般为 3～5 月。禾本科牧草以秋播较为适宜，一般为 7～8 月。

② 播种方法。有撒播、条播和密集冬播 3 种，撒播由于播种后常有许多种子裸露在土壤表面，容易缺苗，幼苗的生长也较瘦弱，越秋和过夏的死亡率都较条播为高，不宜采用。条播行距随牧草生物学特性而异，一般为 15 cm，但在特别干旱地区为了更好的保证植物水分，播种牧草可以采用宽行条播和带状条播。

③ 播种深度。随种子大小、气候条件、土壤黏松、种子成熟度等条件而决定。一般来讲，牧草以浅播为宜，但豆科牧草比禾本科牧草稍浅。猫尾草种子要保证适当的深度，在轻松土壤上 2 cm，中等重黏土壤 1～2 cm，重黏土壤 0.5～1 cm。具体深度见表 5-6。

④ 播种量。随牧草的生物学特性、种子品质、田间杂草、土壤肥力、整地、播种方法、播种时期、播种深度等而有不同（表 5-6）。

（2）混播　多年生豆科和多年生禾本科牧草的混播，不仅可以增加牧草的产量，改进牧草品质，并且可以恢复土壤结构提高土壤肥力。在干旱及半干旱地区，多年生牧草产量极低，不仅不能满足牲畜所需要的饲料，并且混播对于提高土壤肥力效果也不大。在一定条件下，一年生牧草能够丰富土壤中的有机质，恢复土壤的结构，因而也就能提高土壤的有效肥力。

表 5-6 常见牧草参考播种量（kg/hm²）

牧草名称	播种量	覆土深度（cm）	牧草名称	播种量	覆土深度（cm）
黑麦草	15～22	2～3	白三叶	3.7～7.5	2～3
羊茅	37～45	2～3	红三叶	9～15	2～3
紫羊茅	7.5～15	2	杂三叶	6～7.5	2～3
草地羊茅	15～18	1～2	百脉根	6～9	2～3
无芒雀麦	22～30	3～4	紫花苜蓿	15～22	2～4
老芒麦	22～30	2～3	毛苕子	45～75	4～5
垂穗披碱草	15～22	2～3	鹰嘴紫云英	11～19	2～3
蒙古冰草	22～30	3～4	沙打旺	3.7～7.5	2～3
沙生冰草	11～22	3～4	红豆草	45～60	2～4
中间偃麦草	15～22	2～3	扁蓿豆	15～20	1～2
弯穗鹅观草	35～45	3～4	白花草木樨	15～22	2～4
纤毛鹅观草	22～30	3～5	黄花草木樨	15～22	2～4
猫尾草	7.5～12	1～2	山黧豆	60～75	1～2
大看麦娘	15～19	3	小冠花	4.5～7.5	2～3
草地早熟禾	7.5～12	2～3	菊苣	2.2～3	3～4
苏丹草	22～30	2～3	串叶松香草	3.7～7.5	1～2

① 混播牧草的选择。最基本的原则是要选择两个混播草种，要种间协作的，避免有种间斗争。优良组合的条件必须有共同的适应性、生长发育的一致性和生长势的均衡性。

干燥地区常用紫花苜蓿和宽穗鹅观草混播（和无芒雀麦）；潮湿地区用紫花苜蓿和多年生黑麦草混播；高寒山区可用豌豆和燕麦混播；沙地用红豆草和高偃麦草混播。

② 混播技术。

播种期：根据牧草的生物学特性来决定播种期。应将冬种性及春种性、豆科及禾本科牧草合理的分别在秋季和春季播种。一般禾本科多在秋天播种，豆科多半在春天播种。若在秋天有很长的温暖期间，并且在冬天也不会太冷的情况下，禾本科和豆科牧草可以在秋天同时播种。

紫花苜蓿和无芒雀麦混播时，无芒雀麦于头年秋天播种，紫花苜蓿于第二年早春土壤表层解冻时播种。

播种量：在大田轮作中混播时播种的总量应该比单播多些，一般要多40%～60%，也就是说每种牧草混播为单播的70%～80%。若为三种牧草混播，则两种用单独播种量的35%～40%，而另一种的用量为单播的70%～80%，合起来仍为单播的140%～160%。若为四种牧草混播，两种豆科两种禾本科，各用其单量的35%～40%。牧草田中的豆科和禾本科茎数相等为宜。

通常混播3～4种以上牧草，混合牧草的种类多少随草地利用时期而有不同，凡是利用时期较长，混播牧草种类较多。在利用时期为2～3年混播草地中豆科牧草种子可以达到65%～75%；利用时期为4～6的混播草地中豆科牧草种子只能达到25%～30%；利用时期为7～8年以上的混播草地中豆科牧草种子只能达到8%～10%。在禾本科草地中，种类的选择也应注意用年限，凡利用年限较长的草地，则根茎性的禾本科牧草数量应愈多。若利用年限只为7～8年，根茎性的禾本科牧草应占40%～50%以上，利用年限在10年以上，根茎性的禾本科牧草可以多达65%～70%。禾本科牧草中上繁草与下繁草的比例应该随牧草的利用目的而有不同。刈割用的混播牧草中上繁禾本科牧草可以达到90%～100%；放牧用的混播牧草中上繁禾本科牧草只能达到25%～30%；刈割与牧用兼用的混播牧草中上繁禾本科牧草只能达到50%～70%。

4. 田间管理

（1）松土和补种　播种后，若田面板结，则需用旋转锄或短齿耙松土，以利出苗。第二年早春应小心检查牧草田，凡幼苗死掉的地方应补种混合牧草，最好用早期发育快的牧草，如意大利黑麦草补种。

(2) 除草　苗期应特别重视锄草，因为多年生牧草第一年一般生长较慢，无力与杂草竞争。

(3) 灌溉

① 灌溉需要量。灌溉需要量主要决定于牧草需水量（蒸腾系数）和降水量。不同牧草需水量不一样，一般产量高，叶量大的牧草需水量高。降水量500 mm以上地区一般不需灌溉，降水量越低灌溉需要量越大。

② 灌溉定额。牧草的灌溉定额，即全年灌溉量，主要取决于灌溉水资源量、灌溉需要量和灌溉效率。当灌溉水资源充足时，灌溉定额决定于灌溉需要量和灌溉效率。最大灌水定额＝灌水深度×(容积田间持水量－灌前土壤容积含水量)/灌溉效率。当灌溉水资源不足时，灌溉定额决定于灌溉水资源量。如苜蓿的最大灌水定额通常为60～100 mm或600～1 000 m^3/hm^2。

③ 灌水深度。灌水深度亦常表述为“计划湿润深度”。根系集中分布层厚度是灌水深度的上限，如苜蓿通常为600～1 000 mm。

④ 灌水时期。北方春旱普遍，第1茬为重点灌溉期。寒冷地区土壤水分对苜蓿越冬十分重要，结冻之前须进行冬灌。西北荒漠气候区降水极少，各茬皆应按需灌溉。

⑤ 灌水强度。灌水强度（即单位时间灌水量）取决于土壤入渗速率，黏土、壤土、沙壤土、壤沙土和沙土的允许灌水强度依次为8、10、12、15和20 mm/h。超过允许灌水强度则将出现地表径流或积水。

⑥ 灌水方法。

喷灌。喷灌的优点是灌水均匀，节水、节地、省工、省力，受地形限制小，侵蚀作用弱，利于调节田间小气候，可降低叶温；缺点是受气象因素影响明显，投资大，对灌溉水质量和管理人员素质要求较高。

畦灌。畦灌的优点是投资小；缺点是较为费工和占地较多。畦长不宜超过100 m，畦宽通常为播种及收割机械幅宽的1～3整数倍，坡度以0.1%～2%为宜。

地下渗灌。地下渗灌的优点是节水、节地、省工、省力，保土、保肥，土壤结构好，不形成板结层，地表干燥，利于田间作业；缺点是投资大；盐碱地区会促进盐碱化进程。

(4) 施追肥　追肥的施用，视牧草种类和生长情况而定。禾本科牧草多施氮肥，豆本科牧草多施磷肥。禾本科牧草一般在拔节前施用，豆本科牧草一般在每茬刈割后施用。追肥可以改变混播牧草组合，豆科牧草较少的混播草地，不宜马上施氮肥，应先用磷钾肥，以促进豆科牧草的生长，然后再施氮肥，以促进禾本科牧草的发育，可保持混播牧草的比例适当。

灌水结合施肥，可以显著提高牧草的产量和品质，延长草地利用年限。禾本科在整个生长期内，需氮肥较多。在拔节、孕穗期施氮肥或氮、磷复合肥可显著提高牧草的产量和质量。单播时，每次刈割后追施尿素120～150 kg/hm^2。同时，还要根据土壤养分状况，适当施用磷、钾肥。紫花苜蓿根瘤固氮功能强大，一般不需要施用氮肥。但当土壤氮素过于缺乏时或紫花苜蓿产量极高，根瘤固氮不足以补偿移出的氮时可以考虑适当氮肥。土壤氮含量丰缺指标和施肥量参见表5-7。

表5-7　土壤氮含量丰缺参考指标和推荐施氮量

项　目	缺乏	中等	丰富
全氮（%）	<0.05	0.05～0.1	>0.10
硝态氮（NO_3-N，mg/kg）	<10	10～20	>20
施氮量（N，kg/hm^2）		0～7 500	

(5) 刈割

① 播种当年牧草刈割。多年生牧草播种当年一般不刈割，因为植株矮小，刈割以后越冬能力削

弱。春播牧草在雨水特别多、秋季长而温暖的地区，牧草发育太旺盛时，第一年可以刈割一次，但必须早割，最好在寒冷前4～5周进行，其刈割高度应距地面10～12 cm。

② 第二年以后的刈割。豆科宜在初花期刈割，禾本科宜在抽穗期迟至开花以后刈割，刈割过迟就会降低牧草的营养价值。留槎的高度一般为5 cm，但是禾本科的上繁草一般可以稍高，留槎作为放牧用。下繁草留槎高度应为4 cm。刈割次数因牧草种类不同而不同，再生能力的，每年一般可以刈割2～3次，再生能力差的，刈割1～2次。同一种牧草栽培于不同的地区，其刈割次数也不相同。最后刈割期应该在初霜冻到来前30～40 d进行。

刈割的方式可用人工刈割，也可用割草机刈割。人工刈割时，割后以草把的形式立于田间晾晒。割草机刈割时可以平铺的形式晾晒，一两天后搂成草垄以便打捆机打捆。

③ 放牧利用。作为刈割的人工草地待牧草枯黄后可放牧利用，称茬地放牧。作为放牧的人工草地，头两年不宜放牧，只作为刈割利用，自第三年起才可以放牧。而且在放牧利用时应严格实行有计划的划区轮牧。

（二）天然草原合理利用技术要点

1. 冷暖季草地放牧时间的确定 在甘肃祁连山高寒草甸草原，由于海拔和降水量不同，各地冷暖季放牧时间略有差异，大多数高寒牧区暖季草地放牧时间为90～100 d，冷季草地为275～265 d。这是水热条件决定的，一般不会变，也不需要改变。

2. 放牧关键技术

（1）草地放牧的经验 “夏季放山蚊蝇少，秋季放坡草籽饱，冬季放弯风雪小”。“冬不吃夏草，夏不吃冬草”要充分保护不同季节的草原。“晴天无风放河滩，天冷风大放山弯”；“春天牲畜像病人，牧人是医生，夏天好像上战场，牧民是追兵，冬季牲畜像婴儿，牧人是母亲”。

（2）冷季草地放牧关键技术 有条件地区冷季放牧地实行小区轮牧，5 d轮牧一个放牧小区，以防蠕虫重复侵染。

开始进入冷季草地放牧，应实行“先放远，后放近”以留足畜圈附近好草地供产带幼畜用。

（3）暖季草地放牧关键技术 根据地形实行地带型轮牧——集中几天放一个山沟或一个地段，以利于其他草地牧草生长和挤奶。

实行暖季宿营放牧和昼夜放牧——应在放牧地附近设置畜群宿营设备，就地宿营放牧。夜间气候凉爽，蚊蝇少，有利家畜采食抓膘。

3. 草地培育关键技术

（1）畜群勤搬圈，实现草地均匀施肥 有条件地区将畜群按预定的顺序和范围放牧，夜晚不回畜圈，就在当天放牧的草地上分散卧息，就地施肥5 d后，再依次向前推进。有利草地均匀施肥。

（2）清除毒杂草 放牧人员在放牧过程中发现高大毒杂草应及时清除。

（3）适时适地补播 放牧人员在放牧时最好少带一些草籽如发现鼠丘、裸地时及时补播。

4. 制订可行的草地管理制度

（1）草地监测 利用有经验的放牧人员，通过目测对草地生产力、植被变化、鼠虫为害情况、毒杂草出现情况等现象进行粗略监测，发现异常及时报告村级草原管理小组，并报告乡县级主管部门，及时调查处理。

（2）村级成立草地管理小组 以行政村为单位成立由牧民和村领导共同参加的草地管理小组，负责本村草地管理工作。

（3）实施草原利用情况公示制度 将草原承包者承包的草原基本情况，包括草原的面积、草地类型、草地利用率、产草量、载畜量、各季草地放牧天数等有关信息制牌公示，便于监督管理。

（4）围栏及饮水设施管护制度 对围栏及饮水设施要定期检查，围栏松动或损坏时应及时进行维修，以防畜群放牧时穿越轮牧小区围栏。饮水设施有破损要及时检修，冷季轮牧区休牧时管道供水系统排空管道存水，饮水槽等设施妥善保管以备来年使用。

(5) 草地水源管理　水质符合饮用水标准。供水点必须有保证人畜用水的各种设备，蓄水池、饮水槽等。为了防止家畜践踏和粪便污染周围水源，将水引入槽内，周围有排水沟，排除污水和牲畜便溺。

(三) 家畜冷季补饲技术要点

1. 全群补饲　应吸取“早补补在腿上，迟补补在嘴上”经验，在1月体重下降达10%时开始补饲共120 d，5月初牧草萌发就实行全舍饲共60 d。实施草地放牧—补饲制度，最好配备以下条件：

(1) 每个羊单位每年需贮备150 kg干草（每千克混合精料可代替2.5 kg干草；每3.5 kg青贮草可代替1 kg干草）。

(2) 配备与贮备草相配套的贮草棚和青贮设施。

(3) 配备棚圈设施和相匹配的饲草料架槽设施。

(4) 配备备划区轮牧草地围栏设施。

2. 个别补饲　对妊娠羊、羔羊、改良羊、体弱羊、哺乳母羊、种羊的补饲量标准比全群适当高。遇灾害性天气需全群舍饲。

3. 补饲饲草料的要求

(1) 补饲用饲草的要求

① 青干草。无发霉、变质、结块及异味。最好为花期刈割经打捆、贮藏的牧草。

② 青贮草。应呈黄绿色，芳香带酸味，质地柔软湿润。无霉变、结块及异味。

③ 多汁饲料。无腐烂变质的块根、块茎和瓜类等。

④ 秸秆。无霉变的农作物秸秆，最好为经氨化处理。

(2) 补饲用精料的要求

① 精饲料。由能量饲料、蛋白质饲料、矿物质包括微量元素等组成。来源于非疫病区，无发霉变质，未受农药或某些病原体污染商品配合精饲料或农作物籽实，最好经机械破碎或加工成颗粒状。精料使用应符合NY/T 471的规定。

② 饲料添加剂。饲料添加剂的使用应符合NY/T 471和《允许使用的饲料添加剂品种目录》规定。

二、天然草原季节性放牧+冬季暖棚+补饲技术模式

该模式适合于海拔高、冬季寒冷和天然放牧草地面积较大，草地季节性轮牧是主要的畜牧业生产方式的牧区。该模式主要解决由于冬季寒冷和补饲不足而导致家畜死损率高的问题。该区域由于近年来草地超载过牧、劳动力不足导致不转场和其他原因，造成季节性草场严重退化。因此，在适度利用的原则下，开展天然草地季节性放牧，既有利于草地植被恢复，又有利于合理利用草地资源，可是实现草地畜牧业低成本的目标。同时，建设冬季保暖棚圈，降低因抵御寒冷导致的掉膘，并开发不同畜种的冬季补饲原料和方式，是该区域实现草地资源可持续利用的模式之一。

(一) 天然草原季节性放牧技术要点

1. 季节放牧地划分的原则　划分季节放牧地，主要是依据放牧地的自然条件，如地形地势、植被状况、水源分布等。其目的是使所划分的各个放牧地段，能适宜于家畜在各个季节放牧利用。牧民根据多年生产实践，总结出“夏季放山蚊蝇少，秋季放坡草籽饱，冬季放弯风雪小”和“冬不吃夏草，夏不吃冬草”多种季节放牧的经验。

(1) 地形和地势是影响放牧地水热条件的重要因素　季节放牧地基本是按海拔高度划分的。每年从

春季开始，随着气温上升逐渐由平地向高山转移。到秋季又随着气温下降逐渐由高山转向山麓和平滩。

冬季放牧地应当具备的条件是：在地形方面要求低凹、避风、向阳，最好向风方向有高地挡风，高地之下再有洼地，以便聚积从高处吹来的雪。放牧地在高地和洼地之间，如山地的沟谷、残丘丘间低地，固定或半固定的沙窝子和四周较高的盆地，是较理想的冬季放牧地。距离居民点、割草地、饲料地较近，以减轻运输饲料的负担，从而保证在遇灾时能及时进行补饲。居民点附近应有水源，以便人畜饮水。在有积雪的地方，可以利用其附近的缺水草原。

春季放牧地所要求的条件与冬季放牧地相似，但还要求放牧地开阔、向阳、风小，植物萌发较早。

由于夏季天气炎热，降雨多，蚊蝇侵袭和干扰牲畜。因此，放牧地的选择要求地势较高。凉爽通风，牧草较低矮又无蚊蝇之地，如高坡、台地、岗地和梁地等。

（2）水源条件　不同的季节，由于气候条件不同，家畜生理需要有差异，其饮水次数和饮水量也不一样。暖季由于气温高，家畜饮水较多，因此要求放牧地必须有充足的水源，而且水源不能太远；冷季家畜的饮水量和饮水次数较少，可以利用那些水源较差或距水源较远的放牧地。泌乳畜、母畜、幼畜及体弱病老畜饮水半径应短一些；冬季和春季饮水半径可稍长。供水点必须有保证人畜用水的各种设备，蓄水池、饮水槽及饮水台等。为了防止家畜践踏和粪便污染周围水源，将水引入槽内，周围有排水沟，排除污水和牲畜便溺。

（3）植被特点　牧谚有“四季气候四季草”，深刻地说明了在不同季节内，草地植被有一定的适宜利用时期，例如芨芨草在夏秋季节牲畜几乎不愿采食，适口性非常低；而在冬春季节则有良好的饲用价值。针茅等在盛花期及结实期，由于其颖果上具有坚硬的长芒，家畜多不采食，在其他季节则有良好的适口住，并在放牧饲料中占有重要地位。在干草原、半荒漠及荒漠地区，蒿类植物在夏季含有浓厚的苦味，家畜通常不喜食，但在秋季下霜以后，苦味减轻，则是这类地区冬季放牧的重要饲料。另外，在荒漠、半荒漠地区，有些短命植物，在春季萌发较早，并能在很短的时间内完成其生命周期。因此，以短命植物为主的放牧地进行春季利用是最适宜的。

此外，为了就地解决家畜的矿物质饲料，如食盐、骨粉等补给问题，有不少地区的牧民还把舔食盐土和采食盐生植物的方便与否，列为选择放牧地的一项重要条件。在各季放牧地里，尤其秋季放牧地应有盐土和盐生植物的分布，以便让家畜能定期（每隔 7～10 d）添食盐土和采食盐生植物。放牧时注意转移牧场，让牲畜采食藜科植物，如猪毛菜、盐爪爪等，就可以达到自然补给目的。

2. 冷季放牧技术要点　冬季放牧包括冬季及早春牧草萌生之前的一段时间，往往由于草少质差，造成家畜的春乏死亡。我国牧区行之有效的经验是：选留优良草地作冬春放牧地；秋末进入冷季放牧地前，做好家畜驱虫；冬季霜重时，在日出霜消后再去放牧。春季多暴风雪，须防大雪封山。当积雪超过 10～15 cm 时，羊群即觅食困难，超过 20～25 cm 时即不能采食。马群当积雪超过 40 cm 时就难以采食，但在 40 cm 以内时，还可用前蹄将积雪刨开吃草。因此，可以先放马群，在马群后面放羊群，以采食马群的剩余牧草。

冷季放牧的任务是保膘、保胎、防止牛乏弱，安全越冬过春。在冷季的放牧方法上，要晚出牧、早归牧，充分利用中午暖和时间放牧，在午后饮水。晴天放阴山及山坡，还可适当远牧。风雪天近牧，或在避风的洼地或山湾放牧。妊娠牛在早晨及空腹时不宜饮水，应加强补饲，随时注意天气变化，防止剧烈降温、暴风雪袭击。春末，妊娠母牛将陆续产犊，因此不宜远牧和爬高山，放牧中注意控制牛群行进速度，使牛少跑而多食草。

3. 暖季放牧技术要点　暖季放牧及抓膘暖季放牧的主要任务是增产增效，搞好配种及抓膘，使供肉用的家畜在入冬前出栏，并为其他家畜只越冬度春打好基础。进入暖季后，力争畜群早出冷季草场，及时转入夏秋草场及边远草场放牧，放牧时做到早出晚归，延长放牧时间，日放牧时间在 12 h 以上。让家畜多采食牧草，并注意补饲食盐，每羊单位月补饲量 1～1.5 kg，及时轮换草场。夏季牧场在牧草抽穗和开花前开始放牧利用，并在牧草枯黄前 20 d 退出夏季牧场。

暖季放牧育肥是牦牛产区的传统育肥方式。特点是肥育期长，增重低，但不花费精料，成本低廉，相对效益高。利用高山草原暖季的气候、牧草，放牧育肥 100～180 d。每天早出晚归，中午在牧地休息，放牧中控制畜群，减少游走时间，放牧距离不超过 4 km。选择牧草好及水、草相连的草场，让家畜吃饱饮足。在有条件的情况下，可将不同性别、强弱的家畜组群放牧育肥，根据日增重情况，在进入冷季放牧前及时出栏。

（二）冬季暖棚建设技术要点

1. 塑料暖棚养殖的基本原理　在寒冷季节，天然放牧情况下，绵羊采食牧草所提供的能量甚至不能补偿其行走和御寒所需要的能量。对绵羊进行舍饲，给半开放畜舍扣上密闭式塑料暖棚，可以充分利用太阳和绵羊自身散发的热量，提高棚内温度，人工创造适宜绵羊正常生态平衡的小气候环境，减少其热能损耗，降低维持需要，并通过补饲、管理等手段提高绵羊生产性能，最终提高养殖牧户的经济效益。冬春季节，塑料暖棚内温度比寒风刺骨、滴水成冰的棚外温度可提高 15 ℃，减少绵羊掉膘 1.5～3 kg，提高羔羊成活率 5%～15%，加快羔羊的生长发育速度，减少绵羊疾病发生。

2. 塑料暖棚的建造

（1）塑料暖棚建造的基本要求　塑料暖棚合理建筑与设计的要求。能对冷热、温度、光照、羊舍卫生等有效控制，消除环境的极端状态和不利影响，羊群免遭环境造成的污染，使生产率和繁殖性能大大提高，符合现代化养羊生产的高效益，专业化发展要求，能更好、更合理的满足和保证羊只的生理及生长的要求，有效控制生产环境，使羊群生产性能发挥到最佳状态。

（2）塑料暖棚的选址及材料　暖棚应选择建立在地势较高、向阳、背风、干燥、水源充足、水质良好、地段平坦且排水良好之处，应避开冬季风口、低洼易涝、泥流冲积的地段，并要考虑靠近路边，方便人出入、放牧、饲草（料）运送和管理，并能保证防疫和生产的方便、安全。朝向应选择坐北朝南或南偏东 15°。

暖棚应选择透光性能好、易封闭的覆盖材料，尽可能地利用太阳辐射热和羊只本身所散发的热量。棚圈应便于通风换气，防止舍内结露，但要避免贼风，创造有利于羊只生长发育和生产的小环境；减少能量损耗，降低维持需要。

（3）塑料暖棚羊舍的建造

① 建造形式。简易型，即半棚式塑料暖棚配合运动场，利用简易敞圈和羊舍的运动场，搭建好骨架后，扣上密闭的塑料薄膜。

羊舍建筑仿照简易羊棚，不同之处是后半个顶为硬棚单坡式，前半顶为塑料拱形薄膜顶。拱的材料既可用竹竿也可用钢筋。羊舍依羊数确定，保证每只羊的占有面积在 1 m^2 以上，太小不利于羊生长，太大投资多。运动场应设在羊舍的南边，并紧挨羊舍，面积为羊舍的 1.5～2 倍，内设饮水、饲草设备，最好在羊舍旁边设一间贮草房。舍饲羊棚建筑的布局兼顾方便、简洁、经济、耐用几方面。

② 暖棚建设的基本参数要求。

暖棚建筑参数：一般跨度为 6.0～9.0 m，净高（地面到棚顶）为 2.0～2.5 m，后高 1.7～2.0 m，棚顶斜面呈 45°（表 5-8）。

表 5-8　各类羊占用畜舍面积

羊别	面积（m^2/只）	羊别	面积（m^2/只）
种公羊	4～6	夏季产羔母羊	1.1～1.6
一般公羊	1.8～2.25	冬季产羔母羊	1.4～2.0
去势公羊和小公羊	0.7～0.9	1 岁母羊	0.7～0.8
去势小羊	0.6～0.8	3～4 月龄羔羊	占母羊面积的 20%

③ 塑料暖棚配合建筑。一个完整的羊舍应包括：羊舍（即暖棚）、羊圈（即运动场）、饲料房、贮草棚。这些都要适当配套，布局合理，要与羊群的规模相适宜，一只羊均建筑面积应达到 2 m^2 左右。

3. 塑料暖棚羊舍的管理

（1）防潮　塑料暖棚由于密封好，羊饮水或粪尿所产生的水分蒸发，导致棚内湿度较大，如不注意会导致疾病发生。所以，可以在每天中午气温较高时进行通风换气，及时清除剩料、废水和粪尿。也可以铺设垫草或垫料，以起到防潮作用。

（2）增加透光性　密封好的另一个后果就是暖棚中多灰尘，遮蔽暖棚，同时牧区冷季昼夜温差较大、暖棚内外温差更大，棚顶经常出现结露，应当经常擦拭薄膜灰尘水珠，增加透光性。

（3）通风换气　以进入棚后感觉无太浓的异常臭味，不刺鼻、不流泪等为好。一般应在羊出牧或到外面运动时进行彻底换气。

（4）防风防雪　建筑要注意结实耐用，要将薄膜固定牢固，勤检查、勤维护，注意不要有对流风孔，以防大风天气将薄膜全部刮掉。北方冷季多雪，为防止大雪融化压垮大棚，棚面应有一定的倾斜角度，一般以 50°～60°为好，降雪后应及时扫除积雪。

（5）做好消毒　每隔固定天数进行消毒，以防寄生虫和病菌的滋生。

（三）家畜冷季补饲技术要点

1. 补饲关键技术　1 月体重下降达 10%时开始补饲至 4 月底牧草萌发，共补饲 120 d，5～6 月 60 d全舍饲，以避开草地危机期。

实施草地放牧——补饲制度，配备以下条件：①每个羊单位每年需贮备 150 kg 干草（每千克混合精料可代替 2.5 kg 干草；每 3.5 kg 青贮草可代替 1 kg 干草）。②配备与贮备草相配套的贮草棚和青贮设施。③配备棚圈设施和相匹配的饲草料架槽设施。④配备备划区轮牧草地围栏设施。

2. 补饲量　补饲开始时，实行由少量逐渐增加，变为足量，补饲结束前应实行逐渐减少到停止补饲的原则。

3. 补饲量的确定　1～4 月 120 d 平均每天补 0.5 kg 干草，5～6 月 60 d 全舍饲，平均每天补 1.5 kg干草。

三、高寒牧区青贮饲草＋家畜改良＋天然草原延迟放牧技术模式

该模式适合于毗邻农区，家畜品种混杂，天然草地放牧仍是主要畜牧业生产方式的牧区。由于毗邻农区，可以依靠农区丰富的秸秆饲料资源，特别是玉米秸秆。在有条件的牧区引导牧民开展青贮饲料制作，为冷季补饲提供优质原料。鉴于家畜品种混杂导致生产力低下的现状，适度开展家畜改良，一是重点开展本地畜种的提纯复壮，如甘肃天祝白牦牛和藏羊；二是开展经济杂交，如利用陶赛特杂交本地藏羊，以生产优质羔羊为目的。但是，需要注意的是开展经济杂交，所有的杂交后代，必须出售到市场，而不能留在畜群中做种用，以免影响到本地畜种的遗传资源。

（一）高寒牧区青贮饲草技术要点

1. 青贮窖修建　由于甘肃祁连山高寒牧区气候寒冷，平均年温度低于 0 ℃。在冬季气温在 －26～－13 ℃。因此，青贮窖修改一般常采用地下池，以防止低温影响青贮发酵和冻结青贮料。在天祝项目区，项目组根据一般牧户的养殖规模（100 余只羊，30～40 头牦牛），修建 2 m×6 m×2 m 的青贮窖。青贮窖用砖石砌成永久性的，以保证密封和提高青贮效果。

2. 青贮原料　在高寒牧区，青贮原料稀缺。一般取当地种植的燕麦和农区种植的玉米秸秆作为原料。由于牧区燕麦种植面积有限，燕麦产量不足以作为青贮原料。农区玉米价格低廉，玉米秸秆诸

多优点也是制作青贮原料的首选之一。玉米秸秆产量高，在我国北方地区中等耕作条件下，一般每 667 m^2 可产新鲜茎叶 5～6 t，这是其他作物所不及的。玉米秸秆干物质含量及其可消化的有机质含量均较高，富含水溶性碳水化合物，很容易被乳酸菌发酵而生成乳酸，并且玉米的植物缓冲能力较低，易于青贮。所以，玉米是很理想的青贮作物。因而利用它作为青贮饲料很容易成功。因此，在甘肃祁连山牧区推荐使用玉米秸秆作为青贮原料。

3. 青贮饲草的制作

（1）青贮原料收割　使用全株玉米青贮，应在蜡熟末期带果穗全株玉米收获，并选择在当地条件下，初霜期来临前能够达到蜡熟末期较早熟的品种。使用兼用玉米，即籽做粮食或精料，秸秆作青贮原料。应选用在籽粒成熟时，茎秆和叶片大部分呈绿色的杂交品种。在蜡熟末期及时掰果穗后，抢收茎秆作青贮。

（2）切碎和装填　青贮原料切碎的目的，是便于青贮时压实，增加饲料密度，提高青贮窖的利用率，排除原料间隙中的空气，使植物细胞渗出汁液湿润饲料表面，有利于乳酸菌生长发育，提高青贮饲料品质，同时还便于取用和家畜用食。对于带果穗全株青贮玉米来说，切碎过程中，也可以把籽粒打碎，提高饲料利用率。切碎的程度必须根据原料的粗细、软硬程度、含水量、饲喂家畜的种类和铡切的工具等来决定。对牛、羊等反刍动物来说，一般把玉米秸秆切成 2～3 cm。在把青贮原料装入窖之前，要对已经用过的青贮设施清理干净。一旦开始装填青贮原料时，就要求迅速进行。在甘肃天祝项目区，针对小型青贮窖，1 d 内必须完成。

（3）压实和密封　装填原料的同时，必须层层压实尤其要注意周边部位。而且压得越紧越实越易造成厌氧环境，越有利于乳酸菌的活动和繁殖。在牧区，可以利用小型拖拉机和人力相互结合方式进行压实。原料装填完毕，应立即密封和覆盖。其目的是隔绝空气继续与原料接触，并防止雨水进入。当原料装填和压紧到窖口齐平时，中间可高出窖一些，在原料的上面盖一层 10～20 cm 切短的秸秆或牧草，覆上塑料薄膜后，再覆上 30～50 cm 的土，踩踏成馒头形。为了防止青贮料冻结，可以在青贮窖上部放置燕麦草垛以利用保温。

（4）青贮饲料的饲用　青贮饲料具青贮芳香酸味，初喂时，有些家畜不习惯采食。可先空腹饲喂青贮饲料，再喂其他草料；先少喂青贮饲料，后逐渐加量，或将青贮饲料与其他草料拌在一起饲喂。在天祝项目区，结合放牧加补饲青贮饲料，成年白牦牛 3～4 kg/(头・d)。可以有效降低冬季掉膘，并对冬季草地过牧现象有明显的遏制作用。

（5）开窖取用时注意的事项　在甘肃天祝高寒牧区，青贮饲料一般经过 40～50 d 便能完成发酵过程，即可开窖使用。开窖时间根据需要而定，一般要尽可能避开严寒季节。严寒季节青贮饲料易引起流产。一般在气温较低而又缺草的季节饲喂最为适宜。一旦开窖利用，就必须连续取用。每天用多少取多少。不能一次取出大量青贮饲料，堆放在畜舍里慢慢饲喂。取用后及时用草席或塑料薄膜覆盖，否则会变质。

取用青贮饲料时，圆形窖应有自表面一层一层地向下取，使青贮饲料始终保持一个平面，切忌由一处掏取。不管哪种形式的窖，每天至少要取出 6～7 cm 厚。地下窖开窖后应做好周围排水工作，以免雨水和融化的雪水流入窖内，使青贮饲料发生霉烂。如因天气太热或其他原因保存不当，表层的青贮饲料变质，应及时取出抛弃，以免引起家畜中毒或其他疾病。

青贮饲料是在厌氧条件下发酵和保存的。密封良好的青贮饲料，可长期保存，多年不坏。所以，在开窖、取用和管理上都应尽量减少与空气接触。

（6）青贮饲料的感官鉴定方法　感官鉴定指标有 3 个，即气味、颜色和质地。详见表 5－9。

（二）家畜改良

1. 杂交改良的原则

（1）制订明确改良计划　杂交改良要根据当地的资源状况，分析市场对畜产品的需求，科学合理地制订改良计划，统一技术规程和生产标准。制订计划时，一定要科学论证，根据亲本品种特性和市场需求，在小试、中试的基础上，制订科学合理的改良方案，力求杂交优势，减少不良基因表型的出现。

表5-9　青贮饲料感官鉴定标准

等级	气　味	酸味	颜　色	质　地
优　良	芳香酸味，给人以舒适感	较浓	接近原料的颜色，一般呈绿色或黄绿色	柔软湿润，保持茎、叶、花原料，叶脉及绒毛清晰可见，松散
中　等	芳香味弱，并稍有酒精或醋酸味	中等	黄褐色或暗绿色	基本保持茎叶、花原状，柔软，水分稍多或稍干
低　劣	刺鼻腐臭味	淡	严重变色，褐色或黑色	茎叶结构保存极差，黏滑或干燥，粗硬，腐烂

（2）选好杂交组合和后裔测定　大规模开展杂交改良之前，选好杂交组合和后裔测定十分关键。选种时，要把适应性作为选择的重点，选择在新条件下生长发育良好，繁殖力强的个体，严格淘汰有退化表现的个体；在选配上，避免近交交配，必要时可与当地品种进行导入杂交，以增强适应性。后裔测定主要是获得该杂交组合的配合力，配合力是指不同种群间杂交所能获得的杂种优势的程度，是衡量杂种优势的一个重要指标，配合力好，说明该种群与其他不同种群杂交时能获得明显的杂种优势。

（3）强化杂交后代培育　良种要有良法配套。杂种后代具有杂交优势，其高生产力能否表现出来，要看能否满足其营养需要和生活条件。因此，要加强杂种后代饲养管理。要注重对后裔测定工作，选留杂交后代优秀母畜，为后续杂交改良提供优秀基础母畜，不断巩固遗传进展，努力增强发展后劲。

2. 杂交改良的方法

（1）级进杂交　级进杂交也称吸收杂交、改进杂交。改良用的公畜与当地母畜杂交后，从第一代杂种开始，以后各代所产母畜，每代继续用原改良品种公畜选配，到3～5代杂种后代生产性能基本与改良品种相似。杂交后代基本上达到目标时，杂交应停止。符合要求的杂种公母畜可以横交。

（2）导入杂交　当某些缺点在本品种内的选育无法提高时可采用导入杂交的方法。导入杂交应在生产方向一致的情况下进行。改良用的种与原品种母畜杂交一次后再进行1～2次回交，以获得含外血1/8～1/4的后代，用以进行自群繁育。导入杂交在养羊业中广泛应用，其成败在很大程度上取决于改良用品种公羊的选择和杂交中的选取配及羔羊的培育条件方面。在导入杂交时，选择品种的个体很重要。因此要选择经过后裔测验和体型外貌特征良好，配种能力强的公羊，还要为杂种羊创造一定的饲养管理条件，并进行细致的选配。此外，还要加强原品种的选育工作，以保证供应好的回交种羊。

（3）经济杂交　经济杂交是利用两个品种的一代杂种具有杂种优势，所以生活力强，生长发育快，其杂种后代一般不做种用，仅用来生产畜产品，在肥羔肉生产中经常应用。但在中国的畜牧业生产实践中，第一代杂种公羊一般不做种羊，而杂种母羊也可以作为繁殖母畜，采用轮回杂交方式进一步提高生产性能。

（4）轮回杂交　轮回杂交（轮替杂交；交替杂交）指用两个或两个以上不同品种进行杂交，属经济杂交范畴。在每代杂种后代中，大部分作为肥育出售，只用优良母畜依序输流再与亲本品种公羊回交，以便在每代杂种后代中继续保持和充分利用杂种优势。

3. 甘肃祁连山肉用藏羊改良的杂交组合

（1）选用欧拉藏羊品种做父本，采用级进杂交的方法进行杂交改良　具体做法是，需改良的藏母羊与欧拉羊公羊交配，所产后代母羊再继续与欧拉羊公羊交配，直到达到改良目标可横交固定。

(2) 选用边区莱斯特品种做父本，采用导入1/4血液的方法进行杂交改良　具体做法是，选择一批特一级藏母羊与边区莱斯特公羊交配，所产后代中选择优秀公羊羔留做种用，用它来交配其他藏母羊，所产后代中选择优秀公羊羔留做种用，可进行横交固定。这就达到了导入1/4血液的目的。

(3) 选用边区莱斯特、无角道赛特、德克赛尔、萨福克等国外肉用品种的任何一种羊做父本，采用经济杂交方法进行杂交改良　具体做法是，需改良的藏母羊与这些品种中的某一种公羊交配一次，所产后代一般不做种用，全用来肥羔肉生产。也可将第一代杂种母羊中优良者留做繁殖母羊，再用另一品种公羊交配一次，采用轮回杂交方式进一步提高生产性能。

（三）草地延迟放牧技术

1. 延迟放牧的概念　延迟放牧是在植物解除冬眠到结实期间，提前停止冬季放牧，延迟早春放牧时间，避免植物在生长早期利用的一种方法。延迟放牧可以提高幼苗的生长速度、避免饲草在早春生长能力差时被过度利用和践踏。这种方法最适合于四季分明的天然草地。延迟放牧类似休牧，都是提高植物地上生物量的方法，两者的不同是休牧常用于整个植物生长季节、整年或更长时间，而延迟放牧只用于植物生长早期（延迟放牧时间一般为30～70 d为宜）。这两项放牧技术都能很好地用运于轮牧体系中。实践证明从4月中旬到6月中旬延迟放牧50～60 d，可使草地植物全年的生产量增长40%以上，可为夏秋季草地放牧提供充足的优良牧草储备。也为草地植物体内增加了物质积累，有利于来年的植物再生和草地更新。

2. 延迟放牧的优点　延迟放牧避免在植物生长敏感期放牧，有利于提高植物活力、增加植物种类。延期放牧与适度放牧相结合，功效远远大于单一的轻度放牧。既能够保持植物的活力，又能够保持物种的多样性。暖季型草地的牧草萌发要比冷季型草地迟，90%的牧草在7、8、9月萌发，需要不同的延迟放牧期。国外研究证明认为在暖季型半干旱草地上，延迟放牧期通常为晚春或植物生长敏感的盛夏。在高寒牧区，如青藏高原，延迟放牧和冬季补饲相结合，适当延长冬季补饲的时间，可以实现在冬春季草场和夏季草场的延迟放牧，有利于解决冬春草地因放牧强度高而引起的退化问题，也有利于夏季草场的植被休养生息。

3. 延迟放牧技术要点

(1) 确定开始休牧时间　放牧使用这种方法前，应根据牧地实际情况制订计划，计划性的延迟有利于提高家畜生产，提高牧场效益，合理的计划应根据植物的物候期来制订：

早春——植物利用上一年积累的营养物质开始发芽；

春季——植物具有重新发育成完整植株的最大潜能；

夏季——植物开始开花，进行种子生产；

秋季——植物积累和储存营养物质。

甘肃祁连山高寒草甸区植物到4月中下旬开始萌芽，6月进入植物枝叶生长的旺盛时段。有些植物种子也在4月中旬萌发，这是植物种群繁育的新生个体。因此，北方牧区一般可从4月中旬牧草返青时开始延迟放牧，其中以连续延迟放牧50～60 d比较合适，同时也经济可行。

(2) 延迟放牧期家畜饲养　各地可根据饲草饲料种类、来源、价格等条件，结合不同家畜的营养需求、生长阶段、耐受能力等，选用优质青干草或秸秆加一定数量精料，并注意适当补充矿物质元素和维生素。

以绵羊为例，延迟放牧期间饲喂0.5～1 kg·d干草为基本饲养投入，其可以保证羊在延迟放牧期间体重维持正常或仅轻微掉膘［供试绵羊掉膘量仅15%，略加入一定量的精料（玉米粒），掉膘量可控制在10%以内］。饲喂量达到1.25 kg时，可保证绵羊不掉膘，而且略有增重。因此，延迟放牧期间保证绵羊不掉膘的维持饲养（1.00～1.25 kg·d）成本为10.0～12.5元/d（秋季干草价格）或20～25元/(只·期)（春季干草价格）。如允许绵羊掉膘10%左右，则饲养成本可降低50%。如在饲养配方中加入一定量的精料，成本还可以降低一些，只要草料的价格比在 1∶4 以上，应尽量在延迟放牧期多使用精料。这样 10～25 元/羊单位的成本将可以满足 50～60 d 延迟放牧期饲草料的需求。

第五节　四川牧区生态高效草原牧养技术模式

一、牦牛适时出栏技术模式

采用犊牛全哺乳、幼牛及青年牛冷季“放牧＋暖棚＋补饲”、青年牛暖季“放牧＋补饲”育肥、规范化疫病防治的牦牛适时出栏技术模式，使牦牛在 3.5 岁左右提前出栏。

（一）适时出栏的技术要领

1. 母牦牛的妊娠期护管　母牦牛妊娠初期胎儿生长发育营养需求较小，此时恰适牧草旺季，一般不需额外补充饲草料及营养；而妊娠最后的 2～3 个月是高原牧区牧草极度匮乏时期，此时期胎儿日趋成熟，营养需求大，应保证饲草料的供给和质量，加强饲养管理，否则将会影响胎儿正常发育，进而影响犊牦牛日后生长；营养过度缺乏还会影响到母牦牛的繁殖性能，且后期又恰巧处在寒冷的枯草期，因此应进行针对性补饲。同时，注意保胎和防止难产，以使母牦牛顺利生产出健康的胎儿。

2. 犊牦牛的培育

（1）初生犊牦牛管理　母牦牛刚产时要尽可能舔犊，如果不舔犊则用食盐辅之。初生犊牦牛对寒冷和疾病抵抗能力差，应做好保温和卫生，随时检查犊牛的精神、行动、食欲、粪便等。初生期可随母就近放牧，确保正常吸到初乳是培育犊牦牛的关键。此外应防止远距离放牧造成犊牦牛疲劳，收牧后最好将犊牛集中饲养而与母隔离后进行定时哺乳。随着犊牛的发育和消化机能的建立，应尽早补饲，开始时可将精料同牛奶混拌并涂抹在犊牛的嘴巴和鼻镜上，由少到多诱导其采食，以使犊牛顺利通过断奶关。

（2）培育技术要点

① 哺乳期 0～7 d 以喂初乳为主，7 日龄时进行犊牛副伤寒的免疫。犊牛出生后 4～6 h 对初乳中的免疫球蛋白吸收力最强，故在出生后 0.5～1 h 须吮吸初乳，尽早获得母源抗体。

② 8 d 以后喂常乳，并训练采食精料；半个月左右训练采食混合青饲料。

③ 随着日龄的增长，精料量相应增加；18 月龄以上，有条件可喂青干草和青贮饲料。

④ 加强疫病防治，发现疾病及时治疗。

（3）冷季采用“放牧＋暖棚＋补饲”饲养　据有关资料显示，冬春枯草与幼嫩青草比，粗蛋白下降 60%，粗脂肪下降 50%。据研究，牦牛在 2.5 周岁时冷季采用“放牧＋半舍饲＋补饲”饲养 210 d，可使牦牛减少掉膘率 18.15%。因此，冬春除放牧外，宜修建保暖性能良好、能通风透气、温湿度适宜、条件优越、投资少、成本低的暖棚，以便牦牛的保暖越冬，同时补充营养价值高、维生素全面、微量元素丰富的草料，按科学配方在下午收牧后进行补饲，防止其严重掉膘，使牦牛在青草期尽快恢复体况，暖季就更能充分发挥其采食抓膘强烈补偿性生长的生物学特性。

（4）暖季采用“放牧＋补饲”育肥　在川西北牧区，母牦牛一般是在头年 7～9 月集中发情配种后，在第二年的暖季来临之前（即 3～5 月）分娩，犊牦牛降生后不久适逢青草萌发的暖季，犊牦牛即可利用暖季水草丰茂的自然条件。根据动物本身的生长发育规律，牦牛从胎儿至 2 岁以前生长发育呈直线上升，生长速度快且跟营养呈正相关。因此，应充分利用暖季天然草地资源及水草丰茂的优势让犊牦牛随母放牧，且在收牧后加补适量精饲料，这样将更能保证犊牦牛对营养物质的需要，从而健康正常生长。通过对 28 头 3 周岁龄麦洼牦牛 150 d 育肥效果测定，补饲组 18 头全期每头平均总增重 67.73 kg，日均增重 451.67 g，相对增重率 47%；高水平补饲的组平均每头增重比不补饲的组高 34.5 kg，日增重高 230 g，两项指标比对照组相对提高近 70%。

(5) 适时阉割犊牦牛　生长发育健康的犊牦牛随着年龄的增长，生殖器官系统的结构与功能也日趋成熟，但其骨骼、肌肉和内脏器官却未发育到最佳状态，还未具成年时的形态结构，又因是随群自然放牧，因此须进行适时阉割，一般确定在1～3周岁间完成才不影响到幼牦牛的正常生长，也不会造成育成牛间相互械斗创伤。而且去势后的阉牛肌纤维由粗糙变细嫩，膻味微弱甚至没有，食用价值得到提升，也给饲养管理带来极大方便。

(6) 肥育牛的选择

① 年龄的选择。应当选择能够自由采饲草料的育成牛（2～3岁），而老弱病残的牛只则只能作短期或季节催肥后进行屠宰，年龄太小则在经济、劳动力成本方面不划算。

② 性别的选择。一般来说，母牛的肉质好，肌纤维细，结缔组织少易肥育，宰杀之后食用其肉味也好，但供选择者却只能是不能作奶用的干巴牛或不能再繁殖的患有生殖疾病或不能治愈的外患牛。研究资料表明，母牛的饲料转化率和日增重均比公牛低，公牛的生长速度和饲料利用率又明显高于阉牛，所以作为肥育的肉用牛应当选择公牛为适宜。

③ 膘情的选择。资料显示，膘情好（肥胖）的牛和膘情不好（瘠瘦）的牛屠宰指标有明显的区别，而以膘情适中的牛只参与肥育的屠宰指标分析，各项指标均属优良。因此，只有选择膘情适中或良好的牦牛进行育肥，才能获得最好的肉质和较好的产肉量，确保质量和效益双盈。

④ 类型的选择。应选择杂种牛参与肥育，特别是冷冻精液和三元杂交、级进杂交后代，因为这些后代杂交优势明显，其生长发育快，体格健壮硕大，最适宜尽快肥育出栏。

(7) 按照绿色肉食品要求进行免疫防治　了解牦牛整个生长发育阶段的疫病发生情况，针对提前出栏牛只在无重大疫病发生时尽量不免疫、少防治，对机体极具抵抗力或能够通过自身生物调节的易愈病要免予治疗，更应避免使用对肉质产生残留性的药物，在屠宰前的21 d内（保险期）更应停止免疫、治疗，方可做到牦牛肉的安全、卫生、无公害。

(8) 定时消毒、驱虫　对放牧饲养的牦牛应进行定期驱虫，同时对牛舍周围场地应定期消毒，以免细菌、病毒滋生，影响牦牛的正常生长发育，此外，在肥育期尽量谢绝外来人员参观，杜绝未消毒人员和带菌人员进入牛舍。

(9) 实行科学的饲养管理　做到科学饲养管理，配套技术综合运用：①定时定量、喂式统一；②专人专养、专人管理；③饲草饲料、科学分配；④放牧休息、有条不紊；⑤按年龄、性别、体况、品种科学分类。

(10) 适时出栏　应按照低投入、高产出、高收益，从减少饲草料的无为消耗，减轻草地压力，保护草地植被出发，确保牦牛适时出栏，以保证和提高牦牛养殖效率及经济效益。牦牛出栏适时，其饲料转化率就高，成本也就会降低。

试验研究表明，牦牛在出生后第一年，器官和组织生长最快，需要足够营养使之满足需要，此后其生长速率逐渐变慢，饲料转化率也呈早期高后期低。牦牛的适宜屠宰年龄为3.5周岁，最迟不宜超过4.5岁，比现饲养到5～6岁屠宰，时间至少可提前1～2年。

（二）牦牛适时出栏技术规程

本规程确立了牦牛适时出栏的饲养管理技术。适用于牦牛从妊娠胚胎期、胎儿出生至3.5周岁龄的整个时期。

1. 牦牛的饲养管理技术

(1) 饲养方式　“放牧＋补饲”“放牧＋暖棚＋补饲”，牦牛白天放牧，暖季归牧后栓系补饲精料，冷季归牧后舍饲混料。

(2) 饲养原则

① 补饲日粮暖季只补充配合饲料，冷季添补混合青干草加配合饲料。

季补饲料参考配方：每头平日补饲青干草1 kg，多汁料1 kg，精饲料50 g，尿素5 g，骨粉30 g，食盐 5 g。

暖季补饲精料参考配方：玉米粉 88%、尿素 5%、食盐 5%、骨粉 2%，日补饲精料为总量 600 g/头。

②日粮草料要求无毒、无害、无泥沙、无腐败、无霉变。

③ 补饲料搭配草料应多样化，冷季以混合青干草为主，精料为辅。

（3）不同时期的饲养管理

① 胚胎期。在妊娠后期（临产前 2～3 个月），采用“放牧＋补饲”“放牧＋暖棚＋补饲”饲养怀孕母牦牛，补饲精料可在 1～2 kg 范围内，根据母牦牛膘情进行适当调节。

妊娠母牦牛的饲养管理应注意：防止追打、挤撞、猛跑；适当延长放牧时间；寒冷季节禁止饮冷冰水。

② 初生期（0～30 d）。做好防寒保暖和卫生，生后 0.5～1 h 须吮吸初乳。此外需就近放牧，进行定时哺乳。

③ 育犊期（2～12 月龄）。半个月左右训练采食混合青饲料，3 月龄后采用代乳品，代乳料饲喂至断奶结束。犊牦牛 24 月龄前的培育方案见表 5－10，各阶段的日粮营养需要见表 5－11。

表 5－10　犊牦牛 24 月龄前的培育方案

日龄或月龄	母乳日喂次数	精料（kg）	干草（kg）	青贮（kg）
0～7 d	初乳 3			
8～15 d	2～3	训食	训食	
16～30 d	2～3	自由	自由	
31～60 d	2	0.1	0.2	
61 d 至 12 月龄	2	0.2	0.4	
12～18 月龄	0	0.4	1.0	自由
24 月龄以上	0	0.5	1.25	自由

表 5－11　犊牦牛各阶段的日粮营养需要

阶段划分	月龄	预期体重（kg）	能量单位（NND）	干物质（kg）	粗蛋白（g）	钙（g）	磷（g）
哺乳期	0～2	10～15	3.0～4.5		250～260	8～10	5～6
	2～6	15～23	3.0～3.5	0.5～1.0	250～290	12～14	9～11
	6～12	25～32	3.6～4.5	1.0～1.2	320～35	14～16	10～12
半哺期	12～18	35～55		2.0～2.8	350～400	16～18	12～14
	18～24	55～72	5.5～6.0	3.0～3.5	500～520	20～22	13～14
断乳后	24～30	75～98	6.0～7.0	3.5～4.4	500～540	22～24	13～14
		103～125	6.5～8.0	3.6～4.5	540～580	22～24	14～16

④ 养育期（12～36 月龄），冷季（11 月始至翌年 5 月初）采用“放牧＋暖棚＋补饲”饲养，暖季（5 月中上旬至 10 月中旬）采用“放牧＋补饲”育肥，参考配方见附录。

⑤ 育肥出栏期（36 月龄以上）采用“放牧＋补饲”加强补饲，在出栏前 2 个月实行强度增肥。

2. 牦牛阉割　一般确定在 1～3 周岁间，每年 5 月份适时阉割。

3. 常见病防治　犊牦牛在 7 日龄时进行副伤寒免疫，每年 4 月 25 日和 10 月 25 日左右对养育牛只进行炭疽、口蹄疫、出败等传染性疫病的两次免疫注射和定期驱虫，发现病畜，及时根治。

（1）牦犊牛危害严重的疫病免疫防治

① 牦犊牛腹泻病的预防和治疗。牦犊腹泻发病者多为 6～12 月龄的犊牛，一年四季均可发病，

但以4～9月最多。发病率和死亡率在8%～50%。可见菌以革兰氏阴性为主，牦犊牛皮下注射猪瘟弱毒疫苗2～3 mL可预防该病发生，免疫期可达一年，安全有效，值得推广。治疗腹泻病可选用痢菌净散、庆大霉素、卡那霉素、链霉素、氯霉素、四环素等主要用于革兰氏阴性菌的抗生素肌肉注射或口服。注意不能长期单一使用抗菌素，以免产生抗药性；补液能调节正常菌群失调及改善胃肠功能，可选用达拉水（发酵酸奶的上清液）100 mL，btoa液100 mL，5%的葡萄糖盐水100 mL外加鞣酸蛋白20 g，混合后给一头小牛灌服，首次用药后若未完全治愈，可间隔一天后，再第二次用药。从治疗结果看。投药后12 h就可完全康复。若用于成年牛剂量加倍。调节酸碱平衡：可注射或口服NaCl液20 mL/头。投药后12 h能全部治愈。

② 犊牛副伤寒的预防和治疗。每年4月至5月初，应注射犊牛副伤寒疫苗，牦犊牛每头注射1.5 mL（60亿活菌）。成年母牛在产犊前注射3～4 mL能使产下的犊牛获得一定的免疫能力；应用抗菌素或呋喃英药物进行治疗。比较常用的是呋喃唑酮和氯霉素，其次是青霉素，一次治疗用药应不超过5 d，每次最好只用一种抗菌素。如一药无效，应立即改用其他药。

③ 牦犊牛肺炎的预防和治疗。牦犊牛传染性胸膜肺炎是由牛丝菌霉形体引起的一种慢性或亚急性传染病，其特征主要是呈现纤维素性肺炎和胸膜炎症状。我国1958年研究制成兔化牛肺疫疫苗，试验中证明安全有效，免疫期为一年半。为了适应我国广大牧区不产兔的特点，接着又研究了绵羊反映苗。在牧区推广应用，控制了牦牛牛肺疫的发生。加强对牦犊牛的饲养管理，提高其健康水平，尤其是早春和初冬要注意气候变化，防止感冒。消除炎症则可肌内注射青霉素40万～60万单位，键霉素50万～100万单位，每隔12 h注射一次，至体温下降，第2 d可停止用药，也可以静脉注射10%磺胺噻唑钠溶液或磺胺嘧啶钠溶液20～30 mL。

（2）犊牦牛危害严重的传染病防治措施　平时应加强牦犊牛的饲养管理，冷季注意保温，保膘避免冻饿受寒，牛舍应定期消毒。具体措施如下。

① 控制和消灭传染源，引进牲畜应严格检疫，发现病畜应立即隔离，对炭疽发病区应立即封锁，被污染的场所、用具与流产胎儿、羊水、病畜粪尿及畜产品等均需要用5%的消洗灵进行严格消毒或深埋处理，严禁家畜及畜产品输出疫区。

② 切断传播途径，加强牲畜宰前检疫和宰后检验，做到病畜、家畜分开屠宰，对粪尿排泄物进行处理，对加工牲畜内脏，废污水进行消毒处理。

③ 要与寄生虫病防治结合，定期驱除区内牲畜的主要寄生虫，增加牦犊牛对疾病的抵抗力。

二、优质犏牛生产技术模式

（一）冻精生产犏牛

1. 犏牛生产

① 采用荷斯坦、娟姗牛冻精或荷斯坦、娟姗牛性控精液与母牦牛人工授精生产一代犏牛，母犏牛用于挤奶，公犏牛用于育肥出售。

② 采用荷斯坦冻精与娟犏牛、娟姗牛冻精与荷犏牛人工授精生产二代犏牛，二代犏牛中较好的母犏牛用于挤奶，较差的母犏牛及公犏牛均用于育肥出售。

2. 人工授精操作要点　参配母牦牛的组群和管理：参配牛群的组群和管理是杂交改良中的关键环节之一。具体的牛只选择和管理方法见牦牛杂交改良自然交配操作要点。

（1）冻精配种　母牦牛一般于6月底开始发情，7～8月为发情高峰期，开始配种的时间一般在7月初或7月中旬开始。

（2）母牦牛的发情鉴定　为了及时准确地检出发情母牛，可用结扎输精管或阴茎移位的公牛作试情公牛，也可用去势的犾牛为试情牛。但效果最好的是用一、二代杂种公牛作试情公牛。杂种公牛本身无繁殖能力，且性欲旺盛。每百头母牛配2～3头试情公牛即可。发情配种期间，放牧员一定要跟群放牧，认真观察，及时发现发情母牛。母牦牛发情的外部表现没有普通牛那样明显。发情初期阴道黏膜呈粉红色并有黏液流出，此时不接受尾随的试情公牛的爬跨，经 10～15 h 进入发情盛期，才接受尾随试情公牛爬跨，站立不动，阴道黏膜潮红湿润，阴户充血肿胀，从阴道流出混浊黏稠的黏液。后期阴道黏液呈微黄糊状，阴道黏膜变为淡红色。放牧员或配种员必须熟悉母牦牛发情的特征，准确掌握发情的各阶段，以保证适时输精配种。

（3）母牦牛的保定　采用二柱栏或四柱栏式输精架保定发情母牦牛。每一输精点设立两个以上输精架。输精架的规格，以当地牦牛体格大小为准，埋实夯紧，确保操作安全。发情母牦牛的保定，要有专门人员，为保证输精卫生和输精设备的安全，人工授精人员不宜兼作保定工作。

（4）输精时间　在生产中，一般是当日发情的母牛在收牧时进行第一次输精，次日晨出牧前再输精一次；晚上发情的母牛，次日早晚各输精一次。

（5）输精剂量　颗粒冻精每头每次一粒；细管冻精，每头每次一支。

（6）输精　输精前，输精员将手伸入母牛直肠，找到卵巢，检查卵泡发育情况，确定母牛发情正常，并处于输精适期，即可输精。输精时先用手握住子宫颈并提起，另一手将输精管由阴道插入子宫颈口，然后将精液注入子宫颈内，抽出输精器，再用插入直肠的手按摩一下子宫，促使子宫收缩，将手抽出，输精即完成。

（二）杂种种公牛与母牦牛或犏牛自然交配生产犏牛

1. 杂种种公牛培育

（1）血缘和体型外貌　血缘清楚，良种牛血缘占 50%。西门塔尔牛杂种公牛被毛多为黄白花或红白花，少数因母牛毛色而为黑白花；荷斯坦杂种公牛毛色黑白相间较明显。全身结构匀称，体质结实，生长发育良好，雄性特征明显，头部轮廓清晰，头稍粗重，眼睛明亮有神，嘴宽大，颈短宽而深，胸较深长开张，背腰平直，宽而无拱凹，腹部不下垂，尻稍长宽，略斜，肌肉结实匀称，四肢较粗壮、较高，结实端正，蹄质坚实，蹄叉闭合较好，步履稳健；无单睾、隐睾，睾丸正常、大小一致，性反应敏捷，夏季全身被毛有光泽。

（2）杂种公牛评定标准　杂种公牛培育标准见下表。分别在 0.5 岁、1 周岁、1.5 岁进行综合评定，对外貌评分，体尺和体重综合评分后确定等级，三级以下即进行淘汰（表 5-12）。

表 5-12　杂种公牛体重、体尺等级评定标准

年龄	等级	荷黄公牛					西黄公牛				
		体重（kg）	体高（cm）	体长（cm）	胸围（cm）	管围（cm）	体重（kg）	体高（cm）	体长（cm）	胸围（cm）	管围（cm）
0.5 岁	一	135	107	108	115	13	135	107	108	115	13
	二	125	105	105	113	12	125	105	105	113	12
	三	120	103	103	112	11	120	103	103	112	11
1 岁	一	190	114	118	130	14	200	115	120	135	14
	二	170	111	114	125	13	180	112	116	130	13
	三	155	108	112	120	13	165	110	114	125	13
1.5 岁	一	230	120	125	140	16	250	122	130	145	16
	二	220	118	122	135	15	230	120	125	140	15
	三	200	116	120	130	14	210	118	120	135	14

（3）档案建立　杂种公牛在购入后及时进行防疫注射，隔离观察两周后，健胃，定期驱除内外寄生虫和防疫注射，配戴耳标，建立种公牛档案，逐一对其父母系血缘、公牛特征、购入地、培育方法、生长发育、防疫驱虫、发放地及牛只照片等项内容进行详细记录。

（4）饲养管理　按杂种公牛营养需求，饲喂配合精料 1.5 kg/d，青干草 6.5 kg/d，饮水 1～2 次/d；适当补饲青绿多汁饲料和矿物质及微量元素添加剂。每天运动 5 h。根据公牛体况适当增减营养摄入量，使公牛保持中上等膘情。

（5）性能测定　定期进行生长发育跟踪测定，种用特性的鉴定。

（6）杂种种公牛培育基地建设　2007 年，与茂县畜牧兽医局合作，在科技人员的科学规划、现场技术指导下，在半农半牧区茂县凤仪镇水井湾建立了杂种种公牛培育基地。基地占地面积 3 000 余 m^2，拥有标准化牛舍 800 余 m^2，饲料加工房 100 余 m^2，秸秆氨化青贮池 500 余 m^3。办公、生活及生产用房、水、电、路、隔离、消毒、粪便处理等配套设施齐全。现有技术人员 2 名、饲养人员 2 名。年可提供优秀杂种种公牛 200 余头。

2. 牦牛杂交改良自然交配操作要点

（1）种公牛的选择与管理　种公牛的选择：利用含 1/2 荷斯坦或西门塔尔血液的杂种藏黄公牛与牦牛自然交配生产犏牛。杂种藏黄公牛应体形较大，体格健壮，体质结实，肌肉丰满，体躯较长，全身结构匀称；生殖器官发育良好，性欲旺盛；头粗壮，眼大有神，眼睫毛为黑色；背腰平直，腹部不下垂；体宽长、平直；四肢较长，毛色似黑白花或西门塔尔。

种公牛的管理：杂种藏黄公牛 1～2 岁时，于 5、6 月从半农半牧区引进高寒牧区，实行终年野外放牧，1～4 月每日收牧后补饲青干草或块根 1～2 kg，夜间进入棚圈，暖棚饲养最佳。2 岁左右可用于配种，初配种公牛，应进行调教和人工辅助交配。

（2）参配母牦牛的组群与管理　参配母牦牛的组群：选好参配母牛是提高受配率和受胎率的关键。选择体格较大，体质健壮，无生殖器官疾病的“干巴”和“牙儿玛”母牛，即前年或去年产犊的母牛作为参配牛，根据母牦牛的发情规律，当年产犊的母牛，到配种季节很少发情，即使发情也要到配种后期。因此，当年产犊的母牛不宜进行杂交改良。参配牛应于配种前一个月选出，组成专群，由有丰富放牧经验的放牧员精心管理，在划定的配种专用草场放牧，使之迅速抓膘复壮。配种的专用草场应远离其他牛群，以防公牦牛混群偷配。条件允许情况下，设置配种专用围栏草场。

参配母牦牛的管理：固定牛群、固定人员、固定草场、隔离种公牛。

（三）犏牛的饲养管理

1. 做好保胎、护犊工作

（1）保胎　怀孕母牦牛仍应延长放牧时间，1～4 月，每天收牧后补饲青干草 1～2 kg，严防挤撞、打击腹部，禁用腹泻及子宫收缩药物。

（2）接犊　在母牦牛分娩前，提早做好接犊助产准备，注意观察分娩情况，当胎儿头部和两前肢露于阴门之外而羊膜尚未破裂时，应立即撕破羊膜，让胎儿鼻端外露，以防窒息。母牦牛站立分娩时，应双手托住胎儿，以防落地摔伤。若遇难产，应根据具体情况，采取相应的抢救措施。

（3）护犊及犊牛断奶前饲养　犊牛在产后 1 h 内应吃到初乳。保持圈舍内卫生、干燥，定期消毒。犊牛夜间进入圈舍。产犊后半个月内的母乳应大部分供给犊牛吮食，在可能的条件下犊牛 6 月龄断奶前采用全哺乳或半哺乳式饲养，促进犊牛正常生长发育。

2. 杂交后代的饲养管理

（1）犊牛的饲养管理　刚产的杂交犊牛要弱于牦犊牛，对寒冷和疾病抵抗能力差，尽可能地让母牦牛舔犊，如果不舔犊则用食盐辅助，建立母子关系。在产后 1 h 内保证犊牛吃到初乳。做好保温和卫生，随时检查犊牛的精神、行动、食欲、粪便等。初生期随母就近放牧，确保正常吸到初乳。防止远距离放牧造成犊牦牛疲劳，收牧后最好将犊牛集中饲养而与母隔离后进行定时哺乳。尽早补饲，开始时可将精料同牛奶混拌并涂抹在犊牛的嘴巴和鼻镜上，由少到多诱导其采食，以使犊牛顺利通过断奶关，同时，让犊牛慢慢采集优质青草，促进瘤胃的发育。

犊牛哺乳至 6 月龄后，一般应断奶并与母牦牛分群饲养。

（2）初生犊牛培育技术要点

① 0～7 d 保证犊牛吃到初乳，7 日龄时进行犊牛副伤寒的免疫。犊牛出生后 4～6 h 对初乳中的免疫球蛋白吸收力最强，1 h 必须吮吸初乳，尽早获得母源抗体。

② 8 d 以后喂常乳，半月后逐渐训练采食精料，1 个月左右训练采食混合青饲料，确保犊牛正常断奶和促进瘤胃的发育。

③ 加强疾病防治。牧区犊牛疾病很多，热血病等病的发病率和死亡率很高。犊牛期跟群放牧，观察牛只精神状况、行动、食欲、粪便等，发现疾病及时治疗。

（3）杂交幼牛冷季饲养

① 冷季饲养技术。川西北牧区草原（草场）分为三季牧场（春季 5～6 月，夏秋季为 7～9 月，冬季为 10 月至翌年 4 月）或两季牧场（冷季 11 月至翌年 5 月，暖季 6～10 月）。

幼牛冷季，指断奶至 12 月龄以内，性情比较活泼，合群性较差，与成年牛混群放牧时相互干扰很大，单独组群采取"放牧＋暖棚＋补饲"方式饲养。杂交改良牛耐寒性差，天气较好时，要晚出牧、早收牧，充分利用中午暖和时间放牧，出牧、收牧和夜间补喂精料。天气恶劣时尽量在暖棚内喂青干草和补饲精料，暖棚保持清洁干燥和卫生，个别的牛只覆盖保暖毛毯或辅以其他保暖设备。确保牛只安全越冬，减少死亡。

② 幼牛安全越冬的措施。贮备优质、充足的补饲料，如优质青干草、芫根、麦麸、玉米面、青稞面、青油、食盐等；搞好棚圈或塑料暖棚的建设，保持圈舍清洁、干燥、卫生及通风；及早进行合理的补饲，采取对体弱的牛只多补饲，冷天多补饲、暴风雪天日夜补饲的原则。

（4）幼牛暖季饲养　暖季饲养指犊牛顺利越冬后，1 岁左右到 1 岁半的牛只的饲养，该阶段是犊牛生长发育的关键时期，采取"放牧＋补饲"方式进行饲养。在返青初期，犊牛还比较弱，防止犊牛过多采食和长时间的放牧。随着天气的进一步转暖和牧草的生长，要尽量延长放牧时间，做到早出牧、晚归牧，补喂矿物质、维生素、食盐等，个别的补喂适量精料。及时更换草场和卧圈，减少寄生虫病的发生，做好驱虫和疫病防治。

参考文献

冯瑞林，郭宪，郭建，等．2010. TIT 双羔素在绒山羊中的应用效果分析[J]. 黑龙江畜牧兽医（12)：65－67.

冯瑞林，焦硕，肖玉萍，等．2009. 双羔素提高蒙古羊繁殖力的研究[J]. 中国草食动物（6)：34－35.

冯仰廉．2004. 反刍动物营养学[M]. 北京：科学出版社．

郭慧琳，贺洞杰，杨军祥，等．2012. 欧拉羊同期发情处理方法研究[J]. 畜牧兽医杂志，31(1)：1－3.

郭淑珍，李保明，杨非，等．2005. 用 3/4 和 1/2 野血牦牛杂交改良甘南牦牛试验[J]. 中国草食动物，(25)6：32－33.

李锋红．2009. 不同补饲标准对天祝白牦牛母牛繁殖性能的影响[J]. 中国草食动物，29(2)：30－31.

李锋红，苏红锦．2009. 天祝白牦牛细管冻精授配试验报告[J]. 中国牛业科学，35(2)：32－33.

李俊杰，桑润滋，田树军，等．2004. 孕酮栓＋PMSG＋PG 法对羊同期发情效果的试验研究[J]. 畜牧与兽医，36(2)：3－5.

李秋艳，阎凤祥，侯健．2008. 不同因素对绵羊同期发情的影响[J]. 畜牧与兽医(12)：48－50.

刘延鑫，刘太宇．杜泊．2006. 绵羊对我国本地绵羊杂交改良的初步效果[J]. 中国畜牧兽医，33(7)：32－34.

马过昌，刘玉国，施秀美，等．2006. PMSG、PG 结合 CIDRS 对绵羊同期发情效果的影响试验[J]. 甘肃畜牧兽医，36(4)：14－15.

孟克格日乐，柴局，张家新，等．2011. 不同离心方法去除精浆对内蒙古白绒山羊精液冷冻保存效果的研究[J]. 中国农学通报，27(26)：15－19.

聂晓伟，王公金，窦德宇，等．2007. 湖羊同期发情与杜泊绵羊人工授精技术[J]. 江苏农业科学(3)：140－141.

皮文辉，杨永林，倪建宏．2009. 氟孕酮海绵栓在绵羊生产技术中的应用[J]. 中国草食动物(6)：65－66.

秦秀娟，李宏图，哈斯其其格，等．2003. 呼伦贝尔羊与杜泊肉用绵羊杂交的效果观察[J]. 内蒙古畜牧科学(4)：27－28.

任鑫亮，高雅英．2012. 呼伦贝尔羊的特性及饲养管理措施[J]. 畜牧与饲料科学，33(3)：122－123.
沈启云．2004. 注射双羔素提高滩羊繁殖效果的试验[J]. 中国畜牧志，40(4)：57－58.
宋德爱．2009. 提高羊繁殖潜力的综合技术分析[J]. 山东畜牧兽医(12)：35－36.
孙晓萍，李宏，魏云霞．2002. 应用双羔素提高甘肃高山细毛羊繁殖力示范试验[J]. 中国草食动物(S1)：191－192.
陶勇，章孝荣，何美德，等．2003. 双羔素免疫对山羊繁殖性能的影响[J]. 畜牧兽医杂志(3)：8－10.
王立斌，樊江峰，徐庚全，等．2010. 不同胚胎移植方法对天祝白牦牛受胎率的影响[J]. 中国兽医医药杂志(1)：17－19.
王喜军，王天翔，王丽娟．2013. 穿衣对甘肃高山细毛羊羊毛产量和品质影响的研究[J]. 畜牧兽医杂志，32(4)：5－9.
翁长江，杨明爽．2008. 山羊饲养与羊肉加工[M]. 北京：中国农业科学技术出版社．
徐小波，王公金，赵伟，等．2004. 胚胎移植用受体山羊同期发情方法的比较[J]. 畜禽业(5)：60－61.
杨梅，翁凡，汪立芹，等．2004. 利用 CIDR＋PMSG 对乏情期绵羊同期发情处理的研究[J]. 草食家畜(3)：38－39.
余四九，巨向红，王立斌，等，2007. 天祝白牦牛胚胎移植实验研究[J]. 中国科学(2)：185－189.
泽柏．2009. 高寒牧区草地畜牧业实用技术手册[M]. 成都：四川民族出版社．
张发慧．2007. 甘肃高山细毛羊舍饲养殖试验观察[J]. 中国草食动物(3)：31－33.

第六章　主要牧区生态高效草原牧养轻简化实用技术

实用技术一　牦牛补饲用营养舔砖生产技术

一、技术要点

1. 舔砖配方　玉米15%、麸皮9%、糖蜜18%、尿素8%、胡麻饼3%、菜籽粕4%、水泥22%、食盐16%、膨润土4%、矿物质预混料1%。

2. 制砖机器　各型牛羊饲料舔砖制砖机。

3. 加工工艺　首先将糖蜜加热熔解，冷却后加入尿素搅拌，直至尿素溶化为止，然后将水泥和膨润土用适量的水（总物料10%～15%）调和均匀，加入糖蜜尿素溶液中搅匀，然后放入预制好的干粉料充分搅拌均匀，将以上物料放入舔砖模具中按不同设定压力缓慢加压至设定压强压制成舔砖。

二、适宜地区

青藏高原牦牛饲养地区。

三、注意事项

①尿素应彻底溶解并与糖蜜充分混合。黏合材料、预混料应混合均匀。②使用舔砖前最好对牦牛进行驱虫。③使用舔砖初期，可在砖上撒施少量食盐粉、玉米面或糠麸类，诱其舔食，一般要经过几天的训练，牦牛就会习惯自由舔食了。④舔砖应用铁丝悬挂或放入食槽内，不可随意丢放，并注意清洁。

实用技术二　苜蓿种植与利用技术

一、技术要点

针对目前畜牧业生产对苜蓿的需求，本技术就苜蓿在内蒙古西部地区获得高产建植的种前选地、整地和轮作倒茬等耕作技术、播种技术的播期、播种方法及田间管理技术的苗期管理、施肥、杂草防治、防治病虫害和灌溉排水进行了介绍。总结了当地苜蓿田常见的苜蓿褐斑病、苜蓿锈病、苜蓿白粉病、苜蓿霜霉病、苜蓿黄斑病、苜蓿菌核病等主要病害及常见虫害斜纹夜蛾、苜蓿潜叶蝇、苜蓿蚜虫和蓟马等的生物及化学防治方法。同时，对苜蓿饲草刈割技术（刈割时期、刈割高度、刈割次数）、合理利用（放牧、青饲、青贮、调制干草）和科学贮藏等关键技术进行了总结，从当地种植业及畜牧业生产实际出发，使苜蓿的产量及品质优势得到充分的发挥。

二、适宜地区

适宜干燥、温暖，年降水量为250～400 mm的气候条件下。在中性至微碱性、高燥疏松、排水良好，富含钙质的土壤生长良好。主要种植品种有草原1号、草原2号、中苜一号、美标苜蓿、敖汉苜蓿等。

三、注意事项

本技术最易适用于内蒙古西部地区，最适气温20～30℃，最忌积水，若连续淹水1～2 d则大量死亡。

实用技术三　祁连山高寒牧区优良牧草品种筛选、种植及利用技术

一、技术要点

1. 适宜推广的牧草品种　甜燕麦、黄燕麦、白燕7号、白燕2号、陇燕3号、陇燕2号、美国绿麦。

2. 种植要点　播种前秋季需要深耕以减少田间杂草，也有利于土壤疏松；春耕时间为5月中旬为宜，选择发芽率较好（>80%）的草种，每667 m^2 播量燕麦为100 kg，美国绿麦为120 kg；播种尽可能在苗期灌溉一次，有利于牧草生长；生长期间，田间杂草严重，选择2，4-D丁酯杀草剂进行防除；收获期选择在抽穗期，不宜太迟；收获后，在田间晾晒干燥后，放入储草棚中储藏，以避免牧草营养损失。

二、适宜地区

祁连山东段高寒牧区。

三、注意事项

①选择草种时一定要测定发芽率，最简单的方法是随便拿出一把种子放在沙土的盘子里，浇上水，在家里数能发芽种子的数量，与全部拿出的种子数量相比就能知道发芽率。②杂草的防除特别重要，由于杂草多为菊科等双子叶植物为主，因此选择有针对性的杀草剂。③由于该地区牧草收获期正好处于秋季降雨期，因此，抓住有利时间，不要等到牧草完全抽穗结实后再进行收获。④储藏棚的建设很有必要，可以大大较低牧草的营养损失。⑤美国绿麦由于有芒，而且茎秆较粗硬，建议用牧草揉搓机揉搓后使用。

实用技术四　退化羊草草地改良技术——浅耕翻

一、技术要点

羊草草群密度20%以上，用拖拉机悬挂三铧犁或牵引五铧犁在天然草地上进行带状耕翻，沿等高线作业，深度10～20 cm，翻后耙平休闲，待雨季来临后植被可自然恢复。技术实施2年后，成为良好的羊草杂类草草场，一般增产60%～100%，改良效果长达15年。耕翻后第1～2年不能放牧。当年生产效益较低。为了提高羊草草场浅耕翻效果和弥补当年效益低的缺陷，可在浅翻当年播种小麦，并加强中耕除草。

二、适宜地区

该改良技术已经在各地区包括松嫩草原、内蒙古兴安盟、锡林郭勒、赤峰市、呼伦贝尔等地进行了实验研究，并广泛普及推广，收到了良好的效果。

三、注意事项

必须选择在以根茎禾草为主的草地上进行；雨季到来之前作业；耕翻深度 10～20 cm，超过这个深度，植物留在土壤中的繁殖体（如根茎、种子、块根块茎等）就会被埋入土壤深层窒息而死。

实用技术五　新疆牧民放牧管理实用技术

一、技术要点

1. 牧草识别能力　为了便于基层管理人员及牧民在牧场上识别牧草，我们将牧场上的牧草简单划分为以下几个类别：一年生牧草、禾草类牧草、莎草类牧草、豆类牧草和其他类牧草、小半灌木类（蒿类）牧草、灌木类牧草和有毒有害植物。

2. 放牧管理技术

放牧时间：春季牧草返青早期要禁牧或轻度放牧；夏季牧场在牧草抽穗和开花前开始放牧利用，并在牧草枯黄前 20 d 退出夏季牧场。

合理放牧量：如果一个放牧季节结束后，剩余牧草的高度在 2 指以内，需要减少放牧量，或缩短放牧时间，或调整、改变现有放牧方式；剩余牧草的高度在 2～4 指，不需要任何调整；剩余牧草的高度在 4 指以上，可以适当加大放牧量。

延迟轮牧：通过延迟现行的开始放牧时间，可以有效提高牧草的再生能力。

季节休闲轮牧：将现行固定在同一时间放牧或休闲，转变为不同年份放牧和休闲时期有所变化。

3. 草场健康状况评价　通过对放牧场植被的观察，及时判断和评价放牧利用的程度和草场植被的健康状况。每个牧场管理者及牧民都可以对自己的牧场进行长期的观察，以此了解和掌握草场健康状况。

二、适宜地区

适宜于新疆主要牧区基本实现了牧民定居的区域。

三、注意事项

通过对基础技术员及牧民的现场培训，并结合草原生态保护奖励机制进行推广应用。

实用技术六　内蒙古白绒山羊春季休牧补饲技术

一、技术要点

在每年的 4～6 月进行休牧舍饲，休牧期 3 个月。休牧期间，对于体重在（40～50 kg）的泌乳期内蒙古白绒山羊，日粮主要由玉米秸秆、苜蓿草和精料补充料构成，精粗比例通常为粗饲料 65%～70%，精饲料 30%～35%。精粗比例主要取决于粗饲料的质量，粗饲料以玉米秸秆颗粒为主，精饲料比例增加至 35%；如果粗饲料中以营养质量较好的苜蓿干草替代部分玉米秸秆，精饲料的比例可降低到 25%。对泌乳期的绒山羊根据泌乳阶段进行合理舍饲，可降低母羊的失重，增加羔羊的增重速度，显著提高粗蛋白质和磷的表观消化率，对纤维物质和能量的消化也有一定促进效果。在泌乳前期，产单羔母羊与产双羔母羊的日干物质进食量以 1.57 kg 和 1.75 kg 为宜。在泌乳后期，产单羔母羊与产双羔母羊的日干物质进食量以 1.39 kg 和 1.49 kg 为宜。在泌乳前期，每千克代谢体重的消化能、粗蛋白质、钙和磷日进食量分别为：产单羔母羊 0.91 MJ、8.76 g、0.72 g 及 0.21 g，产双羔母羊 0.99 MJ、9.64 g、0.82 g 及 0.23 g；在泌乳后期产单羔母羊分别为 0.74 MJ、7.51 g、0.40 g 及 0.17 g，产双羔母羊分别为 0.85 MJ、8.71 g、0.47 g 及 0.20 g。

二、适宜地区

北方草原地区。

三、注意事项

① 本技术适用于泌乳期内蒙古白绒山羊。

② 确定实际的补饲方案时，需要在对各种原料的营养物质含量进行分析测试的基础上配制适宜营养水平的日粮；并根据代谢体重计算日粮的饲喂量。同时，可按照泌乳母羊的实际体况对饲喂量适当上浮或下调不超过 10%～15%。

③ 泌乳母羊应该按照产羔率分群饲喂，分为产单羔母羊群与产双羔母羊群，并按照泌乳期分为泌乳前期与泌乳后期。

实用技术七　优良地方品种绵羊选育及提纯复壮技术

一、技术要点

建立地方品种绵羊核心群，制订选育提高技术方案，优化育种规划和鉴定标准，实施选种选配。集成组装现有绵羊选育、高效繁育、饲草料配置、标准化养殖等技术成果，采用常规育种和分子遗传标记辅助育种技术，利用人工授精、同期发情、羔羊早期断奶、后备羊培育、饲料配方研发、配套生产模式等关键技术。通过群体继代选育、选种选配、性能测定等技术，加快选育速度，稳定优良性状，降低不良基因频率，扩大选育核心群数量，达到提纯复壮目的。

二、适宜地区

适宜新疆阿勒泰、伊犁、和田、喀什等地，外地省区可供参考。

三、注意事项

由于地方品种绵羊多数为放牧饲养，而天然草场可利用面积减少、单位面积产草量降低，且严重超载，使传统放牧方式无法满足绵羊生长和生产需求。因此，需要采取暖季放牧、冷季舍饲方式。

根据不同区域地方品种绵羊群体的分布状况、生存环境、养殖方式、饲养管理水平、生产性能等实际情况开展群体选育技术。

实用技术八　呼伦贝尔草甸草原合理放牧率控制技术

一、技术要点

随放牧时间的延续，群落盖度、高度、地上生物量呈现出随着放牧梯度的增加而降低的趋势，当载畜率达到0.46牛单位/hm^2时，群落高度、盖度、地上生物量开始显著降低，载畜率为0.92牛单位/hm^2时为最低；牧草生长季肉牛载畜率以不高于0.46牛单位/hm^2较为适宜。

二、适宜地区

该技术适宜于呼伦贝尔草甸草原。

三、注意事项

根据不同放牧强度植被特征变化情况，载畜率0.46牛单位/hm^2是该区放牧率的临界值。但是关于长期实验对土壤的进一步影响，有待进一步观测研究。

实用技术九　当年羔羊放牧＋补饲育肥技术

一、技术要点

为了促进传统的生产方式的转变和建立优质肥羔生产模式，以提高牧区藏羊生产的出栏率和商品率以及高档羊肉的生产能力，并减缓冬春草场的放牧压力，推广并应用当年羔羊放牧季“放牧＋补饲”育肥技术具有积极的现实意义。在欧拉羊生产实践中，5月20日羊群进入夏季牧场，9月20日羊群进入冬春牧场，夏秋放牧抓膘期为120 d左右，10月中旬至11月中旬为羊只的集中出栏时间。根据生产实际和放牧季草地营养状况，制订了“放牧＋补饲”育肥当年羔羊。精料的补饲量根据草地营养状况定为每只羊每天100 g。饲料配方：玉米66％、小麦麸10％、豆粕10％、菜粕10％、石粉1.5％、磷酸氢钙1％、预混料1％、食盐0.5％。

二、适宜地区

甘肃省甘南藏族自治州玛曲县。

三、注意事项

选择4～6月龄健康羔羊单独组群，驱虫、剪毛后转入夏季牧场，在测定草场主要营养成分的基础上合理设计补饲料配方，根据牧场产草状况确定羔羊的日补饲量，每天上午出牧前补饲精料，待采食完精料后再自由放牧，收牧后不再补饲。

实用技术十　白牦牛冬季补饲生产技术

一、技术要点

1. 青贮池　在地下水位低、地势高、排水良好，距离畜舍较近的地方。为提高青贮的成功率，应以地下青贮池建设为主，建池时最好选用砖混或石砌永久性青贮池。

2. 青贮料　青贮原料在入窖前均需切碎，一般切成1～3 cm的长度，青贮窖以一次性装满为好，即使是大型青贮建筑物，也应在2～3 d内装满，以免原料在密封之前腐败变质。填压过程中，每30 cm压1次，将原料压实，特别注意靠近窖壁和拐角的地方不能留有空隙。原料装填完毕后用塑料薄膜覆盖并填土密封，隔绝空气，防止雨水渗入。经过40～50 d的发酵，即可饲喂家畜。

3. 饲喂方法　青干草与青贮料以1∶2的比例混合饲喂。饲喂量为3 kg/d。

二、适宜地区

祁连山东段高寒牧区。

三、注意事项

① 青贮原料的含水量应在60%～70%，在青贮过程中一定要保证青贮料逐层压实。

② 青贮池密封性要好，如发现封口有破损，必须及时修补，以防止漏水漏气，影响青贮料的品质。

③ 在取用青贮料时，应从一端垂直挖取，取用完毕后马上盖严，快速密封，减少空气留存，防止有氧变质，造成剩余秸秆腐烂。

④ 取料应尽量做到速度快、取料面干净，每天一次性取足够饲喂量的青贮饲料。

实用技术十一　藏黄公牛与牦牛杂交改良技术

一、技术要点

1. 种公牛选择　藏黄公牛血缘清楚，含50%黑白花或西门塔尔血液，体格健壮，生殖器官发育良好。

2. 种公牛管理　非配种季节与母牦牛分开放牧，1～5月每日补饲青干草或芫根1～2 kg，夜间进入棚圈。配种季节，每天清晨和傍晚各补充0.3 kg精饲料，自由舔食矿物舔砖。

3. 参配母牦牛组群　选择体格较大，体质健壮，无生殖器官疾病的牦母牛作为参配牛。参配牛应于配种前一个月选出，组成专群，在划定的配种专用草场放牧。

4. 参配母牦牛管理

（1）定牛群　选定的参配母牦牛，固定为参配群。

（2）定人员　固定参配牛群的放牧员。

（3）定草场　选择交通方便的优质草场作为参配牛群放牧地。

（4）隔离种公牦牛　严格防止公牦牛串群偷配。

5. 组群配种　参配牛群6月开始昼夜全放牧，同时补饲食盐，勤换草场，杂种藏黄公牛与母牦牛同群放牧，组群比例1∶（20～25），组群时间5月，配种时间6月下旬至8月底，9月放入种公牦牛补配。

二、适宜地区

海拔2 800 m以上的青藏高原地区。

三、注意事项

（1）选择的杂种种公牛血缘必须清楚，良种牛血缘不能超过50%。

（2）配种前，对参配母牦牛进行催情补饲。

（3）防止公牦牛串入偷配。

实用技术十二　“4＋3”划区轮牧技术

一、技术要点

1. 草场面积测定　使用GPS仪测定可利用草地面积并绘制成图。

2. 划区　根据草地特点和家畜放牧需要将草场划分为暖季和冷季草场。冷季草场划分为3个小区，其中1个为刈草区；将暖季草场划分为4个区，其中1个为休牧区。

3. 计算草地全年供草量　草地全年供草量（kg）＝草地最高月产草量×草地面积×草地利用率。

4. 计算家畜全年需草量　家畜全年需草量（kg）＝（A畜数量×A畜折算系数＋B畜数量×B畜折算系数＋…）×1.8。

5. 确定草畜平衡计划　根据草地全年供草量和家畜全年需草量之差，确定年度草畜平衡计划，草盈余可增畜或出租草场，草亏缺可减畜或购草。

6. 制订放牧计划　在川西北牧区的典型亚高山草甸草地，暖季草场放牧时间为5月中旬至10月中旬，轮牧周期35～45 d，放牧频率3次。冬春草场放牧时间为10月中旬至翌年4月下旬，轮牧周期为35 d，放牧频率2次。4月下旬至5月中旬为牧草返青期，对牲畜进行舍饲或在较小的范围放牧。

7. 人工草地建植　根据饲草供应和需求的缺口以及适宜当地种植的牧草品种，确定建植刈割草地的面积。

二、适宜地区

川西北牧区的典型亚高山草甸草地区。

三、注意事项

（1）草场面积大小的确定以可利用草地为准。

（2）实际建植草地面积要比根据饲草需求缺口计算出的面积要增加10%左右，同时，总的人工草地面积不得超过总草场面积的10%。

（3）严格按照制定的放牧计划进行放牧，同时，根据草场放牧的实际情况，进行每个小区实际放牧天数的调整。

实用技术十三　羊草草甸草原生产力调控技术

一、技术要点

1. 选地　根据该项技术需要切根、施肥和灌溉等田间管理措施，选择地势相对平坦、具备灌溉条件的退化天然羊草草甸草原。

2. 切根　根据作业区当地气候特点，选择在雨季来临之前，利用盘齿式草地破土切根机，切根深度 15 cm、切片间距 20～25 cm，带宽 30 m，间隔 5 m。

3. 施肥　在雨季来临之前进行施肥，每公顷均匀撒施复合肥 75～100 kg，可使用播种机进行施肥。

4. 灌溉　根据植物生长需水特性，结合草原区多年降雨特点，对调控区域补水两次，选择 5 月 20～30 日、6 月 10～20 日期间进行灌溉，每次灌溉水量相当于 20 mm 降水量。有条件的地区，建议使用大型喷灌设备。

5. 管理措施　各项调控措施完成后，禁止牲畜干扰。有条件地区，可以建设网围栏。

6. 利用　调控当年即可以进行割草利用，割草时间以当地传统时间为准，有效期在年左右。

二、适宜区域

可在内蒙古中东部、东北的羊草草甸草原割草场区域广泛实施，能有效提高草地产草量。

三、注意事项

（1）不适合地面有微起伏的草地，小地形起伏常常会损坏切根机刀片。

（2）如无灌溉条件，要严格控制切根和施肥时间，以免调控措施起副作用。

实用技术十四　祁连山高寒牧区羔羊短期育肥技术

一、技术要点

1. 适宜羔羊品种　甘肃高山细毛羊。

2. 育肥要点　育肥羔羊为 3 月龄，预饲期时间为 10～15 d。育肥饲料为“羔羊精料补充料”。饲喂量为 0.3 kg/(d·只)，每天喂料 5 次，时间为 7:30、11:30、15:30、18:30、21:30，放置饮水槽自由饮水。育肥时间为 2 个月。

二、适宜地区

祁连山东段高寒牧区。

三、注意事项

（1）预饲期间采用诱食方法　在外运动场固定地点设料槽和水槽，使母羊无法接近，而羔羊可自由采食。训练开食时，采用适当短期限制哺乳的方法。羔羊在饥饿和闲暇时一般会到食槽处自动采食，经过3～5 d后，羔羊的日采食量可能会有较大的提高。对没有采食意识的羔羊，采用人工强制喂服的办法，饲喂3～5 d。随日龄逐渐加大补饲量，每次投放饲料总量以羔羊能在20～30 min吃完为宜。随着羔羊采食补料量的逐渐加大，逐渐减少羔羊哺乳的次数，最终过渡到白天完全断奶。

（2）羔羊入栏育肥前，用3%的NaOH溶液多次喷洒消毒整个羊舍。试验期间，不定期用过氧乙酸或强力消毒灵喷洒羊舍，每周彻底清扫育肥区，并用石灰进行地面消毒。

（3）补饲期间，每天记录投料量和剩料量；根据前1 d的剩料情况及饲喂时羔羊对饲料的渴求强烈程度确定增减投料量，做掌握到适度限饲条件下的自由采食。

实用技术十五　7～8月龄阿勒泰羊冷季舍饲育肥技术

一、技术要点

1. 适宜品种　阿勒泰羊。

2. 育肥时间　传统放牧条件，阿勒泰羊在11月中下旬开始出现掉膘，因此，冷季舍饲育肥选择在每年11月中下旬开展。

3. 育肥要点　选择7～8月龄阿勒泰羊在冷季开展舍饲育肥，育肥期60 d，育肥精料主要成分：玉米、麸皮、葵粕。每15 d进行一次精料饲喂量的调整，全期平均精料饲喂量为0.7 kg/(d·只)，每天早晚各喂料1次，粗饲料自由采食，放置饮水槽自由饮水。日增重250～300 g，出栏活重达到55 kg以上。

二、适宜地区

北疆牧民定居点以及农区。

三、注意事项

育肥设有7 d预试期，预试期开始前要进行圈舍的消毒，进入预试期要进行羊只的驱虫；饮水要保持清洁，最好能饮用温水，降低能量消耗；圈舍要保暖通风；及时发现治疗病羊，注意药物在体内残留时间。注意观察羊群采食情况，及时调整饲喂量，每隔30 d进行羊只增重情况测定。

实用技术十六　青藏高原牦牛良种繁育及改良技术

一、技术要点

1. 品种改良技术　开展牦牛良种本品种选育技术研究，按标准选育和提高优质种公牛，提高牦牛良种制种、供种能力，加速牦牛优良品种的繁育和推广，提高良种覆盖率。向牦牛产区供应优良种公牛或冷冻精液，置换原有种公牛，通过人工授精或自然交配改良当地家牦牛，提高生产性能。

2. 饲养管理技术　应用现代饲养技术，如暖棚技术、放牧＋补饲技术等，并结合围栏建设与轮牧技术，有效改变传统牦牛生产方式存在的“夏活、秋肥、冬瘦、春乏”的问题，建立营养季节均衡供应及科学饲养管理技术体系。

3. 疾病防治技术　采用“预防为主，治疗为辅”的方针，在春秋两季进行驱虫，对一些易感传染病应提前注射疫苗，加强饲养管理，避免一些牦牛普通病的发生。

二、适宜区域

青海、甘肃、新疆、西藏、四川等牦牛产区。

三、注意事项

（1）在引进优良牦牛品种时，需做好检疫防疫工作，并开展适应性观察。
（2）在引进优良牦牛品种精液时，需抽样检测冻精活力。
（3）开展牦牛人工授精时，需准确发情鉴定，并适时输精。

实用技术十七　呼伦贝尔羊羔羊放牧补饲育肥技术

一、技术要点

呼伦贝尔羊当年羔羊育肥是呼伦贝尔草原牧区羊肉的主要生产方式，推广并应用羔羊放牧补饲育肥技术，对提高呼伦贝尔草原牧区当年羔羊的出栏率、商品率及羊肉的生产效率和高档羊肉的生产能力，并减缓冬春草场的放牧压力，具有重要的理论与实际意义。呼伦贝尔羊羔羊通常在每年的4月上旬至中旬出生，于每年的8月上旬至9月下旬进行放牧补饲育肥，育肥期2个月。育肥期间自然放牧，同时在每天早上出牧前补饲精料补充料。育肥第1个月每只补饲精料补充料0.25～0.3 kg，第2个月每只补饲0.50～0.55 kg。育肥前期的精料补充料配方为：玉米50.9%，菜粕5%，大豆粕12.5%，棉粕9%，DDGS 18.9%，磷酸氢钙0.5%，食盐1.2%，添加剂预混料1.0%，小苏打1.0%；育肥后期的精料补充料配方为：玉米64.1%，菜粕5.5%，棉粕9.6%，DDGS 18%，磷酸氢钙0.5%，食盐0.8%，添加剂预混料0.5%，小苏打1.0%。在夏秋季放牧条件下，对呼伦贝尔羊羔羊进行放牧补饲育肥，可提高羊肉生产效率，其胴体重、净肉重、屠宰率和净肉率分别达到22.0 kg、18.5 kg、55.7%和46.6%以上。

二、适宜地区

呼伦贝尔草原牧区。

三、注意事项

① 本技术适用于3～5月龄的呼伦贝尔羔羊。
② 补饲前需要在测定天然草场主要营养成分的基础上，根据牧场产草状况及羔羊体重合理调整补饲料配方，确定日补饲量。
③ 羔羊需要单独分群放牧补饲育肥。

实用技术十八　内蒙古白绒山羊精液冷冻保存技术

一、技术要点

1. 基础液的配制　基础液由18.3 mg/mL柠檬酸钠、12.6 mg/mL果糖、34.4 mg/mL三羟甲基氨基甲烷和 18.0 mg/mL 海藻糖组成，加入相应量的超纯水搅拌均匀，过滤灭菌后放入冰箱内（0～4 ℃）保存。

2. 稀释液的配制 将新鲜鸡蛋的卵黄用注射器吸出，按 20%的体积比例加入到基础液中，然后加上 1 000 IU/mL 青霉素和 1 000 IU/mL 链霉素，搅拌均匀后，按 6.5%的体积比例再加入灭菌的甘油，搅拌均匀。

3. 鲜精的稀释 精液采出后，用纱布将精液中的胶状颗粒过滤，然后根据精液的密度、活力进行稀释，稀释后放入冰箱缓慢降温至 4 ℃。

4. 冻精的制作过程 颗粒冻精采用氟板液氮熏蒸法。将氟板放在距离液氮面 2～3 cm 处，氟板面距液氮 2.0 cm 处，等氟板表面液氮挥发掉（预冷后约 1.5 min）开始滴冻，颗粒剂量约 0.1 mL，待颗粒变为黄亮时连同氟板一起浸入液氮 1 min，解冻后活率达 0.3 以上、密度中者，收入布袋中，投入液氮中保存。细管冻精采用细管分装法，必须在装管 40 min 前将卡苏低温操作柜打开预冷。装管完毕后，在低温操作柜中进行排管，并且记录细管数量后进行冷冻，解冻后活率达 0.3 以上、密度中者，装入布袋中，投入液氮中保存。

5. 标记 标明种公羊的品种、耳号、生产日期、精子活率、密度及数量，再按照种公羊号，将精液袋装入液氮罐提筒内或贮精罐内。

三、适宜地区

内蒙古白绒山羊饲养地区。

四、注意事项

（1）精液冷冻过程中温度的把握非常关键，从采精到解冻和检测活率都要控制好温度。

（2）精液经稀释后，降到 4 ℃必须要有一个缓慢降温的过程，这一过程不可快。

（3）稀释液要现配现用。